Springer-Lehrbuch

Springer
Berlin
Heidelberg
New York
Hongkong
London
Mailand
Paris
Tokio

Harald Dyckhoff

Grundzüge der Produktionswirtschaft

Einführung in die Theorie betrieblicher Wertschöpfung

Vierte, verbesserte Auflage
mit 98 Abbildungen
und 20 Tabellen

Springer

Professor Dr. Harald Dyckhoff
RWTH Aachen
Lehrstuhl für Unternehmenstheorie,
insb. Umweltökonomie und industrielles Controlling
Templergraben 64
52056 Aachen
lut@lut.rwth-aachen.de
http://www.lut.rwth-aachen.de

ISBN 3-540-44048-8 4. Auflage
Springer-Verlag Berlin Heidelberg New York

ISBN 3-540-667151-X 3. Auflage
Springer-Verlag Berlin Heidelberg New York

Die Deutsche Bibliothek – CIP-Einheitsaufnahme
Dyckhoff, Harald:
Grundzüge der Produktionswirtschaft:
Einführung in die Theorie betrieblicher Wertschöpfung / Harald Dyckhoff. –
4. verb. Aufl. – Berlin; Heidelberg; New York; Hongkong; London;
Mailand; Paris; Tokio: Springer, 2003
(Springer-Lehrbuch)
ISBN 3-540-44048-8

Springer-Verlag Berlin Heidelberg New York
ein Unternehmen der BertelsmannSpringer Science + Business Media GmbH

http://www.springer.de

Printed in Italy

Umschlaggestaltung: design & production GmbH, Heidelberg

SPIN 10889773 43/2202-5 4 3 2 1 0 – Gedruckt auf säurefreiem Papier

Vorwort zur vierten Auflage

Im Sinne eines kontinuierlichen Verbesserungsprozesses sind auch für die neue Auflage wieder Aktualisierungen bei den Literaturhinweisen sowie einige Verbesserungen im Detail vorgenommen worden. Sie beruhen auf einer gründlichen Durchsicht des Textes und einer Umformulierung mancher Passagen im Hinblick auf noch größere Klarheit und Verständlichkeit, ohne dabei die Präzision der Aussagen aus dem Auge zu verlieren. Zur Einstimmung sind nunmehr außerdem am Ende der Lektion 0 die beiden im Buch entwickelten Fallbeispiele zur LEDERVERARBEITUNG und zur EDV-SCHULUNG explizit formuliert. Dass wissenschaftliche Texte letztlich nicht ohne die intensive (Mit-) Arbeit des Studierenden auskommen, d.h. „studiert" und nicht bloß gelesen werden müssen, sollte eigentlich eine Selbstverständlichkeit sein, sei angesichts mancher Forderungen aus Politik, Wirtschaft und Gesellschaft an die universitäre Bildung allerdings hier doch noch einmal angemerkt, insbesondere für Studienanfänger.

Aachen, im Juli 2002 *Harald Dyckhoff*

Vorwort zur zweiten Auflage (Auszug)

Für die zweite Auflage ist das Lehrbuch erweitert und gründlich überarbeitet worden. Um den Umfang schlank genug zu halten, musste dafür die Lektion zur Transportplanung und Standortwahl entfallen. Wesentliche Erweiterungen betreffen die Kapitel zur Technologie und zur Produktionstheorie. So ist die frühere zweite Lektion durch die frühzeitige Einbeziehung dynamischer Beziehungen, eine ausführlichere Objektsystematik sowie Darstellungen aus der Praxis ausgebaut und zweigeteilt worden. Um die alte Nummerierung weitgehend beibehalten zu können, beginnt das Buch nunmehr mit der einleitenden Lektion 0. Die Lektionen 4 bis 6 sind um Abschnitte zur Messung der Ergiebigkeit und der relativen Effizienz mittels Data Envelopment Analysis (DEA) ergänzt worden. Ansonsten ist der gesamte Text sowohl inhaltlich als auch didaktisch überprüft und in vielen Details weiterentwickelt und optimiert worden. Insgesamt halten sich die Änderungen aber insoweit in Grenzen, als die Inhalte der ersten Auflage ohne weiteres wieder erkannt werden können.

So wie sich das äußere und das innere Erscheinungsbild des Buches etwas verändert haben, schien es auch angebracht, den im Buch vorgestellten Inhalt prägnanter als *Theorie betrieblicher (insbesondere industrieller) Wertschöpfung(sprozesse)* zu kennzeichnen und den Untertitel entsprechend zu ändern. Dadurch kommt besser zum Ausdruck, dass der verwendete Transformationsbegriff neben qualitativen Umwandlungsprozessen auch räumlich-zeitliche Transferprozesse umfasst, sodass die Theorie eine Grundlage des in anderen Lehrbüchern ausführlicher behandelten Produktions- und Logistikmanagements bildet, mit einem Schwerpunkt auf Industriebetrieben als Erfahrungsobjekten.

Aachen, im Juni 1998 *Harald Dyckhoff*

Vorwort zur ersten Auflage (Auszug)

Durch eine Theorie werden wesentliche *Grundzüge* eines (wirtschafts-)wissenschaftlichen Fachgebiets charakterisiert und so das allgemein Gültige aus der unübersichtlichen Vielfalt der realen Phänomene herauskristallisiert. In diesem Sinne wird mit dem vorliegenden Lehrbuch der Versuch unternommen, eine *Einführung in die Theorie betrieblicher Produktion* zu geben. Sie bildet einerseits einen unverzichtbaren Bestandteil der Theorie der Unternehmung im Rahmen der Allgemeinen Betriebswirtschaftslehre und andererseits eine wichtige Grundlage für die Behandlung praktischer Aspekte des Produktionsmanagements.

Bei dem Text handelt es sich in weiten Teilen um eine unter didaktischen Gesichtspunkten vollständig überarbeitete, schlanke Fassung meines 1994 in der 2. Auflage erschienenen Buches „Betriebliche Produktion: Theoretische Grundlagen einer umweltorientierten Produktionswirtschaft". Sie ist insbesondere in der zweiten Hälfte um solche Fragestellungen ergänzt worden, die für die Überleitung zu weiterführenden Werken des Produktionsmanagements von großer Bedeutung sind. Damit möchte ich die Theorie betrieblicher Produktion einer breiteren Leserschaft zugänglich machen. Zielgruppe sind in erster Linie Studenten und Dozenten einer einführenden Lehrveranstaltung zur Produktionswirtschaft.

Aachen, im Mai 1995 *Harald Dyckhoff*

Inhaltsverzeichnis

0 Einführung **1**

0.1 Gegenstand der Produktionswirtschaftslehre 1

0.2 Theorie betrieblicher Wertschöpfung und Produktionsmanagementlehre 6

0.3 Aufgabe und Struktur der Theorie betrieblicher Wertschöpfung 9

0.4 Hinweise zur Lektüre des Buches 12

Wiederholungsfragen 16

Fallbeispiele 16

Kapitel A: Technologie **19**

1 Objekte und Aktivitäten **20**

1.1 Objekte produktionswirtschaftlichen Handelns 20

1.1.1 Wahrnehmung und Beachtung von Objekten 21

1.1.2 Erscheinungsformen, Eigenschaften und Messbarkeit 23

1.2 Produktionsaktivität als Input/Output-Prozess 26

1.2.1 Bestands- und Stromgrößen 26

1.2.2 Eine fundamentale dynamische Mengenbilanzgleichung 28

1.2.3 Produktionsaktivität einer Periode 30

1.2.4 Spezialfall ohne Zwischenprodukte und Handelswaren 33

1.3 Darstellungsformen einer Produktionsaktivität 34

1.3.1 Algebraische, tabellarische und grafische Darstellung 35

1.3.2 Darstellungen der Praxis 38

1.4 Systematik wichtiger Produktionsbegriffe 44

Wiederholungsfragen 51

Übungsaufgaben 51

2 Techniken und Restriktionen **54**

2.1 Techniken der Produktion 54

2.2 Grundlegende Technikformen 58

2.2.1 Größeneffekte 59

2.2.2 Additivität 61

2.2.3 Linearität und Konvexität 61

2.3 Produktionsmöglichkeiten 64
2.4 (Grafische) Darstellung der Produktionsmöglichkeiten 66
2.4.1 Zwei- und mehrdimensionale Produktionsdiagramme 67
2.4.2 Darstellungen der Praxis 73
2.5 Systematische Modellierung realer Produktion 75
Wiederholungsfragen 78
Übungsaufgaben 79

3 Additive Technologie 83
3.1 Additive versus lineare Techniken 83
3.2 Endlich generierbare Techniken 85
3.2.1 Technikmatrix 85
3.2.2 Grundaktivitäten und elementare Prozesse 87
3.2.3 Abstrakter Input/Output-Graph 89
3.3 Spezielle additive Technikformen 91
3.3.1 Elementare Techniken 92
3.3.2 Einstufige Techniken 95
3.3.3 Mehrstufige Techniken 101
3.3.4 Zyklische Techniken 104
3.4 Nicht endlich generierbare Techniken 106
3.4.1 Keine oder unendlich viele Grundaktivitäten 106
3.4.2 In Grenzen frei variierbare Produktion 110
3.5 Dynamische Modellierung der Produktion 112
Wiederholungsfragen 115
Übungsaufgaben 116

Kapitel B: Produktionstheorie 119

4 Ergebnisse der Produktion 120
4.1 Beurteilung der Produktion 120
4.2 Objektkategorien verschiedener Erwünschtheit 122
4.3 Ergebnisorientierte Analyse der Produktion 126
4.3.1 Realer Aufwand und Ertrag 126
4.3.2 Ergiebigkeitsmaße 129
4.4 Grundannahmen an Techniken 132
Wiederholungsfragen 134
Übungsaufgaben 135

5 Schwaches Erfolgsprinzip 137

5.1 Effizienz der Produktion 137
5.1.1 Dominanz von Produktionen 138
5.1.2 Effiziente Produktion 139

5.2 Produktionsfunktion 142

5.3 Variabilität teilweise fixierter Produktion 145
5.3.1 Isoquanten 145
5.3.2 Limitationalität 147
5.3.3 Substitutionalität und Komplementarität 148

5.4 Kompensationsmaße variabler Produktion 151
5.4.1 Partielle Objektvariation 152
5.4.2 Totale Objektvariation 155

5.5 Ansätze der Effizienzmessung 155

Wiederholungsfragen 158

Übungsaufgaben 158

6 Lineare Produktionstheorie 162

6.1 Variabilität teilweise fixierter Produktion 162
6.1.1 Einseitig determinierte Produktion 163
6.1.2 Verfahrenswahl bei der Produktion 165

6.2 Effizienz bei der Kombination von Grundaktivitäten 168
6.2.1 Effiziente Kombinationen von Grundaktivitäten 169
6.2.2 Sinnvolle Grundaktivitäten 171
6.2.3 Elimination von Grundaktivitäten 173

6.3 Ein Ansatz zur Messung der relativen Effizienz 176
6.3.1 Prämissen der Data Envelopment Analysis (DEA) 177
6.3.2 Ein DEA-Basismodell 179
6.3.3 Weitere Ansätze 182

Wiederholungsfragen 185

Übungsaufgaben 185

Kapitel C: Erfolgstheorie 189

7 Erfolg der Produktion 190

7.1 Bewertung des Produktionserfolgs 191

7.2 Messung des (ökonomischen) Erfolgs 193
7.2.1 Erfolgsfunktion 193
7.2.2 (Ökonomische) Erfolgskategorien 195

7.3 Lineare Erfolgsfunktionen 198

7.4 Nichtlineare Erfolgsfunktionen 200
7.4.1 Kostenverlauf einer Lern- oder Erfahrungskurve 201
7.4.2 Umsatzverlauf bei Preisdifferenzierung 203
7.4.3 Umsatzverlauf bei einer linearen Preis-Absatz-Funktion 204
7.4.4 Gewinnverlauf bei einer linearen Preis-Absatz-Funktion 206

Wiederholungsfragen 208

Übungsaufgaben 209

8 Starkes Erfolgsprinzip 212

8.1 Erfolgsmaximierung 212
8.1.1 Kompatibilität des schwachen und starken Erfolgsprinzips 213
8.1.2 Ermittlung des Erfolgsmaximums 214

8.2 Indirekte Erfolgsfunktionen 218
8.2.1 Der Einfluß von Erfolgsfaktoren 218
8.2.2 Minimalkostenfunktion einer Cobb/Douglas-Technik 220
8.2.3 Stückkostenverläufe 222

8.3 Erfolgsmaximierung bei Engpässen 223
8.3.1 Durch die Hauptprodukte determinierte Produktion 223
8.3.2 Standardansatz der Erzeugnisprogrammplanung 226
8.3.3 Erfolgsmaximierung bei einem einzigen Faktorengpass 229

Wiederholungsfragen 230

Übungsaufgaben 231

9 Lineare Erfolgstheorie 235

9.1 Lineare Erfolgsmodelle 235
9.1.1 Elementarer Produktionsprozess 236
9.1.2 Einseitig determinierte Produktion 238
9.1.3 Verfahrenswahl bei der Produktion 242

9.2 Erfolgsmaximierung bei Engpässen 243
9.2.1 Ein einziger gemeinsamer Engpass 244
9.2.2 Produktmaximierung bei mehreren Faktorbeschränkungen 246
9.2.3 Expansionspfad bei Beschäftigungsschwankungen 249

9.3 Lineare Produktionsmodelle mit nichtlinearen Erfolgsfunktionen 252
9.3.1 Alternativproduktion mit Faktorengpass 253
9.3.2 Kuppelproduktion und Reduktion 254

9.4 Lineare Erfolgsmodelle in der Praxis 262

Wiederholungsfragen 263

Übungsaufgaben 263

Kapitel D: Elemente der Produktionsplanung und -steuerung (PPS) 269

10 Bedarfsermittlung und Kostenkalkulation 270

10.1 Einstufige, outputseitig determinierte Produktion 270
10.1.1 Einstufiges Leontief-Modell 271
10.1.2 Einstufige Produktkalkulation 272

10.2 Mehrstufige, outputseitig determinierte Produktion 274
10.2.1 Mehrstufiges Leontief-Modell 275
10.2.2 Technologische Matrix 277
10.2.3 Bruttobedarfsermittlung („Stücklistenauflösung“) 278
10.2.4 Mehrstufige Produktkalkulation 280

10.3 Zyklische, outputseitig determinierte Produktion 282

10.4 Nicht outputseitig determinierte Produktion 285

Wiederholungsfragen 287

Übungsaufgaben 288

11 Anpassung an Beschäftigungsschwankungen 292

11.1 Anpassungsformen 292

11.2 Mittelbare Produktionsbeziehungen 295
11.2.1 Einfaches Gutenberg-Modell 295
11.2.2 Typische Verbrauchsverläufe 297
11.2.3 Vor- und Endkombination 300

11.3 Kostenminimale Anpassung 301
11.3.1 Zeitliche und intensitätsmäßige Anpassung 301
11.3.2 Substitutionalität der Gutenberg-Technik 305
11.3.3 Quantitative Anpassung 307

11.4 Erweiterte Gutenberg-Modelle 309

Wiederholungsfragen 310

Übungsaufgaben 311

12 Losgrößenbestimmung 314

12.1 Einfaches Harris-Modell 314
12.1.1 Losabhängige Kosten 316
12.1.2 Wirtschaftliche Losgröße 318
12.1.3 Kostenabweichungen 319

12.2 Erweiterte Harris-Modelle 320

12.3 Mehrgütermodelle mit Kapazitätsrestriktionen 323

12.3.1 Lagerraumengpass 323
12.3.2 Überschneidungsfreie Losfolgen 325

Wiederholungsfragen 329

Übungsaufgaben 330

13 Dynamische Aspekte der Produktionsplanung und -steuerung (PPS) 333

13.1 Mittelfristige Erzeugnisprogrammplanung 333
13.1.1 Emanzipation der Produktion vom Absatz 334
13.1.2 Mittelfristiger Kapazitätsabgleich 337
13.1.3 Mehrere Erzeugnistypen und Engpasskapazitäten 339

13.2 Kurzfristige Materialeinsatzplanung 340
13.2.1 Voraussetzungen der terminierten Bedarfsermittlung 340
13.2.2 Dispositionsstufenverfahren 342

13.3 Kurzfristiger Kapazitätsabgleich 347

13.4 Weitere dynamische Aspekte 349

Wiederholungsfragen 351

Übungsaufgaben 352

14 Resümee und Ausblick 355

14.1 Produktionstypologie 355
14.1.1 Ausbringungsbezogene Produktionstypen 356
14.1.2 Einsatzbezogene Produktionstypen 358
14.1.3 Prozessbezogene Produktionstypen 362

14.2 Möglichkeiten und Grenzen der Theorie betrieblicher Wertschöpfung 364

14.3 Produktionsmanagement 367

Wiederholungsfragen 372

Literaturverzeichnis 373

Sachwortregister 379

Symbol- und Abkürzungsverzeichnis 389

0 Einführung

0.1 Gegenstand der Produktionswirtschaftslehre
0.2 Theorie betrieblicher Wertschöpfung und Produktionsmanagementlehre
0.3 Aufgabe und Struktur der Theorie betrieblicher Wertschöpfung
0.4 Hinweise zur Lektüre des Buches

Eine Einführung in den Gegenstandsbereich sowie die Darlegung der Zielsetzung und des Aufbaus des Buches sollen dem Leser zunächst einen Überblick verschaffen, bevor in den nachfolgenden Lektionen die *Grundzüge der Produktionswirtschaft* entwickelt werden. Ein zentrales Anliegen dieser Lektion ist zu verdeutlichen, dass es gerade die Aufgabe der Theorie ist, die Grundzüge eines wirtschaftswissenschaftlichen Fachgebiets zu beschreiben und damit wesentliche Grundlagen für eine darauf aufbauende Beantwortung praxisnaher Fragestellungen zu schaffen.

Die Produktionswirtschaftslehre ist ein spezielles Fachgebiet der Betriebswirtschaftslehre. Sie betrachtet dementsprechend Phänomene der Produktion – besonders derjenigen bei Unternehmungen – aus einer wirtschaftlichen Perspektive. Der erste Abschnitt dieser Lektion soll ihren Gegenstandsbereich näher verdeutlichen. Abschnitt 0.2 kennzeichnet dann eine zweckmäßige Einteilung der Produktionswirtschaftslehre in die Theorie betrieblicher Wertschöpfung einerseits und die Produktionsmanagementlehre andererseits. Dieses Buch gibt eine *Einführung in die Theorie betrieblicher Wertschöpfung* mit einem Schwerpunkt auf Prozessen in *Industriebetrieben.* Der grundsätzliche Aufbau der Theorie wird in Abschnitt 0.3 beschrieben. Er bildet das Gerüst für das in Abschnitt 0.4 erläuterte Konzept des Buches.

0.1 Gegenstand der Produktionswirtschaftslehre

Die gängige Vorstellung über das Wirtschaften ist die einer menschlichen Tätigkeit, welche sich zwischen den beiden Polen Produktion und Konsumtion abspielt sowie in und zwischen Wirtschaftseinheiten stattfindet. *Wirtschaftseinheiten* oder *-subjekte* sind – zumindest gedanklich – abgrenzbare, individuell identifizierbare Personen oder von Menschen gelenkte, weitgehend unabhängig und planvoll handelnde Einrichtungen (Organisationen) innerhalb eines umfassenden *ökonomischen Systems.* Zwischen ihnen und den sie umgebenden, noch umfassenderen Systemen – dem wirtschaftlichen, soziokulturellen, politischen, rechtlichen, technischen und natürlichen Umsystem – finden *Interaktionen* statt, bei denen *Objekte* materieller und immaterieller Art wie Sachen, Dienste, Rechte und Informationen ausgetauscht werden. Bild 0.1 illustriert diese Zusammenhänge.

Wenn einfach von *Umwelt* bzw. Umweltschutz die Rede ist, so ist damit üblicherweise das natürliche Umsystem, d.h. die Gesamtheit der den menschlichen Lebensraum umfassenden *natürlichen* Gegebenheiten gemeint. Bei den anderen Umsystemen bzw. „Umwelten" oder Umfeldern handelt es sich um *künstliche*, d.h. vom Menschen geschaffene Gegebenheiten. Zu der künstlichen Umwelt zählt insbesondere das *wirtschaftliche Umfeld*, bestehend aus den jeweils anderen Wirtschaftseinheiten und ihrer Verflechtung innerhalb der Volks- und Weltwirtschaft. Die Wirtschaftseinheiten stellen Elemente des ökonomischen Systems dar. Sie sind über die Interaktionen untereinander und mit der künstlichen wie natürlichen Umwelt eng verflochten.

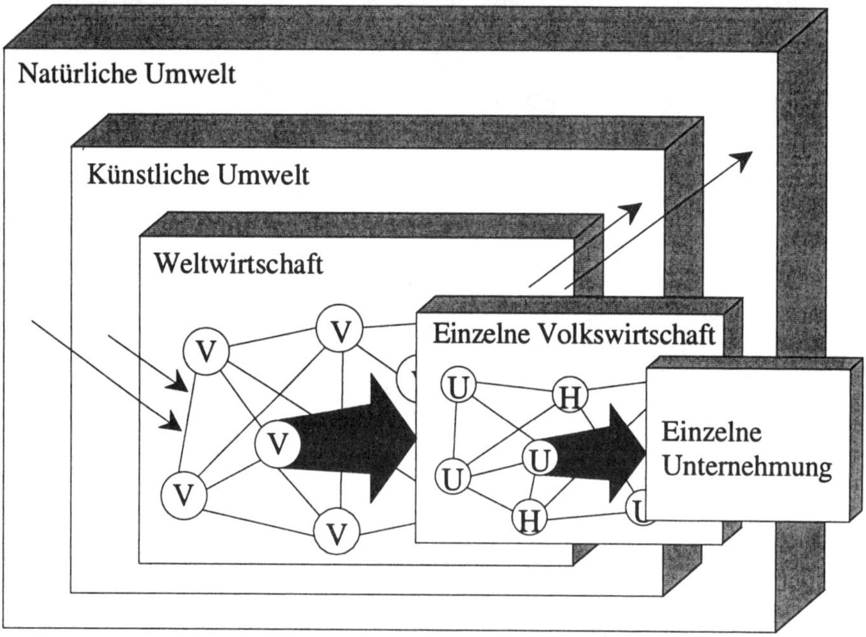

Bild 0.1: Wirtschaftseinheiten und ihre Umsysteme

Interaktionen zwischen den Wirtschaftseinheiten – wie Kauf, Miete, Schenkung, Raub – verändern die ausgetauschten Objekte an sich nicht, sondern lediglich ihre Besitzverhältnisse. Der Prozess der Klärung und Vereinbarung eines Austausches von Objekten oder Leistungen wird als *Transaktion* bezeichnet.[1] Interaktionen bzw. Transaktionen sind kein unmittelbarer Gegenstand der Produktionswirtschaft. Damit beschäftigen sich hauptsächlich andere betriebswirtschaftliche Teilgebiete, beispielsweise die Beschaffungs- und Absatzwirtschaft oder das Marketing.

Im Mittelpunkt der Produktionswirtschaft stehen die *Transformationen.* Sie sind durch eine qualitative, räumliche oder zeitliche Veränderung von Objekten gekennzeichnet. Die rein räumliche oder zeitliche Veränderung heißt speziell auch *Transfer*, weshalb unter Transformation vielfach nur qualitative Veränderungen verstanden werden. Hier wird der Begriff weit gefasst, sodass damit auch logistische Prozesse wie Transport, Lagerung, Sortierung und Umschlag erfasst sind.

Transformationen, die in der Natur von selbst ablaufen, sind kein Gegenstand ökonomischer Analysen. Von Interesse sind vielmehr nur diejenigen, welche von Wirtschaftseinheiten hervorgerufen werden und grundsätzlich in ihnen, d.h. in ihrem *Verfügungsbereich*, stattfinden. Eine solche durch Menschen veranlasste und im Hinblick auf eine angestrebte Nutzenerhöhung (Wertschöpfung) zielgerichtet gelenkt sich systematisch vollziehende Transformation wird **Produktion** genannt, wenn sie nicht der unmittelbaren Befriedigung eigener Bedürfnisse dient.[2] In der wirtschaftswissenschaftlichen Literatur gibt es verschiedene Produktionsbegriffe. Hier wird Produktion sehr weit im Sinne eines **Wertschöpfungsprozesses** verstanden.

Bei der Umwandlung von Objekten in Gestalt von Sachen, Diensten, Rechten und Informationen in andere, d.h. qualitativ, räumlich oder zeitlich veränderte Objekte werden *Werte* sowohl *geschaffen* als auch *vernichtet.* Bei der Produktion steht die Erzeugung von Werten im Vordergrund. Dagegen ist *Konsumtion* regelmäßig mit einer überwiegenden Wertevernichtung verbunden. Vereinfacht bedeutet Konsum(tion) Handeln zur unmittelbaren Befriedigung eigener Bedürfnisse, Produktion dagegen Handeln zur Befriedigung *fremder* Bedürfnisse oder zur *mittelbaren* – etwa zeitlich verschobenen – Befriedigung eigener Bedürfnisse. Eine strenge Abgrenzung ist praktisch kaum möglich und letztlich willkürlich, vergleichbar der Schwierigkeit, im Steuerrecht zwischen Gewerbe und Liebhaberei zu unterscheiden. Real muss man Produktion und Konsumtion als „zwei Seiten einer Medaille" auffassen, nämlich als werteerzeugenden bzw. wertevernichtenden Aspekt ein und derselben Aktivität. Eine Trennung in die beiden Pole ist nur mittels einer idealisierenden Betrachtung möglich, wie sie für theoretische Untersuchungen erforderlich und daher üblich ist. Aber auch dann noch ist Produktion ein Wertschöpfungsprozess, der untrennbar mit einer Wertevernichtung als „Kehrseite der Medaille" verbunden ist.[3]

---

[1] Vgl. *Picot (1993)*, Spalte 4195.
[2] Vgl. *Esser (2001)*, S. 61.
[3] Textpassagen, die solchermaßen durch eine kleinere Schrift vom anderen Text abgesetzt sind, dienen in diesem Buch weiter gehenden erläuternden Hinweisen, die den Rahmen von Fußnoten sprengen und vom Leser ohne Einbußen für das Verständnis des nachfolgenden Textes übersprungen werden können.

Eine ähnliche Sichtweise findet sich auch in der neuen Konsumtheorie[4], die davon ausgeht, dass nicht Marktgüter selbst, sondern ihre Eigenschaften oder die mit ihrer Hilfe im Haushalt erstellten „Endgüter" den eigentlichen Nutzen stiften. So will der Nachfrager durch den Verzehr der Vitamine im Gemüse seine Gesundheit erhalten, während Haarspray über die erhoffte Frisurstabilität dem Selbstbewusstsein und der Anerkennung dienen soll.[5] Deshalb wird auch von einer Haushaltsproduktion gesprochen.

Eine Wirtschaftseinheit, welche sich hauptsächlich der Wertschöpfung verschrieben hat, heißt **Betrieb**. Betriebe sind also definitionsgemäß produzierende Wirtschaftseinheiten. Produktion ist danach die *Kernfunktion* jedes Betriebes, insbesondere jeder Unternehmung[6], schlechthin.

Die moderne industrielle Produktion eines Betriebes ist ein komplexes, kaum noch überschaubares Wirkungsgefüge, vor allem bei großen Unternehmungen mit einem breiten und tiefen Erzeugnisspektrum, räumlich verteilten Standorten und verschiedenen, im Mix verwendeten Produktionstypen. Zum besseren Verständnis ist es zweckmäßig, den Betrieb als ein *System* aufzufassen, welches als ein produzierendes Subsystem des ökonomischen Systems, d.h. als ein **Produktionssystem**, selber wieder ein gegliedertes Ganzes mit einer mehr oder minder ausgeprägten inneren Struktur bildet. Bild 0.2 veranschaulicht allgemein ein Produktionssystem mit seinem Umsystem (*Außenbezüge*) und seiner Innenstruktur (*Innenbezüge*).

Die **Innenstruktur** eines Produktionssystems wird durch seine Sub- und Teilsysteme beschrieben. Indem innerhalb des Systems verschiedene Teilgebilde abgegrenzt und identifiziert werden, erhält man *Subsysteme*, so beispielsweise Werke, Anlagen, Baustellen oder sogar einzelne Arbeitsplätze. Durch die Auswahl bestimmter Arten von Beziehungen werden *Teilsysteme* definiert, etwa das betriebliche Materialflusssystem. Durch sukzessive Fortführung des Strukturierungsprozesses kann die Betrachtungsgenauigkeit verfeinert werden, ohne den Bezug zum Ganzen zu verlieren. Auf diese Weise lässt sich jeder produktive, d.h. werteschaffende Teil eines Betriebes selber wieder als ein Produktions(sub)system ansehen und entsprechend zu Bild 0.2 charakterisieren.

Produktionssysteme sind Erfahrungsobjekte auch anderer Disziplinen als der Betriebswirtschaftslehre, vor allem der Ingenieurwissenschaften. In diesem Buch wird ein betriebswirtschaftlicher Standpunkt eingenommen. Somit stehen die *wirtschaftlichen Aspekte* der Produktion im Zentrum. Natürliche sowie technische, rechtliche, politische und sozio-kulturelle Gegebenheiten spielen

---

[4] Sie geht wesentlich auf *Becker (1965)*, *Lancaster (1966)* und *Muth (1966)* zurück.
[5] Vgl. *Hüser (1996)*, S. 63.
[6] Unter einer *Unternehmung* wird nach *Gutenberg (1983)*, S. 507ff., ein in einer Marktwirtschaft autonom agierender und erwerbswirtschaftlich orientierter, d.h. auf Gewinnerzielung angelegter, Betrieb verstanden. Im Folgenden wird allerdings nicht weiter zwischen den Begriffen Betrieb und Unternehmung differenziert.

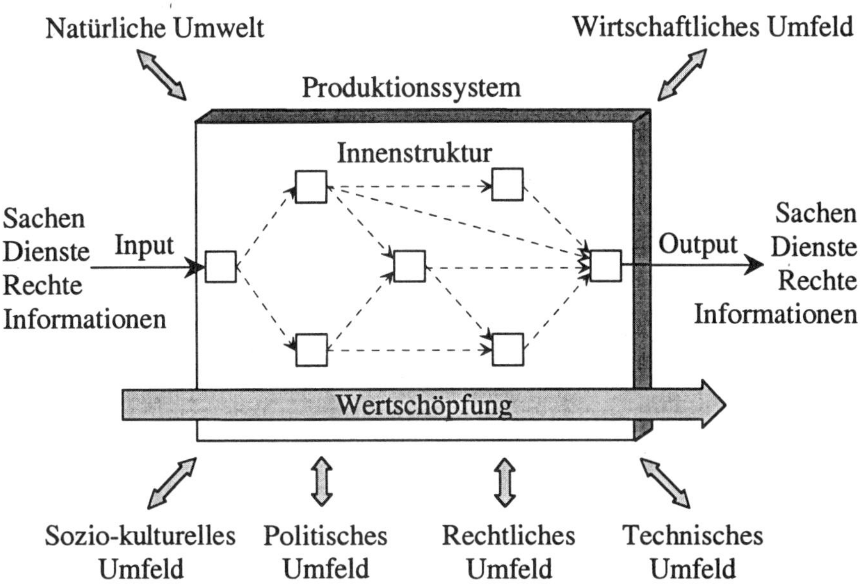

Bild 0.2: Das Produktionssystem (in Anlehnung an *Günther/Tempelmeier 2000*, Bild 1)

eine wesentliche Rolle, jedoch nur insoweit, wie sie die für wirtschaftliche Analysen relevanten Rahmenbedingungen beeinflussen. Im Unterschied zur Volkswirtschaftslehre, die in der Mikroökonomie die Unternehmung als kleinste produzierende Einheit betrachtet, untersucht die Betriebswirtschaftslehre neben der Unternehmung als Ganzem auch verschiedene Sub- und Teilsysteme, z.B. die oben genannten. Die vertiefte, ökonomisch orientierte Analyse solcher betrieblicher Produktionssysteme definiert die **Produktionswirtschaftslehre** als eine spezielle Betriebswirtschaftslehre.

Auf Grund der Kernfunktion der Produktion ist die Produktionswirtschaftslehre in engem Zusammenhang mit den anderen speziellen Teilgebieten der Betriebswirtschaftslehre zu sehen. Besonders zu nennen sind diejenigen, welche sich mit den klassischen Funktionen *Beschaffung* und *Absatz* oder mit Querschnittsfunktionen wie der *Logistik*, der *Umweltwirtschaft* oder dem *Internen Rechnungswesen* beschäftigen. Überschneidungen sind dabei teilweise nicht nur unvermeidbar, sondern oft sogar beabsichtigt, um auf diese Weise im Sinne einer *Allgemeinen Betriebswirtschaftslehre* die Integration der betriebswirtschaftlichen Teilgebiete zu fördern.

Literaturhinweise

Dyckhoff (1994), Abschn. 1.1–1.3
Günther/Tempelmeier (2000), Abschn. 1.1–1.2
Kern (1996)

0.2 Theorie betrieblicher Wertschöpfung und Produktionsmanagementlehre

Unter einem *Produktionsmodell* versteht man die sinnhafte Abbildung eines oder mehrerer ähnlicher Produktionssysteme (Urbilder) auf ein anderes System (Abbild). So gesehen handelt es sich bei Bild 0.2 um ein ziemlich allgemein gehaltenes, grafisches Produktionsmodell, weil es eine Vielzahl realer Produktionssysteme darzustellen vermag.

Modelle sind stets zweckorientiert. Um den Gegenstandsbereich der Produktionswirtschaftslehre weiter unterteilen zu können, sind verschiedene Spezifizierungen des Bildes 0.2 denkbar und auch gängig. Hier soll mit dem Bild 0.3 eine Unterscheidung in zwei wesentliche Subsysteme eines Produktionssystems vorgenommen werden.[7]

Das Bild ist einem Regelkreis nachempfunden: Mit übergeordneten Zielen als Führungsgrößen wird der Wertschöpfungsprozess unter Zugriff auf vorhandene interne und externe Daten gesteuert. Die Grundstruktur eines Produktionssystems kann dabei durch zwei konzeptionell verschiedene, aber eng miteinander verknüpfte Teilprozesse beschrieben werden. Im *Ausführungssystem*, auch *Leistungssystem* genannt, läuft der Wertschöpfungsprozess als eigentlicher Transformationsprozess der Produktion ab. Dem übergeordnet ist das **Produktionsmanagement** als *Führungssystem* der Produktion. Über den zugehörigen informationsverarbeitenden Managementprozess besteht seine Aufgabe in der zielkonformen Gestaltung und Lenkung des Wertschöpfungsprozesses. Der institutionelle Träger des Produktionsmanagements, d.h. diejenige Person oder Gruppe von Personen, denen als Entscheidungsträgern die Führung des betrachteten Produktionssystems obliegt, wird als **Produzent** bezeichnet. Aus funktionaler Sicht sind mit Produktionsmanagement die Aufgaben und Tätigkeiten des Produzenten gemeint, d.h. die *Planung, Kontrolle* und *Informationsversorgung* der Produktion in Verbindung mit ihrer *Organisation* und der *Personalleitung*, insbesondere dem sachbezogenen Personaleinsatz.

Die Planvorgaben des Produzenten bilden die *Stellgrößen* für die Steuerung des Wertschöpfungsprozesses. Bei der Ausführung des Prozesses resultieren korrespondierende Rückmeldeinformationen (*Feedback*). Im Rahmen der Kontrolle werden diese Istwerte mit den aus den Führungsgrößen abgeleiteten Sollwerten verglichen. Abweichungen auf Grund unvorhergesehener *Störungen* oder aber

---

[7] Die Unterteilung des Systems Unternehmung in das Ausführungs- bzw. Leistungssubsystem sowie das Führungssubsystem kennzeichnet wesentlich auch den modernen Ansatz eines koordinationsorientierten bzw. rationalitätssichernden Controllings (vgl. *Küpper 2001* und *Weber 1999*).

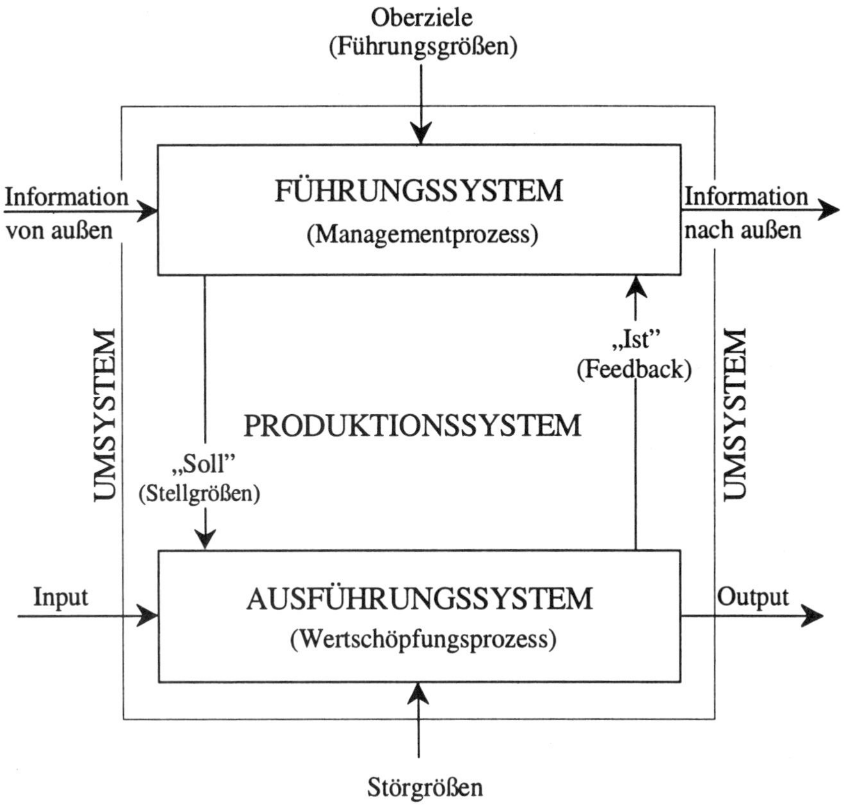

Bild 0.3: Führung und Ausführung im Produktionssystem

auch wegen schlechter Planung stoßen dann eine Planrevision an, die so zu einem sich ständig wiederholenden *Managementprozess* führt.

Die Produktionswirtschaftslehre behandelt den Zusammenhang und das Zusammenspiel des Ausführungssystems und des Führungssystems eines Produktionssystems. Beide Subsysteme, d.h. sowohl die (ausführende) Wertschöpfung als auch das Produktionsmanagement, bilden unverzichtbare Bestandteile produktionswirtschaftlicher Theorien und Lehrsätze. Wegen der Komplexität und Vielgestaltigkeit realer Produktionssysteme kann man allgemeiner gültige Aussagen allerdings nur dann machen, wenn man sich auf ein gewisses Abstraktionsniveau begibt, wenn man also die Urbilder bei der Modellbildung durch Konzentration auf wesentliche und Weglassen unwesentlicher Aspekte stark vereinfacht. Was wesentlich und was unwesentlich ist, hängt jeweils von der zu untersuchenden Fragestellung ab.

Demgemäß lassen sich *zwei Hauptgebiete* der Produktionswirtschaftslehre unterscheiden, welche sich jeweils in ihren Fragestellungen auf eines der beiden Subsysteme konzentrieren und dabei das andere nur so weit wie nötig berücksichtigen:

- die (transformationsorientierte) Theorie betrieblicher Wertschöpfung und
- die Produktionsmanagementlehre.

Die *Theorie betrieblicher Wertschöpfung* behandelt danach Fragen zu den ausführenden, werteschaffenden Betriebsprozessen, die *Lehre des Produktionsmanagements* darauf bezogene Fragen zur Führung solcher Prozesse. Im ersten Fall wird also das Ausführungssystem (bildlich gesprochen der untere Kasten in Bild 0.3) unter die Lupe genommen und so in seinen detaillierten Zusammenhängen sichtbar gemacht, während gleichzeitig das Führungssystem (also der obere Kasten) auf ein vertretbares Minimum schrumpft. Das Bild 0.4 veranschaulicht auf diese Weise den Gegenstand der Theorie betrieblicher Wertschöpfung, welche im Zentrum dieses Buches steht. Der zweite, entgegengesetzte Fall mit dem Fokus auf dem Führungssystem (d.h. dem oberen Kasten von Bild 0.3) [8] charakterisiert analog die Produktionsmanagementlehre; auf sie wird in diesem Buch nur insoweit eingegangen, wie es nötig ist, um den Zusammenhang mit der Theorie betrieblicher Wertschöpfung zu verdeutlichen.

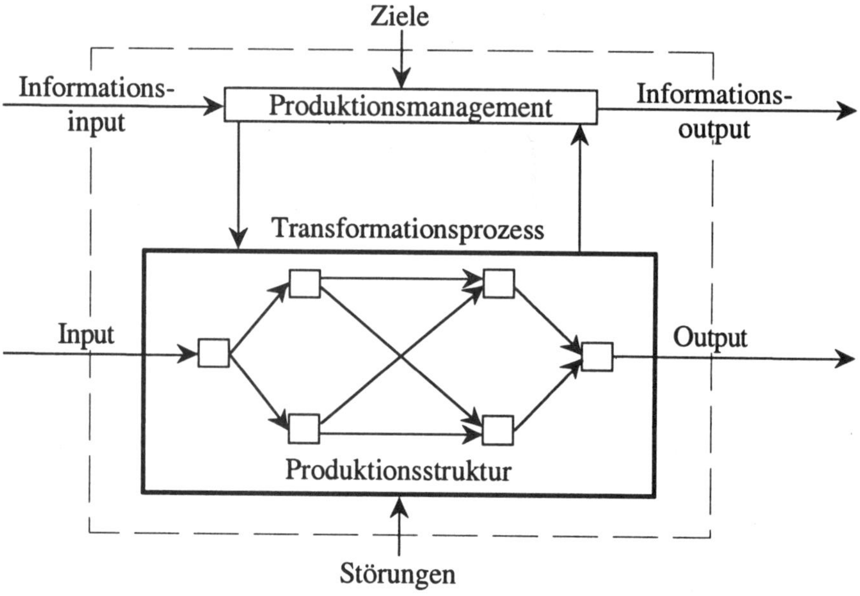

Bild 0.4: Gegenstand der Theorie betrieblicher Wertschöpfung

[8] Beispielhaft illustriert durch die Bilder 14.1 und 14.2.

Literaturhinweise
Dyckhoff (1994), §§ 2, 19
Schiemenz (1993)

0.3 Aufgabe und Struktur der Theorie betrieblicher Wertschöpfung

Wesentliche **Grundzüge der Produktionswirtschaft** werden durch Aussagen über Eigenschaften skizziert, welche für eine Vielzahl von Produktionssystemen zutreffen. Aussagen, die dies leisten, müssen ein entsprechend *hohes Abstraktionsniveau* besitzen. Um sie treffen zu können, bedarf es einer geeigneten produktionswirtschaftlichen Theorie.

Unter der transformationsorientierten **Theorie betrieblicher Wertschöpfung** wird die zweckorientierte Gesamtheit der Grundannahmen (Axiome, Prämissen) und Schlussfolgerungen (Theoreme) verstanden, welche sich auf Modelle des Transformationsprozesses im Rahmen von Produktionssystemen beziehen. Als empirische Theorie besteht ihre *Aufgabe* darin, dem Menschen zu helfen, sich in der unübersichtlichen Vielfalt realer Produktionsprozesse zurechtzufinden und diese – so weit wie möglich – nach seinen Wünschen zu gestalten. Sie soll daher sowohl einen *Erklärungswert* besitzen (Erkenntnisinteresse) als auch *Prognose-* und *Gestaltungsmöglichkeiten* eröffnen (praktisches Interesse). Ihre Schlussfolgerungen werden auf deduktiv-logischem Weg aus den vorgegebenen Prämissen abgeleitet. Dabei soll die Anbindung an die Gesetze der Logik gewährleisten, dass die Theorie der Grundforderung jeden wissenschaftlichen Arbeitens nach Widerspruchsfreiheit genügt.[9]

In Kurzform kann an Stelle der transformationsorientierten Theorie betrieblicher Wertschöpfung auch einfach von der **Produktionstheorie** gesprochen werden.[10] Da jedoch auch eine engere Begriffsfassung geläufig ist und im Folgenden verwendet wird, wird hier darauf verzichtet, um den Zusatz *im weiten Sinne* zu vermeiden. Im weitesten Sinne lässt sich unter Produktionstheorie die *Theorie der Produktionswirtschaft* verstehen, welche dann einerseits sowohl die Theorie betrieblicher Wertschöpfung als auch die Theorie des Produktionsmanagements umfasst und andererseits von der Technologie der Produktionswirtschaft, d.h. von der unmittelbar praxisbezogenen Gestaltungslehre der Produktionsmanagementtechniken abzugrenzen ist.

Die Aussagen einer Theorie sollen nicht nur *widerspruchsfrei* und empirisch möglichst gehaltvoll, sondern darüber hinaus auch möglichst allgemein gültig sein. Die Forderungen nach *empirischem Gehalt* und *Allgemeingültigkeit* stehen allerdings in einem gewissen konträren Spannungsverhältnis und lassen sich grundsätzlich nur mit Einschränkungen erfüllen. Im Sinne einer in sich geschlossenen produktionswirtschaftlichen Theorie mit

[9] Vgl. zu diesem Theoriebegriff *Busse von Colbe/Laßmann (1991)*, S. 48.
[10] Vgl. *Wittmann (1968)*, *Dinkelbach/Rosenberg (2002)*.

genügend hohem Abstraktionsniveau wird daher im Konfliktfall der Allgemeingültigkeit der Vorrang vor dem empirischen Gehalt gegeben; so können Aussagen gewonnen werden, welche für eine Vielzahl realer, gegebenenfalls aber auch fiktiver und potenziell realisierbarer Produktionssysteme zutreffen.

Die Allgemeingültigkeit der heute existierenden Theorie betrieblicher Wertschöpfung wird in mehrfacher Weise stark eingeschränkt. Einmal steht nach wie vor die Sachgütererzeugung in Industriebetrieben im Zentrum, sodass man besser von einer Theorie **industrieller** Wertschöpfung spricht.[11] Des Weiteren sind die grundlegenden Modelle entweder *statisch* und *deterministisch*, sofern sie allgemeine, komplexe Produktionsstrukturen darstellen können, oder aber sie bilden im Falle *dynamischer* oder *stochastischer* Modelle nur sehr spezielle, einfache Produktionsstrukturen ab. Dementsprechend kann die Theorie betrieblicher bzw. industrieller Wertschöpfung bislang als in ihrem Kern **statisch-deterministisch** charakterisiert werden, mit einzelnen dynamischen und stochastischen Erweiterungen. Von besonderer Bedeutung sowohl aus praktischer als auch aus didaktischer Sicht ist die **lineare** Theorie, trotz ihrer eingeschränkten Allgemeingültigkeit.

Dem in diesem Buch gewählten Ansatz liegt eine **systemorientierte** Sichtweise zu Grunde, welche es erlaubt, komplexe Strukturen schrittweise in einfache und überschaubare Teile zu zerlegen (*Systemanalyse*) bzw. solche Strukturen sukzessive durch die Kopplung und Vernetzung einfacher Module zu erzeugen (*Systemsynthese*). Den formalen Rahmen bildet die von *Koopmans (1951)* eingeführte sowie von *Wittmann (1968)* u.a.m. weiterentwickelte *Aktivitätsanalyse*. Sie ermöglicht die Formulierung einer **prozessorientierten** Theorie, welche große Teile der traditionellen Produktions- und Kostentheorie abdeckt. Durch die Verwendung grafischer (bzw. graphentheoretischer) Instrumente besitzt sie eine konstruktive Ausrichtung. Darüber hinaus erweist sie sich als anschlussfähig für eine auf ihr aufbauende Lehre des Produktionsmanagements.

Bild 0.5 stellt den *Aufbau* der Theorie betrieblicher Wertschöpfung dar. Die *reale Produktion* wird – von unten nach oben – in drei Stufen zunehmender Information über die Präferenzen des Produzenten dargestellt und analysiert.

Ausgangspunkt ist der reale Produktionsprozess. Gemäß der Wahrnehmung und der Interessenlage des Produzenten wird er auf der untersten Ebene, der *Objektebene*, modellmäßig in seinen *Input/Output*-Beziehungen erfasst. Grundbegriffe dieser Betrachtungsebene sind Objekt, Aktivität, Technik und Restriktion. Die Wahrnehmung und das Interesse des Produzenten äußern sich auf dieser Ebene ausschließlich darin, welche Objekte im Modell beachtet und welche ignoriert werden. Außerdem werden diejenigen Objekte bestimmt, welche in Verbindung mit bestimmten Sachzielen den Zweck der Produktion bilden. Weitergehende

[11] Zu Grundlagen der Dienstleistungsproduktion siehe *Corsten (1997)* und *Maleri (1997)*.

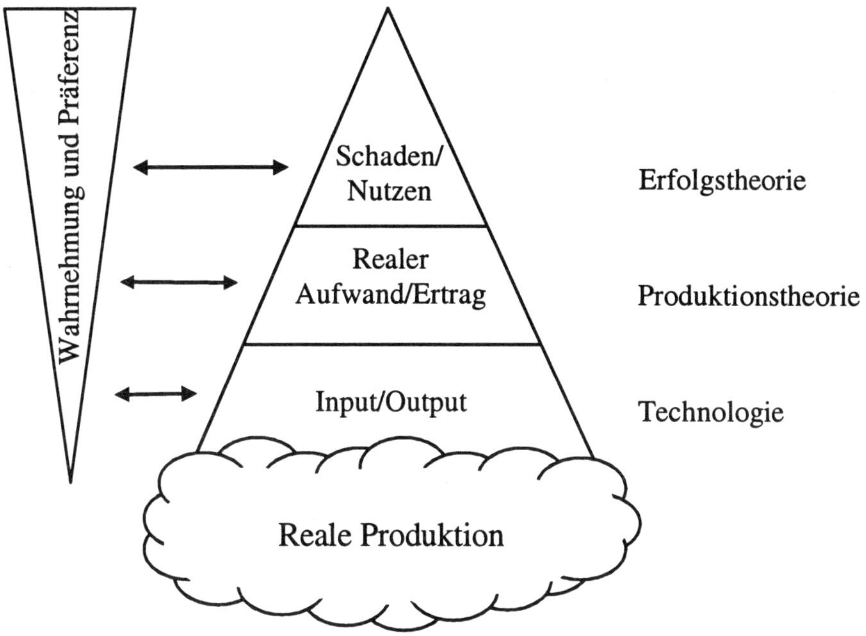

Bild 0.5: Aufbau der Theorie betrieblicher Wertschöpfung

Präferenzinformationen liegen (noch) nicht vor. Die Theorie der Objektebene bildet insofern noch keine eigentlich ökonomische Theorie und kann als **Technologie**, d.h. als Lehre von der Produktionstechnik, verstanden werden. Gleichwohl bildet sie eine notwendige Grundlage für die beiden ihr übergeordneten, produktionswirtschaftlichen Ebenen.

Das Wort Technologie wurde um 1790 erstmals von Johann Beckmann, der in Göttingen Ökonomie lehrte, verwendet, um das Wissen der Herstellverfahren in den verschiedenen Gewerben, den nützlichen Künsten, zusammenfassend zu beschreiben; es kann in diesem Sinne als „die Lehre von der Technik" verstanden werden.[12] Dem wird hier gefolgt. Im Rahmen der Produktionstheorie wird dagegen der Begriff Technologie in Anlehnung an den angloamerikanischen Sprachgebrauch regelmäßig in einem etwas anderen Sinne benutzt, um damit das Wissen des jeweiligen Produzenten über verfügbare Techniken bzw. Produktionen zu kennzeichnen.[13]

Die mittlere Ebene betrachtet die Ergebnisse der Produktion auf Basis rudimentärer Präferenzäußerungen. Auf dieser *Ergebnisebene* werden der *reale Aufwand und Ertrag* in Gestalt mehrdimensionaler Kennziffern, meist physi-

[12] Vgl. *Warnecke (1993)*, S. 28.

[13] Vgl. *Wittmann (1968)*, S. 3, *Kistner (1993)*, S. 56, *Dinkelbach/Rosenberg (2002)*, S. 34, *Dyckhoff (1994)*, S. 47, und *Fandel (1994)*, S. 25.

kalischer Mengengrößen, analysiert. Mit ihrer Hilfe können Ergiebigkeitsmaße sowie über den Effizienzbegriff ein schwaches Erfolgsprinzip als verallgemeinerte Fassung des traditionellen Wirtschaftlichkeitsprinzips formuliert werden. Die auf dieser Ebene entwickelte Theorie wird als **Produktionstheorie** (im engeren Sinne) bezeichnet.[14]

Die *Erfolgsebene* als oberste Ebene behandelt den Erfolg der Produktion im Sinne einer eindimensionalen Kennziffer, welche die gesamte oder auch nur einen bestimmten Teilaspekt der Wertschöpfung beschreibt. Im Allgemeinen resultiert der Erfolg aus der Abwägung der Vor- und Nachteile der durch die Produktion bewirkten Veränderungen. Eine solche *Nutzen/Schaden*-Bilanz entspricht im betriebswirtschaftlichen Normalfall dem Saldo der Leistungen und Kosten. Die Forderung nach maximalem Erfolg charakterisiert das starke Erfolgsprinzip der *Erfolgsebene.* Demgemäß kann man von einer **Erfolgstheorie** sprechen.

In diesem Buch wird die Theorie betrieblicher Wertschöpfung zwar aus der Sicht des Produzenten, d.h. ausgehend von seiner Wahrnehmung und Interessenlage, entwickelt. Sie bleibt in ihrer grundsätzlichen Struktur und hinsichtlich der Methodik aber auch dann gültig, wenn andere Präferenzen zu Grunde gelegt werden, etwa solche der Öffentlichkeit mit *sozialer* oder *ökologischer* Ausrichtung.

Literaturhinweise
Busse von Colbe/Laßmann (1991), § 4
Dyckhoff (1994), § 3, und *(2002)*
Schneider (1997)
Schweitzer/Küpper (1997)

0.4 Hinweise zur Lektüre des Buches

Der *Hauptteil* des Buches umfasst vier Kapitel mit zusammen dreizehn Lektionen. Dazu kommt außer dieser einführenden *Lektion 0* noch die *Lektion 14*, welche abschließend wichtige Begriffe resümiert und auf den Zusammenhang zwischen der Theorie betrieblicher Wertschöpfung und der Produktionsmanagementlehre eingeht.

Bild 0.6 gibt einen Überblick über den Aufbau und die Struktur des Hauptteils. Die *Kapitel A, B und C* behandeln die allgemeine Theorie. Sie sind den grundlegenden Darstellungen der drei Betrachtungsebenen gemäß Bild 0.5

[14] Eine entscheidungsorientierte Verallgemeinerung der Produktionstheorie wird von *Dyckhoff (2002)* vorgestellt. Diese Theorie umfasst die Technologie und die Erfolgstheorie als Grenzfälle.

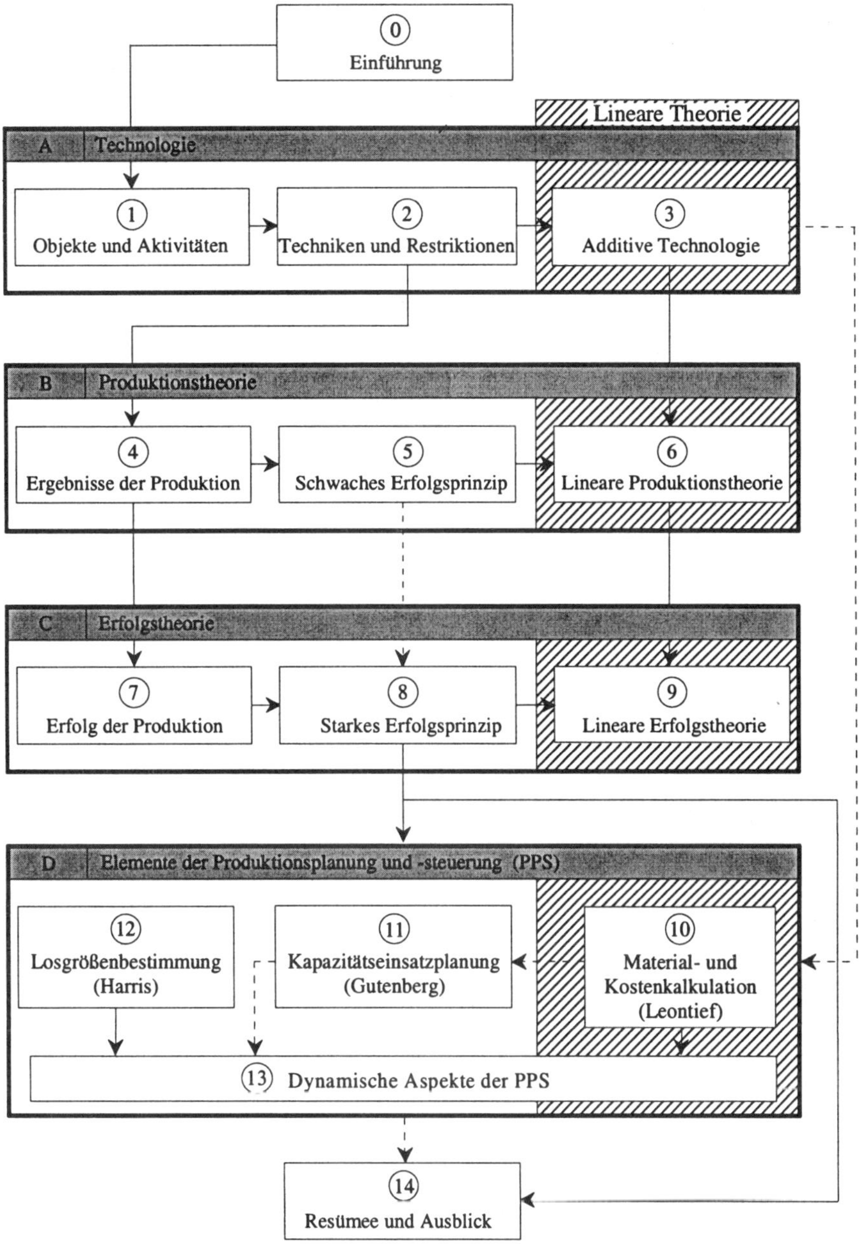

Bild 0.6: Aufbau und Struktur des Buches

gewidmet und bestehen aus je drei Lektionen, wobei die erste in die betreffende Ebene einführt, die mittlere zentrale Konzepte und Aussagen vorstellt, welche dann in der jeweils letzten Lektion für die additive bzw. lineare Theorie spezifiziert werden. Das nachfolgende *Kapitel D* konkretisiert die vorangehende allgemeine, im Wesentlichen statisch-deterministische Theorie und erweitert sie zum Teil auch im Hinblick auf dynamische Aspekte. Es behandelt in vier Lektionen ausgewählte, bekannte Modelle, mit denen wesentliche Elemente herkömmlicher Systeme der Produktionsplanung und -steuerung (PPS) erläutert werden können.

Bild 0.6 skizziert den logischen Zusammenhang aller dreizehn Lektionen der vier Kapitel des Hauptteils. Ein durchgezogener Pfeil von Lektion *m* zu Lektion *n* besagt, dass Lektion *n* die Kenntnis der Lektion *m* voraussetzt. Ein gestrichelter Pfeil dagegen ist lediglich als eine Empfehlung über die Reihenfolge der Lektüre zu verstehen. Der Graph gibt damit Hinweise für einen Leser, der sich nur für bestimmte Lektionen interessiert und deshalb andere überspringen will. Für einen Leser, der lediglich einen Überblick über die Grundgedanken der Theorie betrieblicher Wertschöpfung gewinnen will, würde es etwa genügen, sich auf die Lektionen 1, 2, 4, 5, 7 und 8 zu konzentrieren. Für eine einführende Vorlesung zur Produktionswirtschaft empfiehlt es sich, die speziellen Lektionen 3, 6 und 9 zur linearen Theorie höchstens auszugsweise zu behandeln.

Innerhalb einer Lektion sind einzelne Abschnitte, welche ohne weiteres übersprungen werden können, in einer Inhaltsgliederung zu Beginn der Lektion besonders markiert (*). Im Interesse einer Förderung des Verständnisses ist die Gedankenführung im Text möglichst direkt und schnörkellos. Auf den einen oder anderen erwähnenswerten Seitenaspekt wird in kurzen Exkursen und Fußnoten aufmerksam gemacht, die durch eine kleinere Schrift gekennzeichnet sind. Außerdem finden sich im Anschluss an die einzelnen Abschnitte einer Lektion jeweils einige ausgewählte *Hinweise auf ergänzende und weiterführende Literatur*. Dabei wird auf eine breite literarische Untermauerung zu Gunsten weniger, einschlägiger und möglichst gut zugänglicher Quellen verzichtet. Von dort weiterschreitend wird sich der interessierte Leser rasch die existierende Literatur erschließen können.

In Deutschland wesentlich beeinflusst durch den 1951 in erster Auflage erschienenen ersten Band „Die Produktion“ der Grundlagen der Betriebswirtschaftslehre von *Gutenberg (1983)*, international durch die Aktivitätsanalyse von *Koopmans (1951)* und durch die 1953 erstmals veröffentlichte Theorie der Produktionskorrespondenzen von *Shephard (1970)* ist die Produktions- und Kostentheorie dasjenige Teilgebiet der Betriebswirtschaftslehre, in das die Mathematik als abstrakte Darstellungsform als erstes in den 1950er Jahren verstärkt Einzug gehalten hat. Spätestens in den 1970er Jahren hat sich bei diesem Teilgebiet aber auch zuerst ihr abnehmender Grenznutzen gezeigt, besonders dann, wenn es um die Vermittlung von Einsichten, Erkenntnissen und praktischem Wissen in einem einführenden Lehrbuch geht. Dennoch sind algebraische Darstellungen mittels Vektoren, Matrizen o.ä. kaum vollständig vermeidbar. Allerdings lassen sie sich häufig durch anschaulichere Darstellungsformen wie

Tabellen und Grafiken ersetzen oder ergänzen. So können die in Lektion 3 für additive Techniken eingeführten *abstrakten* Input/Output-Graphen algebraische Formeln sogar fast vollständig erübrigen.

Bei der Präsentation der Theorie wird auf die sonst in der Produktions- und Kostentheorie übliche Verwendung abstrakter mathematischer Modelle so weit wie vertretbar zu Gunsten einfacher, konkreter, illustrativer BEISPIELE verzichtet. Dabei werden einige sukzessiv über mehrere Lektionen hin entwickelt, insbesondere die Beispiele zur LEDERVERARBEITUNG, EDV-SCHULUNG, LANDWIRTSCHAFTLICHEN PRODUKTION sowie zur MÜLLVERBRENNUNG, um auf diese Weise die Zusammenhänge der Lektionen zu verdeutlichen. Zur Einstimmung sind die beiden erstgenannten Fallbeispiele am Ende dieser Lektion als einführende Aufgabenstellungen formuliert. Die Erfahrung zeigt, dass mathematisch weniger geschulte Studierende so eher in der Lage sind, den behandelten Stoff nachzuvollziehen. Mathematisch fortgeschrittenen Lesern wird es trotzdem gelingen, Einsichten höheren Allgemeinheitsgrades zu gewinnen, welche für die hier beabsichtigte *Einführung* in die Theorie ausreichen und durch die Lektüre weiterführender Literatur bei Bedarf ausgebaut und vertieft werden können.

Das *Sachwortregister* gibt darüber Auskunft, auf welchen Seiten wichtige Begriffe behandelt werden. Besonders wichtige sind mit **fetter** Schrift gekennzeichnet. Eine *Übersicht* findet sich außerdem in Lektion 14 in Gestalt der drei Tabellen 14.1 bis 14.3 mit Erläuterungen. Jede Lektion schließt mit *Wiederholungsfragen* sowie im Hauptteil (Kapitel A bis D) auch mit *Übungsaufgaben* ab, die der Selbstkontrolle des Verständnisses und der verstärkten Einübung der Modellierung von Fragestellungen der Produktion dienen. Einige Übungsaufgaben lehnen sich bewusst an Beispiele in anderen Lehrbüchern an, um dem Leser auf diese Weise auch den Zugang zu anderen Quellen zu erleichtern. Die Lösungen der Übungsaufgaben werden in einem begleitenden Übungsbuch von *Dyckhoff/Ahn/Souren (2002)* vorgestellt und erläutert.

Literaturhinweise

Ausführlicher als hier dargestellt wird die Theorie betrieblicher Wertschöpfung von *Dyckhoff (1994)*. Andere Werke zu dieser Thematik mit einer teilweise ähnlichen Orientierung sind unter anderen diejenigen von *Danø (1966)*, *Dellmann (1980)*, *Dinkelbach/Rosenberg (2002)*, *Fandel (1994)*, *Kistner (1993)*, *Steven (1998)* und *Wittmann (1968)*. Werke eher anderer Orientierung sind diejenigen zur traditionellen Produktions- und Kostentheorie, so u.a. die von *Busse von Colbe/Laßmann (1991)*, *Schweitzer/Küpper (1997)* und *Steffen (1993)*, sowie diejenigen zur volkswirtschaftlichen Produktionstheorie, so u.a. die von *Färe (1988)*, *Färe/Grosskopf/Lovell (1994)*, *Hesse/Linde (1976)*, *Krelle (1969)* und *Shephard (1970)*. Darüber hinaus sei auf die Stichworte zur Produktionstheorie im Handwörterbuch der Produktionswirtschaft von *Kern/Schröder/Weber (1996)* sowie auf die Kompendienbeiträge von *Günther (1998)*, *Kloock (1998)* und *Reese (1999)* verwiesen.

Wiederholungsfragen

1) Was versteht man unter Produktion?
2) Was ist ein Produktionssystem? Wie lässt es sich darstellen, und welche Umsysteme besitzt es?
3) Was ist Gegenstand und Inhalt der Teilgebiete Theorie betrieblicher Wertschöpfung und Produktionsmanagementlehre, und in welcher Beziehung stehen sie zueinander?
4) Wie ist die Theorie betrieblicher Wertschöpfung aufgebaut? Wie lässt sich der hier gewählte Ansatz charakterisieren?

Fallbeispiele

Lesen Sie die nachfolgenden Texte zu den beiden Fallbeispielen und überlegen Sie, was die jeweiligen Aufgabenstellungen bedeuten. Fallen Ihnen trotz der Unterschiedlichkeit der beiden Beispiele gewisse Gemeinsamkeiten auf? Wie lassen sich diese Gemeinsamkeiten durch eine Abstraktion von dem jeweiligen konkreten Anwendungskontext besser herauskristallisieren? (Hinweis: Die Fallbeispiele werden in den nachfolgenden Lektionen behandelt und die zugehörigen Aufgaben schrittweise gelöst.)

LEDERVERARBEITUNG

Die Unternehmensleitung des Lederwarenherstellers *Gerd Gerber* beschließt, im nächsten Monat die exklusive Kollektion *Alaun* auf den Markt zu bringen. Die Hauptbestandteile der Kollektion sind hochelegante Lederschuhe und Ledertaschen. Sie als Produktionscontroller/-in erhalten von der Unternehmensleitung zwei Aufträge: Zunächst sollen Sie relevante Informationen aus den unterschiedlichsten Quellen sammeln, auf deren Basis Sie daraufhin einen begründeten Entscheidungsvorschlag hinsichtlich der zu produzierenden Mengen präsentieren sollen.

Als ersten Schritt entscheiden Sie sich bei der Marktforschung nachzufragen, welche Preise für die neue Kollektion verlangt werden können. Der Abteilungsleiter teilt Ihnen mit, dass seine Analysen ergeben haben, dass für ein Paar Schuhe 200 und für eine Tasche 400 Euro an Absatzerlösen eingeplant werden können. Als Sie sich gerade zum Gehen wenden, ruft er Ihnen hinterher, dass Sie die bereits für den nächsten Monat eingegangenen Lieferverpflichtungen über 20 Paar Schuhe und 10 Taschen berücksichtigen sollen. Auf dem Weg zurück in Ihr Büro kommen Sie an der Fertigungshalle vorbei, in welcher momentan die letzte Kollektion hergestellt wird. Sie entschließen sich, den Fertigungsleiter bezüglich der Produktion der neuen Kollektion *Alaun* zu befragen. Der Fertigungsleiter erklärt Ihnen, dass auch zur Produktion der neuen Kollektion Nähmaschinen und Arbeitskräfte eingesetzt werden. Die Unterschiede lägen vielmehr im neuen Design und in der hohen Qualität des eingesetzten Leders. Als Sie jedoch nach konkreten Produktionszeiten und Rohstofferfordernissen fragen, meint der Fertigungsleiter, dass er Ihnen diesbezüglich nur grobe Angaben machen kann, die konkreten Werte befänden sich aber in der Konstruktionsabteilung. Angeregt durch die neu gewonnenen Erkenntnisse schlagen sie den direkten Weg zur Konstruktionsabteilung ein. Nach kurzem Suchen offenbart Ihnen der zuständige Sachbearbeiter, dass zur Herstellung von einem Paar Schuhe und einer Tasche jeweils 50 Arbeitsminuten angesetzt werden. Für ein Paar Schuhe werden 40 Minuten Nähmaschinenzeit eingeplant, für eine Tasche 15 Minuten. Bei einer Tasche werden hingegen 0,4 m^2 Leder eingesetzt, was 0,25 m^2 mehr ist als bei einem Paar Schuhe. Ihren nächsten Besuch statten Sie der Buchhaltung ab. Dort teilt man Ihnen mit, dass erst kürzlich die Kostenwerte für eine Nähmaschinenminute (ca. 2 Euro) und eine Arbeitsminute (1 Euro) ermittelt wurden. Bezüglich des eingesetzten Leders wurden allerdings noch keine Informationen übermittelt, man rät Ihnen jedoch, mal in der Beschaffungsabteilung nachzufragen. Dort angekommen können Sie gleich die gerade eingetroffene Lederprobe bewundern, wovon ein Quadratmeter immerhin 500 Euro kostet. Der Abteilungsleiter ist jedoch felsenfest davon überzeugt, dass dieser Preis auch angemessen ist, vor allem in Betracht dessen, dass nur 30 m^2 Leder pro Monat verfügbar seien. Schade sei lediglich, dass bei der Produktion einer Tasche 25 und von einem Paar Schuhe 30 Gramm Lederreste anfielen. Als Sie endlich wieder in Ihrem Büro sitzen, lassen Sie sich die vergangenen Stunden noch einmal durch den Kopf gehen und kommen zu dem Entschluss, noch einmal den Fertigungsleiter anzurufen. Sie hatten doch tatsächlich in der Hektik vergessen, nach der Anlagenkapazität und der Anzahl der verfügbaren Arbeitskräfte in einem Monat zu fragen! Ein paar Sekunden später notieren Sie sich, dass für die neue Kollektion insgesamt maximal nur 5000 Arbeits- und 3000 Nähmaschinenminuten pro Monat zur Verfügung stehen. Sie lehnen sich zurück und realisieren, dass sie gerade Ihre erste Aufgabe bewältigt haben! Nun stellt sich jedoch die eigentlich entscheidende Frage: Wie viele Schuhe und wie viele Taschen sollen im nächsten Monat produziert werden?

EDV-SCHULUNG

Eine EDV-Schulungsfirma bietet Schulungen von Personengruppen an einer neuen Software an. Neben der normalen Schulung existiert auch eine Intensivschulung. Zur Durchführung der Schulungen muss die EDV-Firma einerseits einen Schulungsraum (gemessen in Belegungsminuten der dort befindlichen maximal 15 Computer) anbieten, andererseits wird den Teilnehmern Unterrichtsmaterial in Form zusammengehefteter Mappen bereitgestellt. Darüber hinaus wird jede Gruppe von Trainern (gemessen in eingesetzten Personentagen) betreut. Als Ergebnis der durchgeführten Schulungen ergibt sich ein gewisser Lernerfolg (gemessen in fiktiven Lerneinheiten) bei den Teilnehmern.

Mit einer normalen Schulung verdient die Firma je Lehreinheit 200 Euro, mit einer Intensivschulung 400 Euro. Eine Belegungsminute des Schulungsraumes kostet die Firma 1 Euro, eine Mappe mit Unterrichtsmaterial 2 Euro und ein Trainer pro Tag 500 Euro. Ferner dauert eine ganze Lehreinheit 50 Minuten, wobei aber auch halbe oder beliebige andere Bruchteile denkbar sind. Eine normale Schulungsgruppe umfasst 40 Teilnehmer, eine Intensivschulung 15 Teilnehmer. Der Lernerfolg beträgt bei der normalen Schulung durchschnittlich 0,75 und bei der Intensivschulung 1,667 fiktive Lerneinheiten.

	Schulungsraum (Minuten)	**Unterrichtsmaterial** (Mappen)	**Trainer** (Personentage)	**Lernerfolg** (fiktive Lerneinheiten)
normale Schulung	50	40	0,15	$40 \cdot 0{,}75 = 30$
Intensivschulung	50	15	0,4	$30 \cdot 1{,}667 = 25$

Insgesamt steht der Schulungsraum maximal 5000 Minuten zur Verfügung, es können maximal 3000 Mappen beschafft oder bereitgestellt werden und die Trainerkapazität beträgt maximal 30 Personentage. Die EDV-Schulungsfirma muss mindestens 20 normale und 10 Intensivschulungen durchführen. Wie viele Normal- bzw. Intensivschulungen sollen durchgeführt werden?

Kapitel A

Technologie

Dieses Kapitel entwickelt in drei Lektionen die notwendigen technologischen Grundlagen der Objektebene für die späteren produktionswirtschaftlichen Betrachtungen der darauf aufbauenden Ergebnis- und Erfolgsebene in den Kapiteln B und C. Im Zentrum der Lektion 1 steht die Beschreibung einer einzelnen Produktionsaktivität als singulärer Prozess des Input und Output von Objekten. Der Erfassung aller möglichen Aktivitäten dienen die in Lektion 2 eingeführten Konzepte der Technik und der Restriktionen. Lektion 3 behandelt den wichtigen Spezialfall additiver Techniken.

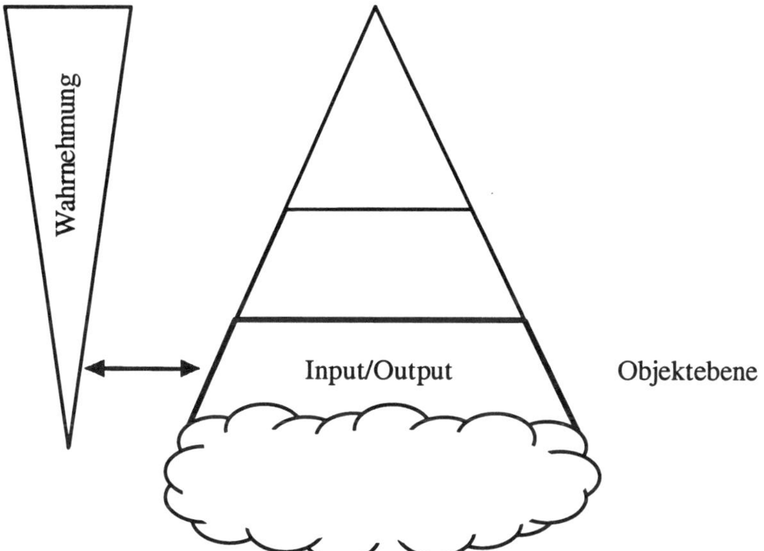

1 Objekte und Aktivitäten

1.1 Objekte produktionswirtschaftlichen Handelns
1.1.1 Wahrnehmung und Beachtung von Objekten
1.1.2 Erscheinungsformen, Eigenschaften und Messbarkeit
1.2 Produktionsaktivität als Input/Output-Prozess
1.2.1 Bestands- und Stromgrößen
1.2.2 Eine fundamentale dynamische Mengenbilanzgleichung
1.2.3 Produktionsaktivität einer Periode
1.2.4 Spezialfall ohne Zwischenprodukte und Handelswaren
1.3 Darstellungsformen einer Produktionsaktivität
1.3.1 Algebraische, tabellarische und grafische Darstellung
*1.3.2 Darstellungen der Praxis**
1.4 Systematik wichtiger Produktionsbegriffe

Fasst man Produktion als Wertschöpfungsprozess auf, so sind für die zu entwickelnde Theorie zwei Gesichtspunkte grundlegend: (1) Produktion ist eine zeitbeanspruchende Handlung oder Aktivität. (2) Die geschaffenen Werte machen sich an bestimmten Objekten des Vorgangs fest, deren Erzeugung oder Vernichtung Sachziele des Handelns sind, um auf diese Weise gewisse vorgegebene Zwecke zu erreichen. Der erste Abschnitt dieser Lektion befasst sich mit den Objekten produktionswirtschaftlichen Handelns und ihrer Relevanz. Ihre Stellung im Rahmen einer Produktionsaktivität ist Gegenstand des Abschnitts 1.2. Zur Darstellung der quantitativen Objektveränderungen durch Aktivitäten findet in Theorie und Praxis eine Fülle verschiedener Darstellungsformen Verwendung, worauf Abschnitt 1.3 eingeht. Der letzte Abschnitt stellt eine grundlegende Systematik wichtiger Produktionsbegriffe vor.

1.1 Objekte produktionswirtschaftlichen Handelns

Unter einem *Objekt* wirtschaftlichen Handelns kann man zum einen eine abgrenzbare und selbständig übertragene Menge zugeteilter Verfügungsrechte und -pflichten verstehen. Diese Begriffsbestimmung ist besonders für die Untersuchung von Interaktionen zwischen Wirtschaftssubjekten geeignet. Hier ist es jedoch zweckmäßiger, ein **Objekt** *produktionswirtschaftlichen* Handelns spezifischer als Sache oder vergleichbare unkörperliche Bestandsgröße im Rahmen des Ausführungssystems der Produktion zu kennzeichnen, welche auf den Transformationsprozess einwirkt, an ihm beteiligt, von ihm betroffen oder von ihm hervorgerufen ist. Als *Subjekte* produktionswirtschaftlichen Handelns sind dagegen die Angehörigen des Führungssystems zu verstehen. Ihr Einfluss auf das Ausführungssystem, auch als *dispositiver Faktor* bezeichnet, bzw. umgekehrt die Auswirkungen des Ausführungssystems auf das Führungssystem bleiben in einer wie zuvor definierten Theorie betrieblicher Wertschöpfung – im Unterschied zur Produktionsmanagementlehre – weitgehend ausgeklammert.

1.1.1 Wahrnehmung und Beachtung von Objekten

An realen Produktionsprozessen ist eine unüberschaubare Vielfalt von Objekten beteiligt. Physikalisch gesehen geht dies letztlich bis zu Verunreinigungen von Stoffen durch einzelne Moleküle. Eine hundertprozentig vollständige Beschreibung eines Produktionsprozesses – sozusagen bis zum letzten Elementarteilchen – ist auf Grund physikalischer Gesetze unmöglich.[1] Sie ist in produktionswirtschaftlichen Analysen aber auch gar nicht beabsichtigt. Welche Objekte beachtet und welche demgegenüber ignoriert werden, hängt im Rahmen einer erklärenden Theorie hauptsächlich von der *Wahrnehmung* des Produzenten sowie der jeweiligen Entscheidungssituation ab, im Allgemeinen auch von den Zielen der Untersuchung:

> No analysis, however completely it is carried out, can include all these things at once. In undertaking a production analysis we must therefore *select* certain factors whose effect we wish to consider more closely. ... The principle according to which the selection is made will be different in the different cases, and will depend on the *aim* of our analysis.[2]

Für die Aufstellung der Stoffbilanz einer Müllverbrennungsanlage wird beispielsweise eine detaillierte Darstellung aller umweltrelevanten materiellen Objekte angestrebt. Dagegen spielen für die Produktkalkulation eines Lederwarenherstellers üblicherweise nur diejenigen Objekte eine Rolle, die – über kurz oder lang – mit monetären Konsequenzen verbunden sind.

Damit Objekte produktionswirtschaftlicher Handlungen **beachtet** werden, müssen sie drei Bedingungen erfüllen:

- Das Objekt selber sowie seine wesentlichen Eigenschaften sind *bekannt* (erforscht);
- das Objekt ist *verfügbar*, d.h. räumlich, zeitlich sowie rechtlich im Verfügungs- oder Wirkungsbereich des Produktionssystems;
- das Objekt ist für die betrachtete produktionswirtschaftliche Fragestellung (zumindest potentiell) *relevant*.

---

[1] Hier ist besonders das *Heisenberg'sche Unschärfeprinzip* zu nennen.
[2] *Frisch (1965)*, S. 14.

Solange wichtige Eigenschaften von Objekten unbekannt sind, seien es nützliche wie bei Wirkstoffen in Pflanzen zur Gewinnung von Medikamenten oder schädliche wie beim Kohlendioxid von Kohlekraftwerken für das Klima der Erde, werden diese Objekte bei der Gestaltung und Lenkung von Produktionsprozessen ignoriert. Selbst wenn die Eigenschaften bekannt sind, spielen die Objekte dann keine Rolle, wenn sie für das betrachtete Produktionssystem nicht verfügbar sind, etwa Rohöl in einer nicht mehr so fernen Zukunft, wenn alle ausbeutbaren Vorräte erschöpft sind. Durch die Geographie bedingte räumliche Verfügbarkeit von Rohstoffen und Landschaften sowie soziokulturelle Spezifika von Staaten, einschließlich der Infrastruktur und Qualifikation der Arbeitskräfte, sind wesentliche Bestimmungsfaktoren von Standortvor- und -nachteilen der Produktion. Rechtliche Verfügbarkeit äußert sich beispielsweise in Patenten und Schutzrechten.

Die Relevanz von Objekten kann unterschiedlich bedingt sein. Ein wesentlicher Aspekt ist die später behandelte Unterscheidung von *Gütern* und *Übeln*.[3] Auch dann, wenn kein ursprüngliches Interesse, weder positiv noch negativ, an einem Objekt existiert, kann es relevant sein, weil ohne seine Beachtung die Produktion unter Umständen nicht realisierbar ist, insbesondere im Falle der Verletzung bestimmter Restriktionen wie beispielsweise Emissionsgrenzen für Schadstoffe im Abgas.

Unter den relevanten Objekten sind zwei Gruppen besonders hervorzuheben, weil sie *die* entscheidende Rolle für den betrachteten Transformationsprozess spielen. Bestimmte Objekte zeichnen sich nämlich dadurch aus, dass das Produktionssystem ihretwegen betrieben wird. Sie bilden den *Betriebszweck*. Die Erzeugung oder Vernichtung dieser Objekte definieren die *Sachziele* für den Betrieb des Prozesses. Ein Produktionssystem, dessen Zweck hauptsächlich in der Erzeugung (Hervorbringung, Ausbringung, Herstellung) bestimmter Objekte – z.B. Lederschuhe und Ledertaschen im Falle eines Lederwarenherstellers – besteht, ist ein *Erzeugungssystem*, d.h. ein Produktionssystem im eigentlichen Sinne. Ein Produktionssystem, dessen Hauptzweck in der Vernichtung (Beseitigung, Entledigung, Umwandlung) bestimmter Objekte besteht – z.B. Hausmüll im Falle einer Müllverbrennungsanlage –, heißt *Reduktionssystem*, eine zugehörige Transformation entsprechend **Reduktion**.

Ein Objekt heißt **(Haupt-)Produkt**, wenn seine Erzeugung ein Sachziel der Transformation ist; alle anderen Erzeugnisse sind **Nebenprodukte** (oder Ausbringungsfaktoren). Ein Objekt, dessen Vernichtung ein Sachziel ist, wird als **(Haupt-)Redukt**, alle anderen als Nebenredukte oder **Einsatzfaktoren** bezeichnet.

---

[3] Siehe Abschn. 2 der Lektion 4.

Nebenprodukte sind damit Erzeugnisse, die in der Produktion „anfallen, ohne dass der Zweck der jeweiligen Handlung hierauf gerichtet ist". Das deutsche Kreislaufwirtschafts- und Abfallgesetz (KrW-/AbfG 1994) nimmt für derartige bewegliche Sachen gemäß §3 Abs. 3 Nr. 1 an, dass der Besitzer sich ihrer entledigen will, und bezeichnet sie nach §3 Abs. 1 als *Abfall*. Insoweit sind alle beweglichen, stofflichen Nebenprodukte Gegenstand des Gesetzes. Nebenprodukte können durchaus erwünscht sein, so etwa die nutzbare Restwärme bei der Müllverbrennung oder die Erfindung einer neuen Technik bei der Entwicklung eines neuen Hauptproduktes.

1.1.2 Erscheinungsformen, Eigenschaften und Messbarkeit

Objekte können gemäß ihrer Erscheinungsform grundsätzlich materieller oder immaterieller Natur sein. **Materielle Objekte** werden auch Sachobjekte oder kurz *Sachen* genannt; bei ihnen handelt es sich um feste, flüssige oder gasförmige *Stoffe* oder *Energie*. **Immaterielle Objekte** sind alle anderen unkörperlichen, identifizierbaren und abgrenzbaren Phänomene mit Potenzialcharakter, insbesondere *Rechte* und *Informationen* sowie *Arbeiten* und *Dienste*.[4]

Energie wird üblicherweise zu den materiellen Objekten gerechnet (z.B. bei den Materialkosten). Eine physikalische Begründung dafür liefert die von *Albert Einstein* mittels der Gleichung $E = m \cdot c^2$ vermöge der Lichtgeschwindigkeit c formulierte Äquivalenzrelation zwischen Masse m und Energie E. Energie stellt insofern ein Potenzial dar, als es je nach seiner Qualität (Energieform) mehr oder minder die Fähigkeit besitzt, im physikalischen Sinn Arbeit zu leisten (Exergie). In diesem Sinn besitzt elektrische Energie hohe Qualität, Wärmeenergie dagegen geringe Qualität.

Der Potenzialcharakter von Rechten und Informationen liegt auf der Hand. Im ersten Fall handelt es sich um garantierte Ansprüche in Bezug auf bestimmte Objekte, beispielsweise hinsichtlich ihrer Nutzung, ihrer Veräußerung oder ihrer Veränderung. Eine Information ist durch das Potenzial gekennzeichnet, Kenntnisse und Wissen über bestimmte Objekte bereitzustellen (z.B. die Konstruktionszeichnung eines Pkw). Da Objekte als Bestandsgrößen definiert sind, handelt es sich bei den Begriffen Arbeit und Dienst präziser um ein Arbeits- oder Dienstleistungspotenzial, also beispielsweise die Verfügbarkeit qualifizierter Arbeitskräfte zur Instandsetzung einer Anlage im Störfall oder die Nutzbarkeit einer Kreditlinie zur Außenfinanzierung überraschend notwendiger Reparaturausgaben.

Ein Objekt ist durch seine Qualität sowie durch Ort und Zeit seiner Verfügbarkeit bestimmt. Die **Qualität** wird durch Eigenschaften physischer, technischer, funktioneller, ästhetischer oder symbolischer Art definiert. So können beispielsweise zwei physisch, technisch, funktionell und ästhetisch völlig gleich-

[4] Immaterielle Objekte sind allerdings an materielle, i.A. stoffliche *Träger*objekte gebunden, so beispielsweise der Informationsinhalt einer Theorie an das Papier eines Lehrbuches oder an die Gehirnzellen der Studierenden.

artige Kunstobjekte als verschieden angesehen werden, weil das eine das Original eines berühmten Künstlers ist und das andere nur eine – wenn auch hervorragende – Fälschung.

Für die Unterscheidung von Objekten gelten ähnliche Überlegungen wie zuvor hinsichtlich ihrer Wahrnehmung und Beachtung. Ob zwei Objekte bei der Produktion als qualitativ gleichartig oder aber verschieden anzusehen sind, hängt in erster Linie nur von den Eigenschaften ab, die für den Transformationsprozess des betrachteten Produktionssystems sowie für die jeweilige Fragestellung des Produktionsmanagements relevant sind. So wird ein Automobilhersteller bei einer langfristigen, strategischen Planung nur grob zwischen wenigen Typen von Nutzfahrzeugen oder Personenkraftwagen differenzieren, bei der kurzfristigen Produktionssteuerung jedoch sehr genau die verschiedenen Ausstattungsvarianten beachten. In der Entsorgung werden Abfallgegenstände nach ihrer Materialart und nicht nach ihrer Form oder ihrer (ehemaligen) Funktion sortiert. Abhängig von der gegebenen Entscheidungssituation werden solchermaßen ähnliche Objekte vom Produzenten nicht weiter unterschieden und zu *homogenen Klassen* (Sorten, Typen, Familien, Varianten) zusammengefasst; hier werden sie in der Regel als **Objektarten** bezeichnet.

Außer durch ihre qualitativen Eigenschaften ist eine Objektart im Allgemeinen noch durch den **Ort** und die **Zeit** ihrer Verfügbarkeit für den Produzenten bestimmt. Ort und Zeit sind die beiden wichtigsten Merkmale im Rahmen räumlicher und dynamischer Betrachtungen, wie etwa generell in der *Logistik*, z.B. bei der *Transport- und Standortplanung* oder bei der *Lagerhaltung*. Andererseits ist bei vielen Fragestellungen der *industriellen Produktion* keine explizite Beachtung räumlicher oder zeitlicher Aspekte erforderlich, sodass dann nur die qualitativen Merkmale von Belang sind.

Eine wesentliche Prämisse der Theorie betrieblicher Wertschöpfung bezieht sich auf die **quantitative Messbarkeit** des Umfangs einer Menge von Objekten gleicher Art. Bei einzeln identifizierbaren *Stückobjekten* entspricht dies ihrer natürlichen Anzahl. *Schüttobjekte* wie Wasser, Sand und Mehl sowie sonstige (nahezu) beliebig teilbare Objekte, etwa so genannte Meterware, lassen sich mittels physikalischer Maße quantitativ in beliebigen reellen Zahlen erfassen. In ähnlicher Weise wird bei Arbeitskräften und Maschinen an Stelle ihrer Anzahl häufig ihre Einsatzzeit angegeben (Mannmonate, Maschinenstunden u.a.m.), bei Personentransporten das Transportvolumen (z.B. Personenkilometer). Die Quantität eines Objektes bzw. einer Objektart, bei der es nur auf das Vorhandensein ankommt, z.B. eines Patents, wird üblicherweise durch den Binärcode 1 (für „existent" bzw. „verfügbar") und 0 (für „nicht existent" bzw. „nicht verfügbar") beschrieben. Wird von der Binärcodierung abgesehen, so bedeutet die Voraussetzung der quantitativen Messbarkeit eine erhebliche Einschränkung hinsichtlich vieler bei der Produktion relevanter

Objektarten, welche sich allenfalls qualitativ erfassen lassen oder nicht hinreichend abgrenzbar sind. Dies trifft besonders für immaterielle Objekte zu. Für Produktionsprozesse, in denen solche Objekte eine entscheidende Rolle spielen, kann eine unter der obigen Prämisse entwickelte Theorie daher auch nur eine begrenzte Aussagekraft haben.[5]

An Hand zweier Beispiele seien typische Objektarten der Produktion und ihre Maßeinheiten illustriert. Um die materiellen Objekte einer MÜLLVERBRENNUNGSANLAGE zu erfassen, werden in einem ersten Schritt folgende neun Objektarten definiert und in den angegebenen Einheiten gemessen:

(1) *Müll* [kg]
(2) Schrott [kg]
(3) Schlacke [kg]
(4) Rohwasser [l]
(5) Abwasser [l]
(6) Luft [m^3]
(7) Abgase [m^3]
(8) Strom [kWh]
(9) Abwärme [kWh].

Für eine detailliertere Einteilung können etwa die Abgase genauer in Kohlenmonoxid, Schwefeldioxid, Stickstoffoxide u.a.m. oder die Abwärme in technisch nutzbare Restwärme sowie nicht nutzbare Fortwärme differenziert werden. Bei einem LEDERWARENHERSTELLER sind im Rahmen der mittelfristigen Planung zweier neuer Kollektionen von Schuhen und Taschen beispielsweise nur die folgenden sechs Objektarten von Interesse:

(1) Arbeit [min]
(2) Nähmaschine [min]
(3) Leder [m^2]
(4) *Schuhe* [Anzahl Paare]
(5) *Taschen* [Stückzahl]
(6) Lederreste [g].

Wie den beiden Beispielen zu entnehmen ist, werden die beachteten Objekte entsprechend ihrer Eigenschaften und deren Relevanz zu Objektarten zusammengefasst und mittels geeigneter physikalischer Einheiten gemessen. (Dabei sind Hauptprodukte und -redukte kursiv geschrieben.) Die Benennung der beachteten Objektarten kann prinzipiell beliebig sein. Neben umgangssprachlichen Bezeichnungen werden bei modernen computergestützten Produktionsmodellen in der Praxis auch günstige Abkürzungen oder Codes, z.B. Artikel-

---

[5] Aus diesem Grund gibt es auch wohl bis heute keine überzeugende Theorie der *Dienstleistungsproduktion*. Ähnliches gilt für die Einbeziehung der so genannten *Zusatzfaktoren* in die Produktionstheorie (vgl. dazu Abschn. 1.4 und 14.1).

nummern, verwendet. Für die Theorie ist es zweckmäßig, die *beachteten Objektarten* geeignet zu nummerieren. Zunächst seien sie – so wie in den vorangehenden Beispielen – einfach mit

$$k = 1, 2, 3, \ldots, \kappa$$

durchnummeriert, wobei die Reihenfolge grundsätzlich beliebig ist, jedoch eindeutig festgelegt sein muss. Im Folgenden werden auch andere Nummerierungen verwendet, um bestimmte Gruppen von Objektarten besonders zu kennzeichnen, insbesondere Objektarten des Input i und Output j mittels

$$i = 1,\ldots,m \quad \text{bzw.} \quad j = m+1,\ldots,m+n$$

Manchmal sind auch mehrdimensionale Kennzeichnungen zweckmäßig, etwa (k, o, t), wobei k die Qualität sowie o den Ort und t die Zeit der Verfügbarkeit einer Objektart festlegen.

Literaturhinweise
Busse von Colbe/Laßmann (1991), Abschn. 5A
Dellmann (1980), Abschn. 3.1
Kosiol (1972), S. 108–124

1.2 Produktionsaktivität als Input/Output-Prozess

Jeder Transformationsprozess braucht Zeit. Zur Beschreibung solcher Prozesse gibt es verschiedene Möglichkeiten, die sich hauptsächlich dadurch unterscheiden, ob die Zeit als diskrete (sprunghaft sich verändernde) oder als kontinuierliche (stetig veränderliche) Größe betrachtet wird.

In betriebswirtschaftlichen Analysen wird die Zeit in der Regel als diskret unterstellt, wobei die Perioden zwischen den einzelnen explizit betrachteten Zeitpunkten üblicherweise gleich lang sind (aber nicht sein müssen). Bild 1.1 zeigt eine solche diskrete Sichtweise, bei der der gesamte Transformationsprozess eines längeren Zeitraums auf mehrere Teilprozesse der einzelnen Perioden aufgeteilt ist.

1.2.1 Bestands- und Stromgrößen

Wirtschaftliche Größen lassen sich nach ihrem Zeitbezug grob in *Bestandsgrößen* (oder Zustandsgrößen) und in *Stromgrößen* (Veränderungsgrößen) einteilen. Erste beziehen sich auf bestimmte Zeitpunkte, Zweite auf bestimmte Perioden oder Zeitspannen. So stellt im betrieblichen Rechnungswesen die Handels- oder Steuerbilanz mit der Verwendung und Herkunft des Vermö-

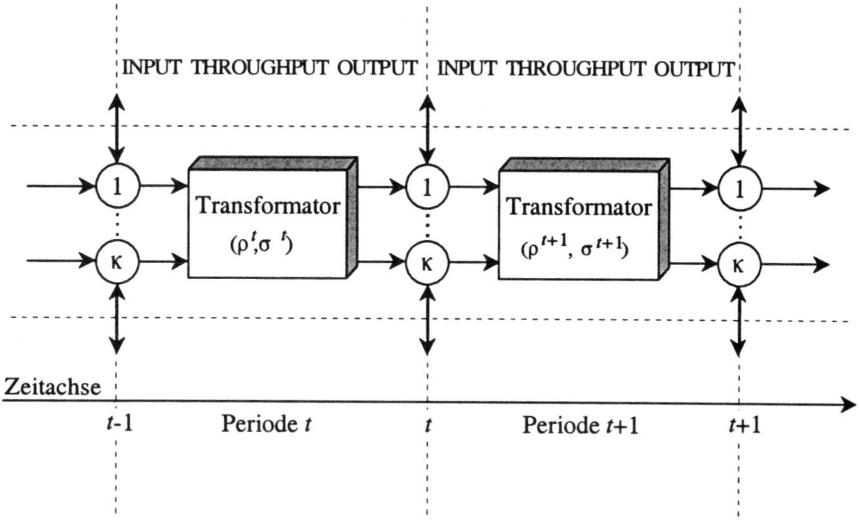

Bild 1.1: Grundmodell eines periodenbezogenen Input/Output-Graphen

gens Bestandsgrößen eines Stichtags dar, die Gewinn- und Verlustrechnung (GuV) dagegen mit den wertmäßigen Aufwendungen und Erträgen Stromgrößen einer Abrechnungsperiode.

Wichtiger Hinweis: Es sei schon an dieser Stelle deutlich vermerkt, dass in Lektion 4 mit den „realen (oder mengenmäßigen)" Aufwendungen bzw. Erträgen eine Begriffsverwendung der Termini *Aufwand* und *Ertrag* definiert und in diesem Buch benutzt wird, welche sich vom Rechnungswesen unterscheidet, jedoch in der Produktionstheorie auf eine längere Tradition zurückblicken kann (Stichwort „Ertragsgesetz").

Sämtliche wichtigen produktionswirtschaftlichen Größen der nachfolgend entwickelten Theorie betrieblicher Wertschöpfung lassen sich auf fünf nicht negative Grundgrößen zurückführen oder in enge Beziehung mit ihnen bringen. Es sind eine Bestands- und vier Stromgrößen:

s_{kot} – **(Objekt-)Bestand**: im Zeitpunkt t am Ort o für das betrachtete Produktionssystem verfügbarer Bestand an Objekten der Qualität k

u_{kot} – **Ausbringung(smenge)** oder *Erzeugnismenge*, auch *Eigenfertigung*: während oder bis zum Ende der Periode t am Ort o innerhalb des Produktionssystems vom Transformationsprozess erzeugte Quantität an Objekten der Qualität k

v_{kot} – **Einsatz(menge)** oder *Verbrauchs-* bzw. *Gebrauchsmenge*, auch Eigenverbrauch: während der Periode t am Ort o innerhalb des Produktionssystems im Transformationsprozess eingesetzte Quantität an Objekten der Qualität k

x_{kot} – **Eintrag(smenge)** oder *Fremdzugang*, auch *Fremdbezug*: zu Beginn oder während der Periode t am Ort o dem Produktionssystem von außerhalb zugeführte Quantität an Objekten der Qualität k

y_{kot} – **Austrag(smenge)** oder *Fremdabgang*, auch *Absatz-* oder *Emissionsmenge*: während oder bis zum Ende der Periode t am Ort o vom Produktionssystem nach außerhalb abgeführte Quantität an Objekten der Qualität k.

Bei den Stromgrößen v und u handelt es sich um den Input und Output des Transformationsprozesses, bei x und y um den Input und Output des Produktionssystems. Dass beide Input- bzw. Outputkategorien nicht miteinander übereinstimmen, hat vor allem drei Gründe:

1. *Zwischenprodukte*: Im System erzeugte Objekte (u) werden in nachfolgenden Prozessen wieder verbraucht (v), ohne dass sie das System verlassen.
2. *Handelswaren*: Fremdbezogene Waren (x) werden unmittelbar weiterverkauft (y), ohne dass sie einer Transformation unterzogen werden.
3. *Bestandshaltung*: Aus einer Vorperiode stammende Objekte des Anfangsbestandes (s_{t-1}) werden im Prozess eingesetzt oder aber verlassen unmittelbar das System; während der Periode erzeugte oder aber eingetragene Objekte erhöhen den Endbestand (s_t).

1.2.2 Eine fundamentale dynamische Mengenbilanzgleichung

Für dauerhafte, materielle Objektarten k muss auf Grund des Massen- und Energieerhaltungssatzes der Physik an einem Ort o für eine Periode t zwischen den beiden Zeitpunkten t–1 und t grundsätzlich folgende *dynamische Mengenbilanz* gelten (vgl. Bild 1.1):

$$s_{ko,t-1} + x_{kot} + u_{kot} = v_{kot} + y_{kot} + s_{kot}$$

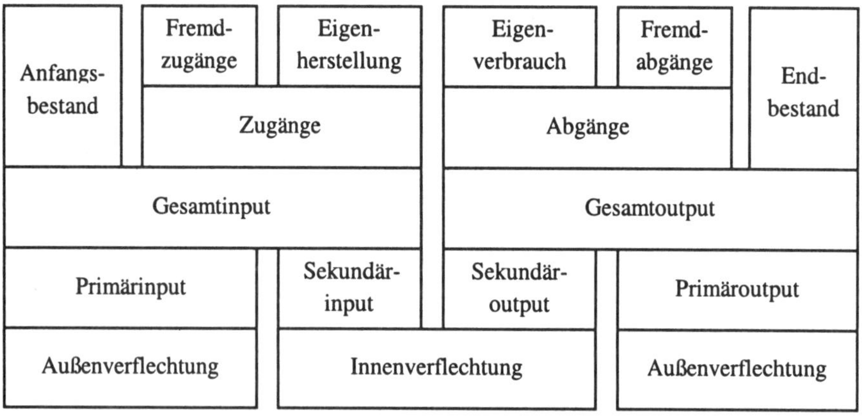

Eine solche Bilanz setzt voraus, dass die jeweiligen Quantitäten als tatsächlich realisierte Mengen zu verstehen sind. Etwaiger Schwund (z.B. wegen Verdunstung oder Diebstahl) ist dann in den Systemausträgen enthalten. Gegebenenfalls sind die Austragsmengen weiter zu unterteilen, beispielsweise in Absatzmengen, Emissionen, Verluste u.a.m. So gesehen hat die obige Bilanz auch den Charakter einer Definitionsgleichung für die Fortschreibung des Systembestandes in der Zeit, sofern die verschiedenen Stromgrößen bekannt sind. Eine *Inventur* dient dann dazu festzustellen, ob der rechnerische Bestand (Buchbestand oder Sollbestand) mit dem tatsächlich vorhandenem Bestand (Istbestand) übereinstimmt oder andernfalls zu korrigieren ist. Die obige Bilanzgleichung liegt – zumindest implizit – allen so genannten *Stoff- und Energiebilanzen* des ökologischen Rechnungswesens zu Grunde.[6] In Geldeinheiten bewertet bildet sie auch die Basis der betrieblichen Buchführung und ist damit fundamental für das gesamte betriebliche *Rechnungswesen.*

Entsprechend der Bilanzgleichung wird der Anfangsbestand im Laufe der Periode durch Zugänge von außerhalb und innerhalb des Systems erhöht. Ihre Summe ergibt den *Gesamtinput* und bestimmt damit den **Durchsatz**. Umgekehrt entspricht der Durchsatz auch dem *Gesamtoutput* als Summe der Abgänge und des Endbestandes. *Primärinput* bezeichnet diejenigen Objekte, welche dem System in einer Periode auch ohne Eigenfertigung zur Verfügung stehen, sei es als Anfangsbestand oder als Fremdzugang während der Periode; die selbst erstellten Objekte einer Periode bilden somit die Differenz zwischen dem Gesamtinput und dem Primärinput und werden *Sekundärinput* genannt. Entsprechendes gilt für den *Primäroutput* und den *Sekundäroutput* im Hinblick auf den Eigenverbrauch. Input und Output sind hierbei so zu verstehen, dass sie den Systembestand erhöhen bzw. senken, wogegen Prozessinput (Objekteinsatz) ihn vermindert, Prozessoutput (Objektausbringung) ihn vergrößert.[7] Sekundärinput und -output bestimmen somit als Output und Input des Transformationsprozesses die *Innenverflechtungen* (Innenbezüge*)* des Produktionssystems, Primärinput und -output dagegen die *Außenverflechtungen* (Außenbezüge*)* nur dann, wenn man die Systemgrenze zeitlich dermaßen zieht, dass vorangehende und nachfolgende Perioden nicht mehr zum betrachteten System gehören. Andernfalls muss man von *zeitlichen Verflechtungen* sprechen.

Die Mengenbilanzgleichung spielt eine bedeutende Rolle in der *Produktionsplanung und -steuerung (PPS)* bei der terminierten Materialbedarfsermittlung

6 Vgl. dazu ausführlicher *Souren/Rüdiger (1998)*, insbes. S. 309ff.

7 Die Bezeichnungen „Sekundärinput“ und „-output“ werden wegen möglicher Missverständnisse im Folgenden kaum verwendet. Es ist aber wichtig, sich stets die Relativität der Begriffe Input und Output, d.h. ihren Bezug auf ein bestimmtes System oder einen bestimmten Transformationsprozess, klar vor Augen zu führen.

in mehrstufigen oder zyklischen Produktionssystemen.[8] Dort sind die Größen jedoch als Planwerte zu interpretieren. Definiert man die ***Bestandsveränderung*** von Objekten der Qualität k am Ort o während der Periode t durch

$$\Delta s_{kot} \;=\; s_{kot} - s_{ko,t\text{-}1}$$

so kann die obige Bilanzgleichung auch wie folgt geschrieben und in den PPS-üblichen Begriffen interpretiert werden, worauf später näher eingegangen wird (vgl. Abschn. 13.2.2 und 13.4):

$$x_{kot} \;+\; u_{kot} \;-\; \Delta s_{kot} \;=\; r_{kot} \;=\; v_{kot} \;+\; y_{kot}$$

Fremdbezug + Eigenfertigung – Bestandsveränderung = Bruttobedarf = Sekundärbedarf + Primärbedarf

1.2.3 Produktionsaktivität einer Periode

Da zeitliche und räumliche Aspekte der Theorie betrieblicher Wertschöpfung in dieser Einführung nur am Rande behandelt werden, kann man die letzte Gleichung vereinfachen, indem die Indizes für Ort und Zeit weggelassen und Bestandsveränderungen nicht explizit betrachtet werden:

$$x_k \;+\; u_k \;=\; r_k \;=\; v_k \;+\; y_k$$

Bei einer solch *statischen* Betrachtungsweise einer Periode ist entweder $\Delta s_k = 0$ unterstellt, oder aber der Anfangsbestand ist gedanklich mit dem Fremdbezug zum Primärinput x_k und der (geplante) Endbestand mit dem Absatz zum Primäroutput y_k zusammengefasst. Für produktionswirtschaftliche Analysen kommt es dann in der Regel nur auf den **Nettooutput** z_k an, der als Saldo von Systemoutput und -input definiert ist, unter den genannten Voraussetzungen andererseits auch dem Saldo von Prozessoutput und -input entspricht:

$$z_k \;=\; y_k \;-\; x_k \;=\; u_k \;-\; v_k$$

Während alle bisherigen Größen in nicht negativen Zahlen gemessen werden, kann z_k auch negativ werden und bedeutet in diesen Fällen netto einen Input. Relevant ist dies insbesondere für den Verkauf oder Zukauf von Zwischenprodukten. Die Größe r_k ist nicht negativ und entspricht bei statischer Betrachtung dem *Durchsatz* der Periode.

Auch Industriebetriebe betreiben ausnahmsweise Handel. So mag eine Erdölraffinerie eine Lieferverpflichtung für $y_k = 45000$ Tonnen Superbenzin eingegangen sein, dieser aber zum Teil dadurch Genüge tun, dass sie $x_k = 32536$ Tonnen auf dem Spotmarkt in Rotterdam zukauft und nur den Saldo in Höhe

[8] Siehe Lektion 13, aber auch Lektion 10 und Abschn. 3.2.3 und 3.2.4.

von z_k = 12464 Tonnen selber herstellt. In der Regel kann aber für *industrielle* Wertschöpfungsprozesse vereinfachend davon ausgegangen werden, dass *kein Handel* mit Objekten betrieben wird. Das bedeutet, dass die Größen x_k und y_k nicht beide gleichzeitig positiv sind:

$$x_k = 0 \quad \text{oder} \quad y_k = 0$$

Dann lassen sich die beachteten Objektarten k=1,...,κ in drei Klassen einteilen:

- *Primärfaktor*: Primärinput ohne Primäroutput ($y_k = 0$)
- *Primärerzeugnis*: Primäroutput ohne Primärinput ($x_k = 0$)
- *reines Zwischenprodukt*: weder Primärinput noch Primäroutput ($x_k = 0$ und $y_k = 0$).

Das Bild 1.2 zeigt exemplarisch ein Produktionssystem ohne reine Zwischenprodukte mit den Primärfaktoren i=1,...,m und den Primärerzeugnissen j=m+1,...,m+n für m+n=κ. Die *Bilanzhülle* des Systems ist fett gezeichnet. Die Objektarten sind durch Kreise dargestellt. Ein großes und ein kleines schattiertes Rechteck symbolisieren zwei einzelne Transformationsprozesse, einen Haupt- und einen Nebenprozess. Die Pfeile beschreiben den Fluss der Objekte durch das System.

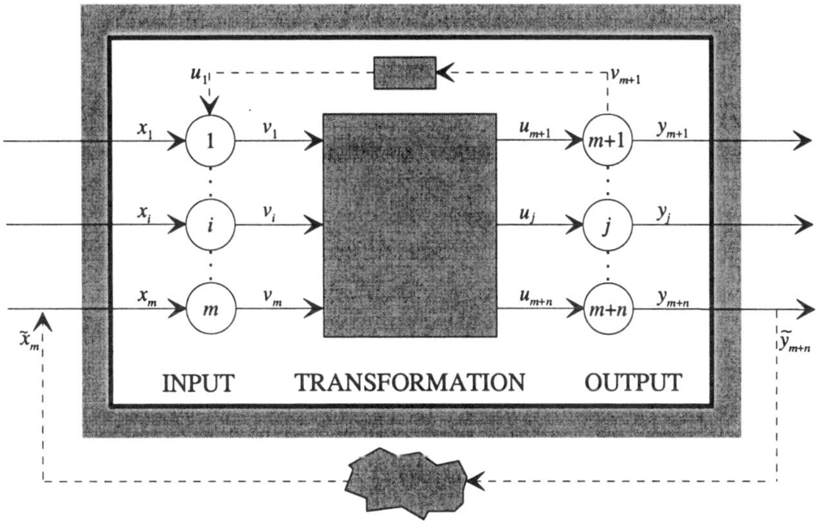

Bild 1.2: Statischer Input/Output-Graph mit Recycling (Quelle: *Dyckhoff/Oenning/Rüdiger 1997*, Abb. 4)

Gemäß dem Bild 1.2 wird das Primärerzeugnis m+1 nicht nur nach außen ausgetragen sondern auch noch zum Teil innerhalb des Systems in dem Nebenprozess weiterverarbeitet. Das daraus gewonnene Erzeugnis entspricht qualitativ dem Primärfaktor 1, d.h. kann als Sekundärrohstoff den Primärrohstoff ersetzen. Der Pfeilzyklus über die Rechtecke des Haupt- und des Nebenprozesses sowie die beiden Kreise der zugehörigen Objektarten hinweg stellen ein *systeminternes Recycling* des Primärerzeugnisses m+1 dar. *Systemexternes* Recycling bedeutet, dass ein Primärerzeugnis, im Bild $m+n$, außerhalb des Systems ganz oder zum Teil aufbereitet, verarbeitet oder genutzt und danach dem System wieder zugeführt wird, im Bild 1.2 als Ersatz für den Primärfaktor m.

Das Bild 1.2 illustriert auch eine andere Klassifizierung der beachteten Objektarten nach ihrer Stellung in Bezug zum Transformationsprozess des Systems:

- **originärer Faktor**: Prozessinput ohne Prozessoutput ($u_k = 0$)
- **Endprodukt** oder *originäres Erzeugnis*: Prozessoutput ohne Prozessinput ($v_k = 0$)
- **Zwischenprodukt** oder *derivativer Faktor*: sowohl Prozessinput als auch Prozessoutput ($v_k > 0$ und $u_k > 0$).

Denkbar sind noch *unbeteiligte* Objektarten, die weder Input noch Output des Transformationsprozesses sind. Für produktionswirtschaftliche Fragestellungen sind sie aber irrelevant.

Nach den hier gewählten Definitionen sind die Objektarten 1 und m+1 in Bild 1.2 streng genommen Zwischenprodukte. In der produktionswirtschaftlichen Literatur werden allerdings die beiden Begriffe Primärfaktor und originärer Faktor sowie analog Primärerzeugnis und Endprodukt regelmäßig synonym verwendet. So würde etwa m+1 auch als Endprodukt angesehen, wobei damit oft nur Haupt- oder Zielprodukte gemeint sind (im Sinne des englischen „*end* product").

Die traditionelle produktionstheoretische Literatur befasst sich überwiegend nur mit statischen Produktionsmodellen ohne Zwischenprodukte (und ohne Handelswaren). Mit ihnen lässt sich ein großer Teil produktionswirtschaftlicher Begriffe, Konzepte und Aussagen behandeln. Aus demselben Grund wird auch hier die Theorie betrieblicher Wertschöpfung hauptsächlich unter solchen Voraussetzungen entwickelt, ausgenommen einige Lektionen, die sich explizit mit der Problematik mehrstufiger und zyklischer Prozesse beschäftigen.[9]

---

[9] Siehe entsprechende Abschnitte insbesondere der Lektionen 3, 10 und 13.

1.2.4 Spezialfall ohne Zwischenprodukte und Handelswaren

Wenn nicht ausdrücklich anders vermerkt, wird daher im Folgenden in der Regel davon ausgegangen, dass sich die beachteten Objektarten eindeutig in zwei Klassen einteilen lassen, die **Inputarten** i und die **Outputarten** j, für die der Periodendurchsatz identisch ist zum einen mit System- und Prozessinput, zum anderen mit Prozess- und Systemoutput:

$$x_i = r_i = v_i \text{ und } u_i = 0 = y_i \quad \text{für alle } i$$
$$u_j = r_j = y_j \text{ und } x_j = 0 = v_j \quad \text{für alle } j$$

Diese Bedingungen treffen insbesondere in Fällen ohne Bestandsveränderungen, ohne Zwischenprodukte und ohne Handelswaren zu. Dann sind auch die Begriffe Primärfaktor und originärer Faktor einerseits sowie Primärerzeugnis und Endprodukt andererseits äquivalent. Solange die obigen Annahmen gelten, genügt es, lediglich die nicht negativen Symbole x_i und y_j für den Input und Output zu verwenden. Falls man auch negative Zahlen zulässt, ist es oft noch zweckmäßiger, allein nur das Symbol z_k für ihren Saldo zu benutzen, wobei eine positive Zahl einen Output, eine negative Zahl einen Input darstellt (bei zulässigem Handel nur netto).

Die Wahl der Symbole x und y sowie z folgt hier systematischen Gründen. Sie stimmt so zwar nicht mit der besonders in der deutschsprachigen Produktions- und Kostentheorie vielfach verwendeten Symbolik überein, welche Output mit x und Input mit v oder r kennzeichnet (siehe auch *Danø 1966*). Andererseits ist es in der auf *Shephard* (*1970*) zurückgehenden und im angloamerikanischen Sprachraum führenden Theorie der Produktionskorrespondenzen üblich, für Input x und für Output u zu benutzen (vgl. *Färe 1988*). Eher Zufall ist es, dass in der Data Envelopment Analysis (DEA), einer international verbreiteten Technik der Effizienzmessung (vgl. Abschn. 6.3), ebenfalls x Input und y Output symbolisiert.

Mit den genannten Annahmen ist das gesamte Geschehen einer Periode, so weit es die durch den Transformationsprozess hervorgerufenen Veränderungen bei den beachteten Objekten betrifft, vollständig durch die Angabe der Zahlen x_i und y_j bzw. z_k für die Objektarten beschrieben. Sie lassen sich in Listen zu Vektoren zusammenfassen:

$$\mathbf{x} = \begin{pmatrix} x_1 \\ \vdots \\ x_K \end{pmatrix} \qquad \mathbf{y} = \begin{pmatrix} y_1 \\ \vdots \\ y_K \end{pmatrix} \qquad \mathbf{z} = \begin{pmatrix} z_1 \\ \vdots \\ z_K \end{pmatrix}$$

Die Tabelle 1.1 zeigt für das frühere Beispiel MÜLLVERBRENNUNGSANLAGE exemplarisch eine Produktionsaktivität: zum einen in den beiden mittleren Spalten mittels des *Inputvektors* **x** und des *Outputvektors* **y**, welche zusammen den *(Brutto-)Input/Output-Vektor* (**x**; **y**) ergeben, zum anderen in der rechten Spalte mittels des *(Netto-)Input/Output-Vektors* $\mathbf{z} = \mathbf{y} - \mathbf{x}$.

Tabelle 1.1: Input/Output-Tabelle einer Müllverbrennungsanlage

(k) Objektart [Dimension]	Input x_k	Output y_k	Saldo z_k
(1) *Müll* [kg]	1000	0	–1000
(2) Schrott [kg]	0	60	60
(3) Schlacke [kg]	0	330	330
(4) Rohwasser [l]	800	0	–800
(5) Abwasser [l]	0	700	700
(6) Luft [m^3]	6000	0	–6000
(7) Abgase [m^3]	0	6000	6000
(8) Strom [kWh]	0	470	470
(9) Abwärme [kWh]	0	1860	1860

Literaturhinweise
Fandel (1996)
Souren/Rüdiger (1998)

1.3 Darstellungsformen einer Produktionsaktivität

Produktionsaktivitäten werden in Theorie und Praxis in unterschiedlichsten Formen dargestellt. Die Wahl der Form hat der Zweckmäßigkeit zu genügen. Die Unterschiedlichkeit der Formen ist somit auch Ausdruck der verschiedenen Zwecke. Während es in der komplexen Produktionspraxis hauptsächlich darauf ankommt, eine Fülle von Informationen auch im Detail zu beherrschen, genügt es für theoretische Untersuchungen, sich auf den Kern der Problematik zu konzentrieren und von Randaspekten abzusehen. Theoretische Darstellungen sind demgemäß abstrakter, andererseits aber auch einfacher als die Realität.

1.3.1 Algebraische, tabellarische und grafische Darstellung

Die Tabelle 1.1 für das MÜLLVERBRENNUNGSBEISPIEL ist eng mit der algebraischen Darstellung der Aktivität durch die Vektoren (**x**; **y**) und **z** verwandt und nur für konkrete Zahlenbeispiele sinnvoll verwendbar. Wenn Objektarten entweder nur als Input oder nur als Output vorkommen – wie in Abschnitt 1.2.4 als Spezialfall formuliert –, ist es zweckmäßiger und anschaulicher, Input- und Outputarten separat in zwei Spalten aufzuführen und die Nullen wegzulassen. Ergebnis ist eine (vereinfachte) **Input/Output-Tabelle**, kurz: I/O-Tabelle, hier Tabelle 1.2. Wie zuvor ist dabei der Müll als Hauptredukt kursiv hervorgehoben.

Tabelle 1.2: Vereinfachte I/O-Tabelle einer Müllverbrennung

INPUT			OUTPUT
(1) *Müll* [kg]	1000	(2) Schrott [kg]	60
(4) Rohwasser [l]	800	(3) Schlacke [kg]	330
(6) Luft [m^3]	6000	(5) Abwasser [l]	700
		(7) Abgase [m^3]	6000
		(8) Strom [kWh]	470
		(9) Abwärme [kWh]	1860

Eine noch bessere Visualisierung erlaubt der **Input/Output-Graph,** kurz: I/O-Graph. Das Bild 1.3 zeigt einen der Tabelle 1.2 inhaltlich entsprechenden I/O-Graph. Er besteht aus *Knoten* (Kreise oder Ellipsen) für die Objektarten des Input und Output sowie einem *Kasten* (Rechteck) für den Transformationsprozess, welche durch *Pfeile* vom Input über den Prozess zum Output verbunden sind. Dabei können die Objektarten, denen Sachziele entsprechen, durch eine kursive Schreibweise und eine Fettzeichnung der zugehörigen Pfeile besonders hervorgehoben werden.

Im Beispiel bildet Müll das Hauptredukt; ob der Output Strom dagegen als Haupt- oder Nebenprodukt angesehen werden kann, ist situativ bedingt. Falls er ein Hauptprodukt ist, sollte man besser von einem *Müllkraftwerk* sprechen; andernfalls sind alle Outputobjekte Nebenprodukte; beachtete Einsatzfaktoren sind Rohwasser und Luft.

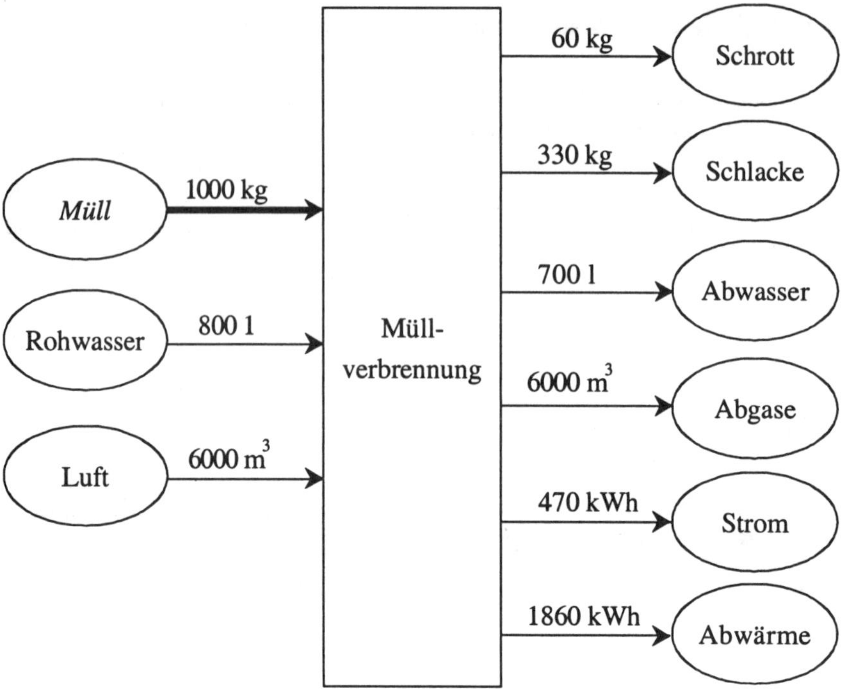

Bild 1.3: Input/Output-Graph einer Müllverbrennungsanlage

Tabellarische und grafische Darstellungen von Produktionsaktivitäten sind zwar anschaulicher als algebraische, aber auch weniger Platz sparend. Für allgemeine Aussagen sind **Input/Output-Vektoren** (kurz: I/O-Vektor) besser geeignet. Ein solcher Vektor ist letztlich nichts anderes als eine spalten- oder zeilenförmige Liste von Zahlen definierter Länge, bei denen die Zahlen allein auf Grund ihrer Reihenfolge bzw. Stelle in der Liste bestimmten Objektarten eindeutig zugeordnet werden können. In diesem Sinne stellen schon die Zahlenspalten der I/O-Tabellen 1.1 und 1.2 Vektoren dar.[10]

Falls die Input- und Outputarten geeignet nummeriert sind – zunächst Input, dann Output – und die Zahl der Input- und Outputarten feststeht – z.B. je drei – kann man einen I/O-Vektor auch einfach folgendermaßen formulieren:

[10] Vektoren werden hier sowohl als Spalten als auch als Zeilen geschrieben. Auf das Transpositionszeichen wird der Einfachheit halber verzichtet.

$$(\mathbf{x}; \mathbf{y}) = (5000, 2500, 30; 40, 60, 2700)$$

oder

$$\mathbf{z} = (-5000, -2500, -30, 40, 60, 2700).$$

Tabelle 1.3: I/O-Tabelle des Lederwarenherstellers

INPUT		OUTPUT	
(1) Arbeit [min]	5000	(4) *Schuhe* [Paar]	40
(2) Nähmaschine [min]	2500	(5) *Taschen* [Stück]	60
(3) Leder [m^2]	30	(6) Lederreste [g]	2700

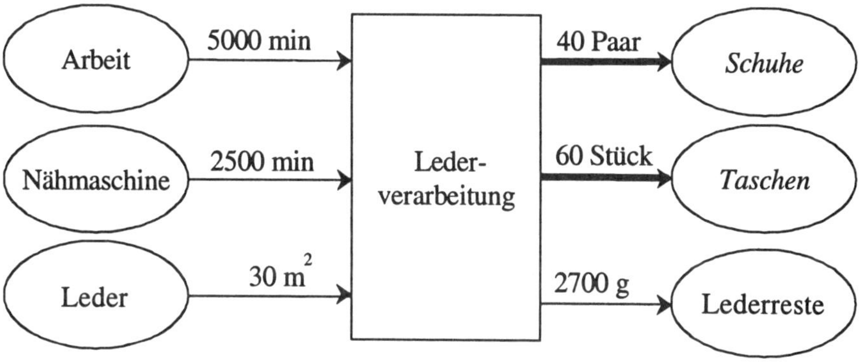

Bild 1.4: I/O-Graph des Lederwarenherstellers

Im ersten Fall handelt es sich bei **x** und **y** um einen verkürzten Input- bzw. Output-Vektor. Damit kann etwa eine Produktionsaktivität des früher genannten LEDERWARENHERSTELLERS beschrieben sein. Tabelle 1.3 und Bild 1.4 zeigen dann die zugehörige I/O-Tabelle und den zugehörigen I/O-Graph. Es handelt sich um ein Erzeugungssystem mit den Hauptprodukten Schuhe und Taschen. Als Nebenprodukt fallen Lederreste an. Sie bilden zusammen mit den Inputarten (Näh-)Arbeit, Nähmaschine und Leder die beachteten Einsatzfaktoren. Ein Hauptredukt existiert nicht. Die Quantitäten für die sechs Objektarten beziehen sich auf die zugrundeliegende Produktionsperiode (z.B. Tag, Monat, Quartal, Jahr).

1.3.2 Darstellungen der Praxis

Das vorangehende Zahlenbeispiel beschreibt ein *Produktionsprogramm* des Lederwarenherstellers. In der Praxis industrieller Unternehmungen umfassen entsprechende Produktionsprogramme typischerweise Hunderte bis Tausende Hauptproduktvarianten und in der Regel noch viel mehr Arten von Einsatzfaktoren. Solche Datenmengen werden heute auf Computern verwaltet und gezielt je nach Informationsbedürfnis dargestellt. Dabei kann es sich einmal um Details oder zum anderen um Übersichten handeln.

Wichtige *Detailinformationen* betreffen die Herstellung der einzelnen Hauptprodukte. Im Falle des Lederwarenherstellers könnte etwa eine elementare Aktivität zur Erzeugung eines Paars Schuhe lauten:

$$\mathbf{z}^1 = (-50,\ -40,\ -0{,}15,\ 1,\ 0,\ 30).$$

Man benötigt demnach 50 Minuten Arbeitszeit, 40 Minuten Nähmaschinenzeit und 0,15 Quadratmeter Rohleder, wobei 30 Gramm Lederreste anfallen. Eine Aufstellung, die nur die benötigten Materialien eines Produktes enthält, heißt in der Praxis je nach Branche *Stückliste*, *Rezeptur* oder anders, wobei verschieden strukturierte Darstellungen existieren.[11] Bild 1.5 zeigt exemplarisch eine solche Darstellung. Weitere Beispiele mit großenteils verbaler Beschreibung sind die Rezepte in Kochbüchern.[12] Andere Informationen beziehen sich etwa auf *Arbeitspläne* mit detaillierten Angaben darüber, wie, in welcher Zeit, wo, womit und aus welchem Werkstoff ein bestimmtes Teil eines Produktes herzustellen ist.[13] Bild 1.6 zeigt ein Beispiel zur Illustration.

Bei *Übersichtsinformationen* werden die Daten verdichtet und oft nur vergröbert dargestellt. Die Bilder 1.7 bis 1.9 zeigen beispielhaft in der Praxis verwendete verdichtete Darstellungen von Aktivitäten bzw. Produktionsprozessen. Hierbei liegen die Mengenflüsse im Fokus der Betrachtung, während die technischen Abläufe bis auf die Charakterisierung der Stoffflüsse als Input oder Output als Black Box betrachtet werden. Bild 1.7 zeigt die in einem Braunkohlekraftwerk zur Produktion einer Kilowattstunde Strom benötigten Mengen an Rohkohle, Wasser und Luft sowie die an die Umwelt abgehenden Stoffmengen. Bild 1.8 zeigt den Energiefluss eines modernen Rostfeuerungssystems, in dem eine Dampfturbine zur Energiegewinnung aus den zu verbrennenden Abfällen eingesetzt wird. Die als Sankey-Diagramm bezeichnete Darstellungsform ist dadurch charakterisiert, dass die zu Beginn vorhandene Energie durch einen senkrechten Strom wiedergegeben wird, von dem die Energieverluste seitlich abzweigen, wobei die Breite der verschiedenen Ströme ein Maß

[11] Vgl. bspw. *Zäpfel (2001)*, S. 69, oder *Kurbel (1993)*, S. 78ff.
[12] Bild 3.2 zeigt ein Rezept für Punsch Royal.
[13] Vgl. *Zäpfel (2001)*, S. 72ff.

STRUKTURSTÜCKLISTE				Seite 1
Teil: Elektromotor, Teile-Nr.: E10				
Stufe	Teile-Nr.	Teilebezeichnung	Maßeinheit	Menge ..
1	901	Gehäuse (komplett)	St	1
.2	891	Gehäuse mit Ständerbl. paket	St	1
..3	870	Gehäuseblock (Alu)	St	1
...4	130	Aluminiumbarren	kg	0,5
..3	790	Ständerblechpaket komplett	St	1
...4	700	Ständerblechlamelle	St	34
....5	110	Elektroblechrolle 200 mm	m	0,02
...4	400	Niete 4x150 mm	St	6
.2	740	Ständerwicklung	St	1
..3	120	Kupferdraht Ø 0,5 mm	m	38
1	830	Welle komplett	St	1
.2	770	Läuferblechpaket komplett	St	1
..3	780	Läuferblechlamelle	St	34
...4	110	Elektroblechrolle 200 mm	m	0,02
..3	130	Aluminiumbarren	kg	0,2
.2	500	Kugellager	St	2
.2	101	Rundstahl 37x30 mm	St	250
1	860	Lagerdeckel m. Durchbruch	St	2
.2	880	Lagerdeckel (Alu)	St	1
..3	130	Aluminiumbarren	kg	0,3
1	750	Fußplatte 30x40 mm	St	1
.2	140	Blechtafel St 37	St	1
1	510	Klemmenkastendeckel	St	1
1	490	Klemmenbrett 3-polig	St	1
1	470	Mutter M 4	St	1
1	460	Festkupplung Ø 14 mm	St	1
1	450	Kondensator 16 μF	St	1
1	440	Sechskantschraube M 4x200	St	4
1	420	Sechskantschraube M 4x10	St	2
1	410	Sechskantschraube M 8x30	St	4

Bild 1.5: Auszug aus einer Strukturstückliste (nach *Kurbel 1993*, S. 80)

ARBEITSPLAN		Teilefertigungsplan (Arbeitsplanart)	für (Teil) Ventilkörper			gehört zu Kompressor K 1		Blatt: K 1/1 Apl. besteht: 1 Blatt
erstellt am 1.5.80	Bearb. Meier	Änderung:	Werkstoff St 50			an Abteilung		
geprüft am	Prüfer Stein		Rohabmessung					Arbeitspl.-Nr. A48
Planungsbereich	1 Stück	Mengenbereich 30 Stück	Rohteilzeichnungs-Nr.:					Funktions-Nr. 2,3
Kostenstelle	Lfd. Nr. d. Arbeitsganges	ARBEITSGANG	Machinen Nr.	Vorrich-tung-Nr.	Werkzeug Nr.	Rüstzeit	Stückzeit	Lohngruppe
1291	1	ablängen a. Maß 14	1291				14′	
1210	2	**drehen:** beiders. plan Maß 12,4 ± 0,05	1210			45′	4,8′	
1252	3	**bohren-graten:** 4 x 11 Ø mit 4 Spindel-apparat + Peiseler	1252	3310 2000	S 42		1,7′	
1208	4	**drehen:** in Vorr. M6, 35 Ø + 1,5 x 5,2 plan. Einstiche 10 Ø/ 15,2 Ø; 17,3 Ø/ 27,7 Ø; 35 Ø/ 29,8 Ø x 1 mm tief; Platte wenden, die 2. Seite M6-Gewinde schneiden	1208	3347	D 142 G-M6 B- Ø4,8 D 135	125′	17,5′	
1348	5	Maßkontrolle				12,5′	8,1′	
1251	6	**bohren-graten:** 2 x 10 x 4,8 Ø u. an-senken 1/60°						
1294	7	entgraten					2′	
1264	8	**schleifen:** beiders. plan Maß 12,2	1264			12,5′	6,4′	
1208	9	**drehen:** in Vorr. Ventilsitz innen plan vv Maß 5,3 + glätten	1208	3347	D 164	25′	3,4′	
1348	10	Endkontrolle						

Bild 1.6: Beispiel eines Arbeitsplans (Quelle: *Zäpfel 1982*, S. 81)

für die durch sie dargestellten Energiemengen ist. Den grafisch unterstützten Darstellungen 1.7 und 1.8 steht die rein tabellarische Betrachtung der zur Produktion eines Farbbuches benötigten Inputs und der daraus neben dem eigentlichen Produkt resultierenden Abfälle und Emissionen in Bild 1.9 gegenüber.

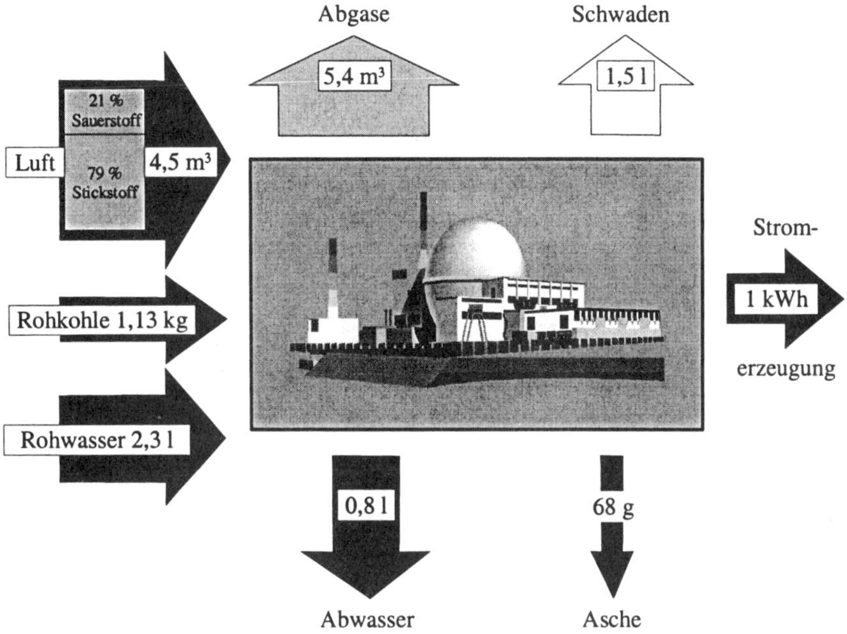

Bild 1.7: Mengenflussbild eines Braunkohlekraftwerkes (in Anlehnung an eine Broschüre des RWE zum Braunkohlekraftwerk Niederaußem o.J.)

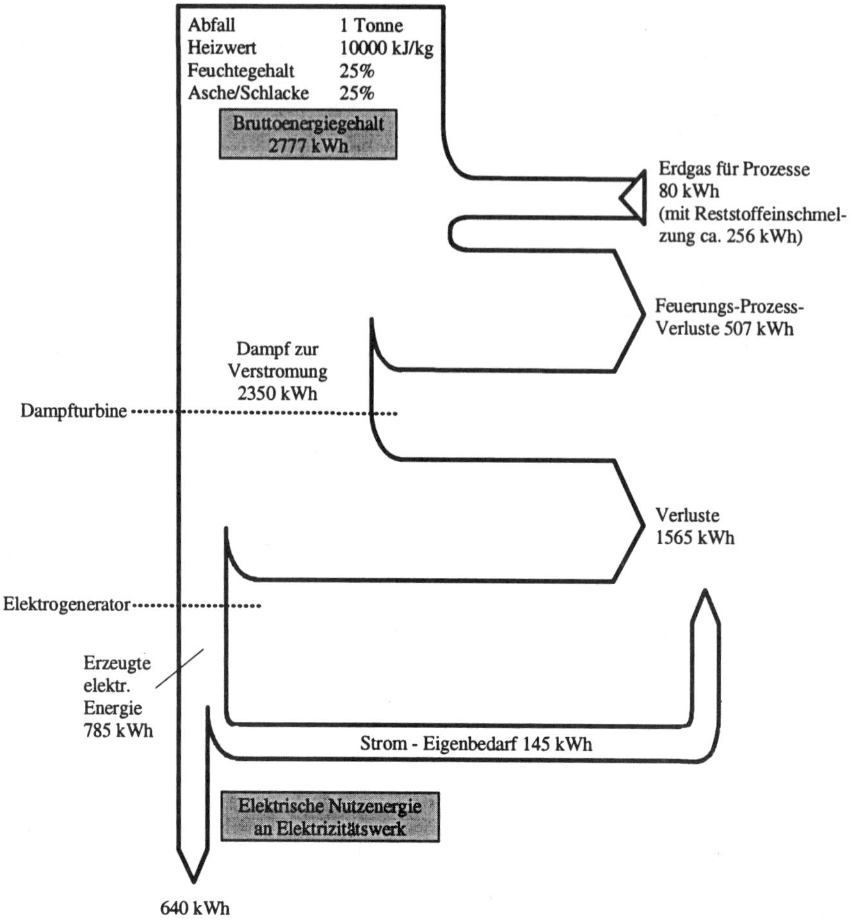

Bild 1.8: Energiebilanz (Sankey-Diagramm) für ein modernes Rostfeuerungssystem (nach: *Haltiner 1997*)

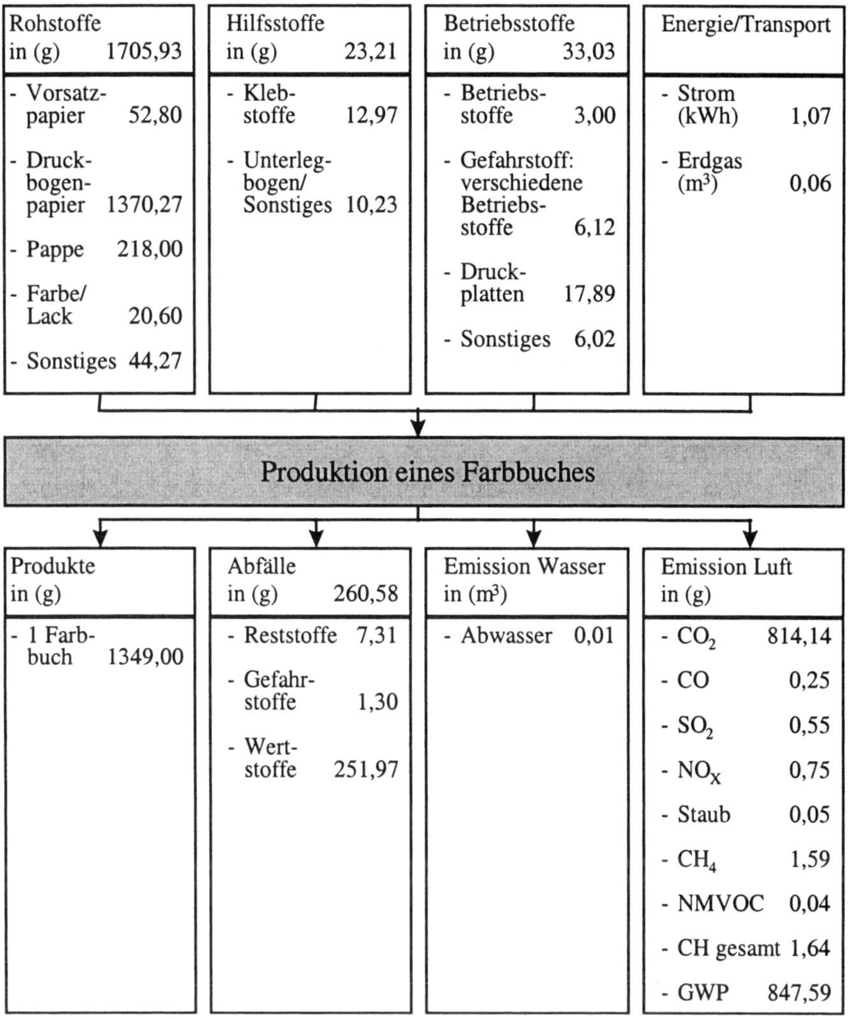

Bild 1.9: Produktbilanz für die Herstellung eines Farbbuches (nach: Umwelterklärung und Ökobilanz – Geschäftsjahr 1993/94 der Mohndruck Grafische Betriebe GmbH, S. 28)

Literaturhinweise

Kurbel (1993), Abschn. 2.2

Zäpfel (2001), Abschn. B.2

1.4 Systematik wichtiger Produktionsbegriffe

In den vorangehenden Abschnitten ist eine Reihe von Begriffen eingeführt worden. Auf Grund der einschränkenden Annahmen des meistens betrachteten Spezialfalls gemäß Abschnitt 1.2.4 sind aber im Folgenden nicht alle Begriffe ständig von Bedeutung. Das Bild 1.10 systematisiert wichtige Begriffe an Hand ihrer Stellung im Transformationsprozess des Produktionssystems. Einige davon sind schon eingeführt worden, andere werden noch erläutert.

Ausgangspunkt der auf *Erich Gutenberg* zurückgehenden[14] und weiterhin vorherrschenden Konzeption der betriebswirtschaftlichen Produktionstheorie sind die *Produktivitätsbeziehungen* zwischen drei grundlegenden Sachverhalten des Unternehmungsvollzugs:

> Auf das Ganze gesehen, stellt sich das Unternehmen ... als ein Netz von Input-Output-Beziehungen dar ... Der Unternehmungsprozess besteht aus den drei Grundtatbeständen: Faktoreinsatz, Faktortransformation und Faktorertrag.[15]

In Bild 1.10 oben ist der Unternehmungsprozess mit seinen drei Bestandteilen skizziert: Einsatz – Transformation – Ausbringung, auch mit Input – Throughput – Output bezeichnet. Gemäß dieser Dreiteilung lassen sich Einsatzobjekte, Prozessfaktoren und Ausbringungsobjekte unterscheiden.

Wie Bild 1.10 zu verdeutlichen sucht, lassen sich aber nicht alle Einsatz- und Ausbringungsobjekte eindeutig dem Input bzw. Output zuordnen. Den eigentlichen Throughput bilden allerdings nur die *Prozessfaktoren.* Es handelt sich bei ihnen nicht um Objekte, sondern um anderweitige systeminterne oder -externe Faktoren mit Einfluss auf den Transformationsprozess. Sie werden entsprechend ihrer *Disponibilität* durch den Produzenten in zwei Klassen eingeteilt (vgl. auch Bild 1.1):

- Die **Stellgrößen** ρ sind disponibel, d.h. beeinflussbar und somit instrumentell nutzbar. Beispiele sind die Geschwindigkeit, mit der eine Maschine betrieben wird, sowie Temperatur und Druck bei einem chemischen Prozess.
- Die **Umfeldparameter** σ sind indisponibel, d.h. als Nebenbedingungen exogen gegeben und somit Daten der jeweiligen Entscheidungssituation. Beispiele sind Außentemperatur und Feuchtigkeit der Luft, tarifliche Regelungen für Arbeitszeiten oder gesetzliche Grenzwerte für Emissionen.

---

[14] Zeitlich lässt sich dies an der 1951 publizierten 1. Auflage des Buches „Die Produktion“ von *Gutenberg (1983)* festmachen.

[15] *Gutenberg (1989)*, S. 63. An Stelle von Faktorertrag wäre im Sinne der hier eingeführten Begriffe besser von Faktor- bzw. Produktausbringung die Rede.

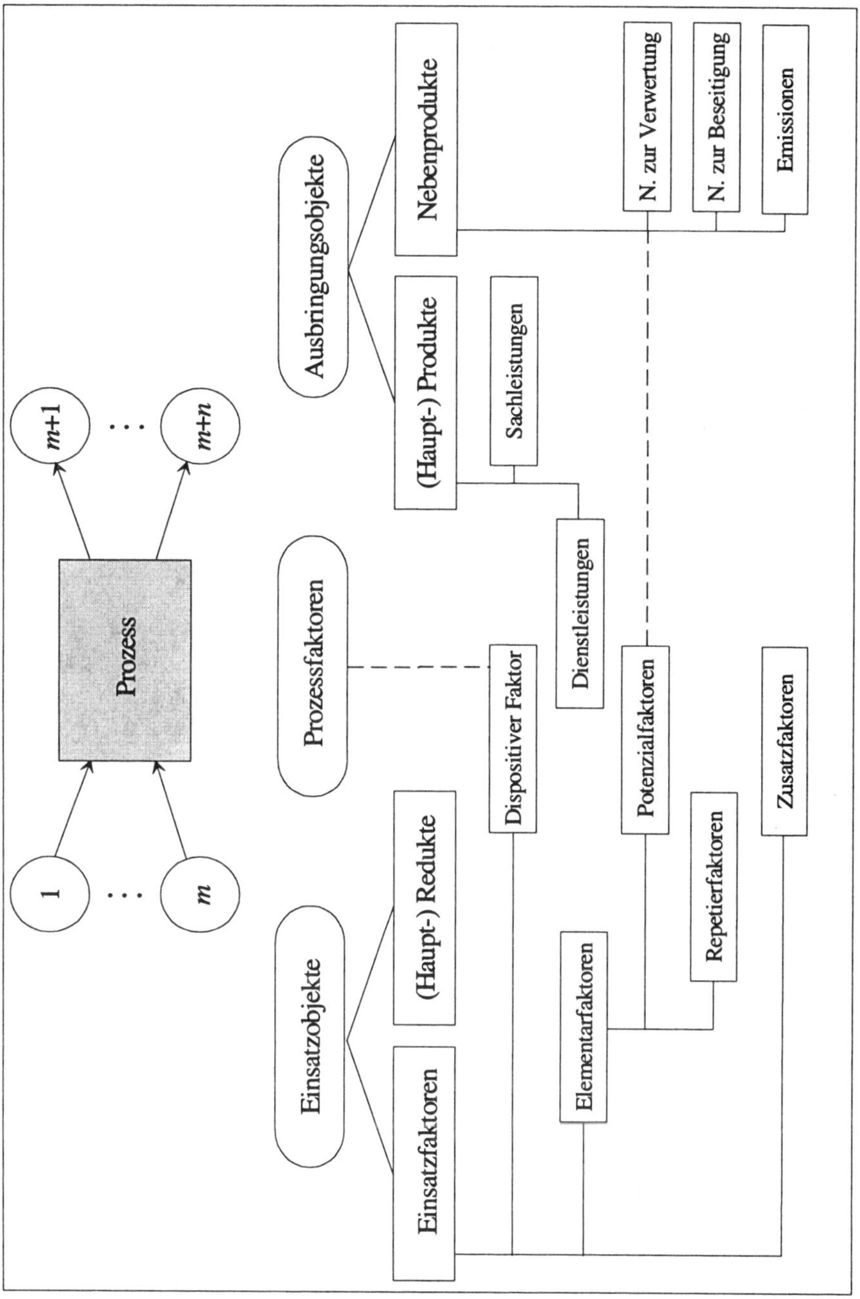

Bild 1.10: Systematik wichtiger Produktionsbegriffe

Im Folgenden werden Prozessfaktoren nur bei Bedarf explizit betrachtet, etwa bei den *Gutenberg*-Produktionsmodellen in Lektion 11.

Gemäß Abschnitt 1.1.1 lassen sich Einsatzobjekte nach dem verfolgten Sachziel in *Redukte* und *Einsatzfaktoren* einteilen. Eine weitere Klassifizierung von Redukten könnte beispielsweise nach ihren physischen Eigenschaften erfolgen, soll hier aber unterbleiben.[16] Die Einsatzfaktoren werden üblicherweise in die Elementarfaktoren, den dispositiven Faktor und die Zusatzfaktoren differenziert. Das Produktionsmanagement als *dispositiver Faktor* sowie die *Zusatzfaktoren* werden in der Theorie betrieblicher Wertschöpfung nicht behandelt bzw. vernachlässigt. Auf sie wird deshalb erst später eingegangen.[17] Zu den **Elementarfaktoren** gehören die *(ausführende) menschliche Arbeit*, die *Betriebsmittel* sowie die *Arbeitsobjekte*. Letztere sind bei industrieller Produktion typischerweise *Werkstoffe*, gegebenenfalls aber auch sonstige Objekte, so beim Friseur der Kopf des Kunden.

Die Einteilung der Einsatzfaktoren („produktive Faktoren") in den dispositiven Faktor (originär die Geschäftsleitung, derivativ Planung und Organisation) und die Elementarfaktoren Arbeit, Betriebsmittel und Werkstoffe geht auf *Gutenberg* zurück. *Busse von Colbe/Laßmann* haben diese *Faktorsystematik* in den 1960er Jahren um die Zusatzfaktoren sowie eine alternative Einteilung der Elementarfaktoren in Potenzial- und Repetierfaktoren ergänzt (näher dazu Abschn. 14.1.2).

Von den Einsatzfaktoren lassen sich eigentlich nur bestimmte Elementarfaktoren eindeutig dem Input zurechnen. Sie werden *Repetier-* oder *Verbrauchsfaktoren* genannt. Die anderen sind gleichzeitig auch mit dem Prozess selber oder wie bei den *Potenzial-* oder *Gebrauchsfaktoren* sogar mit dem Output eng verknüpft.

Potenzialfaktoren sind einzeln identifizierbare Objekte, welche ihre *Qualität* während der Transformation nicht oder nur unwesentlich ändern, wohl aber naturgemäß die Zeit ihrer Verfügbarkeit, gegebenenfalls auch ihren Ort (z.B. Lkw). Die beiden wichtigsten Gruppen so genannter *aktiver* Potenzialfaktoren bilden die menschlichen Arbeitskräfte und die Maschinen; *passiv* sind Grundstücke und Gebäude. Soweit sie keinen Engpass bilden und ihre Nutzung kostenlos ist,[18] werden Potenzialfaktoren bei kurzfristigen Produktionsanalysen in der Regel überhaupt nicht beachtet (regelmäßig die Erdgravitation). Andernfalls wird die Inputquantität üblicherweise an Hand der Einsatzzeit gemessen (z.B. in Maschinenstunden). Das maximale Nutzungspotenzial eines Potenzialfaktors während einer Periode wird als **Kapazität** bezeichnet.

---

[16] Vgl. dazu *Souren (1996)*.

[17] Siehe Abschnitte 14.1.2 und 14.3.

[18] Was diese Aussage eigentlich genau bedeutet, wird erst im Verlaufe der späteren Überlegungen geklärt, insbesondere in Lektion 8. Hier muß zunächst auf ein intuitives Vorverständnis des Lesers vertraut werden.

Repetierfaktoren ändern ihre Qualität im Gegensatz zu den Potenzialfaktoren bei der Produktion substantiell und gehen als einzelne Objekte einer Art unter. Entweder gehen sie als Roh- und Hilfsstoffe *direkt* in ein Hauptprodukt ein, bei Rohstoffen als wesentliche Bestandteile, oder sie werden *indirekt* als Betriebsstoffe (z.B. Schmiermittel) für den Einsatz anderer Faktoren verbraucht. Der Input einer Objektart kann deshalb durch die Anzahl bzw. Menge untergegangener Objekte gemessen werden (Stückzahl, Masse, Volumen u.a.m.). Das Nutzungspotenzial einer solchen Objektart wird durch die insgesamt für den Transformationsprozess einer Periode *verfügbare Menge* bestimmt. Diese wird gemäß der dynamischen Mengenbilanzgleichung aus Abschnitt 1.2.2 häufig dem Gesamtinput entsprechen, d.h. dem um Fremdzugänge und Eigenerzeugung vermehrten Anfangsbestand, gegebenenfalls aber auch nur einem Teil davon.

Die Unterscheidung in Potenzial- und Repetierfaktoren ist nicht so einfach, wie es zunächst den Anschein hat. So sind auch bei Potenzialfaktoren Änderungen quantitativ im Hinblick auf ihr *Nutzungspotenzial* möglich, etwa eine Abnahme auf Grund von Verschleißerscheinungen bei Maschinen und Werkzeugen oder sogar eine Zunahme auf Grund von Lerneffekten bei Arbeitskräften. Dabei können die Änderungen endogen, d.h. durch die Produktion selbst hervorgerufen, oder exogen determiniert sein (z.B. nutzungsbedingter versus zeitlicher Verschleiß). Während sich bei Gebäuden und Katalysatoren das Nutzungspotenzial meist sowohl qualitativ wie quantitativ nicht oder nur unmerklich ändert, gibt es Werkzeuge, etwa Bohrköpfe, die schon nach kurzer Zeit verschlissen sind. Repetierfaktoren unterscheiden sich somit im Grunde nur dadurch von Potenzialfaktoren, dass sie als einzelne Objekte ihr spezifisches Nutzungspotenzial während einer Produktionsperiode *vollständig* verbrauchen. Diese diffizile Problematik ist keineswegs akademisch, sondern vielmehr grundlegend für die später im Rahmen der Erfolgstheorie in Kapitel C behandelte Frage, inwieweit Kosten fix oder variabel sind. Eine eindeutige Zuordnung eines Objekts zu einer der beiden Kategorien ist nur in Bezug auf klar definierte Transformationsprozesse möglich, etwa den Prozess der Herstellung einer einzigen Ledertasche. Die Nähmaschine wird dabei wohl kaum „untergehen" und ist somit ein Potenzialfaktor (präziser: Betriebsmittel), im Unterschied zum Leder, das durch Gerb- und Zuschneidevorgänge wesentlich verändert wird und somit ein Repetierfaktor ist (Rohstoff). Werden in einer Periode, beispielsweise einem Jahr, viele Taschen hergestellt, so sind die Nadeln der Nähmaschine eventuell auch Repetierfaktoren. Die Unterscheidung in Potenzial- und Repetierfaktor ist deshalb entscheidend auch von der Dauer der betrachteten Produktionsperiode sowie der Nutzungsintensität abhängig.

Input und Output eines Objektes gehören streng genommen nicht zu derselben Objektart, da es prinzipiell auf die zeitliche (und die räumliche) Verfügbarkeit ankommt. Zum Beispiel ist das auf Grund bestehender Arbeitsverträge in einem Monat verfügbare Leistungspotenzial der Beschäftigten in der

Regel nur in diesem Monat nutzbar, es sei denn, über eine Flexibilisierung der Arbeitszeit wäre es dem Management möglich, in einem Monat nicht in Anspruch genommene Zeit später noch zu nutzen, so wie es umgekehrt beim Abfeiern von Überstunden schon länger Praxis ist.

Sieht man von der zeitlichen Verfügbarkeitsproblematik ab, sind Potenzialfaktoren, so gesehen, sowohl Einsatz- als auch Ausbringungsobjekte der Transformation, wobei sie in die *Nebenprodukte* einzureihen sind, speziell solche *zur* **Verwertung.**[19] Das sind diejenigen Erzeugnisse, die zwar keinem Sachziel entsprechen, aber dennoch im Wirtschaftskreislauf verbleiben sollen. Erzeugnisse, die nach einer entsprechenden Aufbereitung, z.B. mittels Verbrennung, an die Natur abgegeben werden sollen, heißen Nebenprodukte *zur* **Beseitigung**. Unmittelbar vom Produktionssystem an die natürliche Umwelt abgegebener Output ist eine **Emission.**[20]

Die *Hauptprodukte* als Sachziele der Erzeugung können nach den allgemeinen Erscheinungsformen von Objekten materiell oder immateriell sein. Im ersten Fall heißen sie **Sachleistungen**. In volkswirtschaftlich orientierten Systematiken wird die Sachleistungsproduktion in die *Urproduktion* (primärer Sektor: Land- und Forstwirtschaft, Jagd und Fischerei) sowie die *Be- und Verarbeitung* (sekundärer Sektor: Energie- und Wasserwirtschaft, Bergbau, Verarbeitendes Gewerbe, Bauwirtschaft) eingeteilt. Alle anderen immateriellen Hauptprodukte werden in dieser Systematik in einem tertiären Sektor zusammengefasst, der pauschal als Dienstleistungswirtschaft bezeichnet wird. Damit sind insbesondere Handel, Banken, Versicherungen und Verkehr gemeint. In diesem pauschalen Sinn sind erzeugte Rechte und Informationen in Bild 1.10 nicht gesondert neben den Dienstleistungen aufgeführt.

Den **Dienstleistungen** im Sinne immaterieller Hauptprodukte, z.B. der fertigen Frisur als Resultat des Haarschnitts, Waschens und Trocknens, liegt eine *ergebnisorientierte* Perspektive zu Grunde. Die Immaterialität der Dienstleistung (Frisur) resultiert daraus, dass zu ihrer Erzeugung Rohstoffe als substanziell eingehende Arbeitsobjekte (Kopf bzw. Haare des Kunden) eingesetzt werden, welche nicht als *interne* Einsatzfaktoren autonom durch den Produzenten (Friseur) disponierbar sind; d.h. ein materieller Output der Transformation ist Ergebnis hauptsächlich solcher Rohstoffe, die *externe Faktoren* darstellen.[21]

[19] Noch spezieller müsste man von Wiederverwendung als einer der vier Formen des *Recyclings* sprechen. Die Einteilung der Nebenprodukte ist angelehnt an die der Abfälle im Kreislaufwirtschaftsgesetz (KrW-/AbfG 1994).

[20] In der Praxis werden unter *Emissionen* oft nur die an das Medium Luft abgegebenen stofflichen Objekte verstanden.

[21] Vgl. *Maleri (1997)*, S. 3.

Daneben gibt es noch eine *prozessorientierte* Sicht, bei der die Durchführung des Transformationsprozesses unter Einbindung des Kunden als externer Faktor das eigentliche Sachziel bildet; Theateraufführungen sind Beispiele dafür. Ob aber beim Frisieren nicht oft auch der Prozess des Haarschnitts, Waschens und Trocknens selber und weniger die fertige Frisur die vom Kunden hauptsächlich nachgefragte Dienstleistung des Friseurs ist, soll hier nicht erörtert werden. Es macht immerhin deutlich, dass ein und derselbe materielle Transformationsprozess verschieden motiviert sein kann. Sowohl die ergebnis- als auch die prozessorientierte Sicht der Dienstleistungsproduktion haben deshalb ihre Berechtigung.[22] In Bild 1.10 sind die Dienstleistungen deshalb auch dem Prozess und nicht nur dem Output zugeordnet.

Bei prozessorientierter Sicht setzt eine produktionswirtschaftliche Bestimmung des Dienstleistungsbegriffs an Verrichtungen (Tätigkeiten, Handlungen) an, die von Personen, anderen Lebewesen oder Maschinen, so genannten *Produktiveinheiten*, an bestimmten Arbeitsobjekten zweckdienlich durchgeführt oder zumindest mit bewirkt werden. Um einen **Dienst** (als Prozess) handelt es sich bei einer solchen Verrichtung, wenn sie den Bedarf eines systemfremden Leistungsempfängers unter unmittelbarer Einbindung des Empfängers oder eines von ihm zur Verfügung gestellten Arbeitsobjekts als *externen Faktors* befriedigt (z.B. Reparatur eines Kundenfahrzeugs). Umgekehrt können Dienste auch Systeminput sein, wenn eine systemfremde Produktiveinheit im Rahmen des Transformationsprozesses eine Verrichtung durchführt und damit einen aus den Sachzielen abgeleiteten Systembedarf befriedigt (Fahrzeugreparatur durch den Lieferanten). Alle anderen zweckdienlichen Verrichtungen innerhalb des Produktionssystems heißen **Arbeit** (z.B. Fahrzeugreparatur durch werkseigenen technischen „Dienst"). Für die Zugehörigkeit einer Produktiveinheit bzw. eines Einsatzfaktors zum Produktionssystem ist wesentlich, inwieweit der Produzent (dispositiver Faktor, Produktionsmanagement) über seinen Einsatz autonom disponieren kann (interner versus externer Faktor).

Im Unterschied zur Definition nach *Maleri (1997)*, S. 3, wird als Produktionssystem nicht notwendigerweise nur die ganze Unternehmung angesehen. Es kann damit auch Dienstleistungen zwischen verschiedenen Unternehmensbereichen geben, sofern diese weitgehend selbstständig agieren, ohne unbedingt auch rechtlich autonom zu sein.

Wesentlich für die Produktion von Dienstleistungen ist zwar ihre Immaterialität und mangelnde Lagerfähigkeit. Allerdings finden sich ähnliche Bedingungen zum Teil auch bei der Sachgüterproduktion, so zum Beispiel bei der Erzeugung elektrischer Energie. Umgekehrt sind Sachleistungen für den Kunden auch nur Mittel, um aus ihnen verschiedene immaterielle Nutzen zu ziehen:

---

[22] Vergleichbar dem Licht, das in der Physik sowohl Teilchen- als auch Wellencharakter haben kann.

> Almost all of standard economic theory is in reality concerned with services. Material objects are merely the vehicles which carry some of these services, and they are exchanged because of the consumer preferences for the services associated with their use or because they can help to add value in the manufacturing process.[23]

Von daher ist der Unterschied zwischen Sach- und Dienstleistungen in mancherlei Hinsicht gar nicht so groß. Aus technischer Sicht sind Sach- und Dienstleistungsprozesse oft sogar identisch. Wenn beispielsweise in einem Glasmuseum nach alten Techniken Glasvasen hergestellt werden, so handelt es sich bei einer zeitweisen Vorführung um eine Dienstleistungsproduktion für die Museumsbesucher, dagegen um Sachgüterproduktion im Hinblick auf den späteren Verkauf der fertigen Vasen. Außerdem ist der Einfluss des Kunden als autonomer externer Faktor auf die Durchführung von Dienstleistungsprozessen auch der Sachleistungserstellung nicht fremd, etwa bei der Erzeugung *kundenindividueller* Produkte (Maßanzug, Einfamilienhaus, Passfoto).

Wenn bei der Entwicklung der Theorie betrieblicher Wertschöpfung im Folgenden Einschränkungen hinsichtlich ihrer Anwendungsbereiche gemacht werden müssen, besonders wegen der Annahme der quantitativen Messbarkeit der beachteten Objektarten (vgl. Abschn. 1.1.2), so bedeutet dies nicht unbedingt eine Vernachlässigung der Dienstleistungen gegenüber den Sachgütern. Vielmehr kann eher von einer Diskriminierung der handwerklichen gegenüber der industriellen Produktion gesprochen werden. **Industrielle** Prozesse vollziehen sich nach verbreiteter Auffassung in gewerblichen Betrieben, die Sachgüter nach dem Prinzip der Arbeitsteilung unter maßgeblichem Einsatz von Maschinen erzeugen und diese auf großen Märkten absetzen. Das hohe Absatzvolumen führt dazu, dass viele relevante Objektarten sinnvoll quantitativ gemessen werden können. Auch in der Dienstleistungswirtschaft haben die modernen Verkehrs-, Informations- und Kommunikationstechniken so genannte „economies of scale" ermöglicht. Teilweise wird deshalb auch schon von einer Dienstleistungs*industrie* gesprochen.

Hauptprodukte und Hauptredukte sind wegen ihres Sachzielcharakters als die *Haupteinflussfaktoren* der Produktion anzusehen.[24] Ihre Quantitäten bestimmen die **Beschäftigung** des Produktionssystems. Daneben nehmen auch die Einsatz- und Prozessfaktoren sowie Nebenprodukte Einfluss auf den Transformationsprozess. Sie alle bilden *Einflussfaktoren* der Produktion. Als *Produktionsfaktoren* werden in der Betriebswirtschaftslehre jedoch üblicherweise nur solche Einsatzfaktoren bezeichnet, die Gutscharakter haben (vgl. Abschn. 4.2).

[23] *Ayres/Kneese (1969)*, S. 284.

[24] Bei Bedarf kann noch zwischen dem (eigentlichen) Betriebszweck als Hauptzweck und weiteren Nebenzwecken unterschieden werden, die allesamt zu Sachzielen der Produktion führen. Zwischen die Haupt- und Nebenprodukte treten dann als dritte Gruppe die Nebenzwecken entsprechenden Ziel- oder Co-Produkte (analog bei den Redukten).

Literaturhinweise

Busse von Colbe/Laßmann (1991), Abschn. 5B, 5C
Dinkelbach/Rosenberg (2002), S. 1–26
Dyckhoff (1994), Abschn. 1.3, 1.4, 4.5
Maleri (1997)

Wiederholungsfragen

1) Was versteht man unter Objekten produktionswirtschaftlichen Handelns, wie kann man sie voneinander unterscheiden, und wann werden sie von einem Produzenten beachtet?
2) Was sind Bestands- und Stromgrößen? Welche verschiedenen Kategorien lassen sich hinsichtlich Input und Output einer Objektart bilden, und wie hängen diese über die fundamentale dynamische Mengenbilanzgleichung miteinander zusammen?
3) In welcher Weise vereinfachen sich die dynamischen Beziehungen zwischen Objektbeständen und Objektströmen im Spezialfall eines Produktionssystems ohne Zwischenprodukte und Handelswaren?
4) Wie lassen sich Produktionsaktivitäten darstellen? Wovon hängt die Wahl einer Darstellungsform ab?
5) Was versteht man unter den „drei Grundtatbeständen" der Produktion? Welche Systematik wichtiger Produktionsbegriffe lässt sich daraus ableiten?
6) Warum ist die Unterscheidung von Potenzial- und Repetierfaktoren nicht trivial? Welche Problematik tritt bei der Bestimmung des Dienstleistungsbegriffs auf?
7) Was versteht man unter industrieller Produktion?

Übungsaufgaben

Ü 1.1

Ein Fahrradhersteller verschafft sich an Hand interner Aufzeichnungen einen Überblick über die Produktionstätigkeit des vergangenen Jahres.

a) Aus seiner Buchhaltung entnimmt er folgendes Zahlenmaterial:

- Bestand an Fahrrädern zum 31.12.2001: 22317 Stück,
- Bestand an Fahrrädern zum 31.12.2002: 17209 Stück,
- verkaufte Fahrräder im Jahr 2002: 127212 Stück.

Wie viele Fahrräder hat der Produzent im Jahr 2002 hergestellt? (Gehen Sie bei der Beantwortung der Frage davon aus, dass der Fahrradproduzent keinen Handel mit Fahrrädern betreibt.)

b) Von einem Zulieferer hat der Produzent im Jahr 2002 125736 Dynamos gekauft. 132704 Dynamos hat er in die Produktion eingesetzt. Wie hoch war die Bestandsveränderung an Dynamos, wenn der Produzent 2417 Dynamos als Ersatzteile verkauft hat?

c) Zu Beginn des Jahres 2002 waren 17 reguläre Mitarbeiter (mit einer Arbeitszeit von 38,5 Stunden pro Woche) und 7 Auszubildende (mit einer Arbeitszeit von 27 Stunden pro Woche) in der Produktionsabteilung beschäftigt. Im Laufe des Jahres schlossen drei Auszubildende erfolgreich ihre Gesellenprüfung ab. Zwei davon wurden übernommen, der Dritte schied aus dem Unternehmen aus, da er ein Maschinenbaustudium begann. Von den unbefristet beschäftigten Mitarbeitern schieden zwei aus Altersgründen aus, ein weiterer regulärer Mitarbeiter verließ das Unternehmen auf Grund eines lukrativen Angebots. Im Laufe des Jahres wurden darüber hinaus drei reguläre Mitarbeiter und vier Auszubildende neu eingestellt. Wie viele reguläre Mitarbeiter und wie viele Auszubildende sind am 31.12.2002 angestellt? Wie hat sich die maximale Arbeitskapazität (gemessen in Stunden pro Woche) im Laufe des Jahres verändert?

Ü 1.2

Der Fahrradhersteller aus Ü 1.1 hat in der letzten Woche 2000 Fahrräder montiert. Als Input der Produktion standen ihm 2050 Dynamos, 2200 Rahmen, 5000 Pedale, 3500 Lenker und 4500 Speichenräder zur Verfügung. Bei der Montage sind 50 Lenker und 150 Speichenräder zerbrochen, die gemeinsam als Altmetall entsorgt werden müssen (beide wiegen jeweils 1 kg). Der Produzent möchte bei der Darstellung der wöchentlichen Produktion auf die explizite Auflistung der Bestände verzichten und modelliert daher die übrig bleibenden Materialien als Output. Zwischenprodukte und Handelswaren sind nicht vorhanden.

a) Stellen Sie die der Produktion zu Grunde liegende Aktivität in der x,y- und der z-Version dar! Diskutieren Sie an Hand der Ergebnisse die Vorteilhaftigkeit beider Versionen!

b) Zeichnen Sie den zur z-Version kompatiblen I/O-Graphen der Aktivität!

c) Beinhaltet die Aktivität alle zur Fahrradproduktion relevanten Objektarten? Welche weiteren Objektarten fallen Ihnen ein?

Ü 1.3

Bei der Aufbereitung von 20,78 Mg Verpackungsabfällen werden in 6 Stunden 0,97 Mg Kunststoff-Folie, 0,83 Mg Kunststoffhohlkörper, 4,04 Mg sonstige Kunststoffe, 1,13 Mg Getränkekartons, 0,61 Mg NE-Metalle, 3,18 Mg FE-Metalle, 0,20 Mg Elektronikschrott und 5,98 Mg Papier und Pappe heraussortiert. Auf dem Sortierband verbleiben 3,84 Mg Restmüll. In der manuellen Sortierung werden durchgehend 4 Mitarbeiter eingesetzt. (*Hinweis*: Mg = Megagramm = Tonne)

a) Stellen Sie die der Produktion zu Grunde liegende Aktivität in der x,y- und der z-Version dar!

b) Stellen Sie die Produktion durch einen I/O-Graphen und eine I/O-Tabelle dar!

Ü 1.4

Erläutern Sie an Hand folgender Beispielbetriebe die in Bild 1.10 aufgeführten wichtigen Produktionsbegriffe:

- Möbelfabrik,
- Abfallsortierungsanlage,
- Reiseveranstalter für Tagesbusreisen.

2 Techniken und Restriktionen

2.1 Techniken der Produktion
2.2 Grundlegende Technikformen
2.2.1 Größeneffekte
2.2.2 Additivität
2.2.3 Linearität und Konvexität
2.3 Produktionsmöglichkeiten
2.4 (Grafische) Darstellung der Produktionsmöglichkeiten
2.4.1 Zwei- und mehrdimensionale Produktionsdiagramme
*2.4.2 Darstellungen der Praxis**
*2.5 Systematische Modellierung realer Produktion**

Jegliche industrielle Produktion basiert auf Gesetzmäßigkeiten der Naturwissenschaften und Anwendungen technischer Kenntnisse. Ihre Berücksichtigung ist für produktionswirtschaftliche Analysen unverzichtbar. Allerdings genügen in der Regel stark vereinfachende Darstellungen, deren konkrete Gestalt von dem jeweils verfolgten Zweck abhängig ist. Für die zu entwickelnde Theorie betrieblicher Wertschöpfung erweist sich eine mathematische Darstellung quantitativer Input/Output-Beziehungen als zweckmäßig. Der erste Abschnitt führt in den diesbezüglichen Technikbegriff ein. Bestimmte abstrakte Eigenschaften begründen grundlegende Technikformen, die in Abschnitt 2.2 definiert und erläutert werden. Danach wird dargelegt, dass auf Grund von Restriktionen nicht alle technisch möglichen Produktionen auch tatsächlich realisierbar sind. Da grafische Darstellungen wesentlich anschaulicher sind, zeigt der Abschnitt 2.4 einige in Theorie bzw. Praxis gängige Formen auf. Abschließend wird auf das für die Modellierung realer Produktionsaktivitäten wichtige Systemdenken eingegangen.

2.1 Techniken der Produktion

Die Aktivität eines Produktionssystems besteht in der zielgerichteten, wertschöpfenden Transformation von Input in Output. Geht man vereinfachend (wie in Lektion 1 grundsätzlich vereinbart) von einperiodigen Aktivitäten ohne explizite Berücksichtigung von Zwischenprodukten und Handelswaren sowie quantitativer Messbarkeit der Objektmengen aus, so lassen sich die Aktivitäten als Input/Output-Vektoren der Art $(\mathbf{x};\mathbf{y})$ oder $\mathbf{z}$ darstellen. Beide Darstellungsweisen werden im Folgenden verwendet, die z-Darstellung vorzugsweise bei den allgemeinen theoretischen Überlegungen der Kapitel A, B und C, die x,y-Darstellung stärker bei konkreten Beispielen sowie im Kapitel D.

In der z-Darstellung lauten im Beispiel des LEDERWARENHERSTELLERS drei, zum Teil schon aus Abschnitt 1.3.1 bekannte Aktivitäten (in Form von Zeilenvektoren):

$$\mathbf{z}^0 = (-5000, -2500, -30, 40, 60, 2700)$$

$$\mathbf{z}^1 = (-50, -40, -0{,}15, 1, 0, 30)$$

$$\mathbf{z}^2 = (-50, -15, -0{,}40, 0, 1, 25)$$

Dabei dient der obere Index ρ des Vektors $\mathbf{z}^\rho$ zur Kennzeichnung der jeweiligen Aktivität.[1] Die Aktivität für ρ = 2 besagt beispielsweise, dass 50 Minuten Arbeitszeit, 15 Minuten Nähmaschinenzeit und 0,4 Quadratmeter Leder eingesetzt und dabei keine Schuhe, eine Tasche und 25 Gramm Lederreste ausgebracht werden.

Die Lektion 1 hat sich nur mit einzelnen Aktivitäten beschäftigt. Das ist typisch für Vergangenheitsbetrachtungen, bei denen das tatsächliche Verhalten eines Produktionssystems dokumentiert oder kontrolliert wird. Bei der Prognose oder Planung der Zukunft stellt sich jedoch die Frage, welche Aktivitäten mit einem Produktionssystem überhaupt oder auch nur in einer bestimmten Entscheidungssituation möglich sind. Mit der obigen vektoriellen z-Darstellung von Aktivitäten äußert sich die Antwort auf diese Frage in bestimmten Punktmengen eines mehrdimensionalen, reellwertigen Zahlenraumes $\mathbb{R}^\kappa$, dessen Dimension κ der Anzahl beachteter Objektarten entspricht.

Im Beispiel des LEDERWARENHERSTELLERS mit κ = 6 kann eine solche Punktmenge wie folgt beschrieben sein:

$$\mathbf{T} = \left\{ \mathbf{z} \in \mathbb{R}^6 \,\middle|\, \mathbf{z} = \lambda^1 \cdot \begin{pmatrix} -50 \\ -40 \\ -0{,}15 \\ 1 \\ 0 \\ 30 \end{pmatrix} + \lambda^2 \cdot \begin{pmatrix} -50 \\ -15 \\ -0{,}4 \\ 0 \\ 1 \\ 25 \end{pmatrix} \text{ mit } \lambda^1 \in \mathbb{N}_0, \lambda^2 \in \mathbb{N}_0 \right\}$$

Bei den beiden Spalten handelt es sich um die zuvor definierten Vektoren $\mathbf{z}^1$ und $\mathbf{z}^2$. Sie werden mit ihren Wiederholungshäufigkeiten $\lambda^\rho \in \mathbb{N}_0 = \{0, 1, 2, 3, \ldots\}$ multipliziert und die daraus entstehenden neuen Vektoren $\lambda^\rho \mathbf{z}^\rho$ anschließend addiert. Für $\lambda^1 = 40$ und $\lambda^2 = 60$ ergibt sich die zuvor definierte, schon in Tabelle 1.3 und Bild 1.4 dargestellte Produktion $\mathbf{z}^0$. Sämtliche Aktivitäten der Menge **T** lassen sich so als additive Kombinationen der beiden *Grundaktivitäten* darstellen.

---

[1] Dies gilt für das ganze Buch. Exponenten treten nur selten auf. Bei Beachtung des Kontextes können Verwechslungen von oberen Indizes und Exponenten ausgeschlossen werden.

Eine Menge, die auf diese oder andere Weise sämtliche technisch im Prinzip möglichen Aktivitäten eines Produktionssystems beschreibt, heißt *Technikmenge* oder kurz **Technik**;[2] sie wird mit **T** symbolisiert. Bei κ beachteten Objektarten ist eine Technik in der *z*-Darstellungsweise eine Teilmenge des κ-dimensionalen reellen Zahlenraumes:

$$\mathbf{T} = \left\{ \mathbf{z} \in \mathbb{R}^{\kappa} \,\middle|\, \mathbf{z} \text{ ist eine prinzipiell mögliche Aktivität} \right\} \subset \mathbb{R}^{\kappa}$$

Der grundsätzliche Charakter eines Produktionssystems ist durch das in ihm enthaltene technische und organisatorische Wissen gekennzeichnet. Es schlägt sich in all denjenigen Aktivitäten nieder, welche mit einem Produktionssystem dieses Typs prinzipiell in einer Produktionsperiode möglich wären, wenn von jeglichen sonstigen Beschränkungen in Bezug auf Input, Throughput und Output abgesehen werden könnte. So gesehen ist eine Technik die Menge aller denkmöglichen Realisierungen eines bestimmten Typs von Produktionssystemen. Sie ist beispielsweise bei der langfristigen, strategischen Unternehmensplanung von Bedeutung, wenn es etwa darum geht, welche und wie viele Fabriken zur Herstellung eines neuen Produktes errichtet werden sollen.

Mit dem Technikbegriff ist auch die Dienstleistungsproduktion erfasst. Um dies zu illustrieren, sei das obige Zahlenbeispiel der Lederwarenherstellung nahezu unverändert übernommen, allerdings hinsichtlich der sechs beachteten Objektarten neu als Technik einer EDV-SCHULUNGSFIRMA interpretiert:

$$\mathbf{T} = \left\{ \mathbf{z} \in \mathbb{R}^{6} \,\middle|\, \mathbf{z} = \lambda^1 \cdot \begin{pmatrix} -50 \\ -40 \\ -0{,}15 \\ 1 \\ 0 \\ 30 \end{pmatrix} + \lambda^2 \cdot \begin{pmatrix} -50 \\ -15 \\ -0{,}4 \\ 0 \\ 1 \\ 25 \end{pmatrix} \text{ mit } \lambda^1 \geq 0, \lambda^2 \geq 0 \right\}$$

Formal besteht nur dahingehend ein Unterschied, dass es sich bei λ^{ρ} nun um beliebige nicht negative Zahlen handelt und damit alle nicht negativen Linearkombinationen der beiden Grundaktivitäten möglich sind. Inhaltlich geht es jedoch nicht mehr um Lederwarenerzeugung, sondern um die Schulung von Personengruppen an neuer Software, etwa Mitarbeitern von Industriebetrieben, in denen ein neues EDV-System eingeführt wird. Aus prozessorientierter Sicht besteht die Dienstleistung in der Durchführung einer Schulung. Es gibt zwei Typen, die normale (Objektart 4) und die Intensivschulung (Objektart 5).

[2] In der Literatur wird üblicherweise von der *Technologie(menge)* gesprochen. Vgl. dazu den Hinweis zum Technologiebegriff in Abschn. 0.3.

Sie werden an Hand ihrer Dauer in Lehreinheiten gemessen. Eine Lehreinheit dauert 50 Minuten; es sind aber auch halbe Einheiten oder andere Bruchteile möglich. Für die Dauer der Durchführung einer Lehreinheit ist der EDV-Schulungsraum der Firma mit seinen maximal 20 Terminals belegt (Objektart 1, gemessen in Belegungsminuten des Potenzialfaktors). Eine normale Schulungsgruppe umfasst 40 Personen, eine Intensivschulung 15 Personen. Jede Person erhält pro Lehreinheit schriftliches Unterrichtsmaterial, das jeweils zu einer Mappe zusammengeheftet ist (Objektart 2, gemessen in der Anzahl Mappen). Jede Gruppe wird von Trainern betreut (Objektart 3, gemessen in eingesetzten Personentagen). Die Betreuung einer Lehreinheit einschließlich Vor- und Nachbereitung erfordert bei einer Normalschulung 0,15 und bei einer Intensivschulung 0,4 Personentage. Der Lernerfolg als Ergebnis der Dienstleistungsproduktion (Objektart 6) wird hier in fiktiven Lerneinheiten gemessen. Bei normaler Schulung schafft eine Person während einer Lehreinheit im Durchschnitt 0,75 Lerneinheiten, alle 40 Personen zusammen also 30; bei Intensivschulung ist der durchschnittliche Lernertrag mit 1,667 Lerneinheiten pro Person zwar größer, insgesamt aber mit 25 kleiner.

Techniken und andere Produktionsmöglichkeitenmengen werden im Folgenden in der Regel als Mengen von Vektoren **z** formuliert, bei denen negative Zahlen einen Input und positive einen Output der betreffenden Objektart bedeuten. Zur weiteren Illustration sei folgende Technik mit drei beachteten Objektarten betrachtet:

$$\mathbf{T} = \left\{ (z_1, z_2, z_3) \in \mathbb{R}^3 \middle| z_1 \le 0, z_2 \le 0, 0 \le z_3 \le 5(-z_1)^{1,5}(-z_2)^{0,5} \right\}$$

Die Objektarten 1 und 2 sind demnach Input, während 3 Output ist. Es sei unterstellt, dass Objektart 3 das Hauptprodukt und die beiden anderen Einsatzfaktoren sind. Historisch sind solche Techniken in der Wirtschaftswissenschaft zuerst im Zusammenhang mit der LANDWIRTSCHAFTLICHEN PRODUKTION behandelt worden, wobei Faktor 1 als verfügbare Bodenfläche und Faktor 2 als Arbeitseinsatz interpretiert werden können.[3] Die möglichen Produktionen sind in Bild 2.1 in einem Ausschnitt des dreidimensionalen Zahlenraumes dargestellt; sie liegen auf sowie unterhalb der skizzierten Fläche. Das so definierte geometrische Gebilde wird üblicherweise als *Ertragsgebirge*[4] bezeichnet.

Um sich die Technik näher zu veranschaulichen, können verschiedene zweidimensionale Schnitte durch das Ertragsgebirge gezogen werden. In Bild 2.1 sind drei solche Schnitte durch fette Linien angedeutet. Sie entsprechen einem

---

[3] Das Zahlenbeispiel ist hier willkürlich gewählt und soll keinerlei empirische Aussagen über die Landwirtschaft machen. Insbesondere dürften die zunehmenden Grenzerträge des Bodens im Allgemeinen unrealistisch sein (näher dazu Abschn. 5.4.1).

[4] Zur Definition des Begriffs Ertrag siehe Abschn. 4.3.1.

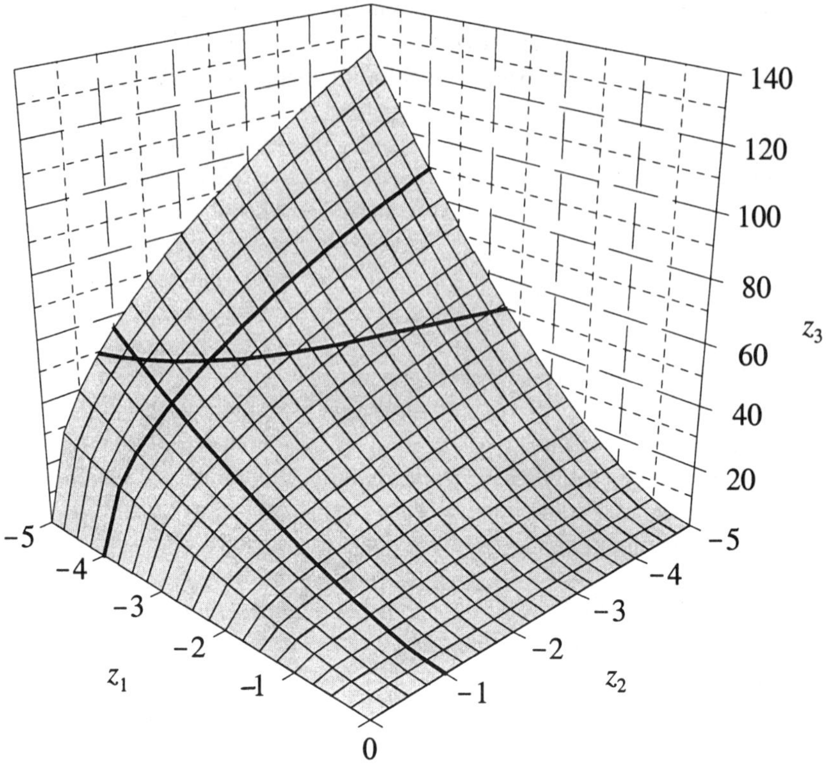

Bild 2.1: Dreidimensionale Technik (Ertragsgebirge)

konstanten Einsatz eines Faktors ($z_1 = -4$ bzw. $z_2 = -1$) oder einer konstanten Ausbringung des Produkts ($z_3 = 50$). Die zugehörigen Schnitte durch das Ertragsgebirge sind in den Bildern 2.5 bis 2.7 skizziert. Sie werden in Abschnitt 2.4.1 näher erläutert.

Literaturhinweise
Fandel (1994), S. 35–37
Wittmann (1968), S. 1–10

2.2 Grundlegende Technikformen

Reale Techniken sind meistens sehr komplex und erfordern für ein tieferes Verständnis gründliches naturwissenschaftliches und technisches Wissen. Für die Zwecke einer Einführung in die Theorie betrieblicher Wertschöpfung reicht es aber aus, sich auf einfache und abstrakte, gewissermaßen stilisierte Techniken zu konzentrieren. An ihnen lassen sich nämlich schon viele wirtschaftlich bedeutsame Begriffe, Konzepte und Aussagen verdeutlichen. Grundlegende Bedeutung haben folgende Eigenschaften, die verschiedene *Technikformen* implizieren:

- Größenprogression, -degression und -proportionalität
- Additivität
- Linearität
- Konvexität.

2.2.1 Größeneffekte

Die zuerst genannten Eigenschaften betreffen die *Skalenvariation* (auch: Niveau-, Größenvariation). Gilt nämlich für ein *bestimmtes* $\lambda > 0$:

$$\mathbf{z} \in \mathbf{T} \Rightarrow \lambda \mathbf{z} \in \mathbf{T}$$

so definiert λ eine mögliche Veränderung des Skalenniveaus bzw. der Größe der Produktion **z**. Dabei werden alle Input- und Outputquantitäten proportional verändert, z.B. für $\lambda = 2$ verdoppelt oder für $\lambda = 0{,}5$ halbiert. Bedeutet **z** beispielsweise die Herstellung von 30 Paar Schuhen in 25 Arbeits- und 20 Nähmaschinenstunden unter Verbrauch von 4,5 m^2 Leder bei Anfall von 0,9 kg Lederresten, so entspräche

- eine Niveauverdopplung der Herstellung von 60 Paar Schuhen in 50 Arbeits- und 40 Nähmaschinenstunden unter Verbrauch von 9 m^2 Leder bei Anfall von 1,8 kg Lederresten,
- eine Halbierung 15 Paar Schuhen in 12,5 Arbeits- und 10 Nähmaschinenstunden unter Verbrauch von 2,25 m^2 Leder bei Anfall von 0,45 kg Lederresten.

Bei den in Abschnitt 2.1 eingeführten Techniken der LEDERWARENHERSTELLUNG und der EDV-SCHULUNG ist jede ganzzahlige Vervielfachung der beiden Grundaktivitäten sowie auch der daraus neu entstehenden Aktivitäten möglich. Eine solche Technik heißt *diskret größenprogressiv*. Andere Formen der Größenvariation sind bei dem Beispiel der Lederfirma im Allgemeinen nicht möglich, im Unterschied zum Beispiel der EDV-Schulung.

Ob Größen- oder Skalenvariationen prinzipiell möglich sind, hängt von der jeweiligen Technik ab. Eine Technik heißt

- (kontinuierlich) **größenprogressiv**, wenn Niveauerhöhungen ($\lambda > 1$),
- **größendegressiv**, wenn Niveausenkungen ($0 \leq \lambda < 1$),
- **größenproportional**, wenn Niveauveränderungen ($\lambda \geq 0$)

für jede mit dieser Technik mögliche Produktion stets selber wieder technisch mögliche Produktionen ergeben. Größenproportionalität als simultane Größenprogression und -degression wird auch als *Linear-Homogenität* bezeichnet.

In Bild 2.2 sind drei verschiedene zweidimensionale Techniken visualisiert. Die Technik $\mathbf{T}_a$ ist größenprogressiv. Wählt man nämlich irgendeinen Punkt der Technik, z.B. den im Bild 2.2a hervorgehobenen oben links, und zeichnet den Strahl vom Ursprung durch diesen Punkt, so muss derjenige Teil des Strahls, der vom Ursprung wegzeigt (und durchgezogen ist), ganz in der Technikmenge liegen. Größenprogressive Techniken sind deshalb stets unbeschränkt. In umgekehrter Weise muss bei einer größendegressiven Technik das Teilstück des Strahls zwischen Punkt und Ursprung ganz zur Technik gehören, wie dies bei $\mathbf{T}_b$ in Bild 2.2b der Fall ist. Größenproportionale Techniken wie $\mathbf{T}_c$ sind dadurch gekennzeichnet, dass mit jedem Punkt der Technik auch der *ganze* Strahl vom Ursprung durch diesen Punkt einen Teil der Technik bildet. Größendegressive oder größenproportionale Techniken enthalten stets den *Stillstand* $\mathbf{z} = \mathbf{0}$ als mögliche (Nicht-)Produktion, bei größenprogressiven Techniken (wie $\mathbf{T}_a$) ist dies nicht zwangsläufig der Fall.

Die Techniken $\mathbf{T}_a$ und $\mathbf{T}_b$ können sogar als *strikt* größenprogressiv bzw. -degressiv bezeichnet werden, weil die jeweils erlaubten Niveauveränderungen stets zu inneren Punkten der Technikmenge führen, also nicht auf dem Rand liegen, ausgenommen die Punkte auf den Koordinatenachsen. Im Zusammenhang mit dem später eingeführten Ertragsbegriff spricht man dann auch von *zunehmenden* bzw. *abnehmenden* sowie im Falle der Größenproportionalität von *konstanten Skalenerträgen.*

Die durch Bild 2.1 skizzierte Beispieltechnik LANDWIRTSCHAFTLICHER PRODUKTION und die zuvor definierte Technik des LEDERWARENHERSTELLERS sind weder größenprogressiv noch -degressiv. Dagegen sind die ebenfalls in Abschnitt 2.1 definierte Technik der EDV-SCHULUNGSFIRMA sowie die später in Abschnitt 2.4.1 behandelte Technik der MÜLLVERBRENNUNG sogar größenproportional.

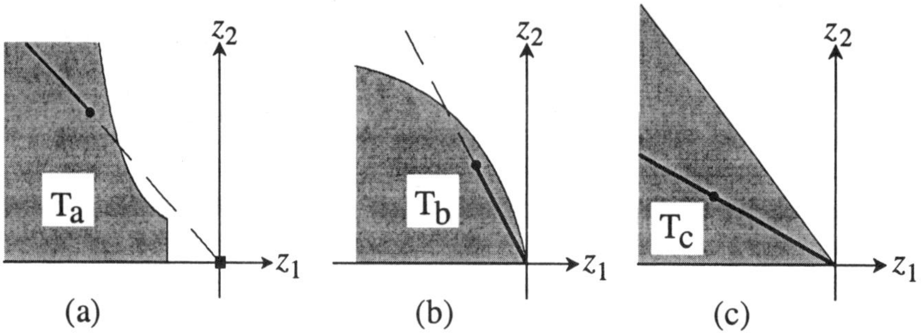

Bild 2.2: (a) Größenprogressive, (b) größendegressive und (c) größenproportionale Technik

2.2.2 Additivität

Darüber hinaus ist die Beispieltechnik der EDV-SCHULUNG noch durch eine weitere grundlegende Eigenschaft ausgezeichnet, ebenso wie die der LEDERWARENHERSTELLUNG und die Technik $\mathbf{T}_c$ in Bild 2.2c. Alle drei sind **additiv**:

$$\mathbf{z}^1 \in \mathbf{T},\ \mathbf{z}^2 \in \mathbf{T} \Rightarrow \mathbf{z}^1 + \mathbf{z}^2 \in \mathbf{T}$$

Bei einer additiven Technik ergibt die Kombination zweier möglicher Produktionen wieder eine mögliche Produktion. Der Vektor $\mathbf{z}^1 + \mathbf{z}^2$ wird als (Additiv-) *Kombination* der beiden Aktivitäten $\mathbf{z}^1$ und $\mathbf{z}^2$ bezeichnet. Für ein Paar Schuhe und eine Tasche benötigt man danach zusammen 100 Arbeits- und 55 Nähmaschinenminuten sowie 0,55 m^2 Leder, wobei 55 g Lederreste anfallen. Dies setzt voraus, dass Schuhe und Taschen unabhängig voneinander hergestellt werden können; es darf keine Synergie- oder Störeffekte zwischen den einzelnen Produktionen geben. Am ehesten ist diese Eigenschaft erfüllt, wenn Schuhe und Taschen zeitlich parallel, jedoch räumlich und organisatorisch getrennt in eigenen *Fertigungssegmenten* erzeugt werden (*Parallelproduktion*). Die Input- und Outputquantitäten der verschiedenen Produktionsaktivitäten addieren sich dann für jede beachtete Objektart einzeln zum gesamten jeweiligen Input und Output der Periode. Sofern keine zeitlichen Engpässe bestehen, lässt sich Additivität auch als sukzessiver Ablauf der einzelnen Vorgänge auf einer gemeinsam genutzten Anlage vorstellen (*Wechselproduktion*), so wie im Beispiel der EDV-Schulung. Dieser Hintergrund ist auch dann gegeben, wenn es sich um die Erzeugung ein und desselben Hauptproduktes mit einer Maschine in wechselnden Geschwindigkeiten handelt (*Intensitätssplitting*).

Additivität erlaubt beliebig häufige Wiederholungen bzw. parallele Ausführungen (Kopien) ein und derselben Produktion. Jede λ-fache Kombination $\lambda\mathbf{z}$ von $\mathbf{z}$ mit sich selbst (für $\lambda \in \mathbb{N}$) ist möglich. Additive Techniken sind somit immer auch diskret größenprogressiv.

2.2.3 Linearität und Konvexität

Bild 2.3 veranschaulicht drei zweidimensionale Techniken. Sie resultieren alle aus den beiden Grundaktivitäten $\mathbf{z}^1 = (-2, 1)$ und $\mathbf{z}^2 = (-3, 2)$, wenn diese zusätzlich mit den Eigenschaften der Additivität und der Größenproportionalität verknüpft werden, und zwar (a) nur Additivität, (b) nur Größenproportionalität sowie (c) sowohl Additivität als auch Größenproportionalität.

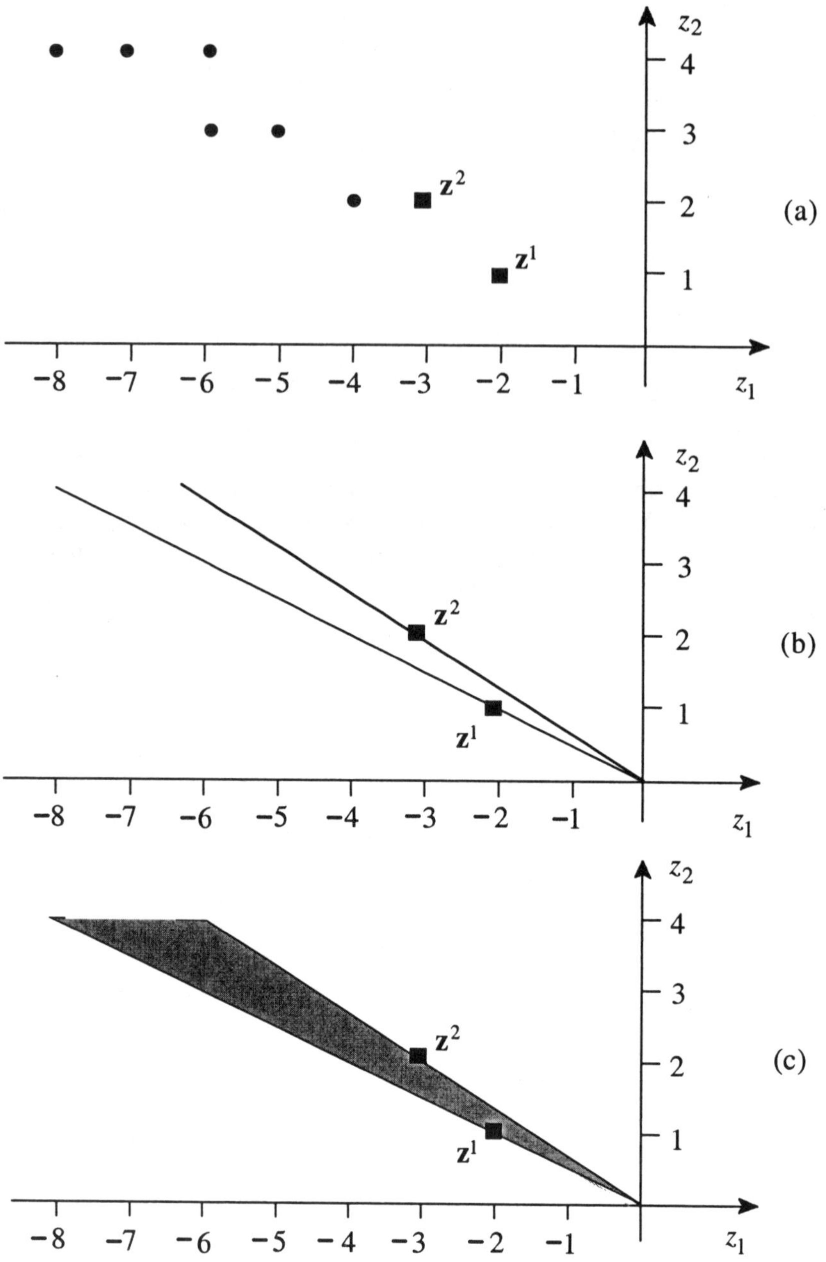

Bild 2.3: (a) Additive, (b) größenproportionale und (c) lineare Technik

Eine Technik, die sowohl additiv als auch größenproportional ist,[5] heißt **linear**. Für eine solche Technik **T** gilt stets, dass alle nicht negativen *Linearkombinationen* möglicher Produktionen selber auch möglich sind:

$$\mathbf{z}^1 \in \mathbf{T},\ \mathbf{z}^2 \in \mathbf{T},\ \lambda^1 \geq 0,\ \lambda^2 \geq 0 \Rightarrow \lambda^1\mathbf{z}^1 + \lambda^2\mathbf{z}^2 \in \mathbf{T}$$

Bild 2.3c illustriert, dass lineare Techniken Kegelform besitzen, mit der Spitze im Ursprung; deshalb spricht man auch von (konvexen) *Kegeltechniken.* Auf Grund ihrer großen theoretischen wie praktischen Bedeutung werden sie in den Lektionen 3, 6 und 9 sowie auch im Kapitel D als Spezialfall additiver (und konvexer) Techniken ausführlich behandelt.[6]

Eine Verallgemeinerung der Linearität und damit schwächere Anforderung an eine Technik ergibt sich, wenn in der obigen logischen Implikation die Prämisse der linearen Kombinierbarkeit zweier Produktionen auf solche Kombinationen eingeschränkt wird, deren Skalenfaktoren sich zu Eins addieren:

$$\mathbf{z}^1 \in \mathbf{T},\ \mathbf{z}^2 \in \mathbf{T},\ \lambda^1 \geq 0,\ \lambda^2 \geq 0,\ \lambda^1 + \lambda^2 = 1 \Rightarrow \lambda^1\mathbf{z}^1 + \lambda^2\mathbf{z}^2 \in \mathbf{T}$$

Eine solche Technik heißt **konvex**. Konvexität einer Menge bedeutet grafisch, dass die Strecke zwischen je zwei Punkten ganz zur Menge gehört. Der Ausdruck $\lambda^1\mathbf{z}^1 + \lambda^2\mathbf{z}^2$ heißt *Konvexkombination* der Aktivitäten $\mathbf{z}^1$ und $\mathbf{z}^2$, wobei die Skalenfaktoren λ^1 und λ^2 den jeweiligen Bruchteil angeben, mit dem eine Aktivität zum Zuge kommt. Zwei Produktionen lassen sich bei Konvexität also nicht beliebig kombinieren, sondern nur jeweils anteilig. Das jeweilige *Aktivitätsniveau* λ^ρ läßt sich beispielsweise als zeitlicher Anteil der Aktivität $\mathbf{z}^\rho$ an der Produktionsperiode interpretieren, wobei $\lambda^\rho = 1$ dann bedeuten würde, dass in der Periode ausschließlich, d.h. zu 100%, die Aktivität ρ realisiert würde.

Lineare Techniken bilden somit Spezialfälle konvexer Techniken. Konvex, jedoch *nichtlinear* ist die Technik $\mathbf{T}_b$ in Bild 2.2. Die Konvexitätseigenschaft spielt in der ökonomischen Theorie generell eine wichtige Rolle, zum großen Teil aus inhaltlichen Gründen, oft aber auch nur wegen ihrer mathematisch-methodischen Vorteile im Hinblick auf die Charakterisierung optimaler Aktivitäten. Inhaltlich bringt sie zwei gravierende Einschränkungen mit sich. Zum einen ist jede konvexe Technik mit möglichem Stillstand zwangsläufig *größendegressiv.* Zum anderen setzt sie ebenso wie die Größendegression – und natürlich auch die Linearität – die beliebige Teilbarkeit nicht nur der Aktivitätsniveaus, sondern vielmehr noch der Objektquantitäten voraus.

---

[5] Es genügt eigentlich schon die Forderung nach Größendegression, weil sie zusammen mit der Additivität die Größenproportionalität impliziert.

[6] Viele der für lineare Techniken abgeleiteten Aussagen treffen generell für additive Techniken zu, ohne dass darauf im Folgenden stets hingewiesen wird.

Literaturhinweise

Dyckhoff (1994), Abschn. 6.2
Fandel (1994), S. 40–43
Hildenbrand/Hildenbrand (1975), S. 22–53
Wittmann (1968), S. 11–20

2.3 Produktionsmöglichkeiten

Alle größenprogressiven, insbesondere die linearen Techniken sind unbeschränkt, sofern sie nicht trivial sind, d.h. nicht nur aus dem *Stillstand* ($\mathbf{z} = \mathbf{0}$) bestehen. Solche unbegrenzten Produktionsmöglichkeiten existieren in der Realität natürlich nicht. Gegenüber den zum Teil nur hypothetischen (fiktiven) Produktionsaktivitäten einer Technik sind reale Produktionsmöglichkeiten beschränkt.

Solche Randbedingungen können von außen vorgegeben sein. So sind maximale Input- und Outputquantitäten regelmäßig eine Folge von Engpässen auf den Beschaffungs- und Absatzmärkten sowie vorgegebener Emissionsgrenzwerte. Umgekehrt können etwa für verschiedene Objektarten vordisponierte Mindesteinsatz- oder -ausbringungsquantitäten durch anderweitige Vorentscheidungen innerhalb des Produktionssystems festgelegt sein, beispielsweise auf Grund längerfristiger, verbindlicher Verträge mit Arbeitskräften, Lieferanten oder auch Kunden. Derartige in den externen Rahmenbedingungen einer konkreten Entscheidungssituation begründete Beschränkungen definieren das *Restriktionsfeld* $\mathbf{R}$, mit $\mathbf{R} \subset \mathbb{R}^K$ im Falle der z-Darstellungsweise. Es beschreibt diejenige Menge an Aktivitäten, welche ohne Beachtung der technischen Möglichkeiten realisierbar wären.

Tatsächlich möglich, d.h. realisierbare Produktionen, sind allerdings nur diejenigen Input/Output-Vektoren, welche sowohl technisch möglich sind als auch den Restriktionen genügen. Die so genannte *Produktionsmöglichkeitenmenge* $\mathbf{Z}$, im Folgenden kurz als **Produktionsraum** bezeichnet, ergibt sich demnach als Schnittmenge der Technik mit dem Restriktionsfeld:

$$\mathbf{Z} = \mathbf{T} \cap \mathbf{R}$$

In ihrer einfachsten und häufigsten Form bilden Restriktionen *absolute Schranken* für einzelne Input- oder Outputquantitäten. Da einerseits in der Realität immer Schranken existieren – wenn auch unter Umständen sehr große und damit ggf. irrelevante – und da andererseits fehlende Schranken formal gleich $\pm\infty$ gesetzt werden können, lassen sich durch absolute Schranken gebildete Restriktionen allgemein folgendermaßen formulieren:

$$\mathbf{R} = \left\{(z_1,\ldots,z_\kappa) \in \mathbb{R}^\kappa \;\middle|\; \underline{z}_k \le z_k \le \overline{z}_k \text{ für } k = 1,\ldots,\kappa\right\}$$
$$= \left\{\mathbf{z} \in \mathbb{R}^\kappa \;\middle|\; \underline{\mathbf{z}} \le \mathbf{z} \le \overline{\mathbf{z}}\right\}$$

In den Beispielen des LEDERWARENHERSTELLERS und der EDV-SCHULUNGSFIRMA könnten die beiden Vektoren für die unteren und oberen absoluten Schranken wie folgt aussehen:

$$\underline{\mathbf{z}} = \begin{pmatrix} -5000 \\ -3000 \\ -30 \\ 20 \\ 10 \\ -\infty \end{pmatrix} \qquad \overline{\mathbf{z}} = \begin{pmatrix} +\infty \\ +\infty \\ +\infty \\ +\infty \\ +\infty \\ +\infty \end{pmatrix}$$

Im ersten Fall bedeutet es, dass in der betrachteten Periode der Lederfirma maximal 5000 Arbeits- und 3000 Nähmaschinenminuten sowie höchstens 30 m^2 Leder zur Verfügung stehen. Gleichzeitig existieren Lieferverpflichtungen für mindestens 20 Paar Schuhe und 10 Taschen, die unbedingt eingehalten werden sollen. Obere Schranken sind nicht relevant. Im zweiten Fall müsste die Schulungsfirma mindestens 20 normale und 10 Intensivschulungen durchführen. Dafür steht der Schulungsraum 5000 Minuten zur Verfügung. Es sind 3000 Unterrichtsmappen vorhanden oder noch beschaffbar, und die Trainerkapazität umfasst 30 Personentage.

Das so beschriebene Restriktionsfeld **R** führt danach zusammen mit der in Abschnitt 2.1 definierten Technik **T** der EDV-Schulung zu folgendem Produktionsraum, welcher im Hinblick auf die Lederwarenherstellung noch um die Ganzzahligkeitsbedingungen an die Skalenfaktoren zu ergänzen ist:

$$\mathbf{Z} = \left\{\mathbf{z} \in \mathbb{R}^6 \;\middle|\; \mathbf{z} = \lambda^1 \cdot \begin{pmatrix} -50 \\ -40 \\ -0{,}15 \\ 1 \\ 0 \\ 30 \end{pmatrix} + \lambda^2 \cdot \begin{pmatrix} -50 \\ -15 \\ -0{,}4 \\ 0 \\ 1 \\ 25 \end{pmatrix} \ge \begin{pmatrix} -5000 \\ -3000 \\ -30 \\ 20 \\ 10 \\ -\infty \end{pmatrix}; \lambda^1, \lambda^2 \ge 0\right\}$$

Die durch die Aktivitätsniveaus $\lambda^1 = 40$ und $\lambda^2 = 60$ der beiden Grundaktivitäten festgelegte sowie in Tab. 1.3 und Bild 1.4 beschriebene Gesamtaktivität

$$\mathbf{z}^0 = (-5000, -2500, -30, 40, 60, 2700)$$

ist demnach in beiden Fällen realisierbar. Dabei wird die Kapazität der Nähmaschine (500 Minuten Leerzeit) bzw. der vorhandene Bestand an Unterrichtsmappen (500 Restbestand) nicht ausgeschöpft, sodass der jeweilige Einsatzfaktor kein Engpass ist.

Relative Schranken sind besonders bei Mischungsprozessen hinsichtlich bestimmter Qualitätsmerkmale der resultierenden Produkte von Bedeutung (z.B. Oktanzahl bei Benzin). Darüber hinaus sind sie bei gesetzlichen Emissionsgrenzwerten anzutreffen, bei denen in Bezug auf eine Outputart k als Trägersubstanz ein bestimmter Schadstoff s nur zu einem vorgegebenen Maximalanteil σ enthalten sein darf (z.B. 0,5% Kohlenmonoxid im Abgas eines im Leerlauf betriebenen Fahrzeugs mit geregeltem Katalysator):

$$z_s \leq \sigma \cdot z_k$$

In dieser Einführung in die Theorie betrieblicher Wertschöpfung konzentrieren sich die Analysen auf Techniken sowie solche Produktionsräume, die durch absolute Schranken zu Stande kommen. Dabei übertragen sich viele Charakteristika von Techniken auf die zugehörigen Produktionsräume. So ergeben konvexe Techniken **T** in Verbindung mit konvexen Restriktionsfeldern **R** stets konvexe Produktionsräume $\mathbf{Z} = \mathbf{T} \cap \mathbf{R}$. Die durch absolute Schranken definierten Restriktionsfelder sind konvex.

2.4 (Grafische) Darstellung der Produktionsmöglichkeiten

Zur allgemeinen Beschreibung der Produktionsmöglichkeiten eignen sich mathematische Darstellungsformen am besten. Dabei kann häufig auf die umständliche Formulierung in Mengenschreibweise verzichtet werden. Wenn zudem der hier meistens unterstellte Spezialfall ohne Zwischenprodukte und Handelswaren vorliegt (vgl. Abschn. 1.2.4), ist die x,y-Schreibweise vorteilhafter, weil sie negative Zahlen vermeidet. Wenn Missverständnisse auszuschließen sind, braucht man die zugehörigen Nichtnegativitätsbedingungen und etwaige Ganzzahligkeitsbedingungen nicht ständig extra zu vermerken und lässt sie generell fort. Im obigen Zahlenbeispiel stellen sich dann die Produktionsräume des LEDERWARENHERSTELLERS und der EDV-SCHULUNGSFIRMA folgendermaßen dar (wobei die beiden Prozessvariablen für die Aktivitätsniveaus überflüssig sind und eliminiert werden könnten):

$$
\begin{aligned}
50\lambda^1 + 50\lambda^2 &= x_1 \leq 5000 \\
40\lambda^1 + 15\lambda^2 &= x_2 \leq 3000 \\
0{,}15\lambda^1 + 0{,}4\lambda^2 &= x_3 \leq \quad 30 \\
\lambda^1 \qquad\qquad &= y_4 \geq \quad 20 \\
\lambda^2 &= y_5 \geq \quad 10 \\
30\lambda^1 + 25\lambda^2 &= y_6
\end{aligned}
$$

Im Unterschied zur Darstellung einer konkreten einzelnen Aktivität kommen Tabellen und Grafiken als Alternative zu algebraischen Modellen für die Beschreibung von Techniken und Produktionsräumen im Allgemeinen nicht in Frage. Allerdings können Grafiken in Spezialfällen sowie bei wenigen Objektarten Formeln nicht nur veranschaulichen, sondern zum Teil vollkommen ersetzen. Für additive bzw. lineare Techniken, die durch wenige Grundaktivitäten generiert werden, eignen sich besonders die *abstrakten Input/Output-Graphen.* Sie werden in Lektion 3 definiert. Dagegen sind *Produktionsdiagramme* auch für nichtlineare Techniken zu verwenden, wenn auch nur bei einigen wenigen Objektarten. Für die detaillierte und präzise Beschreibung realer Techniken benötigt man einschlägige Kenntnisse. Einen groben, qualitativen Ein- und Überblick kann man jedoch auch als Laie schon oft an Hand von *Fließbildern* oder anderen Darstellungen der Praxis gewinnen, was in Abschnitt 2.4.2 an einigen Beispielen illustriert wird.

2.4.1 Zwei- und mehrdimensionale Produktionsdiagramme

*Zwei*dimensionale Techniken oder Produktionsräume können auf natürliche Weise in zweidimensionale Diagramme eingezeichnet werden, bei denen die Koordinatenachsen die Quantitäten der beiden einzigen beachteten Objektarten erfassen. Beispiele für solche Diagramme bieten die Bilder 2.2 und 2.3. *Drei*dimensionale Aktivitätsmengen sind in Büchern nur in Form zweidimensionaler Projektionen darstellbar, wie im Fall des Bildes 2.1, oder als Schnitte, wie bei den noch folgenden Bildern 2.5 bis 2.7. Noch *höher*dimensionale Mengen sind generell nur noch ausschnittweise hinsichtlich der Beziehungen zweier oder dreier besonders interessierender Objektarten in derartigen Diagrammen beschreibbar, wie im Falle des Bildes 2.4. In Sonderfällen können auch höherdimensionale Techniken zweidimensional vollständig beschrieben werden, wie im vierdimensionalen Beispiel des Bildes 2.8.

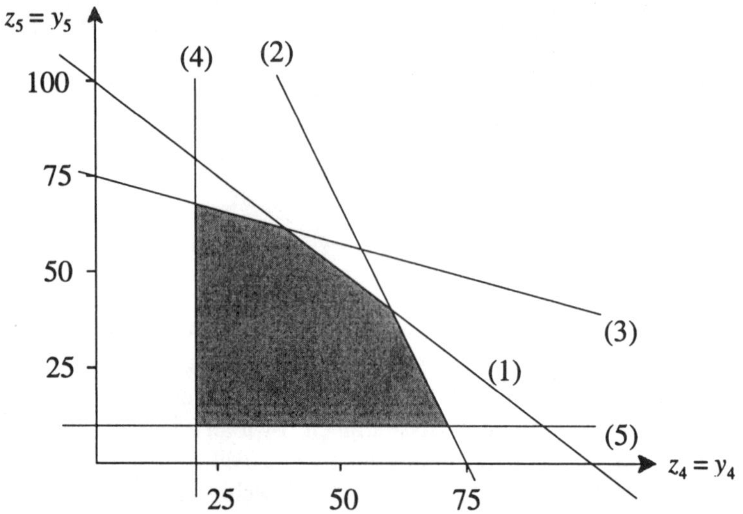

Bild 2.4: Erzeugnisdiagramm

Bei Bild 2.4 handelt es sich um eine Projektion des zuvor algebraisch formulierten sechsdimensionalen Produktionsraumes der LEDERWARENHERSTELLUNG oder der EDV-SCHULUNG auf die Dimensionen 4 und 5 der beiden Hauptprodukte. Jeder Punkt in dem Quadranten beschreibt ein **Erzeugnisprogramm** (oder *Hauptproduktionsprogramm*). Zulässig, d.h. realisierbar auf Grund von Technik und Restriktionen, sind die Punkte in dem schattierten Fünfeck, beim Lederwarenhersteller sogar nur die ganzzahligen Gitterpunkte. Die fünf begrenzenden Geraden entsprechen den fünf Ungleichungen des Produktionsraumes, wenn diese jeweils mit Gleichheit erfüllt sind.

Bild 2.4 kann als *Output-* oder *Erzeugnis(programm)diagramm* (präziser: Output/Output-Diagramm) bezeichnet werden. In diesem Fall gibt es keinen Unterschied zwischen der *x,y-* und der *z*-Darstellungsweise. Beide Versionen beziehen sich auf den oberen rechten Quadranten des zu Grunde liegenden Koordinatensystems.

Wenn in einem Produktionsdiagramm eine Objektart vorkommt, die Input des Produktionssystems ist, unterscheiden sich die beiden Darstellungsweisen jedoch. In der *z*-Version handelt es sich dann um einen der anderen drei Quadranten, während in der *x,y*-Version wegen der Nichtnegativität der Variablen immer nur der erste (nordöstliche) Quadrant in Frage kommt. Die Bilder 2.5 bis 2.7 illustrieren dies an Hand der drei in Bild 2.1 gezeigten Schnitte durch das Ertragsgebirge des Beispiels der LANDWIRTSCHAFTLICHEN TECHNIK.

Bei der *Projektion* eines κ-dimensionalen Produktionsraumes auf nur zwei seiner Dimensionen können die Quantitäten der anderen κ–2 (nicht gezeigten) Objektarten verschiedene Werte annehmen. Bei einem *Schnitt* durch einen κ-dimensionalen Produktionsraum werden dagegen die Quantitäten der anderen κ–2 (nicht gezeigten) Objektarten in bestimmter Weise fixiert, sodass allenfalls noch die Quantitäten der beiden im Diagramm gezeigten Dimensionen variieren können. Schnitte bedeuten deshalb eine *partielle* Objektvariation.

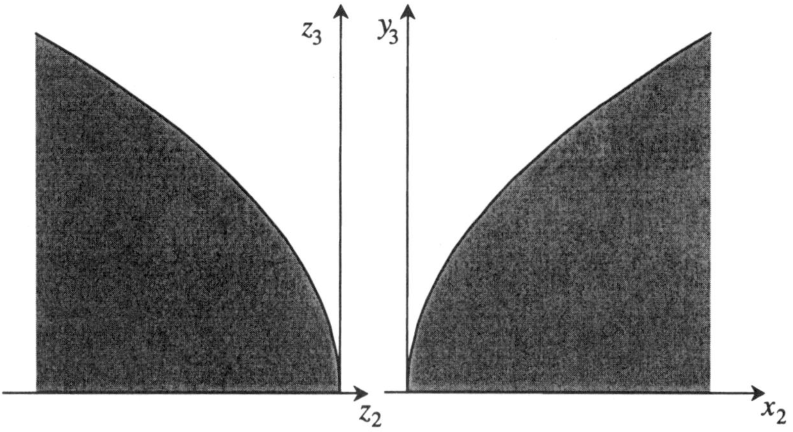

(a) *z-Darstellung* (b) *x,y-Darstellung*

Bild 2.5: Faktor/Produkt-Diagramm mit abnehmenden Grenzerträgen

Das Bild 2.5 beschreibt speziell eine *partielle Faktorvariation*, bei der der Einfluss des Einsatzfaktors Arbeit (2) auf das landwirtschaftliche Produkt (3), z.B. Weizen, untersucht wird, wenn die Einsatzmenge des Faktors Boden (1) konstant bei $z_1 = -4$ bzw. $x_1 = 4$ gehalten wird (links die *z*-Version und rechts die *x,y*-Version). Es handelt sich um ein *Faktor/Produkt-Diagramm* (oder Input/Output-Diagramm),[7] wobei der Rand der schattierten Menge hier mit abnehmenden Grenzerträgen verläuft, d.h. bei gegebener Bodenfläche nimmt die Produktausbringung mit zunehmendem Arbeitseinsatz zwar zu, aber relativ immer weniger. Algebraisch liegt dem folgender Produktionsraum zu Grunde:[8]

---

[7] Die Diagramme können auch dynamische Produktionsaktivitäten darstellen (Input einer Periode, Output der nachfolgenden Periode), wie etwa in der Investitionstheorie bei dem *relativen Fisher/Hirshleifer-Diagramm* (vgl. *von Nitzsch 1997*, S. 29ff.).

[8] Man beachte dabei unbedingt, dass die Produktionsräume **Z** in diesem Buch stets als Teilmengen des $\mathbb{R}^{\kappa}$ zu verstehen sind und in der mengentheoretischen Darstellungsform Input immer als *negative* Zahl formuliert ist. Die nichtnegativen Variablen x_i müssen deshalb in dem I/O-Vektor **z** mit einem negativen Vorzeichen versehen werden.

$$\mathbf{Z}_1 = \mathbf{T} \cap \mathbf{R}_1 \text{ mit } \mathbf{R}_1 = \{\mathbf{z} \in \mathbb{R}^3 | z_1 = -4\}$$
$$= \{(-4, z_2, z_3) \in \mathbb{R}^3 | z_2 \leq 0, \ 0 \leq z_3 \leq 40(-z_2)^{0,5}\}$$
$$= \{(-4, -x_2, y_3) \in \mathbb{R}^3 | x_2 \geq 0, \ 0 \leq y_3 \leq 40(x_2)^{0,5}\}$$

Bild 2.6 veranschaulicht entsprechend den Schnitt durch das Ertragsgebirge des Bildes 2.1, wenn der Arbeitseinsatz an Stelle des Bodens konstant bei $z_2 = -1$ bzw. $x_2 = 1$ gehalten wird:

$$\mathbf{Z}_2 = \{(z_1, -1, z_3) \in \mathbb{R}^3 | z_1 \leq 0, \ 0 \leq z_3 \leq 5(-z_1)^{1,5}\}$$
$$= \{(-x_1, -1, y_3) \in \mathbb{R}^3 | x_1 \geq 0, \ 0 \leq y_3 \leq 5(x_1)^{1,5}\}$$

Ist dagegen die Produktquantität durch $z_3 = y_3 = 50$ festgelegt und damit folgender Produktionsraum definiert:

$$\mathbf{Z}_3 = \{(z_1, z_2, 50) \in \mathbb{R}^3 | z_1 \leq 0, \ z_2 \leq 0, \ 50 \leq 5(-z_1)^{1,5}(-z_2)^{0,5}\}$$
$$= \{(-x_1, -x_2, 50) \in \mathbb{R}^3 | x_2 \geq 100(x_1)^{-3}, \ x_1 > 0, \ x_2 > 0\}$$

so skizzieren die beiden Versionen des *Input-* oder *Faktordiagramms* (präziser: Input/Input-Diagramm) in Bild 2.7 diejenigen **Faktorkombinationen**, welche diese Produktquantität ermöglichen.

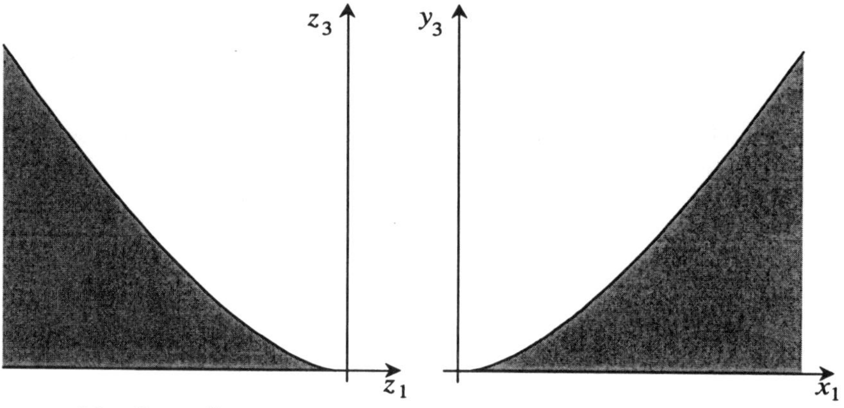

(a) *z-Darstellung* (b) *x,y-Darstellung*

Bild 2.6: Faktor/Produkt-Diagramm mit zunehmenden Grenzerträgen

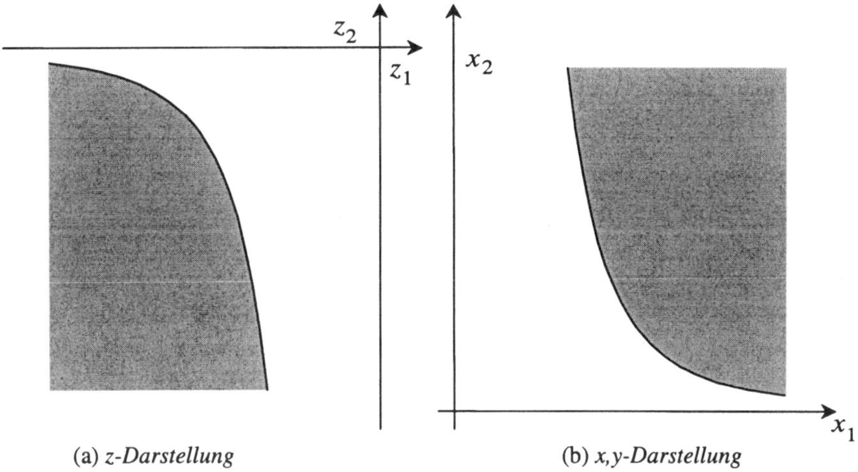

Bild 2.7: Faktordiagramm für landwirtschaftliche Technik

Wie die Bilder zeigen, lassen sich höherdimensionale Produktionsmöglichkeitenmengen durch Produktionsdiagramme im Allgemeinen nur unvollständig in ihren Input/Output-Beziehungen darstellen.[9] Ausnahmen bilden solche Mengen, welche trotz einer größeren Anzahl beachteter Objektarten eine starke Abhängigkeit der Input- und Outputquantitäten untereinander bzw. von einigen wenigen Einflussgrößen aufweisen. Als Beispiel sei eine MÜLLVERBRENNUNGSANLAGE mit folgender (fiktiver) Technik betrachtet:

$$T = \{(-M, \alpha(\tau)M, \eta(\tau)M, \psi(\tau)M) \mid M \geq 0,\ \tau_{min} \leq \tau \leq \tau_{max}\}$$

Für den Betreiber der Anlage ist die Nutzenergiebilanz (Strom und Fernwärme abzüglich Brennstoffeinsatz) im Vergleich zur erzielten Verminderung der Feststoffe und dem Anfall an Giftstoffen von Interesse. Bezogen auf eine Quantitätseinheit Müll ($M = 1$) ist eine Restquantität $\alpha > 0$ an Feststoffen (Schrott und Schlacke) und eine Nettoerzeugung $\eta \in \mathbb{R}$ an Nutzenergie erreichbar. Beide spezifischen Kennzahlen hängen von der Verbrennungstemperatur τ als Stellgröße ab; die Energiebilanz ist bei niedriger Temperatur positiv ($\eta > 0$), bei hoher jedoch negativ ($\eta < 0$), weil dann mehr nutzbare Energie eingesetzt werden muss als nutzbringend erzeugt wird. Allerdings fallen bei niedrigen Temperaturen stark giftige Substanzen an (z.B. Dioxin), und zwar relativ zur Quantität Müll in der spezifischen Höhe $\psi \geq 0$. Andere als die vier genannten Objektarten und weitere Prozessfaktoren werden nicht beachtet.

---

9 Als weitere Beispiele mit realem Hintergrund sei auf die beiden Erzeugnisdiagramme in *Dyckhoff (1994)*, Abb. 4.7 und 4.8, zur Kraft-Wärme-Kopplung bei der Energieumwandlung hingewiesen.

Gemäß der obigen Technik verhalten sich bei konstanter Temperatur die anderen drei Objektarten proportional zur Müllquantität; die Technik ist demnach größenproportional (bezüglich der vier beachteten Objektarten).[10] Dagegen ist die Temperaturabhängigkeit in der Regel nichtlinear. Das Bild 2.8 zeigt in einem Produktionsdiagramm für einen konstanten Mülleinsatz (M = 1) plausible Verläufe für die Abhängigkeit der drei anderen Objektquantitäten von der Verbrennungstemperatur. Weil eine Kombination verschiedener Verbrennungstemperaturen während einer Periode bei **T** nicht vorgesehen ist, ist die Technik der Müllverbrennung nicht additiv. Bei präziser Angabe der Kurvenverläufe und unter Berücksichtigung der Größenproportionalität ist die vierdimensionale Technik somit durch ein Bild der Art 2.8 vollständig beschrieben.

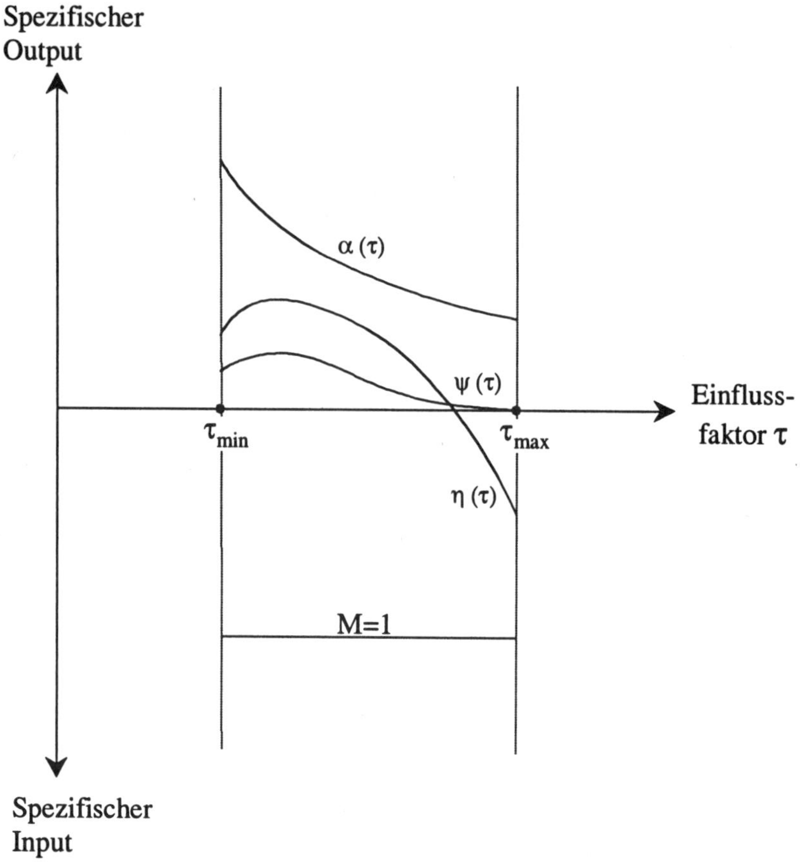

Bild 2.8: Spezifische Input- und Outputverläufe

[10] Bei konstanter Temperatur entspricht der Produktionsraum somit einem Strahl im vierdimensionalen Zahlenraum.

2.4.2 Darstellungen der Praxis

Die folgenden Bilder veranschaulichen mit unterschiedlichem Abstraktionsgrad, wie Techniken in der Praxis dargestellt werden können. Den in Lektion 3 noch einzuführenden Input-Output-Graphen sehr ähnlich zeigt Bild 2.9 ein einfaches Stoffstromnetz für die Herstellung von Polyethylen-Folie mit P1, P2 und P7 als Inputstellen und P3, P4 und P8 als Outputstellen. Diese Form der Darstellung wird innerhalb einer in der Industrie eingesetzten Software zur Stoff- und Energiebilanzierung genutzt. Es handelt sich also nicht um eine abstrakte und rein theoretische Darstellungsform. Anschaulicher, aber mit prinzipiell gleichem Aussagegehalt, zeigen die Bilder 2.10 und 2.11 Techniken, in diesem Falle verfahrenstechnische Abläufe ohne jegliche Mengenangaben. Bild 2.10 gibt das Verfahrensfließbild einer Rauchgas-Entschwefelungs-Anlage (REA) wieder. Das Rauchgas wird in chemischen Prozessen derart aufbereitet, dass ein industriereiner Gips sowie ein deponiefähiges Stabilisat entstehen. Bild 2.11 zeigt exemplarisch ein mögliches Kreislaufwirtschaftskonzept in der Eisen- und Stahlindustrie. Die im Abgasreinigungssystem des Hochofens anfallenden kontaminierten Stäube und Schlämme können nach einer entsprechenden Aufbereitung dem Kreislauf zur weiteren Verwertung zugeführt werden. Das Bild 2.12 zeigt darüber hinausgehend, wie sich die in diesem Buch behandelte Transformation von Sach-, Informations- und Dienstleistungen sowie Finanzmitteln („Leistungssicht") in ein allgemeines Geschäftsprozessmodell für Informationssysteme einbettet.

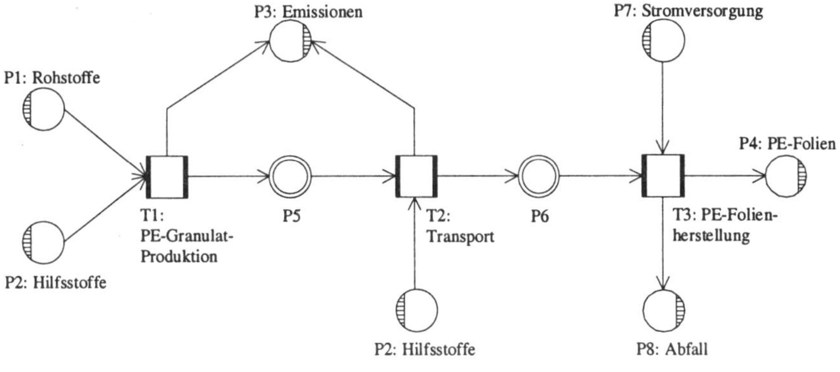

Bild 2.9: Stoffstromnetz für die Herstellung von Polyethylen-Folie (Quelle: *Schmidt/Häuslein 1997*, S. 74)

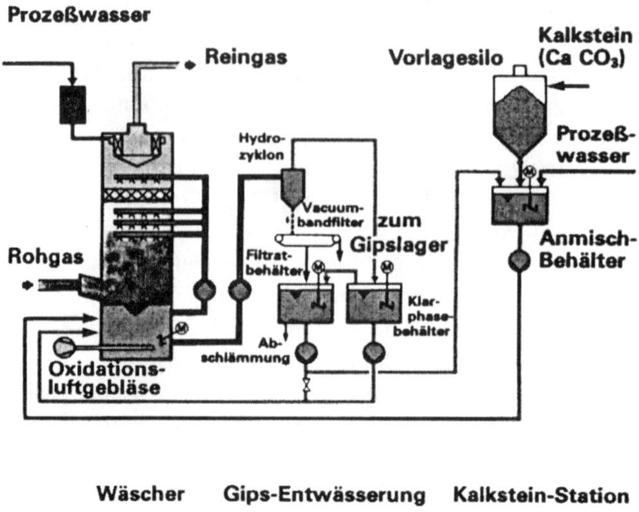

Bild 2.10: Verfahrensfließbild einer Rauchgas-Entschwefelungs-Anlage (REA) (Quelle: Broschüre des RWE zum Kraftwerk Weisweiler o.J.)

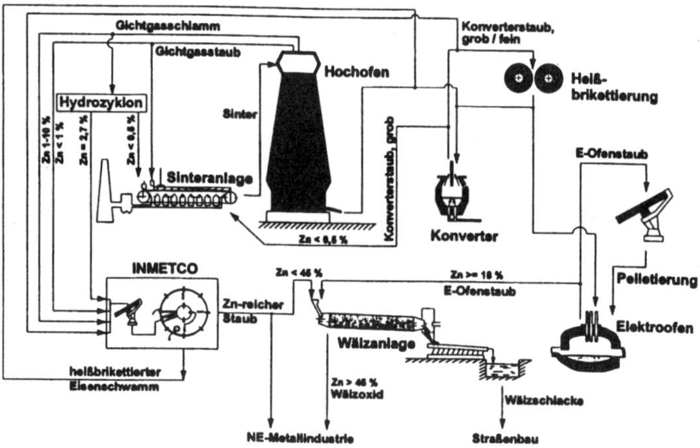

Bild 2.11: Kreislaufwirtschaftskonzept für Stäube und Schlämme aus der Eisen- und Stahlindustrie (Quelle: *Spengler et al. 1998*, S. 149)

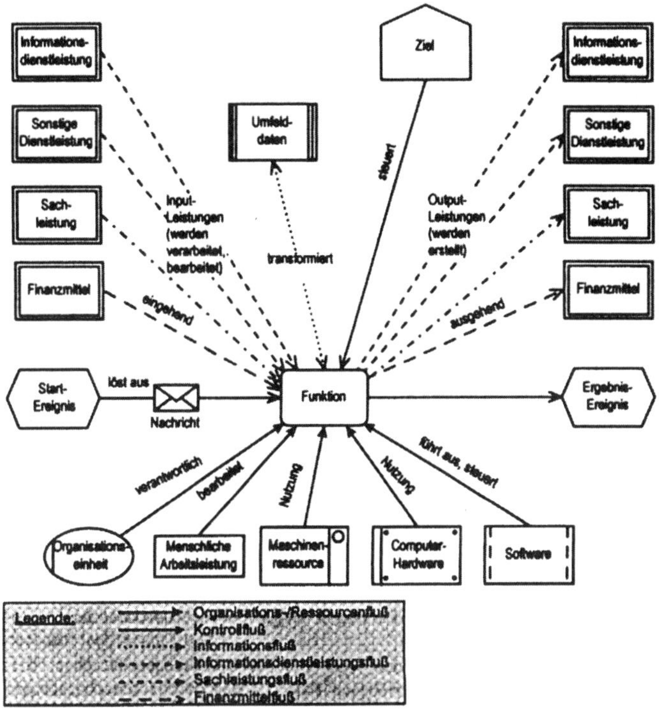

Bild 2.12: Das allgemeine ARIS-Geschäftsprozessmodell (Quelle: *Scheer 1998,* S. 31, vgl. auch S. 35)

2.5 Systematische Modellierung realer Produktion

Die Komplexität realer Produktionssysteme rührt vor allem auch daher, dass die Innenstruktur durch *verschiedene* Strukturtypen geprägt ist. Im Rahmen dieser Einführung können solche komplexen Strukturen nicht behandelt werden. Ein wesentlicher Vorzug der hier vorgestellten Theorie betrieblicher Wertschöpfung ist jedoch, dass sie die Untersuchung realer Produktionssysteme durch ihre konstruktive Ausrichtung und das zugrundeliegende Systemdenken grundsätzlich unterstützt.

Anstatt fertige Modelle in mehr oder minder begründeter Reihenfolge zu präsentieren, zeichnet sich eine *konstruktiv ausgerichtete* Theorie durch die Behandlung von Modellelementen für grundlegende Produktionstypen und ihre systematische Verknüpfung zu größeren Produktionsmodellen aus. So sollte es beispielsweise möglich sein, die Techniken zweier aufeinander folgender oder zweier paralleler Produktionsstufen innerhalb der Wertschöpfungskette in geeigneter Weise miteinander zu koppeln und zu einem einzigen, verbundenen System zu konsolidieren. Durch die Verknüpfung von Produktionssystemen, beginnend mit solchen eines bekannten grundlegenden Techniktyps, lassen sich so sukzessiv umfangreiche Systeme mit komplexen Techniken konstruieren.

Vergleiche mit Naturwissenschaft und Konstruktionstechnik mögen dies verdeutlichen: So kann der Konstrukteur einer Maschine heutzutage am Computer aus einer Datenbank vorhandene Maschinenelemente abrufen, sie gegebenenfalls passend modifizieren und nach und nach zu der gewünschten Maschine zusammenfügen. Chemiker nutzen bei der Entwicklung neuer Stoffe die physikalischen Gesetzmäßigkeiten aus, wonach komplexe organische Verbindungen sich zunächst aus Molekülverbänden, dann aus bestimmten Molekülgruppen, diese wiederum aus einzelnen Molekülen und Letztere aus nur wenigen verschiedenen Atomen zusammensetzen. Letztlich wird die Vielfalt chemischer Verbindungen aus nur wenigen Elementen bzw. ihren Atomen generiert.

Hilfreich für die Konstruktion von Modellen komplexer Techniken ist der *Systemgedanke.* Nach der Abgrenzung des für die zu untersuchende Fragestellung relevanten Produktionssystems und der Identifikation seiner Umweltbeziehungen (Außenbezüge) werden innerhalb des Systems relevante Sub- und Teilsysteme herausgearbeitet und diese schrittweise immer weiter detailliert, bis man auf bekannte oder einfachere Strukturen stößt, die sich unmittelbar analysieren lassen.

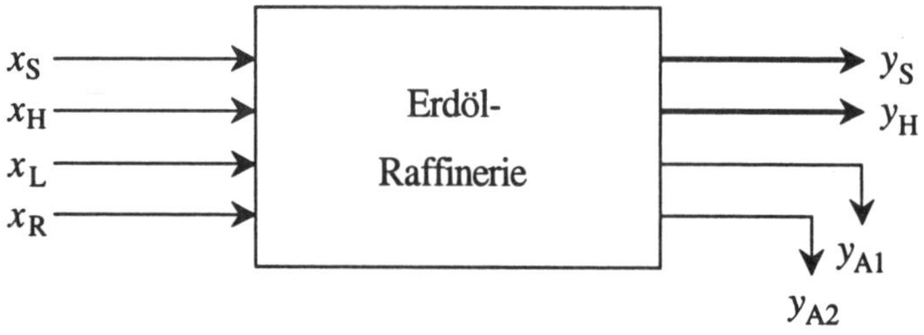

Bild 2.13: Erdölraffinerie aus der Vogelperspektive

An einem einfachen Fall sei diese Vorgehensweise verdeutlicht. Betrachtet wird eine ERDÖLRAFFINERIE. Es sollen die Einkaufs- und Absatzquantitäten des kommenden Jahres für folgende Objektarten geplant werden:

- Rohöl (R)
- Leichtöl (L)
- Superbenzin (S)
- leichtes Heizöl bzw. Dieselkraftstoff (H).

Dabei soll jedoch auch der Primäroutput zweier Abfallsorten (A1, A2) ermittelt werden, um die notwendigen Entsorgungskapazitäten rechtzeitig bereitstellen zu können. Bild 2.13 zeigt das Produktionssystem Erdölraffinerie als Black Box mit seinen Außenbezügen. Rohöl und Leichtöl sind Primärfaktoren; Superbenzin und Heizöl stellen zwar die Hauptprodukte dar, können aber auch noch am Spotmarkt zugekauft und als Handelswaren unverarbeitet weiter verkauft werden, um so mangelnde Produktionskapazitäten abzufangen.

Bei der näheren Analyse der Innenstruktur zeichnen sich drei Gruppen von Produktionsanlagen ab, die hintereinander geschaltet sind und somit zu verschiedenen Produktions(haupt)stufen gehören. Dabei werden sieben weitere Objektarten als reine Zwischenprodukte identifiziert, die wesentlich für den Zusammenhang zwischen Primärinput und Primäroutput, jedoch selber ohne Außenbezüge sind. Das Bild 2.14 verschafft einen guten Überblick über die grobe Innenstruktur. Vier Zwischenproduktarten entstehen auf der ersten Stufe (L1, HG, NA, GO), drei auf der zweiten (L2, FR, EL).[11] Die Anlagen der drei Stufen sind lediglich durch ihre Namen beschrieben. Der Fachmann hat damit möglicherweise schon eine gewisse Vorstellung von den in den Anlagen ablaufenden Prozessen. Um den Zusammenhang zwischen Input und Output der Anlagen präzise zu bestimmen, müssten die drei Subsysteme nun nach dem gleichen Schema jeweils weiter analysiert werden.[12]

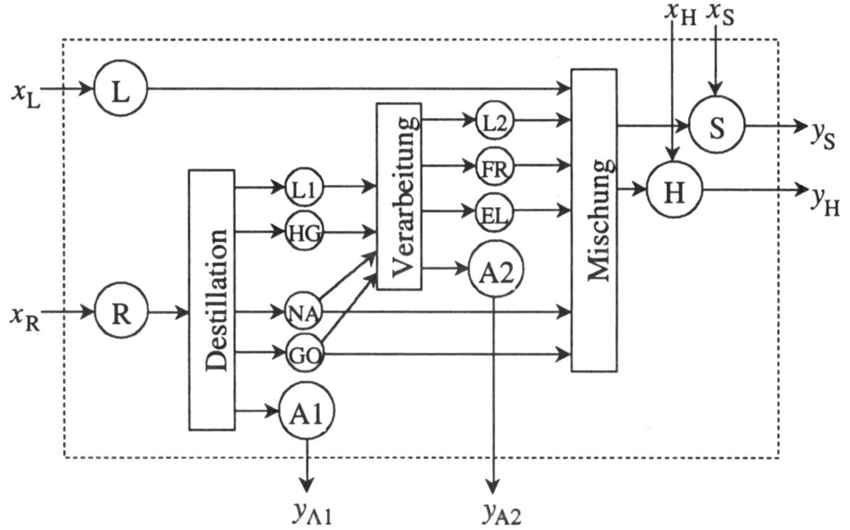

Bild 2.14: Grobe Innenstruktur der Erdölraffinerie

Im Vergleich der Bilder 2.13 und 2.14 wird der Zugewinn an Information über das Produktionssystem Erdölraffinerie schon bei diesem ersten Schritt einer

[11] Die Bedeutung der Symbole (etwa NA für Naphta) spielt hier keine Rolle.
[12] Siehe dazu *Dyckhoff (1994)*, Abschn. 17.2.

Systemanalyse deutlich. Weitere Analyseschritte würden ein noch genaueres Bild ergeben. Dabei können die einzelnen Subsysteme unabhängig voneinander nach demselben Schema weiter detailliert werden, bis auch ihre Innenstruktur so weit bekannt ist, wie es für die Fragestellung nötig ist. Spätestens ist das dann der Fall, wenn man auf bekannte Prozesse stößt, deren Ergebnisse sich geeignet, z.B. additiv, kombinieren lassen.

Bei der geschilderten Vorgehensweise bilden die Produktionssubsysteme Module, die durch die Objektarten als Schnittstellen (besser: Nahtstellen) miteinander verbunden sind. Subsysteme, die selber nicht mehr in weitere Sub(sub)-systeme aufgelöst werden und damit quasi die Atome bilden, können als *Produktionsstellen* bezeichnet werden.[13] Die Modelle der Subsysteme sind Komponenten bzw. Bausteine des Gesamtmodells. Ihre Kopplung erfolgt in der Regel über die Durchsätze der beachteten Objektarten. Eine wichtige Hilfe bei der Systemanalyse und Systemsynthese ist das in der nächsten Lektion behandelte Instrument des abstrakten Input/Output-Graphen.

Literaturhinweise

Dyckhoff (1994), § 17
Müller-Merbach (1981)
Schmidt (2000), Abschn. 2.4
Zschocke (1974)

Wiederholungsfragen

1) Wie sind die Begriffe Technik und Produktionsraum definiert, worin besteht ihr Unterschied?
2) Welche Eigenschaften können Techniken hinsichtlich der Skalenvariation haben?
3) Wann ist eine Technik additiv, linear bzw. konvex? Welche Implikationen haben die Technikformen bezüglich der Größeneffekte?
4) Wie lassen sich Techniken und Produktionsräume mathematisch und grafisch darstellen?
5) Was versteht man unter Erzeugnisprogramm und Faktorkombination, und wie lassen sich diese im zweidimensionalen Fall grafisch illustrieren?
6) Inwiefern ist die hier vorgestellte Theorie systemorientiert und konstruktiv ausgerichtet?

[13] Auf Grund der weitgehenden Abstraktion von räumlichen und organisatorischen Aspekten in der Theorie betrieblicher Wertschöpfung muss eine solche Stelle nicht mit einer organisatorischen Einheit einer Unternehmung oder einer Kostenstelle übereinstimmen.

Übungsaufgaben

Ü 2.1

Die nachfolgenden Grafiken stellen zweidimensionale Techniken dar. Prüfen Sie, ob sie größendegressiv, -progressiv oder -proportional sind!

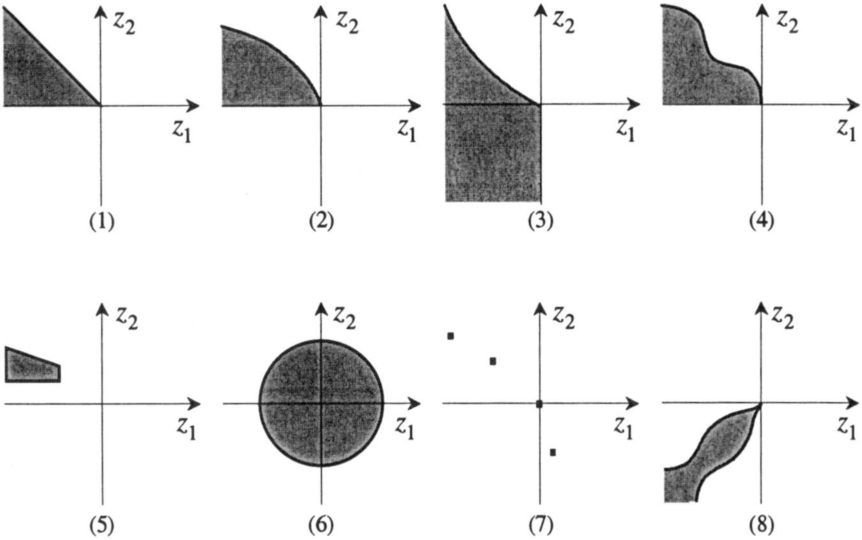

Ü 2.2

Zur Herstellung eines Produktes stehen einer Unternehmung zwei Verfahren zur Verfügung, die sich vereinfacht durch folgende Aktivitäten darstellen lassen:

$$\mathbf{z}^1 = (-2; 2) \text{ und } \mathbf{z}^2 = (-5; 3)$$

a) Geben Sie eine formale Beschreibung der Technik für den Fall an, dass sich die beiden Aktivitäten additiv kombinieren lassen! Zeichnen Sie diese Technik!

b) Wie lautet die Technik für den Fall, dass sie größenproportional, aber nicht additiv ist? Zeichnen Sie auch diese!

c) Bestimmen und zeichnen Sie die Technik für den Fall, dass sie linear ist!

Ü 2.3

Einer Unternehmung stehen für die tägliche Produktion folgende Aktivitäten zur Verfügung:

$$\mathbf{z}^1 = (-2; 1), \quad \mathbf{z}^2 = (-6; 4), \quad \mathbf{z}^3 = (-9; 8), \quad \mathbf{z}^4 = (-10; 12)$$

Dabei lässt die Produktion auch Konvexkombinationen der Aktivitäten zu. Ein zeitweiser Stillstand ist wegen technischer Gegebenheiten nicht möglich.

a) Zeichnen Sie die aus den obigen vier Aktivitäten resultierende konvexe Technik!

b) Überprüfen Sie zeichnerisch und rechnerisch, ob und wenn ja, in welchen Anteilen, folgende Aktivitäten als Konvexkombinationen der obigen Aktivitäten möglich sind:

$$\mathbf{z}^{I} = (-8; 7), \quad \mathbf{z}^{II} = (-6{,}5; 5), \quad \mathbf{z}^{III} = (-3; 2{,}5), \quad \mathbf{z}^{IV} = (-6; 5{,}5), \quad \mathbf{z}^{V} = (-3; 4)$$

Ermitteln Sie dabei vorrangig solche Konvexkombinationen, die nur eine einmalige Umstellung der Produktion erfordern!

c) Bestimmen Sie diejenige Konvexkombination, die zur Produktion von 5 Outputeinheiten den geringsten Input benötigt!

Ü 2.4 (vgl. *Backhaus 1979*, S. 7ff.)

Eine mittelständische Unternehmung der Investitionsgüterindustrie produziert automatische Rufnummerngeber (ARG) und Gebührenzähler (GZ). Die Unternehmungsleitung überlegt, wie ihr Erzeugnisprogramm für die nächste Planperiode ausgelegt sein soll. Die relevanten Fertigungs- und Absatzdaten hat die Stabsabteilung Planung für die Unternehmungsleitung in der folgenden Tabelle zusammengestellt:

<table>
<tr><td rowspan="2">Erzeugnis</td><td rowspan="2">maximale Absatzmenge [Stück]</td><td colspan="3">Fertigungskapazitäten [ZE]</td></tr>
<tr><td>Gehäusebau</td><td>Elektrische Ausrüstungen</td><td>Montage</td></tr>
<tr><td>ARG</td><td>700</td><td rowspan="2">8000</td><td rowspan="2">9600</td><td>8000</td></tr>
<tr><td>GZ</td><td>1000</td><td>6000</td></tr>
</table>

Die Fertigungsstellen Gehäusebau und Elektrische Ausrüstung werden von beiden Erzeugnissen durchlaufen. Ihre Kapazitäten können beliebig zwischen beiden Outputarten aufgeteilt werden. Um jeweils eine Einheit der Geräte produzieren zu können, werden folgende Zeiteinheiten (ZE) benötigt:

- Gehäusebau: 10 ZE für 1 ARG; 8 ZE für 1 GZ,
- Elektr. Ausrüstung: 6 ZE für 1 ARG; 12 ZE für 1 GZ.

Die Geräte werden in getrennten Abteilungen montiert. Zur Montage eines ARG sind 10 Zeiteinheiten notwendig, für einen GZ ebenfalls.

a) Bestimmen Sie die Technik der Unternehmung unter der Voraussetzung, dass sie linear ist!

b) Bestimmen Sie formal und grafisch den Produktionsraum! (Hinweis: Grafisch genügt die Darstellung als Erzeugnisdiagramm.)

Ü 2.5

Zeichnen Sie für die folgende Technik

$$\mathbf{T} = \left\{ (-x_1, -x_2, y_3) \in \mathbb{R}^3 \,\middle|\, x_1 \geq 0, x_2 \geq 0, 0 \leq y_3 \leq 4(x_1)^2 (x_2)^{0,5} \right\}$$

geeignete Produktionsdiagramme jeweils unter einer der folgenden Restriktionen:

a) Die herzustellende Erzeugnisquantität beträgt 36 Einheiten.

b) Von der ersten Inputart sind 10 Einheiten verfügbar.

c) Von der zweiten Inputart sind 25 Einheiten verfügbar.

Ü 2.6 (Die Aufgabe wird in den Lektionen 5 und 8 weitergeführt.)

Die Technik einer Unternehmung, die verschiedene Bustouren anbietet, lässt sich stark vereinfacht durch den Dieselverbrauch (x_1, gemessen in Litern) und die Einsatzzeit des Busses, inklusive des Busfahrers (x_2, gemessen in Stunden) sowie die zurückgelegte Fahrstrecke (y_3, gemessen in km) folgendermaßen beschreiben:

$$\mathbf{T} = \left\{ (-x_1, -x_2, y_3) \in \mathbb{R}^3 \,\middle|\, x_1 \geq 0{,}0035\rho y_3; x_2 \geq \frac{y_3}{\rho}; \quad y_3 \geq 0; \ 60 \leq \rho \leq 100 \right\}$$

Die durchschnittliche Fahrgeschwindigkeit ρ des Busses ist eine Stellgröße des Prozesses. (Der lineare Zusammenhang zwischen Dieselverbrauch und durchschnittlicher Fahrgeschwindigkeit dürfte der Realität nicht unbedingt entsprechen, wird aber vereinfachend angenommen.)

Bestimmen Sie analytisch und grafisch die Produktionsräume, wenn folgende Restriktionen gelten:

a) Für eine Kaffeefahrt in den Taunus (einfache Strecke 225 km) ist die durchschnittliche Fahrgeschwindigkeit auf 75 km/h fixiert, die Aufenthaltsdauer im Taunus ist flexibel.

b) Die durchschnittliche Fahrgeschwindigkeit lässt sich bei der Fahrt in den Taunus gemäß dem in der Technik angegebenen Intervall variieren, die Aufenthaltsdauer ist weiterhin flexibel.

c) Das Reiseziel und die damit verbundene Fahrstrecke liegen noch nicht fest. Der Bus soll die gesamte Tour jedoch in jedem Fall mit maximal 210 Litern Diesel bewältigen.

d) Das Reiseziel und die damit verbundene Fahrstrecke liegen noch nicht fest. Die Tour darf aber insgesamt nur maximal zehn Stunden dauern, wovon mindestens vier Stunden für das Programm vorzusehen sind.

3 Additive Technologie

3.1 Additive versus lineare Techniken
3.2 Endlich generierbare Techniken
3.2.1 Technikmatrix
3.2.2 Grundaktivitäten und elementare Prozesse
3.2.3 Abstrakter Input/Output-Graph
3.3 Spezielle additive Technikformen
3.3.1 Elementare Techniken
3.3.2 Einstufige Techniken
3.3.3 Mehrstufige Techniken
3.3.4 Zyklische Techniken
3.4 Nicht endlich generierbare Techniken
3.4.1 Keine oder unendlich viele Grundaktivitäten
3.4.2 In Grenzen frei variierbare Produktion
*3.5 Dynamische Modellierung der Produktion**

Die wichtigsten der grundlegenden Technikeigenschaften sind die Additivität und speziell die Linearität. Sie erfassen einerseits schon eine Fülle realer Phänomene der Produktion und sind andererseits analytisch noch recht einfach handhabbar, besonders im Falle der Linearität. Diese Lektion befasst sich mit der additiven und insbesondere der linearen *Technologie* als der Lehre von den additiven bzw. linearen Techniken auf der Objektebene. Auf den wesentlichen Unterschied beider Technikformen geht der erste Abschnitt ein. Abschnitt 3.2 definiert und untersucht den allgemeinen Typ endlich generierbarer Techniken. Als hilfreich erweist sich ihre Darstellung mittels Input/Output-Graphen. Der allgemeine Typ umfasst eine Reihe speziellerer Typen, über die der Abschnitt 3.3 eine Übersicht gibt. Detaillierter wird auf sie erst im Verlaufe der nachfolgenden Lektionen eingegangen. Die Abschnitte 3.4 und 3.5 schließen das Kapitel A mit einigen exemplarischen Ausführungen zu nicht endlich generierbaren Techniken sowie zu dynamischen Modellansätzen ab.

3.1 Additive versus lineare Techniken

Schließt man den uninteressanten Fall aus, dass die ganze Technik nur aus dem Stillstand besteht, so ist jede additive und insbesondere jede lineare Technik wegen ihrer diskreten bzw. kontinuierlichen Größenprogression stets unbeschränkt. Da dies unrealistisch ist, besitzen diese Techniken unmittelbare praktische Bedeutung nur im Zusammenhang mit Restriktionen, welche sie zu einem beschränkten Produktionsraum begrenzen. Viele Eigenschaften solcher Produktionsräume $\mathbf{Z}$ lassen sich jedoch direkt aus den Eigenschaften der zu

Grunde liegenden Technik **T** ableiten. Es ist deshalb durchaus sinnvoll, allgemeine Charakteristika additiver und linearer Techniken zu untersuchen.

Lineare Techniken sind definitionsgemäß größenproportional (linear-homogen) und additiv. Sie bilden in der z-Darstellungsweise konvexe Kegel in $\mathbb{R}^\kappa$, dem κ-dimensionalen Zahlenraum der beachteten Objektarten, mit dem Ursprung **0** als möglichem Stillstand und damit als Spitze des Kegels. Die Bilder 2.3c und 3.8 zeigen eine zwei- und eine dreidimensionale lineare Technik.

Additive, aber nicht größenproportionale Techniken sind in der Regel diskret, d.h. bestehen aus isolierten Aktivitäten mit meist nur ganzzahligen Werten für die Objektquantitäten. Bild 2.3a veranschaulicht eine solche Technik im zweidimensionalen Fall. Bei Linearität sind dagegen auch alle Aktivitäten *zwischen* den bei Additivität isolierten Punkten technisch möglich. Mit anderen Worten: Wenn bei einer additiven Technik auch der Stillstand erlaubt ist, so bildet die zugehörige lineare Technik ihre konvexe Hülle, wie durch Bild 2.3c im Vergleich mit 2.3a illustriert.

Der entscheidende Unterschied zu additiven Techniken rührt aus der Größendegression linearer Techniken. Additivität impliziert nämlich schon diskrete Größenprogression, wie in Abschnitt 2.2.2 vermerkt und in Bild 2.3a veranschaulicht. Dies bedeutet, dass jede technisch mögliche Produktion beliebig häufig, aber nur ganzzahlig vervielfacht werden kann. Bei Gültigkeit der Größendegression kann jede so erhaltene, d.h. ganzzahlig vervielfachte Aktivität wieder proportional verkleinert werden, nun aber beliebig, d.h. auch auf nicht ganzzahlige Vielfache der ursprünglichen Aktivität. Additivität und Größendegression zusammen haben somit die kontinuierliche Größenprogression zur Folge, woraus dann die Größenproportionalität und daraus die Linearität folgen.

Die Eigenschaft der Größendegression bzw. -proportionalität macht lineare Techniken zwar besser handhabbar und führt zu weiter reichenden Erkenntnissen, schränkt dafür aber auch den Anwendungsbereich der linearen Theorie stark ein. Besonders kritisch ist die Implikation der Größendegression zu sehen, wonach die Quantitäten der beachteten Objektarten *beliebig teilbar* sein müssen. Während diese Voraussetzung für Schüttobjekte wie z.B. Sand oder für die Messung des Potenzialfaktoreinsatzes anhand der Nutzungsdauer noch weitgehend akzeptabel ist, lässt sie sich für Stückobjekte wie z.B. Automobile nur methodisch begründen. Für große Stückzahlen nicht teilbarer Objekte lässt sie sich allerdings häufig ohne große Einschränkungen der Anwendungsnähe akzeptieren, um so analytische Schwierigkeiten zu umgehen. Beispielsweise ist es sicherlich akzeptabel, bei der Planung der Wochenproduktion eines Bonbonherstellers oder der Gesamtproduktion eines neuen Automodells die Objektquantität 999999,9 als Lösung einer Modellrechnung auf eine Million aufzurunden.

Die in dieser Lektion vorgestellten Modelle gelten hinsichtlich ihrer grundsätzlichen Strukturen bis auf wenige Ausnahmen sowohl für additive als dann auch für lineare Techniken. Modelle und Aussagen, welche nur für lineare, aber nicht allgemein auch für additive Techniken zutreffen, werden deshalb besonders vermerkt. In den entsprechenden Lektionen 6 und 9 der Kapitel B und C ist dagegen die Linearität oft essenziell.

Literaturhinweis
Bobzin (1998)

3.2 Endlich generierbare Techniken

Bei Additivität lässt sich jede Aktivität einer Menge $\mathbf{M} = \{\mathbf{z}^1,..., \mathbf{z}^\pi\} \subset \mathbf{T}$ mit sich selbst sowie mit anderen technisch möglichen Aktivitäten kombinieren. Durch mehrfache, sukzessive *Kombinationen* ergeben sich stets wieder neue, technisch mögliche Aktivitäten:

$$\mathbf{z} = \sum_{\rho=1}^{\pi} \lambda^\rho \mathbf{z}^\rho = \lambda^1 \mathbf{z}^1 + \lambda^2 \mathbf{z}^2 + \ldots + \lambda^\pi \mathbf{z}^\pi \in \mathbf{T}$$

Dabei zählt λ^ρ die Häufigkeit, mit der die Aktivität $\mathbf{z}^\rho$ kombiniert worden ist, wobei $\lambda^\rho = 0$ besagt, dass die betreffende Aktivität nicht an der Kombination beteiligt ist. Demnach gilt bei *Additivität*:

$$\lambda^1 \geq 0, \ldots, \lambda^\pi \geq 0 \text{ und alle ganzzahlig (d.h. } \lambda^\rho \in \mathbb{N}_0)$$

Dagegen entfallen wegen der Größenproportionalität bei *Linearität* die Ganzzahligkeitsbedingungen, sodass die λ^ρ als Skalen- oder Größenfaktoren anzusehen sind, für die gilt:

$$\lambda^1 \geq 0, \ldots, \lambda^\pi \geq 0$$

Abgesehen von den *Ganzzahligkeitsbedingungen* unterscheiden sich somit additive und lineare Techniken formal nicht; λ^ρ kann deshalb allgemein auch als *Skalen-* oder *Aktivitätsniveau* der ρ-ten Aktivität bezeichnet werden.

3.2.1 Technikmatrix

Sind alle Produktionen einer Technik als Kombinationen einer bestimmten endlichen Menge **M** technisch möglicher Produktionen darstellbar, so heißt die Technik **endlich generierbar**; man sagt, dass **T** durch die Aktivitäten in

M generiert oder aufgespannt wird. Im Falle der linearen Kombinierbarkeit gilt somit:

$$\mathbf{T} = \left\{ \mathbf{z} = \sum_{\rho=1}^{\pi} \lambda^\rho \mathbf{z}^\rho \;\middle|\; \lambda^\rho \geq 0 \text{ für } \rho = 1,\ldots,\pi \right\}$$

Bei additiv generierbaren Techniken müssen noch die Ganzzahligkeitsbedingungen an die Aktivitätsniveaus ergänzt werden.

Wenn wie oben die generierenden Aktivitäten durchnummeriert sind, kann man sie der Reihe nach als geordnete Menge, d.h. als Liste von Vektoren aufschreiben: $\mathbf{M} = (\mathbf{z}^1,\ldots, \mathbf{z}^\pi)$. Zusammengefasst bilden sie die **Technikmatrix**, bei zwei Aktivitäten und zwei beachteten Objektarten beispielsweise:

$$\mathbf{M} = \left(\begin{pmatrix} -2 \\ 1 \end{pmatrix}, \begin{pmatrix} -3 \\ 2 \end{pmatrix} \right) \triangleq \begin{pmatrix} -2 & -3 \\ 1 & 2 \end{pmatrix}$$

Die Zusammenfassung der generierenden Produktionen zur Technikmatrix **M** erlaubt es bei entsprechender Definition eines Vektors $\boldsymbol{\lambda} = (\lambda^1,\ldots,\lambda^\pi)$ für die einzelnen Skalenniveaus, technisch mögliche Produktionen als Multiplikation dieses Vektors mit der Technikmatrix darzustellen: $\mathbf{z} = \mathbf{M}\cdot\boldsymbol{\lambda}$. Vektoren sind i.d.R. als Spaltenvektoren zu verstehen. Da Missverständnisse weitgehend ausgeschlossen sind, wird auf das Transpositionszeichen „ ^{T} " generell verzichtet, falls sie doch als Zeilenvektoren verwendet werden. Auf die Verwendung der Matrixschreibweise wird hier soweit wie möglich verzichtet.

Eine Technikmatrix heißt *Basis* genau dann, wenn die Anzahl der Aktivitäten in **M** minimal ist, d.h. wenn auf keine Aktivität von **M** verzichtet werden kann, um noch die ganze Technik **T** aufspannen zu können. Die obige Beispielmatrix bildet eine Basis; dagegen wäre die folgende Technikmatrix nicht mehr minimal, da die hinzugekommene Produktion $\mathbf{z}^3 = (-5, 3)$ aus $\mathbf{z}^1$ und $\mathbf{z}^2$ kombiniert werden kann und somit entbehrlich ist:

$$\mathbf{M} = \begin{pmatrix} -2 & -3 & -5 \\ 1 & 2 & 3 \end{pmatrix}$$

Die durch die obige Basis und die erweiterte Technikmatrix aufgespannte additive Technik ist in Bild 2.3a dargestellt, die entsprechende lineare Technik in Bild 2.3c. Lineare, endlich generierte Techniken bilden so genannte konvexe *polyedrische* Kegel. Jede Aktivität der Basis **M** erzeugt eine Kante („Ecke“) eines solchen Kegels. In Bild 2.3c sind dies die beiden Außenkanten.

3.2.2 Grundaktivitäten und elementare Prozesse

Die in Abschnitt 2.1 definierten Techniken des LEDERWARENHERSTELLERS und der EDV-SCHULUNGSFIRMA, wobei die erste additiv und die zweite linear ist, sind endlich generiert, und zwar beide durch dieselbe (minimale) Technikmatrix, bestehend aus zwei Aktivitäten:

$$\mathbf{M} = \begin{pmatrix} -50 & -50 \\ -40 & -15 \\ -0{,}15 & -0{,}4 \\ 1 & 0 \\ 0 & 1 \\ 30 & 25 \end{pmatrix}$$

Die formale Identität der Basis beider Techniken gilt natürlich nicht hinsichtlich ihrer inhaltlichen Interpretation. Im ersten Fall stellt jede der beiden Aktivitäten in der Basis die notwendigen Einsatzquantitäten der drei Faktoren Arbeit, Nähmaschine und Leder sowie die zwangsläufig anfallende Quantität an Lederresten dar, wenn genau ein Paar Schuhe bzw. genau eine Tasche hergestellt werden. Im zweiten Fall sind Input die Nutzungsdauer des Schulungsraums, die Anzahl Unterrichtsmappen und die Einsatzzeit der EDV-Trainer, womit in jeweils einer Lehreinheit als Output ein unterschiedlicher Lernertrag bei den Schülern erzielt wird, abhängig davon, ob es sich um eine normale oder eine Intensivschulung handelt.

Würde man die Aktivitäten der Basis durch andere ersetzen, welche jeweils ein λ-faches der ausgetauschten darstellen, z. B. den jeweiligen Faktorbedarf und Resteanfall für 40 Paar Schuhe bzw. für 60 Taschen, so würde dies eine andere additive Technik ergeben, während im Gegensatz dazu eine lineare Technik wegen ihrer Größendegressivität davon unberührt bliebe. Bei linearen Techniken können somit die einzelnen Spalten der Technikmatrix durch beliebige positive Vielfache ersetzt werden. Oft sind aber bestimmte Zahlenwerte natürlicher, die auf diese Weise so genannte Grundaktivitäten kennzeichnen (auch Basisaktivitäten genannt[1]). Bei einer **Grundaktivität** handelt es sich speziell um eine Produktion, die auf natürliche, musterhafte oder vorbildliche (kanonische) Art eine *elementare Verfahrensweise* beschreibt. Praktische Beispiele dafür bilden Stücklisten, Rezepturen, Schnittmuster oder Arbeitspläne (vgl. Abschn. 1.3.2).

So sei eine PAPIERFABRIK betrachtet, in der Papierrollen einer Standardbreite 3 m mit einer gegebenen Länge der Breite nach in schmalere Rollen zur Erfül-

[1] Im Original bei *Koopmans (1951)*, S. 36: „basic activities“.

lung von Kundenaufträgen zugeschnitten werden. Für die Planungsperiode liegen Aufträge für die Breiten 105 cm, 57 cm und 39 cm in noch nicht genau bestimmter Höhe vor. Eine Grundaktivität bezeichnet dann ein Schnittmuster zur Aufteilung genau einer Rolle der Standardbreite in schmalere Teilrollen, etwa in je eine Rolle der drei Auftragsbreiten plus eine Restrolle von 99 cm Breite oder in je zwei Teilrollen der Auftragsbreiten 105 cm und 39 cm plus eine Restrolle von 12 cm Breite.

Während bei der Herstellung oder dem Einsatz von Stückobjekten die Bestimmung einer Grundaktivität in der Regel nahe liegend ist, trifft das bei Schütt- oder Fließobjekten nicht mehr ohne weiteres zu. Die Trennung des Rohöls in der Destillieranlage einer Erdölraffinerie kann sich hinsichtlich der erzielten Quantitäten der verschiedenen leichteren und schwereren Bestandteile auf eine Tonne, einen Liter, ein Barrel, 100000 Tonnen oder auch auf den Tagesdurchsatz an Rohöl der Destillieranlage beziehen. Entsprechend ließe sich für eine Grundaktivität bei der kontinuierlichen Herstellung von Floatglas ein Meter, ein Kilometer oder die während einer Stunde von der Anlage erzeugte Bandlänge als Maßeinheit wählen.

In Fällen der letztgenannten Art mit in natürlicher Weise beliebig teilbaren Quantitäten der beteiligten Objektarten erfolgt die Wahl einer Grundaktivität $\mathbf{z}^\rho$ durch Festlegung eines *Aktivitätsniveaus*, welches in Bezug auf eine ausgewählte Maßeinheit einem Skalenniveau $\lambda^\rho = 1$ entspricht, etwa einer einmaligen Durchführung der Aktivität oder einer Durchführung für die Dauer einer Zeiteinheit. Im ersten Fall würde λ^ρ die Häufigkeit, im zweiten Fall die Dauer der Anwendung der ρ-ten Grundaktivität angeben.

Letztlich kann bei linearen Techniken auf Grund ihrer Größenproportionalität die Festlegung des Aktivitätsniveaus $\lambda^\rho = 1$ willkürlich erfolgen; es kommt nur auf den durch $\mathbf{z}^\rho$ bestimmten *elementaren Prozess* an:

$$\mathbf{P}^\rho = \left\{ \mathbf{z} \,\middle|\, \mathbf{z} = \lambda\, \mathbf{z}^\rho ,\ \lambda \geq 0 \right\}$$

Grafisch gesehen bilden elementare Produktionsprozesse vom Ursprung (Stillstand) ausgehende, so genannte *Prozessstrahlen*. Bild 2.3b zeigt zwei solche Prozessstrahlen; die Aktivitäten beider Prozesse dürfen in diesem Beispiel nicht miteinander kombiniert werden, sie dürfen nur alternativ realisiert werden (*reine* Prozesse), weshalb die Technik des Bildes 2.3b zwar größenproportional, aber nicht linear ist. Erst bei Additivität sind Kombinationen möglich (*gemischte* Prozesse), wodurch die beiden Prozessstrahlen zu Außenkanten der linearen Technik in Bild 2.3c werden.

3.2.3 Abstrakter Input/Output-Graph

Die grafische Darstellung von Techniken mittels Produktionsdiagrammen wie in Bild 2.3 ist im Allgemeinen nur im Falle zweier und eventuell noch dreier beachteter Objektarten sinnvoll. Techniken, welche für eine größere, aber noch überschaubare Zahl beachteter Objektarten aus einer nicht zu großen Zahl an Grundaktivitäten generiert werden, können allerdings stets mittels eines abstrakten Input/Output-Graphen (kurz: I/O-Graph) eindeutig beschrieben werden. Die Bilder 1.3 und 1.4 zeigen jeweils einen *konkreten* I/O-Graph, d.h. dokumentieren eine einzelne Produktionsaktivität mit ihren zugehörigen Quantitäten für Input und Output. Ein **abstrakter Input/Output-Graph** beschreibt dagegen alle möglichen Produktionen einer Technik.

Ausgangspunkt für die Konstruktion eines solchen Graphen ist die Feststellung des Abschnitts 3.2.1, wonach eine endlich generierbare Technik durch die Angabe von Grundaktivitäten eindeutig bestimmt ist. Dies kann algebraisch in Form der Technikmatrix $\mathbf{M} = (\mathbf{z}^1,...,\mathbf{z}^\pi)$ geschehen. Mit der **generellen Konvention**, dass die Aktivitätsniveaus λ^ρ aller Grundaktivitäten $(\rho = 1,\ldots,\pi)$ *nichtnegativ* und im Falle einer nur additiven Technik darüber hinaus auch nur *ganzzahlig* sind, ist die zugehörige Technik allgemein durch folgendes Gleichungssystem beschrieben:

$$z_k = \sum_{\rho=1}^{\pi} \lambda^\rho z_k^\rho \qquad \text{für } k = 1,\ldots,\kappa$$

Dabei ist z_k^ρ der Input ($z_k^\rho < 0$) bzw. der Output ($z_k^\rho > 0$), mit dem die Objektart k netto an der Grundaktivität ρ beteiligt ist. Im Falle eines Outputs wird $b_k^\rho = z_k^\rho$ als **Outputkoeffizient**, im Falle eines Inputs der Betrag $a_k^\rho = -z_k^\rho$ als **Inputkoeffizient** der Objektart k für Grundaktivität ρ bezeichnet. Beide Koeffizienten geben so den Output bzw. Input der Objektart bei einem Aktivitätsniveau $\lambda^\rho = 1$ an.

Um das obige Gleichungssystem aufstellen zu können, bedarf es demnach nur folgender Informationen:

- Menge der Objektarten,
- Menge der Grundaktivitäten,
- Menge aller von Null verschiedenen Input- und Outputkoeffizienten mit jeweiligem Bezug auf die zugehörige Objektart und Grundaktivität.

Das kann nun folgendermaßen für eine grafische Repräsentation ausgenutzt werden:

- Jede Objektart $k = 1,...,\kappa$ entspricht eineindeutig (bijektiv) einem kreis- oder ellipsenförmigen (Objekt-)*Knoten*,
- jede Grundaktivität $\rho = 1,...,\pi$ entspricht eineindeutig einem rechteckigen Prozess*kasten*,
- jedem Inputkoeffizienten a_k^ρ entspricht eineindeutig ein *Inputpfeil* vom Objektknoten k zum Prozesskasten ρ,
- jedem Outputkoeffizienten b_k^ρ entspricht eineindeutig ein *Outputpfeil* vom Prozesskasten ρ zum Objektknoten k.

Dabei sind die Knoten und Kästen mit dem jeweiligen Namen (Nummer) der Objektart bzw. Grundaktivität und die Pfeile mit dem jeweiligen Betrag des Input- oder Outputkoeffizienten beschriftet.[2] Bild 3.1 zeigt den Graphen für die Beispiele des LEDERWARENHERSTELLERS und der EDV-SCHULUNG aus Abschnitt 2.1, deren identische Technikmatrix in Abschnitt 3.2.2 formuliert worden ist.

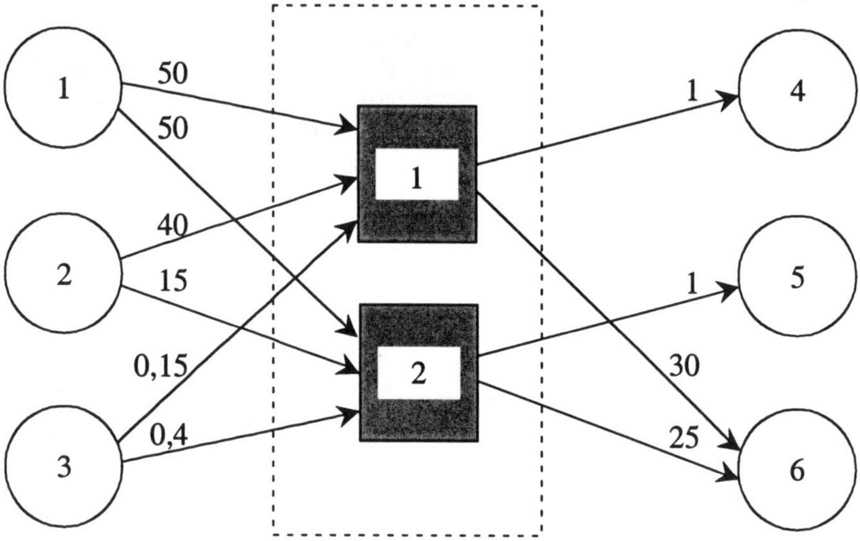

Bild 3.1: Abstrakter Input/Output-Graph zu den Beispielen der Lederverarbeitungs- und der EDV-Schulungstechnik

Vergleicht man den konkreten I/O-Graphen des Bildes 1.4 mit dem abstrakten I/O-Graphen des Bildes 3.1, so wird – abgesehen von der anderen Benennung mittels Nummern, die aber nicht wesentlich ist – der grundsätzliche Zusammenhang zwischen den Input- und Outputquantitäten deutlich. Bildlich ge-

[2] Es sind problemlos Erweiterungen der I/O-Graphen möglich, um auch noch andere Informationen erfassen zu können, so zum Beispiel Restriktionen für Objektarten oder Aktivitätsniveaus. Einige werden im Folgenden noch eingeführt, weitere findet man bei *Dyckhoff (1994)*.

sprochen bedeutet das einen Einblick in die Innenstruktur des rechteckigen Prozesskastens (Black Box bzw. hier eigentlich White Box) der Lederverarbeitung des Bildes 1.4, welcher in Bild 3.1 nur noch gestrichelt gezeichnet ist.

Die konkrete, durch den I/O-Graphen des Bildes 1.4 beschriebene Produktion ergibt sich aus dem abstrakten I/O-Graphen in Bild 3.1, wenn der erste elementare Prozess mit dem Aktivitätsniveau $\lambda^1 = 40$ und der zweite mit $\lambda^2 = 60$ betrieben werden. Die Berechnung der Quantitäten lässt sich dabei unmittelbar am I/O-Graphen durchführen, wenn man alle zu einem Prozesskasten gehörenden Input- und Outputkoeffizienten mit dem jeweiligen Aktivitätsniveau multipliziert und die sich so für alle Pfeile ergebenden Quantitäten bei den zugehörigen Objektknoten summiert.

Die Grundaktivitäten einer endlich generierbaren Technik sind exogen gegebene Daten, welche die Technik über die Variation der Aktivitätsniveaus determinieren; d.h. die technisch möglichen Produktionen werden durch die Wahl der Aktivitätsniveaus aller elementaren Verfahren als den unabhängigen Variablen eindeutig bestimmt: $\mathbf{z} = f(\lambda^1,...,\lambda^{\pi})$. Es sind also die Aktivitäten oder Prozesse, welche Input und Output festlegen, und nicht umgekehrt! Eine so formulierte Theorie betrieblicher Wertschöpfung lässt sich als *aktivitätsanalytisch* oder *prozessorientiert* charakterisieren.

Historisch wurde der Ansatz der *Aktivitätsanalyse* durch den späteren Nobelpreisträger für Ökonomie *Tjalling C. Koopmans (1951)* für den Fall linearer Gütertechniken begründet und in der deutschen Betriebswirtschaftslehre durch das Werk von *Waldemar Wittmann (1968)* bekannt gemacht. Neuere Lehrbücher und Forschungsarbeiten greifen verstärkt auf diesen Ansatz zurück, besonders im Zusammenhang mit Fragen des Umweltschutzes, weil er Aspekte der Kuppelproduktion auf natürliche Weise zu modellieren vermag. Durch seine Prozessorientierung bietet er darüber hinaus bessere Möglichkeiten, einige jüngere Entwicklungen der Betriebswirtschaftslehre, etwa die Prozesskostenrechnung (activity based costing) oder die Geschäftsprozessoptimierung (business process reengineering), produktionstheoretisch zu fundieren.

Literaturhinweise

Dyckhoff (1994), Abschn. 11.2
Hildenbrand/Hildenbrand (1975), Kap. II
Koopmans (1951)

3.3 Spezielle additive Technikformen

Die Innenstruktur eines auf einer endlich generierbaren Technik fussenden Produktionssystems wird durch die Input- und Outputkoeffizienten der Grundaktivitäten in Bezug auf die beachteten Objektarten geprägt. Im Folgenden wird eine Typologie *spezieller Technikformen* vorgestellt, die auch für noch allgemeinere Techniken Bedeutung hat. Sie enthält in der Reihenfolge zunehmender Komplexität

- elementare
- einstufige
- mehrstufige und
- zyklische

Techniken, welche selber wiederum in noch speziellere Unterformen unterteilt werden können.

3.3.1 Elementare Techniken

Schließt man den trivialen Fall einer Technik, die nur aus dem Stillstand besteht, aus, so ist die einfachste Form einer Technik diejenige, welche aus einem einzelnen elementaren Prozess besteht. Eine solche Technik heißt **elementar.** Als Beispiel sei die Herstellung von *Punsch Royal* angeführt. Der I/O-Graph der Technik ist in Bild 3.2 dargestellt. Die zugehörige Grundaktivität entspricht folgendem Rezept:

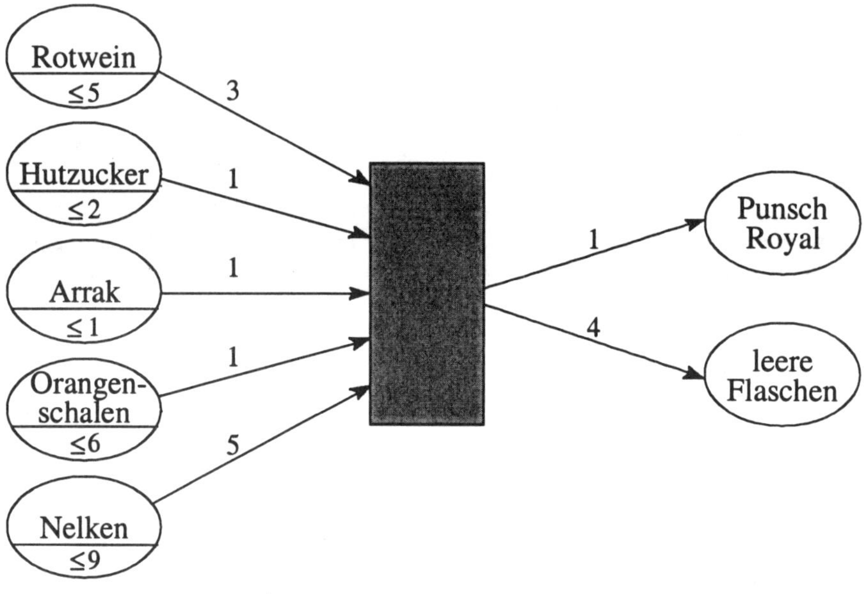

Bild 3.2: Input/Output-Graph für Punsch Royal

$$\mathbf{z}^1 = \begin{pmatrix} -3 \\ -1 \\ -1 \\ -1 \\ -5 \\ 1 \\ 4 \end{pmatrix} \begin{matrix} \text{Flaschen Rotwein} \\ \text{Stück Hutzucker} \\ \text{Flasche hochprozentiger Arrak} \\ \text{dünn geschälte Orangenschalen} \\ \text{Nelken} \\ \text{Portion Punsch Royal} \\ \text{leere Flaschen} \end{matrix}$$

Der I/O-Graph von Bild 3.2 ist dahingehend erweitert, dass in einigen Objektknoten Restriktionen für die Quantitäten angegeben sind, z.B. beim Rotwein ein Maximum von 5 Flaschen. Man erkennt, dass der Arrak die Erzeugung des Punsch Royal auf eine einzige Portion begrenzt und insofern einen Engpass für eine ausgedehntere Produktion bildet.

Bezeichnen $i = 1,...,m$ die Inputarten und $j = m+1,...,m+n$ die Outputarten (mit $m+n = \kappa$), so kann die Grundaktivität einer elementaren Technik unter Weglassung des Indexes $\rho = 1$ allgemein wie folgt als Vektor

$$\mathbf{z} = \begin{pmatrix} -a_1 \\ \vdots \\ -a_m \\ b_{m+1} \\ \vdots \\ b_{m+n} \end{pmatrix}$$

geschrieben und entsprechend zu Bild 3.2 als I/O-Graph dargestellt werden. Das allgemeine *algebraische Modell* einer elementaren Technik in der x,y-Darstellungsweise lautet dann:

$$x_i = a_i \lambda \qquad \text{für } i = 1,\ldots,m$$

$$b_j \lambda = y_j \qquad \text{für } j = m+1,\ldots,m+n$$

Abhängig von den Zahlen m der Inputarten und n der Outputarten können sechs Unterformen elementarer Techniken unterschieden werden. Sie sind in Bild 3.3 dargestellt und kennzeichnen verschiedene **Strukturtypen**:

(a) *glatte* oder durchgängige Produktion (1:1-Typ)
(b) *konvergierende* oder synthetische Produktion (m:1-Typ)
(c) *divergierende* oder analytische Produktion (1:n-Typ)
(d) *umgruppierende* oder austauschende Produktion (m:n-Typ)
(e) *vernichtende* Produktion (m:0-Typ)
(f) *schöpfende* Produktion (0:n-Typ).

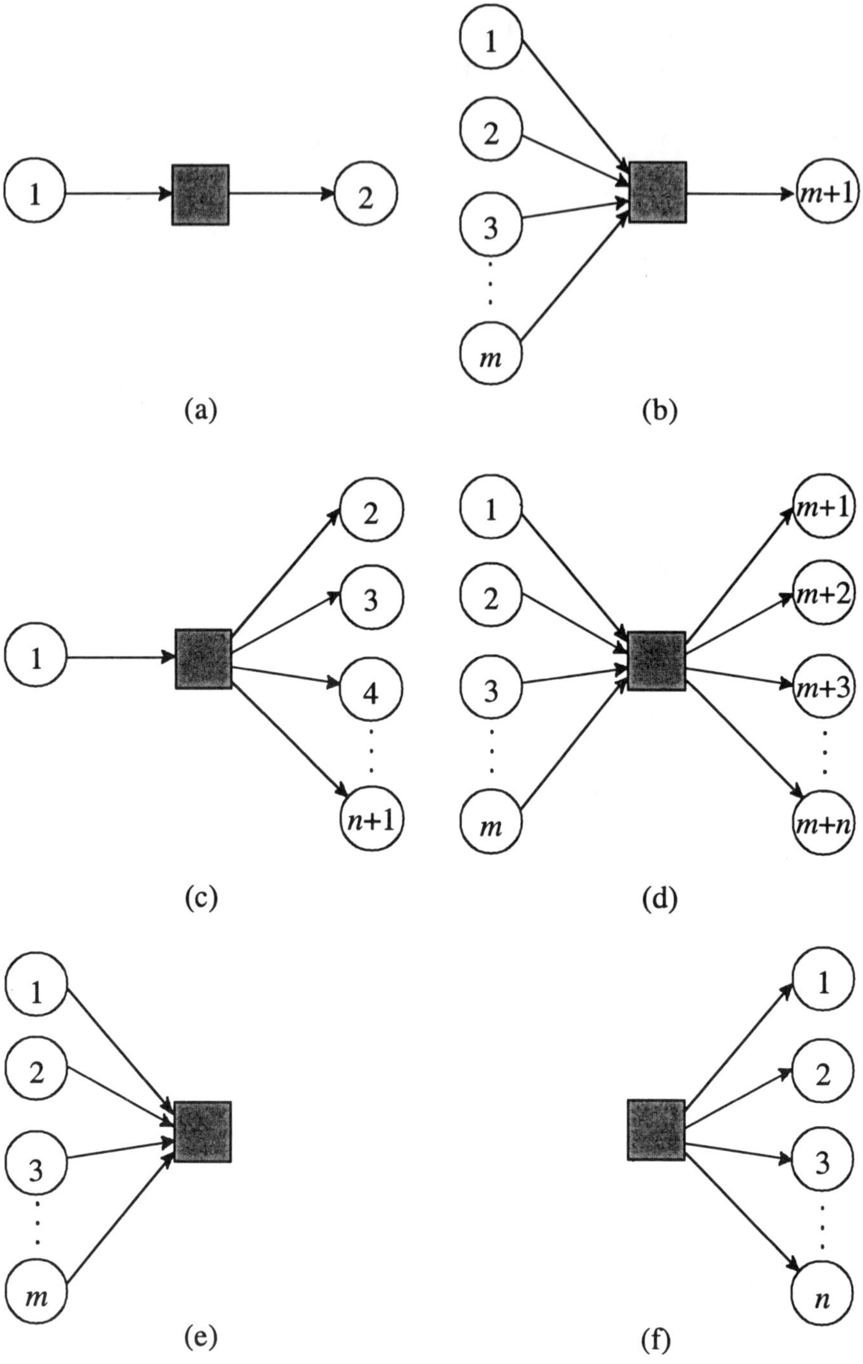

Bild 3.3: Elementare (a-d) und degenerierte (e-f) Produktionsstrukturtypen

Sinngemäß lassen sich diese Strukturtypen auch auf viele der nachfolgenden, nicht elementaren Technikformen übertragen. Da dies nahe liegend und unproblematisch ist, wird im Folgenden nicht weiter darauf eingegangen.[3] In der Literatur ist es üblich, die obigen Begriffe nur auf stoffliche Objektarten zu beziehen. In diesem Fall wird hier von einem glatten, konvergierenden, divergierenden bzw. umgruppierenden *Materialfluss* gesprochen. Bei (e) und (f) handelt es sich um *degenerierte* Strukturtypen, die in Anbetracht der physikalischen Massen- und Energieerhaltungssätze nur dann vorkommen können, wenn einige stoffliche bzw. energetische Objektarten bewusst vernachlässigt (d.h. im Sinne von Abschn. 1.1 nicht beachtet) werden.

3.3.2 Einstufige Techniken

Elementare Techniken sind ein Sonderfall **einstufiger** Techniken. Diese sind dadurch gekennzeichnet, dass sich alle beachteten Objektarten eindeutig in die beiden Klassen der *Inputarten* ($i = 1,\dots,m$) und der *Outputarten* ($j = m+1, \dots, m+n$; $m+n = \kappa$) einteilen lassen. Die Kennzeichnung gilt allgemein, d.h. auch für nicht endlich generierbare oder sogar nichtlineare Techniken. Im Falle endlich generierbarer Techniken lässt sie sich dahingehend präzisieren, dass es keine Objektart gibt, welche sowohl Output einer Grundaktivität als auch Input einer anderen Grundaktivität ist. Das Bild 3.4 zeigt ein Beispiel mit $m = 4$ und $n = 3$ für die drei Grundaktivitäten:

$$\mathbf{z}^1 = \begin{pmatrix} -4 \\ -1 \\ 0 \\ 0 \\ 5 \\ 0 \\ 0 \end{pmatrix} \quad \mathbf{z}^2 = \begin{pmatrix} -2 \\ -3 \\ -5 \\ 0 \\ 2 \\ 8 \\ 0 \end{pmatrix} \quad \mathbf{z}^3 = \begin{pmatrix} 0 \\ 0 \\ 0 \\ -10 \\ 0 \\ 3 \\ 7 \end{pmatrix}$$

[3] Fälle nicht elementarer Typen konvergierender bzw. divergierender Produktion zeigen die I/O-Graphen (c) und (d) des Bildes 3.5. Ein Beispiel für den vernichtenden Strukturtyp bildet das MÜLLVERBRENNUNGSBEISPIEL des Bildes 5.2.

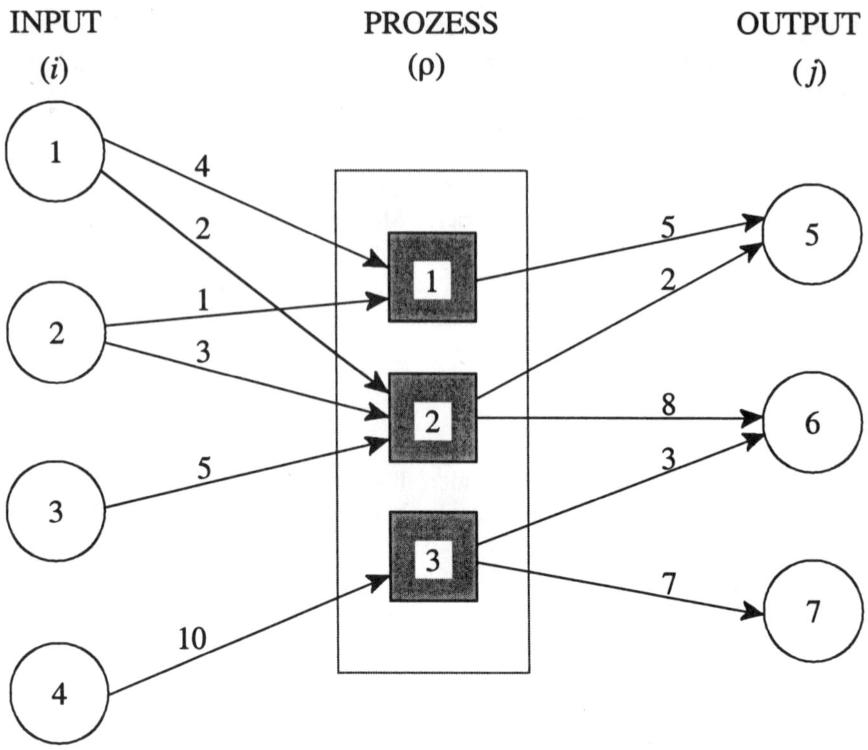

Bild 3.4: Input/Output-Graph einer einstufigen Technik

In der *x,y*-Darstellungsweise ergibt sich daraus folgendes algebraische Modell, das äquivalent zu dem I/O-Graph des Bildes 3.4 ist:

$$
\begin{array}{rcrcrcrcl}
x_1 & = & 4\lambda^1 & + & 2\lambda^2 & & & & \\
x_2 & = & \lambda^1 & + & 3\lambda^2 & & & & \\
x_3 & = & & & 5\lambda^2 & & & & \\
x_4 & = & & & & & 10\lambda^3 & & \\
 & & 5\lambda^1 & + & 2\lambda^2 & & & = & y_5 \\
 & & & & 8\lambda^2 & + & 3\lambda^3 & = & y_6 \\
 & & & & & & 7\lambda^3 & = & y_7
\end{array}
$$

Wegen der eindeutigen Einteilung in Input- und Outputarten hat die ρ-te Grundaktivität allgemein folgende Gestalt:

$$\mathbf{z}^\rho = \begin{pmatrix} -a_1^\rho \\ \vdots \\ -a_m^\rho \\ b_{m+1}^\rho \\ \vdots \\ b_{m+n}^\rho \end{pmatrix}$$

Das allgemeine algebraische Modell besteht somit aus m *Inputbilanzen* und n *Outputbilanzen*:

$$x_i = a_i^1\lambda^1 + \ldots + a_i^\pi\lambda^\pi \qquad \text{für } i = 1,\ldots,m$$

$$b_j^1\lambda^1 + \ldots + b_j^\pi\lambda^\pi = y_j \qquad \text{für } j = m+1,\ldots,m+n$$

Speziellere Unterformen einstufiger Techniken ergeben sich für bestimmte Konstellationen der Input- und Outputkoeffizienten. Bild 3.5 zeigt fünf grundlegende einstufige *Strukturtypen*:

(a) outputseitig determinierte Produktion
(b) inputseitig determinierte Produktion
(c) Verfahrenswahl bei der Herstellung eines Outputs
(d) Verfahrenswahl bei der Nutzung eines Inputs
(e) Transportprozesse (auch Einsammlung und Verteilung).

Die sechste Darstellung (f) stellt den allgemeinen, nicht unbedingt endlich generierbaren Typ einstufiger Techniken dar, der durch eine oder mehrere Stellgrößen ρ und Umfeldparameter σ charakterisiert und exemplarisch in Lektion 11 anhand der Gutenberg-Modelle behandelt wird.

Im Falle (a) der **outputseitig determinierten** Produktion besteht eine eineindeutige Beziehung zwischen den Grundaktivitäten und den Outputarten: Bei jeder Grundaktivität entsteht genau eine Outputart, und umgekehrt wird jede Outputart durch genau eine Grundaktivität erzeugt. Bei den Outputbilanzen ist also jeweils nur ein einziger Outputkoeffizient von Null verschieden. Mit den so genannten *Produktionskoeffizienten* $a_{ij} = a_i^\rho / b_j^\rho$ (mit $\rho = j - m$), die den Bedarf des Input i pro Einheit des Outputs j angeben, kann das allgemeine algebraische Modell nach wenigen Umformungen wie folgt spezifiziert werden:

$$x_i = \sum_{j=m+1}^{m+n} a_{ij}\, y_j \qquad \text{für } i = 1,\ldots,m$$

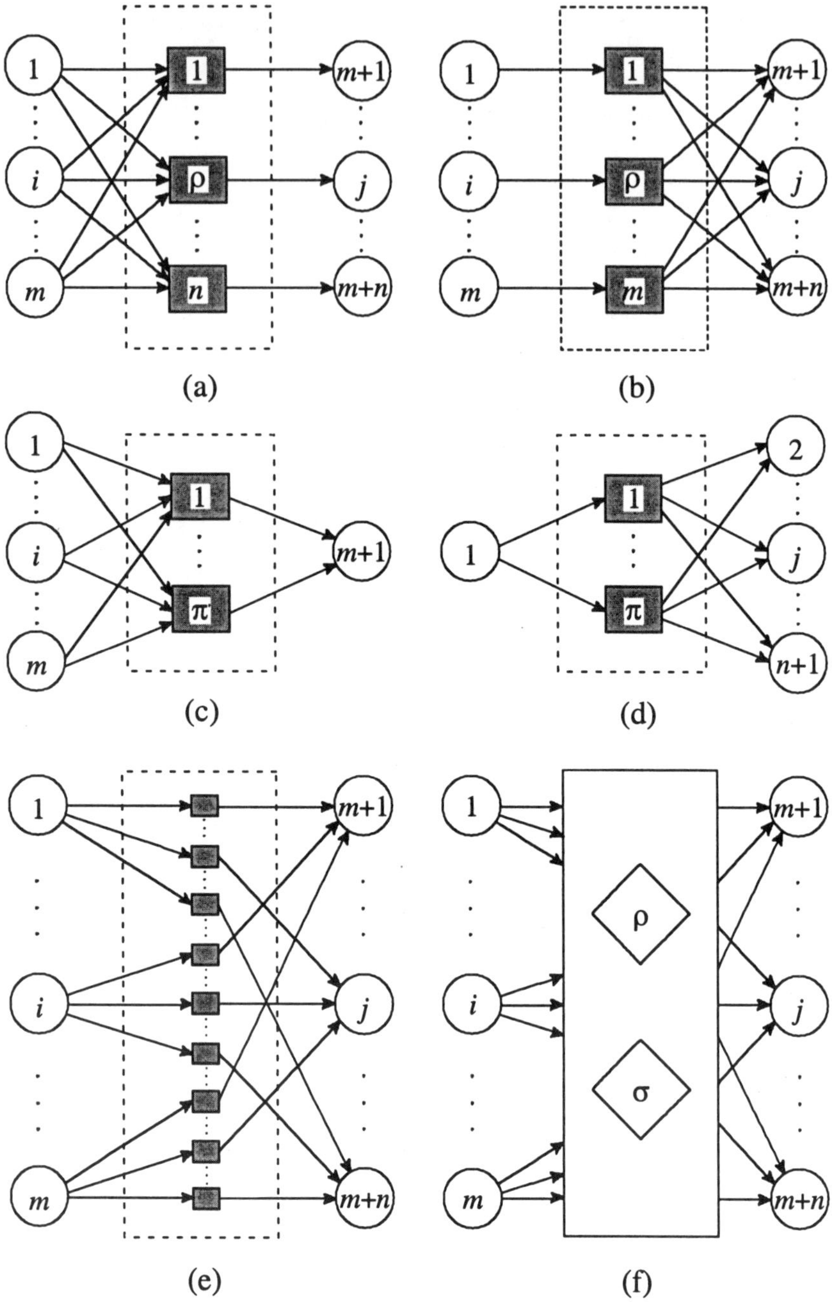

Bild 3.5: Strukturtypen einstufiger Techniken

An dieser Darstellung wird deutlich, dass die Inputquantitäten eine Funktion der Outputquantitäten sind: $\mathbf{x} = \boldsymbol{g}(\mathbf{y})$, die Produktion also outputseitig determiniert ist. Produktionsmodelle dieses Typs zählen zu den so genannten Leontief-Modellen, welche in Lektion 10 ausführlich untersucht werden. Das frühere Beispiel in Bild 3.1 würde dazugehören, falls die sechste Objektart unbeachtet bleiben würde.

Bei der **inputseitig determinierten** Produktion besteht eine eineindeutige Beziehung zwischen den Grundaktivitäten und den Inputarten. Der Fall (b) ist damit spiegelbildlich zu (a). Nunmehr ist bei den Inputbilanzen jeweils nur ein einziger Inputkoeffizient von Null verschieden. Mit den Koeffizienten $b_{ji} = b_j^\rho / a_i^\rho$ (mit $\rho = i$), die die Erzeugung des Outputs j pro Einheit des Inputs i angeben, lautet das zugehörige algebraische Modell:

$$y_j = \sum_{i=1}^{m} b_{ji}\, x_i \quad \text{für } j = m+1,\ldots,m+n$$

Die Outputquantitäten sind eine Funktion der Inputquantitäten: $\mathbf{y} = \boldsymbol{f}(\mathbf{x})$. Praktische Beispiele sind solche Produktionen, bei denen Inputstoffe nach feststehenden Relationen in bestimmte Bestandteile zerlegt werden. Die Koeffizienten b_{ji} werden je nach dem Charakter der Outputart als *Ausbeute-*, *Rückstands-* oder *Emissionskoeffizienten* bezeichnet. Modelle dieses Typs beschreiben eine spezielle Form der *Kuppelproduktion.*[4] Ein Beispiel wird in Lektion 6 vorgeführt (Bild 6.2); ein mehrstufiges Beispiel bietet Bild 3.6.

Beim Strukturtyp (c), der **Verfahrenswahl bei der Herstellung** eines Outputs, gibt es π verschiedene elementare *Verfahren*, in denen die m Inputarten kombiniert werden können, um ein und dieselbe Outputart $m+1$ zu erzeugen. Die Input- und Outputbilanzen des allgemeinen Modells können hier folgendermaßen spezifiziert werden:

$$x_i = \sum_{\rho=1}^{\pi} a_{ij}^\rho\, y_j^\rho \qquad \text{für } i = 1,\ldots,m;\ j = m+1$$

$$\sum_{\rho=1}^{\pi} y_j^\rho = y_j \qquad \text{für } j = m+1$$

Dabei bezeichnen $a_{ij}^\rho = a_i^\rho / b_j^\rho$ den prozessspezifischen Produktionskoeffizienten und $y_j^\rho = b_j^\rho \lambda^\rho$ diejenige Teilquantität des Outputs j, welche mit dem Verfahren ρ hergestellt wird. Praktische Beispiele für diesen Typ sind die Wahl zwischen verschiedenen Fahrweisen einer Produktionsanlage oder zwischen

---

[4] Vgl. Abschnitt 9.3.2 sowie *Dyckhoff/Oenning/Rüdiger (1997)* und *Oenning (1997).*

funktionsgleichen Maschinen mit unterschiedlichen Verbräuchen der Inputarten. Ein Beispiel dieses Typs wird in Abschnitt 9.2.2 behandelt; eines mit zwei Outputarten zeigt Bild 6.3.

Der Strukturtyp (d), die **Verfahrenswahl bei der Nutzung** eines Inputs, verhält sich spiegelbildlich zu (c); es geht um die Wahl zwischen π verschiedenen elementaren Verfahren, mit denen aus der Inputart 1 die Outputarten 2 bis $1+n$ gewonnen werden können. Er ist typisch für Zuschneideprozesse. Beispiele mit mehreren Inputarten werden in den Lektionen 6 und 9 ausführlich behandelt (Bild 6.4). Mit den prozessspezifischen Ausbeute-, Rückstands- oder Emissionskoeffizienten $b_{ji}^{\rho} = b_j^{\rho}/a_i^{\rho}$ und den verfahrensbezogenen Inputteilquantitäten x_i^{ρ} lautet das algebraische, zu (c) spiegelbildliche Modell:

$$x_i = \sum_{\rho=1}^{\pi} x_i^{\rho} \qquad \text{für } i = 1$$

$$\sum_{\rho=1}^{\pi} b_{ji}^{\rho}\, x_i^{\rho} = y_j \qquad \text{für } i = 1; j = 2,\ldots,n+1$$

Das Besondere des Strukturtyps (e) lässt sich an zwei Aspekten festmachen: Zum einen sind die kombinierbaren elementaren Prozesse alle vom Typ 1:1 (eine Input- und eine Outputart). Zum anderen gibt es für jedes Paar einer Inputart i und einer Outputart j genau einen solchen elementaren Prozess $\rho = (i, j)$, insgesamt also $m \cdot n$ Prozesse. Mit $a_i^j = a_i^{\rho}$ und $b_j^i = b_j^{\rho}$ für $\rho = (i, j)$ ergibt sich folgendes algebraische Modell:

$$x_i = \sum_{j=m+1}^{m+n} a_i^j\, \lambda^{ij} \qquad \text{für } i = 1,\ldots,m$$

$$\sum_{i=1}^{m} b_j^i\, \lambda^{ij} = y_j \qquad \text{für } j = m+1,\ldots,m+n$$

Dieser Typ kann als ein **Transportmodell** angesehen werden, bei dem eine qualitativ homogene Objektart, z.B. Hausmüll, an den Ausgangsorten i vorhanden ist und zu den Empfangsorten j gebracht werden kann. Der elementare Prozess (i, j) bedeutet einen Transport von i nach j; bei dem Aktivitätsniveau $\lambda^{ij} = 1$ werden a_i^j Einheiten der Objektart von Ort i abgeholt und b_j^i Einheiten an Ort j angeliefert. Üblicherweise sind die Input- und Outputkoeffizienten gleich Eins. Andere Werte können dadurch bedingt sein, dass die Quantitäten an den verschiedenen Orten jeweils in unterschiedlichen Maßeinheiten gemessen werden oder dass bei identischer Maßeinheit im Falle $b_j^i/a_i^j < 1$ auf der Strecke von i nach j Verluste auftreten, z.B. bei Erdgas- oder Stromleitungen. Der Typ kann aber auch Umwandlungen darstellen, z.B. zwischen verschiedenen Energiearten, bei denen jede der Objektarten i in jede der Objektarten j transformiert werden kann und der Koeffizient b_j^i / a_i^j den Wirkungsgrad der Umwandlung angibt. Input- und Outputkoeffizienten ungleich Eins sind bei Transportprozessen ohne Größenproportionalität von besonderer Bedeutung, wenn nämlich die Fahrzeuge auf den Strecken unterschiedliche Transportkapazitäten besitzen und nur volle Ladungen erlaubt sind.

3.3.3 Mehrstufige Techniken

Bild 3.6 zeigt als Beispiel eine zweistufige Technik mit acht Objektarten und fünf Grundaktivitäten, die auf folgender Technikmatrix basiert:

$$\mathbf{M} = \begin{pmatrix} -1 & 0 & 0 & 0 & 0 \\ 0 & -1 & 0 & 0 & 0 \\ \hline 3 & 0 & -1 & 0 & 0 \\ 1 & 2 & 0 & -1 & 0 \\ 0 & 3 & 0 & 0 & -1 \\ \hline 0 & 0 & 4 & 0 & 0 \\ 5 & 0 & 2 & 4 & 2 \\ 0 & 0 & 0 & 6 & 3 \end{pmatrix} \begin{matrix} \left.\vphantom{\begin{matrix}0\\0\end{matrix}}\right\} \text{Originäre Faktoren} \\ \left.\vphantom{\begin{matrix}0\\0\\0\end{matrix}}\right\} \text{Zwischenprodukte oder derivative Faktoren} \\ \left.\vphantom{\begin{matrix}0\\0\\0\end{matrix}}\right\} \text{Endprodukte} \end{matrix}$$

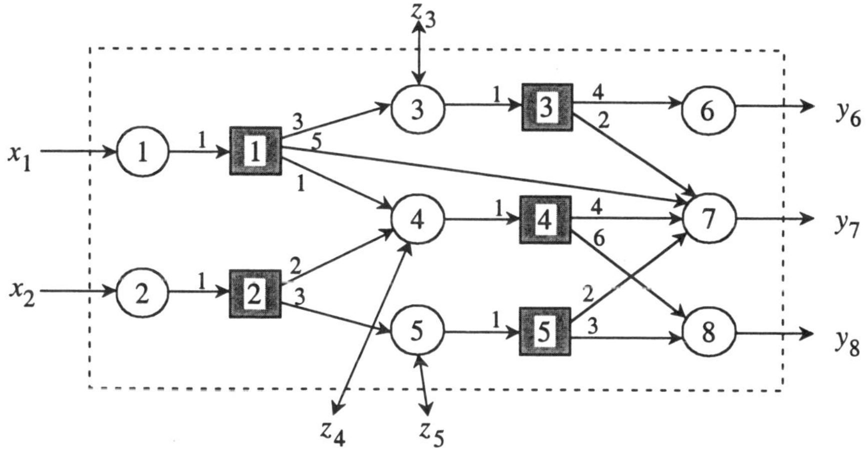

Bild 3.6: Zweistufige, inputseitig determinierte Technik

Bei endlicher Generierbarkeit besitzt eine **mehrstufige** Technik wenigstens zwei Grundaktivitäten mit einer in beiden vorkommenden Objektart, welche einerseits Output der ersten und andererseits Input der zweiten Grundaktivität ist. Eine solche Objektart ist ein *Zwischenprodukt* oder derivativer Faktor (z.B. Baugruppen oder Halbfabrikate). Die anderen Objektarten bilden die *originären Faktoren*, wenn sie nur Input und nicht Output elementarer Prozesse sind (z.B. Einzelteile oder Vorprodukte), bzw. die *Endprodukte*, wenn sie umgekehrt nur Output und nicht Input von Prozessen sind (z.B. Fertigprodukte). Objektarten, die an keiner Grundaktivität beteiligt sind (z.B. reine Handelswaren in einem Industriebetrieb), bleiben in der Regel unbeachtet.

In Bild 3.6 sind 1 und 2 originäre Faktoren, 3, 4 und 5 Zwischenprodukte sowie 6, 7 und 8 Endprodukte. Das Gleiche lässt sich auch unmittelbar der Technikmatrix anhand der zeilenweisen Vorzeichen der Matrixelemente entnehmen. Bezeichnet r_k den *Durchsatz* (Umschlag) an Quantitäten der Objektart k, so kann das algebraische Modell des Beispiels gemäß der fundamentalen *Mengenbilanzgleichung* aus Abschnitt 1.2.3 und eingedenk $z_k = y_k - x_k$ wie folgt formuliert werden:

$$\begin{aligned}
x_1 &= r_1 = \lambda^1 \\
x_2 &= r_2 = \lambda^2 \\
x_3 + 3\lambda^1 &= r_3 = \lambda^3 + y_3 \\
x_4 + \lambda^1 + 2\lambda^2 &= r_4 = \lambda^4 + y_4 \\
x_5 + 3\lambda^2 &= r_5 = \lambda^5 + y_5 \\
4\lambda^3 &= r_6 = y_6 \\
5\lambda^1 + 2\lambda^3 + 4\lambda^4 + 2\lambda^5 &= r_7 = y_7 \\
6\lambda^4 + 3\lambda^5 &= r_8 = y_8
\end{aligned}$$

Die Größen z_k bzw. x_i und y_j bezeichnen die von außen zugeführten (brutto $x_i > 0$, netto $z_k < 0$) oder aber nach außen abgegebenen ($y_j > 0$, $z_k > 0$) Quantitäten. Sie beschreiben als *Primärinput* bzw. *Primäroutput* die Außenbezüge des Produktionssystems. In Bild 3.6 ist das durch die gestrichelte Bilanzhülle des Systems und die zusätzlichen Pfeile von oder nach außen zum Ausdruck gebracht.

Die Pfeile im Innern kennzeichnen die Innenbezüge der Technik. Sie ergeben den *Sekundärinput* u_k und den *Sekundäroutput* v_k (mit $v_k = \lambda^k$ für $k = \rho = 1,\dots,5$ im Beispiel). Der *Gesamtinput* einer Objektart summiert sich aus den zugehörigen Primär- und Sekundärinputquantitäten; grafisch entspricht der Gesamtinput den Objektströmen *in* den jeweiligen Objektknoten. Umgekehrt beschreiben die *aus* einem Objektknoten herausgehenden Pfeile den *Gesamtoutput* der Objektart als Summe des Primär- und Sekundäroutputs. Die Mengenbilanzgleichung besagt dann, dass für jede Objektart der Gesamtinput gleich dem Gesamtoutput ist (*Erhaltungssatz*) und somit beide dem Durchsatz entsprechen.

Eliminiert man die Variablen für die Durchsätze und berücksichtigt für die Zwischenprodukte nur den Saldo aus Output und Input, so vereinfachen sich die obigen Bilanzgleichungen. In reiner z-Schreibweise erhält man das durch $\mathbf{z} = \mathbf{M} \cdot \boldsymbol{\lambda}$ mittels obiger Technikmatrix in vektorieller Darstellung definierte Modell. In einer (gemischten) x,y,z-Schreibweise werden x_i für die originären Faktoren, y_j für die Endprodukte und z_k für die Zwischenprodukte verwendet:

$$\begin{aligned}
x_1 &= \lambda^1 \\
x_2 &= \lambda^2 \\
z_3 &= 3\lambda^1 - \lambda^3 \\
z_4 &= \lambda^1 + 2\lambda^2 - \lambda^4 \\
z_5 &= 3\lambda^2 - \lambda^5 \\
y_6 &= 4\lambda^3 \\
y_7 &= 5\lambda^1 + 2\lambda^3 + 4\lambda^4 + 2\lambda^5 \\
y_8 &= 6\lambda^4 + 3\lambda^5
\end{aligned}$$

Wie schon bei Bild 3.6 wird auch an den obigen Mengenbilanzgleichungen die spezielle Struktur der Beispieltechnik deutlich: Es gibt eine eineindeutige Beziehung zwischen jeweils einer Grundaktivität und einem originären bzw. derivativen Faktor. Durch Vorgabe von Nettoeinsatzmengen für den Primärinput der ersten fünf Objektarten sind alle anderen Quantitäten des Modells eindeutig festgelegt. Es handelt sich demnach um eine (mehrstufige) ***inputseitig determinierte*** Technik, wie sie etwa bei vielen Reduktionssystemen auftritt, z.B. bei der Demontage von Altprodukten wie Schrottautos oder ausgedienten Kühlschränken in ihre Bestandteile. Analog können auch die anderen einstufigen Strukturtypen auf mehrstufige Techniken verallgemeinert werden. Der Typ outputseitig determinierter, mehrstufiger Techniken wird in Lektion 10 ausführlich behandelt.

Die Technik des obigen Beispiels ist zweistufig. Die *Stufenzahl* wird generell durch die längste Produktionskette bestimmt. Als ***Produktionskette*** wird eine Folge unmittelbar durch Zwischenprodukte verbundener Grundaktivitäten bezeichnet, sodass jeweils eines der Erzeugnisse einer Aktivität in der nachfolgenden Aktivität eingesetzt, d.h. weiterverarbeitet wird. Jede Grundaktivität dieser Folge stellt eine Produktionsstufe innerhalb des betrachteten Produktionssystems dar. Dabei kann es sich beispielsweise um verschiedene Arbeitsstationen eines Fließbandes oder um einzelne, aufeinander folgende Arbeitsgänge in Werkstätten handeln. Was als Produktionsstufe in Frage kommt, hängt von dem Auflösungs- bzw. Detaillierungsgrad der Subsystembildung bei der Analyse des Produktionssystems ab. In Bild 3.6 gibt es vier zweistufige Ketten, nämlich (1, 3), (1, 4), (2, 4) und (2, 5).

3.3.4 Zyklische Techniken

Mehrstufige Techniken *ohne Zyklus* zeichnen sich dadurch aus, dass die Grundaktivitäten so angeordnet und nummeriert werden können, dass bei jeder Produktionskette der Technik die Nummern ansteigen und nicht wieder fallen. Es gibt keine Rückkopplung zu einem vorangehenden elementaren Prozess. Dagegen heißt eine Technik **zyklisch**, wenn sie wenigstens eine geschlossene Produktionskette (*Zyklus*) aufweist, d.h. eine Kette, bei der die erste und die letzte Grundaktivität der Folge identisch sind.

Mit zunehmender Größe eines Produktionssystems treten Zyklen häufiger auf. In Unternehmungen beruhen sie regelmäßig auf einer *innerbetrieblichen Leistungsverflechtung* auf Grund eines gegenseitigen Austausches materieller und nichtmaterieller Objekte verschiedener Subsysteme. So beliefert ein betriebliches Heizkraftwerk die Reparaturwerkstatt mit Wärme, während umgekehrt die Werkstatt Reparaturen oder Wartungen am Kraftwerk durchführt. Wegen der wachsenden Bedeutung des Umweltschutzes kommen Zyklen vermehrt auch durch Ansätze eines *innerbetrieblichen Recyclings* zu Stande.

Bei einem *einstufigen* Zyklus (Schlinge) wird ein Output eines elementaren Prozesses unmittelbar wieder zum Input desselben Prozesses (z.B. anlageninterne Kreislaufführung). Praktische Fälle bilden Destillationsanlagen in Raffinerien, bei denen ein Teil der entstandenen schweren Fraktion („Sumpf") der Anlage zusammen mit neuem Rohöl wieder zugeführt wird, oder Müllpyrolysereaktoren, bei denen ein Teil des aus dem Müll durch Erhitzung entstehenden Pyrolysegases für die Erzeugung der hohen Reaktortemperaturen verwertet wird.

Bild 3.7 zeigt den I/O-Graph einer Technik mit fünf Objektarten, vier Grundaktivitäten und einem zweistufigen Zyklus. Bei der Herstellung des Endproduktes 3 und des Zwischenproduktes 4 besteht die Wahl zwischen drei elementaren Verfahren. Das Zwischenprodukt 4 wird vollständig weiterverarbeitet, wobei zum einen das Endprodukt 5 entsteht, zum anderen aber auch wieder die Objektart 2, welche dadurch zum derivativen Faktor wird. Die Technikmatrix lautet:

$$\mathbf{M} = \begin{pmatrix} -2 & -4 & -5 & 0 \\ -6 & -5 & -3 & 0{,}2 \\ 1 & 1 & 1 & 0 \\ 7 & 8 & 7 & -1 \\ 0 & 0 & 0 & 0{,}8 \end{pmatrix}$$

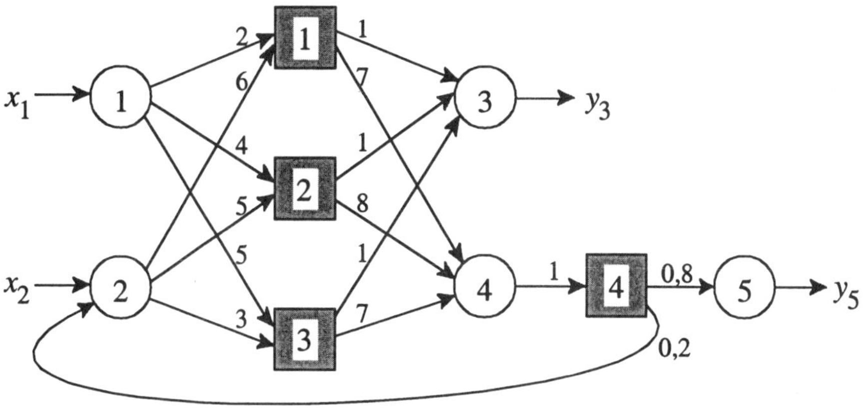

Bild 3.7: Technik mit Verfahrenswahl und zweistufigem Zyklus

Die Existenz eines Zyklus ist in der Matrix nicht so augenfällig wie beim I/O-Graph. Ein Kennzeichen, das auch für mehr als zweistufige Zyklen zutrifft, ist dann gegeben, wenn es nicht gelingt, die Zeilen der Technikmatrix so zu vertauschen, d.h. die Objektarten so umzunummerieren, dass in jeder Spalte zunächst nur die Inputarten (negative Koeffizienten) und weiter unten die Outputarten (positive Koeffizienten) stehen.

Das algebraische Modell in der Form „Primärinput + Sekundärinput = Durchsatz = Sekundäroutput + Primäroutput" lässt sich am einfachsten aus dem I/O-Graph ableiten:

$$
\begin{array}{lrclcl}
x_1 & & = r_1 & = 2\lambda^1 + 4\lambda^2 + 5\lambda^3 & & \\
x_2 & + \; 0{,}2\lambda^4 & = r_2 & = 6\lambda^1 + 5\lambda^2 + 3\lambda^3 & & \\
\lambda^1 + \lambda^2 + \lambda^3 & & = r_3 & = & & y_3 \\
7\lambda^1 + 8\lambda^2 + 7\lambda^3 & & = r_4 & = & \lambda^4 & \\
 & 0{,}8\lambda^4 & = r_5 & = & & y_5
\end{array}
$$

Solange keine Einschränkungen hinsichtlich Primärinput und Primäroutput existieren, können die Aktivitätsniveaus aller Grundaktivitäten frei gewählt werden: $z_k = f_k(\lambda^1,...,\lambda^4)$ für $k = 1,...,5$. Da im Beispiel jedoch keine Außenbezüge für die Objektart 4 vorgesehen sind ($z_4 = 0$), ist ein Freiheitsgrad schon vergeben, und es können maximal noch drei Aktivitätsniveaus unabhängig voneinander festgelegt werden. So folgt aus $\lambda^1 = 10$, $\lambda^2 = 10$ und $\lambda^3 = 10$: $x_1 = 110$, $y_3 = 30$, $r_4 = 220$, $y_5 = 176$ und $x_2 = 96$.

Zyklische Techniken stellen bei der Aufstellung des Produktionsmodells grundsätzlich keine höheren Ansprüche als mehrstufige Techniken ohne Zyklus. Allerdings können sie unter Umständen kompliziertere Berechnungsmethoden erfordern (so beispielsweise in der Kostenstellenrechnung bei der innerbetrieblichen Leistungsverrechnung).

Literaturhinweise
Dyckhoff (1994), §§ 12–16, ohne § 14 (insbes. jeweils der erste Abschnitt)
Kistner (1993), Kap. 5
Kloock (1998)

3.4 Nicht endlich generierbare Techniken

Zwei Gründe können bewirken, dass eine additive oder lineare Technik nicht endlich generierbar ist:

- Es gibt gar keine oder aber sogar unendlich viele Grundaktivitäten.
- Es gibt zwar (nur) endlich viele Grundaktivitäten; bei ihrer Kombination sind aber bestimmte weitere technische Bedingungen zu beachten.

3.4.1 Keine oder unendlich viele Grundaktivitäten

Das Bild 3.8 zeigt eine dreidimensionale, konvexe *kreisförmige* Kegeltechnik. Jeder Strahl aus dem Ursprung auf dem Rand des Kegels kann als ein elementarer Prozess angesehen werden. Es ist unmöglich, die Technik aus einer endlichen Zahl dieser Prozesse zu generieren.

Die Technik in Bild 3.8 ist linear, weil zu jedem beliebigen Punkt der Technik der ganze Strahl vom Ursprung durch diesen Punkt zur Technik gehört (Größenproportionalität) und weil die Kombination beliebiger Punkte im Kegel verbleibt (Additivität). Solche Techniken lassen sich dennoch häufig in ähnlicher Art wie endlich generierbare behandeln, und zwar dann, wenn eine der beiden folgenden Voraussetzungen gegeben ist:

- Die unendliche Zahl an Grundaktivitäten kann durch einen oder mehrere technische *Stellgrößen* oder *Umfeldparameter* eindeutig beschrieben werden.
- Es ist möglich, die Technik durch endlich generierbare Techniken hinreichend gut zu *approximieren*.

Für den ersten Fall können die *Gutenberg-Techniken* als Beleg angeführt werden. Techniken dieses Typs werden in Lektion 11 ausführlicher behandelt. Bei ihnen wird durch die Intensität (Geschwindigkeit), mit der eine Maschine betrieben wird, eine Stellgröße definiert. Sie ist stufenlos variierbar (*intensitätsmäßige Anpassung*). Jedem Intensitätsgrad ist über die spezifi-

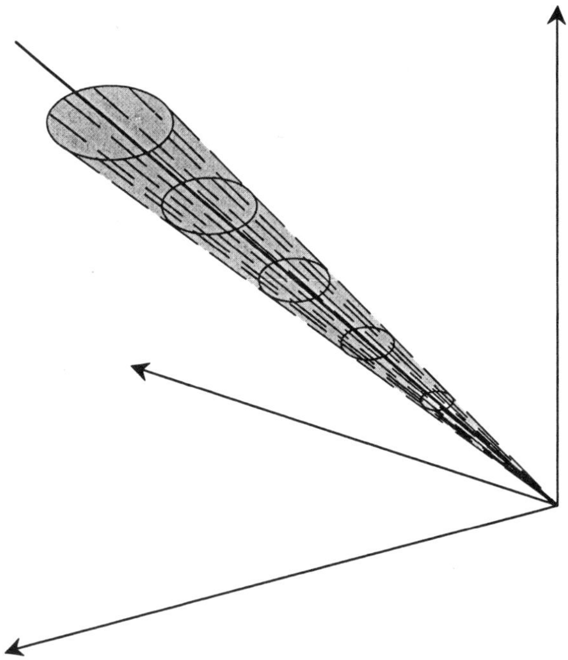

Bild 3.8: Kreisförmige Kegeltechnik

schen Verbräuche der Repetierfaktoren jeweils in eindeutiger Weise eine Grundaktivität zugeordnet, deren Niveau ebenfalls variierbar ist (*zeitliche Anpassung*). Die Kombination verschiedener Grundaktivitäten bedeutet dann den zeitweisen Betrieb der Anlage mit unterschiedlichen Intensitäten (*Intensitätssplitting*). Größenproportional (und bei möglichem Intensitätssplitting auch additiv) sind Gutenberg-Techniken jedoch nur in Bezug auf die Produktionsdauer (Aktivitätsniveau), im Allgemeinen nicht bezüglich der Produktionsintensität (als der zweiten Stellgröße).

Als weiteres Beispiel für den Fall von Techniken, deren unendlich viele Grundaktivitäten eindeutig durch einen Stellparameter beschrieben sind, kann die in Abschnitt 2.4.1 formulierte MÜLLVERBRENNUNGSTECHNIK angeführt werden. So wie sie definiert ist, ist sie nur größenproportional; ihre Additivität müsste über die Zulässigkeit des Anlagenbetriebs mit zeitlich variierenden Temperaturen noch gesondert gefordert werden.

Im zweiten Fall lässt sich die Approximation schon am Bild 3.8 veranschaulichen: Wählt man π elementare Prozesse auf dem kreisförmigen Kegelrand aus, so ergeben ihre nichtnegativen Linearkombinationen einen konvexen polyedrischen, innen liegenden Kegel mit π Kanten und flachen Seiten (Facetten). Mit wachsender Zahl π geeignet gewählter elementarer Prozesse nähert sich dieser polyedrische Innenkegel dem kreisförmigen beliebig an. Im Falle von Stellgrößen wie Intensität, Temperatur, Druck oder Geschwindigkeit würde eine Approximation durch einen polyedrischen Kegel den Übergang von einer kontinuierlichen zu einer diskreten Variation der Stellgröße bedeuten (Schaltstufen).

Bild 3.9 zeigt zwei Produktionsdiagramme dreidimensionaler linearer Techniken, die sich nur dadurch unterscheiden, dass zu den vier Grundaktivitäten im Fall (a):

$$\mathbf{M}_a = \begin{pmatrix} -4 & -4 & -4 & -4 \\ -25 & -100 & -400 & -900 \\ 200 & 400 & 800 & 1200 \end{pmatrix}$$

im Fall (b) noch weitere vier hinzugekommen sind:

$$\mathbf{M}_b = \begin{pmatrix} -4 & -4 & -4 & -4 & -4 & -4 & -4 & -4 \\ -6{,}25 & -25 & -64 & -100 & -225 & -400 & -625 & -900 \\ 100 & 200 & 320 & 400 & 600 & 800 & 1000 & 1200 \end{pmatrix}$$

Die Diagramme stellen jeweils einen Schnitt durch die dreidimensionale Technik für $z_1 = -4$ bzw. $x_1 = 4$ dar. Die vier bzw. acht hervorgehobenen Punkte entsprechen den Grundaktivitäten

$$\mathbf{z}^\rho = \begin{pmatrix} -4 \\ -x_2^\rho \\ y_3^\rho \end{pmatrix} \quad \text{für } \rho = 1,\ldots,\pi$$

mit $\pi = 4$ bzw. $\pi = 8$. Das durch sie definierte und durch ihre Konvexkombinationen entstehende, *stark* schattierte Viereck bzw. Achteck enthält alle technisch möglichen Produktionen mit $x_1 = 4$. Durch die Grundaktivitäten gestrichelt gezeichnet sind Projektionen ihrer Prozessstrahlen im $\mathbb{R}^3$. Soweit sind damit folgende endlich generierbaren linearen Techniken skizziert:

$$\mathbf{T} = \left\{ \mathbf{z} \in \mathbb{R}^3 \,\middle|\, \mathbf{z} = \sum_{\rho=1}^{\pi} \lambda^\rho \mathbf{z}^\rho,\ \lambda^\rho \geq 0 \text{ für } \rho = 1,\ldots,\pi \right\}$$

Fügt man der Technikmatrix nun gezielt weitere Grundaktivitäten hinzu, die alle einem einheitlichen Bildungsgesetz gehorchen, nämlich

$$x_1^\rho = 4, \quad x_2^\rho \geq 0, \quad y_3^\rho = 40 \cdot \sqrt{x_2^\rho}$$

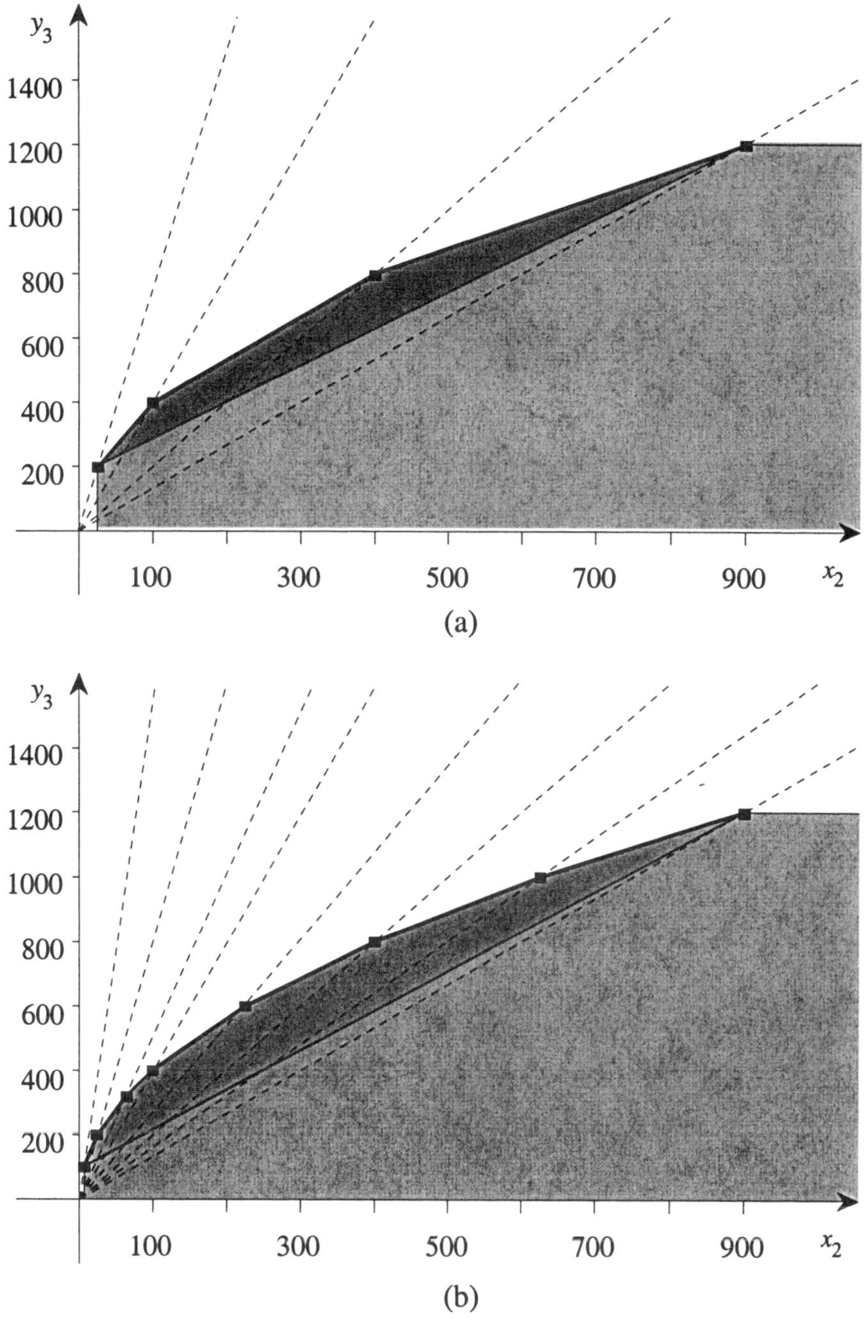

Bild 3.9: Produktionsdiagramme linearer Techniken mit vier bzw. acht elementaren Prozessen

so nähert sich der fett hervorgehobene, nordwestliche Rand des so erzeugten Vielecks einer Kurve an, die exakt dem Rand des in Bild 2.5 dargestellten Produktionsraumes der in Abschnitt 2.1 definierten nicht linearen LANDWIRTSCHAFTLICHEN TECHNIK entspricht. Um den gesamten Produktionsraum des Bildes 2.5 zu approximieren, müsste die obige Technikdefinition folgendermaßen modifiziert werden:

$$\mathbf{T} = \left\{ \mathbf{z} \in \mathbb{R}^3 \,\middle|\, \mathbf{z} \leq \sum_{\rho=1}^{\pi} \lambda^\rho \mathbf{z}^\rho,\ \lambda^\rho \geq 0 \text{ für } \rho = 1,\ldots,\pi,\ z_3 \geq 0 \right\}$$

In den beiden Diagrammen des Bildes 3.9 sind die durch die Ungleichungen jeweils zusätzlich hinzukommenden Produktionen *schwach* schattiert angedeutet. Sie illustrieren etwa einen unwirtschaftlichen Einsatz von x_2 Arbeitsstunden zur Erzeugung von y_3 Kilogramm Weizen auf der verfügbaren Bodenfläche von $x_1 = 4$ Hektar. Die modifizierten Techniken sind ebenfalls linear, allerdings nur **in einem weiteren Sinn** durch die Grundaktivitäten der Technikmatrix **endlich generiert**, indem das Wegwerfen bzw. die Verschwendung von Objekten unbegrenzt möglich ist.

Eine solche Approximation ist nur für bestimmte Techniken möglich. Zu ihnen gehören die konvexen Techniken. Dagegen ist es unmöglich, die gesamte, in Abschnitt 2.1 definierte landwirtschaftliche Technik in der obigen Weise zu approximieren, wie man an dem nicht konvexen Produktionsraum in Bild 2.6 erkennt.

3.4.2 In Grenzen frei variierbare Produktion

Der zweite Grund, weshalb eine Technik eigentlich nicht, sondern nur in einem weiteren Sinn endlich generierbar ist, lautet: Es gibt zwar endlich viele Grundaktivitäten, diese generieren aber entweder nur eine Teilmenge oder nur eine Obermenge der Technik. Im ersten Fall ist die Teilmenge zur Technik dadurch erweitert, dass bestimmte technische Bedingungen aufgehoben sind. Die obige Modifikation einer endlich generierbaren Technik durch die *„Möglichkeit unbegrenzten Wegwerfens"* gemäß Bild 3.9 ist dafür ein Beispiel. Im zweiten Fall existieren zusätzliche *natürliche oder technische Restriktionen*, welche die Obermenge zur eigentlichen Technik einengen. Wesentlich für die Linearität der Technik ist in beiden Fällen, dass die Bedingungen, die zur Erweiterung bzw. Einengung führen, einen linearen Charakter haben. In der Regel geschieht dies über Ungleichungen, deren Grenzen über linear-affine Funktionen definiert sind. **In** diesen **Grenzen** ist die Produktion dann **frei variierbar**.

Ein ziemlich allgemeiner Ansatz für die Einengung einer endlich generierten Obermenge durch natürliche oder technische Restriktionen besteht in der Fiktion, analog zu Transportprozessen (vgl. Bild 3.5e) zunächst für jedes Paar (i, j) einer Inputart $i = 1,\ldots,m$ und einer Outputart $j = m+1,\ldots,m+n$ einen elementaren Prozess vom Typ 1:1 anzunehmen. Abweichend von den Transportprozessen ist die Umwandlung der Inputart i in die Outputart j aber nicht beliebig möglich. Vielmehr existieren mehr oder minder starke *Kopplungsbedingungen* für die Kombination der elementaren Prozesse, welche dadurch auch dem Einsatz und der Ausbringung der beachteten Objektarten gewisse Grenzen ziehen. Daraus resultierende Techniken sind etwa typisch für Prozesse der *elastischen Mischung*.

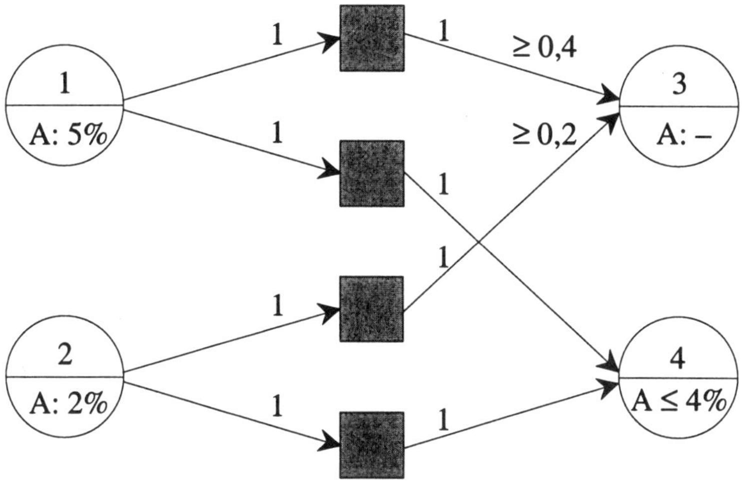

Bild 3.10: Elastischer Mischprozess

Das Bild 3.10 zeigt den I/O-Graph eines einstufigen elastischen Mischprozesses, bei dem die Outputarten 3 und 4 aus den beiden Inputarten 1 und 2 erzeugt werden. Output 3 muss wenigstens zu 40% aus Input 1 und wenigstens zu 20% aus Input 2 bestehen. Alle Objekte enthalten einen Inhaltstoff A, und zwar Input 1 zu 5% sowie Input 2 zu 2%. Während bei Output 3 keine Anforderungen bezüglich des Inhaltstoffes gestellt sind, darf Output 4 höchstens zu 4% A enthalten. Das algebraische Modell der Technik hat folgende Gestalt:

$$\begin{aligned}
x_1 &= \lambda^{1,3} + \lambda^{1,4} \\
x_2 &= \lambda^{2,3} + \lambda^{2,4} \\
&\quad \lambda^{1,3} + \lambda^{2,3} = y_3; \quad \lambda^{1,3} \geq 0{,}4y_3, \quad \lambda^{2,3} \geq 0{,}2y_3 \\
&\quad \lambda^{1,4} + \lambda^{2,4} = y_4; \quad 0{,}05\lambda^{1,4} + 0{,}02\lambda^{2,4} \leq 0{,}04y_4
\end{aligned}$$

Zu den I/O-Bilanzen eines Transportprozesses sind noch die technischen Restriktionen der Mischung hinzugekommen. Je schwächer diese Restriktionen sind, umso elastischer ist der Mischprozess. Ohne Restriktionen besteht volle Elastizität vom Typ der Transport- oder Verteilungsprozesse. Das andere Extrem ergibt sich, wenn die Restriktionen so stark sind, dass die Mischungsverhältnisse der Inputstoffe fixiert sind (*starre Mischung*). In diesem Fall läge eine outputseitig determinierte Technik vor.

Literaturhinweise
Dyckhoff (1994), §§ 11.1, 14
Müller-Merbach (1981)

3.5 Dynamische Modellierung der Produktion

Von den elementaren zu den zyklischen und nicht endlich generierbaren Techniken nimmt die Komplexität der Innenstruktur zu. Durch ihre konstruktive Ausrichtung und ihre Systemorientierung bilden die Input/Output-Graphen diesbezüglich geeignete Instrumente sowohl für die theoretische Analyse als auch für die praktische Anwendung. Sie können außerdem in weiter gehenden Verallgemeinerungen nützlich sein. Die Komplexität realer Produktionssysteme hat nämlich noch viele weitere Ursachen, unter denen die *Dynamik* der Produktion eine herausragende Stellung einnimmt.

Mindestens so bedeutsam und oft in engem Zusammenhang mit der Dynamik zu sehen ist die *Unsicherheit* zukünftiger Ereignisse bei der Planung der Produktion, welche eigentlich die Analyse stochastischer Produktionssysteme notwendig macht (grundsätzlich dazu *Jahnke 1995*). Für eine realistische Behandlung der meisten Fragen des Produktionsmanagements kann die Stochastik nicht ausgeklammert werden. Andererseits lassen sich viele Einsichten in reale Produktionszusammenhänge auch schon anhand deterministischer Produktionsmodelle gewinnen, sodass in dieser Einführung in die Theorie betrieblicher Wertschöpfung auf Aspekte der Unsicherheit nur am Rande eingegangen wird (vgl. auch Abschn. 14.2).

In Abschnitt 1.2 ist die Produktion als eine Zeit beanspruchende Aktivität eingeführt worden, die sich auf eine einzelne oder auch mehrere Perioden eines gesamten Betrachtungszeitraums bezieht (vgl. Bild 1.1). Bei einer solchen diskreten Zeitbetrachtung spielt die in Abschnitt 1.2.2 formulierte dynamische Mengenbilanzgleichung eine fundamentale Rolle.

Eine andere Art diskreter zeitlicher Modellierung ergibt sich, wenn kein festes Zeitraster aufeinander folgender Perioden vorgegeben wird, sondern die relevanten Zeitpunkte endogen aus noch zu fixierenden Vorgängen bestimmter Dauer oder einzelnen Ereignissen resultieren. Jeder Input/Output-Graph kann auf diese Weise durch die explizite Einbeziehung der Aktivitätsdauer dynamisiert werden. Um das Prinzip zu verdeutlichen, genügt die Illustration für einen elementaren Produktionsprozess, etwa den der Herstellung von *Punsch Royal* in Bild 3.2.

Das Bild 3.11 veranschaulicht in Erweiterung und Modifikation des Bildes 3.2 die Herstellung von *Punsch Royal* (P) durch zwei Momentaufnahmen zu den Zeitpunkten (a) $t = 0$ und (b) $t = 15$. Die Zeitspanne von $\tau = 15$ Minuten wird für die einmalige Durchführung der durch den Input/Output-Graphen dargestellten Aktivität benötigt. Unten in den (runden) Objektknoten sind die jeweiligen Bestände s_{kt} der Objektarten k zur Zeit t dadurch vermerkt, dass ihre Zahl durch Punkte (•) symbolisiert wird. So gibt es 5 Flaschen Rotwein (R), zwei Stück Hutzucker (H), eine Flasche Arrak (A), sechs Orangenschalen (O) und neun Nelken (N). Durch die Aktivität verändern sich die Bestände gemäß den Input- und Outputkoeffizienten. Sie sinken bei den Inputknoten und wachsen bei den Outputknoten. Für die Zeit der laufenden Produktion im Zeitintervall [0;15] ist die Aktivität nicht noch einmal durchführbar; die benötigten Inputquantitäten vermindern die Bestände der Inputknoten im Zeitpunkt $t = 0$, während die erzeugten Outputquantitäten im Zeitpunkt $t = 15$ die dortigen Bestände erhöhen und erst ab dann für nachfolgende – im Bild nicht dargestellte – Prozesse zur Verfügung stehen, etwa zur Entsorgung der leeren Flaschen (F).

Die abstrakte Version eines elementaren **dynamischen Input/Output-Graphen** zeigt das Bild 3.12. Die Bestände s_{kt} sind in den Objektknoten vermerkt. Zusätzlich zur Aktivitätsdauer τ ist im Prozesskasten mit ρ ein weiterer Prozessfaktor genannt. Er gibt beispielsweise an, ob der Prozess aktiv ($\rho = 1$) ist oder nicht ($\rho = 0$). Er kann darüber hinaus aber auch als eine Stellgröße verstanden werden, mit der die *Intensität* (Geschwindigkeit) des Prozesses beschrieben wird. Die Inputkoeffizienten a_i und die Outputkoeffizienten b_j werden im Allgemeinen von der Intensität ρ abhängen. Sie sind dann jedoch als Input bzw. Output je Zeiteinheit zu interpretieren, d.h. als Veränderungsraten der Bestände. Dabei kann die Zeit t sowohl eine diskrete als auch eine kontinuierliche Größe sein.

Die vorgenommene Dynamisierung des Input/Output-Graphen gemäß der Bilder 3.11 und 3.12 ist eng verwandt mit den so genannten *Petri-Netzen.* Sie eignen sich besonders zur (deterministischen wie auch stochastischen) *Simulation* dynamischer Produktionssysteme. Der Name geht auf den Begründer der Theorie, *Carl Adam Petri*, zurück. Zur Einführung in die Petri-Netz-Theorie siehe *Gais/Patzina/Adler (1992)* oder *Rosenstengel/Winand (1991)*, insbesondere die Beispiele aus dem Produktionsbereich. In letzter Zeit finden Petri-Netze im Rahmen der Modellierung von Stoff- und Energieströmen bei der Öko-Bilanzierung verstärkt Eingang in kommerzielle Software (vgl. *Schmidt/Häuslein 1997* und *Möller 2000*).

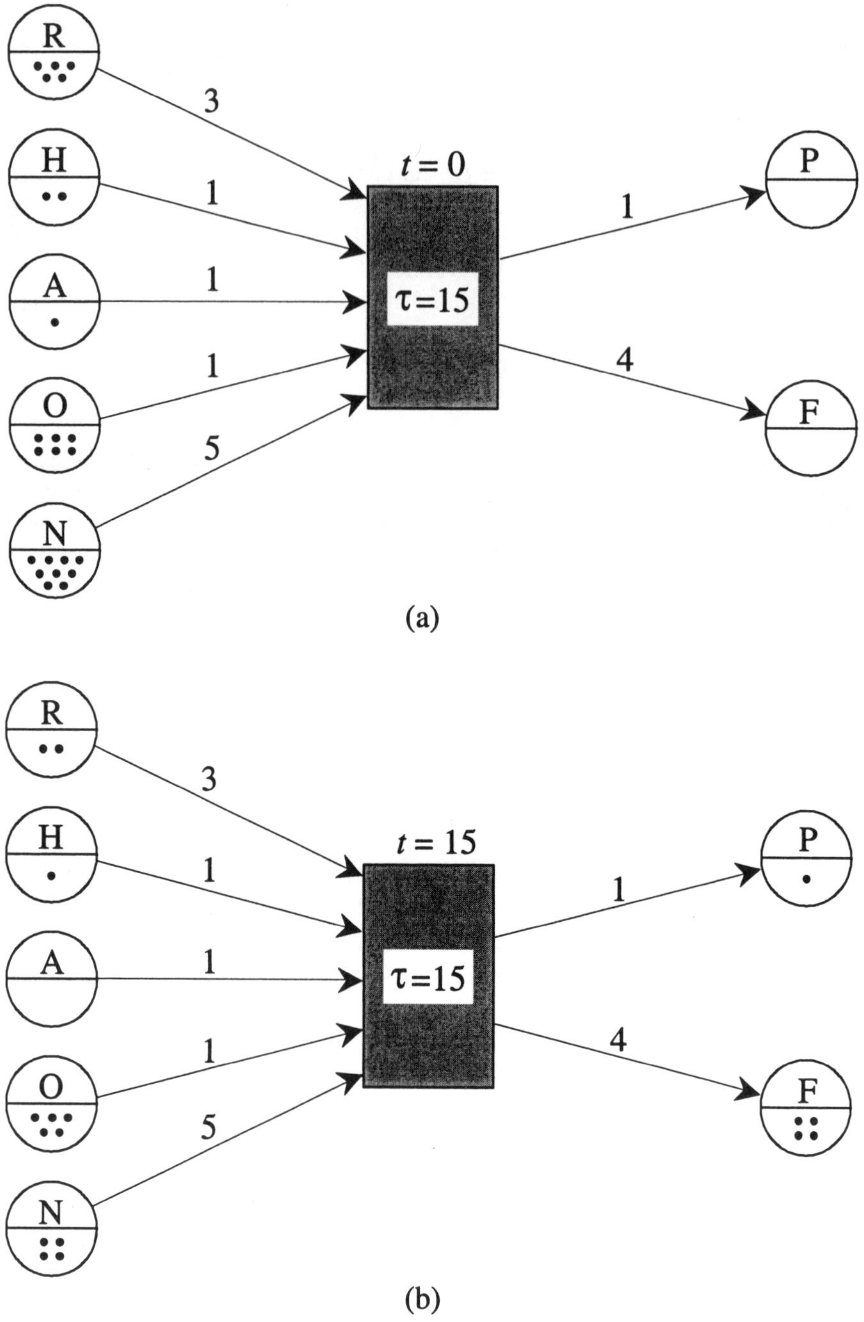

Bild 3.11: Herstellung von Punsch Royal: (a) vor Beginn der Aktivität zur Zeit t = 0 und (b) danach zur Zeit t = 15

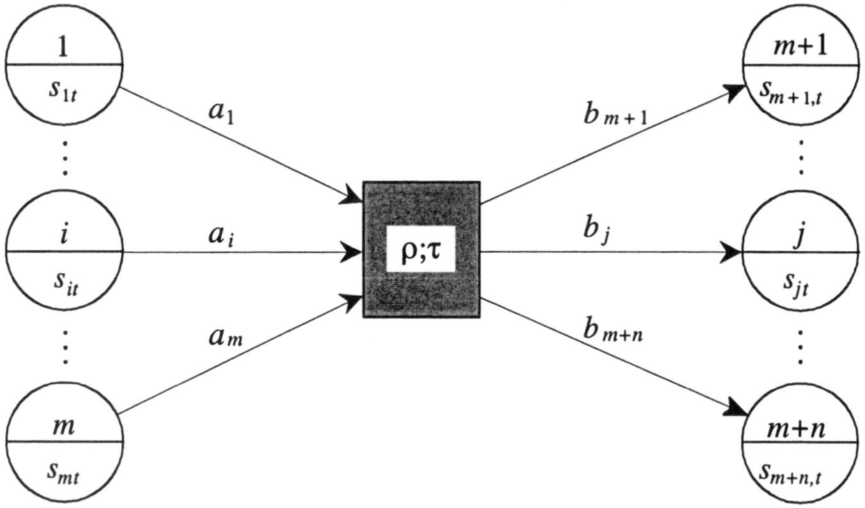

Bild 3.12: Elementarer dynamischer Input/Output-Graph

Literaturhinweise
Hanisch (1992)
Schmidt/Häuslein (1997)
Weilerscheidt/Haupt (1995)

Wiederholungsfragen

1) Wodurch zeichnen sich additive und lineare Techniken aus? Was versteht man unter endlich generierbaren Techniken, und welche Bedeutung haben in diesem Zusammenhang Grundaktivitäten?
2) Was ist eine elementare Technik, und welche Strukturtypen gibt es?
3) Was ist eine einstufige Technik? Welche Strukturtypen einstufiger Techniken gibt es, und wie lassen sich die entsprechenden Produktionsmodelle darstellen?
4) Welche Objektkategorien bestehen bzgl. der Innen- bzw. Außenbezüge eines Produktionssystems? Wie lautet der zugehörige Erhaltungssatz?
5) Was ist eine zyklische Technik? Welche Besonderheit kennzeichnet ihr Produktionsmodell?
6) Welche Ursachen für nicht endlich generierbare lineare Techniken gibt es? Welche Beispiele kann man hierfür anführen, und wie lassen sie sich in Produktionsmodellen darstellen?
7) Was versteht man unter einem dynamischen Input/Output-Graphen? Auf welche Weise lässt sich diese Dynamisierung vornehmen?

Übungsaufgaben

Ü 3.1

Bei der Fertigung von Antriebswellen werden unter anderem folgende Arbeitsgänge durchgeführt:

- Kreissäge: Eine Eisenstange (3 m lang) wird vollständig in 10 cm lange Stücke zersägt.
- Schrägbettdrehmaschine: Ein Eisenstück wird mit Hilfe von 0,2 l Kühlwasser 30 Sekunden lang zu einer ungeschliffenen Welle gedreht.
- Rundschleifmaschine: Während des Schleifvorgangs der ungeschliffenen Welle fallen neben der fertigen Welle 5 g Metallspäne und 0,5 l Abwasser an.

a) Zeichnen Sie jeweils zu den einzelnen Vorgängen die I/O-Graphen, geben Sie die Grundaktivitäten an und stellen Sie das allgemeine algebraische Modell unter der Prämisse auf, dass die angegebenen Aktivitäten eine additive Technik beschreiben! Berücksichtigen Sie dabei nur die im Text genannten Objektarten!

b) Erweitern Sie den letzten Teilschritt derart, dass er durch Hinzufügen bisher unbeachteter Objektarten einen anderen Strukturtyp annimmt!

Ü 3.2

Bei der Demontage von 26 Altautos fallen u.a. 127 Reifen, 26 Motoren, 65 Scheibenwischer und 247 Liter Benzin an. Andere Objekte, wie etwa die Karosserien, werden nicht beachtet.

a) Zeichnen Sie den I/O-Graphen. Unter welchen Voraussetzungen handelt es sich dabei um einen konkreten oder abstrakten I/O-Graphen?

b) Um welchen Strukturtyp elementarer Techniken (bzw. Materialflusstyp) handelt es sich bei der Altautodemontage? Ist diese Zuordnung eindeutig?

c) Stellen Sie das Produktionsmodell mit direkten Verknüpfungen zwischen dem Altautoinput und den verschiedenen Objektarten unter der Voraussetzung dar, dass eine additive Technik vorliegt!

Ü 3.3

Zeichnen Sie zu den nachfolgenden Fällen den I/O-Graphen, geben Sie die Technikmatrix an und stellen Sie das Produktionsmodell auf! Um welchen Strukturtyp handelt es sich jeweils?

I) Ein Fahrzeughersteller bietet von einem bestimmten Modell drei Varianten an: Schrägheck, Stufenheck und Kombiheck. Zur Produktion der Heckpartie werden je nach Typ Heckklappen, Heckscheibenwischer, Kofferraumdeckel, Befestigungen der Dachreling (nur beim Kombiheck) und Rückleuchten benötigt.

II) In einem Schlachthof werden Schweine, Rinder und Kälber verarbeitet. Bei der Schlachtung fallen neben den hier nicht betrachteten Fleischstücken u.a. folgende Objektarten an: Kopf, Knochen, Darm. (Es wird kein Unterschied zwischen den Knochen-, Kopf- oder Darmarten gemacht.) Beim Schwein erhält man 20 kg Knochen, 8 kg Kopf, 11 kg Darm, beim Rind 48 kg Knochen, 12 kg Kopf, 35 kg Darm. Die Kalbschlachtung ergibt 17 kg Knochen, 6 kg Kopf und 10 kg Darm.

III) Die Zubereitung einer Tiefkühlpackung Tortellini kann entweder mit Hilfe einer Leistungsabgabe von 4 Minuten in der Mikrowelle unter Beigabe von 0,15 l Milch oder bei einer Leistungsabgabe von 10 Minuten im Elektro-Herd unter Beigabe von 0,2 l Milch erfolgen.

IV) Aus 2 m × 2 m großen Glasplatten werden sowohl Couchtischplatten der Größe 100 cm × 80 cm als auch Ecktischplatten der Größe 60 cm × 60 cm geschnitten. Dabei soll das verfügbare Material so zerschnitten werden, dass keine Reststücke größer 60 cm × 60 cm übrig bleiben.

V) Auf Grund steigender Nachfrage bezieht der Tischproduzent aus IV) von einem weiteren Zulieferer Platten der Größe 1,6 m × 1,6 m, die ebenfalls zur Produktion der in IV) genannten Tischplatten eingesetzt werden.

VI) Ein Produzent muss ein Produkt, das an zwei verschiedenen Standorten (SO1, SO2) in gleicher Qualität gefertigt wird, an drei Betriebsstätten (SO3, SO4, SO5) zur Weiterbearbeitung liefern.

Ü 3.4 (Fortsetzung von Ü 3.1)

Um eine bessere Planung der Gesamtzusammenhänge zu ermöglichen, soll die Wellenherstellung aus Übungsaufgabe 3.1a als mehrstufige Produktion modelliert werden. Zeichnen Sie den zugehörigen mehrstufigen I/O-Graphen und geben Sie die Technikmatrix sowie das algebraische Modell an!

Ü 3.5

In einem Braunkohlekraftwerk werden zur Herstellung von 1000 kWh Strom durchschnittlich 1130 kg Braunkohle, 2300 l Wasser und 4500 m^3 Luft eingesetzt. Der zur Produktion benötigte Stromeinsatz von 5 kWh kann dem entstehenden Output entnommen werden. Zeichnen Sie den I/O-Graphen! Bestimmen Sie die Grundaktivität für 1 kWh Strom (unter der Annahme einer größenproportionalen Technik), und geben Sie das Produktionsmodell an!

Ü 3.6

Gegeben seien folgende Grundaktivitäten bzw. Technikmatrizen:

$$\text{I)}\ \begin{pmatrix} -1 \\ -3 \\ 5 \\ 8 \\ 2 \end{pmatrix} \qquad \text{II)}\ \begin{pmatrix} -1 \\ 4 \\ 9 \\ 4 \\ 8 \end{pmatrix} \qquad \text{III)}\ \begin{pmatrix} -2 & 0 \\ 0 & -3 \\ 1 & 3 \\ 4 & 2 \end{pmatrix} \qquad \text{IV)}\ \begin{pmatrix} -1 & -1 & -1 \\ 5 & 3 & 1 \\ 2 & 5 & 6 \\ 1 & 2 & 5 \end{pmatrix}$$

$$\text{V)}\ \begin{pmatrix} -3 & -4 & -5 & -6 \\ -2 & -2 & -2 & -2 \\ -8 & -6 & -6 & -4 \\ -1 & 0 & -2 & 0 \\ 1 & 1 & 1 & 1 \end{pmatrix} \qquad \text{VI)}\ \begin{pmatrix} -1 & -1 & -1 \\ -4 & -3 & -2 \\ 1 & 0 & 0 \\ 0 & 1 & 0 \\ 0 & 0 & 1 \end{pmatrix}$$

$$\text{VII)}\ \begin{pmatrix} -3 & -4 & 0 & 0 \\ -2 & -1 & 0 & 0 \\ 8 & 6 & -1 & -1 \\ 0 & 0 & 2 & 1 \\ 0 & 0 & 1 & 2 \end{pmatrix} \qquad \text{VIII)}\ \begin{pmatrix} -1 & 0 & 0 \\ -4 & 0 & 2 \\ 1 & -2 & 0 \\ 0 & 1 & -1 \\ 0 & 0 & 1 \end{pmatrix}$$

Erläutern Sie, welcher Produktionsstrukturtyp beschrieben ist, und zeichnen Sie jeweils den zugehörigen I/O-Graphen!

Kapitel B

Produktionstheorie

Während die Objektebene als technisch und die Erfolgsebene als ökonomisch qualifiziert werden können, spielt die mittlere der drei Betrachtungsebenen eine gewisse Zwitterrolle. Einerseits orientiert sie sich noch stark an physischen und technischen Sachverhalten und Kennziffern, andererseits werden schon *Beurteilungen* vorgenommen, d.h. Bewertungen in einer noch schwachen Form. Das Kapitel B behandelt die Ergebnisebene in drei Lektionen. Lektion 4 definiert die Ergebnisse der Produktion im Lichte unvollständiger Präferenzäußerungen des Produzenten, die Grundlage für die Formulierung verschiedener Ergiebigkeitsmaße sind. Darauf aufbauend formuliert Lektion 5 über den Dominanzbegriff mit der Forderung nach Effizienz ein schwaches Erfolgsprinzip. Lektion 6 konkretisiert die Aussagen für den Spezialfall der linearen Produktionstheorie und geht dabei auf Ansätze zur Messung der Ineffizienz einer Produktion ein.

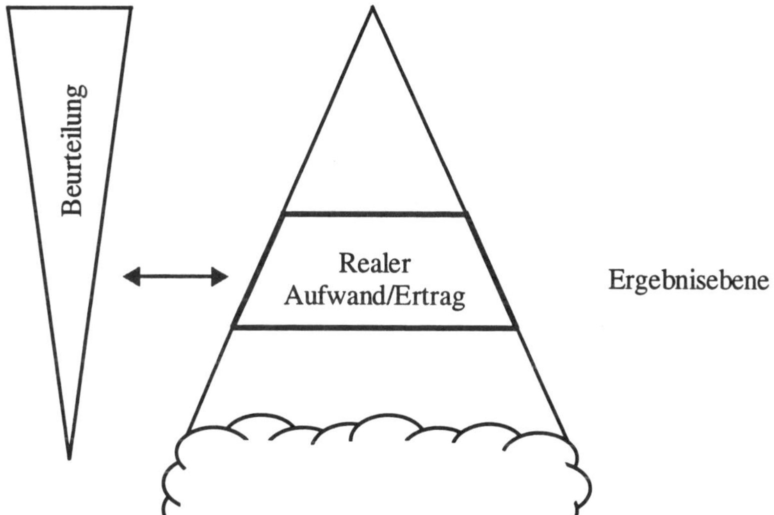

4 Ergebnisse der Produktion

4.1 Beurteilung der Produktion
4.2 Objektkategorien verschiedener Erwünschtheit
4.3 Ergebnisorientierte Analyse der Produktion
4.3.1 Realer Aufwand und Ertrag
4.3.2 Ergiebigkeitsmaße
4.4 Grundannahmen an Techniken

Auf der Objektebene wird die reale Produktion zwar in ihren natürlichen und technischen Bezügen modelliert. Dennoch ist die hier gewählte Perspektive als produktions*wirtschaftlich* zu kennzeichnen. Welche der vielschichtigen Aspekte der Produktion wahrgenommen und beachtet werden und von welchen Gesichtspunkten demgegenüber abstrahiert wird, hängt von der jeweiligen Aufgabenstellung des Produktionsmanagements ab. Wesentlich für die Erklärung und Prognose des Verhaltens von Produktionssystemen sowie für die Entscheidungsunterstützung des Produktionsmanagements ist in erster Linie der Blickwinkel des Produzenten. Der Abschnitt 4.1 befasst sich deshalb mit der Beurteilung der Produktion im Hinblick auf ihre relevanten Ergebnisse. Im „Normalfall“ lassen sich mit den Gütern, Übeln und Neutra verschiedene Objektkategorien nach dem Charakter ihrer Erwünschtheit eindeutig unterscheiden; sie sind Gegenstand des Abschnitts 4.2. Auf der Grundlage dieser Einteilung sind in Abschnitt 4.3 einige erste Überlegungen zur ergebnisorientierten Analyse der Produktion möglich, welche sich an der Unterscheidung der Ergebnisse in realen Aufwand oder realen Ertrag festmachen. Übliche Kennziffern zur Messung der Ergiebigkeit einer Produktion setzen Ertrag und Aufwand in Relation zueinander. Der abschließende Abschnitt postuliert einige allgemeine Grundannahmen über die Gestalt von Techniken.

4.1 Beurteilung der Produktion

Üblicherweise werden Objekte wirtschaftlichen Handelns im Rahmen ökonomischer Theorien an Hand von Marktpreisen bewertet. Es gibt jedoch mehrere Gründe, weshalb eine solche Vorgehensweise bei produktionswirtschaftlichen Analysen nicht ausreicht. Sie lassen sich in zwei Gruppen einteilen:

(1) Für manche Objekte gibt es (noch) keine Marktpreise.
(2) Die Marktpreise stellen keinen geeigneten Bewertungsmaßstab dar.

Fehlende Marktpreise sind kennzeichnend für die *freien Güter* und typisch für viele *öffentliche Güter,* wie z.B. Sonnenlicht, Sauerstoff in der Luft oder nicht durch Patente geschützte und jedermann zugängliche Forschungserkenntnisse. *Schädliche* oder *gefährliche* Objekte, die niemand haben will, z.B. Dioxin oder radioaktiv verseuchte Gegenstände, besitzen ebenfalls regelmäßig keinen Marktpreis. Für die Produktionswirtschaft darüber hinaus von besonderer Bedeutung sind spezielle (reine) *Zwischenprodukte*, die innerhalb eines Produktionssystems entstehen und genutzt werden, für die aber außerhalb des Produktionssystems kein Bedarf existiert, z.B. Schablonen für Schnittmuster sowie eigengefertigte Spezialwerkzeuge und -maschinen. Aber selbst dann, wenn es im Prinzip für das Objekt einen Marktpreis gibt, so ist dieser dem Produzenten häufig zum Entscheidungszeitpunkt noch *unbekannt*, beispielsweise wenn die Entwicklung oder sogar die Herstellung der Hauptprodukte lange vor ihrem Absatz beginnt.

Marktpreise kennzeichnen den **Tauschwert** der Objekte (Ware gegen Geld) und haben insoweit eher einen objektiven Charakter. Für produktionswirtschaftliche Zwecke, insbesondere bei innerbetrieblichen Fragestellungen, ist aber häufig der **Gebrauchswert** (Nutzwert) von eben so großer Bedeutung. Er kann auf Grund seiner Subjektivität und seiner situativen Relativität vom Tauschwert abweichen, so etwa bei der Nutzung einer Maschine, die zwar vollständig abgeschrieben und technisch überholt ist, jedoch einen Engpass in der Produktion darstellt.

In der hier entwickelten Theorie betrieblicher, insbesondere industrieller Wertschöpfung ist das Subjekt der Beurteilung bzw. Bewertung der Produzent. Er beurteilt im Rahmen der ihm obliegenden Führung des Produktionssystems an Hand bestimmter **Zielsetzungen** (als den Führungsgrößen gemäß Bild 0.3) die Nützlichkeit oder gegebenenfalls die Schädlichkeit der Objekte und der durch eine Produktionsaktivität hervorgerufenen Veränderungen. Die Ziele legen damit fest, was aus der subjektiven Sicht und in der jeweiligen Situation des Produktionssystems zu einer *Wertschöpfung* bzw. zu einer Schadschöpfung führt. Von einer **ökonomisch** motivierten Beurteilung soll gesprochen werden, wenn sie auf die Einkommenserzielung abstellt, d.h. die langfristige Existenzsicherung der Unternehmung zum Ziel hat und in der Regel im direkten und auch nur indirekten Zusammenhang mit Tauschvorgängen auf Märkten steht. Unternehmerisches Handeln in einer demokratisch verfassten sozialen (und ökologischen) Marktwirtschaft gründet sich aber auch auf den Prinzipien der gesellschaftlichen Legitimität und ökologischen Rationalität. Danach können neben den ökonomischen Motiven, welche in einer Marktwirtschaft für Unternehmungen zwangsläufig im Vordergrund stehen müssen, wenn sie auf Dauer überleben wollen, auch **soziale** und **ökologische** Aspekte in die Beurteilung der Produktion einfließen, welche gegebenenfalls sogar eine Geschäftsaufgabe nahelegen.

Die in der Produktionswirtschaft betrachteten Produktionssysteme sind meistens Subsysteme der Unternehmung. Deshalb handelt es sich bei den relevanten Zielen in der Regel um Führungsgrößen, die zwar aus den *autorisierten Wertvorstellungen* der gesamten Unternehmung abzuleiten sind (vgl. Abschn. 14.3), jedoch für praktische Zwecke *einfach*, *messbar* und *operational* gehalten werden müssen. Aus diesem Grunde werden in der Produktionswirtschaft an Stelle monetärer Zielgrößen vielfach physikalische Ersatzgrößen (Anzahl, Masse, Gewicht, Länge, Fläche, Volumen, Energieinhalt, Zeit etc.) verwendet, an Hand derer mittels verschiedener Kennziffern die **Ergiebigkeit** der Produktion gemessen und beurteilt werden soll. Solche mehrdimensionalen, hauptsächlich an physikalischen Größen orientierten und auf Kennziffern basierenden Bewertungsansätze charakterisieren die Ergebnisebene, d.h. die Produktionstheorie (i.e.S.).

Literaturhinweise
Eichhorn (1994)
Kern (1992), S. 61–70

4.2 Objektkategorien verschiedener Erwünschtheit

Damit Objekte produktionswirtschaftlichen Handelns beachtet werden, müssen sie gemäß Abschnitt 1.1.1 verfügbar und relevant sowie ihre wesentlichen Eigenschaften bekannt sein. Dabei geht es um die faktische Verfügbarkeit im Sinne ihres Besitzes (bspw. mittels Miete) oder der Möglichkeit, über die Arbeit von Arbeitskräften disponieren zu können; nicht unbedingt notwendig ist eine rechtliche Verfügbarkeit im Sinne ihres Eigentums.

Der Wunsch eines Subjektes, über ein Objekt verfügen zu können, beruht auf der Kenntnis bestimmter dem Objekt anhängender Nutzungsmöglichkeiten (Objekt als *Nutzenbündel*), die dazu dienen können, Bedürfnisse des Subjektes zu befriedigen. So dienen Personenkraftwagen nicht nur dem Transport, als Aufbewahrungsort oder gelegentliche Schlafstätte (*Gebrauchsnutzen*), sondern darüber hinaus eventuell auch dem Vergnügen oder Prestige des Fahrers (*Erlebnisnutzen*).

Das Beispiel des PKW und der durch ihn verursachten Umweltschäden verdeutlicht aber gleichzeitig, dass Objekten nicht nur positive, sondern auch negative Eigenschaften beigemessen werden können. Überwiegen die üblen die guten Aspekte (Objekt als *Lastenbündel*), wie im Falle eines schrottreifen Fahrzeugs oder häufig bei Abfall, so möchte das Subjekt, hier der Produzent, das Objekt aus seinem Verfügungs- und Verantwortungsbereich entfernen. Interaktionen haben den Zweck, mit einem Objekt verbundene Rechte *und* Pflichten einem anderen Wirtschaftssubjekt zu übertragen (Fremdentsorgung). Pflichten des Produzenten ergeben sich aus den Rechten anderer, die von seinen Handlungen betroffen sind. Transformationen durch ein eigenes Reduktionssubsystem haben den Zweck, die Eigenschaften eines unerwünschten Objektes so zu verändern, dass es weniger schädlich wird bzw. völlig neue, nützlichere Objekte entstehen (Eigenentsorgung).

Allgemein betrachtet sind wirtschaftlich relevante Objekte als Bündel von nützlichen und schädlichen Eigenschaften anzusehen. Je nachdem, ob die guten die schlechten Eigenschaften überwiegen oder umgekehrt die schlechten die guten oder ob sich alle gerade ausgleichen, kann man *drei Kategorien beachteter Objekte* unterscheiden:

- Ein **Gut** ist ein Objekt, über das man verfügen möchte; (wirtschaftliche) Güter sind regelmäßig solche beachteten Objekte, deren Relevanz aus ihrer *Eignung* zur Verwirklichung bestimmter Zwecke, d.h. für Produktion oder Konsumtion, sowie aus ihrer relativen *Knappheit* resultiert und die deshalb einen positiven Gebrauchs- oder Tauschwert besitzen.
- Ein **Übel** (*Last*[1]) ist ein Objekt, das man nicht haben bzw. aus seinem Verantwortungsbereich entfernen möchte; Übel sind in der Regel deshalb relevant, weil sie als störend empfunden oder sogar als *schädlich* eingestuft werden sowie im relativen *Überschuss* vorhanden sind, sodass sie negativ bewertet werden.
- Gegenüber einem **Neutrum** ist man im Rahmen gewisser Fühlbarkeitsschwellen indifferent; es wird als wertlos angesehen. Neutrale Objekte finden meistens nur deshalb überhaupt Beachtung, weil sie technisch und auf Grund gegebener Restriktionen eine nicht vernachlässigbare Rolle im Produktionssystem spielen (z.B. der Verschnitt beim Zuschneiden); wirtschaftlich bzw. gegebenenfalls auch sozial oder ökologisch würden sie ansonsten eigentlich ignoriert werden.

In der Wirtschaftswissenschaft bezieht sich die Einstufung eines Objektes in eine dieser drei Kategorien üblicherweise auf die Menschen eines bestimmten Kulturkreises und auf eine gewisse Dauer. So äußert sich der Gutscharakter von Objekten darin, dass die Menschen sie überwiegend begehren und gegebenenfalls bereit sind, ein Entgelt für ihren Erwerb zu entrichten. Umgekehrt sind Übel dadurch gekennzeichnet, dass der Besitzer sich ihrer entledigen

[1] In der Literatur sind verschiedene Bezeichnungen gebräuchlich, z.B. Ungut oder Missgut, auch unerwünschtes Gut; im Englischen heißt es in der Regel „bad“.

will und gegebenenfalls bereit ist, dafür ein Entgelt zu entrichten (subjektive Sicht); bei Übeln kann eine geordnete Entsorgung auch zum Wohle der Allgemeinheit, insbesondere zum Schutz der Umwelt, geboten sein (objektive Sicht).[2]

Bei den auf frei zugänglichen Märkten gehandelten Objekten ist eine objektive Einstufung als Gut in der Regel an Hand des positiven Preises (als Tauschrelation Ware *gegen* Geld) möglich. Wegen der freien Zugänglichkeit (einschließlich geringer Transaktionskosten) kann jedes Wirtschaftssubjekt solche Güter gegen Geld oder andere erwünschte Objekte eintauschen, selbst dann, wenn es das Gut selber aus seiner subjektiven Sicht als Übel empfindet (z.B. Waffen, Zigaretten oder Pornofilme), d.h. wenn es für das Subjekt einen negativen Gebrauchsnutzen hat. Entsprechend kann eine objektive Klassifizierung als Übel an Hand bestehender gesetzlicher Vorschriften (z.B. Asbestverbot) oder sonstiger allgemein anerkannter Normen und Werturteile (z.B. Kohlendioxid als klimaschädlich) erfolgen. Falls man diesen Übeln überhaupt einen Preis zuordnen kann, so ist er negativ (z.B. die Müllentsorgungsgebühr: Müll *für* Geld). Dagegen ist eine objektive Einstufung dann kaum möglich, wenn es keine frei zugänglichen Tauschmärkte und keine allgemein akzeptierte Nützlichkeits- bzw. Schädlichkeitsbeurteilung gibt (z.B. Rauschgifte oder Erfindungen der Gentechnik zum Klonen höherer Lebewesen).

In einer (nicht ethisch-normativen) Theorie betrieblicher Wertschöpfung, die das Verhalten von Produktionssystemen bzw. Produzenten erklären und vorhersagen bzw. Gestaltungsempfehlungen für das Produktionsmanagement auf der Basis *vorausgesetzter* Ziele geben will, muss die Beurteilung der Objekte sich vordergründig nach den Zielen bzw. Präferenzen des Produzenten richten, d.h. im ersten Anlauf *subjektiv* orientiert sein. Denn der Produzent als der institutionelle Träger des Produktionsmanagements (vgl. Abschn. 0.2) ist diejenige Person oder Instanz, die über die Aktivitäten des Produktionssystems entscheidet. Die Sichtweisen anderer Personen und Institutionen, auch Außenstehender und insbesondere von den Produktionswirkungen Betroffener, sowie vor allem gesellschaftliche Normen (Gesetze, Moral) sind jedoch indirekt von Belang. Indem sie Rahmenbedingungen setzen oder die Ziele des Produzenten verändern, nehmen sie auf die Führung des Produktionssystems Einfluss, sodass die tatsächliche Beurteilung letztlich auf objektiven Kriterien, z.B. Marktpreisen, beruhen kann – und meist auch beruhen wird.

Die Einteilung in die drei Objektkategorien ist außerdem *relativ* und *situationsbedingt*, d.h. abhängig von Ort, Zeit und sonstigen Umständen, in denen sich das betrachtete Produktionssystem befindet. Eine andere Situation kann dazu führen, dass derselbe Produzent die Objekte neu beurteilt. Zwei wesentliche situative Umstände außer Ort und Zeit sind die vorhandenen *Informationen* und *Objektquantitäten*. So sind Fluorchlorkohlenwasserstoffe (FCKW) erst dann zu Übeln geworden, als man ihre schädliche Wirkung auf die Ozonschicht und damit auf das Klima der Erde erkannte. Bei der Rauchgasentschwefelung anfallender Gips (REA-Gips) wäre aus Sicht des erzeugenden Kraftwerks nicht weiter störend und würde wohl als Neutrum eingestuft werden, wenn er nur in kleinen Quantitäten anfallen würde. In mittleren Quantitäten fände sich eventuell eine lukrative Absatzmöglichkeit auf dem

[2] So ähnlich lautet eine Charakterisierung beweglicher Sachen als Abfall im deutschen Kreislaufwirtschafts- und Abfallgesetz.

lokalen Markt für Baustoffe, sodass er für das Kraftwerk ein Gut wäre. In großen Quantitäten ist er jedoch wegen der hohen Transportaufwendungen nicht mehr absetzbar und muss – ebenfalls unter Aufwand[3] – deponiert werden; er wird dann als Übel betrachtet.

Zur *Vereinfachung* wird in diesem Buch als **Normalfall** generell vorausgesetzt, dass alle Objekte ein und derselben (beachteten) Art durchgängig genau einer der drei Kategorien zugeordnet sind. Folglich können die beachteten Objektarten ebenfalls in drei (disjunkte) Klassen eingeteilt werden:

- die *Güterarten*,
- die *Übelarten* und
- die *neutralen Objektarten.*

Für das Beispiel der MÜLLVERBRENNUNG aus Abschnitt 1.1.2 könnte so folgende (aber auch eine andere!) Einteilung gelten:

- Güterarten: Rohwasser, Strom, Fernwärme (gewonnen aus der Restwärme)
- Übelarten: Müll, Schlacke, Abwasser, Abgase
- neutrale Objektarten: Schrott, Luft, Fortwärme (bei voll genutzter Restwärme).

Im Beispiel des LEDERWARENHERSTELLERS der Lektionen 1 und 2 kann man außer den Lederresten alle anderen fünf beachteten Objektarten als Güter ansehen; die Lederreste seien als neutral eingestuft. Bei den Beispielen der EDV-SCHULUNG und der LANDWIRTSCHAFTLICHEN PRODUKTION aus Abschnitt 2.1 sind alle Objekte Güter, so die Einsatzfaktoren Boden und Arbeit sowie ein Hauptprodukt Weizen. Im Übrigen kann davon ausgegangen werden, dass Hauptprodukte i.d.R. als Güter und Redukte als Übel eingestuft werden.

Hauptprodukte, die nur in bestimmten Quantitäten nachgefragt werden und deren verbleibender Überschuss wertlos ist oder sogar unter Aufwand beseitigt werden muss (z.B. bei Zuschneideprozessen), sind Beispiele für Ausnahmen von dieser Regel. In diesem Buch werden solche Fälle wegen der generellen Annahme des *Normalfalls* nur in Abschnitt 9.3.2 im Zusammenhang mit der Kuppelproduktion und der Reduktion betrachtet. Zu Verallgemeinerungen des Normalfalls siehe die Hinweise bei *Dyckhoff (1994)*, S. 62f. So könnte bei sukzessiv zunehmendem Aggregationsgrad der Kennziffern die Ergebnisebene selber wieder aus einer Hierarchie von Teilebenen bestehen, ohne dass eine Einteilung in Güter, Übel oder Neutra vorgenommen werden müsste (vgl. *Dyckhoff 2002*). Im Extremfall gibt es nur zwei Kennziffern (siehe das Beispiel 5.1 bei *Dyckhoff 1994*).

Literaturhinweise

Busse von Colbe/Laßmann (1991), Abschn. 5A
Dyckhoff (2000), Lektion I

[3] Der *Aufwand* ist hier durchaus in dem in Abschn. 4.3.1 noch zu definierenden Sinne zu verstehen.

4.3 Ergebnisorientierte Analyse der Produktion

Produktion verändert über die Transformation von Input in Output zielgerichtet die Objekte und ihre Bestände. Diese Veränderungen sind die unmittelbaren **Ergebnisse** der Produktion. Durch informatorische Verdichtung (Aggregation) der Ergebnisse mittels Kennziffern lassen sich dann (mittelbar) Aussagen über die Ergiebigkeit machen.

4.3.1 Realer Aufwand und Ertrag

Die negativen Ergebnisse einer Produktion werden als **realer Aufwand**, die positiven als **realer Ertrag** bezeichnet.[4]

Diese Sprechweise hat in der Wirtschaftswissenschaft eine lange Tradition und ist historisch mit solchen Begriffen wie Ertragsgesetz, Ertragsgebirge, Skalenerträge und Grenzertrag verbunden. Im Unterschied zum Ertragsbegriff des externen Rechnungswesens ist hiermit keine monetäre, sondern eine *reale* bzw. *mengenmäßige* Größe gemeint. Analoges gilt für den Aufwandsbegriff. Da Verwechslungen mit den wertmäßigen Begriffen in diesem Buch ausgeschlossen werden können, wird im Folgenden auch nur kurz von Aufwand und Ertrag gesprochen.

Da Güter erwünschte Objekte sind, ist der Output von Gütern als Ergebnis der Produktion ebenfalls erwünscht. Die durch die Ausbringung bewirkte Erhöhung eines Güterbestandes bedeutet Ertrag. Er wird in den physischen Einheiten der jeweiligen Objektart gemessen und stellt so eine reale oder mengenmäßige Größe dar. Die Ertragsquantitäten der verschiedenen Objektarten können nicht ohne weiteres aggregiert (z.B. addiert) werden;[5] Ertrag ist somit hier als ein *mehrdimensionales* Phänomen zu verstehen.

Allgemein beinhaltet der *reale Ertrag* einer Produktion alle im Sinne der Ziele des Produktionssystems erwünschten Veränderungen, die durch den Transformationsprozess hervorgerufen oder bewirkt werden. Realer Ertrag bedeutet eine (Brutto-)Werterhöhung, die nicht unbedingt in Form einer eindimensionalen Zahl messbar sein muss. Eine solche Werterhöhung entsteht auch durch eine Verringerung negativer Werte bei der Vernichtung oder Umwandlung eines Übels im Rahmen eines Transformationsprozesses. Ertrag resultiert demnach nicht nur aus dem Gutoutput, sondern auch aus dem Übelinput. Die Hauptprodukte und Hauptredukte bilden den *Zweckertrag*. Ein *Nebenertrag* kann sowohl aus weiterem Gutoutput, den **guten Nebenprodukten**, als auch aus weiterem Übelinput, den **Reduktfaktoren**, resultieren.

---

[4] *Ewert/Wagenhofer (2000)*, S. 37, definieren in etwa gleichbedeutend die Termini „Kosten I" und „Leistungen I".

[5] Aggregiert wird auf der Erfolgsebene durch die Bewertung mit Preisen.

Die Bezeichnungen *Produkt* und *Redukt* werden in mehrfacher Bedeutung verwendet, die jeweils dem Zusammenhang zu entnehmen ist. So bezieht sich Produkt nicht nur im engen Sinn auf Hauptprodukte oder im weiteren auf den Gutoutput (*Gutprodukte*), sondern oft auch auf den gesamten Output (Produkt im weitesten Sinn). Mit Redukt kann außer Hauptredukten im weiten Sinn ein Objekt des gesamten Übelinput gemeint sein, also auch ein Reduktfaktor.

In Umkehrung des Ertragsbegriffs bedeuten der Input eines Gutes oder der Output eines Übels (realen) Aufwand, den man möglichst zu vermeiden sucht, der in der Regel aber unvermeidbar ist, um überhaupt produzieren zu können. *Aufwand* einer Produktion sind alle unerwünschten, mehrdimensional in meist physischen Größen gemessenen Veränderungen, die durch den Transformationsprozess hervorgerufen oder bewirkt werden; sie sind aus Sicht des Produzenten deshalb unerwünscht, weil sie im Sinne der Ziele des Produktionssystems Werte vernichten *(Wertverzehr)*. Objekte des Gutinput heissen **(Haupt-)Faktoren**, die des Übeloutput **Abprodukte**. Typische Abprodukte sind feste Abfälle, Abwässer, Abgase, Abwärme und sonstige Emissionen, sofern sie nicht als neutrale Objekte angesehen oder vollkommen ignoriert werden.

Güter und Übel als Input oder Output einer Produktion sind demnach stets mit einem realen Aufwand oder Ertrag verbunden, wobei sie sich quasi mit umgedrehten Vorzeichen verhalten. Neutraler Input und Output zeichnen sich dagegen gerade durch ihre *Ergebnisneutralität* (Aufwands- und Ertragsneutralität*)* aus. Sie werden **Beifaktoren** bzw. **Beiprodukte** genannt.

Für den Fall, dass die Lederreste ebenfalls Güter wären, stellt die I/O-Tabelle 1.3 des LEDERWARENHERSTELLERS links den realen Aufwand und rechts den realen Ertrag dar. Treten außerdem Übel und Neutra auf, so kann es sinnvoll sein, Input/Output-Tabellen gemäß der Tabelle 4.1 hinsichtlich der verschiedenen Ergebniskategorien zu ordnen. So erhält man eine Übersicht über die unterschiedliche Erwünschtheit der Objektveränderungen einer Produktion.

Tabelle 4.2 illustriert eine solche Einteilung für das Beispiel der MÜLLVERBRENNUNG. Abweichend von Tabelle 2.2 ist angenommen, dass der Restwärmeanteil der Abwärme als Fernwärme genutzt wird. Die Nebenprodukte Strom und Fernwärme sind hier als erwünscht, Schlacke, Abwasser und Abgase als unerwünscht sowie Schrott und Fortwärme als ergebnisneutral angenommen. Analog bildet der Hauptfaktor Rohwasser einen möglichst sparsam zu verwendenden Einsatzfaktor, während die Luft als neutral eingestuft ist.

Tabelle 4.1: Ergebniskategorien

Ergebnis-kategorien \ Prozess-bezug		Input	Output
Realer Ertrag	Zweckertrag	(Haupt-)Redukt	(Haupt-)Produkt
	Nebenertrag	Reduktfaktor	gutes Nebenprodukt
Realer Aufwand		(Haupt-)Faktor	Abprodukt
Ergebnisneutraler Input bzw. Output		Beifaktor	Beiprodukt

Legende: Gut Übel Neutrum

Tabelle 4.2: Ergebnisse der Müllverbrennung

INPUT		OUTPUT	
Redukt		**gute Nebenprodukte**	
(1) *Müll* [kg]	1000	(8) Strom [kWh]	470
		(10) Fernwärme [kWh]	970
Faktor		**Abprodukte**	
(4) Rohwasser [l]	800	(3) Schlacke [kg]	330
		(5) Abwasser [l]	700
		(7) Abgase [m^3]	6000
Beifaktor		**Beiprodukte**	
(6) Luft [m^3]	6000	(2) Schrott [kg]	60
		(9) Fortwärme [kWh]	890

Von eigentlichem Interesse für den Produzenten sind nur die Aufwendungen und Erträge. In einer *Aufwand/Ertrag-* oder auch *Ergebnistabelle* werden dementsprechend die neutralen Objektarten weggelassen und nur die Aufwendungen (links) den Erträgen (rechts) gegenübergestellt. Tabelle 4.3 zeigt dies für das Müllverbrennungsbeispiel, wobei oben die Güter- und unten die Übelarten aufgeführt sind.

Tabelle 4.3: Ergebnistabelle der Müllverbrennung

AUFWAND			ERTRAG		
Faktor			**gute Nebenprodukte**		
(4)	Rohwasser [l]	800	(8)	Strom [kWh]	470
			(10)	Fernwärme [kWh]	970
Abprodukte			**Redukt**		
(3)	Schlacke [kg]	330	(1)	*Müll* [kg]	1000
(5)	Abwasser [l]	700			
(7)	Abgase [m^3]	6000			

(Ergebnis-)neutrale Objekte bzw. Veränderungen können allerdings nicht ohne weiteres ignoriert werden. Restriktionen für neutrale Objektarten – z.B. Emissionsgrenzwerte, (vorübergehende) Engpässe bei freien Gütern oder auch Lieferverpflichtungen für ansonsten wertlose Lederreste – wirken sich im Allgemeinen *indirekt* auf die realisierbaren Produktionen und ihre Aufwendungen und Erträge aus. Diese Tatsache sowie die Unsicherheit darüber, ob eine Objektart früher oder später nicht doch als Gut oder Übel eingestuft werden muss, sind die wesentlichen Gründe dafür, weshalb neutrale Objektarten überhaupt beachtet werden.

4.3.2 Ergiebigkeitsmaße

Die Aufgabe des Produktionsmanagements liegt in der zielgerichteten Gestaltung und Lenkung des Wertschöpfungsprozesses. Zur Beurteilung der Zielgerichtetheit leisten insbesondere Kennzahlen bzw. Kennzahlensysteme einen wichtigen Beitrag. *Kennzahlen* sind absolute oder relative Zahlen, welche quantitativ erfassbare Sachverhalte in konzentrierter Form wiedergeben. Sie beziehen sich dabei stets auf ein System und orientieren sich insbesondere am Systemzweck und den verfolgten Zielen. Sie sollen es ermöglichen, komplexe Sachverhalte und Zusammenhänge einfach und trotzdem relativ präzise darzustellen.

Zur Messung der *Ergiebigkeit* werden regelmäßig Relationen zwischen Input- und Outputquantitäten einer Produktion gebildet. Relative Kennzahlen bestehen üblicherweise aus dem Quotient der Quantitäten zweier ausgewählter Objektarten, sodass man grundsätzlich vier Fälle unterscheiden und entsprechend als O/I-, I/O-, I/I- und O/O-*Ergebniskoeffizienten* (oder auch Effizienzkoeffizienten) bezeichnen kann. Sind alle beachteten Objekte Güter, so stimmen Input und Aufwand einerseits sowie Output und Ertrag andererseits überein. Andernfalls muss man die sechs (bzw. acht) Ergebniskategorien der Tab. 4.1 beachten und erhält so an Stelle der oben genannten 2·2 = 4 insgesamt 6·6 = 36 mögliche Fälle. Weil jedoch neutrale Ergebnisse im Allgemeinen nicht interessieren, können diese auf die 4·4 = 16 Fälle reduziert werden, in denen der Output und Input von Gütern oder Übeln ins Verhältnis gesetzt wird. Daraus resultieren wieder 2·2 = 4 Fälle, in denen reale Aufwendungen oder Erträge den Quotient bilden (E/A, A/E, A/A und E/E).

An Hand des I/O-Graphen in Bild 1.2 lassen sich die verschiedenen Ergebniskoeffizienten illustrieren, etwa ein *O/I-Koeffizient* (Output j : Input i):

$$b_{ji} = \frac{y_j}{x_i}$$

Bei Gütern handelt es sich um eine **Faktorproduktivität** als durchschnittlicher Ertrag des Produktes j je Aufwandseinheit des Faktors i (z.B. Arbeitsproduktivität); bei Übeloutput wird von einem *Abfall-* oder *Emissionskoeffizienten* gesprochen. Der Kehrwert der Faktorproduktivität, d.h. der durchschnittliche Aufwand eines Faktors je Ertragseinheit eines Produktes, heißt **Produktionskoeffizient** (Input i : Output j):

$$a_{ij} = \frac{x_i}{y_j}$$

Das quantitative Verhältnis zweier Inputarten oder zweier Outputarten untereinander wird **Kopplungskoeffizient** genannt (Input k : Input i bzw. Output j : Output k):

$$c_{ki} = \frac{x_k}{x_i} \qquad \text{bzw.} \qquad c_{jk} = \frac{y_j}{y_k}$$

Beispielsweise bezeichnet der im Umweltrecht verwendete Begriff „Massenverhältnis“ einen ausbringungsbezogenen Kopplungskoeffizienten (O/O) aus Emissions- und zugehöriger Produktquantität (A/E). Die „Massenkonzentration“ bezieht dagegen die Emissionsmenge eines Schadstoffes auf die Quantität eines zugehörigen Trägermediums. Sofern das Medium als eine separate Objektart aufgefasst wird, handelt es sich ebenfalls um einen Kopplungskoeffizienten. Alternativ können Schadstoff h und Trägermedium als *Komponenten* einer durch sie und eventuell weitere Bestandteile definierten Objektart j angesehen werden, sodass die Massenkonzentration als Anteil der Schadstoffmenge y_{jh} am gesamten Output y_j bestimmt ist:

$$q_{jh} = \frac{y_{jh}}{y_j}$$

Dieser Quotient heißt allgemein *Zusammensetzungs-* oder **Qualitätskoeffizient**, wobei die Stoffquantitäten in der Regel in Masseneinheiten gemessen werden. Handelt es sich bei der Komponente h um einen dominanten Bestandteil, wird auch vom *Sortenreinheitsgrad* gesprochen.

Zur Berücksichtigung der Innenbezüge eines Systems lassen sich unter Einbeziehung des Sekundärinput und -output weitere Kennzahlen formulieren. Vor dem Hintergrund des Bildes 1.2 wird die systeminterne **Recyclingquote** (*Verwertungskoeffizient*), ebenso wie auch die systemexterne, üblicherweise als Bruchteil des (wieder)verwerteten Output am gesamten Output definiert, z.B.

$$\gamma_{m+1} = \frac{v_{m+1}}{y_{m+1} + v_{m+1}} = \frac{v_{m+1}}{u_{m+1}} \quad \text{bzw.} \quad \gamma_{m+n} = \frac{\tilde{y}_{m+n}}{y_{m+n}}$$

Die Recyclingquote kann allerdings auch als Verhältnis zwischen der rezyklierten Outputmenge einer Objektart und des ihn verursachenden Input definiert werden. Ähnliches gilt für so genannte Rückstands- oder Ausschusskoeffizienten; sie werden entweder als Kopplungskoeffizienten (Rückstand bzw. Ausschuss k : Produkt j) oder als O/I-Koeffizient (Rückstand bzw. Ausschuss j: Input i) definiert.

Bei den genannten Ergiebigkeitsmaßen handelt es sich ausschließlich um Durchschnittswerte, die als Quotient nur zweier Objektquantitäten gebildet werden. Derartige Ergebniskoeffizienten haben von daher eine begrenzte Aussagekraft, besonders dann, wenn sie isoliert und nicht im Verbund mit den anderen Koeffizienten gesehen werden. Eine im Zeitablauf wachsende Arbeitsproduktivität bei der Herstellung eines Produktes muss nämlich nicht unbedingt aus einem höheren Fleiß oder einer besseren Qualifikation der Arbeitskräfte herrühren, sondern kann ebenso gut auf einem infolge von Investitionen in Maschinen gestiegenen Aufwand an Kapital bei unverändertem oder sogar gesunkenem Arbeitseinsatz beruhen (Beispiel aus dem Tiefbau: Ersatz von Arbeitern mit Schaufeln durch einen Bagger mit Fahrer). Entsprechend kann eine wachsende Produktivität von Arbeit oder Kapital durch einen steigenden Raubbau an der Natur bedingt sein. Weiter gehende Ansätze der Ergiebigkeitsmessung (bzw. Effizienzmessung) werden in den beiden nachfolgenden Lektionen vorgestellt.

Literaturhinweise
Dinkelbach/Rosenberg (2002), Abschn. 1.2–1.3
Dyckhoff (1994), § 5
Zimmermann (1979)

4.4 Grundannahmen an Techniken

Eine Technik **T** ist die Menge derjenigen Produktionen, welche mit einem bestimmten Typ von Produktionssystem prinzipiell möglich sind. In der mathematischen Darstellung der z-Version gemäß Abschnitt 2.1 handelt es sich um eine Teilmenge des κ-dimensionalen reellen Zahlenraumes: $\mathbf{T} \subset \mathbb{R}^{\kappa}$. Bestimmte Technikformen, z.B. Größenproportionalität, Additivität oder Konvexität, kennzeichnen dann Eigenschaften, in denen sich spezielle Techniken voneinander unterscheiden. Es stellt sich aber die Frage, ob es aus produktionswirtschaftlicher Sicht bestimmte Eigenschaften gibt, die alle Techniken gemeinsam haben (sollten!) und die deshalb generell postuliert werden müssen.

Wichtige Ansatzpunkte für solche Postulate (oder Axiome) bilden die Naturgesetze (vgl. *Dyckhoff 1994*, Abschn. 6.1). Wenngleich Techniken Naturgesetzen im Prinzip nicht widersprechen können, so sind Verstöße scheinbar doch möglich. So würde eine Technik, die *allein* die Kraft-Wärme-Kopplung bei Heizkraftwerken darstellt, das Prinzip *„Kein Output ohne Input!“* bzw. den Energieerhaltungssatz verletzen. Wenn so etwas bei produktionswirtschaftlichen Analysen dennoch vorkommt, so beruht es regelmäßig auf der Vernachlässigung von Objekten oder Objektarten, die für die zu untersuchende Fragestellung irrelevant sind oder aber zumindest implizit Beachtung finden. Zudem handelt es sich dann meist um Produktionsräume und nicht um Techniken.

In Bild 4.1 sind sechs Techniken für zwei Güterarten skizziert. Obwohl sie auf den ersten Blick sehr verschiedenartig wirken, genügen sie allesamt folgenden vier **Grundannahmen**:

(E1) *Kein Ertrag ohne Aufwand („Unmöglichkeit eines Schlaraffenlandes“)*
(E2) *Irreversibilität der Produktion*
(E3) *Möglichkeit ertragreicher Produktion*
(E4) *Abgeschlossenheit*

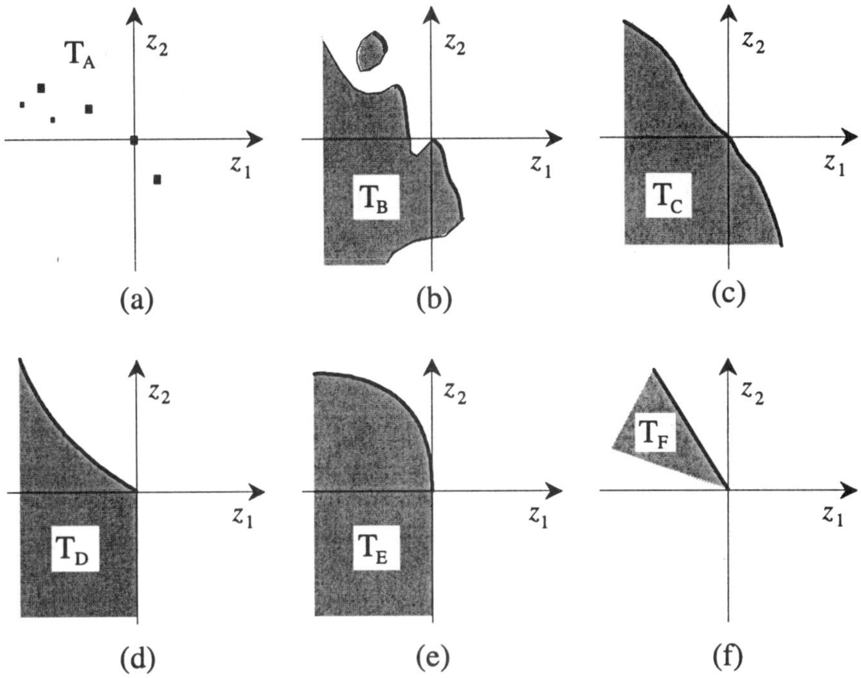

Bild 4.1: Zweidimensionale Gütertechniken

Gemäß Forderung (E1) gibt es keine Produktion nur mit Erträgen. Der Stillstand $\mathbf{z} = \mathbf{0}$ ist somit der einzig mögliche I/O-Vektor ohne Aufwendungen. Für die zweidimensionalen Gütertechniken in Bild 4.1 darf danach außer dem Ursprung kein Punkt der Technik im Schlaraffenland, d.h. im ersten Quadranten (oben rechts), liegen. Sind Objektarten Übel, so ist entsprechend ein anderer als der erste Quadrant ausgeschlossen.

Die Eigenschaft (E2) verbietet die Umkehrung einer Produktion, d.h. grafisch die Punktspiegelung am Ursprung. Das bedeutet, eine Verdopplung der Strecke von $\mathbf{z} \in \mathbf{T}$ zum Ursprung $\mathbf{z} = \mathbf{0}$ über diesen hinaus führt zu einem Endpunkt $-\mathbf{z}$, der nicht wieder zu $\mathbf{T}$ gehören darf. Durch die Multiplikation von $\mathbf{z}$ mit -1 vertauschen Input und Output ihre Rollen. Allenfalls der Stillstand ist die einzige mögliche Produktion, für die sowohl $\mathbf{z} \in \mathbf{T}$ als auch $-\mathbf{z} \in \mathbf{T}$ zutrifft. Zwar ist es möglich, früher montierte Gegenstände später (bei Recycling oder Entsorgung) wieder zu demontieren; es ist aber unmöglich, dabei den früheren Aufwand (Arbeitszeit, Nutzenergieeinsatz, Betriebsmittelverschleiß etc.) *vollständig* aus dem ehemaligen Ertrag wieder zu gewinnen. Wesentlich ist hier die Irreversibilität der Aufwendungen und Erträge.

Die Forderung (E3) soll lediglich uninteressante Fälle ausschließen, insbesondere Techniken, die nur aus dem Stillstand bzw. nur aus *„Aufwand ohne Ertrag"* bestehen. Bei den Gütertechniken in Bild 4.1 muss deshalb wenigstens eine mögliche Produktion außerhalb des dritten Quadranten (links unten) liegen. Für Fälle mit Übeln gilt dies dann entsprechend für einen anderen Quadranten.

(E4) verlangt, dass **T** eine abgeschlossene Menge in $\mathbb{R}^K$ bildet und damit der Rand von **T** zur Technik selber gehört. Demnach ist jede Produktion, der man sich mit anderen möglichen Produktionen beliebig nähern kann, selber auch möglich.

Die Forderungen (E1) bis (E3) stimmen im Falle reiner Gütertechniken mit den drei Postulaten A bis C in der Pionierarbeit von *Koopmans (1951)* überein; (E4) ist für die lineare Aktivitätsanalyse nach *Koopmans (1951)* implizit gegeben.

Mehr als die vier genannten Eigenschaften sollen hier nicht verlangt werden. Sinnvoll wäre zweifellos noch die Forderung, dass der Stillstand technisch möglich ist: $\mathbf{0} \in \mathbf{T}$ (wodurch nicht ausgeschlossen ist, dass Restriktionen, wie z.B. Lieferverpflichtungen, ihn dann faktisch doch nicht erlauben). Denkbar wären auch noch Annahmen, wonach Aufwand ohne Ertrag bzw. eine Verschlechterung beliebig möglich wären.

Literaturhinweise
Dyckhoff (1994), Abschn. 6.1
Fandel (1994), S. 38–43
Wittmann (1968), S. 4–7

Wiederholungsfragen

1) Auf welchen Grundlagen geschehen produktionswirtschaftliche Beurteilungen? Warum bilden Marktpreise nicht immer geeignete Beurteilungsansätze?
2) Wie lassen sich Objekte an sich sowie ihr Einsatz und ihre Ausbringung bei der Produktion hinsichtlich ihrer Erwünschtheit einteilen? Was kann man in diesem Zusammenhang alles unter Faktoren, Produkten und Redukten verstehen?
3) Wie beurteilt ein Produzent im „Normalfall" neutrale Input- und Outputobjekte? Können neutrale Objekte bei produktionswirtschaftlichen Analysen stets vollkommen vernachlässigt werden?
4) Worin bestehen der reale Aufwand und Ertrag einer Produktion?
5) Wie kann man die Ergiebigkeit einer Produktion messen?
6) Was sind allgemeine Grundannahmen an Techniken?

Übungsaufgaben

Ü 4.1

Verdeutlichen Sie an Hand selbstgewählter Beispiele die drei Kategorien beachteter Objektarten: Güter, Übel, Neutra! Von welchen Faktoren ist die Einteilung konkreter Objekte in die drei Kategorien abhängig?

Ü 4.2

Ein Getränkeproduzent benötigt zur Herstellung seiner Jahresproduktion u.a. 9163 m^3 Quellwasser, 1574 Mg Gerste, 15955 kg Hopfen und 58 Mg Kohlensäure. Ebenfalls werden 28033 Kästen, 10,5 Mio. Kronenkorken, 3,3 Mio. Schraubverschlüsse und 17,4 Mio. Etiketten eingesetzt. Für den Maschineneinsatz verbraucht der Produzent 1555 kg Schmieröle. Außerdem werden Luft und Leitungswasser in nicht quantifizierten Mengen verbraucht. Neben 40299 hl Bier und 20134 hl alkoholfreie Getränke fallen u.a. 38680 m^3 Abwasser, 2405 Mg Wasserdampf, 1030 kg Kohlendioxid, 554 kg Schwefeldioxid und 1820 Mg Abfälle zur Verwertung an. Des Weiteren entstehen Wärme und Abluft in nicht quantifizierter Menge.

a) Stellen Sie für diesen Auszug einer Stoff- und Energiebilanz die I/O-Tabelle unter Berücksichtigung des Normalfalls auf! Was ist hier wohl Aufwand, was Ertrag?

b) Berechnen und interpretieren Sie, soweit möglich, folgende Ergiebigkeitskoeffizienten:

- die Faktorproduktivität für Quellwasser bezogen auf alle Getränke
- den Produktionskoeffizienten für die Gerste und den Hopfen bezogen auf das Bier
- die Rückstandskoeffizienten für Abwasser, Kohlendioxid und Schwefeldioxid jeweils bezogen auf alle Getränke
- den Kopplungskoeffizienten zwischen den Etiketten und den Kästen.

Ü 4.3

Aus 21 Mg Verpackungsabfall werden in 6 Stunden verschiedene Wertstoffe aussortiert. Betrachtet sei hier lediglich die Aussortierung der Wertstofffraktion Getränkekartons, von der 1120 kg im Verpackungsabfall enthalten sind. Mittels maschineller und manueller Sortierung (4 Sortierarbeiter) werden 720 kg eines Wertstoffgemischs (davon 440 kg manuell) aussortiert, das zu 705 kg aus Getränkekartons und zu 15 kg aus anderen Fraktionen besteht. Der verbleibende Sortierrest wird als Restabfall eingestuft. (Auf die Modellierung der Sortieranlage wird aus Vereinfachungsgründen verzichtet.)

a) Stellen Sie für diese vereinfachte Prozessbeschreibung die I/O-Tabelle unter Berücksichtigung des Normalfalls auf! Was ist hier Aufwand, was Ertrag?

b) Berechnen und interpretieren Sie, soweit möglich, folgende Ergiebigkeitsmaße:

- die Faktorproduktivität der Sortierarbeiter (in Stunden) bezogen auf die manuell aussortierte Quantität des Wertstoffgemischs
- den Qualitäts- bzw. Zusammensetzungskoeffizienten der Getränkekartons bezogen auf das Verpackungsabfallgemisch
- den Sortenreinheitsgrad der Getränkekartons im Wertstoff
- den Abtrennungsgrad bzw. die Sortierquote als prozentualer Anteil der aussortierten Getränkekartonquantität bezogen auf die im Verpackungsabfall enthaltene Quantität.

Ü 4.4

Die nachfolgenden Grafiken stellen zweidimensionale Gütertechniken dar. Überprüfen Sie die Gültigkeit der Grundannahmen (E1) bis (E4)!

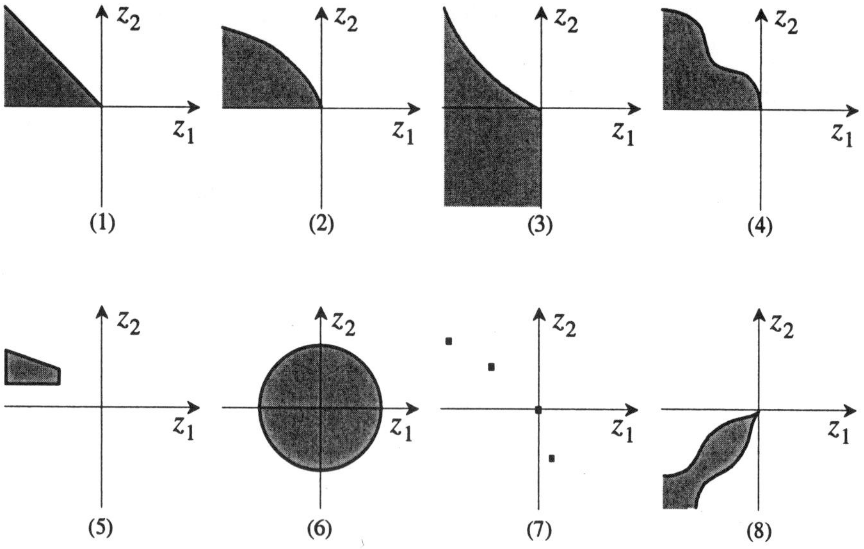

5 Schwaches Erfolgsprinzip

5.1 Effizienz der Produktion
5.1.1 Dominanz von Produktionen
5.1.2 Effiziente Produktion
5.2 Produktionsfunktion
5.3 Variabilität teilweise fixierter Produktion
5.3.1 Isoquanten
5.3.2 Limitationalität
5.3.3 Substitutionalität und Komplementarität
5.4 Kompensationsmaße variabler Produktion
5.4.1 Partielle Objektvariation
5.4.2 Totale Objektvariation
*5.5 Ansätze der Effizienzmessung**

Die Beurteilung und Klassifizierung der Objekte bezüglich ihrer Erwünschtheit erlaubt schon auf der Ergebnisebene für einen Teil der Produktionsaktivitäten einer Technik oder eines Produktionsraumes einen Vergleich ihrer Güte. Grundlage dafür ist der Dominanzbegriff. Der Abschnitt 5.1 analysiert die Menge der nicht dominierten und als *effizient* bezeichneten Produktionen. Das in Abschnitt 5.2 formulierte schwache Erfolgsprinzip schließt dominierte Produktionen von der Betrachtung aus und führt so zum Begriff der Produktions*funktion*. Der Abschnitt 5.3 behandelt die Frage, inwieweit eine effiziente Produktion noch variabel ist, wenn ein Teil der Objektquantitäten fest vorgegeben ist. Bei der Variation effizienter Produktion kann eine Verbesserung hinsichtlich bestimmter Objektarten nur dadurch erreicht werden, dass bezüglich anderer Objektarten Verschlechterungen in Kauf genommen werden. Ansätze zur Messung derartiger Kompensationsverhältnisse werden in Abschnitt 5.4 vorgestellt. Da Produktion in der Realität selten vollkommen effizient ist, geht der Abschnitt 5.5 der Frage nach, wie das Ausmaß der Ineffizienz einer Produktion bestimmt werden kann.

5.1 Effizienz der Produktion

Die Technologie, d.h. die Lehre von den Produktionstechniken und ihren Restriktionen, kennzeichnet Aktivitäten eines Produktionssystems als technisch möglich bzw. realisierbar. Die so beschriebenen Aktivitäten werden nicht weiter differenziert. Insbesondere können mangels Informationen über die Präferenzen des Produzenten bzw. die Ziele des Produktionsmanagements keine weitergehenden Aussagen darüber gemacht werden, ob eine Produktion besser ist als eine andere. Dagegen lassen sich derartige Aussagen im Rahmen der *Produktionstheorie*, d.h. der Theorie der Ergebnisebene, in mehr oder minder starkem Maße ableiten. Ursache dafür ist die in Lektion 4 eingeführte Beurteilung der Produktionsergebnisse hinsichtlich ihrer realen Aufwendungen und Erträge.

5.1.1 Dominanz von Produktionen

Die I/O-Tabellen 1.2 und 4.2 stellen zwei verschiedene Aktivitäten einer MÜLLVERBRENNUNGSANLAGE dar. Der Unterschied besteht lediglich darin, dass im zweiten Fall die Abwärme in Höhe von 1860 kWh zum Teil, nämlich in Höhe von 970 kWh, als Fernwärme genutzt wird, sodass nur noch eine nicht weiter nutzbare Fortwärme von 890 kWh verbleibt. Da die anderen Input/Output-Quantitäten samt ihren Aufwendungen und Erträgen unverändert geblieben sind, ist damit eine Verbesserung erzielt worden. Die Produktion mit Fernwärme dominiert diejenige ohne.

Allgemein bedeutet **Dominanz** eine Verbesserung im Sinne einer Verringerung der Aufwendungen oder einer Erhöhung der Erträge einiger Objektarten, ohne dass gleichzeitig für die anderen Objektarten die Aufwendungen steigen oder die Erträge sinken. Dominanz einer Produktion im Vergleich mit einer anderen liegt demnach dann vor, wenn unter ansonsten gleichen Umständen (ceteris paribus) der Güterinput geringer, der Güteroutput höher, der Übelinput höher oder der Übeloutput geringer sind. Die präzise Definition lautet: Eine Produktion $\mathbf{z}^1$ *dominiert* eine andere Produktion $\mathbf{z}^2$ genau dann, wenn für alle beachteten Objektarten $k \in \{1,...,\kappa\}$ gilt:

$z_k^1 \geq z_k^2$ für jede *Güter*art k

$z_k^1 \leq z_k^2$ für jede *Übel*art k

und in wenigstens einem dieser Fälle eine echte Ungleichung vorliegt. Neutrale Objekte sind für die Dominanz von Produktionen irrelevant. Für Übelarten kehrt sich die Dominanzrichtung gegenüber den Güterarten um. Im Produktionsdiagramm einer zweidimensionalen Technik drückt sich dies grafisch so aus, dass bessere Produktionen ceteris paribus bei Güterarten weiter nördlich (oben) bzw. östlich (rechts) und bei Übelarten weiter südlich (unten) bzw. westlich (links) liegen. Die fett hervorgehobenen Produktionen auf dem Rand der sechs Produktionsdiagramme in Bild 4.1 zeichnen sich dadurch aus, dass sie von keiner anderen Produktion dominiert werden (siehe auch Bild 5.1).

Der hier definierte, spezielle Dominanzbegriff basiert auf der partiellen Präferenzrelation, welche durch den in Abschnitt 4.2 eingeführten *Normalfall* induziert wird. Man kann dies im Sinne der Theorie mehrfacher Zielsetzungen auch so interpretieren, dass über die geeignete Wahl einer Produktionsaktivität als Handlungsalternative des Produzenten die verfügbaren Mengen an Gütern maximiert und diejenigen der Übel minimiert werden sollen. An Stelle des Normalfalls sind im Allgemeinen auch komplexere partielle Präferenzrelationen denkbar und realistisch (vgl. *Dyckhoff 1994*, Abschn. 5.2). Diese würden entsprechend zu anderen Dominanzformen führen und könnten im Sinne der Vektormaximumtheorie unter dem Stichwort der „Funktional-Effizienz" abgehandelt werden (vgl. *Dinkelbach 1969*, S. 153).

5.1.2 Effiziente Produktion

Eine Produktion heißt **effizient** in Bezug auf die vorausgesetzte Präferenzrelation sowie die zu Grunde liegende Technik oder den betrachteten Produktionsraum, wenn sie von keiner anderen Produktion dieser Technik bzw. dieses Produktionsraumes dominiert wird. Effizienz ist also *relativ*, nämlich abhängig von der jeweiligen Einteilung der Objekte in Güter, Übel und Neutra sowie von der jeweils verfügbaren Technik und eventuell zu berücksichtigenden Restriktionen. Im Folgenden werden Effizienzanalysen hauptsächlich auf die jeweilige Technik bezogen und Restriktionen weitgehend ausgeklammert. Analoge Aussagen gelten aber auch für Produktionsräume. Die obige Definition liefert im Übrigen nur eine nominelle Einteilung in die beiden Kategorien „effizient" und „ineffizient" und lässt keine Zwischenabstufungen in mehr oder weniger effiziente Produktion zu.

An Stelle dieser harten Einteilung ist auch eine weiche, graduelle Abstufung möglich, etwa mittels der Theorie unscharfer Mengen (fuzzy sets) oder durch eine Abstandsmessung zum so genannten *effizienten Rand* der Technik, wie es bei der Data Envelopment Analysis (DEA) geschieht (näher dazu Abschn. 5.5 und 6.3).

Das Verbot eines Schlaraffenlandes gemäß der ersten Grundannahme (E1) in Abschnitt 4.4 ist gleichbedeutend mit der Effizienz des Stillstands, weil danach eine Produktion ohne Aufwand auch keinen Ertrag bringen kann. Für das Produktionsdiagramm einer reinen *Güter*technik bedeutet Effizienz grafisch, dass nordöstlich eines effizienten Produktionspunktes kein anderer Punkt der Technik liegt. Da Techniken gemäß der vierten Grundannahme (E4) abgeschlossen sind, liegen die effizienten Punkte einer Gütertechnik somit immer auf dem nordöstlichen Rand. Die Menge

$$\mathbf{T}^{eff} = \left\{ \mathbf{z} \in \mathbf{T} \,\middle|\, \mathbf{z} \text{ ist eine effiziente Produktion} \right\}$$

wird deshalb auch *effizienter Rand* von **T** genannt. In Bild 4.1 handelt es sich um die fett hervorgehobenen Produktionen bzw. Randstücke der sechs skiz-

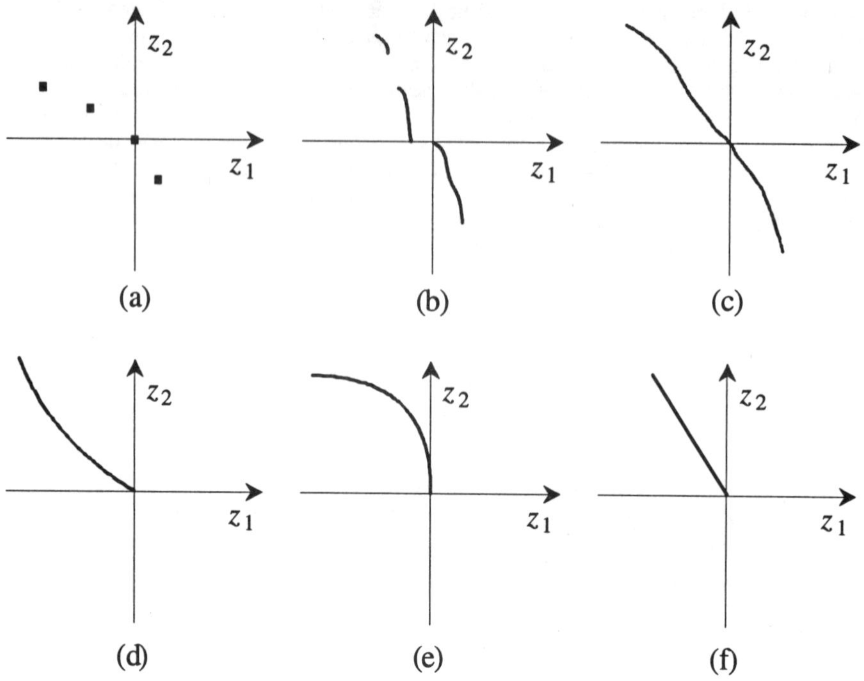

Bild 5.1: Effiziente Ränder (der Gütertechniken des Bildes 4.1)

zierten Gütertechniken. Das Bild 5.1 stellt zur weiteren Verdeutlichung nur die effizienten Ränder dieser sechs Techniken dar.

Bei Techniken mit Übeln kehrt sich die *Dominanzrichtung* für die entsprechenden Objektarten um. Für die MÜLLVERBRENNUNG stellt Bild 5.2 das (fiktive) Beispiel einer Technik nur für die beiden Inputarten Müll und Brennstoff, z.B. Erdgas, dar. Müll ist als Übel ein Redukt, Brennstoff als Gut ein Faktor. Der effiziente Rand liegt hier in südöstlicher Richtung, d.h. nach rechts unten.

Die Feststellung, dass bestimmte Kombinationen aus Müll und Brennstoff effizient sind, ignoriert die Quantitäten aller anderen Objektarten. Aussagen über die Effizienz von Produktionen können nämlich grundsätzlich nur dann getroffen werden, wenn alle Güter und Übel berücksichtigt werden. Demnach werden im obigen Beispiel die Outputarten und alle anderen Inputarten der Müllverbrennung entweder implizit als neutrale Objekte behandelt, sofern sie überhaupt Beachtung finden, oder ihre Quantitäten werden als konstant angenommen.[1]

[1] Im ersten Fall stellt das Bild 5.2 eine Projektion der Technik, im zweiten einen Schnitt durch die Technik dar (vgl. Abschn. 2.4.1).

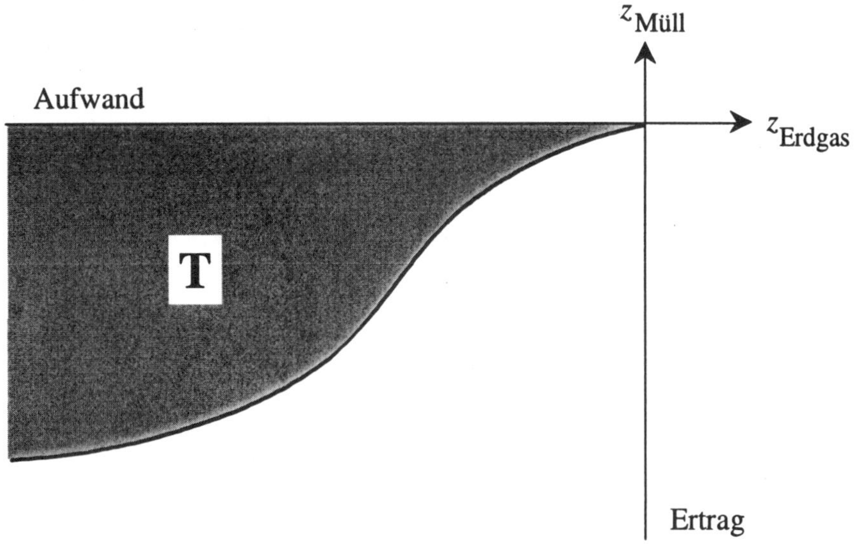

Bild 5.2: Effizienter Rand mit ertragsgesetzlichem Verlauf

Es ist unmittelbar einsichtig, dass bei Änderung der Produktionsmöglichkeiten zuvor effiziente Produktionen ineffizient werden können, und umgekehrt. Das Gleiche trifft auch bei einer Änderung der unterstellten Präferenzrelation zu, etwa bei einem Wechsel von einer ökonomischen zu einer ökologischen Sichtweise. Um diese Abhängigkeit zu illustrieren, sei angenommen, dass im obigen Beispiel der MÜLLVERBRENNUNG (Sonder-)Müll unter Zugabe eines Brennstoffes, z.B. Erdgas, in Output umgewandelt wird, der als harmlos angesehen und dementsprechend ignoriert wird. Die Reduktion einer Tonne Müll unter Einsatz von drei Kubikmetern Erdgas wäre dann ineffizient, wenn dies auch mit nur zwei Kubikmetern Erdgas möglich wäre. Die Beurteilung ändert sich jedoch schlagartig, wenn im Output der zweiten, brennstoffsparenden Aktivität im Unterschied zur ersten Aktivität, die zwar mehr Brennstoff verbraucht, dafür aber auch höhere Verbrennungstemperaturen erreicht, hochgiftige Anteile enthalten sind, etwa Dioxine. Der giftige Output muss danach als Abprodukt eingestuft werden, während der Rückstand der ersten Aktivität nach wie vor ein Beiprodukt bildet. Die erste Aktivität wird nun nicht mehr durch die zweite dominiert, weil dem geringeren Aufwand beim Brennstoff ein Abproduktaufwand gegenübersteht.

Da die Einstufung einer Objektart als Gut, Übel oder Neutrum von den betrieblichen Zielsetzungen abhängt, macht das vorangehende Beispiel auch deutlich, dass es zwischen *ökonomischer* und *ökologischer Effizienz* einen Widerspruch geben kann. Aber schon aus rein wirtschaftlichen Gründen können sich Änderungen bei den effizienten Produktionen ergeben, wenn Objektarten ihre Kategorie wechseln. Ein typisches Beispiel dafür sind ZUSCHNEIDEPROZESSE: Voraussetzung für die Effizienz eines Schnittmusters ist, dass aus dem anfallenden Verschnitt kein weiterer Kundenauftrag hätte bedient werden können. Schnittmuster mit großen Reststücken sind deshalb meistens ineffizient. Das gilt nicht mehr, wenn diese Reststücke auf Lager gelegt und für den Bedarf späterer Perioden weiterverwendet werden können. Große Reststücke, die ursprünglich den Charakter von Bei- oder Abprodukten hatten, werden dann zu guten Nebenprodukten.

Literaturhinweise
Dinkelbach/Rosenberg (2002), Abschn. 2.1–2.2
Fandel (1994), S. 48–51

5.2 Produktionsfunktion

Eine effiziente Produktion zeichnet sich dadurch aus, dass eine Steigerung des realen Ertrags oder eine Minderung des realen Aufwands nicht möglich sind, ohne gleichzeitig anderweitig den Ertrag zu senken oder den Aufwand zu erhöhen. Es wäre unvernünftig, eine ineffiziente Produktion zu realisieren, weil es definitionsgemäß wenigstens eine bessere Alternative gibt. Die Forderung nach Effizienz der Produktion entspricht somit einem entscheidungslogischen Rationalprinzip. Sie wird als **schwaches** (auch reales oder mengenmäßiges) **Erfolgsprinzip** bezeichnet. Bei einer rein ökonomischen Beurteilung spricht man von einem *schwachen* (realen, mengenmäßigen) *Wirtschaftlichkeitsprinzip.*

In der Praxis werden auf Grund unvollständiger Informationen und begrenzter Managementkapazitäten in der Regel ineffiziente (aber möglicherweise *fast* effiziente) Produktionen realisiert. Die hier angestellten, einführenden Überlegungen zu einer Theorie betrieblicher Wertschöpfung gehen idealtypisch von effizienter Produktion aus. Erst dadurch ergibt sich ein Vergleichsmaßstab zur Beurteilung des Ausmaßes der Ineffizienz realer Produktion (näher dazu Abschn. 5.5 und 6.3). Für eine unmittelbar praxisorientierte Produktionsmanagementlehre müssen die oben genannten Gründe für Ineffizienz allerdings explizit beachtet werden.

Gemäß diesem idealtypischen Erfolgsprinzip ist nur der effiziente Rand einer Technik von produktionswirtschaftlichem Interesse. Bei Betrachtung des Bildes 5.1 wird in jedem der sechs Fälle ein *funktionaler* Zusammenhang zwischen den effizienten Quantitäten der beiden dargestellten Güterarten deutlich: $z_2 = f(z_1)$. Einen solchen eindeutigen Zusammenhang zwischen den Objektquantitäten *bei effizienter Produktion* nennt man **Produktionsfunktion.** Ist im Allgemeinen Fall einer beliebigen Anzahl von Objektarten eine Produktion effizient, dann gibt es keine andere effiziente Produktion, bei der nur die Quantität einer einzigen Güter- oder Übelart variiert worden ist, alle anderen Güter- und Übelquantitäten aber unverändert geblieben sind; ändern dürfen sich allerdings wohl die Quantitäten der neutralen Objektarten. Legt man demnach alle Güter- und Übelquantitäten bis auf eine fest, dann kann die verbliebene Gut- bzw. Übelquantität bei effizienter Produktion nur noch einen eindeutig bestimmten Betrag annehmen, vorausgesetzt, ein solcher Betrag existiert überhaupt.

Das Problem besteht darin, dass nicht unbedingt zu jeder beliebigen Kombination von Güter- und Übelquantitäten eine *mögliche*, geschweige denn eine effiziente Produktion in der zugrundeliegenden Technik existiert. Mathematisch bedeutet es, dass Produktionsfunktionen im Allgemeinen nur *implizit* definiert sind. Eine explizite Produktionsfunktion hat ggf. nur Sinn, wenn der *Definitionsbereich* der unabhängigen Variablen ausdrücklich auf die zulässigen Zahlenwerte begrenzt wird.

Die letzte Einschränkung ist wesentlich für die Tatsache, dass im Allgemeinen keine so genannte *explizite Produktionsfunktion* der Art

$$z_k = f\left(z_1,\ldots,z_{k-1},z_{k+1},\ldots,z_\xi\right)$$

existieren muss, welche die Quantität einer beliebigen Güter- oder Übelart k als mathematische Funktion der Quantitäten der restlichen $\xi-1$ Güter- und Übelarten darstellt. In der traditionellen produktionswirtschaftlichen Literatur ist allerdings eine Reihe solcher expliziter Produktionsfunktionen gängig. Bekannte Typen von Produktionsfunktionen sind

- die Cobb/Douglas-Produktionsfunktion
- die (Walras/)Leontief-Produktionsfunktion sowie
- die Gutenberg-Produktionsfunktion.

Die beiden letztgenannten spielen eine bedeutende Rolle, sowohl theoretisch als auch praktisch. Sie werden in den Lektionen 10 und 11 definiert und dort ausführlicher behandelt. Die **Cobb/Douglas-Produktionsfunktion** stellt für $\alpha_i < 1$ einen Spezialfall des allgemeineren, für die Volkswirtschaftslehre relevanten Typs der neoklassischen Produktionsfunktion dar. Sie hat demgegenüber für die Betriebswirtschaftslehre eher historische Bedeutung, ist jedoch zur Erläuterung verschiedener Begriffe und Konzepte von didaktischem Nutzen. In der *x,y*-Darstellungsweise ist sie folgendermaßen definiert:

$$y_{m+1} = \alpha_0 \cdot \left(x_1\right)^{\alpha_1} \cdot \ldots \cdot \left(x_m\right)^{\alpha_m} \qquad \left(\alpha_i > 0,\ i = 0,\ldots,m\right)$$

So entspricht der in Bild 2.1 skizzierte, dreidimensionale effiziente Rand einer LANDWIRTSCHAFTLICHEN PRODUKTIONSTECHNIK mit zwei Inputarten und einer Outputart der folgenden Cobb/Douglas-Funktion:

$$y_3 = 5 \cdot \left(x_1\right)^{1,5} \cdot \left(x_2\right)^{0,5}$$

Es handelt sich um eine *Output-* bzw. *Produktfunktion*, welche einer beliebigen nichtnegativen *Faktorkombination* die zugehörige Produktausbringung zuordnet, sodass die gesamte Produktion $(x_1,\ldots,x_m\,;\,y_{m+1})$ effizient und natürlich auch möglich ist.

Geht man beim Beispiel des LEDERWARENHERSTELLERS wie vereinbart davon aus, dass bis auf das Beiprodukt Lederreste alle anderen beachteten Objekte Güter sind, so ist jede Produktion der in Abschnitt 2.1 definierten, additiven Technik effizient, d.h. es gilt: $\mathbf{T}^{eff} = \mathbf{T}$. Wegen $y_4 = \lambda^1$ und $y_5 = \lambda^2$ lassen sich beliebige nichtnegative und ganzzahlige *Erzeugnis-* oder *Produktprogramme* (y_4, y_5) an Schuhpaaren und Taschen effizient herstellen, wozu jeweils eindeutig eine einzige Faktorkombination gemäß der folgenden drei *Input-* oder *Faktorfunktionen* gehört:

$$\begin{aligned} x_1 &= 50y_4 + 50y_5 \\ x_2 &= 40y_4 + 15y_5 \\ x_3 &= 0{,}15y_4 + 0{,}4y_5 \end{aligned} \qquad \text{bzw.} \qquad \begin{pmatrix} x_1 \\ x_2 \\ x_3 \end{pmatrix} = \begin{pmatrix} 50 & 50 \\ 40 & 15 \\ 0{,}15 & 0{,}4 \end{pmatrix} \cdot \begin{pmatrix} y_4 \\ y_5 \end{pmatrix}$$

Sofern die Lederreste nicht ignoriert werden, wird ihr Anfall durch folgende Output- oder Beiproduktfunktion beschrieben:

$$y_6 = 30y_4 + 25y_5$$

Die vier Gleichungen beschreiben den effizienten Rand der Lederverarbeitungstechnik, wobei gemäß der *x,y*-Schreibweise generell die Nichtnegativität der Variablen vorausgesetzt wird; darüber hinaus müssen hier die beiden Variablen für die Hauptproduktquantitäten wegen der Additivität der Technik auch noch ganzzahlig sein. Wie früher schon vermerkt, sind die Nichtnegativitätsbedingungen implizit unterstellt. Auch die Ganzzahligkeitsbedingungen werden nicht immer gesondert hervorgehoben, wenn dies aus dem jeweiligen Kontext klar hervorgeht.

Das letzte Beispiel verdeutlicht, dass eine einzige (eindimensionale) explizite Produktionsfunktion im Allgemeinen nicht ausreicht, um den effizienten Rand einer Technik zu beschreiben. Wenn es überhaupt gelingt, so sind dazu in der Regel mehrere Funktionen notwendig, die zusammen auch als eine mehrdimensionale Funktion aufgefasst werden können. Allerdings ist es immer möglich, den effizienten Rand durch eine eindimensionale *implizite* Produktionsfunktion mittels einer *Produktionsgleichung* darzustellen:

$$f(\mathbf{z}) = 0 \quad \Leftrightarrow \quad \mathbf{z} \in \mathbf{T}^{eff}$$

Für das letzte Beispiel lautet eine entsprechende Produktionsgleichung in der *x,y*-Version:

$$\begin{aligned} f(x_1,\ldots,y_6) = {} & |x_1 - 50y_4 - 50y_5| + |x_2 - 40y_4 - 15y_5| \\ & + |x_3 - 0{,}15y_4 - 0{,}4y_5| + |y_6 - 30y_4 - 25y_5| = 0 \end{aligned}$$

Literaturhinweise
Dyckhoff (1994), § 7
Fandel (1994), S. 25–32, 51–53
Wittmann (1968), Kap. I, IX

5.3 Variabilität teilweise fixierter Produktion

Wie erläutert gründet das Konzept der Produktionsfunktion auf dem Fakt, dass bei effizienter Produktion die Quantität einer Güter- oder Übelart eindeutig bestimmt ist, falls die Quantitäten aller anderen Güter- und Übelarten fest vorgegeben sind; d.h. die letzte Objektart wird durch die anderen limitiert. Mit anderen Worten bestehen auf dem effizienten Rand einer Technik bei ξ Güter- und Übelarten *maximal* $\xi-1$ Freiheitsgrade zur Festlegung ihrer Quantitäten. Es kann aber vorkommen, dass schon weniger als $\xi-1$ Güter- und Übelarten ausreichen, um die anderen zu *limitieren*. Im obigen Beispiel der Produktionsfunktion des LEDERWARENHERSTELLERS limitieren die beiden Hauptprodukte Schuhe (4) und Taschen (5) sowohl die drei Faktoren Arbeit (1), Nähmaschine (2) und Leder (3) als auch das Beiprodukt Lederreste (6). Dagegen können bei der LANDWIRTSCHAFTLICHEN Cobb/Douglas-Produktionsfunktion

$$y_3 = 5 \cdot (x_1)^{1,5} \cdot (x_2)^{0,5}$$

die beiden Faktoren Boden (1) und Arbeit (2) auch dann noch untereinander variiert werden, wenn die Menge erzeugten Weizens (3) festliegt.

5.3.1 Isoquanten

Gibt man die Weizenmenge mit $y_3 = 50$ vor, so skizziert das schon früher behandelte Faktordiagramm des Bildes 2.7 mit dem schraffierten Feld die Menge aller Faktorkombinationen aus Boden und Arbeit, die ausreichen, um 50 Tonnen Weizen zu erzeugen. Für eine effiziente Produktion kommen jedoch nur die Kombinationen auf dem Rand des Produktionsraumes in Frage, weil andernfalls Faktoren verschwendet würden. Das Bild 5.3 zeigt nur noch diesen effizienten Rand des zweidimensionalen Schnittes durch die dreidimensionale Technik, bei dem die Produktmenge konstant gehalten wird. Man spricht bei der gezeigten Kurve von einer *Produktisoquante* (der beiden Faktoren).

Hinweis: Isoquanten werden üblicherweise weiter gefasst, sodass auch bestimmte, parallel zu den Koordinatenachsen verlaufende Randstücke eines Produktionsraumes darunter fallen. Hier wird der Begriff durch die Beschränkung auf effiziente Produktionen enger definiert.

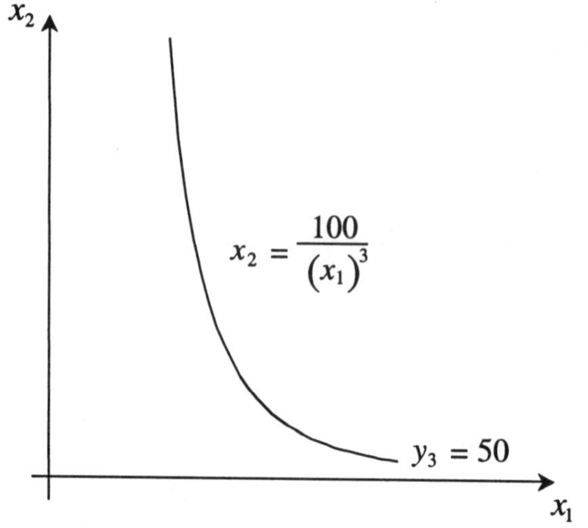

Bild 5.3: Produktisoquante einer Cobb/Douglas-Technik

Das Bild 5.4 stellt entsprechend die Kurven des effizienten Randes für die beiden in den Bildern 2.5 und 2.6 dargestellten Schnitte durch die landwirtschaftliche Produktionstechnik dar, (a) links für $x_1 = 4$ und (b) rechts für $x_2 = 1$. Dabei handelt es sich um *Faktorisoquanten.* In die Faktor/Produkt-Diagramme eingetragen ist auch der funktionale Zusammenhang zwischen den beiden variierten Objektquantitäten, welcher sich ergibt, wenn in die obige Produktionsfunktion jeweils der fixierte Zahlenwert eingesetzt wird.

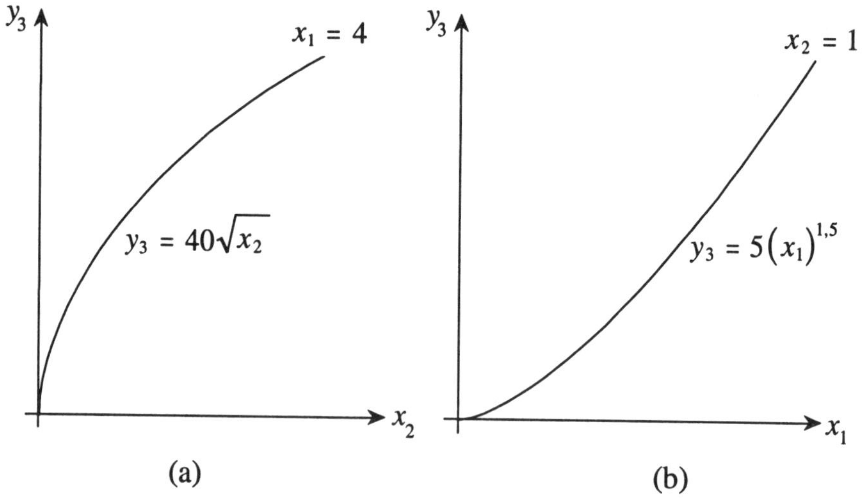

Bild 5.4: Zwei verschiedene Faktorisoquanten einer Cobb/Douglas-Technik

Für zwei disjunkte Gruppen (Teilmengen) G_1 und G_2 beachteter Objektarten beschreibt die **G_2-Isoquante** zu G_1 allgemein den effizienten Rand desjenigen Produktionsraumes, der sich durch eine Fixierung der Quantitäten in G_2 ergibt, und zwar als Projektion dieses effizienten Randes in den durch die Objektquantitäten von G_1 definierten Teilraum. Handelt es sich bei G_2 speziell um die Menge *aller* nicht schon in G_1 enthaltenen Güter- und Übelarten, so spricht man auch einfach von *der* Isoquante zu G_1.

Sind mit G_1 alle beachteten Inputarten und mit G_2 alle Outputarten erfasst, so beschreibt die Output-Isoquante den effizienten Rand des jeweils zugehörigen Produktionsraumes bezogen auf die Inputarten; alle Inputkombinationen der Output-Isoquante sind effizient bezüglich des Produktionsraumes (*Input-Effizienz*), jedoch nicht notwendigerweise effizient bezüglich der zugrundeliegenden Technik. Im umgekehrten Fall gelten analoge Aussagen (*Output-Effizienz*). Jede effiziente Produktion ist danach sowohl input- als auch output-effizient; aber nicht alle input- und output-effizienten Produktionen müssen auch insgesamt effizient sein (vgl. *Dinkelbach/Rosenberg 2002*, S. 39ff.).

Bei Fixierung aller Produktquantitäten einer reinen Gütertechnik beschreiben die effizienten Faktorkombinationen des so definierten Produktionsraumes die *Erzeugnis(programm)isoquante* (der Faktoren). Im umgekehrten Fall wird eine Faktor(kombinations)isoquante der Produkte üblicherweise *Transformationskurve* genannt.

5.3.2 Limitationalität

Besteht die Erzeugnis- oder Produktisoquante einer Gütertechnik aus nur einem einzigen Punkt, so bedeutet das, dass für die vorgegebenen Erzeugnismengen nur eine einzige effiziente Faktorkombination existiert. Man spricht dann von **Limitationalität**, andernfalls von *Variabilität.*

Präziser muss von einer Input-, Faktor- oder Aufwandslimitationalität des Outputs, der Produkte bzw. des Ertrags gesprochen werden. Allgemein *limitiert* nämlich eine Gruppe G_2 von Objektarten eine andere Gruppe G_1 (G_1-Limitationalität bezüglich G_2), wenn die G_2-Isoquante zu G_1 aus höchstens einem Punkt besteht. Bei geeigneter Nummerierung der Objektarten gemäß $G_1 = \{1,...,\zeta\}$ und $G_2 = \{\zeta+1,...,\theta\}$ bedeutet es formal, dass bezüglich des durch die fixierten Objektmengen aus G_2 definierten Produktionsraumes für die anderen (limitierten) Objektarten explizite Produktionsfunktionen folgender Art existieren:

$$z_k = f_k\left(z_{\zeta+1},\dots,z_\theta\right) \qquad \text{für } k=1,\dots,\zeta$$

So heißt eine Technik oder Produktionsfunktion *outputlimitational* (bezüglich des Inputs), wenn die Menge $\{1,...,m\}$ der Inputarten die Menge $\{m+1,...,m+n\}$ der Outputarten limitiert. Mit eventuellen Einschränkungen hinsichtlich ihrer Definitionsbereiche existieren dann Outputfunktionen der Art:

$$y_j = f_j\left(x_1,\dots,x_m\right) \qquad \text{für } j=m+1,\dots,m+n$$

bzw. eine mehrdimensionale Outputfunktion

$$\mathbf{y} = f(\mathbf{x})$$

Im umgekehrten Fall der *Inputlimitationalität* (des Outputs) sind die Inputquantitäten durch die Outputquantitäten bei (input-)effizienter Produktion eindeutig bestimmt:

$$x_i = g_i(y_{m+1},\ldots,y_{m+n}) \qquad \text{für } i = 1,\ldots,m$$

bzw. vektoriell:

$$\mathbf{x} = \mathbf{g}(\mathbf{y})$$

Für reine Gütertechniken ist Inputlimitationalität gleichbedeutend mit der Faktorlimitationalität der Produkte bzw. der Aufwandslimitationalität der Erträge. Bei Beachtung von Übeln und Neutra fallen die drei Begriffe jedoch auseinander. Von besonderer Bedeutung ist dann die Aufwandslimitationalität der Hauptprodukte bzw. der Hauptredukte, d.h. die Frage, ob durch die Vorgabe der Hauptprodukt- und -reduktquantitäten schon die effizienten Quantitäten anderer Güter- und Übelarten festgelegt sind. Wenn in der Literatur so wie auch hier einfach von Limitationalität die Rede ist, so ist damit üblicherweise speziell die Faktorlimitationalität der Produkte im Falle einer Gütertechnik gemeint. *Dinkelbach/ Rosenberg (2002)*, S. 54, verstehen dagegen darunter die *gleichzeitige* Output- und Inputlimitationalität einer Gütertechnik oder eines Produktionsraumes.

Die in Abschnitt 3.3 eingeführten und in Lektion 10 ausführlich behandelten outputseitig determinierten Techniken sind (input-)limitational. Umgekehrt müssen limitationale Techniken oder Produktionsräume nicht outputseitig determiniert sein, sofern es ineffiziente Herstellungsverfahren gibt.

Bei Limitationalität erlaubt das schwache Erfolgsprinzip schon eine eindeutige Festlegung eines Teils der Objektquantitäten (in Abhängigkeit von anderen). Wenn etwa bei einer bestimmten Absatzsituation einer Unternehmung die Kundennachfrage, z.B. nach Schuhen und Taschen, die geplante Produktausbringung vorschreibt, dann besitzen limitationale Techniken den Vorzug, dass daraus unmittelbar der Faktorbedarf bei effizienter Produktion abgeleitet werden kann.

5.3.3 Substitutionalität und Komplementarität

Werden Objektarten nicht durch andere limitiert, dann können ihre Quantitäten auf mindestens zweifache Weise effizient kombiniert werden, d.h. die entsprechende Isoquante enthält mehr als einen, oft sogar sehr viele Punkte. Wenn beispielsweise zum Teeren eines Straßenstücks bestimmter Länge alternativ 4 Arbeiter und zwei Teermaschinen oder aber 20 Arbeiter und eine Teermaschine in effizienter Weise eingesetzt werden können, so sind die Arbeiter und Teermaschinen als Faktoren variabel (einsetzbar).

Beispiele für Variabilität zweier Objektarten bieten die Bilder 5.3 und 5.4. Dabei zeigt sich ein streng monotoner Kurvenverlauf, weil andernfalls Ineffizienz vorläge. In der (nichtnegativen) x,y-Darstellung bedeutet eine fallende Kurve Substitutionalität, eine steigende Kurve Komplementarität der beiden Objektarten. Zwei variable Objektarten verhalten sich **substitutional** zueinander, wenn bei effizienter Produktion die Quantitätssteigerung der einen mit einer Senkung der anderen verbunden ist (Gegenläufigkeit); im umgekehrten Fall gleichgerichteter Entwicklungen der Quantitäten sind sie **komplementär**.

Die Produktisoquante in Bild 5.3 hat einen fallenden Verlauf. Bei gleichbleibender Erzeugnismenge kann eine Abnahme des Einsatzes eines Faktors durch eine Zunahme der anderen Faktorquantität ersetzt („substituiert") werden. Die beiden Faktoren sind variabel und verhalten sich substitutional zueinander. Bei den beiden Isoquanten des Bildes 5.4 führt ein vermehrter Einsatz des variablen Faktors zu einer höheren Produktausbringung; d.h. das Produkt ist in Verbindung mit jedem einzelnen der beiden Faktoren variabel, und zwar auf komplementäre Weise. Wegen der positiven Steigung der Kurve spricht man auch von einem *positiven Grenzertrag* des jeweiligen partiellen Faktoreinsatzes.

Die Steigung und die Krümmung einer Isoquante spielen für (produktions-) wirtschaftliche Analysen eine zentrale Rolle. So bedeutet der streng konvexe, hyperbelförmige Verlauf der Produktisoquante in Bild 5.3, dass der Einsatz des einen Faktors relativ immer weniger den anderen Faktor ersetzen kann; man spricht deshalb von einer *abnehmenden Grenzrate der Substitution.* Im Falle des Bildes 5.4 sind die *Grenzerträge* des zweiten Faktors *abnehmend* (linke, konkav gekrümmte Kurve), die des ersten *zunehmend* (rechte, konvex gekrümmte Kurve).

Substitutionalität und Komplementarität als die beiden entgegengesetzten Formen der Variabilität gelten analog auch bei der Einbeziehung von Übeln. Beide Male wird die Veränderung einer Objektquantität durch entsprechende Änderungen einer anderen Objektquantität kompensiert. Dagegen kann die Variation einer neutralen Objektart nie einen erhöhten Aufwand oder verminderten Ertrag bei einem Gut oder Übel kompensieren, ohne dass ineffiziente Produktion vorliegt. Das Bild 5.5 skizziert an Hand von acht Produktionsdiagrammen unterschiedliche Fälle und Verläufe von Isoquanten. Dabei sind je zwei verschiedene Isoquanten der auf den Koordinatenachsen genannten Objektarten eingezeichnet, die sich für unterschiedliche Quantitäten der fixierten Objektarten ergeben (eine Isoquante als durchgezogene Linie bzw. fette Punkte, die andere als gestrichelte Linie bzw. offene Punkte gezeichnet).

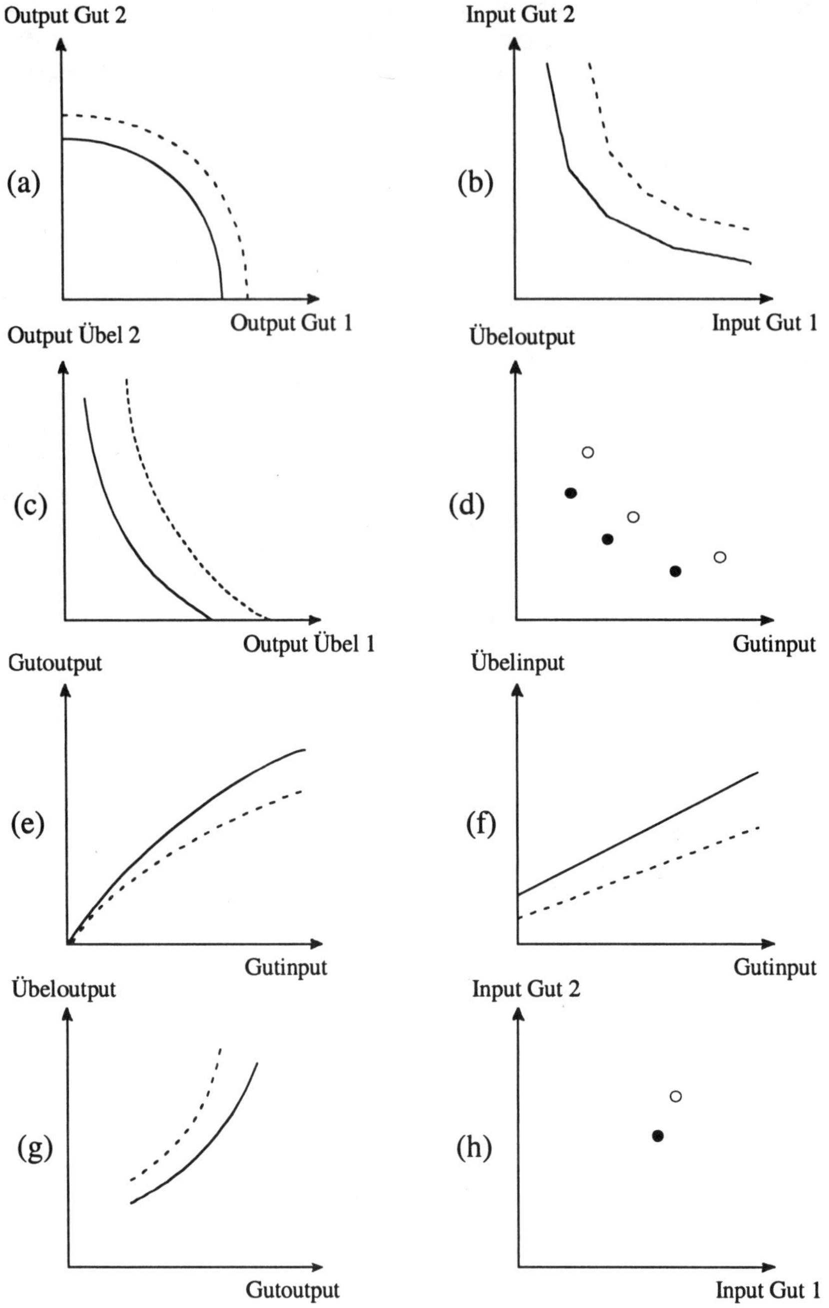

Bild 5.5: Beispiele substitutionaler, komplementärer und limitationaler Isoquanten

Bei den Diagrammen 5.5a-d liegt Substitutionalität, bei 5.5e-g Komplementarität und bei 5.5h Limitationalität vor. Diagramm 5.5d zeigt einen Fall *diskreter* (sprunghafter) Variabilität. Alle anderen Fälle – bis auf 5.5h – sind *kontinuierlich* variabel.

Wegen des Verlaufes der Transformationskurve im Fall 5.5a handelt es sich um *alternative* Produkte, da jedes der beiden auch allein hergestellt werden kann. Bei 5.5c ist der Output 1 dagegen *unvermeidbar*, im Gegensatz zu Output 2; bei 5.5g sind beide Erzeugnisse unvermeidbar. Ein beachteter Output, der unvermeidbar mit einem anderen Hauptprodukt anfällt, heißt *Kuppelprodukt*. Analoge Überlegungen gelten für die Inputseite: In Diagramm 5.5b sind beide Faktoren nur *partiell* substituierbar; *totale* Substituierbarkeit würde bedeuten, dass der Faktor vollständig verzichtbar ist. Ein Input wie der in Diagramm 5.5e, ohne den eine Produktion nicht stattfinden kann, ist *wesentlich*. Bei 5.5e sind die Grenzerträge des Faktoreinsatzes abnehmend, bei 5.5f konstant, wohingegen in beiden Fällen die durchschnittlichen Erträge sinken.

Mit Hilfe der Begriffe Ertrag und Aufwand lassen sich die Kompensationsbeziehungen zwischen je zwei Objektarten auf drei grundlegende Typen zurückführen (wobei hier mit Produkt und Abprodukt der Gut- bzw. Übeloutput sowie mit Faktor und Redukt der Gut- bzw. Übelinput bezeichnet sind):

- *Ertragssubstitution*: Produkt/Produkt, Redukt/Redukt, Produkt/Redukt bzw. Redukt/Produkt;
- *Aufwandssubstitution*: Faktor/Faktor, Abprodukt/Abprodukt, Faktor/Abprodukt bzw. Abprodukt/Faktor;
- *Aufwand/Ertrag-Komplement*: Faktor/Produkt, Faktor/Redukt, Abprodukt/Produkt, Abprodukt/Redukt und ihre Vertauschungen.

Literaturhinweise

Dyckhoff (1994), Abschn. 8.1–8.2
Fandel (1994), S. 53–57
Kistner (1993), Abschn. 7.2.2

5.4 Kompensationsmaße variabler Produktion

Bei effizienter Produktion kann eine Ertragssteigerung oder Aufwandsminderung bei einer Objektart nur noch durch eine Verschlechterung bei mindestens einer anderen Objektart erreicht werden. Eine solche notwendige *Kompensation* des Aufwands und Ertrags von Objektquantitäten bei der Variation der Produktion entlang des effizienten Randes der Technik oder eines Produktionsraumes wird wesentlich durch die Steigung und die Krümmung der entsprechenden Isoquanten oder Randbereiche beschrieben.

5.4.1 Partielle Objektvariation

Im Beispiel der LANDWIRTSCHAFTLICHEN PRODUKTION vom Cobb/Douglas-Typ gemäß den Abschnitten 2.1 und 5.2 berechnet sich das Gefälle der Isoquante in Bild 5.3 an Hand des dort genannten funktionalen Zusammenhangs zu

$$-\frac{dx_2}{dx_1} = \frac{300}{(x_1)^4}$$

Diese negative Steigung gibt als positive Zahl das lokale Austausch- oder Kompensationsverhältnis der beiden Faktoren 1 und 2 an. Es heißt *Grenzrate der Substitution* oder kurz **Substitutionsrate.** Für $x_1 = 2$ (und damit $x_2 = 100/8 = 12{,}5$) nimmt sie den Wert 300/16 = 18,75 an. Das bedeutet, dass man 18,75 Einheiten des zweiten Faktors mehr aufwenden muss, um eine (marginale) Einheit des ersten einsparen zu können, ohne dabei die Produktausbringung zu verändern. Typisch für die so genannten *neoklassischen Produktionsfunktionen* ist, dass die Substitutionsrate mit sinkendem Einsatz eines Faktors wächst, d.h. dass relativ immer mehr von dem anderen Faktor aufgewendet werden muss. Grafisch drückt sich dies in einem konvexen Verlauf der (fallenden) Isoquante aus.

Des Weiteren typisch für neoklassische Produktionsfunktionen sind abnehmende Grenzerträge bzw. (präziser) **Grenzproduktivitäten** der Faktoreinsätze. Die in Abschnitt 5.2 allgemein eingeführten Cobb/Douglas-Produktionsfunktionen weisen diese Eigenschaft nur für $\alpha_i < 1$ (i=1,...,m) auf, weshalb die landwirtschaftliche Produktion im Beispiel (wegen $\alpha_1 = 1{,}5$) nicht neoklassisch ist. Denn die Grenzproduktivität entlang der beiden Isoquanten von Bild 5.4 ist zwar für Faktor 2 abnehmend (linke konkav gekrümmte Kurve), aber für Faktor 1 zunehmend (rechts konvex); die Steigungen der beiden Kurven berechnen sich zu

$$\frac{dy_3}{dx_2} = \frac{20}{\sqrt{x_2}} \quad \text{bzw.} \quad \frac{dy_3}{dx_1} = 7{,}5 \cdot \sqrt{x_1}$$

Für $x_1 = 2$ und $x_2 = 12{,}5$ betragen die Grenzproduktivitäten 20/3,536 = 5,657 und 7,5·1,414 = 10,607. Demnach erhält man für eine zusätzliche (marginale) Einheit des Faktors 2 als Mehrertrag 5,657 Produkteinheiten; bei weiterer Steigerung des Faktoreinsatzes fällt die Grenzproduktivität, z.B. beträgt sie bei $x_2 = 25$ nur noch 20/5 = 4 an Stelle von 5,657. Dagegen ist die Grenzproduktivität des ersten Faktors bei $x_1 = 4$ von 10,607 auf 7,5·2 = 15 gewachsen. Grenzproduktivitäten – und Substitutionsraten – gelten nur näherungsweise für *marginale*, d.h. sehr kleine Veränderungen der Objektquantitäten, da es sich um Aussagen über die lokale Kurvensteigung handelt, wie das Bild 5.6 verdeutlicht.

Bild 5.6 illustriert ebenfalls eine komplementäre Beziehung zwischen einem Faktor i und einem (Gut-)Produkt j. Beim Übergang von einem zu einem zweiten Punkt der Kurve ergibt sich für jede der beteiligten Objektarten k eine Differenz $\Delta x_k = x_k^2 - x_k^1$ oder $\Delta y_k = y_k^2 - y_k^1$ der Input- bzw. Outputquantitäten, die deren Veränderungen beschreiben. Der Quotient

$$\frac{\Delta y_j}{\Delta x_i}$$

definiert das Kompensationsverhältnis (Ausgleichsverhältnis) beider Objektarten. Wegen der Komplementarität ist er positiv und beschreibt die *relative Produktivität* des Faktors i bezüglich Produkt j bei dem Übergang von der ersten zur zweiten Aktivität (im Unterschied zur absoluten Faktorproduktivität gemäß Abschn. 4.3.2). Für stetig differenzierbare Kurven (wie in Bild 5.6) kann durch Annäherung des zweiten Punktes an den ersten der Grenzübergang vollzogen und auf diese Weise der Differenzenquotient $\Delta y_j / \Delta x_i$ in einen Differentialquotienten dy_j/dx_i überführt werden. Er entspricht der Steigung der Kurve im ersten Punkt, d.h. der Grenzproduktivität oder dem (relativen) Grenzertrag des Aufwands; die inverse Relation dx_i/dy_j beschreibt den (rela-

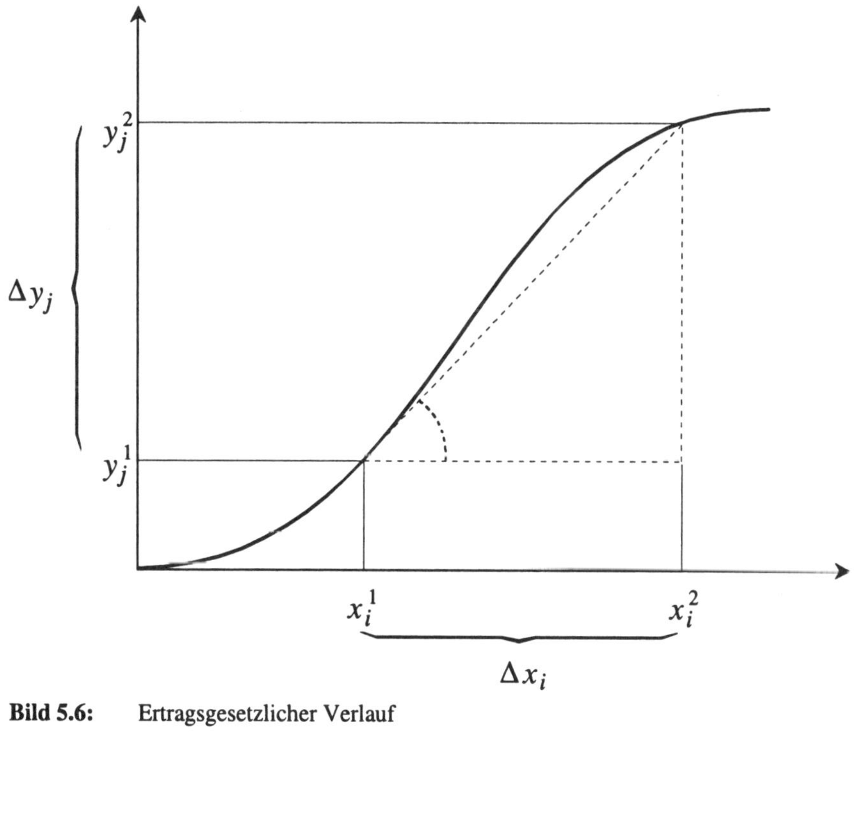

Bild 5.6: Ertragsgesetzlicher Verlauf

tiven) Grenzaufwand für den Ertrag. Allgemein definiert ein Differentialquotient entlang einer Isoquante das lokale Kompensationsverhältnis der beiden variierten Quantitäten. Er wird deshalb auch als *Kompensationsrate* bezeichnet und gibt an, wie stark eine Objektart Veränderungen bei einer anderen Objektart ausgleichen kann. Bei Substitutionalität beider Objektarten ist der Quotient negativ; sein positiver Betrag definiert die Substitutionsrate, bei Produktsubstitution auch *Transformationsrate* genannt.

An Stelle von Kompensationsraten, die sich als Relationen von Objektquantitäten in ihren jeweiligen Maßeinheiten berechnen, werden auch *Elastizitäten* verwendet. Sie sind als dimensionslose Größen definiert, indem sie Verhältnisse marginaler *prozentualer* Veränderungen angeben. So gibt die **Produktionselastizität** ε_{ji} approximativ an, um wieviel Prozent sich die Quantität des Produktes j erhöhen würde, wenn der Einsatz des Faktors i bei effizienter Produktion um ein Prozent gesteigert werden würde:

$$\varepsilon_{ji} = \frac{dy_j}{dx_i} \cdot \frac{x_i}{y_j}$$

Sie entspricht somit dem Verhältnis der Grenzproduktivität zur (in Abschn. 4.3.2 definierten) Durchschnittsproduktivität eines Faktors. Bei Cobb/Douglas-Techniken mit einem einzigen Produkt $y = y_{m+1}$ sind die Produktionselastizitäten konstant und gleichen den Exponenten in der Produktfunktion, d.h. $\varepsilon_i = \alpha_i$. Im obigen Zahlenbeispiel betragen sie $\varepsilon_1 = 1{,}5$ für Faktor 1 und $\varepsilon_2 = 0{,}5$ für Faktor 2.

In Bild 5.6 nehmen sowohl die Grenz- als auch die Durchschnittsproduktivität mit steigendem Aufwand anfangs zu und später ab. Der Wendepunkt der Kurve bestimmt das Maximum der Grenzproduktivität; das Maximum der Durchschnittsproduktivität erhält man, wenn der vom Ursprung zu einem Punkt auf der Kurve gebildete Fahrstrahl den höchsten Anstieg aufweist. Ein solcher Verlauf wird als **ertragsgesetzlich** bezeichnet, weil er ursprünglich für die landwirtschaftliche Produktion als Gesetzmäßigkeit postuliert worden ist. In diesem Sinne verläuft auch der effiziente Rand der Müllverbrennung bei steigendem Brennstoffeinsatz in Bild 5.2 ertragsgesetzlich. Der Verlauf ist typisch für die so genannten *klassischen Produktionsfunktionen* (oft auch „*Typ A*" genannt, in Abgrenzung zum *Typ B* der Gutenberg-Produktionsfunktion). Klassische und neoklassische Produktionsfunktionen werden in der Regel nur für Einprodukt-Gütertechniken formuliert; sie haben folgende Gestalt:

$$y = y_{m+1} = f(x_1, \ldots, x_m)$$

5.4.2 Totale Objektvariation

Bisher handelt es sich um *partielle* Kompensationsmaße, die immer nur zwei Objektarten miteinander in Beziehung setzen. *Totale* Maße untersuchen die Auswirkungen von Veränderungen aller Objektarten. So gibt etwa die **Skalenelastizität** ε (in einem marginalen Sinn) an, um wieviel Prozent sich die Ausbringung des (einzigen) Hauptproduktes einer Gütertechnik ändert, wenn alle Faktorquantitäten simultan proportional um ein Prozent erhöht werden. Gemäß dem *Wicksell/Johnson-Theorem* gilt generell eine so genannte **Skalenelastizitätsgleichung**

$$\varepsilon = \varepsilon_1 + \ldots + \varepsilon_m$$

wonach die Skalenelastizität gleich der Summe der Produktionselastizitäten ist. Bei dem Beispiel der LANDWIRTSCHAFTLICHEN Cobb/Douglas-Technik ergibt sie sich danach konstant zu: $\varepsilon = 1{,}5 + 0{,}5 = 2$. Für $\varepsilon > 1$ liegen zunehmende, für $\varepsilon < 1$ abnehmende und für $\varepsilon = 1$ konstante Skalenerträge vor. Das entspricht (strikter) Größenprogression, Größendegression bzw. Größenproportionalität.

Literaturhinweise
Busse von Colbe/Laßmann (1991), § 7
Ellinger/Haupt (1996), S. 27–39, 77–96

5.5 Ansätze der Effizienzmessung

Kompensationsmaße, partielle wie totale, unterstellen effiziente Produktion. Andernfalls ließen sich bei einigen Gütern oder Übeln Verbesserungen erreichen, ohne anderweitig Nachteile in Kauf nehmen zu müssen, was einer Kompensationsrate von Null bzw. Unendlich entsprechen würde. Auf Grund der Komplexität der Realität, der prinzipiellen Unvollständigkeit der Information über die Zukunft sowie wegen begrenzter Managementfähigkeiten und -kapazitäten kann jedoch im Allgemeinen nicht davon ausgegangen werden, dass die in der Praxis realisierten Produktionen in dem hier definierten, idealtypischen Sinne effizient sind. Die Effizienz als schwaches Erfolgsprinzip bildet insofern lediglich eine – unter Beachtung des (in der Theorie betrieblicher Wertschöpfung ausgeklammerten) Aufwandes für das Produktionsmanagement! – zwar anzustrebende, aber kaum erreichbare Grenze, an Hand derer man die Vorteilhaftigkeit von Produktionsaktivitäten quasi spiegeln kann. Das Bild 5.7 zeigt in diesem Sinne für den einfachen Fall einer zweidimensionalen Gütertechnik mit ertragsgesetzlichem Verlauf in der z-Darstellung acht Aktivitäten, die allesamt innerhalb des ineffizienten Bereiches und mehr oder minder weit vom effizienten Rand entfernt liegen.

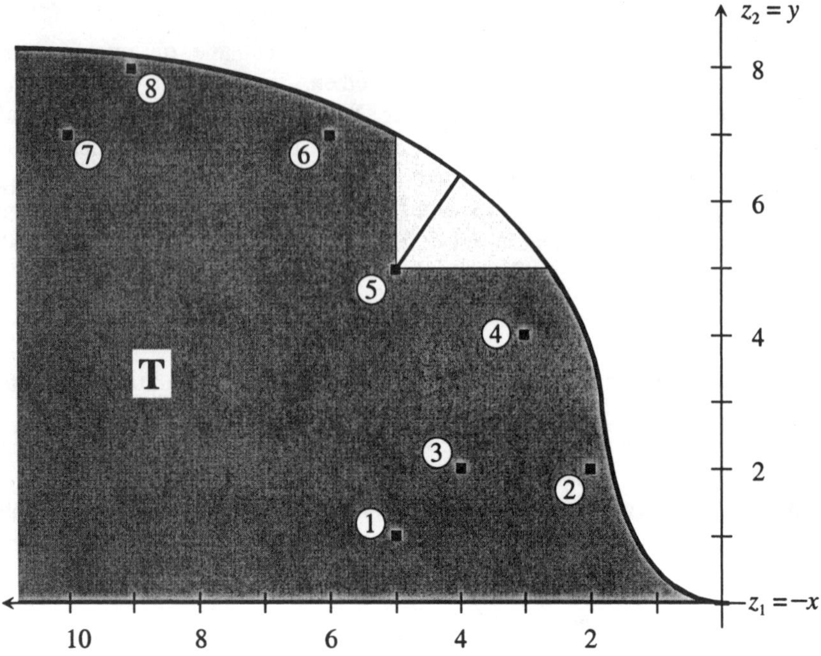

Bild 5.7: Acht ineffiziente Produktionen einer Gütertechnik

Die in Abschnitt 4.3.2 definierten Ergiebigkeitsmaße sind auch bei ineffizienter Produktion anwendbar. Sie erlauben gewisse Aussagen über die Güte einer Produktion an Hand bestimmter Kennzahlen und ermöglichen damit partielle Vergleiche von Produktionsaktivitäten untereinander. So weist die Produktion ④ die höchste Durchschnittsproduktivität auf, weil sie auf demjenigen Strahl vom Ursprung mit dem stärksten Anstieg bzw. Gefälle liegt. Produktion ② erfordert den geringsten Faktoreinsatz, und Produktion ⑧ führt zur höchsten Produktausbringung. Welche der drei genannten Aktivitäten jedoch besser als eine der beiden anderen ist, lässt sich ohne Angabe zusätzlicher Gütemaßstäbe nicht ausmachen. Wohl kann festgestellt werden, dass einige von anderen der acht Produktionen dominiert werden, so Aktivität ① (jeweils von ② bis ⑤), ③ (von ② und von ④) sowie ⑦ (von ⑥ und von ⑧).

Außer bei Dominanz einer Aktivität über eine andere ist eine eindeutige Feststellung über den Grad der Effizienz bzw. (korrekter) über das Ausmaß der Ineffizienz nicht möglich. Weitergehende Aussagen über die Vorziehenswürdigkeit von Aktivitäten untereinander erfordern stärkere Annahmen über die Präferenzen des Produzenten (bzw. allgemein der die Produktion beurteilenden Instanz). Ein naheliegender Ansatz besteht darin, den Abstand einer ineffizienten Aktivität zum effizienten Rand zu messen und ihn als Maßstab für den *Effizienzgrad* zu wählen: Je geringer der Abstand, desto effizienter die Produktion!

Allerdings trügt hier der (an der Euklidischen Metrik orientierte) Augenschein, weil es eine unbegrenzte Anzahl verschiedener Möglichkeiten gibt, den Abstand zu messen, und jeder dieser auf einer bestimmten Metrik basierenden Ansätze seine Vor- und Nachteile besitzt. In Bild 5.7 wird dies durch das schwächer schattierte Feld nordwestlich der Aktivität ⑤ beispielhaft verdeutlicht. Der kürzeste Abstand zum effizienten Rand im Sinne der üblichen Euklidischen Metrik (auch L^2-Metrik genannt) entspricht der Länge der schräg nach rechts oben gehenden Strecke. Dagegen wird der Abstand bei der so genannten City Block-Metrik (L^1-Metrik) als die Summe der Längen der waagerechten und der senkrechten Strecke zum Rand gemessen, bei der Tschebyscheff-Metrik (L^∞-Metrik) als das Maximum dieser beiden Längen. Bei den auf *Farrell (1957)* zurückgehenden Effizienzmaßen werden dagegen im einen Fall nur die Inputquantitäten vermindert, im anderen nur die Outputquantitäten erhöht, und zwar proportional zueinander. Im zweidimensionalen Bild 5.7 bedeutet das eine nur waagerechte bzw. nur senkrechte Abstandsmessung zum effizienten Rand.

Für eine sinnvolle Messung des Grades der (In-)Effizienz einer Produktion scheinen drei Anforderungen unabdingbar zu sein:

- *Relevanz*: Es müssen alle relevanten Objektarten berücksichtigt werden; dabei hängt die Relevanz von der untersuchten Fragestellung ab, sodass etwa ein ökonomischer von einem ökologischen Effizienzgrad unterschieden werden kann.
- *Kompatibilität*: Dominiert eine Produktion eine andere, so muss sie auch einen höheren Effizienzgrad aufweisen.
- *Skaleninvarianz*: Der Effizienzgrad einer Produktion darf nicht davon abhängen, in welchen Einheiten die einzelnen Objektarten gemessen werden.

Diese Anforderungen werden von vielen denkbaren und auch von manchen in der Literatur verwendeten Maßen nicht erfüllt. Insbesondere die Skaleninvarianz, d.h. die Unabhängigkeit davon, ob eine Objektart beispielsweise in Tonnen, Gramm oder Kubikmeter gemessen wird, ist durch eine entsprechende relative, d.h. einheitenspezifische Gewichtung der Objektarten sicherzustellen.

Für die praktische Anwendung der Effizienzmessung noch viel problematischer ist die Tatsache, dass die zugrundeliegende Technik (sowie ggf. relevante Restriktionen), besonders ihr effizienter Rand, nur selten ausreichend bekannt ist. Der effiziente Rand wird deshalb mittels empirischer Daten geschätzt, wobei mehr oder minder starke bzw. begründete Annahmen über den Techniktyp und damit über den prinzipiellen Verlauf des effizienten Randes getroffen werden. Grundsätzlich lassen sich deterministische von stochastischen sowie parametrische von nicht-parametrischen Verfahren unterscheiden. Bei der ersten Unterscheidung geht es darum, inwieweit die vorliegenden empirischen Daten zuverlässig sind oder ihnen zufällige Fehler inne wohnen, die zu

Verzerrungen und Fehlschätzungen führen können. Bei parametrischen Verfahren wird ein Techniktyp unterstellt, der durch die Angabe einiger weniger Parameter eindeutig beschrieben ist, wie etwa beim Typ der Cobb/Douglas-Techniken. In Abschnitt 6.3 der nachfolgenden Lektion wird ein deterministisches, nicht-parametrisches Verfahren für konvexe Techniken bzw. Produktionsräume vorgestellt.

Literaturhinweise
Dyckhoff/Allen (1999)
Färe/Grosskopf/Lovell (1985)

Wiederholungsfragen

1) Was versteht man unter Dominanz bei der Produktion? Wovon hängt die Dominanz ab? Welchen Einfluss kann insbesondere der Umweltschutz haben?
2) Was versteht man unter effizienter Produktion? Wie äußert sich Effizienz grafisch?
3) Was besagen das schwache Wirtschaftlichkeits- bzw. Erfolgsprinzip?
4) Was ist eine explizite Produktionsfunktion? Welche bekannten Typen spezieller Produktionsfunktionen gibt es?
5) Welche Arten und Verläufe von Isoquanten gibt es? Welche Bedeutung haben ihre Steigung und ihre Krümmung? Wie lassen sie sich messen?
6) Was versteht man unter Limitationalität, was unter Substitutionalität und Komplementarität? Was besagen in diesem Zusammenhang die verschiedenen Kompensationsraten und -elastizitäten?
7) Welche Ansätze und Probleme der Effizienzmessung gibt es?

Übungsaufgaben

Ü 5.1

Eine Unternehmung kann zur Herstellung von Wellpappe zwischen vier alternativen Produktionsprozessen $\mathbf{z}^1$, $\mathbf{z}^2$, $\mathbf{z}^3$ und $\mathbf{z}^4$ wählen. Folgende Vektoren geben die Input- und Outputquantitäten der vier Prozesse wieder:

$$\begin{bmatrix} \text{Wasser} \\ \text{Holzfaser} \\ \text{Altpapier} \\ \text{Luft} \\ \text{Wellpappe} \\ \text{Abwasser} \\ \text{Abluft} \end{bmatrix} \quad \mathbf{z}^1 = \begin{pmatrix} -1 \\ -4 \\ -6 \\ -3 \\ 10 \\ 2 \\ 3 \end{pmatrix}, \quad \mathbf{z}^2 = \begin{pmatrix} -1 \\ -7 \\ -3 \\ -2 \\ 10 \\ 1 \\ 2 \end{pmatrix}, \quad \mathbf{z}^3 = \begin{pmatrix} -2 \\ -5 \\ -5 \\ -1 \\ 10 \\ 2 \\ 1 \end{pmatrix}, \quad \mathbf{z}^4 = \begin{pmatrix} -2 \\ -5 \\ -4 \\ -1 \\ 9 \\ 2 \\ 1 \end{pmatrix}$$

a) Wasser, Holzfaser und Wellpappe werden als Güter, Luft und Abluft als Neutra sowie Altpapier und Abwasser als Übel eingestuft. Untersuchen Sie die einzelnen Aktivitäten auf Dominanz!

b) Wie ändern sich die Dominanzbeziehungen gegenüber Teilaufgabe a), wenn Abluft auf Grund neuerer gesetzlicher Regelungen als Übel eingestuft wird?

c) Wie ändern sich die Dominanzbeziehungen gegenüber Teilaufgabe a), wenn auf Grund von Knappheiten auf dem Altpapiermarkt das Altpapier positiv beurteilt wird?

d) Welche Dominanzbeziehungen ergeben sich, wenn nach dem Einbau eines Filters im Gegensatz zu Teilaufgabe a) das Abwasser nicht mehr als Übel, sondern als Neutrum eingestuft wird?

Ü 5.2 (Fortsetzung von Ü 2.6)

a) Bestimmen Sie den effizienten Rand der Technik aus Übungsaufgabe 2.6 unter der Annahme, dass alle Objektarten Güter sind!

b) Zeichnen Sie die effizienten Aktivitäten in die Produktionsdiagramme unter den Restriktionen der Teilaufgaben a) und b) der Übungsaufgabe 2.6 ein!

c) Warum ist eine eindeutige Kennzeichnung der effizienten Aktivitäten in den Produktionsdiagrammen der Teilaufgaben c) und d) der Übungsaufgabe 2.6 nicht möglich?

Ü 5.3

a) Skizzieren Sie jeweils den Verlauf des effizienten Randes einer beliebigen nicht-limitationalen Technik für folgende Kombinationen von Objektkategorien! Verwenden Sie dabei die *z*-Darstellung!

I)	Produkt-Redukt	II)	Faktor-Faktor
III)	Produkt-Produkt	IV)	Faktor-Redukt
V)	Abprodukt-Redukt	VI)	Abprodukt-Abprodukt
VII)	Redukt-Redukt		

Nennen Sie Beispiele, für die eine entsprechende Darstellung relevant sein könnte!

b) Bei der Herstellung eines Hauptprodukts wird ein Faktor eingesetzt, und es entsteht zusätzlich ein Abprodukt. Skizzieren Sie drei grundsätzlich mögliche Verläufe nicht-limitationaler Isoquanten (ebenfalls in der *z*-Version), bei denen Sie jeweils eine der Objektarten konstant halten!

Ü 5.4

Folgende Gleichungen stellen Produktionsfunktionen zur Beschreibung von Produktionsprozessen bei ausschließlicher Betrachtung von Gütern dar:

I) $y_3 = x_1 + 0{,}5x_2$ II) $x_1 = 2y_3,\ x_2 = 7y_3$

III) $y_3 = 5x_1x_2$ IV) $y_3 = 7x_1 x_2 + 3(x_1^{\,2} + x_2^{\,2})$

V) $y_3 = 3x_1x_2 + 2x_1^{\,3}$ VI) $8x_1^{\,0{,}625} = y_3,\ x_2 = y_3^{\,1{,}6}$

VII) $$x_2 = \begin{cases} 40y_3 - 0{,}2x_1 & \text{für } 50y_3 \le x_1 \le 100y_3 \\ 105y_3 - 1{,}5x_1 & \text{für } 30y_3 \le x_1 \le 50y_3 \end{cases}$$

a) Untersuchen Sie, ob bei Vorgabe der Produktquantitäten für die Faktoren Limitationalität oder Substitutionalität (totale oder partielle) vorliegt!

b) Stellen Sie für die Gleichungen I–VI die Isoquanten für $y_3 = 100$ und für Gleichung VII die Isoquante für $y_3 = 10$ grafisch dar!

Ü 5.5

In einem Produktionsprozess werden für die Bearbeitung eines bestimmten Teils pro Stück

0,8 kg eines Rohmaterials und
12 min Arbeitszeit eines Facharbeiters

eingesetzt.

a) Stellen Sie den Sachverhalt in einem Faktordiagramm dar, das insbesondere die Isoquanten für eine Tagesproduktion von 20, 30 und 40 Stück enthält!
b) An einem bestimmten Tag stehen nur 25 kg Material und 5 Arbeiterstunden zur Verfügung. Zeichnen Sie diese Beschränkungen in das Faktordiagramm ein. Wie hoch ist die maximal mögliche Ausbringung an diesem Tag?

Ü 5.6

Bestimmen Sie, soweit möglich, für folgende Produktionsfunktionen von Gütertechniken die Grenzproduktivität, die Substitutionsrate der Faktoren sowie die Produktionselastizität und die Skalenelastizität!

I) $y_2 = 4x_1$ II) $y_3 = 4x_1 + 2x_2$
III) $y_3 = 4x_1x_2$ IV) $y_3 = 2x_1,\ y_3 = 7x_2$

6 Lineare Produktionstheorie

6.1 Variabilität teilweise fixierter Produktion
6.1.1 Einseitig determinierte Produktion
6.1.2 Verfahrenswahl bei der Produktion
6.2 Effizienz bei der Kombination von Grundaktivitäten
6.2.1 Effiziente Kombinationen von Grundaktivitäten
6.2.2 Sinnvolle Grundaktivitäten
6.2.3 Elimination von Grundaktivitäten
*6.3 Ein Ansatz zur Messung der relativen Effizienz**
6.3.1 Prämissen der Data Envelopment Analysis (DEA)
6.3.2 Ein DEA-Basismodell
6.3.3 Weitere Ansätze

Die *lineare Produktionstheorie* behandelt lineare Techniken sowie aus solchen Techniken mittels linearer Restriktionen abgeleitete Produktionsräume aus Sicht der Ergebnisebene. Der Abschnitt 6.1 analysiert exemplarisch anhand einiger linearer Produktionsmodelle die Limitationalität oder Substitutionalität der Faktoren sowie spiegelbildlich auch die Variabilität auf der Outputseite. Dabei wie auch nachfolgend wird ebenfalls darauf eingegangen, inwieweit die jeweiligen Aussagen bei nur additiven Techniken Gültigkeit bewahren. In Abschnitt 6.2 wird der Frage nachgegangen, wie die Effizienz einer Produktion mit der Effizienz der sie erzeugenden Grundaktivitäten und ihrer Kombination zusammenhängt. Da reale Produktionen selten vollkommen effizient sind, stellt der Abschnitt 6.3 abschließend einen gängigen Ansatz zur Bestimmung und Messung der relativen Effizienz von Aktivitäten einer gegebenen Menge bekannter Produktionen vor und leitet damit zum nächsten Kapitel C über, das die Erfolgstheorie behandelt.

6.1 Variabilität teilweise fixierter Produktion

In Abschnitt 3.3.2 sind einige grundlegende Strukturtypen einstufiger, endlich generierbarer additiver bzw. linearer Techniken formuliert worden. An Hand von vier Beispielen solcher Techniken wird im Folgenden aufgezeigt, inwieweit durch die Vorgabe von Quantitäten einiger Objektarten auch schon die Quantitäten anderer Objektarten bei effizienter Produktion festgelegt sind.

6.1.1 Einseitig determinierte Produktion

In dem in Abschnitt 2.1 definierten und in Kapitel A mehrfach angesprochenen Beispiel des LEDERWARENHERSTELLERS sind bei Vorgabe eines Erzeugnisprogramms für die Hauptprodukte Schuhe (4) und Taschen (5) auch die Quantitäten der Faktoren Arbeit (1), Nähmaschine (2) und Leder (3) sowie des Beiproduktes Lederreste (6) eindeutig bestimmt, d.h. die Gruppe der Hauptprodukte determiniert alle anderen beachteten Objektarten (vgl. Bild 3.1). Ignoriert man das ergebnisneutrale Beiprodukt, so ist der Zusammenhang zwischen den realen Erträgen und den realen Aufwendungen sowohl durch den abstrakten Input/Output-Graphen des Bildes 6.1 als auch durch die folgenden Faktorfunktionen beschrieben:

$$\begin{aligned} x_1 &= 50y_4 + 50y_5 \\ x_2 &= 40y_4 + 15y_5 \\ x_3 &= 0{,}15y_4 + 0{,}4y_5 \end{aligned}$$

Ohne die Lederreste liegt demnach eine outputseitig determinierte Technik vor. Jede solche Gütertechnik ist trivialerweise auch limitational. Wären in Bild 6.1 alle fünf Objektarten Übel, so würde es sich nach wie vor um (input)limitationale Produktion handeln, bei der nunmehr jedoch die Erträge (Übelinput) durch die Aufwendungen (Übeloutput) limitiert würden. Da sich bei Übeln quasi nur die Beurteilungs*richtung* gegenüber den Gütern ändert, die Vorgehensweise im Prinzip aber gleich bleibt, werden im Folgenden der Einfachheit halber regelmäßig *Gütertechniken* behandelt und Übel sowie Neutra lediglich fallweise einbezogen.

In diesem Sinne zeigt der Input/Output-Graph in Bild 6.2 eine inputseitig determinierte Gütertechnik, bei der die Aufwendungen der beiden Faktorarten 1 und 2 die Erträge in den vier Produktarten 3 bis 6 limitieren. Beispielsweise könnte es sich um das Produktionssubsystem Destillationsanlage (Top-Anlage) einer ERDÖLRAFFINERIE handeln, bei der aus zwei verschiedenen Rohölen (1 und 2) Top-Benzin (3), Petroleum (4), Mitteldestillat (5) und Rückstand (6) gewonnen werden.[1] Die Technik entspricht dem einstufigen Strukturtyp (b) in Bild 3.5. Aus dem I/O-Graphen des Bildes 6.2 lassen sich die folgenden vier Produktfunktionen ableiten:

$$\begin{aligned} y_3 &= 0{,}15x_1 + 0{,}19x_2 \\ y_4 &= 0{,}10x_1 + 0{,}12x_2 \\ y_5 &= 0{,}21x_1 + 0{,}17x_2 \\ y_6 &= 0{,}54x_1 + 0{,}52x_2 \end{aligned}$$

[1] Ob der Rückstand in der Praxis tatsächlich als Gut eingestuft werden kann, hängt von seinen Weiterverarbeitungs- und Absatzmöglichkeiten ab.

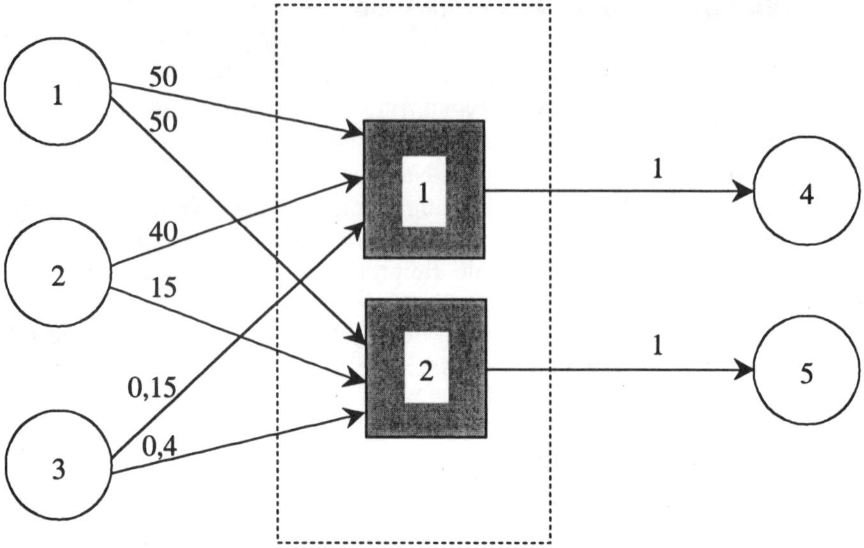

Bild 6.1: Outputseitige Determiniertheit bei der Lederverarbeitung

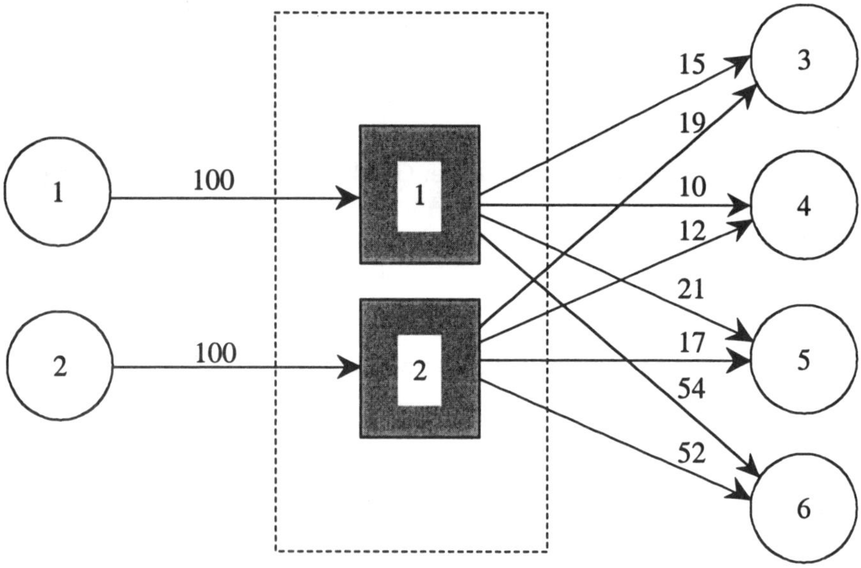

Bild 6.2: Inputseitige Determiniertheit bei der Erdöldestillation

Die output- oder inputseitige Determiniertheit einer Technik gilt unberührt davon, ob sie linear oder nur additiv ist.

6.1.2 Verfahrenswahl bei der Produktion

Bei den beiden Beispielen des letzten Abschnitts ist eine Variation der Quantitäten zweier Güterarten bei Konstanz der Quantitäten aller anderen (drei bzw. vier) Güterarten nicht möglich. Faktoren wie Produkte können sich nicht gegenseitig ersetzen. Ebenso können keine Produktivitätsbeziehungen zwischen einem Produkt und einem Faktor *losgelöst* von den anderen Güterarten ermittelt werden. Die beiden folgenden Beispiele zeichnen sich dagegen dadurch aus, dass es auch bei effizienter Produktion mehr Freiheitsgrade gibt.

Der Input/Output-Graph des Bildes 6.3 beschreibt ein Produktionssystem mit einer Gütertechnik, bei der zwei Produktarten mit jeweils zwei verschiedenen *Verfahren* unter Einsatz zweier Faktorarten hergestellt werden können. Da die Outputkoeffizienten alle den Wert Eins aufweisen, entspricht das Aktivitätsniveau λ^ρ der mit dem Verfahren ρ hergestellten Quantität y_j^ρ der Produktart j. Das algebraische Produktionsmodell lässt sich danach wie folgt formulieren:

$$\begin{array}{rcccccccccc} x_1 & = & 4y_3^1 & + & 5y_3^2 & + & 2y_4^3 & + & 4y_4^4 & & \\ x_2 & = & 6y_3^1 & + & 3y_3^2 & + & 5y_4^3 & + & 4y_4^4 & & \\ & & y_3^1 & + & y_3^2 & & & & & = & y_3 \\ & & & & & & y_4^3 & + & y_4^4 & = & y_4 \end{array}$$

Alle vier Verfahren stellen effiziente Grundaktivitäten dar. Bei ausschließlicher Verwendung der Verfahren 1 und 3 benötigt man zur Herstellung von je 100 Einheiten der beiden Produkte 600 Einheiten von Faktor 1 und 1100 Einheiten von Faktor 2; bei den beiden anderen Verfahren sind es entsprechend 900 bzw. 700 Einheiten. Durch den Wechsel von den (relativ) *Faktor 2-intensiven* Verfahren 1 und 3 auf die (relativ) *Faktor 1-intensiven* Verfahren 2 und 4 können 1100 – 700 = 400 Einheiten des Faktors 2 durch 900 – 600 = 300 Einheiten des Faktors 1 substituiert werden. Bei gemischter Verwendung aller Verfahren sind beliebige Faktoreinsatzverhältnisse zwischen den beiden Extremen $x_1/x_2 = 6/11$ und $x_1/x_2 = 9/7$ realisierbar (*Faktorsubstitution*).

Umgekehrt (*Produkttransformation*) können bei einem verfügbaren Bestand von 2000 Einheiten des Faktors 1 sowie 3000 Einheiten des Faktors 2 entweder maximal 500 Einheiten von Produkt 3 (und Null von 4) oder maximal 600 Einheiten von Produkt 4 (und Null von 3 bei einem ungenutzten Rest von 800 Einheiten des Faktors 1) hergestellt werden, falls jeweils nur eines der beiden Verfahren alternativ verwendet wird. Bei gemischter Verwendung ist es im

Falle der Linearität sogar möglich, von Produkt 4 bis zu 666 $^2/_3$ Einheiten herzustellen, indem mit jedem der beiden Verfahren die gleiche Menge erzeugt wird. Im Falle reiner Additivität ergibt sich 666 als maximale Menge für Produkt 4.

Wenn nur die Verfahren 1 und 2 angewendet werden, wird kein Produkt der Art 4 hergestellt. Bei einem konstanten Einsatz des Faktors 2 ($\Delta x_2 = 0$) kann dann ein zusätzliches Produkt 3 im Saldo nur hergestellt werden ($\Delta y_3 = +1$), wenn dazu eine Einheit weniger mit Verfahren 1 ($\Delta y_3^1 = -1$) und zwei Einheiten mehr mit Verfahren 2 erzeugt werden ($\Delta y_3^2 = +2$). Dafür müssen sechs Einheiten des Faktors 1 mehr eingesetzt werden ($\Delta x_1 = 5 \cdot 2 - 4 = +6$). Bei alleiniger Variation des Faktors 1 – und Konstanz des Faktors 2 und des Produktes 4 – kann demnach der Ausstoß des Produktes 3 erhöht werden, und zwar beträgt die diesbezügliche *relative Produktivität* $\Delta y_3/\Delta x_1 = 1/6$.

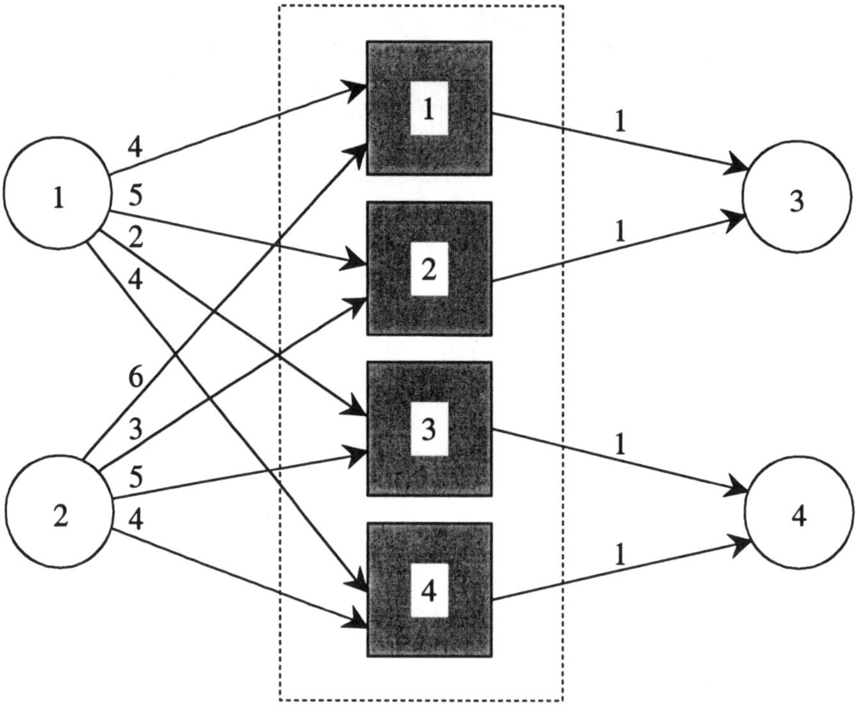

Bild 6.3: Verfahrenswahl bei der Produktherstellung

Bild 6.4 zeigt den Input/Output-Graphen eines ZUSCHNEIDEPROZESSES, bei dem Stahlrohre eines einheitlichen Durchmessers der beiden Standardlängen 210 cm (1) und 270 cm (2) in kürzere Rohre der Auftragslängen 129 cm (3) und 36 cm (4) zugeschnitten werden. Reststücke anderer Längen werden vom

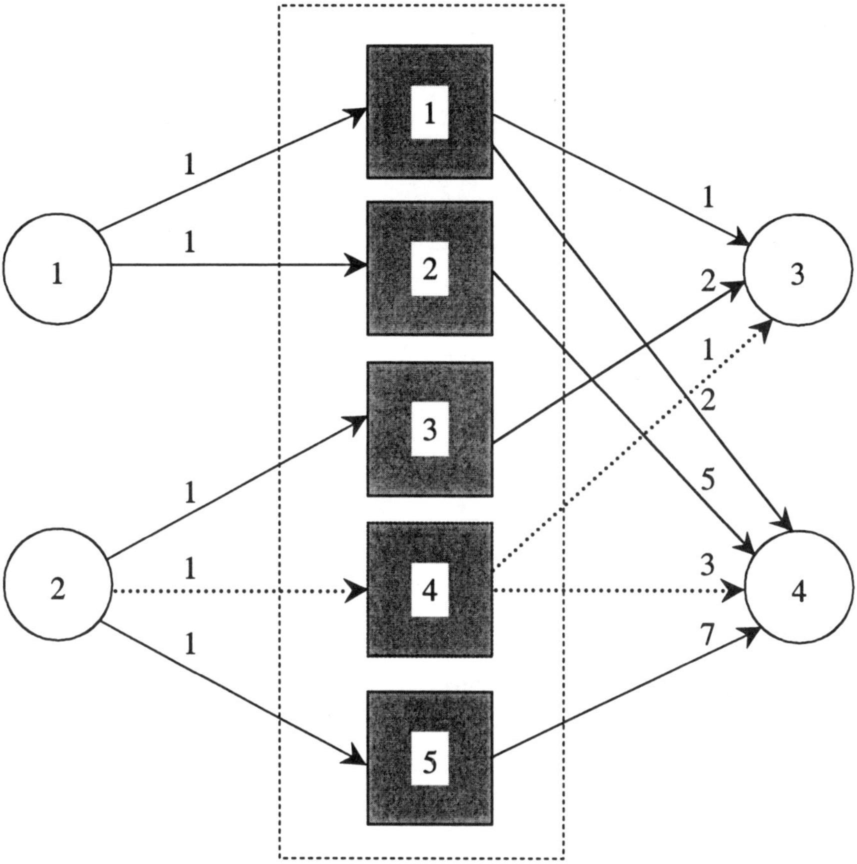

Bild 6.4: Verfahrenswahl beim Faktoreinsatz

Produzenten als Beiprodukte eingestuft und nicht weiter beachtet. Für die erste Standardlänge sind zwei und für die zweite drei Schnittmuster als Grundaktivitäten berücksichtigt. Sie beschreiben, wie viele Rohre in den Auftragslängen aus jeweils einem Rohr in Standardlänge gewonnen werden. Das Muster 4 ist in Bild 6.4 nur gepunktet eingezeichnet und im folgenden Produktionsmodell eliminiert. Dabei gibt $x_i^\rho = \lambda^\rho$ diejenige Teilquantität des betreffenden Faktors i an, welche im Verfahren ρ eingesetzt wird, d.h. diejenige Zahl an Standardrohren, welche nach dem betreffenden Muster zerschnitten werden:

$$
\begin{array}{rcccccccc}
x_1 & = & x_1^1 & + & x_1^2 & & & & \\
x_2 & = & & & & x_2^3 & + & x_2^5 & \\
 & & x_1^1 & + & & + & 2x_2^3 & & = & y_3 \\
 & & 2x_1^1 & + & 5x_1^2 & + & & + & 7x_2^5 & = & y_4
\end{array}
$$

Für dieses Modell der *Verfahrenswahl bei der Faktornutzung* entsprechend dem einstufigen Strukturtyp (d) in Bild 3.5 können prinzipiell die gleichen Überlegungen hinsichtlich Faktorsubstitution, Produkttransformation und Faktorproduktivität (Komplementarität) angestellt werden wie im vorangehenden Beispiel einer *Verfahrenswahl bei der Produktherstellung* gemäß dem einstufigen Strukturtyp (c) in Bild 3.5.

Ein wesentlicher Unterschied zwischen den beiden Beispielen der Bilder 6.3 und 6.4 liegt jedoch in dem gestrichelten Schnittmuster 4 des Bildes 6.4 begründet. Im Falle einer linearen Technik ist es nämlich ineffizient, da seine zweimalige Anwendung nur zu 2 Einheiten von Produkt 3 und 6 Einheiten von Produkt 4 führt, während man mit den dabei verbrauchten beiden Rohren der Standardlänge 2 über die beiden anderen Muster sogar ein Rohr der Auftragslänge 4 mehr erzeugen kann.

Literaturhinweise
Busse von Colbe/Laßmann (1991), Abschn. 8 und 9
Dinkelbach/Rosenberg (2002), Kap. 4

6.2 Effizienz bei der Kombination von Grundaktivitäten

Jede outputseitig determinierte Gütertechnik ist auch (input)limitational. Die Umkehrung dieser Aussage trifft jedoch nicht zu. Limitationalität der Faktoren besagt nämlich lediglich, dass diese *bei effizienter Produktion* durch die Produkte determiniert werden. Bei Limitationalität kann es durchaus auch noch verschwenderische Faktorkombinationen geben, mit denen ein bestimmtes Erzeugnisprogramm auf ineffiziente Weise produziert wird. Für endlich generierbare Techniken stellt sich von daher die Frage, ob eigentlich alle Grundaktivitäten einer Technikmatrix zu effizienten Produktionen kombiniert werden können. Ein Beispiel bildet das Schnittmuster 4 in Bild 6.4, dessen doppelte Anwendung durch eine Addition der Muster 3 und 5 dominiert wird. Die Beantwortung der Frage fällt wesentlich leichter, wenn von einer linearen Technik ausgegangen wird. Auf additive oder allgemeine konvexe Techniken wird deshalb in den nachfolgenden Abschnitten dieser Lektion nur noch am Rande eingegangen.

Wegen der Grundannahme der Irreversibilität (E2) handelt es sich bei linearen Techniken in der *z*-Darstellung um *spitze* Kegel (maximaler Winkel zwischen zwei Prozessstrahlen kleiner als 180°), mit der Spitze im Ursprung des Objektraumes $\mathbb{R}^K$. Gemäß der Forderung (E1) darf kein Teil eines Kegels in einem Orthanten des Objektraumes liegen, der nur Ertrag, aber keinem Aufwand entsprechen würde. (Ein *Orthant* stellt das mehrdimensionale Analogon eines Quadranten im $\mathbb{R}^2$ dar.) Das Postulat der Existenz ertragreicher Produktion (E3) schließt jene uninteressanten Fälle aus, bei denen alle Produktionen nur zu Aufwand, aber nicht zu Ertrag führen bzw. eine Technik nur aus dem Stillstand besteht. Die Grundannahme der Abgeschlossenheit (E4) ist bei endlich generierbaren linearen Techniken stets erfüllt. Bei diesen Techniken wird der Annahme (E3) schon genügt, wenn eine einzige Grundaktivität mit Ertrag existiert. Dagegen lassen sich die beiden ersten Grundannahmen nur durch die Betrachtung aller Grundaktivitäten und ihrer Kombinationen überprüfen.

6.2.1 Effiziente Kombinationen von Grundaktivitäten

Eine endlich generierbare lineare Technik ist dadurch ausgezeichnet, dass sich jede mögliche Produktion als Linearkombination einer endlichen Zahl an Grundaktivitäten darstellen lässt, d.h. in der z-Darstellung für $\lambda^\rho \geq 0$ ($\rho = 1,...,\pi$):

$$\mathbf{z} = \lambda^1 \mathbf{z}^1 + \lambda^2 \mathbf{z}^2 + \ldots + \lambda^\pi \mathbf{z}^\pi$$

Kann die Produktion $\mathbf{z}$ effizient sein, obwohl eine der sie generierenden Grundaktivitäten, etwa $\mathbf{z}^1$ (mit $\lambda^1 > 0$), ineffizient ist? Wenn dies zuträfe, gäbe es eine mögliche Aktivität $\mathbf{z}^0$, welche $\mathbf{z}^1$ dominiert. Dann würde aber die folgende Aktivität

$$\tilde{\mathbf{z}} = \lambda^1 \mathbf{z}^0 + \lambda^2 \mathbf{z}^2 + \ldots + \lambda^\pi \mathbf{z}^\pi$$

welche sich von $\mathbf{z}$ nur durch die erste kombinierte Aktivität unterscheidet, zum einen möglich sein und zum anderen $\mathbf{z}$ dominieren, was ein Widerspruch zur Effizienz von $\mathbf{z}$ wäre. Bei dieser Argumentation ist die Eigenschaft der Größenproportionalität an keiner Stelle gebraucht worden, sodass sie auf alle endlich generierbaren Techniken zutrifft. Wesentlich ist, dass eine echte (Additiv-, Linear- oder Konvex-)Kombination vorliegt ($\lambda^1 > 0$). Eine Grundaktivität heißt *echt* kombiniert, wenn ihr Aktivitätsniveau im Rahmen einer Kombination positiv ist. Folglich muss gelten: ***Bei einer effizienten Kombination von Grundaktivitäten ist auch jede der echt kombinierten Grundaktivitäten effizient.***

Dies trifft entsprechend für alle additiven und konvexen Techniken bzw. Produktionsräume zu. Für nicht konvexe Techniken oder Produktionsräume kann man sich dagegen an einem grafischen Beispiel klar machen, dass die Kombination zweier ineffizienter Aktivitäten auf Grund von Synergieeffekten selber effizient sein kann.

Mit anderen Worten: Aus einer Kombination schlechter Aktivitäten kann im Rahmen einer linearen Technik keine gute Aktivität generiert werden. Umgekehrt gilt aber: Aus einer Kombination guter Aktivitäten kann auch eine schlechte Aktivität entstehen; oder anders formuliert: ***Eine Kombination effizienter Grundaktivitäten braucht selber nicht effizient zu sein.*** Dass diese Aussage auch für additive Techniken zutrifft, beweist das in diesem Fall effiziente Schnittmuster 4 in Bild 6.4, dessen Verdopplung jedoch nicht mehr effizient ist. Als Beispiel für eine lineare Gütertechnik sei eine Technikmatrix betrachtet, welche aus folgenden drei Grundaktivitäten besteht:

$$\mathbf{z}^1 = \begin{pmatrix} 8 \\ 3 \\ -1 \end{pmatrix} \qquad \mathbf{z}^2 = \begin{pmatrix} 4 \\ 9 \\ -1 \end{pmatrix} \qquad \mathbf{z}^3 = \begin{pmatrix} 6 \\ 7 \\ -1 \end{pmatrix}$$

Das Bild 6.5 zeigt grau unterlegt die Projektion der linearen Technik in die z_1-z_2-Ebene mit den drei besonders hervorgehobenen Grundaktivitäten und ihren gestrichelten Prozessstrahlen. Die beiden dunklen Dreiecke sind die Projektionen der Flächen innerhalb des dreiseitigen Kegels, für die $z_3 = -0{,}5$ bzw. $z_3 = -1$ gilt, die also einen konstanten Input der Objektart 3 aufweisen. Die Seiten jedes Dreiecks stellen jeweils echte Kombinationen nur zweier Grundaktivitäten dar. Im Innern der Dreiecke sind alle drei Grundaktivitäten echt kombiniert. Da alle drei Objektarten Güter sind, ist jede der drei Grundaktivitäten für sich genommen effizient. Nicht effizient sind dagegen die echten Kombinationen von $\mathbf{z}^1$ und $\mathbf{z}^2$ sowie diejenigen aller drei Grundaktivitäten. Beispielsweise gilt:

$$\frac{1}{2} \cdot \mathbf{z}^1 + \frac{1}{2} \cdot \mathbf{z}^2 = \frac{1}{2} \cdot \begin{pmatrix} 8 \\ 3 \\ -1 \end{pmatrix} + \frac{1}{2} \cdot \begin{pmatrix} 4 \\ 9 \\ -1 \end{pmatrix} = \begin{pmatrix} 6 \\ 6 \\ -1 \end{pmatrix} \le \begin{pmatrix} 6 \\ 7 \\ -1 \end{pmatrix} = \mathbf{z}^3$$

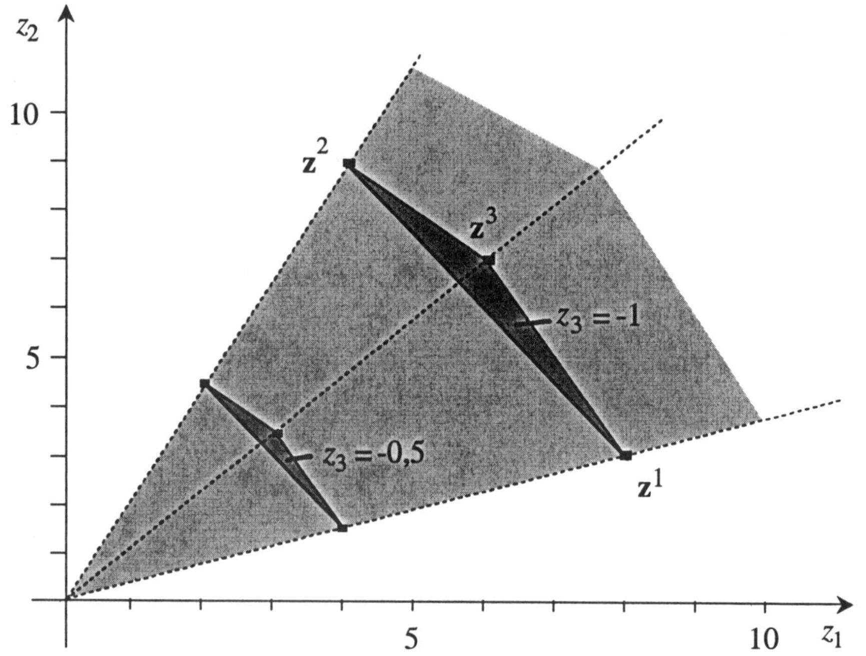

Bild 6.5: Linearkombinationen dreier Grundaktivitäten

Im letzten Beispiel sind *alle* Kombinationen jeweils der Grundaktivitäten $\mathbf{z}^1$ und $\mathbf{z}^3$ bzw. von $\mathbf{z}^2$ und $\mathbf{z}^3$ effizient. Es gilt nämlich allgemein: *Ist eine echte Linearkombination bestimmter Grundaktivitäten effizient, so ist auch jede andere – ggf. sogar unechte – Linearkombination* ***dieser*** *Grundaktivitäten effizient.* Für additive Techniken kann eine solch allgemeine Aussage nicht gemacht werden.

Das Fazit für lineare Techniken lautet danach: Jede effiziente Aktivität, außer trivialerweise der Stillstand, ist notwendigerweise aus effizienten Grundaktivitäten echt kombiniert. Umgekehrt kann eine echte Kombination effizienter (Grund-)Aktivitäten ineffizient sein; falls sie jedoch effizient ist, so gilt das ebenso für alle anderen Kombinationen dieser (Grund-)Aktivitäten. Folglich ist mit jeder effizienten Grundaktivität auch der gesamte zugehörige, elementare Prozessstrahl effizient.

6.2.2 Sinnvolle Grundaktivitäten

Nach obigem Fazit genügt es im Sinne des schwachen Erfolgsprinzips, sich auf die effizienten Grundaktivitäten – und ihre effizienten Kombinationen – zu konzentrieren. Sie bilden eine Teilmenge der sinnvollen Grundaktivitäten. Eine Grundaktivität heißt *sinnvoll*, wenn sie nicht von *einer* anderen Grundaktivität oder einem beliebigen Vielfachen *einer* anderen Grundaktivität dominiert wird. Bei einer sinnvollen Grundaktivität wird sozusagen der zugehörige elementare Prozess von keinem anderen elementaren Prozess der Technik dominiert.

Im Beispiel einer PAPIERFABRIK werden Rollen der Standardbreite 300 cm und einer gegebenen Standardlänge der Breite nach in schmalere Rollen zur Erfüllung von Kundenaufträgen zugeschnitten. Für die Planungsperiode besteht Nachfrage nach den Breiten 105 cm, 57 cm und 39 cm in noch nicht genau bestimmter Höhe. Die kleinste, noch zu schneidende Breiteneinheit beträgt 3 cm. Damit kommen maximal 100 verschiedene Breiten als relevante Objektarten (der Objekt*familie*[2] Papierrollen) in Frage, nämlich die Breiten der Menge {3 cm, 6 cm, ..., 297 cm, 300 cm}. Sie seien mit $k = 1,...,100$ durchnummeriert, sodass der Objektart k die Rollenbreite $3k$ (in cm) entspricht. Ihre Quantität wird entweder gemessen durch die Zahl Rollen in Standardlänge (dann handelt es sich um eine additive Technik) oder aber, wenn auch Teillängen einer Standardrolle erlaubt sind, durch die aufsummierte Gesamtlänge aller Rollen ein und derselben Breite (lineare Technik).

---

[2] Objektarten, die untereinander in bestimmter Hinsicht verwandt sind, werden oft als *(Objekt-)Familie*, *Gruppe* oder *Typ* bezeichnet, so z.B. Produktfamilien, Teilegruppen oder Erzeugnistypen. Umgekehrt sind mit *Sorten* üblicherweise weiter gehende Unterscheidungen von Objekten ein und derselben Art gemeint (vgl. Abschn. 1.1.2).

Als Grundaktivität kann der Zuschnitt einer Rolle der Standardbreite 300 cm ($k = 100$) in bestimmte schmalere Breiten ($k = 1,...,99$) angesehen werden. So definiert $\mathbf{z} = (z_1, ..., z_{100})$ für $z_{100} = -1$, $z_{13} = z_{19} = z_{33} = z_{35} = 1$ und ansonsten $z_k = 0$ eine Aktivität, bei der eine einzelne Standardrolle in je eine Teilrolle der Auftragsbreiten 39 cm, 57 cm und 105 cm sowie eine Rolle der Restbreite 99 cm zugeschnitten wird. Sie repräsentiert den elementaren Prozess der Zerlegung von Standardrollen in genau diese Teilbreiten und bildet somit ein *(Schnitt-)Muster* für den Zuschneideprozess. Die Menge aller möglichen Schnittmuster für das Zuschneiden der Standardbreite in die 99 Teilbreiten ist definiert durch folgende Bedingung:

$$z_{100} = -1, \quad \sum_{k=1}^{99} 3 \cdot k \cdot z_k = 300 \qquad \text{mit } z_k \in \mathbb{N}_0 \text{ für } k = 1,...,99$$

Dies ergibt insgesamt über 190 Millionen Muster. Sie sind allesamt sinnvoll, falls die Rollen aller 99 Teilbreiten als Güter eingestuft werden (z.B. bei Restbreiten wegen späterem Verkauf nach vorübergehender Lagerung). In der Praxis werden jedoch Rollen in Breiten, für die aktuell keine Aufträge vorliegen, wegen der Unsicherheit über die weitere Verwendung häufig als Neutra, d.h. als Beiprodukte, eingestuft. Muster mit Restbreiten über 36 cm können dann nicht mehr sinnvoll sein, weil wenigstens noch eine der drei Auftragsbreiten ohne zusätzlichen Mehraufwand erzeugt werden könnte. Sinnvoll sind unter dieser Prämisse nur diejenigen Muster, die der obigen Bedingung mit folgender Einschränkung genügen:

$$z_k = 0 \quad \text{für } k \in \{14,...,18,20,...,34,36,...,99\}$$

$$\sum_{k=1}^{12} 3 \cdot k \cdot z_k \leq 36 \quad (\text{Verschnitt})$$

Aus ergebnisorientierter Sicht, d.h. hinsichtlich realem Aufwand und Ertrag, sind Muster mit identischen Produktquantitäten in den drei Auftragsbreiten nicht unterscheidbar, d.h. (ergebnis-)*äquivalent.* Die exakte Zusammensetzung der Restbreiten des Verschnitts interessiert den Produzenten in diesem Zusammenhang nicht. Im Vektorraum der vier Güterarten gibt es dann nur noch 12 unterschiedliche sinnvolle Muster (z_{100}, z_{35}, z_{19}, z_{13}), wobei in der folgenden, lexikografisch fallend sortierten Aufstellung unter dem jeweiligen Muster zusätzlich die kumulierte Verschnittbreite (in cm) angegeben ist:

$$\begin{array}{cccccccccccc}
\begin{pmatrix}-1\\2\\1\\0\end{pmatrix} & \begin{pmatrix}-1\\2\\0\\2\end{pmatrix} & \begin{pmatrix}-1\\1\\3\\0\end{pmatrix} & \begin{pmatrix}-1\\1\\2\\2\end{pmatrix} & \begin{pmatrix}-1\\1\\1\\3\end{pmatrix} & \begin{pmatrix}-1\\1\\0\\5\end{pmatrix} & \begin{pmatrix}-1\\0\\5\\0\end{pmatrix} & \begin{pmatrix}-1\\0\\4\\1\end{pmatrix} & \begin{pmatrix}-1\\0\\3\\3\end{pmatrix} & \begin{pmatrix}-1\\0\\2\\4\end{pmatrix} & \begin{pmatrix}-1\\0\\1\\6\end{pmatrix} & \begin{pmatrix}-1\\0\\0\\7\end{pmatrix} \\
\hline
33 & 12 & 24 & 3 & 21 & 0 & 15 & 33 & 12 & 30 & 9 & 27
\end{array}$$

Lediglich diese zwölf – von zuvor Millionen – Grundaktivitäten haben unter den getroffenen Annahmen für die ergebnisorientierte Planung des Zuschneideprozesses Bedeutung, weil nur mit ihnen effiziente Gesamtaktivitäten erzeugt werden können. Das Konzept der sinnvollen Grundaktivität erlaubt so eine deut-liche Eingrenzung des Bereichs relevanter Produktionen. In der Praxis reicht dies oft schon aus, und eine weitere (schrittweise) Eingrenzung kleinerer Teilmengen der Technik, welche den effizienten Rand und nach Möglichkeit kaum noch weitere Produktionen enthalten, erübrigt sich dann.

6.2.3 Elimination von Grundaktivitäten

Nur in besonderen Fällen – etwa bei input- oder outputseitig determinierten Techniken – ist es möglich, den effizienten Rand einer linearen Technik in geschlossener Form durch eine (explizite) Produktionsfunktion darzustellen. Dennoch kann es für die praktische Handhabung eines Produktionsmodells unter Umständen zweckmäßig sein, ineffiziente Produktionen so weit wie – mit vertretbarem Aufwand – möglich, aus dem Modell zu eliminieren. Im obigen Beispiel der Papierfabrik sind so alle nicht sinnvollen Grundaktivitäten aus der Technikmatrix entfernt worden. Für weiter gehende Eliminationen muss untersucht werden, welche der sinnvollen Grundaktivitäten ineffizient sind und deshalb für eine effiziente Produktion ebenfalls nicht in Frage kommen.

Im Beispiel der durch die folgende Technikmatrix generierten linearen Technik mit den ersten drei Objektarten als Gütern und der vierten als Übel sind alle drei Grundaktivitäten sinnvoll; die dritte ist aber ineffizient, da sie durch eine Kombination der beiden anderen dominiert wird:

$$\begin{pmatrix} 1 & 0 & 1 \\ 0 & 1 & 1 \\ -1 & -2 & -4 \\ 2 & 1 & 4 \end{pmatrix}$$

In diesem Beispiel kommt der dritte elementare Prozess nie zum Einsatz. Um Quantitäten der beiden Produktarten 1 und 2 zu erzeugen, werden die beiden ersten elementaren Prozesse gegebenenfalls kombiniert, da sie zusammen weniger Faktoren einsetzen und Abprodukte erzeugen als der dritte Prozess allein.

Das Produktionsdiagramm des Bildes 6.5 hat einen Fall gezeigt, bei dem alle drei Grundaktivitäten effizient sind. In Bild 6.6 wird dagegen die zweite Grundaktivität von einer (gleichgewichteten) Kombination der ersten und der dritten Grundaktivität dominiert. Dem liegt eine Gütertechnik mit folgender Technikmatrix zu Grunde:

$$\begin{pmatrix} 1 & 1 & 1 \\ -1 & -3 & -4 \\ -5 & -4 & -1 \end{pmatrix}$$

In Bild 6.6 ist die Technik mit den drei Grundaktivitäten und ihren zugehörigen Prozessstrahlen als Projektion in den Raum der beiden Faktoren 2 und 3 dargestellt. Die eingezeichnete Strecke zwischen $\mathbf{z}^1$ und $\mathbf{z}^3$ beschreibt alle Konvexkombinationen dieser beiden Grundaktivitäten,[3] d.h. alle Produktionen, bei denen durch Kombination dieser beiden elementaren Prozesse genau eine Produkteinheit erzeugt wird. Man sieht, dass $\mathbf{z}^2$ von $0{,}5\mathbf{z}^1 + 0{,}5\mathbf{z}^3$ dominiert wird. Wenn in Bild 6.6 eine vierte Grundaktivität genau auf der Strecke zwischen der ersten und dritten liegen würde – etwa die eingezeichnete auf dem halben Weg –, so wäre diese zwar effizient, jedoch äquivalent zu der entsprechenden Kombination von $\mathbf{z}^1$ und $\mathbf{z}^3$ und könnte ebenso wie $\mathbf{z}^2$ aus der Technikmatrix eliminiert werden.

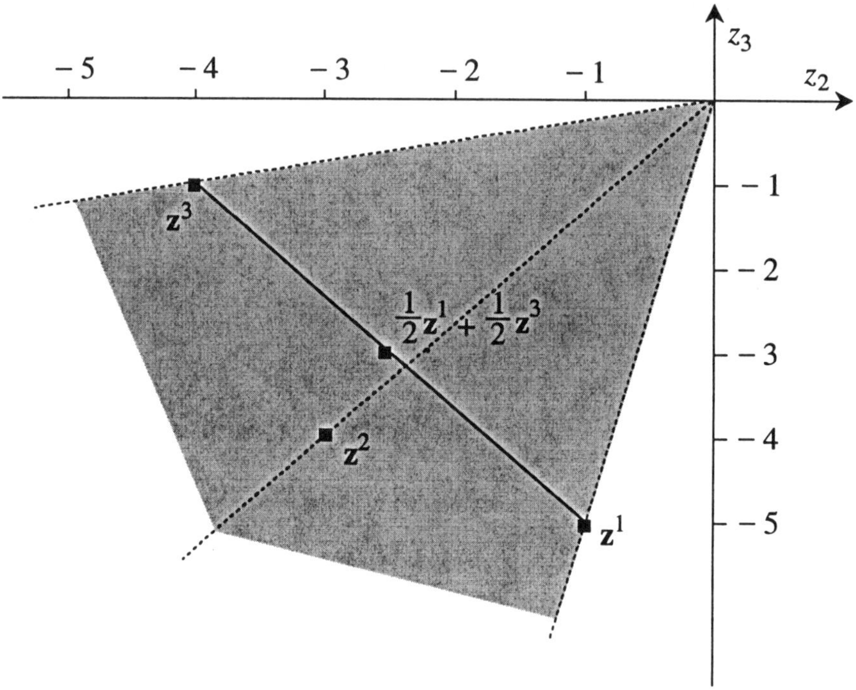

Bild 6.6: Faktordiagramm mit dominierter Grundaktivität

[3] Bei Konvexkombination aller drei Grundaktivitäten würde sich ein Dreieck mit ihnen als Eckpunkten ergeben.

Es mag Gründe außerhalb des betrachteten Modells geben, welche die *Ergebnisäquivalenz* eines elementaren (reinen) zu einem gemischten Prozess in Frage stellen. Eine Bevorzugung des gemischten Prozesses könnte etwa durch den Aufwand für die Bereitstellung, den Wechsel oder die Anschaffung einer Produktionsanlage für den elementaren Prozess begründet sein. Wenn das allerdings für den Produzenten tatsächlich entscheidungsrelevant wäre, so müsste die betreffende, Aufwand bedeutende Objektart eigentlich explizit im Modell Beachtung finden, sodass dann formal keine Äquivalenz, sondern Dominanz vorliegen würde.

Prüft man im früheren Beispiel der PAPIERFABRIK die zwölf sinnvollen Schnittmuster auf Effizienz, so lässt sich relativ einfach feststellen, dass drei Muster durch Kombinationen benachbarter Muster dominiert sowie zwei weitere Muster äquivalent zur Kombination jeweils zweier anderer Muster sind. So ist das ursprünglich dritte Muster äquivalent zu einer gleichgewichtigen Kombination des ersten und siebten Musters, und das zehnte wird entsprechend durch eine Kombination des neunten und elften Musters dominiert. Es bleiben somit folgende sieben effiziente Grundaktivitäten übrig, wobei unterhalb der einzelnen Grundaktivitäten (im Güterraum) wieder die zugehörigen kumulierten Verschnittbreiten angegeben sind:

$$\begin{array}{ccccccc}
\begin{pmatrix}-1\\2\\1\\0\end{pmatrix} & \begin{pmatrix}-1\\2\\0\\2\end{pmatrix} & \begin{pmatrix}-1\\1\\2\\2\end{pmatrix} & \begin{pmatrix}-1\\1\\0\\5\end{pmatrix} & \begin{pmatrix}-1\\0\\5\\0\end{pmatrix} & \begin{pmatrix}-1\\0\\1\\6\end{pmatrix} & \begin{pmatrix}-1\\0\\0\\7\end{pmatrix} \\
\hline
33 & 12 & 3 & 0 & 15 & 9 & 27
\end{array}$$

Ist bei der Papierfabrik das Spektrum der von den Kunden nachgefragten Rollenbreiten generell auf wenige Breiten beschränkt, im Beispiel auf die drei Breiten 33 cm, 57 cm und 105 cm, so erfassen die aufgeführten sieben effizienten Grundaktivitäten den aus ergebnisorientierter Sicht relevanten Bereich der Technik. Es sei angenommen, dass dem Produktionsmanager von der Unternehmungsleitung vorgegeben ist, die vom Vertrieb prognostizierte Nachfrage unbedingt zu befriedigen. Wenn folgende Nachfragemengen für die Planungsperiode vorgesehen sind: 10 Rollen mit 105 cm Breite, 20 Rollen mit 57 cm Breite, 25 Rollen mit 39 cm Breite, so ist durch das nachstehende Ungleichungssystem ein linearer Produktionsraum in der x,y-Darstellung beschrieben (mit $\lambda^\rho \geq 0$ und ggf. ganzzahlig):

$$\begin{array}{lcccccccccccccccccc}
x_{100} & = & \lambda^1 & + & \lambda^2 & + & \lambda^3 & + & \lambda^4 & + & \lambda^5 & + & \lambda^6 & + & \lambda^7 & & & & \\
& & 2\lambda^1 & + & 2\lambda^2 & + & \lambda^3 & + & \lambda^4 & & & & & & & = & y_{35} & \geq & 10 \\
& & \lambda^1 & & & + & 2\lambda^3 & & & + & 5\lambda^5 & + & \lambda^6 & & & = & y_{19} & \geq & 20 \\
& & & & 2\lambda^2 & + & 2\lambda^3 & + & 5\lambda^4 & & & + & 6\lambda^6 & + & 7\lambda^7 & = & y_{13} & \geq & 25
\end{array}$$

Mit diesem Modell ließe sich durch die Minimierung von x_{100} die Aufgabe formulieren und lösen, die Kundennachfrage bei minimalem Materialverbrauch an Standardpapierrollen zu befriedigen. In diesem Fall würden Überschüsse bei den Auftragsbreiten allerdings nicht wie Güter, sondern quasi wie Neutra (Beiprodukte) behandelt werden. (Dies wäre mit der Annahme des „Normalfalls" gemäß Lektion 4 nicht vereinbar.) Durch die Inputminimierung wird eigentlich die Ergebnisebene verlassen und auf die Erfolgsebene übergegangen.

Die Beschränkung auf nur einen Teil der prinzipiell möglichen Grundaktivitäten, etwa nur auf die sinnvollen oder die effizienten, und damit auf ausgewählte Teilmengen der Technik soll begrifflich durch die Benennung der jeweiligen generierenden Matrix als *Produktionsmatrix* zum Ausdruck gebracht werden; die Bezeichnung Technikmatrix bleibt solchen Matrizen vorbehalten, mit denen die gesamte Technik aufgespannt werden kann. Die Bestimmung ineffizienter oder äquivalenter Grundaktivitäten ist im Allgemeinen nicht offensichtlich, sodass ihre Elimination einen gewissen Rechenaufwand erfordert. Er kann sich jedoch lohnen, besonders dann, wenn es sich um Routineplanungen mit Hilfe des aufzustellenden Produktionsmodells handelt, die sich in ähnlicher Form ständig wiederholen.

Literaturhinweise
Hildenbrand/Hildenbrand (1975), Kap. II
Wittmann (1968), S. 107–111

6.3 Ein Ansatz zur Messung der relativen Effizienz

Die vorangehenden Überlegungen zur Bestimmung der Effizienz von Grundaktivitäten im Rahmen linearer oder allgemeinerer, endlich generierbarer Techniken können auf den Fall übertragen werden, dass es sich bei den zu analysierenden Produktionen nicht um Grundaktivitäten, sondern um beliebige andere Aktivitäten einer Technik oder eines Produktionsfeldes handelt. Insbesondere lassen sich auf diese Weise verschiedene, aber prinzipiell vergleichbare und in der Realität tatsächlich beobachtete Produktionsaktivitäten im Hinblick auf ihre *relative* Effizienz untereinander untersuchen. Mit *Data Envelopment Analysis (DEA)* wird eine Familie von in der angloamerikanischen Literatur verbreiteten Modellen und Methoden bezeichnet, die sich diese Idee zu Nutze macht.

Die DEA geht auf den Aufsatz „Measuring the Efficiency of Decision Making Units" von *Charnes/Cooper/Rhodes (1978)* zurück. Heute liegen mehr als 1000 Veröffentlichungen vor, darunter eine Vielzahl praktischer Anwendungen (vgl. *Seiford 1996*). Ursprünglich lag der Fokus auf der Leistungsbewertung des öffentlichen non profit-Sektors, für den keine Gewichtungsmöglichkeit der Inputs und Outputs über Marktpreise gegeben ist. Eine Verlagerung zu weit gestreuten Anwendungen im halbstaatlichen und privaten Sektor zeichnete sich aber bald ab. Für neuere praktische Anwendungen typisch sind Effizienzvergleiche und Benchmarking-Projekte beispielsweise für Banken, Schulen, Krankenhäuser, Verkehrs- und Energieunternehmungen.

6.3.1 Prämissen der Data Envelopment Analysis (DEA)

Die DEA untersucht so genannte Entscheidungseinheiten, die im weitesten Sinne produktiv sind, idealerweise also z.B. Unternehmungen, Werke, Abteilungen oder einzelne Produktionsanlagen, aber auch ganze Volkswirtschaften. Jede Entscheidungseinheit ρ (ρ=1,...,π) wird in der DEA durch ihre empirisch ermittelten, auf einen bestimmten Zeitraum bezogenen und als bekannt vorausgesetzten Input- und Outputquantitäten definiert, die als Input/Output-Vektor zusammengefasst eine Aktivität der Entscheidungseinheit darstellen:

$$\mathbf{z}^{\rho} = (-\mathbf{x}^{\rho}; \mathbf{y}^{\rho}) = (-x_1^{\rho}, ..., -x_m^{\rho}; y_{m+1}^{\rho}, ..., y_{m+n}^{\rho})$$

Wesentliche *Prämissen* der DEA sind:

1. Alle Inputmengen x_i^{ρ} und alle Outputmengen y_j^{ρ} sind nicht negativ.
2. Die π Entscheidungseinheiten werden durch dieselben Inputarten (i=1,...,m) und dieselben Outputarten (j=m+1,...,m+n) beschrieben, sodass sie bezüglich jeweils einer Input- oder Outputart untereinander unmittelbar vergleichbar sind.
3. Allen Entscheidungseinheiten liegt dieselbe unbekannte Technik **T** zu Grunde (mit $\mathbf{T} \subset \mathrm{IR}^{m+n}$), d.h. die beobachteten Aktivitäten sind Realisationen dieser Technik.
4. Alle Konvexkombinationen der π beobachteten Aktivitäten sind technisch möglich, d.h. Elemente der Technik **T**.
5. Im Hinblick auf die Effizienz einer Entscheidungseinheit ist es umso vorteilhafter, je größer ceteris paribus die Outputmengen und je geringer die Inputmengen sind.

Das Bild 6.7 illustriert die Prämissen anhand des einfachen, aus Abschnitt 5.5 bekannten, zweidimensionalen Zahlenbeispiels mit acht Aktivitäten für einen einzigen Input und einen einzigen Output. Die größere, heller schattierte Menge stellt die nunmehr als unbekannt unterstellte Technik **T** des Bildes 5.7 mit ertragsgesetzlichem Verlauf dar. Die unbekannte Technik braucht demnach keineswegs konvex zu sein. Wichtig gemäß der vierten Prämisse ist dagegen, dass die konvexe Hülle der Entscheidungseinheiten, hier als *umhüllende Technik* $\mathbf{T}^{env}$ bezeichnet, ganz in **T** liegt. Sie bildet ein konvexes Polyeder mit maximal π Ecken, im Beispiel das durch die acht Aktivitäten definierte, dunkler schattierte Sechseck, welches für $\lambda^{\rho} \geq 0$ (ρ=1,...,8) durch folgende drei Gleichungen beschrieben ist:

$$\begin{aligned}
x &= 5\lambda^1 + 2\lambda^2 + 4\lambda^3 + 3\lambda^4 + 5\lambda^5 + 6\lambda^6 + 10\lambda^7 + 9\lambda^8 \\
y &= 1\lambda^1 + 2\lambda^2 + 2\lambda^3 + 4\lambda^4 + 5\lambda^5 + 7\lambda^6 + 7\lambda^7 + 8\lambda^8 \\
1 &= \lambda^1 + \lambda^2 + \lambda^3 + \lambda^4 + \lambda^5 + \lambda^6 + \lambda^7 + \lambda^8
\end{aligned}$$

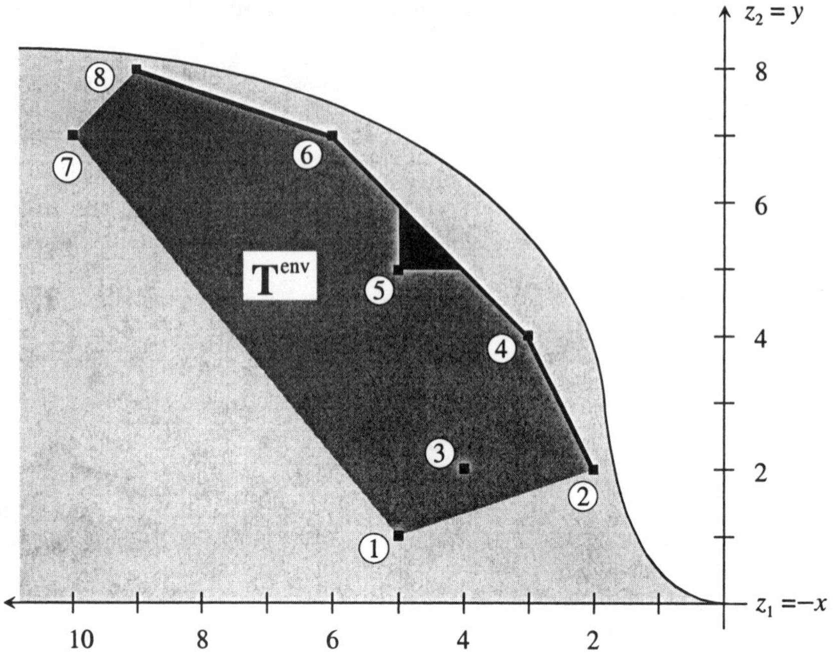

Bild 6.7: Aus acht Aktivitäten generierte umhüllende Technik

Es genügt eigentlich, wenn nur der effiziente Rand der umhüllenden Technik ganz zu **T** gehört. Die vierte Prämisse charakterisiert die DEA-Basismodelle mit „variablen" Skalenerträgen. Bei den Modellen mit konstanten Skalenerträgen wird diese Prämisse noch um die Forderung nach Größenproportionalität verschärft, sodass auch alle nichtnegativen Linearkombinationen, d.h. der gesamte von den π Aktivitäten aufgespannte polyedrische Kegel, zur umhüllenden Technik gehören. Im Hinblick auf die so genannten input- oder outputorientierten DEA-Basismodelle wird darüber hinaus regelmäßig noch vorausgesetzt, dass die Verschwendung bzw. Vernichtung von Input und Output beliebig möglich ist („free disposal"). Abschwächungen der Konvexitätsprämisse stellen dagegen seltene – weil schwierig zu analysierende – Ausnahmen dar. Charakteristisch für alle Ansätze ist, dass unter den jeweiligen Annahmen über die Eigenschaften der umhüllenden Technik diese stets *umfassend* und *minimal* zu sein hat („minimal extrapolation principle"), womit gemeint ist, dass die umhüllende Technik alle beobachteten Realisationen von Entscheidungseinheiten enthält, die geforderten Eigenschaften aufweist und nicht weiter verkleinerbar ist.

Die fünfte Prämisse hat nur Sinn, wenn Input realem Aufwand und Output realem Ertrag entspricht. Das bedeutet: Alle Objekte sind Güter! Danach ist der nordöstliche Rand der unbekannten Technik effizient. Keine der acht Entscheidungseinheiten ist in diesem Sinne – d.h. absolut – effizient. Relativ effizient in Bezug aufeinander sind allerdings die Aktivitäten ②, ④, ⑥ und ⑧; sie werden von keiner Konvexkombination der umhüllenden Technik dominiert, ebensowenig alle Aktivitäten auf dem aus ihnen gebildeten, fett gezeichneten Streckenzug als dem effizienten Rand der umhüllenden Technik. Dominiert werden dagegen die anderen vier Entscheidungseinheiten (vgl. Abschn. 5.5) sowie alle anderen Konvexkombinationen. So wird beispielsweise die Aktivität ③ durch ④ dominiert. Die Entscheidungseinheit ④ bildet damit eine reale *Referenzeinheit* für ③, aus der sich gewisse Benchmarks zur Effizienzverbesserung ablesen lassen. Die Aktivität ⑤ ist ebenfalls ineffizient, wird jedoch nicht durch eine einzelne andere Entscheidungseinheit, sondern durch alle Konvexkombinationen der Entscheidungseinheiten ④ und ⑥ dominiert, welche auf der Hypothenuse des dunklen, rechtwinkligen Dreiecks in Bild 6.7 liegen. Diese effizienten Konvexkombinationen stellen insoweit virtuelle Referenzeinheiten dar.

Die fünfte Prämisse trifft nicht zu, wenn einige Inputs oder Outputs Übel oder Neutra sind. Übelinput ist nämlich zu maximieren und Übeloutput zu minimieren. Es verursacht jedoch keine prinzipiellen Schwierigkeiten, die Ausführungen zu dem nachfolgenden DEA-Basismodell entsprechend den Hinweisen in den früheren Lektionen zu verallgemeinern (vgl. *Allen 2002*). Für die hier nicht behandelten – und auch konzeptionell nicht unproblematischen – einseitig orientierten DEA-Modelle fällt dies nicht so leicht. Dann liegt es allerdings nahe, in der DEA-Terminologie einfach die Ausdrücke 'Input' und 'Output' durch die Begriffe '(realer) Aufwand' und '(realer) Ertrag' zu ersetzen und die Modelle dementsprechend neu zu interpretieren.

Die genannten fünf Prämissen sowie ihre verschiedenen Modifikationen und Erweiterungen in der Literatur zur DEA und zu verwandten Ansätzen sind zu einem großen Teil auch rechentechnisch begründet, um so auf bewährte Techniken der Linearen Programmierung zurückgreifen zu können.

6.3.2 Ein DEA-Basismodell

Mit der DEA sollen für jede der π beobachteten Aktivitäten der Entscheidungseinheiten folgende Fragestellungen beantwortet werden:

- Ist die betrachtete Entscheidungseinheit relativ zu den anderen effizient? Falls nein:
- Durch welche virtuellen Referenzeinheiten wird sie dominiert?
- Wie stark ist das Ausmaß ihrer (relativen) Ineffizienz?
- Welche Objektarten tragen in welchem Umfang zur Ineffizienz bei?

Effizienztest

Für die betrachtete Aktivität wird der zugehörige Dominanzbereich formuliert. Bei den hier unterstellten reinen Gütertechniken ist der *Dominanzbereich* definiert als die Menge aller Konvexkombinationen beobachteter Aktivitäten realer Entscheidungseinheiten, welche wenigstens die gleichen Outputmengen erzeugen und dafür höchstens die gleichen Inputmengen einsetzen. In Bild 6.7 beschreibt das dunkle Dreieck rechts oberhalb der Aktivität ⑤ den Dominanzbereich der fünften Entscheidungseinheit. Rechnerisch wird in diesem Fall in den drei Gleichungen aus Abschnitt 6.3.1, welche die umhüllende Technik $\mathbf{T}^{env}$ bestimmen, $x = x^5 - s^-$ und $y = y^5 + s^+$ gesetzt (mit $x^5 = 5$ und $y^5 = 5$ für die fünfte Entscheidungseinheit). Die Variable s^- kennzeichnet die möglichen Verminderungen beim Faktoreinsatz (in Bild 6.7 also nach rechts), die Variable s^+ die möglichen Erhöhungen beim Produktausstoß (nach oben). Die Größen s^- und s^+ beschreiben somit die ggf. möglichen *Verbesserungen* des jeweiligen Dominanzbereiches. In dem Fall, dass sie nur den Wert Null annehmen können, ist die betrachtete Entscheidungseinheit relativ effizient. Dies trifft im Beispiel auf die Aktivitäten ②, ④, ⑥ und ⑧ zu, nicht jedoch auf ⑤.

Virtuelle Referenzeinheiten

Ist die betrachtete Entscheidungseinheit ineffizient, so geben die Verbesserungsvariablen entsprechende Veränderungen an, die zu dominierenden Aktivitäten der umhüllenden Technik führen. Von besonderem Interesse sind diejenigen Aktivitäten des Dominanzbereichs, die selber nicht dominiert werden. Sie liegen auf dem effizienten Rand der umhüllenden Technik, in Bild 6.7 also auf dem durch die Aktivitäten ②, ④, ⑥ und ⑧ gebildeten Streckenzug. Ihre Bezeichnung als (virtuelle) Referenzeinheiten drückt aus, dass sie gewissermaßen Vorbilder für die untersuchte Entscheidungseinheit darstellen. Entweder handelt es sich um eine reale Entscheidungseinheit oder aber um eine effiziente Konvexkombination relativ effizienter realer Entscheidungseinheiten.

Entscheidungstheoretisch gesehen entspricht die Menge der virtuellen Referenzeinheiten der so genannten vollständigen Lösung des *Vektormaximumproblems*, welches daraus resultiert, das alle Verbesserungsvariablen gleichzeitig maximiert werden sollen. Da es sich hier bei dem Dominanzbereich um ein beschränktes konvexes Polyeder mit endlich vielen Ecken handelt, lässt sich dieses Problem gemäß dem *Effizienztheorem,* einem Hauptsatz der linearen Vektormaximumtheorie, in äquivalenter Weise auch durch eine parametrische Aufgabe der Linearen Programmierung beschreiben, bei der die Summe der geeignet mit positiven Parametern g^- und g^+ gewichteten Verbesserungsvariablen

$$g^- \cdot s^- + g^+ \cdot s^+$$

maximiert wird. Danach bestimmt ein Verbesserungsvektor $(s^-; s^+)$ genau dann eine virtuelle Referenzeinheit zur betrachteten Entscheidungseinheit, wenn ein Vektor $(g^-; g^+)$ positiver Gewichte existiert derart, dass der Verbesserungsvektor eine optimale Lösung der zugehörigen Linearen Programmierungsaufgabe ist. Welche virtuelle Referenzeinheit bestimmt wird, hängt von der Wahl der

Gewichtungsparameter ab. Bei der Untersuchung der fünften Entscheidungseinheit des Beispiels in Bild 6.7 ist das Gefälle der Strecke zwischen den Aktivitäten ⑥ und ④ ausschlaggebend. Es berechnet sich zu (6–3)/(7–4) = 1. Für g^+/g^- < 1 ist ausgehend von (–5; 5) eine alleinige Verminderung des Faktoreinsatzes optimal: $(s^-; s^+)$ = (1; 0), d.h. man erhält die dominierende Aktivität (–4; 5). Für g^+/g^- > 1 ergibt sich über eine Erhöhung der Produktausbringung der Punkt (–5; 6) als virtuelle Referenzeinheit. Solange man über die relative Wichtigkeit einer Verminderung des Faktoreinsatzes im Vergleich zu einer Erhöhung des Produktausstoßes keine Aussage machen kann, kommen jedoch alle Punkte auf dem Teilstück des effizienten Randes der umhüllenden Technik, das zwischen diesen beiden Extrempunkten liegt, als virtuelle Referenzeinheiten in Frage.

Die DEA-Basismodelle ignorieren dagegen diesen bedeutenden Zusammenhang und legen die Gewichtungen in der Regel willkürlich fest. So ergibt sich das so genannte „unorientierte Modell vom Typ AddVRS“, wenn im Beispiel die Gewichtungsparameter gleich Eins gesetzt werden (vgl. *Dyckhoff/Allen 1999*).

Effizienzmessung

Die Bestimmung eines Effizienzgrades als Ausmaß der relativen Ineffizienz der untersuchten Entscheidungseinheit im Vergleich zu den anderen ist in unmittelbarem Zusammenhang mit der Auswahl einer bestimmten virtuellen Referenzeinheit unter allen grundsätzlich in Frage kommenden zu sehen. Wenn im Beispiel über eine Gleichgewichtung beider Verbesserungsvariablen mittels $g^- = 1$ und $g^+ = 1$ etwa die Aktivität (–4; 5) als virtuelle Referenzeinheit für die reale fünfte Entscheidungseinheit (–5; 5) ausgewählt wird, so ist es dann auch konsequent, den zugehörigen optimalen Zielwert 1 der parametrischen Linearen Programmierungsaufgabe als Effizienzgrad anzusehen. Allerdings gelten auch hier die schon in Abschnitt 5.5 geäußerten generellen Vorbehalte hinsichtlich der verwendeten Effizienzmaße.

In der DEA wird allgemein der optimale Zielfunktionswert des jeweiligen Basismodells als Maß der relativen Effizienz verwendet. Dabei spielt es keine Rolle, ob der Berechnung das primale oder das duale LP-Modell zu Grunde gelegt wird, weil nach dem Dualitätstheorem beide Linearen Programme denselben Wert liefern. Im Fall des unorientierten DEA-Basismodells vom Standardtyp AddVRS (mit den Gewichten Eins) wird als virtuelle Referenzeinheit diejenige ausgewiesen, welche im Dominanzbereich den größten Abstand von der untersuchten Entscheidungseinheit besitzt, wobei der Abstand mittels der ungewichteten L^1-Metrik („city block-Metrik“) gemessen wird. Im Falle eines inputorientierten DEA-Modells auf der Basis des Effizienzmaßes von *Farrell (1957)* würde als Effizienzgrad der proportionale Anteil des effizienten zum ineffizienten Faktoreinsatz gelten, d.h. im Beispiel für die fünfte Entschcidungseinheit 4/5 = 80%; bei dem entsprechenden outputorientierten Modell ergäbe sich 5/6 = 83,3%. Der Effizienzmessung liegt bei diesen orientierten DEA-Modellen die L^∞-Metrik („Tschebycheff-Metrik“) zu Grunde (vgl. *Kleine 2002*, S. 198 ff.).

Relevanz des Input und Output

In der DEA wird die Relevanz bestimmter Input- oder Outputarten für die Frage der Effizienzverbesserung einer Entscheidungseinheit üblicherweise durch den Vergleich der ineffizienten Entscheidungseinheit mit derjenigen virtuellen Referenzeinheit bestimmt, welche das jeweils benutzte DEA-Basismodell ermittelt hat. Insofern hängt die Aussagekraft dieses Benchmarking entscheidend von der ermittelten virtuellen Referenzeinheit und damit vom zu Grunde gelegten Modell ab. Wenn im obigen Beispiel (–4; 5) als Referenz für (–5; 5) ermittelt worden ist, so würde daraus zu schließen sein, dass besonders der Faktoreinsatz verbessert werden müsste. Mit dem gleichen Recht könnte aber auch eine höhere Produktausbringung angebracht sein. Letztlich illustriert dies nur, dass prinzipiell *alle* effizienten Aktivitäten, welche die betrachtete Entscheidungseinheit dominieren, als (virtuelle) Referenzeinheiten in Frage kommen und so den gesamten Spielraum einer Effizienzsteigerung bestimmen. In höher dimensionalen Fällen können davon die verschiedenen Objektarten in unterschiedlichem Ausmaß betroffen sein. Darüber hinaus wäre selbst bei einer eindeutigen Referenzeinheit eine Aussage, welche eine vergleichende Bewertung zwischen verschiedenen Input- und Outputarten vornimmt, solange fragwürdig, wie nicht eine Vergleichbarkeit – etwa über geeignete Gewichtungsparameter – hergestellt werden kann, allein schon deshalb, weil dies von den jeweiligen Maßeinheiten der Input- und Outputmengen abhängt.

6.3.3 Weitere Ansätze

Über die zuvor geäußerte Kritik an der DEA, seien es ihre Prämissen, ihre konkreten Basismodelle oder die daraus abgeleiteten Aussagen, ergibt sich eine Reihe von Ansatzpunkten zur Verbesserung und Erweiterung der Modelle und Methoden zur Messung relativer Effizienz. Hier soll abschließend noch einmal auf die fünf Prämissen aus Abschnitt 6.3.1 eingegangen werden.

Während die erste Prämisse unproblematisch erscheint, stellt die zweite schon hohe Anforderungen an den DEA-Anwender bezüglich der Festlegung der relevanten Input- und Outputarten. Diese müssen zum einen alle wesentlichen Aspekte in messbarer Weise erfassen, welche die Effizienz einer Entscheidungseinheit prägen (Messbarkeit und Vollständigkeit). Zum anderen müssen Inputs bzw. Outputs derselben Art für die verschiedenen Entscheidungseinheiten untereinander vergleichbar sein (Homogenität). Andererseits dürfen sie aus pragmatischen Gründen nicht zu detailliert und zahlreich sein (Einfachheit). Über die Vergleichbarkeit ihrer Inputs und Outputs hinaus verlangt die dritte Prämisse, dass die Input/Output-Vektoren aller betrachteten Entscheidungseinheiten auf ein und derselben Technik beruhen, die selber jedoch weitgehend unbekannt ist.

Vorausgesetzt wird dagegen durch die vierte Prämisse, dass die unbekannte Technik in dem durch die beobachteten Entscheidungseinheiten bestimmten Teil konvex ist. Durch die Verschärfung oder Aufweichung dieser Prämisse erhält man verschiedene Formen umhüllender Techniken, die aus den beobachteten Entscheidungseinheiten generiert werden. Das Bild 6.8 zeigt am früheren Beispiel der acht Entscheidungseinheiten eine Reihe davon, wobei das Diagramm 6.8a dem Bild 6.7 entspricht (Konvexität). Bei Linearität erhält man Diagramm 6.8c, bei bloßer Additivität 6.8e. In den drei rechten Diagrammen des Bildes 6.8 ist zusätzlich das Wegwerfen von Objekten generell möglich (free disposal), wobei in 6.8f keine weiteren Eigenschaften gelten (free disposal hull). Diagramm 6.8b stellt sich als minimale umhüllende Technik ein, die konvex ist, Wegwerfen ermöglicht und alle acht beobachteten Aktivitäten enthält (Kombination von 6.8a und 6.8f). Die umhüllende Technik des Diagramms 6.8d ergibt sich daraus, wenn zusätzlich gefordert wird, dass der Stillstand möglich ist (was hier Größendegression impliziert). Die verschiedenen Eigenschaften der umhüllenden Technik haben zur Folge, dass die Menge der relativ effizienten und die Effizienzgrade der ineffizienten Entscheidungseinheiten variieren. Es ist von entscheidender Bedeutung, die Eigenschaften der umhüllenden Technik realistisch festzulegen, weil andernfalls künstliche Aktivitäten generiert werden, die technisch unmöglich sind, sodass ein Benchmarking mittels derartiger – nunmehr im wahrsten Sinn des Wortes – „virtueller“ Referenzeinheiten wenig Sinn hat.

Die fünfte Grundannahme impliziert, dass jeglicher beachtete Output erwünscht ist und jeglicher beachtete Input möglichst vermieden werden soll, und zwar unabhängig von der tatsächlich erzeugten bzw. eingesetzten Menge der selben wie auch der anderer Objektarten. Insbesondere dürfen keine präferenzmäßigen Interaktionen zwischen den Objektarten existieren, welche die Erwünschtheit einer Objektart von der Menge anderer Objektarten abhängig machen. Andernfalls müssten komplexere Dominanzstrukturen unterstellt werden, die über modifizierte Effizienztheoreme entsprechend zu anderen Modellen führen würden. Solche Erweiterungen der DEA oder auch anderer nicht-parametrischer Verfahren zur empirischen Schätzung einer best practice-Produktionsfunktion sind insbesondere im Hinblick auf die Einbeziehung des Umweltschutzes in Effizienzüberlegungen wichtig.[4]

Literaturhinweise

Allen (2002)
Kleine (2002)

[4] Vgl. die Anmerkungen in Abschn. 6.3.1 sowie *Allen (2002)*.

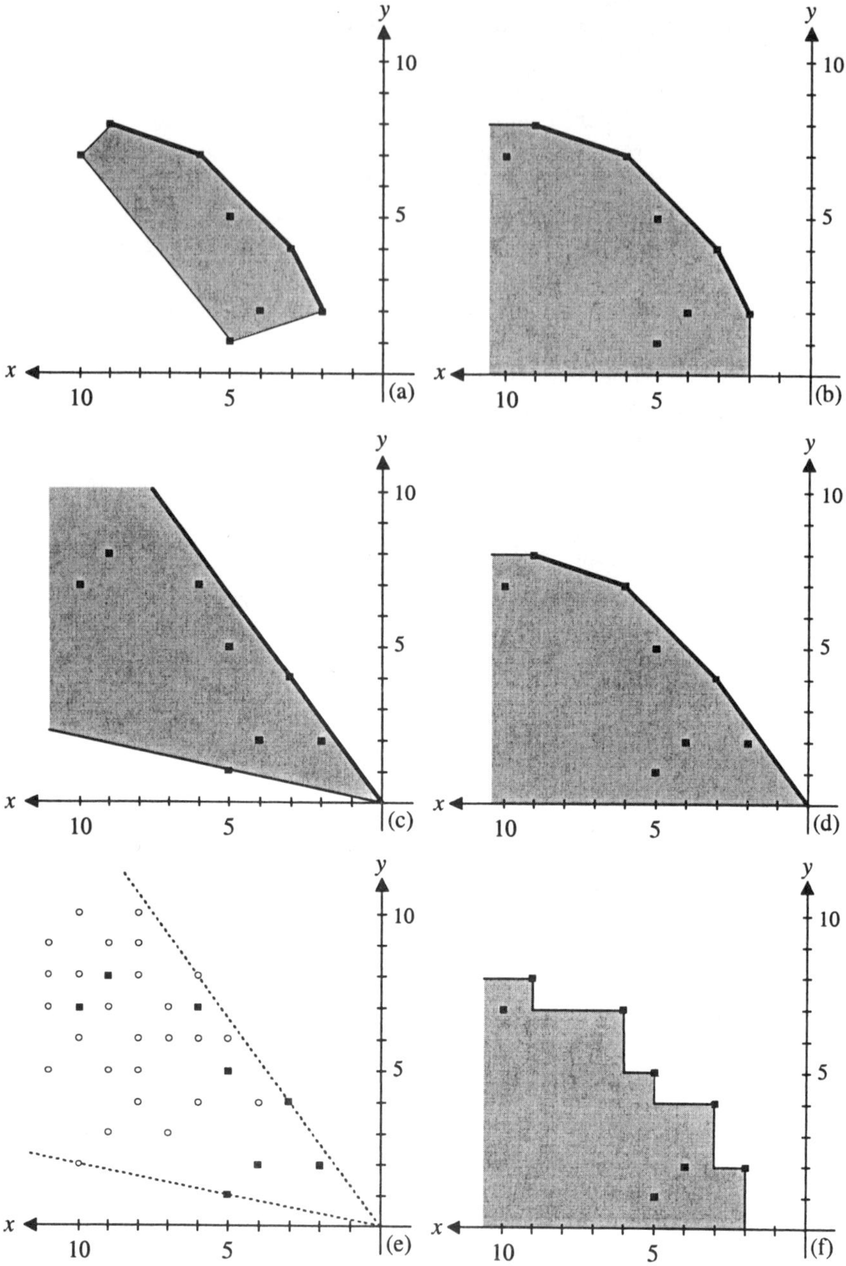

Bild 6.8: Umhüllende Techniken mit verschiedenen Eigenschaften

Wiederholungsfragen

1) Wie lassen sich die quantitativen Beziehungen zwischen Objektarten bei einseitig determinierten Techniken darstellen?
2) Welche Produktionsmodelle erlauben die Berücksichtigung einer Verfahrenswahl? Wie äußert sich Substitutionalität im Rahmen linearer Produktionsmodelle?
3) Welche Effizienzbeziehungen bestehen zwischen Grundaktivitäten und ihren Kombinationen? Worin liegt der Unterschied zwischen sinnvollen und effizienten Grundaktivitäten?
4) Was bedeutet relative Effizienz? Was ist eine (virtuelle) Referenzeinheit?
5) Wie ist die Vorgehensweise der Data Envelopment Analysis (DEA)? Auf welchen grundlegenden Prämissen baut sie auf, und welche weiter gehenden Ansätze ergeben sich aus einer kritischen Würdigung der DEA?

Übungsaufgaben

Ü 6.1

Ein Produkt kann im Rahmen einer linearen Gütertechnik mit den im Folgenden angegebenen drei Verfahren aus zwei Faktoren hergestellt werden. Die Tabelle enthält die prozessspezifischen Faktorverbräuche in Quantitätseinheiten (QE) des jeweiligen Faktors pro Quantitätseinheit des Produkts.

	Verfahren		
	I	II	III
Faktor 1	100	50	25
Faktor 2	40	50	120

a) Bestimmen Sie das Produktionsmodell dieses Prozesses, und zeichnen Sie den zugehörigen I/O-Graphen!

b) Zeichnen Sie die Prozessstrahlen der einzelnen Verfahren in ein Faktordiagramm! Zeichnen Sie alle Möglichkeiten ein, 10 Produkteinheiten herzustellen!

c) Bestimmen Sie die effizienten Verfahren und Verfahrenskombinationen! Zeichnen Sie die Produktisoquanten zur Herstellung von 5, 8 und 10 Produkteinheiten ein! Geben Sie eine allgemeine formale Darstellung der Isoquanten an!

d) Wie viele Produkteinheiten können hergestellt werden, wenn lediglich 750 QE von Faktor 1 und 450 QE von Faktor 2 zur Verfügung stehen? Wie viele Produkteinheiten können hergestellt werden, wenn nur ein einzelnes Verfahren eingesetzt wird?

Ü 6.2

Untersuchen Sie für folgende Grundaktivitäten, welche sinnvoll und welche effizient sind, wenn durch diese Grundaktivitäten eine lineare Gütertechnik erzeugt wird! Überprüfen Sie ferner die Kombinationen der Grundaktivitäten auf Effizienz!

I)	$\mathbf{z}^1 = (8; 3; -1)$	$\mathbf{z}^2 = (4; 9; -1)$	$\mathbf{z}^3 = (6; 7; -1)$
II)	$\mathbf{z}^1 = (1; -1; -5)$	$\mathbf{z}^2 = (1; -3; -4)$	$\mathbf{z}^3 = (1; -4; -1)$
III)	$\mathbf{z}^1 = (1; 7; -1)$	$\mathbf{z}^2 = (14; 4; -2)$	$\mathbf{z}^3 = (1; 1; -0{,}333)$
IV)	$\mathbf{z}^1 = (-2; -7; 1)$	$\mathbf{z}^2 = (-12; -6; 2)$	$\mathbf{z}^3 = (-1{,}5; -1{,}5; 0{,}25)$

Ü 6.3

Eine Unternehmung mit einer linearen Gütertechnik kann ihre Tagesproduktion anhand folgender vier Grundaktivitäten durchführen (Stillstand ist nicht zugelassen):

$\mathbf{z}^1 = (-4; -6; 3) \qquad \mathbf{z}^2 = (-6; -7; 5)$

$\mathbf{z}^3 = (-9; -11; 7) \qquad \mathbf{z}^4 = (-5; -8; 3)$

a) Ermitteln Sie die effizienten Grundaktivitäten und ihre effizienten Kombinationen!

b) Überprüfen Sie, ob und wenn ja, durch welche Kombination der Grundaktivitäten die Wochenproduktion $\mathbf{z}^w = (-29{,}5; -38{,}5; 23)$ möglich ist! (1 Woche = 5 Arbeitstage)

Ü 6.4

In einer Papierfabrik werden Rollen der Standardbreite 80 cm und einer Länge von 1000 Metern der Breite nach in schmalere Rollen zur Erfüllung von Kundenaufträgen zugeschnitten. Für die Planungsperiode liegt Nachfrage nach den Breiten 35 cm, 19 cm und 13 cm in noch nicht genau bestimmter Höhe vor. Sämtliche anderen Breiten stellen für das Unternehmen neutrale Objekte dar.

a) Ermitteln Sie die sinnvollen Grundaktivitäten aus ergebnisorientierter Sicht!

b) Welche der hierdurch beschriebenen Schnittmuster wären noch möglich, wenn die Maschine nur vier Messer hat und der Prozess kontinuierlich abläuft?

c) Scheiden Sie von den in a) bestimmten Grundaktivitäten diejenigen aus, die nicht effizient sind! Versuchen Sie möglichst auch äquivalente Grundaktivitäten festzustellen! Schließen Sie letztere für Ihr weiteres Vorgehen ebenfalls aus!

d) Stellen Sie die Input- und Outputquantitäten in Abhängigkeit vom Prozessniveau der noch verbleibenden Schnittprozesse dar!

Ü 6.5

Folgende Aktivitäten einer Gütertechnik beschreiben die in der vergangenen Periode eingesetzten bzw. ausgebrachten Quantitäten von acht funktionsgleichen Produktionsanlagen:

$$\mathbf{z}^1 = (-2, 1), \quad \mathbf{z}^2 = (-3, 4), \quad \mathbf{z}^3 = (-6, 6), \quad \mathbf{z}^4 = (-9, 7),$$
$$\mathbf{z}^5 = (-3, 2), \quad \mathbf{z}^6 = (-5, 4), \quad \mathbf{z}^7 = (-7, 3), \quad \mathbf{z}^8 = (-8, 6)$$

a) Tragen Sie diese Aktivitäten in ein z_1,z_2-Diagramm ein und zeichnen Sie die sich als konvexe Hülle ergebende umhüllende Technik $\mathbf{T}^{env}$ ein!

b) Welche Produktionsanlagen wurden relativ effizient betrieben, welche ineffizient? Zeichnen Sie die Dominanzbereiche der ineffizienten Anlagen in das z_1,z_2-Diagramm ein!

c) Bestimmen Sie die Referenzeinheiten für die ineffizienten Anlagen unter der Prämisse, dass Inputsenkungen und Outputerhöhungen für den Produzenten gleich wichtig sind.

d) Wie würden sich die Referenzeinheiten ändern, wenn allein die Senkung der Inputquantität bei der Beurteilung interessiert? Bestimmen Sie für diesen Fall auch den (prozentualen) Effizienzgrad der ineffizienten Aktivitäten!

Kapitel C

Erfolgstheorie

Die zuvor behandelte Produktionstheorie setzt die Existenz und Kenntnis lediglich unvollständiger Informationen bezüglich der durch die Produktionsaktivitäten hervorgerufenen Wertschöpfung voraus. Sie erlaubt über das Dominanzprinzip dementsprechend auch nur eine partielle Rangordnung der Aktivitäten. Dagegen geht die Erfolgstheorie von der Existenz einer Erfolgsfunktion aus, welche jeder Aktivität in eindeutiger Weise die insgesamt bewirkte Wertveränderung als „Saldo“ der Nutzen und Schäden bzw. Leistungen und Kosten zuweist und so eine vollständige Präferenzordnung impliziert. Lektion 7 behandelt grundlegend die damit verknüpfte Bewertungsproblematik und veranschaulicht die dabei eingeführten Konzepte an Hand einiger wichtiger betriebswirtschaftlicher Problemstellungen. Die Lektion 8 untersucht und charakterisiert daraufhin solche Produktionen, die zu einem maximalen Erfolg führen und so dem starken Erfolgsprinzip genügen. Wie in den beiden vorangehenden Kapiteln ist die dritte Lektion dann wieder dem Spezialfall der linearen (Erfolgs-)Theorie gewidmet.

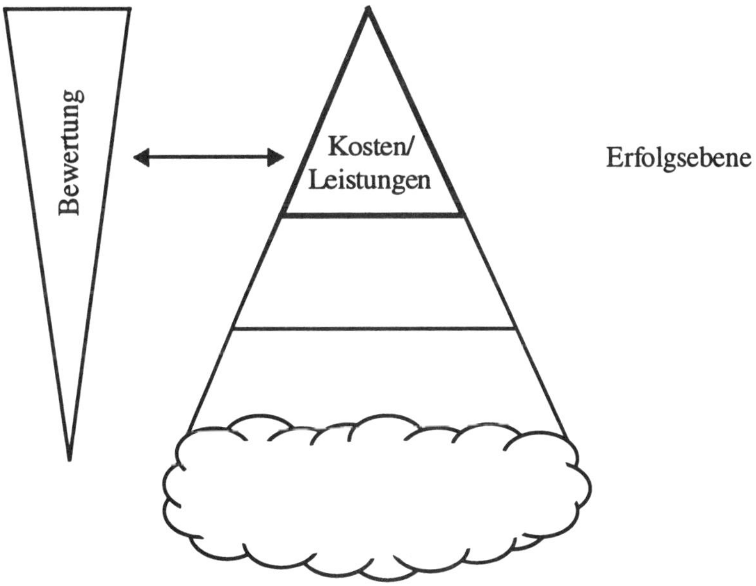

7 Erfolg der Produktion

7.1 Bewertung des Produktionserfolgs
7.2 Messung des (ökonomischen) Erfolgs
7.2.1 Erfolgsfunktion
7.2.2 (Ökonomische) Erfolgskategorien
7.3 Lineare Erfolgsfunktionen
7.4 Nichtlineare Erfolgsfunktionen
7.4.1 Kostenverlauf einer Lern- oder Erfahrungskurve
7.4.2 Umsatzverlauf bei Preisdifferenzierung
7.4.3 Umsatzverlauf bei einer linearen Preis-Absatz-Funktion
7.4.4 Gewinnverlauf bei einer linearen Preis-Absatz-Funktion

Die Definition des realen Aufwands und Ertrags an Hand der Identifizierung von Gütern, Übeln und Neutra auf der Ergebnisebene erlaubt im Normalfall nur begrenzte Aussagen über die von einer Produktion insgesamt bewirkte Wertschöpfung. Da es nach der Grundannahme (E1) aus Abschnitt 4.4 keinen Ertrag ohne Aufwand gibt, muss stets zwischen Wertzuwächsen einerseits und Wertverzehren andererseits abgewogen werden. Eine Produktion ist *erfolgreich*, wenn in einer Gesamtbewertung die Erträge die Aufwendungen überwiegen. Die an Hand eines einheitlichen Erfolgsmaßstabes vergleichbar gemachten mengenmäßigen Erträge und Aufwendungen können allgemein als *Nutzen* bzw. *Schäden* bezeichnet werden. In Geldeinheiten gemessen spricht man von (wertmäßigen) Leistungen bzw. Kosten. Auf die dabei entstehende Schwierigkeit, geeignete Bewertungsansätze zu finden, geht der erste Abschnitt dieser Lektion nur insoweit ein, wie es für eine einführende Darstellung in die transformationsorientierte Theorie betrieblicher Wertschöpfung notwendig erscheint. Der Abschnitt 7.2 postuliert die Existenz und Kenntnis einer Funktion, welche den Erfolg der Produktion misst und die Grundlage für die Bewertung verschiedener Produktionsaktivitäten in den nachfolgenden Lektionen bildet. Dabei konzentriert sich die Analyse auf den ökonomischen Erfolg, der in solchen Erfolgskategorien wie Kosten, Umsatz und Gewinn zum Ausdruck kommt. Da in der Theorie betrieblicher Wertschöpfung der Transformationsprozess im Zentrum steht, wird in der Regel vereinfachend von einer linearen Erfolgsfunktion ausgegangen, so wie sie in Abschnitt 7.3 eingeführt wird. Dass nichtlineare Erfolgsfunktionen allerdings im Allgemeinen eine bedeutende Rolle spielen, demonstriert der abschließende Abschnitt 7.4 an einigen nicht nur produktionswirtschaftlich, sondern besonders auch absatzwirtschaftlich relevanten Fragestellungen.

7.1 Bewertung des Produktionserfolgs

Führt ein Subjekt eine Handlung durch, so wird es sie im Allgemeinen als erfolgreich bezeichnen, wenn es damit die (selbst) gesteckten Ziele erreicht. Insofern bilden die einem Produktionssystem als Führungsgrößen vorgegebenen *Zielsetzungen* (vgl. Bild 0.3) grundsätzlich die Basis für die Beurteilung des Erfolgs einer Produktionsaktivität. Die Ziele bestimmen, wie wertvoll die durch den Transformationsprozess hervorgerufenen Veränderungen aus Sicht des Produktionsmanagements einzustufen sind. Wie schon in Abschnitt 4.1 ausgeführt, legen sie damit fest, was aus der subjektiven Sicht und in der jeweiligen Situation des Produktionssystems zu einer Wert- bzw. Schadschöpfung führt. Es wurde dort außerdem betont, dass neben ökonomischen Motiven in der Regel auch soziale und ökologische Gesichtspunkte sowie objektive Fakten, insbesondere gesetzliche Vorgaben und existierende Marktpreise, in die Bewertung einfließen. Der **Erfolg** einer Produktion muss deshalb grundsätzlich sehr allgemein verstanden werden. Wenn er so als Überschuss oder „Mehrwert" der bewirkten Nutzen über die hervorgerufenen Schäden aufgefasst wird, rührt seine Unbestimmtheit bzw. Inhaltsleere letztlich aus derjenigen des Nutzenbegriffs. Was er konkret bedeutet, ist jeweils situativ im Hinblick auf die verfolgten Ziele und die gegebenen Handlungsmöglichkeiten zu bestimmen.

Das Phänomen der Wertschöpfung ist jeglicher wirtschaftlicher Aktivität inhärent, da unter der Voraussetzung eigennützig handelnder Individuen nur (durch nachfolgende Transaktionen) in Aussicht gestellter, subjektiv empfundener Mehrwert Wirtschaftssubjekte zu Transformationsprozessen veranlasst, welche nicht unmittelbar mit einer Nutzenstiftung verbunden, also keine Konsumprozesse sind. Dabei kann der Begriff **Wertschöpfung** einerseits – wie in diesem Buch – als der Prozess verstanden werden, der zu einem solchen Mehrwert führt. Andererseits bezeichnet die Wertschöpfung auch das Resultat dieses Prozesses, und zwar üblicherweise als Maßgröße des geschaffenen Mehrwerts. Der so verstandene Erfolg einer Unternehmung oder einer anderen Wirtschaftseinheit kann auf zweierlei Weise berechnet werden (vgl. *Haller 1998*): Bei der indirekten Ermittlung oder Subtraktionsmethode entspricht die Wertschöpfung der in Geldeinheiten bewerteten Differenz aus Gesamtleistungen und Vorleistungen und stellt so das *Gesamteinkommen* der Unternehmung bzw. Wirtschaftseinheit dar. Bei der direkten Ermittlung oder Additionsmethode ergibt sich die Wertschöpfung als Summe aller Einkommensteile, die auf Grund des Wertschöpfungsprozesses an die beteiligten Anspruchsgruppen fließen, nämlich das Einkommen der Arbeitnehmer, der Kapitalgeber und des Staates zuzüglich die in der Unternehmung belassenen, unverteilten Mehrwertanteile. Während die Einkommensansprüche der Arbeitnehmer, der Fremdkapitalgeber und des Staates in der Regel fest liegen, haben die Eigenkapitalgeber nur den Anspruch auf das Residualeinkommen, welches im positiven Fall als *Gewinn*, im negativen Fall als *Verlust* bezeichnet wird.

Nachfolgend stehen *ökonomisch* ausgerichtete Bewertungsansätze im Vordergrund, welche auf die Einkommenserzielung der Eigenkapitalgeber abstellen. *Einkommen* wird als Veränderung des Reinvermögens verstanden, d.h. als Nettozugang an Objekten (Sachen, Dienste, Informationen, Verfügungsrechte) während der Produktionsperiode, bewertet in Geldeinheiten. Ein positives Einkommen (der Eigenkapitalgeber) heißt auch **Gewinn**, ein negatives **Verlust**. Wenn nicht ausdrücklich anders vermerkt, wird im Folgenden bezüglich des Erfolgs einer Produktion regelmäßig von einer solchen Einkommensorientierung ausgegangen. Durch die damit verbundene Bewertung in Geldeinheiten sind derartige Ansätze monetär.

Der *pagatorische* Bewertungsansatz ist offensichtlich monetär, weil er unmittelbar an den mit der Produktion verbundenen Zahlungsströmen anknüpft und ausschließlich auf den tatsächlich beobachtbaren Geldtransfers beruht. Der *wertmäßige* Ansatz zielt demgegenüber grundsätzlich auf eine entscheidungsorientierte Bewertung der Veränderungen bei den Objektquantitäten. Den eigentlich dafür zu wählenden Wertansatz bildet das oben genannte Nutzenkonzept, wobei diejenige Produktion durchzuführen ist, welche gemäß den unternehmerischen Zielvorstellungen optimal ist (Erfolgsmaximum). Das *Dilemma des wertmäßigen Erfolgsbegriffs* ergibt sich nun daraus, dass man die richtigen Wertansätze für die Objektarten – besonders im Fall von Engpässen – erst kennt, wenn die optimale Produktion schon ermittelt ist und sie dann aber überflüssig sind. Um diesem Dilemma zu entgehen, nimmt man in der ökonomischen Theorie üblicherweise vollkommene Gütermärkte mit vollständiger Konkurrenz an, verbunden mit der Unterstellung, die dort zu beobachtenden Marktpreise würden in etwa den marginalen Nutzen der Güter widerspiegeln. Als Bewertungsmaßstäbe für die Faktoren und Produkte werden die (Wieder-) *Beschaffungspreise* auf den Beschaffungsmärkten bzw. die *Absatzpreise* (Nettostückerlöse) auf den Absatzmärkten gewählt, wobei diese in der Regel als konstant und positiv angenommen werden. Insoweit ist auch der wertmäßige Erfolgsbegriff monetär orientiert.

Damit werden alle anderen Objekte, für die keine Marktpreise existieren und die aus der subjektiven Sicht des Betriebs keinen Beschränkungen unterliegen, implizit als wertlos angesehen, d.h. mit dem Preis Null bewertet. Für eine sozial oder ökologisch orientierte Bewertung müssen aber auch solche Objekte, welche *externe Effekte* hervorrufen, in das Kalkül einbezogen und mit Preisen bewertet werden. Dabei handelt es sich um (Neben-) Wirkungen der Produktion auf die (natürliche oder künstliche) Umwelt, welche sich nicht vollständig und ausschließlich in Marktpreisen der Objekte niederschlagen. Es sind direkte Beeinflussungen des Nutzens anderer Wirtschaftssubjekte gewissermaßen am Preissystem vorbei, die deshalb durch den Preismechanismus auf Märkten auch nicht koordiniert werden können. Negative externe Effekte, etwa der „Treibhauseffekt“ durch Kohlendioxidemissionen, heißen auch *externe Kosten* oder „soziale Zusatzkosten“. Soweit im Zielsystem des Produzenten externe Effekte keine Rolle spielen, werden sie für ihn erst (ergebnis- und) *erfolgswirksam*, wenn die Rahmenbedingungen der Produktion so verändert werden, dass die externen Effekte zwangsläufig *internalisiert* werden. Dies können zielwirksame staatliche Maßnahmen (z.B. Abgaben) oder gesetzliche Restriktionen (z.B. Emissionsgrenzen) sein.

Der Produktionserfolg gibt *im Ansatz* zwar die Präferenzen des Produzenten wieder. Wie aber schon in Abschnitt 4.1 betont, sind die Präferenzen selber durch äußere Einflüsse geprägt, insbesondere über die als Führungsgrößen vorgegebenen Ziele. Objektive Daten, die regelmäßig in diese Oberziele eingehen, sind die für viele Objektarten vorhandenen Marktpreise bzw. vom Staat festgelegte Sätze für Gebühren, Steuern oder Abgaben. Der *Marktpreis* einer Objektart ist ein (frei gebildetes) Tauschverhältnis, üblicherweise in bezug auf eine allgemein als Tauschgut anerkannte Objektart, die als Geld den Charakter eines Nominalgutes besitzt. Handelt es sich bei dem betrachteten Produktionssystem um einen Teil einer Unternehmung, z.B. um ein Werk, eine einzelne Produktionsanlage oder einen Arbeitsplatz, so findet ein direkter Austausch gegen Geld mit anderen Unternehmungsteilen nur selten statt. Die Bewertung innerbetrieblich bezogenen Inputs oder abgegebenen Outputs kann dann an Hand von *Verrechnungspreisen* geschehen, die aus den Tauschverhältnissen der Unternehmung mit ihren Marktpartnern abgeleitet werden. Während innerbetriebliche Verrechnungspreise eher einen subjektiven, unternehmungsbezogenen Charakter haben, insbesondere als *Lenkpreise*, die der Motivation und Kontrolle des innerbetrieblichen Geschehens dienen, lassen sich vom Staat vorgebene *Gebühren* und *Abgaben* quasi als objektive, außerbetriebliche Verrechnungspreise verstehen. Mit ihnen erwirbt der Betrieb gewisse Rechte, bei der Abwasserabgabe etwa das Recht, Abwasser einer bestimmten Qualität und Quantität in einen nahe gelegenen Fluss einleiten zu dürfen.

Güterpreise sind positiv definiert, indem für die Hingabe des erzeugten Produktes Geld empfangen bzw. für den Empfang des benötigten Faktors Geld hingegeben wird. Abwasser wird jedoch nicht gegen Geld getauscht, sondern für das an die Natur abgegebene Abwasser muss parallel Geld an den Staat abgeführt werden. Die Abwasserabgabe ist demnach ein *negativer* Preis eines Outputs. Das Gleiche trifft umgekehrt beim Input für die Gebühr zu, die der Betreiber einer Verbrennungsanlage für den angelieferten Müll erhält.

Literaturhinweise

Adam (1998), S. 263–276
Fandel (1994), S. 219–221
Heinen/Picot (1974)

7.2 Messung des (ökonomischen) Erfolgs

Die einzelnen Aktivitäten des Produktionssystems sind im Allgemeinen nicht gleichwertig. Die eindeutige Zuordnung eines Wertes zur Messung des Erfolges einer Aktivität kennzeichnet das Konzept der Erfolgsfunktion.

7.2.1 Erfolgsfunktion

In der Erfolgstheorie – als Teil der Theorie betrieblicher Wertschöpfung – wird generell unterstellt, dass es möglich ist, den Erfolg einer Produktion mittels einer einzelnen eindimensionalen, reellwertigen (Kenn-)Zahl zu messen. Es wird somit von der Existenz einer **Erfolgsfunktion**

$$w\colon \mathbf{T} \to \mathbb{R}, \qquad \text{d.h. } w(\mathbf{z}) = w(z_1,\ldots,z_\kappa) \in \mathbb{R} \text{ für } \mathbf{z} \in \mathbf{T}$$

ausgegangen. Sie misst die Vorteilhaftigkeit der Produktionen einer Technik **T** im Hinblick auf die vorgegebenen Ziele, sodass $w(\mathbf{z}^1)$ genau dann größer als, gleich oder kleiner als $w(\mathbf{z}^2)$ ist, wenn die Produktion $\mathbf{z}^1$ besser als, genau so gut bzw. schlechter als $\mathbf{z}^2$ ist. Die Erfolgsfunktion wird als stetig und u.U. auch als differenzierbar angenommen. Außerdem ist der Erfolg – als durch die Produktion bewirkte Veränderung (Wert*schöpfung*) – üblicherweise so normiert, dass $w(\mathbf{z}) = 0$ die Grenze zwischen positivem Erfolg und Misserfolg markiert, d.h. bei einkommensorientierter Bewertung zwischen Gewinn und Verlust. In diesen Fällen wird der Erfolg in Geldeinheiten gemessen.

Bei einem monetären Erfolgsmaßstab kann darüber hinaus von Kardinalität und intersubjektiver Vergleichbarkeit der Erfolgsmessung ausgegangen werden. Beide Eigenschaften sind notwendige Voraussetzungen dafür, beispielsweise Teilerfolge verschiedener Produktionssubsysteme miteinander addieren oder untereinander vergleichen zu können.

Um eine Erfolgsfunktion aufzustellen, können grundsätzlich die Methoden der *Entscheidungslehre* zur Unterstützung von Mehrzielentscheidungen herangezogen werden. So gesehen handelt es sich bei der Erfolgsfunktion um eine *multiattributive Wertfunktion* des Produzenten im Hinblick auf die Führungsgrößen als Fundamentalziele des Produktionssystems. Von praktischer Bedeutung sind bestimmte spezielle Formen der Erfolgsfunktionen, die dafür aber auch stärkere Annahmen voraussetzen. Wechselseitige Präferenzunabhängigkeit der beachteten Objektarten ist gegeben, wenn die Vorteilhaftigkeit im Vergleich zweier Produktionen nicht von solchen Objektarten abhängt, deren Quantitäten bei beiden Produktionen gleich sind. Sie impliziert (für $\kappa \geq 3$) eine *additiv-separable* Gestalt der Erfolgsfunktion:

$$w(\mathbf{z}) = w_1(z_1) + \ldots + w_\kappa(z_\kappa)$$

Additiv-separable Erfolgsfunktionen ergeben sich als Summe der *Erfolgsbeiträge* der beachteten Objektarten. Die Formulierung solcher Erfolgsfunktionen ist häufig möglich, wenn alle Objektarten mit erfolgswirksamen Auswirkungen in der Erfolgsfunktion *explizit* beachtet werden. Direkte Effekte einer Objektart auf die Bewertung einer anderen sind dann allerdings ausgeschlossen. Positive Effekte könnten etwa aus zusätzlichen Mengenrabatten beim Kauf zweier Faktorarten bei ein und demselben Lieferanten resultieren; negative Bewertungseffekte können auftreten, wenn die gemeinsame Emission zweier allein für sich harmloser Outputarten auf Grund chemischer Reaktionen zu giftigen Auswirkungen in der Umwelt führt. (Solche *Bewertungs*effekte aus Sicht des Produktionssystems (!) dürfen nicht mit *realen* Effekten innerhalb des Produktionssystems verwechselt werden, wie sie etwa als Skaleneffekte in der Produktion auftreten.) Trotz der Einschränkungen hinsichtlich sich gegenseitig beeinflussender Bewertungseffekte der Objektarten sind additiv-separable Erfolgsfunktionen im Allgemeinen nicht notwendigerweise linear.

Einen in der Produktionswirtschaft häufig unterstellten Spezialfall stellen die *linear-affinen* Erfolgsfunktionen dar:

$$w(\mathbf{z}) = (p_1 z_1 + w_1^{fix}) + \ldots + (p_K z_K + w_K^{fix})$$
$$= p_1 z_1 + \ldots + p_K z_K + w^{fix}$$

Ohne konstanten Summanden w^{fix} erhält man eine **lineare Erfolgsfunktion**:

$$w(\mathbf{z}) = p_1 z_1 + \ldots + p_K z_K$$

Die konstanten multiplikativen Faktoren p_k stellen Gewichtungen der verschiedenen Objektquantitäten dar. Bei einer ökonomischen Bewertung handelt es sich regelmäßig um *Preise*, bei einer ökologischen Bewertung etwa um Schadschöpfungskoeffizienten.

Unter dem *Grenzerfolg* einer Objektart wird die relative Änderung des Erfolgs bei marginaler Veränderung der Objektquantität verstanden:

$$w_k' = \frac{\partial w(\mathbf{z})}{\partial z_k}$$

Damit die Bewertung auf der Erfolgsebene mit derjenigen auf der Ergebnisebene *kompatibel* ist, muss im Normalfall gelten:

$w_k'(\mathbf{z}) > 0$ für jede Güterart k,

$w_k'(\mathbf{z}) < 0$ für jede Übelart k und

$w_k'(\mathbf{z}) = 0$ für jede neutrale Objektart k.

Bei einer linearen oder linear-affinen Erfolgsfunktion ist der Grenzerfolg gleich dem konstanten Faktor p_k, sodass Güter einen positiven und Übel einen negativen Preis haben müssen, während neutrale Objekte keinen Wert („an sich") aufweisen.

7.2.2 (Ökonomische) Erfolgskategorien

Mit $w(\mathbf{z}) = 0$ als Messlatte für Erfolg oder Misserfolg werden positive Erfolgsbeiträge als *Nutzen* oder **Leistung**, der Absolutbetrag negativer Erfolgsbeiträge als *Schaden* oder **Kosten** bezeichnet. Der Gesamterfolg ist somit auch als Differenz der Gesamtleistungen $L(\mathbf{z})$ und der Gesamtkosten $K(\mathbf{z})$ definiert:

$$w(\mathbf{z}) = L(\mathbf{z}) - K(\mathbf{z}) \qquad (\text{mit } L(\mathbf{z}) \geq 0, K(\mathbf{z}) \geq 0)$$

Bei ökonomischer Bewertung entspricht dies in der Regel dem Gewinn: $w(\mathbf{z}) = G(\mathbf{z})$. Andernfalls kann der Erfolg auch soziale oder ökologische Kosten-

oder Leistungsanteile berücksichtigen, die sich gegebenenfalls separat ausweisen lassen, im Folgenden aber nicht weiter beachtet werden.

Für $L^{var}(\mathbf{0}) = 0$, $K^{var}(\mathbf{0}) = 0$ und $w^{var}(\mathbf{0}) = 0$ werden Kosten und Leistungen gemäß

$$\begin{aligned} w(\mathbf{z}) &= L^{var}(\mathbf{z}) + L^{fix} - K^{var}(\mathbf{z}) - K^{fix} \\ &= L^{var}(\mathbf{z}) - K^{var}(\mathbf{z}) + L^{fix} - K^{fix} \\ &= w^{var}(\mathbf{z}) + w^{fix} \end{aligned}$$

definitorisch in die Kategorien der **variablen** Kosten $K^{var}(\mathbf{z})$ und Leistungen $L^{var}(\mathbf{z})$ sowie die der **fixen** Kosten K^{fix} und Leistungen L^{fix} aufgeteilt, welche entsprechend als Differenz jeweils die variablen bzw. fixen Erfolgsbeiträge ergeben. Der variable Erfolgsbeitrag heißt bei ökonomischer Bewertung **Deckungsbeitrag**:

$$w^{var}(\mathbf{z}) = D(\mathbf{z}) = L^{var}(\mathbf{z}) - K^{var}(\mathbf{z})$$

Es gibt unterschiedliche Definitionen des Deckungsbeitrags je nach gewähltem Bezug. Oft wird darunter die Leistung (Erlös, Umsatz) abzüglich der variablen Kosten verstanden: $L - K^{var}$. Sofern kein fixer Erlös L^{fix} existiert bzw. ein solcher schon mit den Fixkosten verrechnet worden ist, stimmt diese Definition mit der hier verwendeten überein, welche eher einem „Denken in Erfolgsveränderungen" (*Plinke 1997*, S. 212) entspricht.

Üblicherweise kann man davon ausgehen, dass der Stillstand des Produktionssystems ($\mathbf{z} = \mathbf{0}$) zu einem Misserfolg bzw. Verlust führt ($w^{fix} \leq 0$). Anstatt von einem „fixen Misserfolg" zu sprechen, wird der gesamte Betrag des fixen Nettoerfolges deshalb einfach (Netto-)*Fixkosten* genannt und formal $L^{fix} = 0$ gesetzt, sodass gilt: $w^{fix} = -K^{fix}$. Unter dieser Voraussetzung wird ein Verlust gerade dann vermieden, wenn der Deckungsbeitrag die Fixkosten „deckt":

$$G(\mathbf{z}) = D(\mathbf{z}) - K^{fix} \geq 0, \quad \text{d.h. } D(\mathbf{z}) \geq K^{fix} \quad (\text{für } L^{fix} = 0)$$

Die zuvor definierten Begriffe beziehen sich auf eine Aktivität des Produktionssystems als Ganzes. Häufig werden sie auch bestimmten Sub- und Teilsystemen, insbesondere einzelnen Objektarten, zugeordnet, soweit dies möglich ist. So wird zum Beispiel von dem Deckungsbeitrag eines Hauptproduktes gesprochen. Der Bezug muss aber aus dem Zusammenhang stets deutlich werden. Das gilt entsprechend für die folgenden Erfolgskategorien: Unter dem *Einzelerfolg* – bzw. analog den **Einzelkosten** und **Einzelleistungen** – einer Objektart oder einer Gruppe von Objektarten versteht man denjenigen Teil des Gesamterfolges, den man dieser Objektart bzw. Gruppe von Objektarten eindeutig zurechnen kann, der sozusagen von ihr allein dadurch verursacht wird, dass er entfallen würde, wenn es diese Objektart(en) nicht geben würde.

Nicht eindeutig zurechenbare, jedoch mitverursachte Erfolgsanteile heißen *Gemeinerfolge* bzw. **Gemeinkosten** und **Gemeinleistungen**. Beispielsweise sind in einer RAFFINERIE im Hinblick auf die als Kuppelprodukt zwangsläufig anfallende Objekt*art* Petroleum

- fixe Gemeinkosten: das Pförtnergehalt,
- fixe Einzelkosten: die anteiligen Anschaffungsausgaben (Abschreibungen) eines Spezialtanks nur für das Petroleum,
- variable Gemeinkosten: die Materialausgaben für das Rohöl,
- variable Einzelkosten: Ausgaben für Weiterverarbeitung und Vertrieb des Petroleums, soweit sie quantitätsabhängig sind.

Bezieht man die Einzelkosten oder -leistungen nicht auf die ganze Objektart (wie oben), sondern nur auf das einzelne Objekt einer Art, so sind derart definierte Einzelkosten und -leistungen stets variabel und nie fix!

Der variable Einzelerfolg einer Objektart entspricht bei ökonomischer Bewertung einem unmittelbar objektbezogenen Deckungsbeitrag dieser Objektart; bei einem Absatzprodukt könnte es sich etwa um die Differenz aus Erlös und variablen Vertriebsausgaben, d.h. um den variablen Nettoerlös, handeln. Ist der Einzelerfolg einer Objektart stets positiv oder stets negativ, so wird einfach nur von den (Netto-) Leistungen bzw. den (Netto-)Kosten dieser Objektart gesprochen. Bei *Kompatibilität* von Ergebnis- und Erfolgsebene führen im Normalfall

- der bewertete reale Aufwand einer Faktorart (Güterverzehr) oder einer Abproduktart (Übelentstehung) zu Objektkosten,
- der bewertete reale Ertrag einer Produktart (Gütererzeugung) oder einer Reduktart (Übelvernichtung) zu Objektleistungen, während
- das neutrale Ergebnis einer Beifaktorart oder einer Beiproduktart nicht erfolgswirksam wird.

In der Kosten- und Leistungs- bzw. Erlösrechnung werden Kosten üblicherweise als betriebszweck- (sachziel- oder leistungs-)bezogener, bewerteter Güterverzehr (-verbrauch, -einsatz) definiert (vgl. z.B. *Hoitsch/Lingnau 2002*, S. 16, oder *Plinke 1997*, S. 23). Im Rahmen dieser Einführung in die Theorie betrieblicher Wertschöpfung wird generell unterstellt, dass alle durchgeführten Produktionsaktivitäten *betriebszweckbezogen* sind, d.h. durch die Entscheidung über die Erzeugung von Hauptprodukten oder die Vernichtung von Hauptredukten verursacht oder bewirkt sind. Insoweit deckt sich der hier verwendete Kostenbegriff mit dem der Kosten- und Leistungsrechnung, wobei der reale Aufwand nicht mit dem (wertmäßigen) Aufwand des Rechnungswesens verwechselt werden darf. Neu ist demgegenüber, dass Kosten auch als betriebszweckbezogene bewertete Übelentstehung zu verstehen sind.

Literaturhinweise

Adam (1997)
Dellmann (1980), Kap. 5
Ewert/Wagenhofer (2000), Kap. 2
Plinke (1997), Kap. 1.3, 2, 3, 13.2

7.3 Lineare Erfolgsfunktionen

Bild 7.1 veranschaulicht die mit den beachteten Objektarten verbundenen Wertflüsse einer Produktion für das Beispiel der MÜLLVERBRENNUNGSANLAGE mit den schon in den Tabellen 2.2 und 4.2 beschriebenen Input- und Outputquantitäten. Abgesehen von der teilweisen Nutzung der Abwärme als Fernwärme unterscheidet sich Bild 7.1 nur dadurch von dem Input/Output-Graphen des Bildes 1.3, dass nunmehr neben den durchgezogenen Pfeilen für die Objektströme gestrichelt auch noch solche für die Wertströme eingezeichnet sowie die Erfolgsbeiträge der einzelnen Objektarten eingetragen sind. Bei Gütern sind Objekt- und Wertstrom gegenläufig, bei Übeln parallel. Aus dem rechteckigen Prozesskasten herausführende gestrichelte Pfeile bedeuten Kosten,

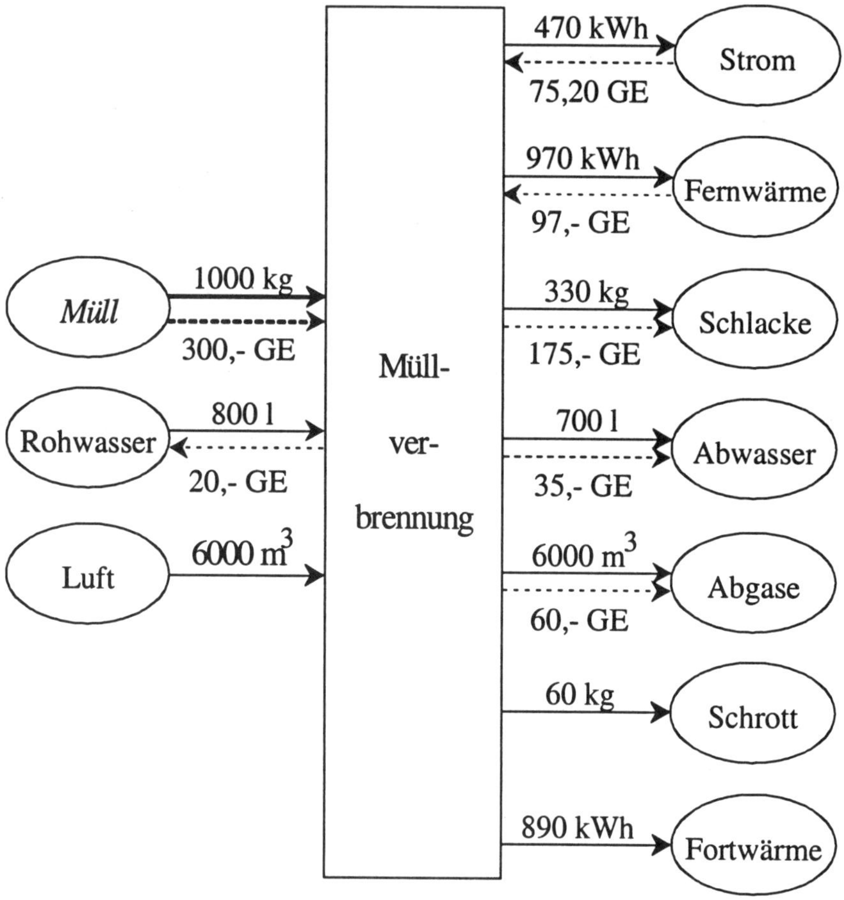

Bild 7.1: I/O-Graph einer Müllverbrennungsanlage mit Wertflüssen

hineinführende Leistungen (z.B. Umsatzerlöse). So betragen die Abwasserkosten 35 GE für 700 l und die Mülleistungen 300 GE pro Tonne (Mg). Als gesamte Leistungen erhält man L = 300 + 75,20 + 97 = 472,20 GE, als gesamte Kosten K = 20 + 175 + 35 + 60 = 290 GE. Der Gesamterfolg der Aktivität ergibt sich demnach zu w = L – K = 472,20 – 290 = 182,20 GE. Von der Müllgebühr in Höhe von 300 GE/Mg verbleibt bei den hier angenommenen Werten nach Abzug der Kosten und Gutschrift der Nebenerlöse ein Gewinn in Höhe von 182,20 GE/Mg.

Grundsätzlich kann der Erfolg nur der gesamten Aktivität und damit dem Produktionsprozess zugerechnet werden. Im vorliegenden Fall sind der so ermittelte *Prozesserfolg* sowie seine Bestandteile, d.h. die **Prozesskosten** (Aktivitätskosten) und die **Prozessleistungen**, allerdings auch dem (einzigen!) Systemzweck Müllvernichtung sinnvoll zurechenbar. Hinsichtlich der anderen Input- und Outputarten lässt sich beispielsweise feststellen, dass der Anfall des Abwassers durchschnittlich 0,05 GE/l kostet, wogegen die Fernwärme durchschnittlich einen Erlös in Höhe von 0,10 GE/kWh erbringt. Ob es sich bei diesen Durchschnittswerten um die tatsächliche Höhe der Abwassergebühr bzw. des Fernwärmepreises je Mengeneinheit handelt, ist damit nicht ausgesagt, weil diese durchaus mengenabhängig sein können (Mengenstaffelung, etwa wegen Rabatten).[1] Ein solcher Schluss ist nur bei einer linearen Erfolgsfunktion möglich:

$$w(\mathbf{z}) = p_1 z_1 + \ldots + p_K z_K$$

Dann würde in der Tat p_1 = 300 GE/Mg (für Müll) und p_5 = 0,05 GE/l (für Abwasser) gelten. Dabei ist es unverzichtbar, die Zahlen 300 oder 0,05 stets auf ihre zugehörigen Maßeinheiten zu beziehen. So beträgt die Müllgebühr pro Kilogramm nur 0,30 GE, pro Pfund 0,15 GE. Dadurch wird der Forderung nach *Skaleninvarianz* bei der Erfolgsmessung genügt (vgl. analog zur Effizienzmessung Abschn. 5.5).

Der positive Preis einer Güterart ($p_k > 0$) führt bei Input ($z_k < 0$) zu Kosten und bei Output ($z_k > 0$) zu Leistungen; für den negativen Preis einer Übelart verhält es sich genau umgekehrt. So wie auf der Objektebene die x,y-Darstellung der Produktionsaktivitäten wegen der Verwendung nichtnegativer Zahlen für die Quantitäten der Inputarten $i = 1,\ldots,m$ und der Outputarten $j = m+1,\ldots,m+n$ für viele Zwecke günstiger ist als die z-Darstellung, gilt dies entsprechend für die Erfolgsebene hinsichtlich der Kosten und Leistungen. Zusätzlich zur p-Darstellung wird deshalb noch eine c,e-Darstellung mit nichtnegativen Zahlen für die Preise eingeführt. Wegen $p_k = 0$ für die Beifak-

[1] Dem Bild 7.1 ist nur zu entnehmen, dass es sich um eine additiv-separable Erfolgsfunktion handeln muss; andernfalls wäre eine Zuordnung einzelner Wertströme zu den Objektarten nicht möglich.

toren und -produkte[2] sind nur vier Ergebniskategorien davon betroffen:

- Die Quantität $x_i \geq 0$ einer Faktorart i (Gutinput), bewertet mit dem Preis $c_i \geq 0$, führt zu *Faktorkosten* $K_i = c_i x_i$;
- die Quantität $x_i \geq 0$ einer Reduktart i (Übelinput), bewertet mit dem Preis $e_i \geq 0$, führt zu *Reduktleistungen* $L_i = e_i x_i$;
- die Quantität $y_j \geq 0$ einer Produktart j (Gutoutput), bewertet mit dem Preis $e_j \geq 0$, führt zu *Produktleistungen* $L_j = e_j y_j$;
- die Quantität $y_j \geq 0$ einer Abproduktart j (Übeloutput), bewertet mit dem Preis $c_j \geq 0$, führt zu *Abproduktkosten* $K_j = c_j y_j$.

Bezeichnen $\mathbf{x}^q$, $\mathbf{x}^r$, $\mathbf{y}^p$ und $\mathbf{y}^s$ die Vektoren der Quantitäten der Faktoren, der Redukte, der Produkte bzw. der Abprodukte sowie entsprechend $\mathbf{c}^q$, $\mathbf{e}^r$, $\mathbf{e}^p$ und $\mathbf{c}^s$ die Vektoren ihrer Preise, so kann ein linearer Erfolg auch als Summe der Leistungen der Produkte und Redukte abzüglich der Kosten der Faktoren und Abprodukte geschrieben werden:

$$w(\mathbf{z}) = \mathbf{e}^p\mathbf{y}^p + \mathbf{e}^r\mathbf{x}^r - \mathbf{c}^q\mathbf{x}^q - \mathbf{c}^s\mathbf{y}^s$$

Literaturhinweise

Dinkelbach/Rosenberg (2002), Abschn. 3.1
Fandel (1994), S. 217–221

7.4 Nichtlineare Erfolgsfunktionen

Um den Einfluss der Technikform und bestimmter Restriktionen auf den Produktionserfolg herauszuarbeiten, wird in einer erkenntnisorientierten Theorie betrieblicher Wertschöpfung in der Regel eine einfache Gestalt der Erfolgsfunktion vorausgesetzt. Meist wird deshalb von konstanten Preisen aller Objektarten ausgegangen.[3] Aus verschiedenen Gründen sind aber auch nichtlineare Erfolgsfunktionen von Bedeutung, so insbesondere für gestaltungsorientierte Zwecke des Produktionsmanagements, für eine auf der Erfolgstheorie aufbauende Kosten- und Leistungsrechnung oder für eine Integration mit den Theorien anderer betriebswirtschaftlicher Teilgebiete, etwa des Marketings oder der Umweltwirtschaft. In diesem Abschnitt sollen exemplarisch einige Verbindungen zur *Absatzwirtschaft* aufgezeigt werden.

---

[2] Aus unmittelbar präferenzmäßiger Sicht ist der Grenzerfolg neutraler Objektarten stets Null. Allerdings kann ein Engpass einer neutralen Objektart indirekt zu einer von Null verschiedenen Bewertung führen, die als *Schattenpreis* des Engpasses bezeichnet wird.

[3] Die Annahme konstanter, mit der Ergebnisebene kompatibler Preise der Objektarten stellt eine weitergehende Einschränkung des *Normalfalls* gemäß Abschnitt 4.2 dar. Sie entspricht insofern der Vorgehensweise der traditionellen Kostentheorie, welche üblicherweise von konstanten, positiven Beschaffungspreisen der Faktoren ausgeht.

7.4.1 Kostenverlauf einer Lern- oder Erfahrungskurve

Zunächst wird allerdings eine Ursache für die Nichtlinearität der Erfolgsfunktion aufgezeigt, die nicht auf variablen Preisen beruht, sondern aus technischen und dynamischen Effekten resultiert. Ausgangspunkt ist die Tatsache – die später noch vertieft werden wird –, dass bei einem einzigen Hauptprodukt alle anfallenden Kosten diesem Produkt zugerechnet werden können (so wie im Zusammenhang mit dem Beispiel des Bildes 7.1 alle Kosten dem Hauptredukt Müll zugerechnet wurden). Mit y seien die insgesamt erzeugte Quantität eines neu entwickelten Produktes bezeichnet und mit $K(y)$ die zugehörigen Kosten der Herstellung, wobei von Fixkosten abgesehen wird. Bei Linearität dieser Kostenfunktion sind die Durchschnitts- oder *Stückkosten* $k(y) = K(y)/y$ konstant. Im Hinblick auf eine erstmalig hergestellte Produktart besagt dagegen eine verbreitete, empirisch bewährte Hypothese, dass mit dem Anwachsen der (*kumulierten*) Quantität y der Produktart die (variablen) Stückkosten k hyperbelförmig sinken:

$$k(y) = \alpha \cdot y^{-\beta} \qquad (\alpha, \beta \geq 0)$$

Bild 7.2 skizziert im oberen Diagramm einen Kurvenverlauf für $\alpha = 50$ und $\beta = 0{,}234$. Unten ist derselbe Zusammenhang doppelt logarithmiert aufgetragen, sodass man einen linearen Verlauf erhält:

$$\lg(k) = \lg(\alpha) - \beta \cdot \lg(y) = 1{,}699 - 0{,}234 \cdot \lg(y)$$

Eine Verdopplung der kumulierten Produktquantität führt im Zahlenbeispiel wegen $k(2y)/k(y) = 2^{-0{,}234} = 0{,}85$ zu einer Stückkostensenkung um 15%.

Historisch wurden solche Verläufe der Stückkosten zuerst im Zusammenhang mit der Serienfertigung von Automobilen und Flugzeugen festgestellt und systematisch für die Produkt- und Kostenplanung genutzt. Ursächlich für den hyperbelförmigen Verlauf sind Lerneffekte bei der wiederholten Herstellung von Exemplaren oder auch nur Teilen ein und derselben Produktart. Arbeitskräfte, die einen für sie neuen Arbeitsgang durchführen, brauchen zu Beginn mehr Zeit und verursachen mehr Ausschuss. Je mehr sie sich einarbeiten, desto produktiver werden sie und umso geringer werden die Kosten der erzeugten Produkte. Dabei sind die Lernerfolge anfangs groß und nehmen dann rasch ab. Der sich so einstellende Stückkostenverlauf entsprechend Bild 7.2 wird *Lernkurve* genannt, wenn er sich auf einzelne Arbeitskräfte bezieht. Unter dem Stichwort *Erfahrungskurve* ist er aber auch auf breitere Anwendungszusammenhänge übertragen worden, so – wenn auch mit Einschränkungen – auf ganze Produktionssysteme: Werden Produkte in größerer Quantität hergestellt, so werden Erfahrungen in jeglicher Hinsicht gewonnen, die zu Einsparungen bei Faktor- und Ausschussquantitäten und damit selbst bei unveränderten

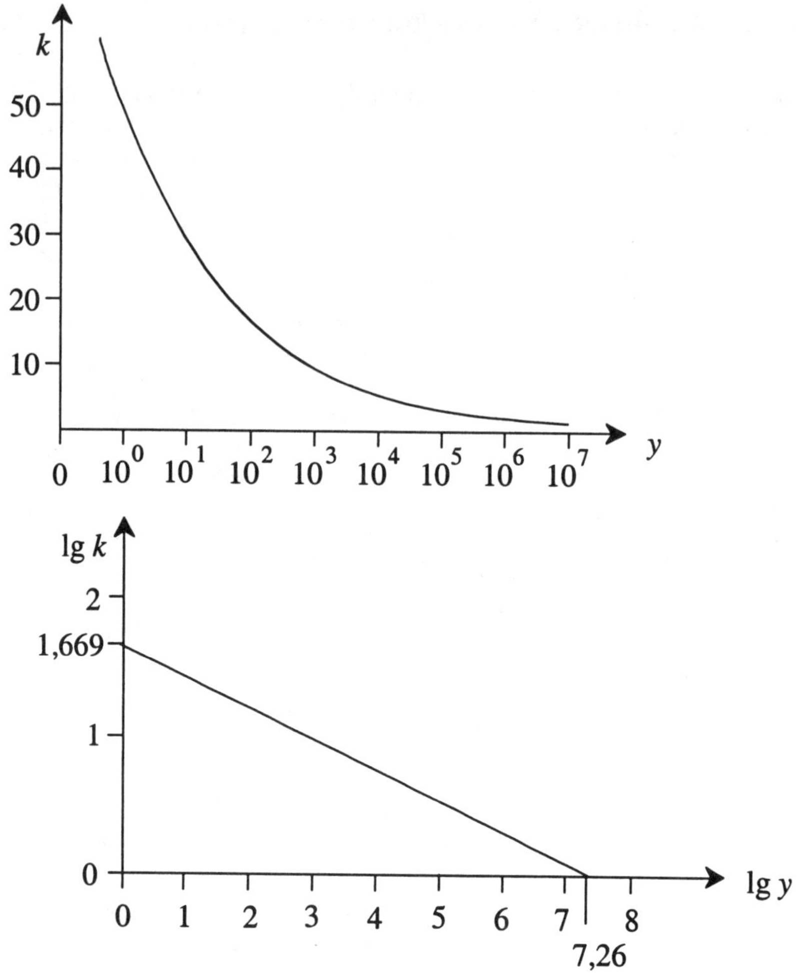

Bild 7.2: Lern- oder Erfahrungskurve

Marktpreisen zu Kostensenkungen führen. Zu Beginn einer neuen Produktion werden die Einsparungen relativ groß sein, während mit zunehmender Erfahrung das Potenzial für weitere Einsparungen immer geringer wird.

Außer dem individuellen oder kollektiven Zuwachs an Fähigkeiten und Wissen, einschließlich technischem Fortschritt, können auch noch andere Effekte zu dem Sinken der Stückkosten beitragen, die im Unterschied zu den vorgenannten keinen dynamischen Charakter haben. Solche (statischen) Effekte ergeben sich bei einer strikt größenprogressiven Technik, d.h. bei zunehmenden Skalenerträgen, sowie bei Existenz von Fixkosten (näher dazu Abschn. 8.2.3).

7.4.2 Umsatzverlauf bei Preisdifferenzierung

Außer den Kosten bestimmen die Leistungen den Erfolg eines Produktes. In manchen Situationen sind die Kosten schon weitgehend vordisponiert, so typischerweise bei der Dienstleistungsproduktion nach der Herstellung der Leistungsbereitschaft (z.B. fahrplanmäßiger Linienbus), sodass sie als konstant angesehen werden. Der Erfolg ist dann nur über die Leistungen beeinflussbar, welche aus den Verkaufserlösen des Produktes resultieren. Die Messung des Erfolges allein am erzielten Umsatz als der Absatzleistung kann aber auch die Konsequenz bestimmter Absatzstrategien des Marketings sein. Bezeichnet y wieder die Outputquantität des einzigen Produktes eines Produktionssystems, so ergibt sich der **Umsatz(erlös)** des Produktes bei *Preisdif-*

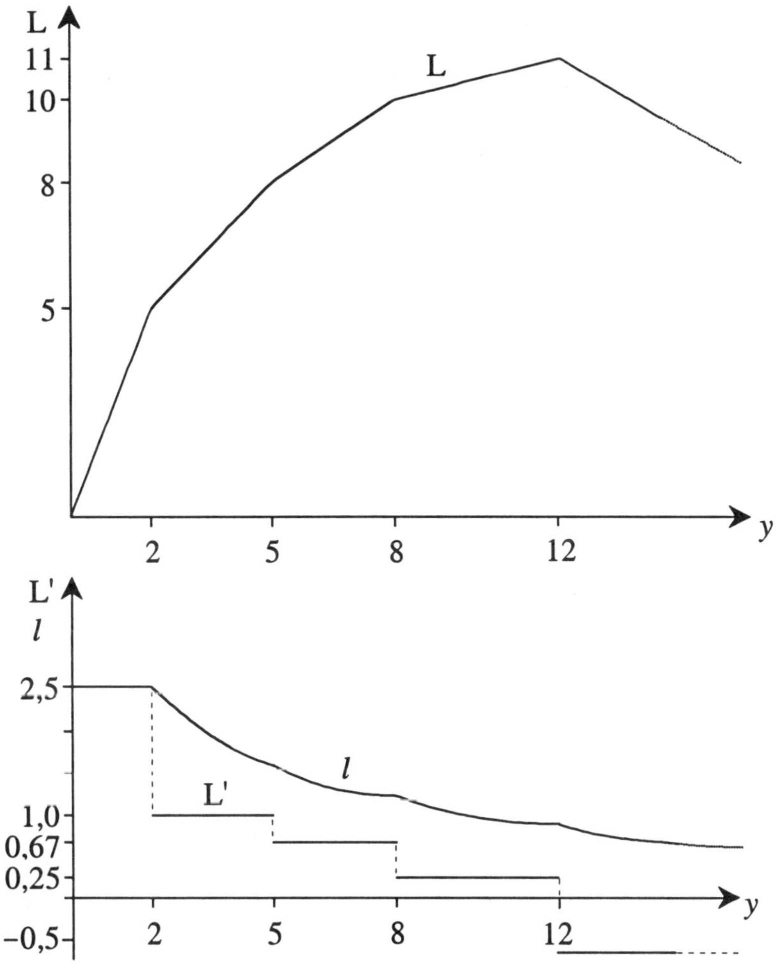

Bild 7.3: Umsatzverlauf bei Preisdifferenzierung

ferenzierung durch Summation über alle einzelnen Verkäufe v zu den verschiedenen Absatzpreisen e_v in der jeweiligen Höhe y_v:

$$L = \sum_v e_v y_v \qquad \text{für} \sum_v y_v = y \quad \text{mit } e_1 \geq e_2 \geq \ldots$$

Versteht man den Preis als Nettoerlös, d.h. als Kundenzahlung abzüglich zurechenbarer variabler Vertriebsausgaben, so ist es plausibel zu unterstellen, dass der Produzent die Nachfrager mit einem höheren Preis zuerst bedient. Bild 7.3 illustriert im oberen Teil einen entsprechenden Verlauf des Umsatzes L(y), im unteren Teil den zugehörigen Grenzumsatz L' = $d\mathrm{L}/dy$ und den Durchschnittsumsatz l = L/y in Abhängigkeit von der Produktquantität. Der Grenzumsatz oder die *Grenzleistung* L'(y) entspricht dem mit dem jeweiligen Käufer vereinbarten Preis und verläuft gemäß einer fallenden Treppenfunktion. Der Durchschnittsumsatz oder die *Stückleistung* l(y) entspricht nur zu Beginn dem Grenzumsatz und fällt dann stetig gemäß einem aus Hyperbelstücken zusammengesetzten Kurvenzug. Ab einer bestimmten Produktquantität ist der Absatzmarkt erschöpft, und die überschüssigen Quantitäten müssen unter Aufwand beseitigt werden. Der dann negative Preis ergibt sich aus den Beseitigungsausgaben abzüglich eventueller Resterlöse. Bezieht man, wie in Bild 7.3 geschehen, diese Ausgaben in den gesamten Umsatz mit ein, so sinkt er ab diesem Punkt (y = 12).

7.4.3 Umsatzverlauf bei einer linearen Preis-Absatz-Funktion

Bei Preisdifferenzierung sinkt der Grenzumsatz immer dann, wenn zur Ausweitung des Umsatzes den zusätzlichen Abnehmern ein niedrigerer Preis eingeräumt werden muss. Ist keine Preisdifferenzierung möglich oder gewollt, etwa bei Markenartikeln, so gilt für alle Kunden derselbe Preis, hier mit e bezeichnet. Dabei kann die absetzbare Produktquantität y gemäß einer *Preis-Absatz-Funktion* $y(e)$ vom Preis abhängen. Eine streng monoton fallende Funktion $y(e)$ kann in eine Absatz-Preis-Funktion $e(y)$ umgekehrt werden. Eine lineare Beziehung ist mit folgendem Beispiel beschrieben (α, $\beta > 0$):

$$e(y) = \beta - \alpha y = 60 - 2y$$

Für den Umsatz gilt dann:

$$L = e(y) \cdot y = \beta y - \alpha y^2 = 60y - 2y^2$$

Bild 7.4 zeigt (oben) einen solchen, parabelförmigen Umsatzverlauf samt (unten) zugehörigem Durchschnittsumsatz $l(y) = e(y)$ sowie Grenzumsatz

$$L'(y) = \beta - 2\alpha y = 60 - 4y$$

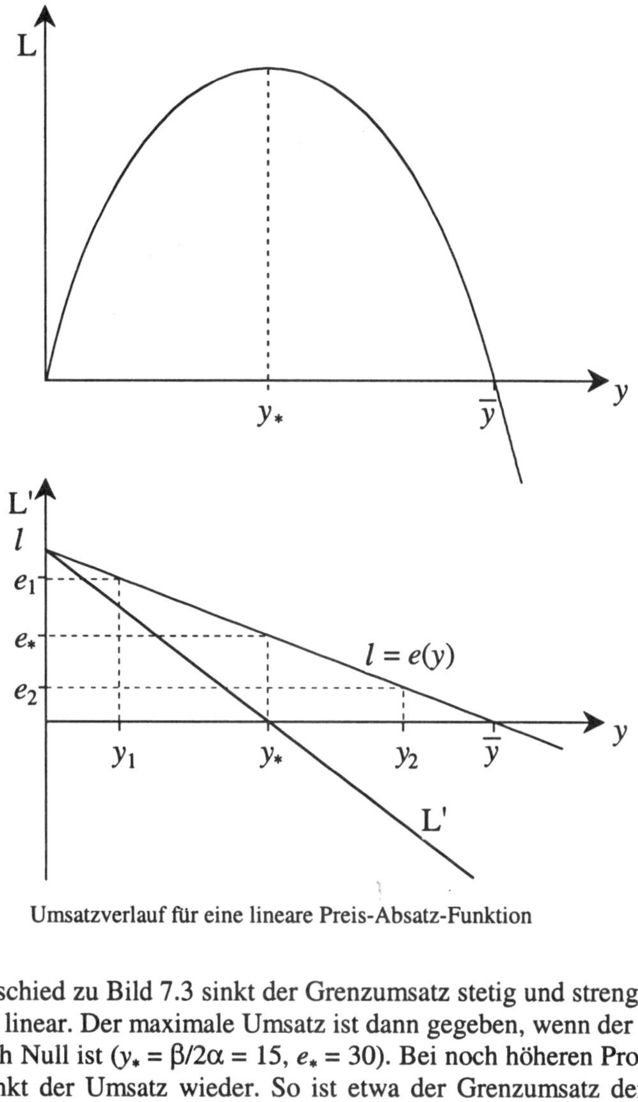

Bild 7.4: Umsatzverlauf für eine lineare Preis-Absatz-Funktion

Im Unterschied zu Bild 7.3 sinkt der Grenzumsatz stetig und streng monoton, und zwar linear. Der maximale Umsatz ist dann gegeben, wenn der Grenzumsatz gleich Null ist ($y_* = \beta/2\alpha = 15$, $e_* = 30$). Bei noch höheren Produktquantitäten sinkt der Umsatz wieder. So ist etwa der Grenzumsatz der fünfundzwanzigsten Produkteinheit aus erfolgsorientierter Sicht negativ: $L'(25) = -40$, obwohl der Marktpreis als für alle Kunden einheitlicher, objektiver Tauschwert zwar gesunken, aber nach wie vor positiv ist: $e(25) = l(25) = 10$. Der negative Grenzumsatz ist hier darauf zurückzuführen, dass dic Ausweitung des Absatzes durch die damit verbundene Abnahme des Marktpreises überkompensiert wird. Ein Misserfolg im Sinne eines negativen Umsatzes L(y) würde genau dann realisiert, wenn auch der Marktpreis $e(y)$ negativ wäre.

Grafisch lassen sich diese Überlegungen ebenso an Hand der Absatz-Preis-Geraden $e(y) = l(y)$ veranschaulichen. Ein über diese Funktion definiertes Paar (e_μ, y_μ) bestimmt den oberen rechten Eckpunkt eines Rechtecks, dessen gegenüberliegende Seiten auf den Achsen des unteren Koordinatensystems in Bild 7.4 liegen. Die Fläche des Rechtecks beträgt $e_\mu \cdot y_\mu$ und entspricht damit dem Umsatz L. Das Maximum wird erreicht für $y_* = 15$; negativ wird er ab $y = 30$. Ein negativer Preis e kann dabei auch – analog wie zuvor – als Nettostückerlös verstanden werden, der aus den noch positiven Bruttoabsatzerlösen resultiert, wenn davon die Vertriebsausgaben sowie die Entsorgungsausgaben für nicht mehr absetzbare Überschüsse abgezogen werden. Insofern werden auch bei einem Umsatzerfolgsziel unter Umständen schon gewisse Kosten berücksichtigt, in diesem Fall allerdings solche, die außerhalb des betrachteten Produktionssystems anfallen.

7.4.4 Gewinnverlauf bei einer linearen Preis-Absatz-Funktion

Längerfristig müssen neben den oben genannten auch die anderen, innerhalb des Produktionssystems anfallenden Kosten K berücksichtigt werden. Wie schon in Abschnitt 7.4.1 können diese eine Funktion der Produktquantität y sein, z.B.:

$$\mathrm{K}(y) = \frac{1}{60}y^3 - \frac{1}{2}y^2 + 25y + 80$$

Der Erfolg entspricht für die in Abschnitt 7.4.3 definierte Umsatzfunktion dann dem Gewinn:

$$\mathrm{G}(y) = \mathrm{L}(y) - \mathrm{K}(y) = -\frac{1}{60}y^3 - \frac{3}{2}y^2 + 35\,y - 80$$

In Erweiterung und Modifikation von Bild 7.4 sind in Bild 7.5 oben neben der Umsatzfunktion $\mathrm{L}(y)$ auch die Kostenfunktion $\mathrm{K}(y)$ sowie unten neben der Grenzumsatzfunktion $\mathrm{L}'(y)$ und der Absatz-Preis-Funktion $e(y) = l(y)$ auch die Funktionen der Grenzkosten

$$\mathrm{K}'(y) = 0{,}05y^2 - y + 25$$

und der Stückkosten

$$k(y) = \frac{\mathrm{K}}{y} = \frac{1}{60}y^2 - \frac{1}{2}y + 25 + \frac{80}{y}$$

eingezeichnet. Das *Gewinnmaximum* liegt bei $y_* = 10$. Es befindet sich im oberen Teil des Bildes 7.5 dort, wo die Umsatzkurve am weitesten oberhalb der Kostenkurve verläuft. An dieser Stelle besitzen beide Kurven dieselbe Steigung, sodass Grenzumsatz und Grenzkosten gleich hoch sind:

$$L'(y) = K'(y)$$

Der Schnittpunkt dieser beiden Kurven liegt im unteren Teil von Bild 7.5 entsprechend bei $y_* = 10$; der zugehörige Marktpreis des Produktes beträgt e_* = 40. Der dadurch bestimmte Punkt (e_*, y_*) auf der Absatz-Preis-Kurve heißt **Cournot'scher Punkt**. Die Fläche des grauen Rechtecks in Bild 7.5 unten entspricht dem maximalen Gewinn, den der Produzent als *Monopolanbieter* des

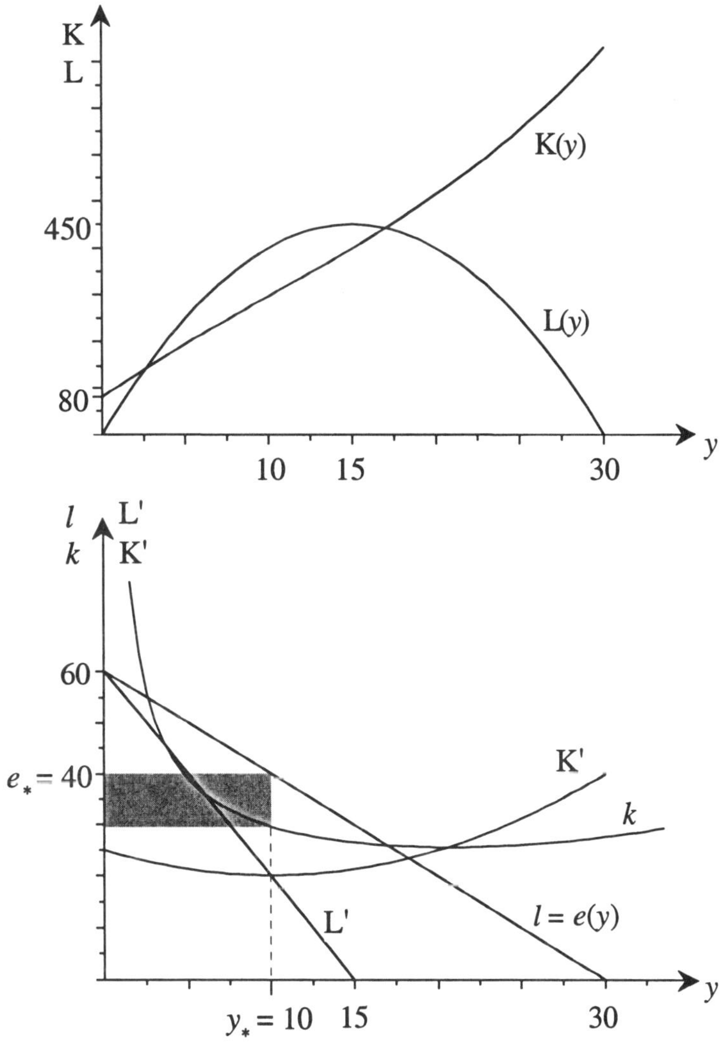

Bild 7.5: Gewinnverlauf eines Monopolisten

Produktes auf einem grossen Markt bei einem einheitlichen Preis für die Nachfrager erzielen kann. Dabei spielen die Fixkosten keine Rolle, d.h. sie sind nicht entscheidungsrelevant.

Allerdings muss für die Praxis davon ausgegangen werden, dass es sich – zumindest zu einem erheblichen Teil – nicht um absolut fixe Kosten handelt, sondern um *sprungfixe* Kosten, die nur für $y > 0$ anfallen, für $y = 0$ aber verschwinden. Solche sprungfixen Kosten sind grundsätzlich relevant. Würden im Beispiel etwa sprungfixe Kosten hinzukommen, die über dem obigen Gewinnmaximum in Höhe von 103,33 liegen, so wäre es besser, überhaupt nicht zu produzieren (Stillstand).

Literaturhinweise

Ewert/Wagenhofer (2000), Kap. 4
Fandel (1994), S. 166–175
Steffenhagen (2000), Abschn. 7.4.1 und 7.4.2
Zäpfel (2000), S. 60–65

Wiederholungsfragen

1) Was versteht man unter dem Erfolg einer Produktion, insbesondere aus ökonomischer Sicht? Wovon hängt die Bewertung des Erfolges ab?
2) Welche Eigenschaften besitzt eine Erfolgsfunktion? Wann ist sie linear? Was führt zu nichtlinearen Verläufen?
3) Wie lassen sich Kosten und Leistungen definieren? Welcher Zusammenhang besteht zu realem Aufwand bzw. Ertrag?
4) Was versteht man unter den Begriffspaaren: fixe und variable Kosten sowie Einzel- und Gemeinkosten? Was sind Prozesskosten? Gibt es diese Erfolgskategorien auch für die Leistungen?
5) Welchen Verlauf weist eine Lern- oder Erfahrungskurve üblicherweise auf? Wie lässt sich der Verlauf begründen?
6) Wie verläuft die Umsatzkurve bei Preisdifferenzierung und wie bei einem einheitlichen Preis im Falle eines Monopolanbieters mit vielen Nachfragern?
7) Was versteht man unter dem Cournot'schen Punkt? Wie wird er ermittelt?

Übungsaufgaben

Ü 7.1

Ordnen Sie folgende Kostenarten bezüglich ihrer Zurechenbarkeit zu einzelnen Produktarten (Einzel- versus Gemeinkosten) sowie der Abhängigkeit von Beschäftigungsschwankungen (variable versus fixe Kosten) ein:

- Materialkosten
- Abschreibungen auf die Anschaffung von Maschinen
- Heizkosten
- Personalkosten
- Stromkosten
- Telefonkosten
- Lizenzen für die Produktion eines bestimmten Hochdruckreinigers.

Begründen Sie jeweils Ihre Einteilung! Ist die Zuordnung immer eindeutig?

Ü 7.2 (Fortsetzung von Ü 4.3)

Für die Objektarten der Verpackungsabfallsortierung aus Ü 4.3 sollen vereinfachend folgende konstanten Preise gelten:

- Annahmegebühr für den Verpackungsabfall: 0,5 GE/kg
- Wertstofferlös: 0,2 GE/kg
- Lohnkosten der Sortierarbeiter: 40 GE/Stunde
- Weiterverarbeitungskosten des Restabfalls: 0,3 GE/kg

a) Zeichnen Sie den I/O-Graphen gemäß Ü 4.3! Berücksichtigen Sie dabei neben den Quantitäts- auch die Wertflüsse!

b) Berechnen Sie die Prozessleistungen, die Prozesskosten sowie den gesamten Prozesserfolg!

c) Der Prozess kann auch mit lediglich drei Sortierarbeitern durchgeführt werden. Die anderen Input- und Outputquantitäten werden dadurch nicht beeinträchtigt, allerdings kann der Wertstoff nur noch für 0,1 GE/kg abgesetzt werden, da er eine geringere Sortenreinheit aufweist. Außerdem erhöhen sich die Weiterverarbeitungskosten des Restabfalls durch die störenden Getränkekartons um 0,01 GE/kg. Ist die Personalreduzierung wirtschaftlich zweckmäßig?

Ü 7.3

Auf Grund von Lerneffekten kann die Bearbeitungsdauer eines Werkstückes durch einen Arbeiter im Laufe der Zeit gesenkt werden. Dabei hängen die Stückkosten von der kumulierten Quantität des Werkstückes gemäß folgender Gleichung ab:

$$k_1(y) = 100 \cdot y^{-0,5}$$

a) Wie hoch ist die Stückkostensenkung (in %) bei Verdoppelung der kumulierten Produktquantität?

b) Der Arbeiter hat bisher 1000 Einheiten des Werkstückes hergestellt. Wie viele zusätzliche Einheiten muss er fertigen, damit sich die Stückkosten genau halbieren?

Das Werkstück kann auch von einem zweiten Arbeiter hergestellt werden. Für ihn hat die Stückkostenfunktion folgende Gestalt:

$$k_2(y) = 39,81 \cdot y^{-0,3}$$

c) Welcher Arbeiter verursacht zu Beginn höhere Stückkosten? Wer lernt schneller?

d) Ermitteln Sie die kumulierte Quantität, für die bei beiden Arbeitern die gleichen Stückkosten anfallen!

Ü 7.4

Die durchschnittlichen Herstellungskosten eines Artikels wurden am Ende des vergangenen Jahres auf 12 GE pro Stück berechnet. Der Betrieb hatte seit Beginn der Fertigung 500000 Stück hergestellt. Für dieses Jahr wird eine Produktquantität von 50000 Stück geplant. Nach den bisherigen Erfahrungen brachte jede Verdoppelung der kumulierten Quantität eine Kostensenkung um 10%. Wie hoch werden die Stückkosten gegen Ende des Jahres sein, wenn diese Entwicklung anhält?

Ü 7.5

Beim Einsatz einer Tonne (Mg) eines Inputs (Materialkosten = 100 GE/Mg) entstehen innerhalb eines Kuppelproduktionsprozesses 500 kg des Outputs und 300 kg des Outputs 2. Daneben entstehen noch 200 kg eines weiteren Outputs, der jedoch nicht beachtet wird. Der Erlös für Output 1 beträgt 250 GE/Mg bis zu einer Absatzgrenze von 500 Mg. Darüber hinaus muss

Output 1 mit Kosten von 20 GE/Mg vernichtet werden. Der Erlös des Outputs 2 beträgt 320 GE/Mg bis zu einer Outputquantität von 660 Mg. Überschreitet man diese Grenze, so können zusätzliche Einheiten von Output 2 nur noch mit einem Erlös von 60 GE/Mg verkauft werden.

a) Zeichnen Sie den I/O-Graphen beim Einsatz einer Tonne des Inputs! Tragen Sie hier auch die Wertflüsse ein!

b) Bestimmen Sie die Deckungsbeitrags- sowie die Grenzdeckungsbeitragsfunktion in Abhängigkeit von der Inputquantität! Wie viele Tonnen des Inputstoffes würden Sie verarbeiten?

Ü 7.6

Im Rahmen einer limitationalen, linearen Gütertechnik werden bei der Herstellung eines Produkts drei Faktoren eingesetzt. In der nachfolgenden Tabelle sind die Produktionskoeffizienten sowie die Beschaffungspreise der Faktoren angegeben:

	Produktions-koeffizient	Beschaffungspreis [GE/Stück]
Faktor 1	3	10
Faktor 2	2	20
Faktor 3	1	50

Die fixen Kosten betragen 15000 GE. Bei einem Absatzpreis (= Stückerlös) von 100 GE können 400 Stück abgesetzt werden, bei einem Stückerlös von 300 GE dagegen nur noch 200 Stück. Vereinfachend sei angenommen, dass der Absatz-Preis-Zusammenhang eine lineare Gestalt aufweist.

a) Bestimmen Sie die Absatz-Preis-Funktion!

b) Zeichnen Sie den Verlauf der Umsatzkurve, der variablen Kosten, des Deckungsbeitrags und des Gewinns in ein Diagramm, den Verlauf des Grenzumsatzes, der Grenzkosten und des Grenzgewinns in ein zweites Diagramm! Leiten Sie daraus ab, wo der Umsatz und wo der Gewinn maximal sind! Wie würde man diese Werte analytisch bestimmen?

8 Starkes Erfolgsprinzip

8.1 Erfolgsmaximierung
8.1.1 Kompatibilität des schwachen und starken Erfolgsprinzips
8.1.2 Ermittlung des Erfolgsmaximums
8.2 Indirekte Erfolgsfunktionen
8.2.1 Der Einfluss von Erfolgsfaktoren
8.2.2 Minimalkostenfunktion einer Cobb/Douglas-Technik
8.2.3 Stückkostenverläufe
8.3 Erfolgsmaximierung bei Engpässen
8.3.1 Durch die Hauptprodukte determinierte Produktion
8.3.2 Standardansatz der Erzeugnisprogrammplanung
8.3.3 Erfolgsmaximierung bei einem einzigen Faktorengpass

Die Theorie betrieblicher Wertschöpfung geht auf der Erfolgsebene von der Existenz einer Erfolgsfunktion aus, welche die Präferenzen des Produzenten – oder einer anderen Instanz – in dem Sinne eindeutig beschreibt, dass eine vollständige Ordnung aller relevanten Produktionen hinsichtlich ihrer Vorziehenswürdigkeit (Güte) möglich ist. An der Spitze dieser Rangfolge stehen die besten Produktionen. Sie bestimmen das Erfolgsmaximum. Das starke Erfolgsprinzip fordert die Realisation nur erfolgsmaximaler Produktionen. Der Abschnitt 8.1 führt dieses Prinzip ein und behandelt damit zusammenhängende grundlegende Fragen. Der maximal erreichbare Erfolg wird von einer Reihe exogener Einflussgrößen beeinflusst; diese Abhängigkeit von bestimmten Erfolgsfaktoren wird als indirekte Erfolgsfunktion bezeichnet und in Abschnitt 8.2 am Beispiel einer Cobb/Douglas-Technik näher untersucht. Der Abschnitt 8.3 befasst sich daraufhin an Hand des wichtigen Spezialfalls linear-limitationaler Produktion mit dem Einfluss verschiedener Erfolgsziele und vorhandener Engpässe auf die erfolgsmaximale Produktion.

8.1 Erfolgsmaximierung

In den Abschnitten 7.4.3 und 7.4.4 sind für absatzorientierte Fragestellungen exemplarisch verschiedene nichtlineare Erfolgsverläufe eines monopolistischen Anbieters dargestellt, die jeweils ein eindeutiges Optimum besitzen. Preis und Absatzquantität des Hauptproduktes im Umsatzmaximum stimmen nicht mit denen im Gewinnmaximum überein. Was deshalb als beste Produktion anzusehen ist, hängt von den situativen Präferenzen des Entscheidungsträgers ab. So kann es im Rahmen einer expansiven Wettbewerbsstrategie vorübergehend

– d.h. für die betrachtete und befristete Planungsperiode – sinnvoll sein, den Periodenumsatz an Stelle des Periodengewinns als Erfolgskriterium zu wählen. Langfristig kann eine Unternehmung in einer Marktwirtschaft aber nur dann überleben, wenn sie nachhaltig ausreichende Gewinne erzielt.

Ist der Erfolgsmaßstab für die jeweilige Situation einmal eindeutig definiert, so ist es dann jedoch für den Produzenten vernünftig, die erfolgsmaximale Produktion zu realisieren. Diese Forderung entspricht einem idealtypischen, entscheidungslogischen Rationalprinzip – ebenso wie das schwache Erfolgsprinzip auf der Ergebnisebene – und wird als **starkes** oder wertmäßiges **Erfolgsprinzip** bezeichnet. Bei rein ökonomischer Bewertung spricht man von einem starken oder wertmäßigen *Wirtschaftlichkeitsprinzip*. Andernfalls werden auch soziale oder ökologische Erfolgsaspekte bei der Bestimmung der besten Produktion berücksichtigt.

Die Anmerkung in Abschnitt 5.2 hinsichtlich unvollständiger Informationen und begrenzter Managementkapazitäten in der Praxis gilt vollkommen analog für die Forderung nach Erfolgsmaximalität. Auch wenn reale Produktion demnach kaum 100%ig erfolgsmaximal sein kann, sind die im Folgenden behandelten theoretischen Konzepte wichtig, da sie ein fiktives Ideal formulieren, das eine begriffliche Basis bildet, auf der weiterführende Überlegungen zu den durch unvollständige Informationen oder begrenzte Managementkapazitäten verursachten Erfolgseinbußen aufbauen können und damit erst sinnvoll begreifbar sind. Derartige Analysen sind aber nicht mehr Gegenstand der in diesem Buch behandelten Einführung.

8.1.1 Kompatibilität des schwachen und starken Erfolgsprinzips

Kompatibilität der Präferenzäußerungen des Produzenten – bzw. einer anderen urteilenden Instanz – in der Verbindung der Ergebnisebene und der Erfolgsebene bedeutet, dass insbesondere auch das schwache und das starke Erfolgsprinzip untereinander *konsistent* sind. Sie liegt vor, wenn jede erfolgsmaximale Produktion $\mathring{\mathbf{z}}$ auch effizient ist. Oder in logischer Umkehrung: Eine ineffiziente Produktion kann bei Kompatibilität nie erfolgsmaximal sein. Formal bedeutet es:

$$w_{max} = w(\mathring{\mathbf{z}}) = \max\left\{w(\mathbf{z}) \,\middle|\, \mathbf{z} \in \mathbf{T}\right\} = \max\left\{w(\mathbf{z}) \,\middle|\, \mathbf{z} \in \mathbf{T}^{\text{eff}}\right\}$$

Dieser Zusammenhang ist der tiefere Grund für die alleinige Konzentration vieler ökonomischer Analysen auf den effizienten Rand, insbesondere traditioneller Abhandlungen auf der Basis von Produktionsfunktionen. Da es aber in Theorie wie Praxis einerseits schwierig und andererseits häufig unnötig ist, erst einmal alle effizienten Produktionen zu ermitteln und unter diesen dann die erfolgsmaximale zu bestimmen, setzt die Theorie betrieblicher Wertschöpfung die Kenntnis der effizienten Produktionen im Allgemeinen nicht voraus.

Die Problematik der Bestimmung des effizienten Randes wird besonders deutlich, wenn man lineare Techniken mit vielen Grundaktivitäten betrachtet, z.B. Zuschneideprozesse (vgl. Lektionen 3, 6 und 9). Außerdem werden durch die Voraussetzung effizienter Produktion wichtige Fragestellungen implizit ausgeschlossen, so etwa die Messung relativer Effizienz (vgl. Abschn. 6.3) oder die Analyse von Überschüssen bei Hauptprodukten im Falle der Kuppelproduktion (vgl. Abschn. 9.3.2). Im Hinblick auf die obige Anmerkung zu unvollständiger Information und begrenzten Managementkapazitäten müssen sogar an der Kompatibilität gewisse Abstriche hingenommen werden, da es punktuell durchaus zu inkonsistenten Präferenzäußerungen kommen kann. Davon jedoch zu unterscheiden ist der Umstand, dass es aus pragmatischen Gründen sinnvoll sein mag, unerwünschte Objekte dennoch als Güter zu bezeichnen, beispielsweise dann, wenn es sich um ausnahmsweise anfallende, vorübergehend nicht absetzbare und allenfalls unwirtschaftlich verwertbare Überschüsse einer Produktart handelt, die aber ansonsten generell als marktfähig anzusehen ist (z.B. bei Ernteüberschüssen im Agrarsektor). In solchen Fällen, in denen die Voraussetzung des „Normalfalls" gemäß Abschnitt 4.2 nicht zutrifft, beziehen sich die Begriffe Gut, Übel und Neutrum auf die *überwiegende* Beurteilung der Objekte ein und derselben Art.

Ebenso wie das schwache lässt sich das starke Erfolgsprinzip prinzipiell sowohl auf die Technik als auch auf einen aus ihr abgeleiteten Produktionsraum beziehen. Da Produktionsräume Teilmengen der zugrundeliegenden Technik sind, ist jede bezüglich der Technik effiziente oder erfolgsmaximale Produktion auch bezüglich eines abgeleiteten Produktionsraumes effizient bzw. erfolgsmaximal, falls sie überhaupt zulässig ist, d.h. zum Produktionsraum gehört. Die umgekehrte Aussage gilt im Allgemeinen natürlich nicht.

Das könnte im Extremfall sogar bedeuten, dass eine bezüglich eines Produktionsraumes erfolgsmaximale Produktion bezüglich der Technik ineffizient ist. Ein solches Beispiel liegt trivialerweise vor, wenn die Restriktionen eine bestimmte technisch ineffiziente Produktion erzwingen (z.B. einen Heizer auf einer Elektro-Lokomotive), welche dann als einzig zulässige Produktion auch erfolgsmaximal bezüglich dieses Produktionsraumes ist. Wenn nicht extra anders vermerkt, bezieht sich der Effizienzbegriff im Allgemeinen auf die zu Grunde liegende Technik.

8.1.2 Ermittlung des Erfolgsmaximums

Im Abschnitt 5.1.2 ist festgestellt worden, dass effiziente Produktionen auf Grund der vorausgesetzten Abgeschlossenheit der Technik auf dem Rand der Technik liegen und ein solcher effizienter Rand selbst bei einer unbeschränkten Technik in der Regel existiert, wie einige der Beispiele in Bild 4.1 demonstrieren. Erfolgsmaximale Produktionen existieren dann jedoch nicht mehr ohne weiteres. So könnte bei jeder größenprogressiven Technik – also beispielsweise den Techniken der Diagramme 4.1d und 4.1f – in Verbindung mit einer linearen Erfolgsfunktion der Erfolg ins Unendliche gesteigert werden, falls auch nur eine Produktion mit einem positiven Erfolg existieren würde.

Diese Aussage lässt sich wie folgt beweisen: Seien **T** eine größenprogressive Technik, w eine lineare Erfolgsfunktion und $\mathbf{z} \in \mathbf{T}$ mit $w(\mathbf{z}) > 0$; für jedes $\lambda > 1$ gilt dann: $\lambda\mathbf{z} \in \mathbf{T}$ mit $w(\lambda\mathbf{z}) = \lambda \cdot w(\mathbf{z}) > w(\mathbf{z}) > 0$. Für $\lambda \to \infty$ geht auch $w(\lambda\mathbf{z})$ gegen Unendlich, sodass das Erfolgsmaximum unendlich groß werden würde und deshalb nicht als endliche Produktion existiert.

Für unbeschränkte Techniken und lineare Erfolgsfunktionen ist es deshalb mit Blick auf die Realität sinnvoll, das Erfolgsmaximum nicht auf die Technik **T** selber, sondern auf einen durch geeignete Restriktionen **R** beschränkten Produktionsraum **Z** zu beziehen:

$$w_{max} = w(\mathring{\mathbf{z}}) = \max\left\{w(\mathbf{z}) \,\middle|\, \mathbf{z} \in \mathbf{T} \cap \mathbf{R}\right\} = \max\left\{w(\mathbf{z}) \,\middle|\, \mathbf{z} \in \mathbf{Z}\right\}$$

Bei einer stetigen Erfolgsfunktion sowie einem abgeschlossenen und beschränkten Produktionsraum bzw. einer entsprechenden Technik gibt es stets ein endliches Maximum des Erfolgs, das von wenigstens einer – *erfolgsmaximalen* – Produktion realisiert wird.

Es kann durchaus vorkommen, dass mehr als eine Produktion erfolgsmaximal ist. Im Beispiel der VERBRENNUNG VON MÜLL unter Einsatz des Brennstoffes Erdgas gemäß der in Bild 5.2 skizzierten Technik gibt es bei einer linearen Erfolgsfunktion genau dann zwei optimale Produktionen, wenn die kassierte Müllgebühr $p_{Müll} < 0$ gerade so hoch ist, dass sie die durch den Brennstoffpreis $p_{Erdgas} > 0$ bestimmten Kosten deckt: $w(\mathbf{z}) = p_{Müll}\, z_{Müll} + p_{Erdgas}\, z_{Erdgas} = 0$. In diesem Fall ist der Produzent indifferent zwischen dem Stillstand und einer anderen Aktivität auf dem effizienten Rand. Bild 8.1 illustriert diese Situation, indem an die Technik eine Gerade durch die beiden erfolgsmaximalen Punkte eingezeichnet ist. Sie stellt eine so genannte **Erfolgsisoquante** dar, hier diejenige mit dem (maximal erreichbaren) Erfolg Null.

Entscheidend für das Erfolgsmaximum ist das Verhältnis der beiden Preise. Es bestimmt die Steigung $-p_{Erdgas}/p_{Müll}$ der Erfolgsisoquanten. Der maximale Erfolg ist dann erreicht, wenn eine weitere Parallelverschiebung der Geraden in südöstliche Richtung[1] nicht mehr zu einer möglichen Produktion führt. Bei einer geringeren Müllgebühr – und konstantem Brennstoffpreis – ist allein der Stillstand erfolgsmaximal (steilere Erfolgsisoquante); bei einer höheren Müllgebühr ist es für den Reduzenten rational, durch einen größeren Brennstoffeinsatz mehr Müll zu verbrennen (flachere Erfolgsisoquante). Der dazwischen liegende Bereich geringeren Brennstoffeinsatzes und verminderter, aber noch positiver Müllreduktion ist dagegen für kein Preisverhältnis erfolgsmaximal.

[1] Die Kompatibilität zwischen dem schwachen und starken Erfolgsprinzip kommt bei den Bildern 5.2 und 8.1 dadurch zum Ausdruck, dass Dominanz und Erfolg beide in südöstlicher Richtung zu suchen sind.

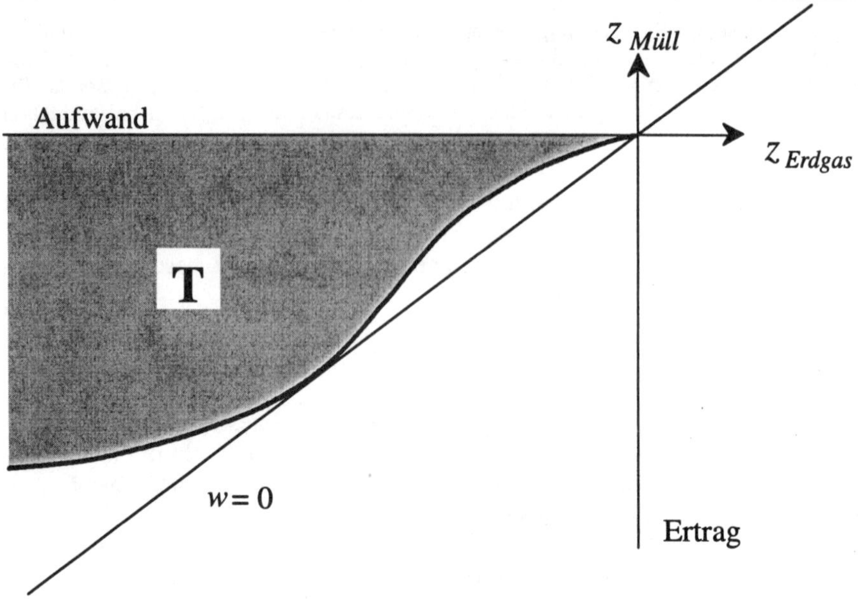

Bild 8.1: Preisgerade an ertragsgesetzliche Reduktionstechnik

Das Beispiel illustriert einerseits die Kompatibilitätsbedingung, dass jede erfolgsmaximale Produktion effizient ist; andererseits zeigt es auch, dass es effiziente Aktivitäten geben kann, welche bei einer linearen Erfolgsfunktion nie erfolgsmaximal sein können. Typischerweise liegen derartige Produktionen in nicht konvexen Bereichen einer Technik oder eines Produktionsraumes. Solche Nicht-Konvexitäten sind auch verantwortlich für das sprunghafte Verhalten beim Wechsel vom Stillstand zu den anderen (jeweils erfolgsmaximalen) Produktionen auf dem effizienten Rand.

Bei einem konvexen Produktionsraum und einer konkaven Erfolgsfunktion – insbesondere also im linearen Fall – treten diskrete Sprünge beim Übergang zwischen erfolgsmaximalen Produktionen dagegen nicht auf. Unter diesen Voraussetzungen bildet nämlich die Menge der erfolgsmaximalen Produktionen selber eine konvexe Menge, d.h. jede Konvexkombination zweier erfolgsmaximaler Produktionen ist auch erfolgsmaximal. Im Beispiel der Preisdifferenzierung des Abschnitts 7.4.2 verläuft die Umsatzkurve in Bild 7.3 konkav, und zwar stückweise linear. Bei einer linear-affinen Kostenfunktion $K(y) = 4 + 0{,}25y$ sind dann alle Absatzquantitäten mit $8 \leq y \leq 12$ gewinnmaximal; für sie gilt: $w'(y) = 0$ oder $L'(y) = K'(y) = 0{,}25$.

Bei einem konvexen Produktionsraum mit gekrümmtem Verlauf des effizienten Randes und einer konkaven, insbesondere linearen Erfolgsfunktion ist die erfolgsmaximale Produktion *eindeutig* bestimmt. Das veranschaulicht Bild 8.2

für das Beispiel einer neoklassischen Zwei-Güter-Technik mit der Erfolgsfunktion $w(x,y) = 3y - x$ und der impliziten Produktionsfunktion $f(x,y) = 2\sqrt{x} - y = 0$. Im Optimum mit dem Erfolgsmaximum $w = 9$ ist die Steigung der Erfolgsisoquante mit derjenigen des effizienten Randes identisch. Ökonomisch interpretiert entspricht im Erfolgsmaximum die Grenzproduktivität des Faktors dem Verhältnis des Faktorpreises zum Produktpreis.

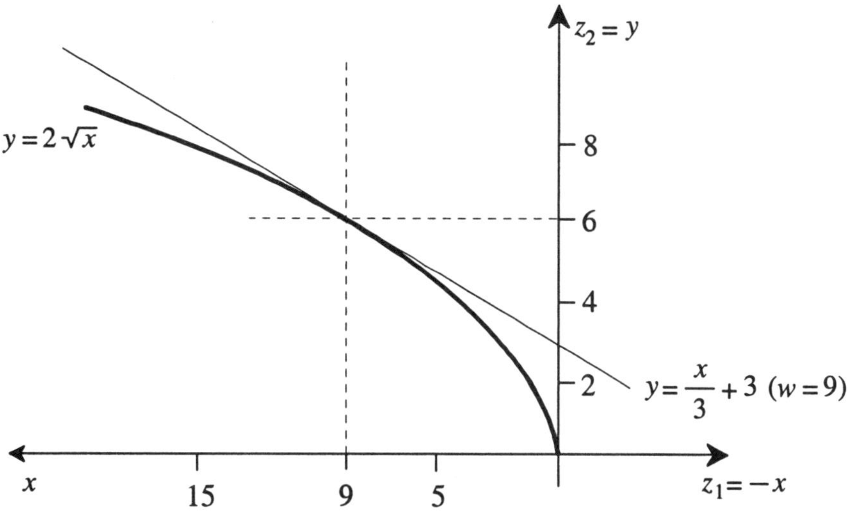

Bild 8.2: Erfolgsmaximum einer neoklassischen 2-Güter-Technik

Die im Beispiel analysierte Optimierungsaufgabe ist prinzipiell von dem Typ „Maximiere die Erfolgsfunktion unter Beachtung einer Produktionsgleichung":

$$w_{max} = \max \left\{ w(\mathbf{z}) \,\middle|\, f(\mathbf{z}) = 0 \right\}$$

Falls die Erfolgsfunktion w und die implizite Produktionsfunktion f differenzierbar sind, lassen sich mit der Lagrange-Multiplikatoren-Methode folgende Optimalitätsbedingungen ableiten, wobei μ der Lagrange-Multiplikator ist:

$$\frac{\partial w}{\partial z_k} = \mu \cdot \frac{\partial f}{\partial z_k} \quad \text{für } k = 1, \ldots, \kappa$$

Bei konkaven Funktionen w und f sind diese Bedingungen zusammen mit der Produktionsgleichung $f(\mathbf{z}) = 0$ nicht nur notwendig, sondern auch hinreichend, d.h. sie bilden eine äquivalente Charakterisierung der erfolgsmaximalen Produktion. (Es genügen die Pseudokonkavität von w und die Quasikonkavität von f.) Mittels Division der Optimalitätsbedingungen für zwei Objektarten i und j ergibt sich die folgende Bedingung, wonach die *Kompensationsrate* des Erfolgs gleich derjenigen der Produktion sein muss:

$$\frac{\partial w/\partial z_i}{\partial w/\partial z_j} = -\frac{dz_j}{dz_i} = \frac{\partial f/\partial z_i}{\partial f/\partial z_j}$$

Im Falle von Randpunkten und Ungleichungsrestriktionen trifft die Gleichheit der Kompensationsraten für optimale Produktion im Allgemeinen nicht zu. In der Regel gilt dann nur noch eine entsprechende, einseitige Ungleichung, die mit Hilfe einer verallgemeinerten Version der Lagrange-Multiplikatoren-Methode hergeleitet werden kann.

Literaturhinweise
Dyckhoff (1994), Abschn. 9.1
Esser (2001)
Wittmann (1968), S. 25–27

8.2 Indirekte Erfolgsfunktionen

An Hand der allgemeinen Definitionsgleichung im letzten Abschnitt ist unmittelbar erkennbar, dass das Erfolgsmaximum w_{max} auf dreierlei Weise durch exogene Größen beeinflusst wird, nämlich über

- die Technik **T**
- die Restriktionen **R** sowie
- die Erfolgsfunktion *w*.

Mit anderen Worten ist das Erfolgsmaximum eine Funktion der Technik, der Restriktionen und der Erfolgsfunktion:

$$w_{max} = w(\mathring{\mathbf{z}}) = g(\mathbf{T}; \mathbf{R}; w)$$

Diese Funktion heißt allgemein **indirekte Erfolgsfunktion**. Sofern die erfolgsmaximale Produktion $\mathring{\mathbf{z}}$ eindeutig ist, ist auch sie eine Funktion der exogenen Einflussgrößen.

8.2.1 Der Einfluss von Erfolgsfaktoren

Während die direkte Erfolgsfunktion $w(\mathbf{z})$ den Erfolg der verschiedenen, vom Produzenten durchführbaren Aktivitäten $\mathbf{z}$ angibt, beschreibt die indirekte Erfolgsfunktion den unter allen durchführbaren Aktivitäten maximal erreichbaren Erfolg in Abhängigkeit derjenigen Größen, die der Produzent in der betrachteten Situation als vorgegeben ansieht. Die Technik, die Restriktionen und die Erfolgsfunktion stellen allgemein die Rahmenbedingungen einer (operativen) Produktionsentscheidung dar. Sie umfassen alle relevanten, konkreten Parameter der jeweiligen Produktionssituation. Beispiele sind Produktionskoeffizienten als technische Parameter, Faktorkapazitäten als Restriktionsparameter sowie Faktorpreise als Parameter der (direkten) Erfolgsfunktion. Derartige Parameter der Entscheidungssituation heißen **(Erfolgs-)Einflussgrößen.**

Solche Erfolgseinflussgrößen, also etwa auch Nachfrageschätzungen und Absatzpreise oder Emissionskoeffizienten und -grenzen, sind für den Entscheidungsträger (aktuelle!) Daten und keine Handlungsvariablen. In einer anders gelagerten Entscheidungssituation können dieselben Größen jedoch durchaus beeinflussbar sein. So ist die Produktionskapazität eines Automobilwerkes in der Regel kurzfristig gegeben, aber längerfristig veränderbar. Welche Größen jeweils beeinflussbar sind, ist nicht nur durch die Fristigkeit, sondern durch eine Reihe weiterer Gesichtspunkte bestimmt, unter denen besonders die Entscheidungskompetenz hervorzuheben ist, welche dem jeweiligen Entscheidungsträger innerhalb einer Unternehmungshierarchie zugeordnet ist. Unterschiede sind hier zum einen hinsichtlich des untersuchten Produktionssystems als Subsystem einer Unternehmung zu machen (z.B. Sparte, Betrieb oder Werkstatt), zum anderen auch hinsichtlich der Art der Entscheidung (strategisch versus operativ).[2] Da somit die Einstufung von Größen entweder als Parameter (Datum) oder als Variable in hohem Maße situativ und relativ ist, werden solche Größen, die den Erfolg einer Aktivität entscheidend mitbestimmen, allgemein **Erfolgsfaktoren** genannt, unabhängig davon, ob sie (unmittelbar) beeinflussbar sind oder (wie die Einflussgrößen) auch nicht.

Für das Management von Produktions*sub*systemen einer Unternehmung (z.B. Betriebs- oder Werksleitung) existiert in der Regel eine Vielzahl an Vorgaben übergeordneter Instanzen. So ist häufig die *Beschäftigung* durch die Verpflichtung zur Nachfrageerfüllung von außen determiniert; damit sind regelmäßig auch die Leistungen des Systems festgelegt. Bei rein ökonomischer Erfolgsbetrachtung sind dann nur noch die Kosten variabel:

$$w(\mathbf{z}) = G(\mathbf{z}) = \overline{L} - K(\mathbf{z})$$

In diesem Fall ist Erfolgs- bzw. Gewinnmaximierung äquivalent zur Minimierung der noch vom Produzenten beeinflussbaren Kosten.[3] Von Interesse ist dann nur die *indirekte Kostenfunktion* K(**T**; **R**; *w)*, auch **Minimalkostenfunktion** oder einfach nur Kostenfunktion genannt, mit der Beschäftigung als wesentlicher **Kosteneinflussgröße**. Entsprechend ist bei festliegenden Kosten nur die *indirekte* oder *Maximalleistungsfunktion* relevant.

[2] Vgl. näher dazu Abschn. 14.3.

[3] Diese Aussage gilt allgemein nur für Entscheidungssituationen bei sicheren Erwartungen. Bei Unsicherheit können fixe Kosten oder Leistungen unter Umständen entscheidungsrelevant werden (vgl. *Ewert/Wagenhofer 2000*, S. 251 ff.)

8.2.2 Minimalkostenfunktion einer Cobb/Douglas-Technik

Als Beispiel sei eine Gütertechnik vom *Cobb/Douglas-Typ* mit vorgegebener Produktquantität $\bar{y} > 0$ und einer linear-affinen Kostenfunktion betrachtet. Da alle Faktoren unverzichtbar sind und die erfolgsmaximale Produktion effizient sein muss, ergibt sich die **Minimalkostenkombination** als Lösung folgender Optimierungsaufgabe (für $x_i > 0$, $i = 1,...,m$):

$$\mathrm{K}_{min} = \min\left\{c_1x_1 + ... + c_mx_m + c_0 \;\middle|\; \bar{y} - \alpha_0 \cdot (x_1)^{\alpha_1} \cdot ... \cdot (x_m)^{\alpha_m} = 0\right\}$$

Es sind die Kosten unter Beachtung der Produktionsgleichung zu minimieren. Kosteneinflussgrößen sind die Faktorpreise c_i, die Fixkosten $c_0 = \mathrm{K}^{\mathrm{fix}}$, die Beschäftigung $\bar{y}$, der Niveauparameter α_0 und die Produktionselastizitäten α_i.

Bei Anwendung der Lagrange-Multiplikatoren-Methode ergeben sich folgende Optimalitätsbedingungen:

$$c_i - \mu \cdot \frac{\alpha_i}{x_i} \cdot \alpha_0 \cdot (x_1)^{\alpha_1} \cdot ... \cdot (x_m)^{\alpha_m} = 0 \quad \text{für } i = 1,...,m$$

Durch Ausnutzung der Produktionsgleichung folgt für die variablen Kosten des i-ten Faktors:

$$\mathrm{K}_i^{var} = c_i x_i = \alpha_i \cdot \mu \cdot \bar{y} \quad \text{für } i = 1,...,m$$

und mit der Skalenelastizität $\varepsilon = \alpha_1 + ... + \alpha_m$ für die variablen Gesamtkosten:

$$\mathrm{K}_{min}^{var} = \varepsilon \cdot \mu \cdot \bar{y} \quad \text{oder} \quad \mathrm{K}_i^{var} = \frac{\alpha_i}{\varepsilon} \cdot \mathrm{K}_{min}^{var}$$

Der relative Anteil eines Faktors an den variablen Minimalkosten ist demnach unabhängig von der Beschäftigung und nur durch das Verhältnis seiner Produktionselastizität zur Skalenelastizität bestimmt. Je produktiver ein Faktor ist, umso mehr wird er bei Befolgung des starken Erfolgsprinzips eingesetzt und umso höher ist sein Kostenanteil.

Aus der Produktionsgleichung sowie der vorletzten Gleichung für die m Faktoren lassen sich die Faktoreinsätze x_i und der Lagrange-Multiplikator μ berechnen.[4] Ohne dass dies hier vorgeführt wird, sei nur das Resultat für die indirekte Kostenfunktion angegeben (mit $y = \bar{y}$):

---

[4] Alternativ zur Lagrange-Methode können die Minimalkosten auch unmittelbar durch Auflösung der Produktionsgleichung nach einem Faktoreinsatz und Einsetzung in die Kostenfunktion abgeleitet werden.

$$K_{min}(y; c_0, \ldots, c_m; \alpha_0, \ldots, \alpha_m) = \varepsilon \cdot \beta^{-\frac{1}{\varepsilon}} \cdot y^{\frac{1}{\varepsilon}} + c_0$$

$$\text{für} \quad \beta = \alpha_0 \cdot \left(\frac{\alpha_1}{c_1}\right)^{\alpha_1} \cdot \ldots \cdot \left(\frac{\alpha_m}{c_m}\right)^{\alpha_m} \quad \text{und } c_0 = K^{fix}$$

Der Verlauf der Minimalkosten in Abhängigkeit von der Beschäftigung

$$K_{min}(y) = K(y) = K^{var}(y) + K^{fix}$$

wird hier wesentlich von der Skalenelastizität bestimmt. Bild 8.3 zeigt die drei Hauptfälle: Bei konstanten Skalenerträgen ($\varepsilon = 1$) sind die variablen Minimalkosten proportional zur Beschäftigung; bei abnehmenden Skalenerträgen ($\varepsilon < 1$) steigen die Kosten strikt progressiv; bei zunehmenden Skalenerträgen ($\varepsilon > 1$) sinken die *Grenzkosten* mit der Beschäftigung.

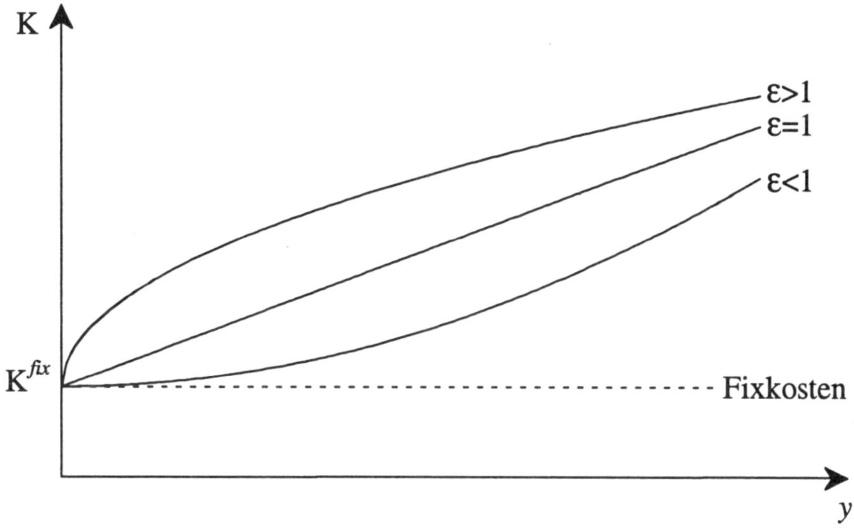

Bild 8.3: Minimalkostenverläufe dreier Cobb/Douglas-Techniken verschiedener Skalenelastizitäten

Im konkreten Beispiel der LANDWIRTSCHAFTLICHEN PRODUKTIONSTECHNIK aus Bild 2.1 (vgl. auch Abschn. 5.3) mit folgender Produktfunktion ($\varepsilon = 2$)

$$y = 5 \cdot (x_1)^{1,5} \cdot (x_2)^{0,5}$$

sowie Faktorpreisen $c_1 = 150$, $c_2 = 2$ und Fixkosten $K^{fix} = 1000$ erhält man folgende indirekte Kostenfunktion in Bezug auf die Beschäftigung:[5]

$$K(y) = 40 \cdot \sqrt{y} + 1000$$

Sie besteht aus der Summe der beschäftigungsvariablen und der beschäftigungsfixen Kosten und verläuft (wegen $\varepsilon = 2$) degressiv.

8.2.3 Stückkostenverläufe

Gemäß den vorangehenden Ausführungen betragen im Beispiel die *durchschnittlichen Gesamtkosten* oder **(gesamten*)* Stückkosten** des Produktes:[6]

$$k(y) = \frac{K(y)}{y} = \frac{40}{\sqrt{y}} + \frac{1000}{y}$$

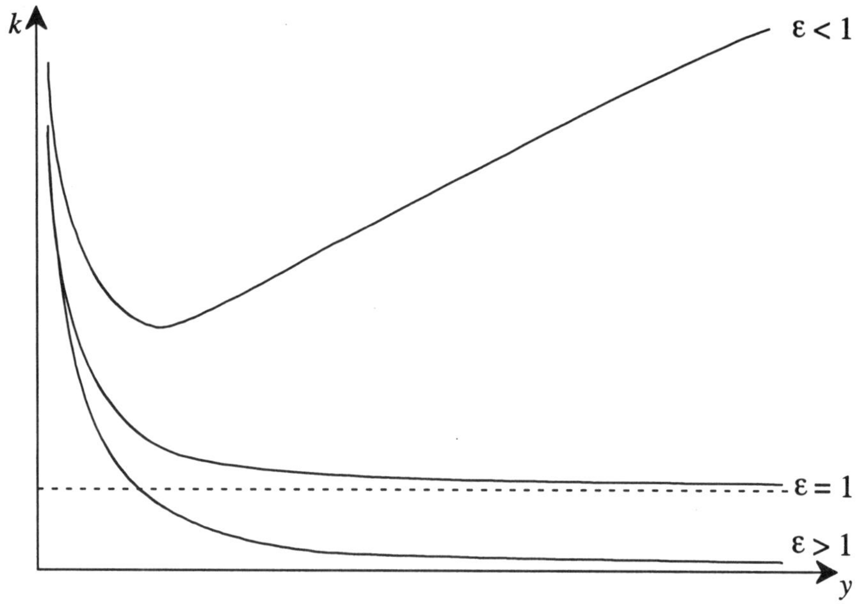

Bild 8.4: Stückkostenverläufe dreier Cobb/Douglas-Techniken verschiedener Skalenelastizitäten

[5] Die kostenminimale Faktorkombination lässt sich auch grafisch ableiten, indem man in Bild 5.3 an die entsprechende Produktisoquante die Kostenisoquante für die gegebenen Faktorpreise als Tangente einzeichnet.

[6] Vgl. auch die Ausführungen zur Lern- und Erfahrungskurve des Abschn. 7.4.1.

Der erste Summand entspricht den *variablen* und der zweite den *fixen* Stückkosten. Letzte haben wegen der Konstanz der Fixkosten immer einen hyperbelförmigen, fallenden Verlauf. Die variablen Stückkosten fallen in diesem Beispiel wegen der zunehmenden Skalenerträge ebenfalls hyperbelförmig. Insgesamt ergibt sich damit der in Bild 8.4 mit $\varepsilon > 1$ gekennzeichnete Fall hyperbelförmig abnehmender und gegen Null strebender gesamter Stückkosten. Bei einer Cobb/Douglas-Technik mit konstanten Skalenerträgen ($\varepsilon = 1$) sind die variablen Stückkosten konstant. Die gesamten Stückkosten nehmen hier zwar auch hyperbelförmig ab, streben aber gegen die konstanten variablen Stückkosten als untere Grenze. Bei abnehmenden Skalenerträgen ($\varepsilon < 1$) nehmen die variablen Stückkosten von Null beginnend ständig zu, sodass mit zunehmender Beschäftigung der anfänglich überwiegende Effekt abnehmender fixer Stückkosten überkompensiert wird und die gesamten Stückkosten nach einem Minimum wieder ansteigen. Die Produktstückzahl mit minimalen Stückkosten wird auch als (statisches) *Betriebsoptimum* bezeichnet.

Literaturhinweise
Dinkelbach/Rosenberg (2002), Abschn. 3.2
Fandel (1994), S. 258ff.

8.3 Erfolgsmaximierung bei Engpässen

Die obige Ableitung einer indirekten Kostenfunktion ist ein Beispiel für einen Spezialfall des starken Erfolgsprinzips, nämlich hier der Kostenminimierung für eine Cobb/Douglas-Technik, der ausreicht, um einige allgemeiner gültige Begriffe und Aussagen hinreichend erklären zu können. In diesem Abschnitt sollen an Hand eines zweiten Spezialfalls, nämlich der linear-limitationalen Produktion, weitere ökonomische Begriffe und Denkkonzepte eingeführt werden, die trotz der vereinfachenden Voraussetzungen auf Grund ihres exemplarischen Charakters in mancherlei Hinsicht Erkenntnisse von genereller Bedeutung vermitteln können, welche weit über die Produktionswirtschaft hinausreichen.

8.3.1 Durch die Hauptprodukte determinierte Produktion

Der spezielle Fall, in dem die Hauptprodukte alle anderen Güter- und Übelarten limitieren, ist dadurch gekennzeichnet, dass es für vorgegebene Hauptproduktmengen jeweils höchstens eine einzige effiziente Produktion gibt. Diese ist bei Kompatibilität dann zwangsläufig kostenminimal sowie für die fixierten Hauptproduktmengen auch erfolgsmaximal. Eine Steigerung des Erfolges ist in diesem Fall nur über die Veränderung des Hauptproduktionsprogramms möglich, vorausgesetzt, die anderen Erfolgseinflussgrößen, insbesondere die Preise und Faktorkapazitäten, bleiben unverändert.

Der genannte Spezialfall liegt insbesondere dann vor, wenn bei Fixierung der Hauptproduktmengen überhaupt nur höchstens eine technisch mögliche Aktivität existiert, die dann natürlich auch effizient ist. Beispiele für eine solche **durch Hauptprodukte determinierte Technik** bilden die in Abschnitt 2.1 eingeführten Techniken des LEDERWARENHERSTELLERS und der EDV-SCHULUNGSFIRMA. Die Beispiele sind formal nahezu identisch. Die Technik ist beide Male im Wesentlichen durch folgendes Gleichungssystem beschrieben (vgl. Abschn. 2.1 und 5.2):

$$\begin{aligned} x_1 &= 50y_4 + 50y_5 \\ x_2 &= 40y_4 + 15y_5 \\ x_3 &= 0{,}15y_4 + 0{,}4y_5 \\ y_6 &= 30y_4 + 25y_5 \end{aligned}$$

Wie man erkennt, determinieren die Erzeugnisse 4 und 5 die anderen vier Objektarten. Beide Techniken sind additiv. Ein entscheidender formaler Unterschied besteht nur hinsichtlich der Größenproportionalität: Die Technik der EDV-Schulung ist linear, die des Lederwarenherstellers nicht. Im ersten Beispiel stellen die Erzeugnisse 4 und 5 Lehreinheiten dar, deren Dauer als beliebig teilbar angesehen wird. Im zweiten Beispiel handelt es sich bei den Objektarten 4 und 5 um Schuhpaare und Taschen, die ganzzahlig als Stückzahl gemessen werden. Alle anderen Objektarten sind in beiden Beispielen beliebig teilbar. Darüber hinaus werden die nachfolgenden Ausführungen zeigen, dass die Objektart 6 eigentlich ignoriert werden kann. Da in beiden Beispielen die ersten fünf Objektarten als Güter einzustufen sind, handelt es sich ohne Objektart 6 um limitationale Techniken,[7] bei der EDV-Schulung sogar um eine linear-limitationale Technik.

Aus den obigen Technikgleichungen lässt sich für beide Beispiele unmittelbar berechnen, dass sich aus einer Nachfrage nach 40 Mengeneinheiten von Hauptprodukt 4 und 60 Einheiten von Hauptprodukt 5 ein Bedarf von 5000 Einheiten des Faktors 1, 2500 Einheiten des Faktors 2 und 30 Einheiten des Faktors 3 ergibt, wobei als weiterer Output 2700 Einheiten des Erzeugnisses 6 entstehen. Geht man von folgenden Preisen der sechs Objektarten aus:

$$\mathbf{p} = (p_1, ..., p_6) = (1, 2, 500, 200, 400, 0)$$

---

[7] Beide Techniken sind ohne Objektart 6 outputseitig determiniert (vgl. Abschn. 3.3.2 und ausführlich Lektion 10), woraus die (Input-) Limitationalität folgt.

so lautet der Deckungsbeitrag eines beliebigen Hauptproduktionsprogramms (y_4, y_5):

$$\begin{aligned} D &= 200y_4 + 400y_5 - 1x_1 - 2x_2 - 500x_3 \pm 0y_6 \\ &= (200 - 1\cdot 50 - 2\cdot 40 - 500\cdot 0{,}15 \pm 0\cdot 30)\, y_4 + \\ &\quad (400 - 1\cdot 50 - 2\cdot 15 - 500\cdot 0{,}40 \pm 0\cdot 25)\, y_5 \\ &= (200 - 205)\, y_4 + (400 - 280)\, y_5 \\ &= -5y_4 + 120y_5 \end{aligned}$$

Die variablen Stückkosten des Hauptprodukts 4 betragen 205 GE, der Stückerlös nur 200 GE; daraus resultiert ein negativer Stückdeckungsbeitrag von –5 GE. Jede hergestellte und verkaufte Einheit des Erzeugnisses 4 verringert den gesamten Deckungsbeitrag und damit den Gewinn um diesen Betrag, sodass es hinsichtlich des *Erfolgsziels Gewinn* besser ist, das Hauptprodukt 4 nicht herzustellen. Für 60 Einheiten des Hauptprodukts 5 mit seinem positiven Stückdeckungsbeitrag von 120 GE kann man einen Deckungsbeitrag von 7200 GE erzielen. Dieser sinkt jedoch auf 7000 GE, wenn außerdem noch 40 Einheiten des Hauptprodukts 4 erzeugt werden. Zwar wächst der gesamte Umsatz auf $L = 200\cdot 40 + 400\cdot 60 = 32000$ GE; dafür steigen die gesamten variablen Kosten aber noch stärker, nämlich auf $K = 205\cdot 40 + 280\cdot 60 = 1\cdot 5000 + 2\cdot 2500 + 500\cdot 30 + 0\cdot 2700 = 25000$ GE.

Interpretiert für das Beispiel des LEDERWARENHERSTELLERS stehen den Nettostückerlösen in Höhe von $e_4 = 200$ GE für das Paar Schuhe und $e_5 = 400$ GE für eine Tasche Faktorpreise in Höhe von $c_1 = 1$ GE/Arbeitsminute, $c_2 = 2$ GE/Nähmaschinenminute und $c_3 = 500$ GE/m^2 Leder gegenüber, wobei die Lederreste als Beiprodukt mit einem Preis Null bewertet sind. Ein Paar Schuhe hat einen Stückdeckungsbeitrag in Höhe von –5 GE, eine Tasche in Höhe von 120 GE. Die Herstellung von 40 Paar Schuhen (Objektart 4) und 60 Taschen (5) ist mit einem Umsatz von 32000 GE und Kosten von 25000 GE verbunden, der aus einem Faktoreinsatz von 5000 Arbeitsminuten (1), 2500 Nähmaschinenminuten (2) und 30 m^2 Leder (3) resultiert, wobei Lederreste (6) in Höhe von 2700 g anfallen. Fixkosten werden nicht berücksichtigt.

Im Hinblick auf das Beispiel der EDV-SCHULUNG sind die Zahlen wie folgt zu lesen: Bei Erlösen von 200 GE bzw. 400 GE je Lehreinheit kann der gesamte Umsatz von 32000 GE für 40 Normal- und 60 Intensivschulungen die gesamten Kosten in Höhe von 25000 GE decken. Die Kosten ergeben sich aus der Nutzung des Schulungsraums über 5000 Minuten zu je 1 GE/Minute, dem Verbrauch von 2500 Schulungsmappen zu je 2 GE/Stück und dem Einsatz von EDV-Trainern im Umfang von 30 Personentagen zu je 500 GE/Tag. Der Lernerfolg (Objektart 6) als eigentliches Zielprodukt oder Ergebnis der Dienstleistungsproduktion liegt der Absatzpreisgestaltung mangels objektiver Messbarkeit und daraus drohender Manipulierbarkeit nicht zu Grunde. Unter Voraussetzung einer gegebenen Schulungsqualität dienen vielmehr die Prozessvariablen $\lambda^1 = y_4$ und $\lambda^2 = y_5$ der beiden Schulungsformen als Bezugsgrößen für die Bestimmung operational handhabbarer Absatzmengen und Absatzpreise. Der Lernerfolg braucht dann für die Planung des Erzeugnis- und Absatzprogramms nicht explizit beachtet zu werden.

8.3.2 Standardansatz der Erzeugnisprogrammplanung

Die folgenden Ausführungen zur Hauptproduktions- oder Erzeugnisprogrammplanung bei linear-limitationaler Produktion beziehen sich auf das obige abstrakte Zahlenbeispiel. In der Literatur wird auch vom „Standardansatz" gesprochen. Es wird teilweise dem Leser überlassen, die Zahlen vor dem Hintergrund der beiden Beispiele zur LEDERWARENHERSTELLUNG und EDV-SCHULUNG zu interpretieren und mit Leben zu füllen.

Ein negativer Stückdeckungsbeitrag eines Hauptproduktes kann aus längerfristigen, wettbewerbsstrategischen – oder möglicherweise auch ökologischen und sozialen – Gründen gegebenenfalls vorübergehend in Kauf genommen werden, z.B. um Marktanteile zu erringen. Wählt man demgemäß den *Umsatz als Erfolgskriterium*, so steigert bei konstanten positiven Absatzpreisen jede Ausweitung des Erzeugnisprogramms den Erfolg. Das geht aber nicht unbegrenzt, weil man früher oder später an Absatz-, Beschaffungs-, Emissions- oder andere Schranken stößt. Im Beispiel der Leder verarbeitenden Unternehmung resultiert der in Abschnitt 2.3 formulierte Produktionsraum **Z** aus Kapazitätsrestriktionen in Höhe von 5000 Arbeitsminuten, 3000 Nähmaschinenminuten und 30 m^2 Leder bei gleichzeitigen Lieferverpflichtungen für 20 Paar Schuhe und 10 Taschen:

$$\begin{aligned} 50y_4 + 50y_5 &\leq 5000 \\ 40y_4 + 15y_5 &\leq 3000 \\ 0{,}15y_4 + 0{,}4y_5 &\leq 30 \\ y_4 &\geq 20 \\ y_5 &\geq 10 \end{aligned}$$

Vor dem Hintergrund der EDV-Schulung heißt das: In der Planungsperiode ist der Schulungsraum maximal 5000 Minuten verfügbar, 3000 Schulungsmappen sind vorrätig oder kurzfristig beschaffbar, die Personalkapazität an EDV-Trainern umfasst 30 Personentage, und es müssen mindestens 20 Normal- und 10 Intensivschulungen durchgeführt werden. Das zu diesem Produktionsraum gehörige Erzeugnisdiagramm ist in Bild 2.4 dargestellt worden. Bei

Absatzpreisen von 200 GE und 400 GE für die beiden Erzeugnisse 4 und 5 führt das starke Erfolgsprinzip in Verbindung mit dem Erfolgsziel Umsatz zu folgender linearer Optimierungsaufgabe:

$$\textit{Maximiere } L = 200y_4 + 400y_5 \textit{ unter den obigen Restriktionen!}$$

Bild 8.5 kennzeichnet das Erfolgsmaximum an Hand der am weitesten nach Nordosten parallel verschobenen Erfolgsisoquante; der maximale Umsatz in Höhe von 32000 GE wird für 40 bzw. 60 Mengeneinheiten der beiden Hauptprodukte erreicht.

Beim *Umsatzmaximum* bilden die Faktoren 1 und 3 einen **Engpass**, d.h. bei der Lederwarenherstellung die verfügbare Arbeit und das Rohleder, bei der EDV-Schulung entsprechend der Schulungsraum und die Trainerkapazität. Im Vergleich der Bilder 2.4 und 8.5 erkennt man es daran, dass das Umsatzmaximum im Schnittpunkt derjenigen Geraden liegt, welche den Restriktionen dieser beiden Faktoren zugeordnet sind und den Produktionsraum an dieser Stelle begrenzen. Eine Lockerung dieser Restriktionen würde eine weitere Umsatzsteigerung ermöglichen. Die durch den Engpass verhinderte Verbesserung des Erfolges definiert seine **Opportunitätskosten**. Die marginalen Opportunitätskosten pro Engpasseinheit werden **Schattenpreis** des Engpasses genannt.

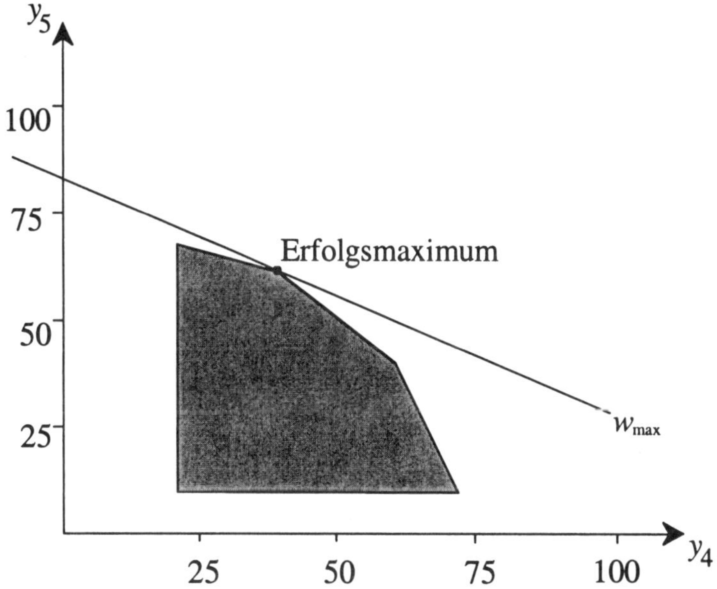

Bild 8.5: Erfolgsmaximales Erzeugnisprogramm

Würde bei den gegebenen Daten an Stelle des Umsatzes der *Gewinn maximiert*, wäre es optimal, soweit wie möglich nur das Hauptprodukt 5 herzustellen. Vom Hauptprodukt 4 (Schuhe bzw. Normalschulungen) müssen allerdings auf Grund bestehender Verpflichtungen 20 Einheiten erzeugt werden, obwohl sie wegen des negativen Stückdeckungsbeitrags den Gewinn senken. Begrenzt wird die Produktion des attraktiven Erzeugnisses 5 (Taschen bzw. Intensivschulungen) durch die noch verfügbare Kapazität des Faktors 3 (Leder bzw. Trainertage) in Höhe von 30 – 0,15·20 = 27 Einheiten; er bildet einen Engpass, sobald mehr als 27/0,4 = 67,5 Einheiten des Hauptprodukts 5 hergestellt werden sollen.[8] Stünde vom Faktor 3 eine Mengeneinheit mehr zur Verfügung, so könnten damit 1/0,4 = 2,5 Einheiten des attraktiven Produkts 5 mehr erzeugt werden, die auf diese Weise den Gewinn um 120·2,5 = 300 GE erhöhen würden. So hoch ist somit der Schattenpreis des Engpasses bei Faktor 3 in Bezug auf das Erfolgsziel Gewinn. Eine Erweiterung der Faktorkapazität würde sich somit lohnen, wenn dafür nicht mehr als 500 + 300 = 800 GE pro Faktoreinheit bezahlt werden müssen.

Könnte man dagegen die Verpflichtung zur Herstellung des Hauptprodukts 4 von 20 auf 19 Einheiten senken, so könnte das dadurch frei gewordene Kontingent an 0,15 Einheiten des knappen Faktors 3 genutzt werden, um 0,15/0,4 = 0,375 Einheiten des Produktes 5 mehr zu erzeugen. Der Gewinn würde einmal um den vermiedenen negativen Stückdeckungsbeitrag des Erzeugnisses 4 und außerdem um den anteiligen Deckungsbeitrag des Erzeugnisses 5 steigen; der Schattenpreis der Herstellungspflicht beträgt demnach in dieser Situation (–5)·(–1) + 120·0,375 = 50 GE je pflichtmäßig herzustellender Einheit des Produktes 4. Eine Nichterfüllung der Lieferpflicht für 20 Paar Schuhe würde sich deshalb für den Lederwarenhersteller nur dann finanziell lohnen, wenn anderweitige Nachteile nicht mehr als 50 GE je Paar Schuh betragen (Konventionalstrafe oder Fehlmengenkosten). Die gesamten Opportunitätskosten belaufen sich auf 50·20 = 1000 GE. Ohne die Lieferverpflichtung für Produkt 4 steigt das Gewinnmaximum nämlich von –5·20 + 120·67,5 = 8000 GE auf –5·0 + 120·75 = 9000 GE.

Opportunitätskosten und Schattenpreise sind situativ bedingt, insbesondere abhängig von dem jeweils verfolgten Ziel und den Daten der Entscheidungssituation des Produzenten. Es sei nunmehr angenommen, dass der Produzent den Absatzpreis des Hauptproduktes 4 auf e_4 = 265 GE/QE erhöht, den Preis e_5 = 400 GE/QE des anderen Hauptprodukts aber unverändert lässt. Die Stückdeckungsbeiträge lauten dann d_4 = 265 – 205 = 60 und d_5 = 400 – 280 = 120. Die frühere umsatzmaximale Produktion mit 40 und 60 Einheiten der

[8] Bei Taschen haben natürlich nur ganzzahlige Werte Sinn. Insoweit ist eine solche Marginalanalyse bei additiven Techniken problematisch. Bei größeren Stückzahlen, also etwa 67,5 Millionen, kann jedoch vereinfachend Linearität unterstellt werden.

beiden Erzeugnisse ist weiterhin umsatzmaximal, wenngleich natürlich der Umsatz von 32000 auf 34600 GE wächst. Das umsatzmaximale Erzeugnisprogramm ist nun aber gleichzeitig auch gewinnmaximal, wie man durch Einzeichnen der entsprechenden Gewinnisoquanten in Bild 8.5 erkennen kann. Eine weitere Erhöhung des Preises von Erzeugnis 4 würde die optimale Produktion erst dann verändern, wenn die Erfolgsisoquanten steiler als die Restriktionsgerade des Faktors 1 werden würden. Beim Umsatzmaximum wäre das für $e_4 > 400$, beim Gewinnmaximum für $d_4 > 120$, d.h. für $e_4 > 325$, der Fall.

8.3.3 Erfolgsmaximierung bei einem einzigen Faktorengpass

Außer durch Faktorkapazitäten kann die Produktion auch durch Absatzschranken nach oben begrenzt werden. Im Beispiel seien solche Schranken durch maximal 32 Paar Schuhe und 68 Taschen bzw. maximal 32 Normal- und 68 Intensivschulungen gegeben. Unter Beibehaltung der zuletzt genannten Daten lautet die Optimierungsaufgabe dann folgendermaßen:

$$\max! \quad D = 60y_4 + 120y_5$$

unter den Nebenbedingungen:

$$\begin{aligned} 50y_4 + 50y_5 &\leq 5000 \\ 40y_4 + 15y_5 &\leq 3000 \\ 0{,}15y_4 + 0{,}4y_5 &\leq 30 \\ 20 \leq y_4 &\leq 32 \\ 10 \leq y_5 &\leq 68 \end{aligned}$$

Auf die Einzeichnung der beiden zusätzlichen Restriktionen in das Erzeugnisdiagramm des Bildes 2.4 soll hier verzichtet werden. Es würde sich zeigen, dass die obere Absatzschranke des Produktes 5 redundant ist, während sich der Produktionsraum durch die obere Schranke für Produkt 4 stark verkleinert, sodass als einziger Kapazitätsengpass nur noch Faktor 3 in Frage kommt.

Bei Absatzschranken und einem einzigen relevanten Faktorengpass können die optimalen Produktquantitäten auch unmittelbar mittels der **engpassspezifischen** (oder *relativen*) **Deckungsbeiträge** ermittelt werden: Wegen der positiven Stückdeckungsbeiträge beider Erzeugnisse ($d_4 = 60$, $d_5 = 120$) wäre es ohne Faktorengpass gewinnmaximal, so viele Einheiten von beiden herzustellen, wie die oberen Absatzschranken erlauben. Das wird durch einen Engpass bei Faktor 3 verhindert, da an Stelle von $0{,}15 \cdot 32 + 0{,}4 \cdot 68 = 32$ nur 30 Einheiten verfügbar sind; die anderen Faktoren sind ausreichend vorhanden. Es können also nicht alle absetzbaren Produktmengen mangels ausreichender Kapazität des Faktors 3 hergestellt werden. Im Hinblick auf die Frage, von welchem der beiden Erzeugnisse weniger erzeugt und abgesetzt werden soll, kommt es nun nicht auf die Stückdeckungsbeiträge der Produkte, sondern vielmehr auf die spezifischen Deckungsbeiträge der Produkte in Bezug auf den Engpass an. Mit einer Quantitätseinheit des Faktors 3 sind entweder 1/0,15 Einheiten von Produkt 4 oder 1/0,4 Einheiten von Produkt 5 erzeugbar und damit entweder d_4 = 60/0,15 = 400 GE oder d_5 = 120/0,4 = 300 GE an zusätzlichem Gewinn erzielbar. Obwohl Produkt 5 einen höheren Stückdeckungsbeitrag aufweist, ist es günstiger, eher auf es zu verzichten, weil das andere Produkt den Engpass relativ weniger belastet. Wegen der fehlenden 2 Einheiten beim Engpassfaktor 3 werden somit 2/0,4 = 5 Einheiten von Produkt 5 weniger als absetzbar hergestellt, also insgesamt 32 Einheiten von Produkt 4 und 63 Einheiten von Produkt 5. Der engpassspezifische Deckungsbeitrag des nur zu einem Teil hergestellten Produktes entspricht dem Schattenpreis des Engpassfaktors, hier also 300 GE/QE von Faktor 3.

Literaturhinweise

Dyckhoff (1994), Abschn. 9.5, 10
Ewert/Wagenhofer (2000), Kap. 3
Fandel (1994), S. 233–244
Hoitsch (1993), S. 311–322

Wiederholungsfragen

1) Worin besteht der Unterschied zwischen dem schwachen und dem starken Erfolgsprinzip? Worin drückt sich die zwischen ihnen bestehende Kompatibilität aus?
2) Wie lassen sich erfolgsmaximale Produktionen algebraisch und grafisch ermitteln? Welche Optimalitätsbedingungen müssen im Erfolgsmaximum erfüllt sein?
3) Was kennzeichnet die indirekte Erfolgsfunktion? Welche Bedeutung haben die (Erfolgs-)Einflussgrößen? Was sind typische Erfolgsfaktoren?
4) Was versteht man unter der Minimalkostenfunktion bzw. -kombination?
5) Auf welche Weise lässt sich das erfolgsmaximale Erzeugnisprogramm bei linear-limitationaler Produktion ermitteln, wenn kein Engpass, ein Engpass bzw. mehrere Engpässe vorliegen?
6) Was versteht man unter Opportunitätskosten und Schattenpreisen?

Übungsaufgaben

Ü 8.1

Zur Herstellung eines Produktes wird lediglich ein Faktor benötigt. Folgende (Cobb-Douglas-) Produktionsfunktion stellt den Produktionsvorgang dar:

$$y_2 = 10x_1^{0,5}$$

a) Ermitteln Sie grafisch und rechnerisch die erfolgsmaximale (deckungsbeitragsmaximale) Produktion, wenn folgende Preise gelten: $p_1 = 4$ GE/QE, $p_2 = 10$ GE/QE!

b) Wie ändert sich die erfolgsmaximale Produktion, wenn der Produktpreis um zwei Einheiten gesenkt wird? Um wie viel müsste in diesem Fall der Faktorpreis sinken, damit die gleiche Produktion wie in Teilaufgabe a) erfolgsmaximal ist?

c) Für welches Preisverhältnis ist die Produktion von 80 QE des Produktes erfolgsmaximal?

d) Durch einen Lieferengpass können maximal 121 QE des Faktors in der Produktion eingesetzt werden. Für welches Preisverhältnis ist die maximal mögliche Produktion auch die erfolgsmaximale? Berechnen Sie die Schattenpreise für den Faktor, falls die Preise wie unter a) bzw. c) gelten!

Ü 8.2

I) $x_1 = 4y,\ x_2 = 2y$ II) $y = x_1 x_2$

III) $y = 4x_1 + 2x_2$ IV) $y = 7x_1 x_2 + x_1^2$

a) Ermitteln Sie für die obigen Produktionsfunktionen grafisch die Minimalkostenkombination für $y = 100$, falls die Faktoren folgende Preise besitzen: $p_1 = 3$ GE/QE, $p_2 = 2$ GE/QE.

b) Ermitteln Sie analytisch die Minimalkostenkombination für $y = 100$ und die Preise aus Teilaufgabe a)! Welche Kosten fallen dabei an?

c) Ermitteln Sie für Fall II die indirekte Kostenfunktion in Abhängigkeit von der produzierten Menge! Setzen Sie dabei das Preissystem wie bei Teilaufgabe a) voraus!

d) Im Fall II stehen vom Faktor 1 auf Grund eines Lieferengpasses lediglich 5 Quantitätseinheiten zur Verfügung. Wie hoch ist der Schattenpreis der Faktorbeschränkung bei der Produktion von 50 Produkteinheiten?

Ü 8.3 (Fortsetzung von Ü 2.6 und Ü 5.2)

Die Busreiseunternehmung möchte den mit der Fahrt in den Taunus verbundenen Erfolg maximieren. Die Kosten pro Liter Diesel betragen 1,20 GE. Die Nutzung des Busses wird inklusive der Lohnkosten für den Busfahrer vereinfachend mit 100 GE/Stunde angenommen. Teilnehmerzahl und Preis der Bustour sind fix, sodass für die Erfolgsmaximierung lediglich die Kosten relevant sind.

a) Bestimmen Sie für den in Übungsaufgabe 2.6 b) dargestellten Zusammenhang das Kostenminimum für die Bustour! Mit welcher durchschnittlichen Geschwindigkeit sollte der Bus fahren?

b) Wie würde sich die kostenminimale Faktorkombination verändern, wenn der Preis für einen Liter Diesel auf 5 GE steigt?

c) Ab welchem Dieselpreis wird der Busunternehmer von der in a) ermittelten Fahrgeschwindigkeit abweichen?

Ü 8.4 (Fortsetzung von Ü 2.4)

Der mittelständische Unternehmer aus Übungsaufgabe 2.4 will seinen Gewinn maximieren. Nachfolgende Tabelle gibt Auskunft über Verkaufspreise und proportionale Einzelkosten zur Herstellung der automatischen Rufnummerngeber (ARG) und Gebührenzähler (GZ):

	Verkaufspreis (Listenpreis) [GE/QE]	variable Stückkosten [GE/QE]
ARG	2000	1800
GZ	1250	1150

a) Formulieren Sie dieses Problem der Erzeugnisprogrammplanung als lineare Optimierungsaufgabe!

b) Ermitteln Sie auf grafischem Wege das Erzeugnisprogramm sowie den zugehörigen Deckungsbeitrag!

c) Welche Fertigungsengpässe existieren bei optimaler Produktion? Berechnen Sie die freien Kapazitäten nicht ausgelasteter Fertigungsstellen! Würde sich ein Aufwand zur Förderung des Absatzes (z.B. Werbemaßnahmen) überhaupt lohnen?

d) Wie verändert sich das optimale Erzeugnisprogramm, wenn der Listenpreis für die Gebührenzähler auf 1350 GE/QE erhöht wird? Wie stark darf dabei die obere Absatzgrenze für die Gebührenzähler sinken, ohne das optimale Erzeugnisprogramm zu beeinflussen?

Ü 8.5

Folgende Tabelle enthält die Stückdeckungsbeiträge und die Absatzgrenzen von vier Produkten sowie ihre Produktionskoeffizienten (unter Voraussetzung einer linearen Technik) bezüglich eines beschränkten Faktors 5:

Produkt j	Stückdeckungs-beitrag d_j [GE/PE]	maximaler Absatz y_i^{max} [PE]	Produktions-koeffizient $a_{5,j}$ [FE/PE]
1	100	30	10
2	400	15	20
3	150	20	10
4	200	30	5

Wie viele Einheiten der einzelnen Produkte würden Sie herstellen, wenn die Faktorbeschränkung 500 Einheiten beträgt? Bestimmen Sie die indirekte Gewinnfunktion in Bezug auf eine Variation der Faktorbegrenzung, falls die Fixkosten 3500 GE betragen!

Ü 8.6

Eine Gießerei stellt unter anderem 2 Gusssorten A und B her, die aus hochwertigem Gussbruch und Roheisen gemischt werden. Für die Sorte A ist ein Mischungsverhältnis von 4:1 (Anteile Gussbruch zu Anteile Roheisen) und für die Sorte B ein Mischungsverhältnis von 3:2 gefordert. Beide Gusssorten werden jeweils nur in speziellen Öfen hergestellt, deren Kapazitäten mit 900 kg/h (Kilogramm pro Stunde) für Sorte A und 1600 kg/h für Sorte B beschränkt sind. Der zu den Mischungen benötigte Gussbruch steht nur in einer Menge von 1200 kg/h zur Verfügung.

Der Nettoerlös für Sorte A beträgt 3 GE/kg, der für B 2,50 GE/kg. Die Beschaffung der Rohstoffe kostet 1,50 GE/kg für den Gussbruch bzw. 1 GE/kg für das Roheisen. Für den Betrieb der beiden Öfen fallen pro Stunde einheitlich jeweils 0,80 GE/kg gefertigter Gusssorte an variablen Kosten an. Alle anderen Herstellkosten können als fix angesehen werden.

a) Um welche Arten von Produktionsfaktoren handelt es sich bei diesem Produktionsprozess (soweit sie im obigen Text explizit aufgeführt sind)? Welche Beziehung herrscht zwischen den Faktoren?

b) Bestimmen Sie die variablen Stückkosten und die Deckungsbeiträge jeder der beiden Gusssorten!

c) Stellen Sie das Erfolgsmodell zur Ermittlung des deckungsbeitragsmaximalen Erzeugnisprogramms auf!

d) Ermitteln Sie grafisch das optimale Erzeugnisprogramm! Wie hoch ist der maximale Deckungsbeitrag?

e) Ändert sich das optimale Erzeugnisprogramm, falls mindestens 400 kg Roheisen pro Stunde verarbeitet werden sollen? Begründen Sie Ihre Antwort!

f) Zusätzlich zu den vorgenannten Bedingungen fordert die Verkaufsleitung auf Grund spezifischer Absatzerwägungen, dass pro Stunde mindestens 600 kg mehr von der Gusssorte B als von der Gusssorte A produziert werden müssen. Wie ändern sich dadurch das optimale Erzeugnisprogramm und der maximale Deckungsbeitrag?

g) Ausgehend von den in Teilaufgabe f) geltenden Restriktionen führt eine Absatzschwäche der Gußsorte A zu Preissenkungen am Markt, sodass sich der Nettoerlös auf 2 GE/kg verringert. Wie lauten nun das optimale Erzeugnisprogramm und der maximal erzielbare Deckungsbeitrag?

9 Lineare Erfolgstheorie

9.1 Lineare Erfolgsmodelle
9.1.1 Elementarer Produktionsprozess
9.1.2 Einseitig determinierte Produktion
9.1.3 Verfahrenswahl bei der Produktion
9.2 Erfolgsmaximierung bei Engpässen
9.2.1 Ein einziger gemeinsamer Engpass
9.2.2 Produktmaximierung bei mehreren Faktorbeschränkungen
9.2.3 Expansionspfad bei Beschäftigungsschwankungen
9.3 Lineare Produktionsmodelle mit nichtlinearen Erfolgsfunktionen
9.3.1 Alternativproduktion mit Faktorengpass
9.3.2 Kuppelproduktion und Reduktion
*9.4 Lineare Erfolgsmodelle in der Praxis**

Die lineare Erfolgstheorie behandelt lineare Techniken sowie aus solchen Techniken mittels linearer Restriktionen abgeleitete Produktionsfelder aus Sicht der Erfolgsebene, wobei in der Regel lineare bzw. linear-affine Erfolgsfunktionen unterstellt werden. In Abschnitt 9.1 wird ein allgemeines lineares Erfolgsmodell formuliert und an Hand einiger Beispiele illustriert. Darauf aufbauend analysiert der Abschnitt 9.2 die erfolgsmaximale Produktion beim Auftreten von Engpässen. Der Abschnitt 9.3 zeigt exemplarisch Erweiterungen im Falle nichtlinearer Erfolgsfunktionen auf. Die Lektion 9 schließt das Kapitel C mit einer kurzen Betrachtung in Abschnitt 9.4 zu linearen Produktions- bzw. Erfolgsmodellen in der Praxis ab.

9.1 Lineare Erfolgsmodelle

Die allgemeinste Fassung eines *linearen Erfolgsmodells* ergibt sich, wenn die zulässigen Produktionen $\mathbf{z} = (z_1,...,z_K) \in \mathbf{Z} = \mathbf{T} \cap \mathbf{R}$ für eine beliebige lineare Technik $\mathbf{T} \subset \mathbb{R}^K$ unter Beachtung linearer Restriktionen $\mathbf{R} \subset \mathbb{R}^K$ mittels einer linear-affinen Erfolgsfunktion

$$w(\mathbf{z}) = p_1 z_1 + ... + p_K z_K + w^{fix}$$

bewertet werden. Da bei der Bestimmung der erfolgsmaximalen Produktion $\mathring{\mathbf{z}}$ der fixe Erfolgsbeitrag w^{fix} keine Rolle spielt, genügt es in einem solchen Zusammenhang, sich auf lineare Erfolgsfunktionen

$$w(\mathbf{z}) = p_1 z_1 + ... + p_K z_K$$

zu beschränken, bei einer ökonomischen Bewertung also an Stelle des Gewinns (w = G) den Deckungsbeitrag (w = D) zu betrachten.

Diese Aussage trifft allerdings allgemein nur für deterministische Fragestellungen zu. In der stochastischen Theorie können auch die Fixkosten entscheidungsrelevant sein. Abhängig von der Risikoeinstellung des Entscheidungsträgers kommt es dann u.U. nicht nur auf die Veränderung, sondern auch auf die absolute Höhe des Vermögens an.

Im Falle einer endlich generierbaren Technik **T**, die durch π Grundaktivitäten $\mathbf{z}^\rho$ ($\rho = 1,\dots,\pi$) mittels der Aktivitätsniveaus $\lambda^\rho \geq 0$ aufgespannt wird, lässt sich der Erfolg auf die Beiträge der Grundaktivitäten zurückführen:

$$w(\mathbf{z}) = \sum_{k=1}^{\kappa} p_k \left(\sum_{\rho=1}^{\pi} \lambda^\rho z_k^\rho \right) = \sum_{k=1}^{\kappa} \sum_{\rho=1}^{\pi} p_k \lambda^\rho z_k^\rho = \sum_{\rho=1}^{\pi} \left(\sum_{k=1}^{\kappa} p_k z_k^\rho \right) \lambda^\rho = \sum_{\rho=1}^{\pi} d^\rho \lambda^\rho$$

Der gesamte Erfolg entspricht demnach zum einen der Summe der Erfolgsbeiträge der Objektarten, zum anderen aber auch der Summe der Erfolgsbeiträge der elementaren Prozesse. Der *Objekterfolg*, d.h. der Erfolgsbeitrag der Objektart k, resultiert aus dem Preis p_k multipliziert mit der gesamten Input- bzw. Outputquantität z_k. Der *Prozesserfolg* als Erfolgsbeitrag des Elementarprozesses ρ ergibt sich aus dem **(prozess-)spezifischen Erfolgsbeitrag**

$$d^\rho = p_1 z_1^\rho + \dots + p_\kappa z_\kappa^\rho$$

multipliziert mit dem Aktivitätsniveau λ^ρ. Bei einer rein ökonomischen Bewertung wird d^ρ als **spezifischer Deckungsbeitrag** des Prozesses ρ bezeichnet. Er gibt den Erfolg einer Produktion an, bei der allein der Prozess ρ betrieben wird, und zwar auf dem Niveau $\lambda^\rho = 1$. Er errechnet sich analog zum Gesamterfolg einer Produktion **z**, hier jedoch aus den prozessspezifischen Erfolgsbeiträgen $p_k z_k^\rho$ der einzelnen Objektarten, d.h. aus dem Objektpreis p_k multipliziert mit dem jeweiligen Input- bzw. Outputkoeffizienten z_k^ρ.

9.1.1 Elementarer Produktionsprozess

Bild 9.1 zeigt den Input/Output-Graphen eines einzelnen elementaren Prozesses zur Herstellung von Punsch Royal gemäß Bild 3.2, hier jedoch erweitert um die den Objektströmen (durchgezogene Pfeile) entsprechenden Wertströme (gestrichelte Pfeile). Die Beschriftung der Wertströme bezeichnet den jeweiligen Preis einer Quantitätseinheit der Objektart. Kennzeichnend für die Güter ist – bei Kompatibilität von Ergebnis- und Erfolgsebene – die Gegenläufigkeit von Objekt- und Wertstrom (positiver Preis). Bei einem Übel sind Objekt- und Wertstrom gleichgerichtet (negativer Preis). Für neutrale Objektarten, im Beispiel die leeren Flaschen, gibt es keinen Wertstrom (Preis Null).

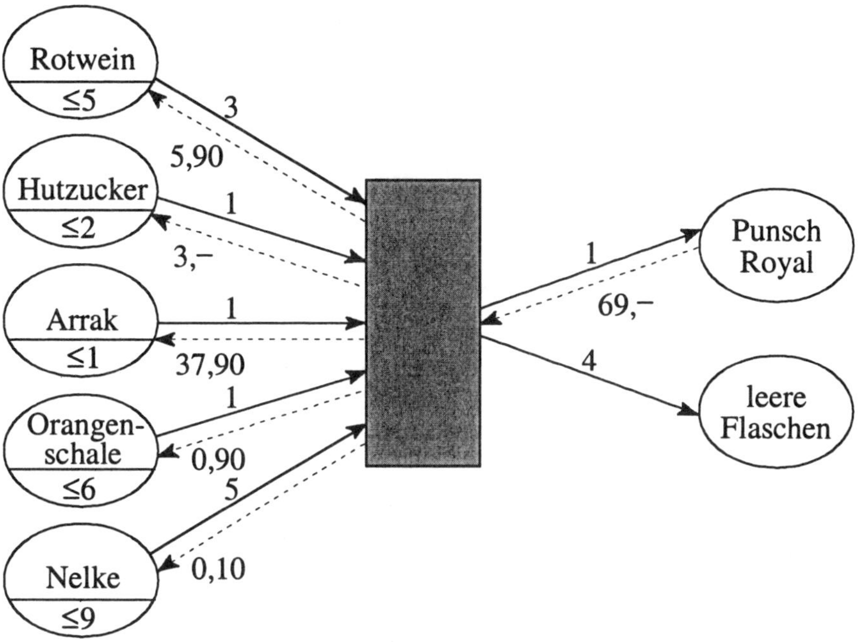

Bild 9.1: Erweiterter Input/Output-Graph für Punsch Royal

Der Erfolg einer einmaligen Durchführung des Prozesses in Bild 9.1 bestimmt sich zu

$$\begin{aligned} d &= 69\cdot(+1) + 5{,}9\cdot(-3) + 3\cdot(-1) + 37{,}9\cdot(-1) + 0{,}9\cdot(-1) + 0{,}1\cdot(-5) \\ &= 69 - 60 = 9 \end{aligned}$$

Bei einer Aktivitätsdauer von beispielsweise einer Stunde (1 h) betragen die prozessspezifischen Leistungen 69 GE/h und die prozessspezifischen Kosten 60 GE/h. Da während dieser Zeit genau ein Quantum (QE) Punsch Royal erzeugt wird (Outputkoeffizient b_{PR} = 1 QE/h), entsprechen diese Werte zahlenmäßig auch den *produktspezifischen* Leistungen und Kosten, jedoch mit den Dimensionen GE/QE. Umfasst etwa ein Quantum Punsch Royal drei Liter (1 QE = 3 l), so lauten die entsprechenden Werte 23 GE/l für die Leistungen, 20 GE/l für die Kosten und 3 GE/l für den Deckungsbeitrag.

Genauso gut kann man den Erfolg eines elementaren Prozesses aber auch einer anderen Objektart zurechnen. Für den Arrak (Inputkoeffizient a_{Ar} = 1 FA/h [FA = Flasche(n) Arrak]) ließe sich so etwa feststellen, dass den direkten Kosten des Einsatzes einer Flasche in Höhe von 37,90 GE/FA ein Erlösüberschuss in Höhe von 69 – 22,10 = 46,90 GE/FA gegenübersteht, der einen *faktorspezifischen* Deckungsbeitrag in Höhe von 9 GE/FA ergibt. Das bedeutet, dass der Verbrauch des Arraks zur Herstellung von Punsch Royal zu einem Mehrwert von 9 GE/FA führt und auf diese Weise mit alternativen Verwertungsmöglichkeiten verglichen werden kann. Eine solche vollständige Zurechnung des Prozesserfolges auf eine einzelne Objektart setzt aber stets voraus, dass die jeweils anderen Objektarten in genügender Quantität verfügbar sind und ihnen nicht ebenfalls gleichzeitig Teilerfolge zugerechnet werden.

9.1.2 Einseitig determinierte Produktion

Bei nicht elementaren Techniken kann zwar für jede einzelne Grundaktivität ein prozessspezifischer Erfolgsbeitrag bestimmt werden. Eine vollständige Zurechnung dieser Erfolgsbeiträge auf einzelne Objektarten ist im Allgemeinen aber nicht möglich, sondern nur in speziellen Fällen. Diese Problematik lässt sich schon an Hand einstufiger Techniken demonstrieren. Für mehrstufige, zyklische und nicht endlich generierbare Techniken tritt sie zwar prinzipiell gleichartig, jedoch in noch verschärftem Maße auf.

Vgl. Lektion 10 hinsichtlich spezieller mehrstufiger und zyklischer Techniken sowie Lektion 11 hinsichtlich nicht endlich generierbarer Techniken. Für nichtlineare Techniken ist eine Zurechenbarkeit des Erfolgs auf einzelne Objektarten generell noch weniger gegeben. Es handelt sich demnach um Gemeinkosten bzw. Gemeinleistungen in Bezug auf die Objektarten.

Bei einer einstufigen Technik ohne gleichzeitigen Primärinput und Primäroutput der Objektarten, d.h. im Fall ohne Zwischenprodukte und Handelswaren (vgl. Abschn. 1.2.4), lassen sich die Objektarten eindeutig in die Inputarten $i = 1,...,m$ und die Outputarten $j = m+1,...,m+n$ einteilen. Das allgemeine algebraische Modell einer einstufigen, linearen, endlich generierbaren Technik besteht gemäß Abschnitt 3.3.2 aus den folgenden m Inputbilanzen und n Outputbilanzen:

$$x_i = \sum_{\rho=1}^{\pi} a_i^{\rho} \lambda^{\rho} \qquad \text{für } i = 1,...,m$$

$$\sum_{\rho=1}^{\pi} b_j^{\rho} \lambda^{\rho} = y_j \qquad \text{für } j = m+1,...,m+n$$

Der Erfolg einer solchen Produktion ergibt sich analog zum allgemeinen linearen Erfolgsmodell zu:

$$w = \sum_{k=1}^{m+n} p_k z_k = \sum_{j=m+1}^{m+n} p_j y_j - \sum_{i=1}^{m} p_i x_i = \sum_{\rho=1}^{\pi} d^\rho \lambda^\rho$$

mit den prozessspezifischen Erfolgs- bzw. Deckungsbeiträgen

$$d^\rho = \sum_{j=m+1}^{m+n} p_j b_j^\rho - \sum_{i=1}^{m} p_i a_i^\rho \quad \text{für } \rho = 1,\ldots,\pi$$

Bei einer reinen Gütertechnik stellt die erste Summe die Leistungen durch die Erzeugung der Produkte, die zweite die Kosten des Einsatzes der Faktoren dar, und zwar bei d^ρ jeweils bezogen auf eine *einmalige Durchführung* des Prozesses ρ. Zur besseren Kennzeichnung werden die (positiven) Güterpreise der Produkte mit $e_j = p_j$ und die der Faktoren mit $c_i = p_i$ spezifiziert. Um bei Übeln mit ihren negativen Preisen negative Parameter zu vermeiden, wird dagegen $e_i = -p_i$ für die Redukte und $c_j = -p_j$ für die Abprodukte gesetzt (vgl. Abschn. 7.3).

Bild 9.2 zeigt für die Beispiele des LEDERWARENHERSTELLERS und der EDV-SCHULUNG aus Abschnitt 2.1 den um Wertströme erweiterten Input/Output-Graphen des Bildes 3.1. Die Objektpreise stimmen dabei mit den in Abschnitt 8.3.3 verwendeten Werten überein: $c_1 = 1$, $c_2 = 2$, $c_3 = 500$, $e_4 = 265$, $e_5 = 400$, $p_6 = 0$. Da die Preise der Objektarten unabhängig von den beiden Prozessen sind, insbesondere die Preise der Faktoren unabhängig von ihrer Verwendung in der Produktion, sind sie in Bild 9.2 in den Objektknoten vermerkt (also nicht direkt an den Wertpfeilen wie in Bild 9.1).

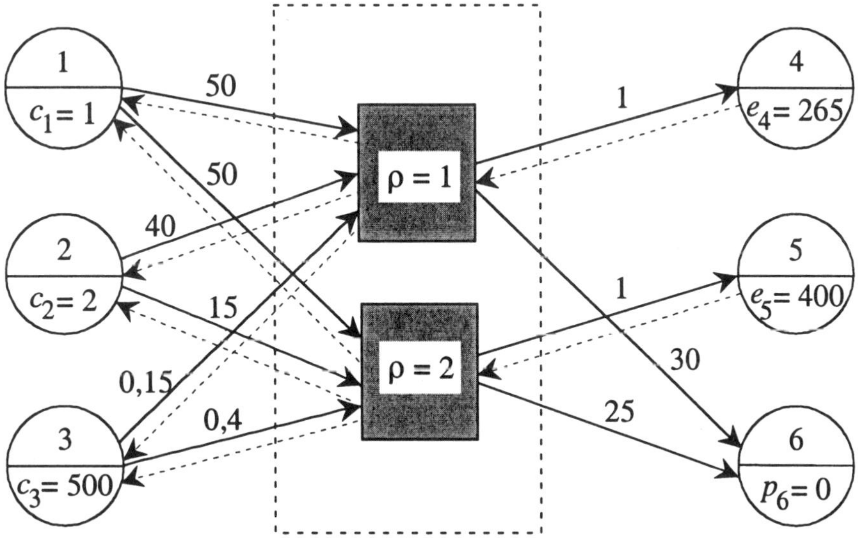

Bild 9.2: Bewerteter Input/Output-Graph einer einstufigen Technik

Das muss etwa für den Einsatz von Arbeitskräften in Prozessen mit unterschiedlichen Anforderungen nicht unbedingt zutreffen, sodass dann auch prozessspezifische Preise p_k^ρ für die Objektarten relevant sein können. Andererseits kann es auch Bewertungen geben, die unmittelbar den Prozessen zuzuordnen sind (vgl. Abschn. 10.2.4). So sind bei einer prozessorientierten Sichtweise der Dienstleistungsproduktion im Beispiel der EDV-SCHULUNG die Objektarten 4 und 5 eigentlich keine Output- sondern vielmehr Prozessgrößen. Das heißt, in Bild 9.2 sind die beiden Objektknoten 4 und 5 samt zugehörigen Pfeilen zu streichen und die Absatzpreise unmittelbar den beiden Prozesskästchen zuzuordnen. Einziger wirklicher Output ist der mit Null bewertete Lernerfolg (Objektart 6).

Für die spezifischen Deckungsbeiträge der Prozesse in Bild 9.2 gilt:

$$d^1 = 265 - 1 \cdot 50 - 2 \cdot 40 - 500 \cdot 0{,}15 = 265 - 205 = 60$$

$$d^2 = 400 - 1 \cdot 50 - 2 \cdot 15 - 500 \cdot 0{,}15 = 400 - 280 = 120$$

Da bei Prozess 1 genau eine Einheit des Produktes 4 hergestellt wird und das Produkt nicht auch noch anders erzeugt wird, lässt sich der Prozesserfolg unmittelbar dem Produkt 4 zurechnen. Demnach beträgt der Stückdeckungsbeitrag $d_4 = 60$ [in GE je Produkteinheit, während es sich bei d^1 um GE je Aktivitätseinheit handelt]; er resultiert aus dem Saldo der Stückleistung $l_4 = e_4 = 265$ und der Stückkosten $k_4 = 205$. Entsprechend lauten die Stückkosten für die Herstellung des Erzeugnisses 5: $k_5 = 280$, woraus sich ein Stückdeckungsbeitrag in Höhe von 120 GE/QE ergibt.

Die Zurechenbarkeit der Kosten und Leistungen eines Prozesses auf eine Objektart – im Beispiel Lederwarenherstellung auf die Schuhe bzw. Taschen, im Beispiel EDV-Schulung auf die Normal- bzw. Intensivschulungen – rührt daher, dass eine *eineindeutige* (d.h. bijektive) Beziehung zwischen dem Prozess und der Objektart existiert. Formal bedeutet es, dass in der entsprechenden Zeile der Technikmatrix nur ein einziger Output- bzw. Inputkoeffizient von Null verschieden ist. Strukturtypen, für die dies zutrifft, sind insbesondere die einseitig determinierten Techniken, illustriert in den beiden oberen Diagrammen (a) und (b) des Bildes 3.5. Bei *outputseitiger Determiniertheit* lässt sich aus dem zugehörigen algebraischen Modell (vgl. Abschn. 3.3.2)

$$x_i = \sum_{j=m+1}^{m+n} a_{ij} y_j \qquad \text{für } i = 1,\dots,m$$

unmittelbar für den Erfolg einer reinen Gütertechnik ableiten:

$$w = \sum_{j=m+1}^{m+n} e_j y_j - \sum_{i=1}^{m} c_i x_i = \sum_{j=m+1}^{m+n} \left(l_j - k_j\right) y_j = \sum_{j=m+1}^{m+n} d_j y_j$$

wobei

$$k_j = \sum_{i=1}^{m} c_i a_{ij}$$

die Stückkosten, $l_j = e_j$ die Stückleistung und d_j den Stückdeckungsbeitrag des Produktes j angeben. Diese Aussage lässt sich auf alle *(input-)limitationalen* Gütertechniken verallgemeinern, wenn effiziente Produktion unterstellt wird, d.h. wenn ineffiziente Herstellverfahren nicht zum Zuge kommen. Demnach lassen sich bei linear-limitationalen Gütertechniken die Stückkosten der Produkte sinnvoll kalkulieren und auf ihrer Basis Stückdeckungsbeiträge der Produkte ermitteln (vgl. dazu Lektion 10).

Entsprechendes, nunmehr allerdings in spiegelbildlicher Weise, trifft auf die *inputseitig determinierten* (bzw. allgemeiner die outputlimitationalen) Gütertechniken zu. Aus

$$y_j = \sum_{i=1}^{m} b_{ji} x_i \qquad \text{für } j = m+1,\ldots,m+n$$

folgt für den Erfolg

$$w = \sum_{j=m+1}^{m+n} e_j y_j - \sum_{i=1}^{m} c_i x_i = \sum_{i=1}^{m} (l_i - k_i) x_i = \sum_{i=1}^{m} d_i x_i$$

wobei

$$l_i = \sum_{j=m+1}^{m+n} e_j b_{ji}$$

die Stückleistung, $k_i = c_i$ die Stückkosten und d_i den Stückdeckungsbeitrag des Faktors i angeben. Im Beispiel der Destillationsanlage einer ERDÖLRAFFINERIE gemäß Bild 6.2 ergeben sich für die beiden Erdölsorten 1 und 2 folgende spezifische Faktorleistungen:

$$l_1 = 0{,}15e_3 + 0{,}10e_4 + 0{,}21e_5 + 0{,}54e_6$$

$$l_2 = 0{,}19e_3 + 0{,}12e_4 + 0{,}17e_5 + 0{,}52e_6$$

Die so berechneten Faktorleistungen l_i können den Kosten k_i für ihre Beschaffung gegenübergestellt werden; es lohnt sich, Rohölsorte i einzusetzen, wenn ihr spezifischer Deckungsbeitrag $d_i = l_i - k_i$ positiv ist. Andererseits können in diesem Fall keine Stückkosten der Produkte kalkuliert werden, weil bei jedem

Prozess zwangsläufig mehrere Produktarten als *Kuppelprodukte* anfallen und so keine eineindeutige Beziehung zwischen Prozess und Produkt gegeben ist.

Generell, d.h. auch bei Existenz von Übeln, kann festgestellt werden, dass bei *limitationalen* Produktionsbeziehungen die Kosten bzw. Erlöse der limitierten Objekte den sie limitierenden Objekten zugerechnet werden können, wenn effizient produziert wird. Limitationalität wird dabei im verallgemeinerten Sinne der Anmerkung des Abschnitts 5.3.2 verstanden. In der Literatur ist damit jedoch meistens nur der Spezialfall einer inputlimitationalen (linearen) Gütertechnik gemeint.

9.1.3 Verfahrenswahl bei der Produktion

Im Allgemeinen ist eine verursachungsgerechte Zurechnung von Kosten oder Leistungen auf Objektarten nicht möglich, wohl jedoch – im Rahmen der hier zu Grunde liegenden aktivitätsanalytischen Theorie – auf die Prozesse. Das verdeutlichen die beiden in Abschnitt 6.1.2 behandelten Beispiele der Verfahrenswahl bei der Produktion.

Für das in Bild 6.3 dargestellte Beispiel der Verfahrenswahl bei der *Produktherstellung* ergibt sich durch Einsetzen der Input/Output-Bilanzen des algebraischen Produktionsmodells der Erfolg zu

$$w = e_3 y_3 + e_4 y_4 - c_1 x_1 - c_2 x_2 = d_3^1 y_3^1 + d_3^2 y_3^2 + d_4^3 y_4^3 + d_4^4 y_4^4$$

mit den herstellungsspezifischen Produktdeckungsbeiträgen $d_j^\rho = l_j - k_j^\rho$:

$$d_3^1 = e_3 - 4c_1 - 6c_2 = 24 - 26 = -2$$

$$d_3^2 = e_3 - 5c_1 - 3c_2 = 24 - 19 = 5$$

$$d_4^3 = e_4 - 2c_1 - 5c_2 = 21 - 19 = 2$$

$$d_4^4 = e_4 - 4c_1 - 4c_2 = 21 - 20 = 1$$

bei Faktor- bzw. Produktpreisen in Höhe von $c_1 = 2$, $c_2 = 3$, $e_3 = 24$ und $e_4 = 21$. Der Erfolg eines Produktes j hängt somit von der jeweiligen Herstellungsweise ρ und den daraus resultierenden Stückkosten k_j^ρ ab. Verfahren mit einem negativen Deckungsbeitrag schmälern den Gewinn und kommen deshalb generell nicht in Frage. Im Sinne des starken Erfolgsprinzips ist ansonsten für ein Produkt jeweils möglichst nur dasjenige Herstellungsverfahren mit den geringsten Produktstückkosten zu verwenden. Das sind für Produkt 3 das Verfahren 2 und für Produkt 4 das Verfahren 3. Schließt man die ungünstigeren Verfahren grundsätzlich aus, so ergeben diese beiden Prozesse eine limitationale Produktion, für die in eindeutiger Weise (minimale!) Produktstückkosten kalkuliert werden können.

Für den Zuschneideprozess in Bild 6.4 als Beispiel der Verfahrenswahl beim *Faktoreinsatz* lässt sich analog wie zuvor folgende Erfolgsabhängigkeit ermitteln:

$$w = e_3 y_3 + e_4 y_4 - c_1 x_1 - c_2 x_2 = d_1^1 x_1^1 + d_1^2 x_1^2 + d_2^3 x_2^3 + d_2^4 x_2^4 + d_2^5 x_2^5$$

Bei Preisen $c_1 = 10{,}2$, $c_2 = 13{,}4$, $e_3 = 7$ und $e_4 = 2$ lauten die schnittmusterspezifischen Faktordeckungsbeiträge $d_i^\rho = l_i^\rho - k_i$ für die beiden Standardlängen:

$$\begin{aligned}
d_1^1 &= e_3 + 2e_4 - c_1 &&= 11 - 10{,}2 &&= 0{,}8\\
d_1^2 &= 5e_4 - c_1 &&= 10 - 10{,}2 &&= -0{,}2\\
d_2^3 &= 2e_3 - c_2 &&= 14 - 13{,}4 &&= 0{,}6\\
d_2^4 &= e_3 + 3e_4 - c_2 &&= 13 - 13{,}4 &&= -0{,}4\\
d_2^5 &= 7e_4 - c_2 &&= 14 - 13{,}4 &&= 0{,}6
\end{aligned}$$

In Abschnitt 6.1.2 war schon festgestellt worden, dass Schnittmuster 4 ineffizient ist. Nunmehr wird deutlich, dass es darüber hinaus einen negativen Deckungsbeitrag aufweist, ebenso wie Muster 2. Für die Standardlänge 210 cm ($i = 1$) kommt deshalb eigentlich nur Muster 1 in Frage, sodass ihr eindeutig der (maximale) faktorspezifische Deckungsbeitrag $d_1 = 0{,}8$ zugeordnet werden kann. Bei der zweiten Rohmaterialform sind die beiden Verfahren 3 und 5 erfolgsmäßig im Grundsatz äquivalent, weil sie denselben spezifischen Deckungsbeitrag aufweisen. Da mit ihnen jedoch verschiedene Produkte erzeugt werden, muss dies nicht mehr gelten, wenn Absatzengpässe auftreten oder sonstige Restriktionen zu beachten sind.

Literaturhinweise

Dellmann (1980), insbes. Abschn. 4.3, 6.3
Dyckhoff (1994), Wertmodelle der §§ 12–17
Müller-Merbach (1981)

9.2 Erfolgsmaximierung bei Engpässen

Für eine endlich generierbare Technik **T** können die Aktivitätsniveaus λ^ρ häufig als *Dauer* der Nutzung oder Durchführung des jeweiligen elementaren Prozesses während der zu Grunde liegenden Produktionsperiode verstanden werden. Die Dauer ist regelmäßig durch eine obere Schranke $\overline{\lambda}^\rho$ begrenzt (z.B. 35 h in einer Woche):

$$0 \leq \lambda^\rho \leq \bar{\lambda}^\rho \qquad \text{für } \rho = 1,...,\pi$$

Falls keine weiteren Beschränkungen existieren, wird der gesamte Periodenerfolg

$$w = \sum_{\rho=1}^{\pi} d^\rho \lambda^\rho$$

genau dann maximiert, wenn alle Grundaktivitäten mit einem positiven spezifischen Erfolgsbeitrag ($d^\rho > 0$) mit maximaler Dauer ($\lambda^\rho = \bar{\lambda}^\rho$) betrieben und alle mit einem negativen Erfolgsbeitrag ($d^\rho < 0$) nicht betrieben werden ($\lambda^\rho = 0$). Das setzt voraus, dass alle Grundaktivitäten unabhängig voneinander genutzt werden können.

9.2.1 Ein einziger gemeinsamer Engpass

Kann dagegen zu einem Zeitpunkt nur jeweils eine einzige Grundaktivität betrieben werden, so gilt bei einer maximalen Nutzungsdauer Λ der Periode folgende Restriktion:

$$\sum_{\rho=1}^{\pi} \lambda^\rho \leq \Lambda$$

In diesem Fall werden Grundaktivitäten nur in demjenigen zeitlichen Umfang durchgeführt, wie es die gesamte Periodennutzungsdauer zulässt. Um den Erfolg zu maximieren, gilt es, die Periodendauer als knappe Kapazität optimal zu nutzen. Das ist dann der Fall, wenn eine nicht-negative Zahl $\tilde{d}$ gefunden ist, sodass alle Grundaktivitäten mit einem höheren spezifischen Erfolgsbeitrag ($d^\rho > \tilde{d}$) an ihrer oberen individuellen Schranke realisiert ($\lambda^\rho = \bar{\lambda}^\rho$) und alle mit einem niedrigeren ($d^\rho < \tilde{d}$) nicht durchgeführt werden ($\lambda^\rho = 0$). Von Ausnahmen abgesehen, bei denen auf diese Weise die Periodenkapazität schon (zufällig) voll ausgeschöpft ist, muss daraufhin für alle verbleibenden Grundaktivitäten gelten: $d^\rho = \tilde{d}$; sie werden soweit wie möglich realisiert, bis die Periodendauer erschöpft ist. Bild 9.3 veranschaulicht dies grafisch für den Fall, dass die spezifischen Erfolgsbeiträge nach fallender Höhe nummeriert sind ($d^\rho \geq d^{\rho+1}$).

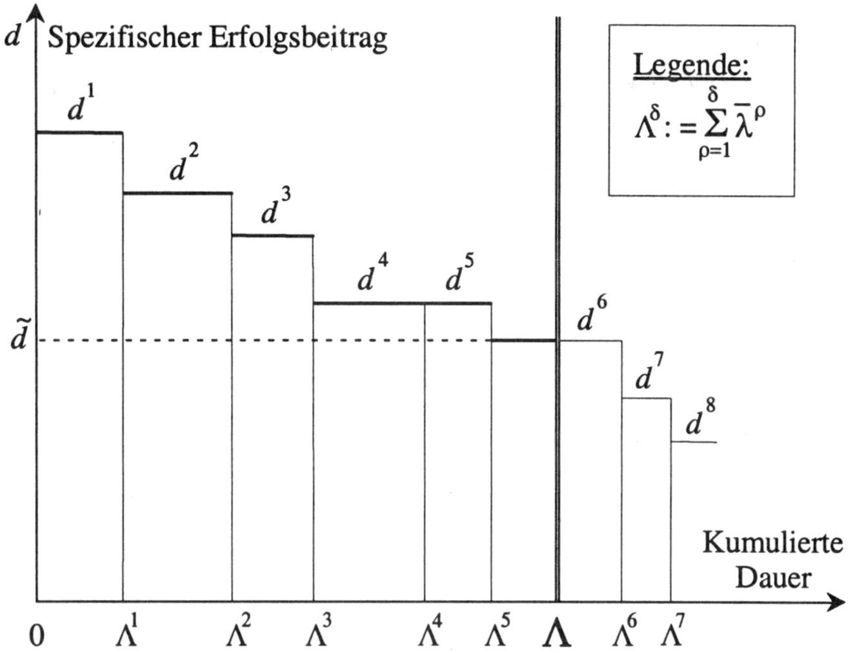

Bild 9.3: Erfolgsmaximale Aktivität bei zeitlichem Engpass

Könnte man die Periodendauer Λ nun doch noch (marginal) um eine Zeiteinheit erhöhen (bzw. müsste man sie alternativ senken), so würde dies den maximalen Erfolg w um $\tilde{d}$ Erfolgseinheiten erhöhen (bzw. senken). Die Zahl $\tilde{d}$ beschreibt somit die Erfolgseinbuße, die mit dem zeitlichen Engpass Λ bei optimaler Nutzung marginal, d.h. im Grenzwert, verbunden ist. Es handelt sich um die *Opportunitätskosten* der knappen Ressource Zeit, und $\tilde{d}$ wird als der zugehörige *Schattenpreis* bezeichnet. Eine Erweiterung der nutzbaren Periodendauer, etwa durch Zusatzschichten oder Überstunden, lohnt sich höchstens dann, wenn die zusätzlichen Kosten einer Zeiteinheit geringer als der Schattenpreis sind.

Engpässe können auch durch nach unten oder oben beschränkte Input- und Outputquantitäten begründet sein, z.B. gemäß:

$$\underline{x}_i \leq x_i \leq \overline{x}_i \qquad \text{für } i = 1,\ldots,m$$

$$\underline{y}_j \leq y_j \leq \overline{y}_j \qquad \text{für } j = m+1,\ldots,m+n$$

In diesem Fall werden elementare Prozesse mit einem negativen spezifischen Erfolgsbeitrag nur so weit durchgeführt, wie eine entsprechende positive untere Schranke $\underline{x}_i$ oder $\underline{y}_j$ dazu zwingt (z.B. eine Lieferverpflichtung). Prozesse mit positivem Erfolgsbeitrag d^{p} können wegen der oberen Schranken, beispielsweise Absatzgrenzen der Produkte oder Emissionsgrenzen der Beiprodukte, nur unter Abwägung ihrer relativen Vorteile durchgeführt werden. Dabei kommt es nicht auf die absolute Höhe ihres spezifischen Erfolgsbeitrags an, sondern vielmehr auf die Relationen zwischen den spezifischen Erfolgsbeiträgen und dem jeweiligen Verbrauch an knappen Kapazitäten. Dies ist in Abschnitt 8.3 demonstriert worden. Im Falle eines einzigen Engpasses ist der *engpassspezifische* Erfolgsbeitrag der elementaren Prozesse entscheidend.

9.2.2 Produktmaximierung bei mehreren Faktorbeschränkungen

Als weiteres Beispiel wird der Fall betrachtet, dass HOLZKISTEN (Produkt 3) unter Einsatz mehrerer Faktoren (Holz, Arbeit, Hammer, Nägel, Leim) hergestellt werden, wobei vier Verfahren zur Verfügung stehen, die sich lediglich hinsichtlich des Leims (Faktor 1 in [g]) und der Nägel (Faktor 2 in [Stück]) unterscheiden.[1] Die anderen Faktoren werden deshalb hier ignoriert. Die Technikmatrix lautet:

$$\mathbf{M} = \begin{pmatrix} -100 & -50 & -30 & -40 \\ -20 & -30 & -60 & -50 \\ 1 & 1 & 1 & 1 \end{pmatrix}$$

Bild 9.4a stellt die vier elementaren Prozesse im Faktordiagramm dar. Die beiden schattierten Dreiecksflächen zwischen den Prozessstrahlen bezeichnen diejenigen Verfahrenskombinationen, bei denen im einen Fall 5, im anderen Fall 10 Holzkisten erzeugt werden. Es wird offensichtlich, dass das vierte Verfahren ineffizient ist, weil es durch eine Kombination des zweiten und dritten Verfahrens dominiert wird. So werden bei Verfahren ④ für 10 Kisten 400 g Leim und 500 Nägel verbraucht. Dagegen kommt eine Kombination der Verfahren ② und ③, bei der jeweils 5 Kisten hergestellt werden, mit insgesamt zwar auch 400 g Leim, jedoch mit nur 450 Nägeln aus. Das vierte Verfahren braucht von daher nicht weiter betrachtet zu werden. Demgegenüber sind die Verfahren ①, ② und ③ sowie ihre Kombination jeweils zweier benachbarter Verfahren (Prozessstrahlen) effizient. Ineffizient sind alle Kombinationen, in denen das erste und das dritte Verfahren echt kombiniert sind, insbesondere auch echte Kombinationen aller drei Verfahren.

[1] Der Einfachheit halber wird davon abstrahiert, dass es sich bei der Holzkistenherstellung eigentlich um eine additive und damit diskrete Technik handelt.

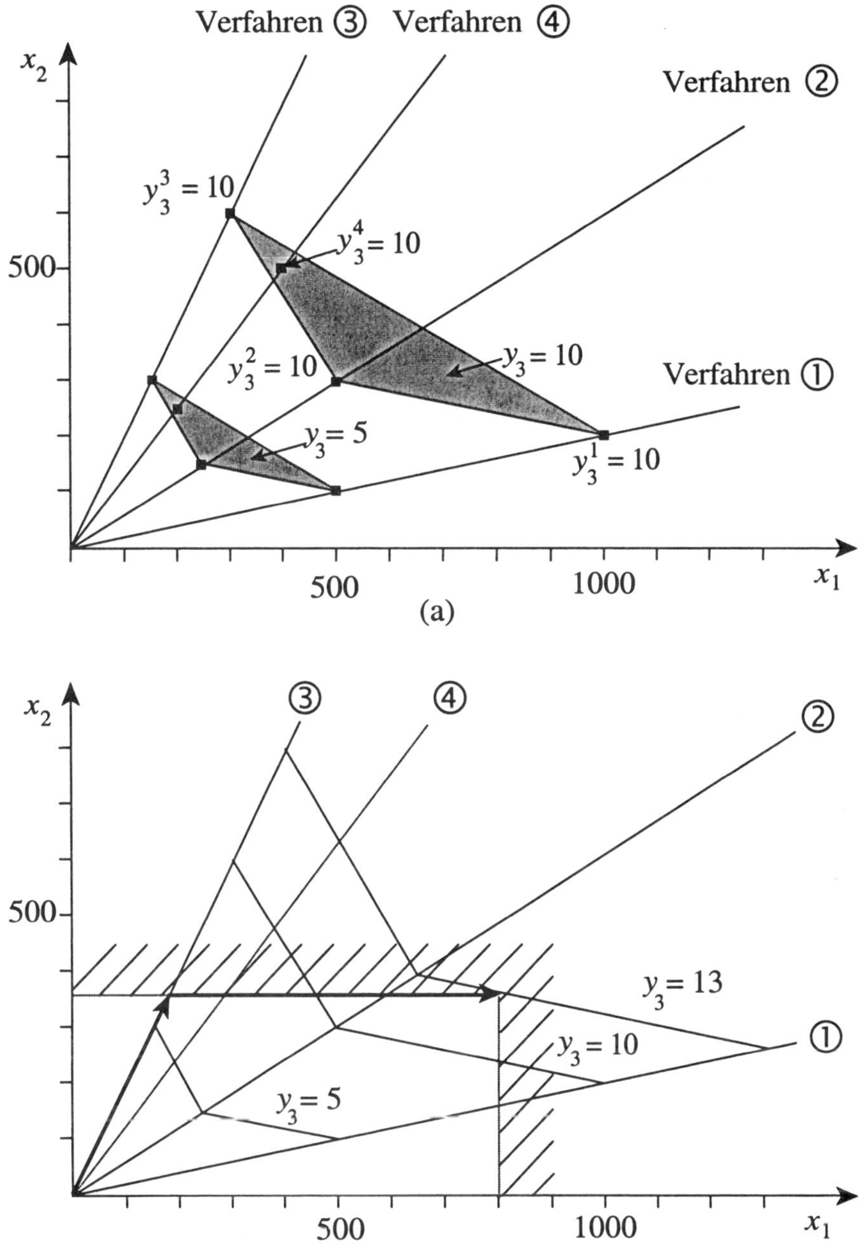

(b)

Bild 9.4: Wahl der Herstellungsverfahren: (a) Prozessstrahlen im Faktordiagramm; (b) Expansionspfad bei Faktorbeschränkung

Eine effiziente Produktion erfordert also $y_3^4 = 0$ und $y_3^1 \cdot y_3^3 = 0$. Mit diesen zusätzlichen Bedingungen beschreibt das folgende Produktionsmodell den effizienten Rand der betrachteten Technik (wobei wie immer die Nichtnegativität der x,y-Variablen vorausgesetzt wird):

$$\begin{aligned} x_1 &= 100y_3^1 + 50y_3^2 + 30y_3^3 + 40y_3^4 \\ x_2 &= 20y_3^1 + 30y_3^2 + 60y_3^3 + 50y_3^4 \\ & \quad\; y_3^1 + y_3^2 + y_3^3 + y_3^4 = y_3 \end{aligned}$$

Eine Produktisoquante ist in Bild 9.4a somit jeweils durch die beiden durchgezogen gezeichneten Seiten der schattierten Dreiecksflächen gekennzeichnet, während alle anderen Dreieckspunkte ineffiziente Faktorkombinationen für die jeweilige Produktquantität darstellen. In Bild 9.4b sind nur noch die Produktisoquanten und nicht mehr die ineffizienten Verfahrenskombinationen für die drei Produktquantitäten $y_3 = 5$, $y_3 = 10$ und $y_3 = 13$ eingezeichnet.

Formal erhält man aus dem Produktionsmodell für die Kombination der Verfahren ① und ② durch Elimination der Variablen für die Produktteilquantitäten nach ein paar Umformungen folgende Beziehung zwischen Produkt- und Faktorquantitäten:

$$x_2 = 40y_3 - \frac{x_1}{5}$$

wobei auf Grund der Nichtnegativität der Teilquantitäten folgende Bedingungen gelten müssen:

$$y_3^1 = -y_3 + \frac{x_1}{50} \geq 0$$

$$y_3^2 = 2y_3 + \frac{x_1}{50} \geq 0$$

Der obigen Beziehung ist zu entnehmen, dass im angegebenen Bereich 5g Leim einen Nagel ersetzen können. Diese Substitutionsrate entspricht der konstanten Steigung der Produktisoquanten zwischen den beiden Prozessstrahlen in Bild 9.4. Analog lässt sich für die Kombination der Verfahren ② und ③ folgende Substitutionsbeziehung bestimmen:

$$x_2 = 105y_3 - \frac{3}{2}x_1$$

für

$$y_3^2 = -\frac{3}{2} y_3 + \frac{x_1}{20} \geq 0$$

$$y_3^3 = \frac{5}{2} y_3 + \frac{x_1}{20} \geq 0$$

Beispielsweise erfordert die Herstellung von 10 Holzkisten mittels dieser beiden Verfahren den Einsatz von mindestens 300 g Leim und höchstens 500 Nägeln, wobei 2 g Leim 3 Nägel substituieren.

Sind die Faktoren mit 800 g Leim und 360 Nägeln nur beschränkt verfügbar, so zeigt Bild 9.4b, dass bei Verwendung nur jeweils eines einzigen Verfahrens stets ungenutzte Reste einer Faktorkapazität übrig bleiben. Die höchste Produktquantität wird mit 12 Kisten bei Verfahren ② erreicht. Noch mehr, nämlich 13 Kisten, lassen sich nur produzieren, wenn mit dem ersten Verfahren drei und mit dem zweiten zehn Kisten hergestellt werden. In diesem Fall werden beide Kapazitäten zu 100% ausgenutzt. Das lässt sich jedoch nicht mehr garantieren, wenn die Kombination der Kapazitätsschranken im Faktordiagramm außerhalb des Bereichs möglicher Verfahrenskombinationen liegt, d.h. außerhalb der äußeren Prozessstrahlen, so etwa für 200 g Leim und 500 Nägel oder für 1200 g Leim und 150 Nägel.

Die vorangehenden Überlegungen für das Beispiel betreffen die Maximierung der Quantität des einzigen, mittels verschiedener Verfahren herstellbaren (Haupt-)Produktes bei Existenz von Faktorbeschränkungen. Vollkommen analoge Aussagen können für den spiegelbildlichen Fall gemacht werden, bei dem der Einsatz eines einzigen Rohstoffes minimiert werden soll, aus dem mittels unterschiedlicher Verfahren die Nachfrage nach bestimmten Produkten befriedigt werden soll, wie etwa bei den *Zuschneideprozessen*. Entsprechende Modelle lassen sich mit Hilfe der Theorie der Linearen Optimierung (Lineare Programmierung) auch allgemein aufstellen und lösen,[2] wobei zur Berechnung der optimalen Lösung in der Regel Rechnerunterstützung notwendig ist.

9.2.3 Expansionspfad bei Beschäftigungsschwankungen

Bei der Maximierung eines einzigen Produktes unter Faktorbeschränkungen wird der Erfolg quasi allein an Hand der Produktquantität gemessen, und es bedarf nicht der Kenntnis von Preisen. Wenn es dagegen darum geht, eine bestimmte Produktquantität durch die Wahl der geeigneten Verfahren erfolgsmaximal herzustellen, so bedeutet das im Fall einer Gütertechnik im Allgemeinen, dass die Faktorpreise c_i bekannt sein müssen. Gemäß Abschnitt 9.1.3 ist es dann ohne Faktorbeschränkungen optimal, das Verfahren mit den geringsten (herstellungsspezifischen) Produktstückkosten zu wählen. Im obigen HOLZKISTENBEISPIEL ermittelt man bei Faktorpreisen von 0,02 GE/g für den

---

[2] Vgl. *Dyckhoff (1994)*, S. 179 und S. 225.

Leim und 0,01 GE/St. für die Nägel folgende Stückkosten für die drei effizienten Verfahren:

$$k_3^1 = 0{,}02 \cdot 100 + 0{,}01 \cdot 20 = 2{,}20$$

$$k_3^2 = 0{,}02 \cdot 50 + 0{,}01 \cdot 30 = 1{,}30$$

$$k_3^3 = 0{,}02 \cdot 30 + 0{,}01 \cdot 60 = 1{,}20$$

(Für Verfahren ④ würde sich $k_3^4 = 1{,}30$ ergeben.) Die spezifischen Herstellungskosten des Produkts (bezogen auf Leim und Nägel) sind bei Verfahren ③ am niedrigsten. Es ist deshalb für eine Gewinnmaximierung zwingend, dieses Verfahren soweit wie möglich zu nutzen. Dabei spielen die Kosten der anderen Einsatzfaktoren (Arbeit, Holz, etc.) keine Rolle, weil sie annahmegemäß für alle vier Verfahren identisch sind. Allerdings beziehen sich die oben berechneten Kosten dann auch nur auf die Materialkosten für Leim und Nägel.

Ein Ausweichen auf die anderen Verfahren kann bei Faktorbeschränkungen notwendig werden. Bild 9.4b zeigt fett eingezeichnet den so genannten **Expansionspfad**, falls nur 800 g Leim und 360 Nägel verfügbar sind. Bei bis zu 360/60 = 6 Holzkisten wird nach wie vor nur das billigste Verfahren verwendet. Wegen der dann knappen Nägel ist eine Steigerung der Produktion nur noch möglich, wenn an Stelle des Verfahrens ③ verstärkt das Verfahren ② benutzt wird. Ab 360/30 = 12 Kisten muss auf das billigste Verfahren völlig verzichtet werden, und das teuerste Verfahren ① kommt zum Zuge, weil es vergleichsweise weniger knappe Nägel und mehr von dem ausreichenden Leim verbraucht. Ab 13 Kisten ist eine Produktionsausweitung nicht mehr möglich, weil dann auch der Leim zum Engpass wird.

In Bild 9.4b ist der besseren Übersicht halber davon abgesehen worden, Kostenisoquanten einzuzeichnen. Andernfalls würde sofort offensichtlich, warum der elementare Prozess ③ am billigsten ist: Die Kostenisoquanten (Substitutionsrate 2) verlaufen steiler als die Produktisoquanten (Substitutionsraten 1:5 und 3:2)!

Solange kein Faktor zum Engpass wird, entsprechen die (minimalen) Stückkosten des Produkts denen des billigsten Herstellungsprozesses, also 1,20 GE/St. Muss wegen der Faktorbeschränkungen auf teurere Verfahren ausgewichen werden, so erhöhen sich die Stückkosten zunehmend. Wenn wie oben 360 Nägel den Engpass bilden, können nur 6 Holzkisten mit dem Verfahren ③ erzeugt werden. Um eine siebte Kiste zu erhalten, muss das Verfahren ② verwendet werden. Da es nur halb so viele Nägel verbraucht, können je Kiste, die nicht mit dem Verfahren ③ erzeugt wird, bei gleichem Verbrauch

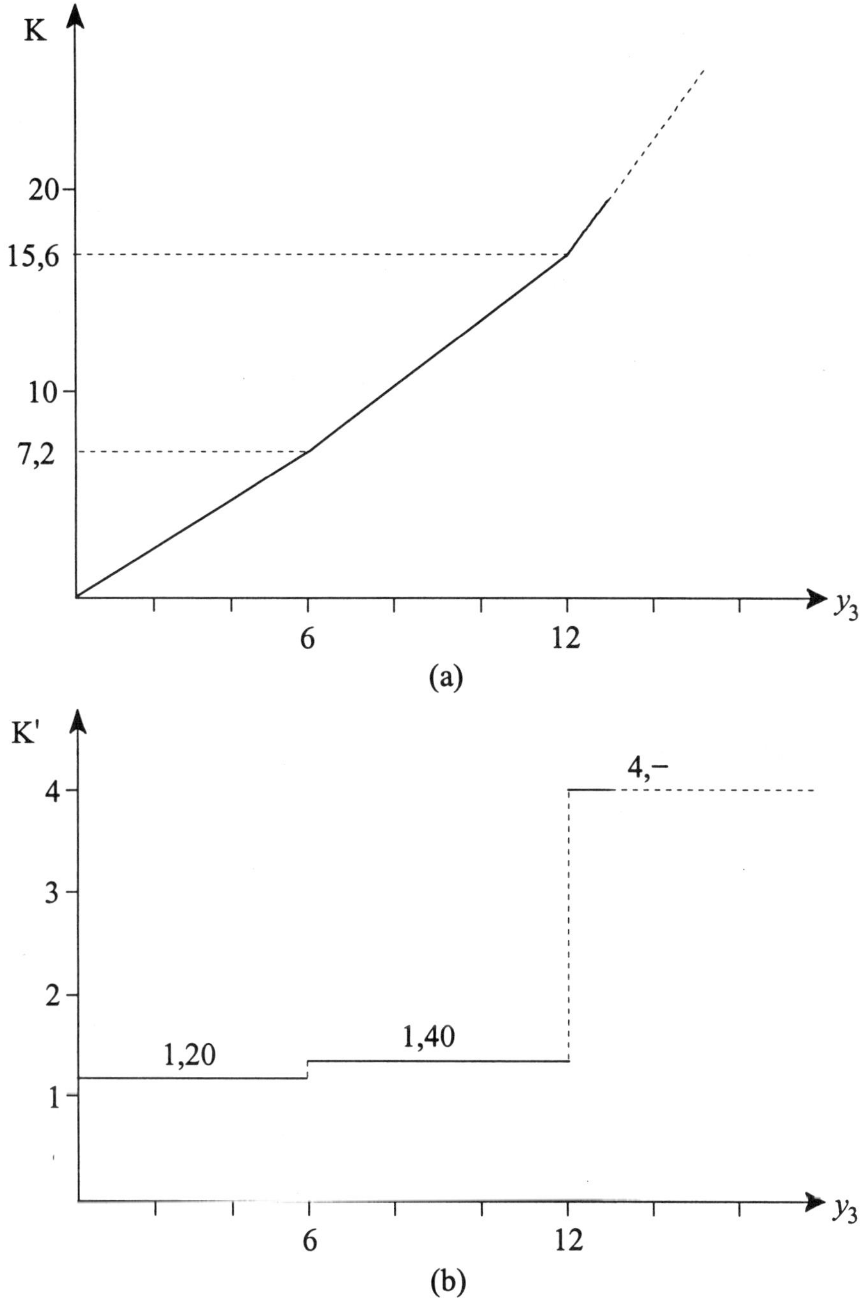

Bild 9.5: Produktionsexpansion bei Faktorengpass: (a) Gesamtkostenverlauf; (b) Grenzkostenverlauf

an Nägeln zwei Kisten mit dem Verfahren ③ hergestellt werden. Jede weitere Kiste kostet demnach 2·1,30 – 1·1,20 = 1,40 GE. Das heißt, die *Grenzkosten* sind um 0,20 GE/St. höher als die variablen Stückkosten des Verfahrens ③ und um 0,10 GE/St. höher als diejenigen des Verfahrens ②. Der Betrag 0,20 GE/St. stellt den Schattenpreis des Faktorengpasses bezüglich der Holzkisten dar.

Ab 12 Kisten muss Verfahren ② mit Verfahren ① kombiniert werden. Um den Verbrauch an Nägeln konstant zu halten, sind für drei Kisten, die mit Verfahren ① produziert werden, zwei Kisten weniger mit Verfahren ② herzustellen. Die Grenzkosten einer Kiste lauten somit: 3·2,20 –2·1,30 = 4,00 GE. Die Opportunitätskosten des Nägelengpasses betragen nunmehr 4,00 – 1,20 = 2,80 GE je Kiste. Das Bild 9.5 veranschaulicht diese Zusammenhänge an Hand des Gesamt- und des Grenzkostenverlaufs.

Literaturhinweise
Busse von Colbe/Laßmann (1991), § 13
Dinkelbach/Rosenberg (2002), Kap. 4

9.3 Lineare Produktionsmodelle mit nichtlinearen Erfolgsfunktionen

Lineare (und linear-affine) Erfolgsfunktionen entsprechen einer konstanten, für jedes Objekt ein und derselben Art identischen Bewertung. Ein solcher konstanter Preis gilt in der Regel nur für ein mehr oder minder definiertes Intervall der Quantität einer Objektart. Außerhalb des Intervalls kann der Preis einer Quantitätseinheit andere Werte annehmen. Ist allerdings das zu Grunde gelegte Intervall so groß, dass es alle Objektquantitäten abdeckt, die auf Grund bestehender Restriktionen für ein betrachtetes Produktionssystem überhaupt in Frage kommen, so ist die vereinfachende Annahme eines (unbegrenzt) konstanten Preises zu rechtfertigen. Dies trifft beispielsweise für eine Outputart j mit einer oberen Absatzschranke $\overline{y}_j$ zu, unterhalb welcher der Verkauf zu einem festen, positiven Preis e_j pro Quantitätseinheit möglich ist.

Wie schon in Abschnitt 7.4 deutlich geworden ist, können Preise auch mengenabhängig sein. Daraus resultieren nichtlineare Erfolgsfunktionen. Es lassen sich zwei grundlegende Fälle unterscheiden, die nachfolgend an Hand zweier Beispiele illustriert werden:

- Erfolgsfunktionen mit sprungfixen Preisen
- Erfolgsfunktionen auf der Basis linearer Preis-Absatz-Funktionen.

9.3.1 Alternativproduktion mit Faktorengpass

Zunächst werden die Überlegungen des Abschnitts 7.4.4 zur Gewinnmaximierung bei linearer Preis-Absatz-Funktion eines einzelnen Produkts auf die Problematik im Falle mehrerer Produkte mit einem gemeinsamen Faktorengpass verallgemeinert. Für jedes Erzeugnis wird eine *produktindividuelle* Absatz-Preis- bzw. Preis-Absatz-Funktion vorausgesetzt. Der Preis eines Produktes hat danach nur Einfluss auf seinen eigenen Absatz und nicht auf den anderer Produkte, und umgekehrt. Sofern auch produktionswirtschaftlich keine Abhängigkeiten zwischen den Produkten bestehen, ist es unter den Prämissen des Abschnitts 7.4.4 optimal, für jedes Produkt den *Cournot'schen Punkt* zu realisieren, d.h. die Produktquantität so zu bestimmen, dass der jeweilige Grenzumsatz den jeweiligen Grenzkosten entspricht.

Bei Alternativproduktion mit Faktorengpass gibt es eine produktionswirtschaftliche Abhängigkeit zwischen den Produkten, die dazu führen kann, dass nicht mehr alle Produkte in den Cournot-Quantitäten hergestellt werden können, etwa weil eine von allen Produkten genutzte Produktionsanlage zu wenig Kapazität hat. Erfolgsmaximal ist dann dasjenige Erzeugnisprogramm, bei dem einerseits die Engpasskapazität voll ausgeschöpft wird, andererseits sämtliche Produkte den gleichen *engpassspezifischen* Grenzerfolg $G_j'/a_j = (L_j' - K_j')/a_j$ aufweisen. Dabei ist a_j der Produktionskoeffizient für den Kapazitätsbedarf des Engpassfaktors je Einheit des Produktes j. Würde nämlich etwa Produkt 1 einen höheren Grenzerfolg pro Kapazitätseinheit haben als Produkt 2, so würde es sich lohnen, den Ausstoß von Produkt 1 zu Lasten von Produkt 2 zu erhöhen. Rechnerisch lässt sich dies an dem folgenden Beispiel demonstrieren.

Es werden drei Produkte j zu konstanten Grenzkosten c_j hergestellt und entsprechend folgender Absatz-Preis-Funktionen abgesetzt:

$$e_1 = 100 - 0{,}2y_1 \qquad c_1 = 20$$

$$e_2 = 60 - 0{,}1y_2 \qquad c_2 = 30$$

$$e_3 = 50 - 0{,}125y_3 \qquad c_3 = 10$$

Ohne Berücksichtigung eines Faktorengpasses betragen die optimalen Produktquantitäten: $y_1 = 200$, $y_2 = 150$, $y_3 = 160$. Damit ist jedoch eine Anlage überlastet, die von den Produkten gemäß folgender Produktionskoeffizienten beansprucht wird:

$$a_1 = 10, \quad a_2 = 8, \quad a_3 = 5$$

Benötigt würden 200·10 + 150·8 + 160·5 = 4000 Faktoreinheiten; verfügbar sind lediglich 3000 Einheiten. Um den gesamten Erfolg

$$w = (e_1 - c_1)y_1 + (e_2 - c_2)y_2 + (e_3 - c_3)y_3$$

zu maximieren, muss danach folgende Restriktion eingehalten werden:

$$10y_1 + 8y_2 + 5y_3 = 3000$$

Durch die Ableitung der zugehörigen Lagrange-Funktion erhält man außer der vorstehenden Restriktion noch folgende notwendige Optimalitätsbedingungen für die drei Produktquantitäten y_j sowie für den Lagrange-Multiplikator μ:

$$(80 - 0{,}4y_1)/10 = (30 - 0{,}2y_2)/8 = (40 - 0{,}25y_3)/5 = \mu$$

Daraus folgt: $y_1 = 162{,}7$, $y_2 = 90{,}3$ und $y_3 = 130{,}1$; $\mu = 1{,}49$. Der Lagrange-Multiplikator entspricht den im Optimum identischen engpassspezifischen Grenzgewinnen der drei Produkte und gibt damit als Schattenpreis die marginalen Opportunitätskosten des Engpasses – im Sinne entgangenen Gewinns – an.

9.3.2 Kuppelproduktion und Reduktion

Für lineare Preis-Absatz-Funktionen gibt es eine Absatzgrenze, die nur mit einem negativen Preis überschritten werden kann. Bei Alternativproduktion kann die Herstellung einer größeren Erzeugnismenge nicht erfolgsmaximal sein. **Kuppelproduktion** ist demgegenüber dadurch charakterisiert, dass bei der Erfüllung eines Systemzwecks, d.h. bei der Erzeugung eines Hauptproduktes oder der Vernichtung eines Reduktes, wenigstens ein davon artverschiedener, beachteter Output – als *Kuppelprodukt* – unvermeidbar miterzeugt wird. In der Regel muss für eine erfolgsmaximale Produktion die eigentlich unerwünschte Erzeugung eines Kuppelproduktes in Kauf genommen werden.

Bei der mengenabhängigen Bewertung einer Objektart – wie im Falle einer Preis-Absatz-Funktion – handelt es sich um eine Verallgemeinerung des ansonsten in diesem Buch der Einfachheit halber unterstellten *„Normalfalls"* gemäß Abschnitt 4.2. Wenn eine Objektart abhängig von ihrer Quantität einmal mit einem positiven Preis, das andere Mal mit einem negativen Preis oder einem Preis Null bewertet wird, so trifft die Voraussetzung des Normalfalls nicht mehr zu.

Wird von einem Erzeugnis mehr hergestellt, als verkauft werden kann, so hängen die erfolgsmäßigen Konsequenzen davon ab, was mit diesem *Überschuss* – bei Nebenprodukten *Rückstand* genannt – geschieht:

- Rückführung in den ursprünglichen Produktionsprozess zwecks *Wiederverwendung* oder *-verwertung*

- *Weiterverwendung* oder *-verwertung* in der eigenen Unternehmung oder durch Absatz an Fremde (z.B. mittels Abfallbörsen)
- *Beseitigung* durch Vernichtung (d.h. physische Umwandlung), Deponierung (d.h. räumliche Konzentration und Ablagerung) oder Emission (d.h. räumliche Verteilung in der Natur).

Diese Aktivitäten können durch Erweiterung der Bilanzhülle des betrachteten Systems grundsätzlich explizit modelliert und analysiert werden. Hier sollen jedoch lediglich ihre erfolgsmäßigen Auswirkungen pauschal über den Produktpreis Berücksichtigung finden.

(a) Sprungfixer Preisverlauf

Zunächst werden Preise unterstellt, die mit Ausnahme eines Sprunges an der Absatzobergrenze konstant verlaufen. Unterhalb der Absatzschranke $\bar{y}_j$ kann die Outputart j zu einem festen, positiven Preis e_j pro Quantitätseinheit verkauft werden; je Überschusseinheit wird von einem ebenfalls konstanten Preis $\bar{p}_j$ ausgegangen (mit $\bar{p}_j < e_j$). Wenn der Überschusspreis negativ oder gleich Null ist, ist es erfolgsmaximal, die Objektart nur bis zur Absatzschranke herzustellen, sofern es sich nicht um ein Kuppelprodukt handelt. Fällt es jedoch zwangsläufig an, so muss unter Umständen ein eigentlich unerwünschter Überschuss in Kauf genommen werden.

Als Beispiel wird der durch Bild 9.6 beschriebene REDUKTIONSBETRIEB betrachtet, der darauf spezialisiert ist, eine bestimmte Sorte von *Altprodukten* (z.B. Altfahrzeuge) aufzubereiten und die daraus entstehenden neuen Outputarten weiter zu verwerten oder zu beseitigen. Aus Sicht des Betriebs sind die Altprodukte Redukte (hier als Objektart 1 bezeichnet und in Tonnen bzw. Megagramm [Mg] gemessen), für deren Annahme eine Gebühr in konstanter Höhe von e_1 = 500 GE/Mg kassiert wird. Für die Aufbereitung wird menschliche Arbeit als einziger Faktor eingesetzt (Objektart 2, gemessen in Arbeitsstunden), dessen Einsatz ebenfalls mit einem konstanten Preis, und zwar in der Höhe c_2 = 80 GE/h, bewertet wird. Alle anderen Inputarten seien entweder nicht beachtet oder als Beifaktoren eingestuft. Exemplarisch ist in Bild 9.6 nur eine Beifaktorart 3 beachtet (z.B. eine abgeschriebene Maschine, die keinen Engpass darstellt, keinem Verschleiß unterliegt und auch nicht anderweitig verwendet werden kann). Aus dem Redukt entstehen durch Zerlegung in seine Bestandteile vier Outputarten, nämlich zwei Erzeugnisse 4 und 5, ein neues Abprodukt 6 sowie ein Beiprodukt 7. Die Erzeugnisse 4 und 5 können zu den Preisen e_4 = 250 GE/Mg bzw. e_5 = 320 GE/Mg verkauft werden, allerdings während des betrachteten Planungszeitraums von einem Monat nur bis zu den maximalen Absatzquantitäten $\bar{y}_4$ = 500 Mg bzw. $\bar{y}_5$ = 660 Mg. Überschüsse müssen beseitigt werden und verursachen im einen Fall Kosten von $\bar{c}_4 = -\bar{p}_4$ = 20 GE/Mg bzw. bringen im anderen Fall noch einen Resterlös von $\bar{e}_5 = \bar{p}_5$ = 60 GE/Mg.

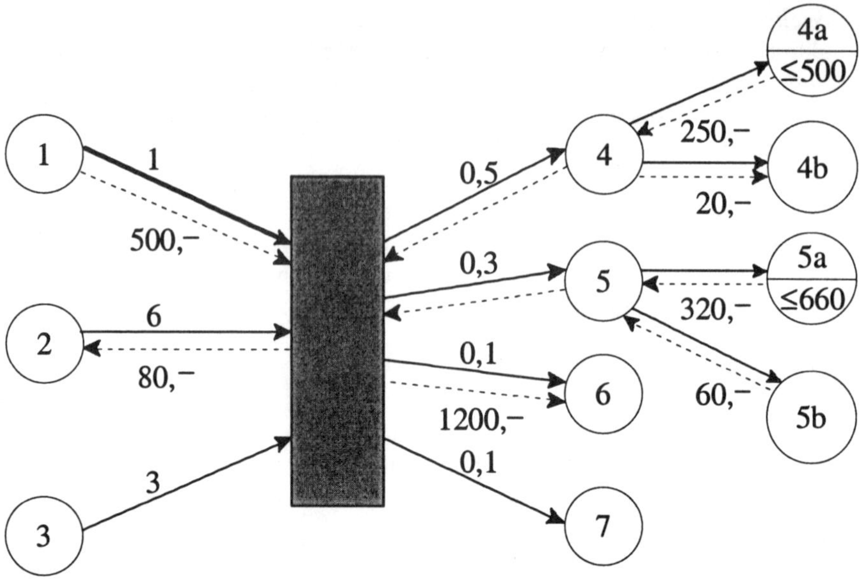

Bild 9.6: Elementarer Reduktionsprozess mit Kuppelprodukten

Die Objektart 4 ist demnach nur bis zur Absatzschranke ein gutes Produkt, der Überschuss ein übles. Für das Abprodukt 6 (z.B. Altwasser oder Altöl) muss eine konstante Abgabe in Höhe von c_6 = 1200 GE/Mg entrichtet werden.

Im Input/Output-Graphen des Bildes 9.6 ist die unterschiedliche Verwendung der beiden Produktarten 4 und 5 durch zusätzliche Objektknoten und Pfeile zum Ausdruck gebracht. Außerdem enthält der I/O-Graph die noch fehlenden Angaben über die Input- und Outputkoeffizienten des als elementar unterstellten Reduktionsprozesses. Mit zusätzlichen Variablen für die verschiedenen Verwendungsarten der Erzeugnisse 4 und 5 lautet das Produktionsmodell:

$$x_1 = \lambda, \qquad 0{,}5\lambda = y_4 = y_{4a} + y_{4b},\ y_{4a} \leq 500$$

$$x_2 = 6\lambda, \qquad 0{,}3\lambda = y_5 = y_{5a} + y_{5b},\ y_{5a} \leq 660$$

$$x_3 = 3\lambda, \qquad 0{,}1\lambda = y_6$$

$$0{,}1\lambda = y_7$$

Durch Bewertung der Quantitäten mit ihren Preisen ergibt sich der gesamte Erfolg zu:

$$w = 500x_1 - 80x_2 + (250y_{4a} - 20y_{4b}) + (320y_{5a} + 60y_{5b}) - 1200y_6$$

Solange die Absatzgrenzen der beiden Kuppelprodukte 4 und 5 noch nicht erreicht sind, gilt für ein erfolgsmaximales Verhalten $y_{4b} = 0$ und $y_{5b} = 0$. An diese Grenzen stößt man bei Produkt 4 für $\lambda = 500/0{,}5 = 1000$ und bei Produkt 5 für $\lambda = 660/0{,}3 = 2200$. Im Intervall $0 \leq \lambda \leq 1000$ gilt danach folgende Erfolgsfunktion:

$$w = (500 - 80 \cdot 6 + 250 \cdot 0{,}5 + 320 \cdot 0{,}3 - 1200 \cdot 0{,}1) \cdot \lambda$$

$$= 121\lambda = 121 x_1$$

Der Grenzerfolg $w'(\lambda)$ des Prozesses ist in diesem Intervall konstant und positiv; pro Tonne des Redukts erhöht sich der Gewinn um 121 GE. Im Intervall $1000 \leq \lambda \leq 2200$ kann dagegen schon keine Erfolgsverbesserung mehr erzielt werden; für den Grenzerfolg gilt nämlich:

$$w' = 500 - 80 \cdot 6 - 20 \cdot 0{,}5 + 320 \cdot 0{,}3 - 1200 \cdot 0{,}1 = -14$$

Er ist somit negativ mit −14 GE pro Tonne des Redukts. Über $x_1 = 2200$ hinaus sinkt er sogar auf −92 GE/Mg. Bild 9.7 veranschaulicht den *Expansionspfad* der Beschäftigungsvariation innerhalb des Produktdiagramms der beiden Kuppelprodukte 4 und 5.

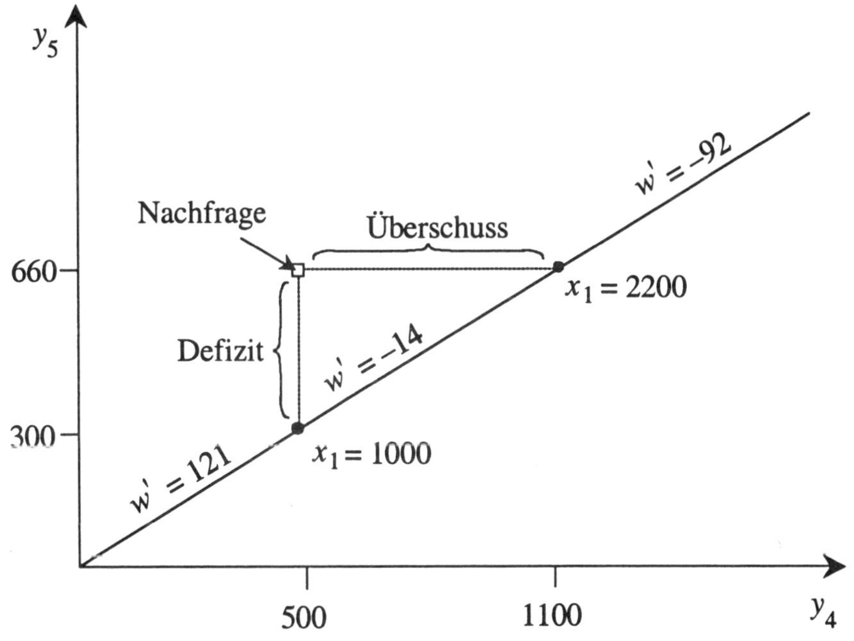

Bild 9.7: Expansionspfad für starre Kuppelprodukte

(b) Linearer Preisverlauf

An Stelle eines sprungfixen wird nun ein kontinuierlicher und zwar speziell linearer Preisverlauf in Abhängigkeit von der Objektquantität betrachtet. Für jeden Output j existiert jeweils eine linear fallende *Absatz-Preis-Funktion* (α, $\beta > 0$):

$$e_j = e_j(y_j) = \beta - \alpha y_j$$

Der Umsatz des Outputs j hat einen parabelförmigen Verlauf:

$$L_j(y_j) = e_j(y_j) \cdot y_j = \beta y_j - \alpha (y_j)^2$$

während der Grenzumsatz linear fällt, und zwar in Abhängigkeit der Outputquantität doppelt so stark wie der Verkaufspreis (vgl. das frühere Bild 7.4):

$$L_j'(y_j) = \beta - 2\alpha y_j$$

Diese Kurvenverläufe gelten nur bei regulärem Absatz des Produktes auf dem Markt. Alternativ können Überschüsse y_{jb} zu einem konstanten Preis e_{jb} entsorgt werden. Dieser ist in der Regel negativ ($e_{jb} < 0$), kann bei einer nutzbringenden Verwendung oder Verwertung unter Umständen aber auch positiv sein ($e_{jb} > 0$) und ist im Grenzfall – z.B. bei Verschenken oder Abfackeln – gleich Null ($e_{jb} = 0$).

Im Sinne eines erfolgsmaximalen Verhaltens wird der Absatz eines Produktes nur so lange erhöht, wie der erzielbare Grenzumsatz $L_j'(y_j)$ der abgesetzten Quantität größer als oder gleich dem Entsorgungspreis e_{jb} des Überschusses ist. Bild 9.8 skizziert drei grundsätzlich mögliche Fälle.

Mit $\overline{y}_{ja}$ ist die maximal auf dem Markt angebotene Quantität des Outputs j bezeichnet; darüber hinaus gehende Quantitäten sind Überschüsse. Im Fall (a) des Bildes 9.8 entspricht das maximale Angebot dem schon von Abschnitt 7.3.2 her bekannten Absatzmaximum $\overline{y}_j$, bei dem der Absatzpreis e_{ja} bis auf Null sinkt, weil eine Entsorgung stets teurer als der Umsatzrückgang ist ($L_j' > e_{jb}$). In den beiden anderen Fällen ist es dagegen schon vor Erreichen des Absatzmaximums gegebenenfalls günstiger, weniger auf dem Markt anzubieten und stattdessen Überschussquantitäten zu entsorgen: bei (b) trotz tatsächlicher Entsorgungs*kosten* ($e_{jb} < 0$), bei (c) wegen eines anfallenden Überschuss*erlöses* ($e_{jb} > 0$).

Als konkretes Beispiel sei wieder der REDUKTIONSBETRIEB des Bildes 9.6 zu Grunde gelegt. Für die beiden Kuppelprodukte 4 und 5 gelten jedoch nun keine festen Absatzgrenzen mehr, sondern folgende Absatz-Preis-Funktionen und Entsorgungspreise:

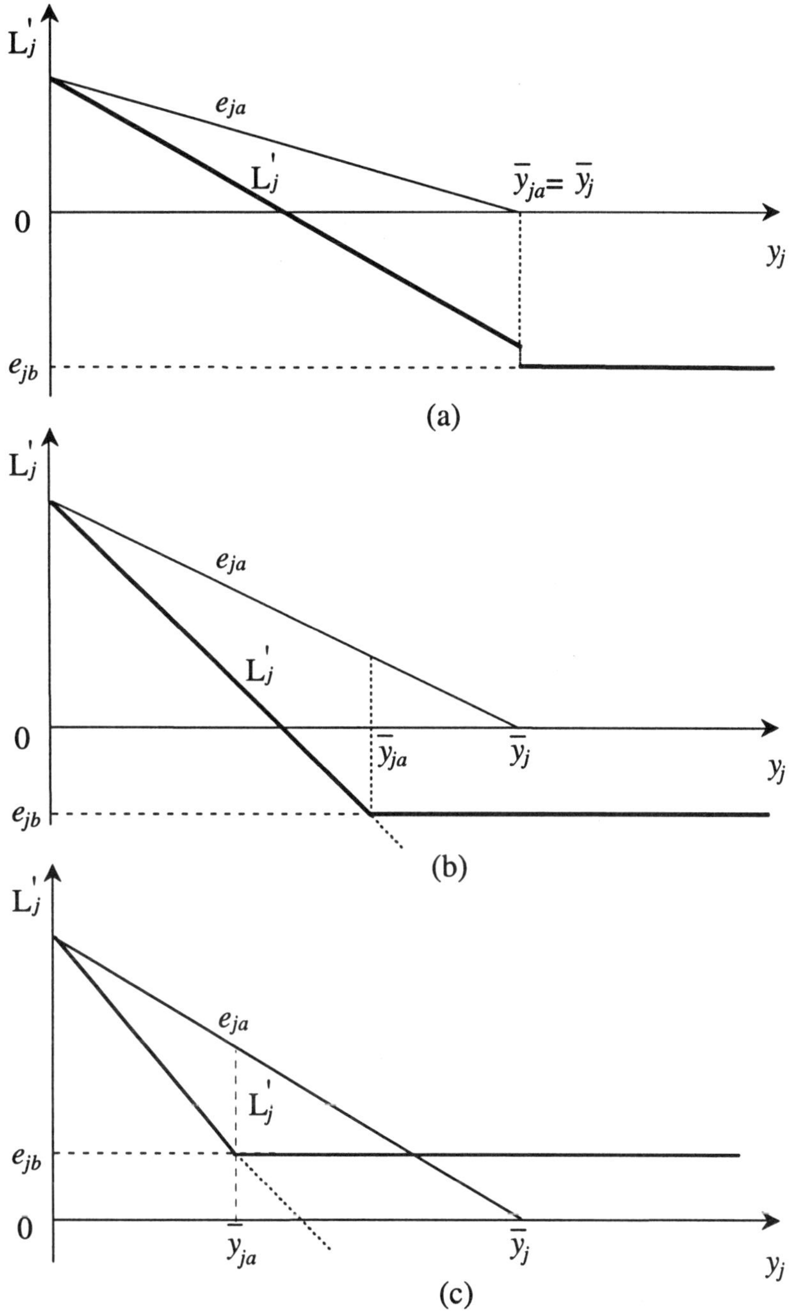

Bild 9.8: Maximale Absatzmenge in Abhängigkeit von Absatzpreis, Grenzumsatz und Entsorgungspreis

$$e_{4a} = 520 - 0{,}540 y_{4a} \qquad e_{4b} = -20$$

$$e_{5a} = 580 - 0{,}394 y_{5a} \qquad e_{5b} = 60$$

Für die Fälle (b) und (c) des Bildes 9.8 lassen sich unter der Voraussetzung $e_{ja} > 0$ die maximalen Angebotsquantitäten $\bar{y}_{ja}$ durch die Gleichsetzung $L_j' = e_{jb}$ ermitteln. Für die beiden Kuppelprodukte ergeben sie sich so zu $\bar{y}_{4a} = 500$ und $\bar{y}_{5a} = 660$. Der gesamte Erfolg lautet:

$$w = 500x_1 - 80x_2 + (e_{4a} y_{4a} - 20y_{4b}) + (e_{5a} y_{5a} + 60y_{5b}) - 1200y_6$$

Im Intervall $0 \le x_1 \le 500/0{,}5 = 1000$ werden beide Kuppelprodukte voll abgesetzt ($y_{4b} = 0$, $y_{5b} = 0$):

$$\begin{aligned} w &= (500 - 80 \cdot 6 + e_{4a} \cdot 0{,}5 + e_{5a} \cdot 0{,}3 - 1200 \cdot 0{,}1)\, x_1 \\ &= 334x_1 - (0{,}540 \cdot 0{,}5 \cdot 0{,}5 + 0{,}394 \cdot 0{,}3 \cdot 0{,}3) \cdot (x_1)^2 \\ &= 334x_1 - 0{,}17045 (x_1)^2 \end{aligned}$$

Der zum Intervall $0 \le x_1 \le 1000$ gehörige Grenzerfolg des Redukts

$$w' = 334 - 0{,}3409 x_1$$

ist linear fallend; er fällt bis auf $w'(1000) = -6{,}91$; der Übergang zu negativen Grenzerfolgen geschieht bei $x_1 = 979{,}73$. Dies entspricht der erfolgsmaximalen Reduktion, da die Grenzerfolge *durchgehend* monoton fallen, wie nachfolgend bewiesen wird und in Bild 9.9 dargestellt ist.

Im anschließenden Intervall $1000 \le x_1 \le 660/0{,}3 = 2200$ entsteht ein Überschuss des Kuppelproduktes 4 ($y_{4a} = 500$, $y_{5b} = 0$):

$$\begin{aligned} w &= -100x_1 + 250 \cdot 500 - 20 \cdot (0{,}5x_1 - 500) + (580 - 0{,}394 \cdot 0{,}3x_1) \cdot 0{,}3x_1 \\ &= 135000 + 64x_1 - 0{,}0354 (x_1)^2 \end{aligned}$$

Der Grenzerfolg des Redukts in diesem Intervall berechnet sich zu

$$w' = 64 - 0{,}07091 x_1$$

mit $w'(1000) = -6{,}91$ und $w'(2200) = -92$. Ab $x_1 \ge 2200$ fallen für beide Kuppelprodukte Überschüsse an ($y_{4a} = 500$, $y_{5a} = 660$), sodass der Grenzerfolg konstant auf dem Wert $w' = -92$ verharrt:

$$\begin{aligned} w &= -100x_1 + 250 \cdot 500 - 20 \cdot (0{,}5x_1 - 500) + 320 \cdot 660 + 60 \cdot (0{,}3x_1 - 60) \\ &= 306600 - 92x_1 \end{aligned}$$

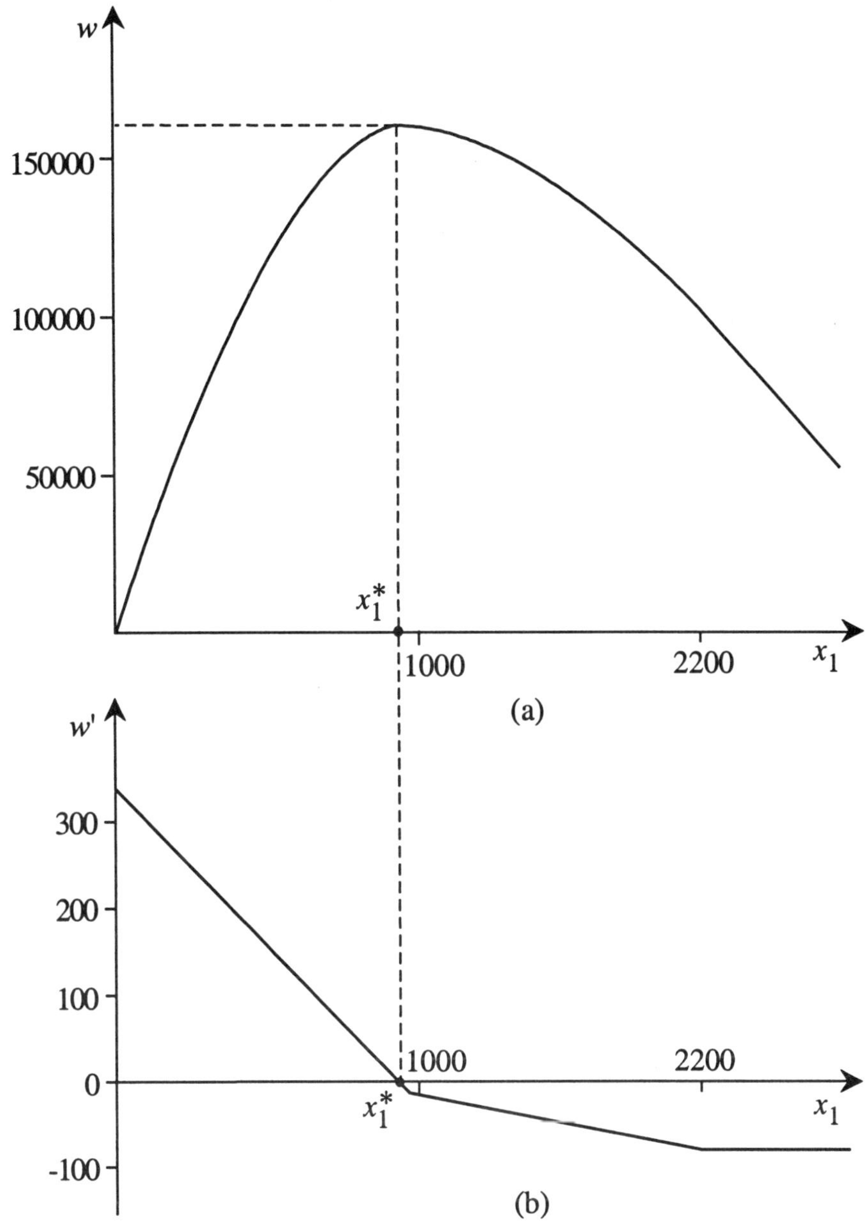

Bild 9.9: (a) Gesamt- und (b) Grenzerfolgsverlauf eines Reduktionsbetriebs bei Kuppelproduktion mit Überschussentsorgung

Wie zuvor schon festgestellt ist es also optimal, 979,7 Tonnen des Redukts 1 in 489,8 Tonnen des Produkts 4 und 293,9 Tonnen des Produkts 5 umzuwandeln; dabei fallen (noch) keine Überschüsse in den beiden Kuppelprodukten an. Obwohl im Unterschied zum vorangehenden Fall das ansonsten identische Beispiel des Reduktionsbetriebs hier kontinuierliche und nicht sprunghafte Preisverläufe aufweist, liegen ähnliche Resultate vor. Im Allgemeinen muss das allerdings nicht zutreffen. Generell zeigen beide Versionen des Beispiels, dass bei preisabhängigen Absatzquantitäten die Grenze zwischen Produkt und Abprodukt fließend ist.

Literaturhinweise
Baumgärtner (2000)
Oenning (1997)
Rüdiger (2000)
Souren (1996)

9.4 Lineare Erfolgsmodelle in der Praxis

Produktionsfragestellungen, die aus linearen Techniken bei linearen Restriktionen resultieren, können auch dann noch zur linearen Erfolgstheorie gerechnet werden, wenn nichtlineare Erfolgsfunktionen zugrundegelegt werden. Sie sind aber im Allgemeinen rechnerisch wesentlich schwieriger handhabbar. Dagegen führen lineare Techniken mit linearen Restriktionen und linearen Erfolgsfunktionen zu mathematischen Modellen, die Aufgaben der Linearen Optimierung darstellen und sich mit den dafür verfügbaren Algorithmen prinzipiell lösen lassen. Aufgaben mit mehreren Tausend Variablen und Nebenbedingungen können heute schon ohne große Schwierigkeiten in wenigen Minuten mit geeigneter Software auf einem leistungsstarken Personal Computer gelöst werden. Großrechner bewältigen noch größere Aufgabenstellungen.

Die Benutzung derartiger Modelle gehört in einigen Branchen zur Routine geschulter Sachbearbeiter (z.B. in der Erdöl-, der chemischen und der Grundstoffindustrie). Für den Anwender spielen die verwendeten Algorithmen selbst keine Rolle. Er muss aber die Modelle zweckmäßig formulieren, d.h. zumindest die richtigen Daten eingeben, sowie die berechneten Lösungen und die zusätzlichen Informationen wie etwa Schattenpreise und Sensitivitätsbereiche richtig interpretieren. Für das dafür notwendige Grundverständnis reicht schon die Auseinandersetzung mit einfachen Beispielen – wie die zuvor behandelten – aus, welche sich oft noch ohne Rechnerunterstützung direkt, wie bei nur einem einzigen Engpass, oder grafisch, wie bei nur zwei Variablen, analysieren und lösen lassen.

Literaturhinweise
Dyckhoff (1994), §17
Williams (1990)

Wiederholungsfragen

1) Welche Unterschiede bzgl. der Zurechenbarkeit von Leistungen und Kosten auf Prozesse oder Objektarten bestehen zwischen elementaren bzw. nicht elementaren, insbesondere den verschiedenen Formen einstufiger Techniken?
2) Welchen Einfluss auf die Erfolgsmaximierung haben knappe zeitliche Kapazitäten sowie Faktorbeschränkungen, wenn als Ziel die Maximierung eines bestimmten Produktes oder die gewinnmaximale Herstellung einer festen Produktquantität unterstellt werden? Wie entwickeln sich die Kosten entlang des Expansionspfades?
3) Wie wirken sich Engpässe und lineare Preisverläufe auf das optimale Erzeugnisprogramm bei Alternativproduktion aus?
4) Warum müssen bei Kuppelproduktion unter Umständen negative Absatzpreise und Produktüberschüsse in Kauf genommen werden? Wie lässt sich unter diesen Bedingungen die erfolgsmaximale Produktion ermitteln?
5) Inwieweit können die Erkenntnisse für Erzeugungssysteme auch auf Reduktionssysteme übertragen werden?

Übungsaufgaben

Ü 9.1

Ein Kofferfabrikant benötigt zur Fertigung von 6 Koffern insgesamt 18 Schlösser, 12 Schnallen, 6 Griffe, 6 Rahmen und 7,5 m^2 Nylonmaterial. Alle 6 Koffer werden auf einer Maschine innerhalb einer Stunde hergestellt. Diese Maschine wird von einem Arbeiter bedient, der zusätzlich noch eine halbe Stunde zur handwerklichen Weiterverarbeitung aller 6 Koffer benötigt.

Der Erlös pro Koffer liegt bei 100 GE. Die Faktorpreise belaufen sich auf folgende Werte: 5 GE pro Schloss, 2 GE pro Schnalle, 3 GE pro Griff, 8 GE pro Rahmen, 7,20 GE pro m^2 Nylonmaterial, 120 GE pro Maschinenstunde und 80 GE pro Stunde des Arbeiters.

a) Zeichnen Sie den I/O-Graphen für die beschriebene Produktion mit Objekt- und Wertflüssen!

b) Bestimmen Sie für jeden Faktor den Produktionskoeffizienten, und stellen Sie das Produktions- sowie das Erfolgsmodell zur Produktion eines Koffers auf!

c) Führen Sie eine Produktkalkulation für die Herstellung eines Koffers durch! Bestimmen Sie den produktspezifischen Deckungsbeitrag! Welche Kosten verursacht demnach die Produktion von 6 Koffern? Welcher Deckungsbeitrag ergibt sich?

Ü 9.2 (Fortsetzung von Ü 6.4)

Gegeben sind nachstehende – in Ü 6.4 als planungsrelevant identifizierte – Schnittmuster:

$$\begin{array}{cccc} \text{(I)} & \text{(III)} & \text{(V)} & \text{(IX)} \\ \begin{pmatrix} -1 \\ 2 \\ 0 \\ 0 \end{pmatrix} & \begin{pmatrix} -1 \\ 1 \\ 1 \\ 2 \end{pmatrix} & \begin{pmatrix} -1 \\ 0 \\ 4 \\ 0 \end{pmatrix} & \begin{pmatrix} -1 \\ 0 \\ 0 \\ 6 \end{pmatrix} \\ \hline 10 & 0 & 4 & 2 \end{array}$$

a) Ermitteln Sie den spezifischen Deckungsbeitrag dieser Prozesse, falls folgende Preise gelten: $c_{80} = 75$, $e_{35} = 38$, $e_{19} = 21$, $e_{13} = 14$ (jeweils in GE pro Rolle)!

b) In welcher Reihenfolge würden Sie die Schnittmuster anwenden, wenn die Beseitigung des Verschnitts einen Engpass darstellt? Planen Sie das konkrete Schnittprogramm, wenn nur insgesamt 70 m^2 Verschnitt beseitigt werden können und jeder Prozess maximal für eine Rolle durchgeführt werden kann! Wie hoch ist unter diesen Voraussetzungen der Deckungsbeitrag?

c) Die Lieferverpflichtung der Unternehmung beläuft sich auf 10000 Meter der 35 cm-Rollen, 20000 Meter der 19 cm-Rollen und 25000 Meter der 13 cm-Rollen. Stellen Sie jeweils ein Erfolgsmodell zur Minimierung der Materialkosten sowie zur Minimierung des Verschnitts auf! Wie lautet das Erfolgsmodell zur Maximierung des Deckungsbeitrags bei den o.g. Lieferverpflichtungen, falls der Unternehmung nur 20 Rollen der Standardlänge 1000 Meter zur Verfügung stehen?

Ü 9.3

Auf Grund der neuen Gesetzeslage entschließt sich der frisch gebackene Handwerksmeister H. Packan, einen Produktionsbetrieb für Kindersitze zu eröffnen. Nach der Einrichtung der Werkstatt überlegt er, wie viele Einheiten der beiden Modelle Maxi und Mini er im nächsten Jahr herstellen soll.

Zur Produktion beider Sitztypen benötigt er verschiedene Faktoren. Die Produktionskoeffizienten (in FE/PE) sowie die Beschaffungsrestriktionen und Stückkosten (in GE/FE) der einzelnen Faktoren (Stoff, Gurte, Schaumstoff und Arbeitsstunden) sind in der folgenden Tabelle wiedergegeben. Zusätzlich enthält diese auch die Stückerlöse (in GE/PE) für die Sitze und deren Absatzrestriktionen.

Objektart	Produkt-stückerlös	Faktor-preis	Verfahren ①	Verfahren ②	Restriktionen
Sitz Maxi	195	–	1	–	≤ 900
Sitz Mini	135	–	–	1	≤ 600
Stoff (m^2)	–	30	1,5	1	≤ 1350
Gurt (Stück)	–	15	1	1	≤ 900
Schaumstoff (m^3)	–	10	0,5	0,2	≤ 300
Arbeit (Stunde)	–	40	2	1,2	≤ 1800

a) Herr Packan möchte seinen Deckungsbeitrag maximieren und fragt Sie, wie viele Einheiten der beiden Sitztypen er produzieren soll. Stellen Sie zur Lösung des Problems ein geeignetes Erfolgsmodell auf, und lösen Sie es grafisch!

b) Herr Packan hätte ohne Ihren betriebswirtschaftlich fundierten Rat die maximal mögliche Quantität des Sitzes Maxi produziert, „weil der ja im Vergleich zu seinen Kosten das meiste bringt". Wie viel zahlt er Ihnen, wenn er Ihnen 50% der durch Ihren Tipp entstandenen Deckungsbeitragsdifferenz versprochen hat?

Ü 9.4

Zur Herstellung eines Produktes lassen sich im Rahmen einer linearen Technik zwei Faktoren gemäß der drei Verfahren in nachfolgender Tabelle kombinieren. In den Feldern sind die Produktionskoeffizienten der beiden Faktoren für das jeweilige Verfahren sowie die Beschaffungsgrenzen und die Preise angegeben.

	Verfahren ① [FE/PE]	Verfahren ② [FE/PE]	Verfahren ③ [FE/PE]	Beschaffungs-schranke [QE]	Preis [GE/QE]
Faktor 1	30	40	80	800	5
Faktor 2	100	60	20	400	8

a) Zeichnen Sie die Prozessstrahlen in ein Faktordiagramm!

b) Zeichnen Sie den Expansionspfad ein, und beschreiben Sie seinen Verlauf!

c) Ermitteln und zeichnen Sie die Grenzkostenfunktion und die Kostenfunktion in Abhängigkeit von der produzierten Quantität! Erläutern Sie den sprunghaften Verlauf der Grenzkostenfunktion!

Ü 9.5

Der Restaurantbesitzer Gerd Gourmet bietet als Sonderaktion seinen beliebten Filetteller für zwei Personen zum Preis von 49,90 GE an. Dabei hat er zwei Möglichkeiten bzgl. der Zusammenstellung des Filettellers aus Rinder- und Schweinefiletstücken. Er kann entweder 2 Rinder- und 6 Schweinefiletstücke oder 4 Rinder- und 2 Schweinefiletstücke zusammenstellen. Beide Alternativen werden von seinen Gästen schon seit Jahren als gleichwertig angesehen. Herr Gourmet hat morgens 80 Rinderfiletstücke und 120 Schweinefiletstücke gekauft, die 6 GE pro Rinderfiletstück und 4 GE pro Schweinefiletstück kosten. Unabhängig von der konkreten Zusammenstellung fallen für beide Filetteller-Varianten noch 10 GE Kosten für Beilagen, Bedienung etc. an. Bezüglich der Filetstücke besteht die Möglichkeit, diese zu lagern, sodass in der betrachteten Periode nur Kosten für die eingesetzten Filetstücke entstehen.

a) Zeichnen Sie die Prozessstrahlen sowie den Expansionspfad für die Filettellerzusammenstellung in ein Faktordiagramm! Wie viele Filetteller lassen sich maximal bei Einsatz nur eines Verfahrens herstellen? Wie viele Filetteller lassen sich überhaupt herstellen?

b) Am Nachmittag bestellt eine Reisegruppe für den späten Abend 20 Filetteller. Am frühen Abend bestellt auch ein Ehepaar den Filetteller. Herr Gourmet sieht sich wieder einmal in seiner Speisenauswahl bestätigt und freut sich über die weitere Einnahme. Seine Kellnerin Trixi Tragauf, hauptberuflich BWL-Studentin, behauptet hingegen, dass sich der Verkauf des Filettellers an das Ehepaar nicht lohnt. Herr Gourmet verweist lachend auf die fehlenden mathematischen Grundkenntnisse von Trixi Tragauf. Wer hat Recht? (Begründung!)

Ü 9.6 (vgl. *Dyckhoff 1994*, S. 241ff.)

Eine Viehfuttermischung kann aus den drei Rohstoffen Luzerne, Destillat und Fischmehl gemischt werden. Das Viehfutter muss eine bestimmte Mindestqualität haben, die durch die drei Inhaltsstoffe Fasern (≤ 8% des Gewichts), Protein (≥ 35% des Gewichts) und Fett (≥ 3% des Gewichts) gegeben ist. Folgende Tabelle gibt die Gewichtsprozente dieser drei Inhaltsstoffe für die drei Rohstoffe sowie die Preise der Rohstoffe an:

	Gehalt (Gewichtsprozente) an			Preis (GE/Mg)
	Fasern	Protein	Fett	
Luzerne (x_L)	25%	17%	2%	66,–
Destillat (x_D)	3%	25%	5%	92,–
Fischmehl (x_F)	1%	60%	7%	156,–

a) Stellen Sie das algebraische Produktionsmodell auf!

b) Geben sie eine formale Darstellung der Durchschnittskosten des Viehfutters an!

c) Wie lautet das Erfolgsmodell zur Minimierung der Herstellkosten einer Tonne (= 1 Mg) des Viehfutters? Ermitteln Sie grafisch die Lösung!

Ü 9.7

Zur Herstellung einer Quantitätseinheit (QE) eines Hauptproduktes (Stückerlös 185 GE/QE) werden 4 QE eines Faktors (Beschaffungspreis 10 GE/QE) und 9,75 QE eines weiteren Faktors (Beschaffungspreis 2,5 GE/QE) eingesetzt. Bei der Produktion entstehen zwangsläufig 0,5 QE eines Reststoffes, der in einem nachgelagerten Prozess überarbeitet wird. Die Überarbeitungskosten des Reststoffes betragen 3,6 GE/QE. Nach der Überarbeitung werden 60% davon für 2,2 GE/QE als Nebenprodukt verkauft. Die restlichen 40% haben qualitativ die gleichen Eigenschaften wie der zweite Faktor und können daher an dessen Stelle in den Produktionsprozess eingesetzt werden.

a) Zeichnen Sie den zugehörigen I/O-Graphen mit Wertflüssen!

b) Geben Sie das algebraische Produktionsmodell dieser Technik an!

c) Kalkulieren Sie die Stückkosten des Hauptproduktes, wobei Sie die Erlöse und Kosten des Nebenproduktes im Sinne einer Restwertkalkulation dem Hauptprodukt zurechnen! Bestimmen Sie den produktspezifischen Deckungsbeitrag!

Kapitel D

Elemente der Produktionsplanung und -steuerung (PPS)

Die vorangehenden Kapitel A bis C geben einen einführenden Überblick über den grundsätzlichen Aufbau und die Zusammenhänge der statisch-deterministischen Theorie betrieblicher Wertschöpfung. Erweitert um die Dynamik des Geschehens sollen im Folgenden bestimmte Aspekte vertieft werden, die im Rahmen des operativen Produktionsmanagements eine bedeutende Rolle spielen. Die Ausführungen konzentrieren sich auf reine Gütertechniken. Die Lektionen 10 bis 12 behandeln an Hand ausgewählter, auf das jeweilige Thema zugeschnittener, auch historisch bedeutsamer Modelle die Faktorbedarfsermittlung und Kostenkalkulation, die Anpassung an Beschäftigungsschwankungen sowie die Losgrößenbestimmung. In Verbindung mit der Erzeugnisprogrammplanung werden diese Aspekte in Lektion 13 in den dynamischen Zusammenhang des traditionellen MRP-Konzepts kommerziell verbreiteter PPS-Systeme integriert.

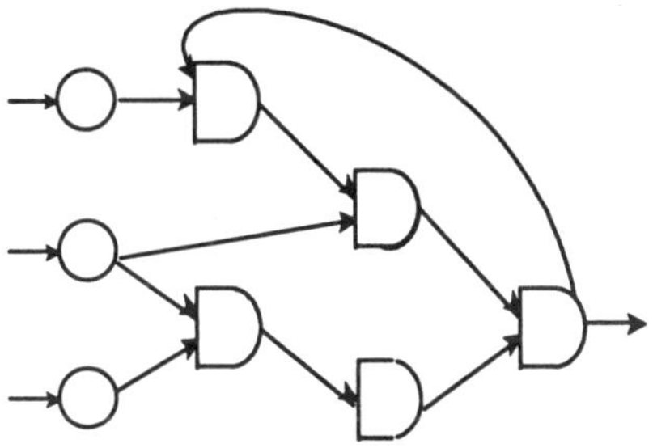

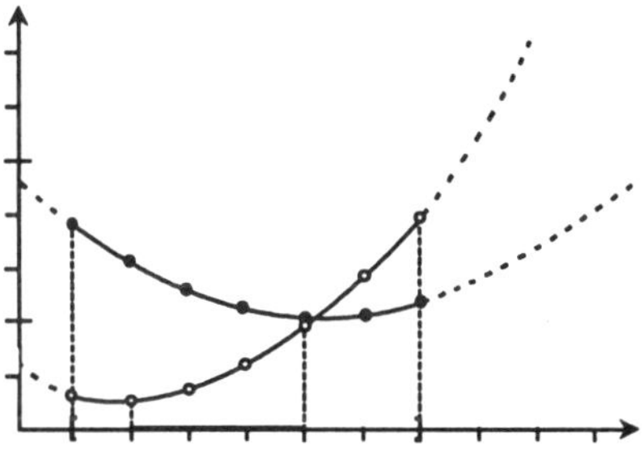

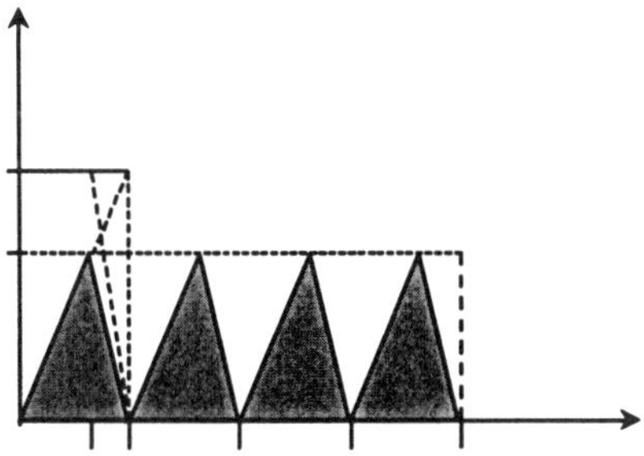

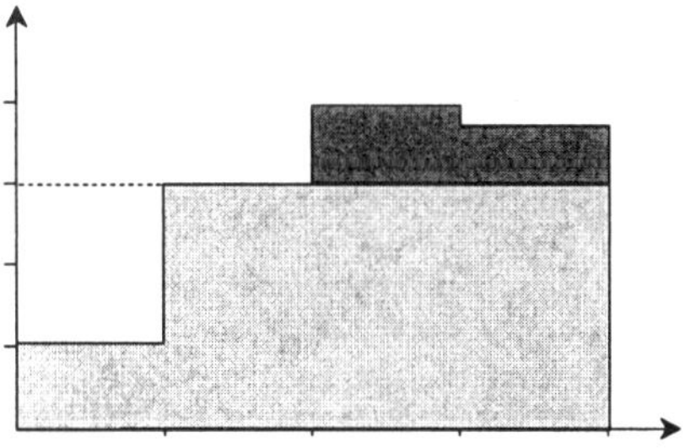

10 Bedarfsermittlung und Kostenkalkulation

10.1 Einstufige, outputseitig determinierte Produktion
10.1.1 Einstufiges Leontief-Modell
10.1.2 Einstufige Produktkalkulation
10.2 Mehrstufige, outputseitig determinierte Produktion
10.2.1 Mehrstufiges Leontief-Modell
10.2.2 Technologische Matrix
10.2.3 Bruttobedarfsermittlung („Stücklistenauflösung")
10.2.4 Mehrstufige Produktkalkulation
10.3 Zyklische, outputseitig determinierte Produktion
*10.4 Nicht outputseitig determinierte Produktion**

In der Praxis der Produktionsplanung der Industriebetriebe vieler Branchen ist zu beobachten, dass zunächst das Erzeugnisprogramm festgelegt und erst danach der dafür aufzuwendende Faktorbedarf ermittelt wird. Für die outputseitig determinierte Güterproduktion ist eine solche Vorgehensweise nahe liegend. Sie ist gerade dadurch definiert, dass der Faktorbedarf durch das Erzeugnisprogramm eindeutig bestimmt ist. Die Ermittlung der benötigten Faktorquantitäten und die Kalkulation der Stückkosten der Erzeugnisse stellen bei diesem Produktionstyp eine vergleichsweise einfache Rechenaufgabe dar, wobei grundsätzlich die drei Fälle einstufiger, mehrstufiger und zyklischer Produktion unterschieden werden können. Sie werden in den Abschnitten 10.1 bis 10.3 für additive Gütertechniken behandelt. Der Abschnitt 10.4 geht kurz auf die Faktorbedarfsermittlung und Kostenkalkulation bei allgemeineren Techniken nicht outputseitig determinierter Produktion ein.

10.1 Einstufige, outputseitig determinierte Produktion

Outputseitig determinierte, additive Techniken lassen sich anschaulich und kompakt mittels so genannter **Gozinto-Graphen** darstellen. So handelt es sich in Bild 10.1 um das schon mehrfach verwendete Beispiel des LEDERWARENHERSTELLERS, sofern der Output Lederreste ignoriert wird.

Vazsonyi (1954 und *1962)* hat dieses Kunstwort (mit Bezug auf einen fiktiven italienischen Mathematiker *Zepartzat Gozinto*) auf Grund des folgenden, im Graphen zum Ausdruck kommenden Zusammenhanges geschaffen: „the part that goes into [this product]". In der Literatur ist es üblich, nur runde Knoten zu verwenden, weil sich derartige Darstellungen stets nur auf outputseitig determinierte Techniken beziehen, sodass Verwechslungen mit anderen Techniktypen ausgeschlossen sind.

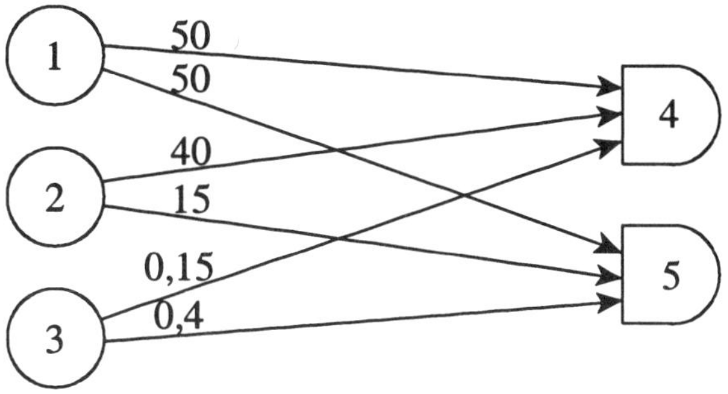

Bild 10.1: Gozinto-Graph der Lederwarenherstellung

Die kompakte Darstellungsform des Gozinto-Graphen ergibt sich als Spezialfall der in Lektion 3 eingeführten, abstrakten Input/Output-Graphen, wenn jeweils ein rechteckiger Aktivitätsknoten und der zugehörige, mit ihm *eineindeutig* durch einen Outputpfeil verbundene, kreisförmige Produktartknoten zu einem einzigen Knoten zusammengefasst wird, welcher links eckig und rechts rund ist. Das Bild 6.1 stellt den zu Bild 10.1 äquivalenten Input/Output-Graphen dar. Die eineindeutige Beziehung zwischen den Grundaktivitäten und den Produktarten bildet die Ursache für den unmittelbaren Zusammenhang zwischen Faktorbedarf und Erzeugnisprogramm. Sie ist kennzeichnend für *outputseitig determinierte* Techniken (siehe im einstufigen Fall Bild 3.5a). Dadurch ist es möglich, Produktart und korrespondierende Grundaktivität miteinander zu identifizieren und den technischen Zusammenhang zwischen Input und Output gemäß Bild 10.1 in einfacher Art und Weise grafisch darzustellen. Das Niveau einer Grundaktivität ist durch die zugehörige Produktquantität bestimmt und kann bei geeigneter Wahl der Maßeinheiten mit ihr gleichgesetzt werden (Outputkoeffizient gleich Eins). Der Inputkoeffizient stimmt dann zahlenmäßig mit dem *Produktionskoeffizienten* überein, welcher den betreffenden Pfeil des Gozinto-Graphen markiert.

10.1.1 Einstufiges Leontief-Modell

Für den Lederwarenhersteller ergibt sich der Bedarf an den Faktoren Arbeit (1), Nähmaschine (2) und Leder (3) aus dem Erzeugnisprogramm der (Haupt-) Produkte Schuhe (4) und Taschen (5) gemäß folgender Faktorfunktionen (vgl. Abschn. 5.2, 6.1.1 und 8.3.1):

$$\begin{aligned} x_1 &= 50y_4 + 50y_5 \\ x_2 &= 40y_4 + 15y_5 \\ x_3 &= 0{,}15y_4 + 0{,}4y_5 \end{aligned}$$

Durch Vorgabe der herzustellenden Stückzahlen an Paar Schuhen (y_4) und Taschen (y_5) lassen sich die einzusetzenden Arbeitsminuten (x_1), Nähmaschinenminuten (x_2) und Quadratmeter Leder (x_3) unmittelbar berechnen. Die Rechnung kann auch direkt an Hand des Bildes 10.1 durchgeführt werden. Die Markierung des Pfeils zwischen Input i und Output j im Gozinto-Graphen gibt an, wie viele Einheiten des Faktors i in eine Einheit des Produktes j eingehen. Dieser Stückbedarf wird als **Produktionskoeffizient** a_{ij} bezeichnet. Der gesamte Bedarf eines Faktors i ergibt sich aus den Quantitäten der Produkte j allgemein zu:

$$x_i = \sum_{j=m+1}^{m+n} a_{ij} y_j \qquad \text{für } i = 1, \ldots, m$$

Das Produktionsmodell in der Gestalt von m Faktorfunktionen heißt *einstufiges* **Leontief-Modell**. Für eine reine Gütertechnik – wie unterstellt – impliziert outputseitige Determiniertheit (Input-)Limitationalität. Umgekehrt muss jede einstufige, limitationale, endlich generierbare, lineare Gütertechnik *ohne ineffiziente Grundaktivitäten und ohne Kuppelproduktion* die obige Gestalt eines einstufigen Leontief-Modells aufweisen.

Der Name bezieht sich auf den US-amerikanischen Ökonomen russischer Abstammung *Wassily Leontief*, der mit derartigen Modellen in den 1930er Jahren begann, die Struktur und die sektoralen Input/Output-Ströme von Volkswirtschaften zu beschreiben und zu analysieren. Dafür bekam er 1973 den Nobelpreis in Wirtschaftswissenschaft (vgl. *Hildenbrand/Hildenbrand 1974*, S. 54). Des Öfteren wird die Bezeichnung Leontief-Modell aber auch in einem weiteren Sinn verwendet, so bei *Dinkelbach/Rosenberg (2002)*, die verschiedene effiziente Herstellungsverfahren für die Produkte zulassen und damit in Bild 3.5 an Stelle von (a) den Strukurtyp (c) ansprechen.

10.1.2 Einstufige Produktkalkulation

Falls nur konstante Faktorpreise c_i und Produktpreise e_j den Erfolg beeinflussen, lässt sich ein zugehöriges Erfolgsmodell formulieren, das jedem Produkt einen Einzelerfolg mittels seines spezifischen Deckungsbeitrags $d_j = l_j - k_j = e_j - k_j$ zuweist:

$$w = \sum_{j=m+1}^{m+n} e_j y_j - \sum_{i=1}^{m} c_i x_i = \sum_{j=m+1}^{m+n} d_j y_j$$

Denn durch Einsetzen des Leontief-Mengenmodells ist es möglich, den genannten Gesamtdeckungsbeitrag $w = \mathrm{D}$ abzuleiten, indem für jedes Produkt separat seine variablen Stückkosten berechnet werden (*Produktkalkulation*):

$$k_j = \sum_{i=1}^{m} c_i a_{ij} \qquad \text{für } j = m+1, \ldots, m+n$$

Eventuell vorhandene produktfixe Kosten hängen nicht von der erzeugten Produktquantität ab und bilden in Bezug auf die zugehörige linear-affine Erfolgsfunktion einen konstanten additiven Term. Wie in Abschnitt 8.2.3 dargestellt, weisen die ***produktfixen Stückkosten*** stets denselben hyperbelförmigen Verlauf in Abhängigkeit der Produktquantität auf. Sie werden im Folgenden aus der Betrachtung ausgeklammert, da sie im Sinne des starken Erfolgsprinzips bei der hier betrachteten statisch-deterministischen Situation nicht relevant sind. Unter Einbeziehung dynamischer und stochastischer Einflüsse können sie allerdings für Planungs- und Steuerungszwecke relevant werden. Diese Überlegungen liegen jedoch außerhalb der in diesem Buch beabsichtigten Einführung in die Theorie betrieblicher Wertschöpfung. Außerdem spielen Fixkosten im externen Rechnungswesen für Zwecke der externen Information und Prüfung eine wichtige Rolle.

Für die betriebliche Praxis ist die – einer outputseitig determinierten Technik inhärente – direkte Zurechenbarkeit der Faktorkosten auf die einzelnen Produkte sehr vorteilhaft. Sie erlaubt es, den Erfolg jedes Produktes einzeln zu kalkulieren. Eine Erfolgsverbesserung kann demnach immer dann erreicht werden, wenn solche Produkte hergestellt werden, welche einen positiven produktspezifischen Deckungsbeitrag aufweisen. Bei Beschaffungs- und Absatzbeschränkungen ($x_i \leq \bar{x}_i$, $y_j \leq \bar{y}_j$) kommt es dann, wie früher gezeigt, auf die engpassspezifischen Deckungsbeiträge an. Bei mehreren Engpässen ist der maximale Deckungsbeitrag unter Beachtung der technischen Bedingungen des Leontief-Modells und der Faktor- und Produktrestriktionen mittels geeigneter mathematischer Lösungsmethoden zu bestimmen (vgl. Abschn. 8.3.2 und 9.4).

Das obige Kostenmodell verhält sich in gewisser Weise spiegelbildlich zum Produktionsmodell. Diese Symmetrie wird besonders augenfällig, wenn der Zusammenhang vektoriell formuliert und beide Modelle für das Beispiel des LEDERWARENHERSTELLERS direkt gegenübergestellt werden:

$$\begin{pmatrix} x_1 \\ x_2 \\ x_3 \end{pmatrix} = \begin{pmatrix} 50 & 50 \\ 40 & 15 \\ 0{,}15 & 0{,}4 \end{pmatrix} \cdot \begin{pmatrix} y_4 \\ y_5 \end{pmatrix} \qquad \begin{pmatrix} k_4 \\ k_5 \end{pmatrix} = \begin{pmatrix} 50 & 40 & 0{,}15 \\ 50 & 15 & 0{,}4 \end{pmatrix} \cdot \begin{pmatrix} c_1 \\ c_2 \\ c_3 \end{pmatrix}$$

Das Produktionsmodell ist outputseitig, das Kostenmodell inputseitig determiniert, und zwar über die (im zweiten Fall transponierte) Matrix der Produktionskoeffizienten. Bei Begrenzung der Vektoren **x** (Einsatzprogramm) und **c** (Einkaufspreise) auf die *m* Faktoren, der Vektoren **y** (Erzeugnisprogramm) und **k** (Herstellungspreise) auf die *n* Produkte sowie der *Bedarfsmatrix* **A** auf die $m \times n$ Produktionskoeffizienten[1] lassen sich Produktions- und Kostenmodell allgemein wie folgt vektoriell darstellen:

$$\mathbf{x} = \mathbf{A} \cdot \mathbf{y} \qquad \mathbf{k} = \mathbf{A}^{\mathrm{T}} \cdot \mathbf{c}$$

[1] Für einstufige Leontief-Modelle ist die kompakte Darstellung der Input- und Outputvektoren im Sinne von Abschn. 1.3.1 ausreichend und besser handhabbar, da sie unnötige Nullen in den Vektoren und Matrizen vermeidet.

Literaturhinweise
Schneeweiß (2002), Abschn. 6.1
Zäpfel (1982), Abschn. 4.2.1

10.2 Mehrstufige, outputseitig determinierte Produktion

Für die Betrachtung mehrstufiger und zyklischer Produktion ist es (abweichend von oben) zweckmäßiger, die Vektoren **x, c, y** und **k** sowie die Matrix **A** jeweils umfassend auf *alle* κ beachteten Objektarten zu beziehen. Das einstufige Leontief-Modell lässt sich dann bei geeigneter Interpretation als Spezialfall aus den folgenden Modellen ableiten.

Der Gozinto-Graph in Bild 10.2 beschreibt eine dreistufige, outputseitig determinierte, additive Gütertechnik mit vier elementaren Prozessen und sieben Güterarten. Gemäß den Definitionen in Abschnitt 1.2.3 handelt es sich bei den ersten drei Güterarten um (originäre) *Primärfaktoren*, bei den beiden letzten um (primäre) *Endprodukte*, bei den Güterarten 4 und 5 um *Zwischenprodukte*, welche von außen bezogen und nach außen abgegeben werden können.

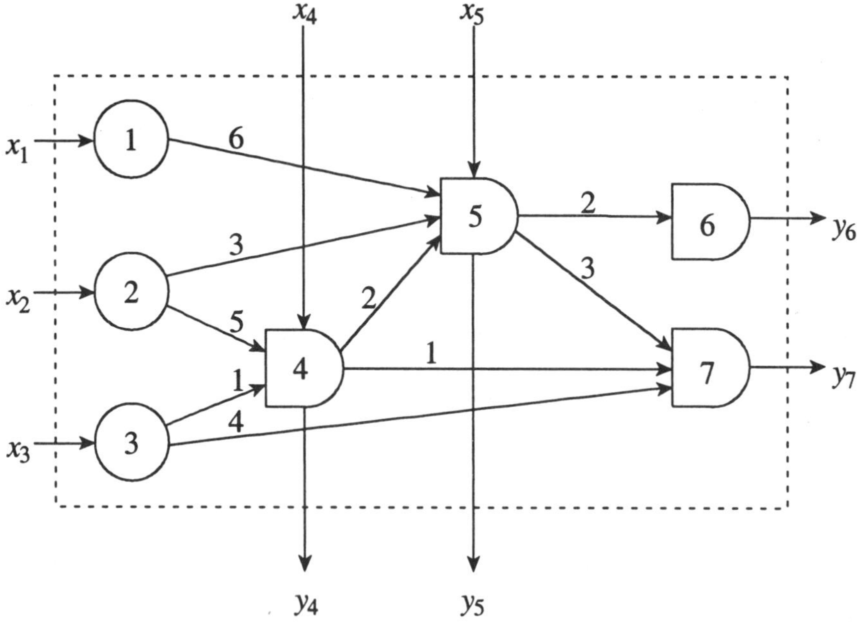

Bild 10.2: Dreistufiger Gozinto-Graph

Mit x_k ist der **Fremdbezug**, mit y_k der Fremdaustrag der Güterart k bezeichnet; letzter wird als absatzbestimmt angenommen[2] und dann üblicherweise **Primärbedarf** genannt. Sieht man von reinen Handelswaren ab, so gibt es – wie in Bild 10.2 – für Primärfaktoren keinen Primärbedarf und für Endprodukte keinen Fremdbezug. Lediglich bei den Zwischenprodukten sind grundsätzlich sowohl Fremdbezug (Zukauf) als auch Primärbedarf (z.B. als Ersatzteilbedarf) möglich. Allerdings ist es plausibel anzunehmen, dass der Fremdbezugspreis eines Zwischenprodukts auf Grund von Transaktionskosten im Normalfall größer als der Absatzerlös des selbigen ist (jeweils als Nettogröße verstanden), sodass simultaner Fremdbezug *und* Absatz einer Güterart während einer Periode dem starken Erfolgsprinzip widersprechen würde und von daher auszuschließen ist ($x_k \cdot y_k = 0$).

10.2.1 Mehrstufiges Leontief-Modell

Um die inneren Güterströme eines mehrstufigen Produktionssystems zu beschreiben, werden die in Abschnitt 1.2.1 eingeführten Variablen benötigt. Mit u_k sind die **Eigenproduktion** und mit v_k der Eigenverbrauch gemeint, wobei letzter im Zusammenhang mit der Materialbedarfsermittlung üblicherweise **Sekundärbedarf** genannt wird. Im Hinblick auf *Repetierfaktoren* wie Material kann die Gültigkeit der in Abschnitt 1.2.2 formulierten fundamentalen dynamischen Mengenbilanzgleichung vorausgesetzt werden. Da im Rahmen statischer Analysen von (Veränderungen von) Lagerbeständen abgesehen wird, vereinfacht sich die Mengenbilanz gemäß Abschnitt 1.2.3 wie folgt:

$$x_k + u_k = r_k = v_k + y_k \qquad \text{für } k = 1,\ldots,\kappa$$

Die Größe r_k kennzeichnet den Periodendurchsatz und wird gewöhnlich als **Bruttobedarf** (oder Gesamtbedarf) der Güterart k bezeichnet. Der aus Primärbedarf y_k und Sekundärbedarf v_k rührende Bruttobedarf r_k wird durch Eigenproduktion u_k oder Fremdbezug x_k gedeckt. Diese Beziehung trifft auf jede Gütertechnik mit ausgeglichener Bilanz von Angebot und Nachfrage innerhalb des Produktionssystems zu. Fehlmengen und Überschüsse sind damit ausgeschlossen. Indiziert man mit $i = 1,\ldots,m$ die Primärfaktorarten, mit $k = m+1,\ldots,m+h$ die Zwischenproduktarten und mit $j = m+h+1,\ldots,m+h+n$ die Endproduktarten (wobei keine weiteren Objektarten beachtet werden: $m+h+n = \kappa$), so lässt sich die allgemeine statische Bilanzgleichung weiter konkretisieren:

2 Als unerwünschte Kuppelprodukte anfallende und als Abfall zu entsorgende Zwischenprodukte sind bei outputseitig determinierten Techniken ausgeschlossen (vgl. Bild 3.6).

$$\begin{array}{lll} x_i = r_i = v_i & & \text{für } i = 1,\dots,m \\ x_k + u_k = r_k = v_k + y_k & (\text{mit } x_k \cdot y_k = 0) & \text{für } k = m+1,\dots,m+h \\ u_j = r_j = y_j & & \text{für } j = m+h+1,\dots,\kappa \end{array}$$

Bei einstufiger Produktion entfallen die mittleren Bilanzgleichungen ($h = 0$), sodass Primärbedarf und Eigenproduktion ($y_j = u_j$) sowie Sekundärbedarf und Fremdbezug ($v_i = x_i$) zusammenfallen. Das einstufige Leontief-Modell des letzten Abschnitts kann bei geeigneter Definition der Vektoren wegen $\mathbf{u} = \mathbf{y}$ und $\mathbf{v} = \mathbf{x}$ auch mittels $\mathbf{v} = \mathbf{A} \cdot \mathbf{u}$ formuliert werden.

Der spezifische Charakter einer bestimmten Produktionstechnik äußert sich in den Produktionsbeziehungen zwischen den inneren Objektströmen, d.h. zwischen dem Sekundärbedarf und der Eigenproduktion der verschiedenen Güterarten. Im Beispiel der Gütertechnik des Bildes 10.2 besteht zwischen den vier Produktarten ($j = 4,\dots,7$) und den fünf Faktorarten ($i = 1,\dots,5$) gemäß dem Gozinto-Graphen folgende outputseitig determinierte Produktionsbeziehung in vektorieller Darstellung:

$$\begin{pmatrix} v_1 \\ v_2 \\ v_3 \\ v_4 \\ v_5 \end{pmatrix} = \begin{pmatrix} 0 & 6 & 0 & 0 \\ 5 & 3 & 0 & 0 \\ 1 & 0 & 0 & 4 \\ 0 & 2 & 0 & 1 \\ 0 & 0 & 2 & 3 \end{pmatrix} \cdot \begin{pmatrix} u_4 \\ u_5 \\ u_6 \\ u_7 \end{pmatrix}$$

Diese Beziehung ist der Kern des dreistufigen Leontief-Modells für das Beispiel in Bild 10.2. Jedes Element der Bedarfsmatrix entspricht wie im einstufigen Fall einem Produktionskoeffizienten a_{ij}. Er ist nur dann von Null verschieden, wenn ein elementarer Prozess existiert, in dem Güterart i eingesetzt und Güterart j erzeugt wird; er gibt die Quantität von i an, welche zur Herstellung einer Einheit von j unmittelbar erforderlich ist, und heißt deshalb auch **Direktbedarfskoeffizient**. Da $a_{ij} = 0$ bedeutet, dass zwischen i und j keine direkte Produktionsbeziehung existiert, kann die Bedarfsmatrix auch auf alle beachteten Objektarten ausgedehnt werden; sie heißt **Direktbedarfsmatrix**:

$$\mathbf{A} = \begin{pmatrix} 0 & 0 & 0 & 0 & 6 & 0 & 0 \\ 0 & 0 & 0 & 5 & 3 & 0 & 0 \\ 0 & 0 & 0 & 1 & 0 & 0 & 4 \\ 0 & 0 & 0 & 0 & 2 & 0 & 1 \\ 0 & 0 & 0 & 0 & 0 & 2 & 3 \\ 0 & 0 & 0 & 0 & 0 & 0 & 0 \\ 0 & 0 & 0 & 0 & 0 & 0 & 0 \end{pmatrix}$$

Wie zu Beginn des Abschnittes 10.2 erwähnt, werden auch die Vektoren generell auf alle beachteten Güterarten bezogen und deshalb geeignet mit Nullen aufgefüllt. Durch Einsetzen der produktionstechnischen Beziehungen

$$\mathbf{v} = \mathbf{A} \cdot \mathbf{u}$$

in die allgemeine vektorielle Bilanzgleichung

$$\mathbf{x} + \mathbf{u} = \mathbf{r} = \mathbf{v} + \mathbf{y}$$

erhält man die allgemeine Form des **mehrstufigen Leontief-Modells**:

$$\mathbf{x} + \mathbf{u} = \mathbf{r} = \mathbf{A} \cdot \mathbf{u} + \mathbf{y}$$

Dieses Modell bildet die theoretische Grundlage für die übliche Vorgehensweise bei der Bedarfsermittlung für Materialien und Produktionskapazitäten in der Praxis, insbesondere im Rahmen DV-gestützter Produktionsplanungs- und -steuerungssysteme (*PPS-System*). Die Direktbedarfskoeffizienten für die Matrix **A** sind dabei in geeigneter Form mittels *Stücklisten*, *Rezepturen*, *Arbeitsplänen* u.a.m. in Stammdateien gespeichert.

Vom Bruttobedarf wird ggf. noch eine mögliche Lagerentnahme abgezogen, sodass nur der Nettobedarf durch Eigenproduktion oder Fremdbezug zu decken ist. Außerdem werden in der Praxis noch Sicherheitszuschläge und Vorlaufverschiebungen vorgenommen sowie offene Betriebsaufträge berücksichtigt (siehe dazu Abschn. 13.2.2).

10.2.2 Technologische Matrix

Durch Umformung des Modells ergibt sich eine Beziehung, die den Saldo von Primärbedarf und Fremdbezug jeder Güterart als Funktion der Eigenproduktion bestimmt:

$$\mathbf{z} = \mathbf{y} - \mathbf{x} = (\mathbf{I} - \mathbf{A}) \cdot \mathbf{u}$$

Dabei ist **I** die κ-dimensionale Einheitsmatrix, d.h. eine Matrix, deren Hauptdiagonale nur aus Einsen besteht und deren restliche Elemente alle gleich Null sind. Die aus der Subtraktion der Direktbedarfsmatrix von der Einheitsmatrix entstehende Matrix **I–A** wird üblicherweise *technologische Matrix* genannt. Im Beispiel des Gozinto-Graphen in Bild 10.2 lautet sie:

$$\mathbf{I}-\mathbf{A} = \begin{pmatrix} 1 & 0 & 0 & 0 & -6 & 0 & 0 \\ 0 & 1 & 0 & -5 & -3 & 0 & 0 \\ 0 & 0 & 1 & -1 & 0 & 0 & -4 \\ 0 & 0 & 0 & 1 & -2 & 0 & -1 \\ 0 & 0 & 0 & 0 & 1 & -2 & -3 \\ 0 & 0 & 0 & 0 & 0 & 1 & 0 \\ 0 & 0 & 0 & 0 & 0 & 0 & 1 \end{pmatrix}$$

Die letzten vier Spalten stellen die Grundaktivitäten des Beispiels dar. Dieser Teil der technologischen Matrix ist somit identisch mit der *Technikmatrix* **M**. Für sie gilt nach der Anmerkung in Abschnitt 3.2.1: $\mathbf{z} = \mathbf{M}\cdot\boldsymbol{\lambda}$. Das überrascht insofern nicht, als die Eigenproduktionsquantitäten u_j der Produkte bei dieser outputseitig determinierten Technik (mit Outputkoeffizienten gleich Eins) identisch mit den Aktivitätsniveaus λ^ρ der zugehörigen Grundaktivitäten sind. Die ersten drei Spalten lassen sich als *Beschaffungs-* oder *Fremdbezugsaktivitäten* für die Primärfaktoren interpretieren, die *innerhalb* des Produktionssystems zu keinem Aufwand führen; für sie gilt definitionsgemäß $u_i = 0$.

Bewertet man den Erfolg einer Produktion wie früher an Hand der Absatzpreise e_j der Produkte und der Beschaffungspreise c_i der Faktoren, so lassen sich mit der so bestimmten linearen Erfolgsfunktion

$$w = \sum_{j=m+1}^{\kappa} e_j y_j - \sum_{i=1}^{m+h} c_i x_i$$

keine eindeutigen Deckungsbeiträge der Produkte ermitteln, solange der Produzent nicht entschieden hat, inwieweit Zwischenprodukte eigenproduziert oder fremdbezogen bzw. weiterverarbeitet oder abgesetzt werden. Analog zur Wahl zwischen verschiedenen Herstellungsverfahren kann die Wahl zwischen Eigenproduktion oder Fremdbezug an Hand der sich ergebenden minimalen Kosten entschieden werden, sofern nicht andere Kriterien oder Kapazitätsengpässe noch eine Rolle spielen. Das Gleiche gilt prinzipiell auch für die Wahl zwischen Eigenverbrauch oder Absatz, wenn kein Primärbedarf fest vorgegeben ist. Die optimale Entscheidung des Produzenten im Sinne des starken Erfolgsprinzips kann dabei durch Konkretisierung und Auswertung des jeweiligen Erfolgsmodells unterstützt werden.

10.2.3 Bruttobedarfsermittlung („Stücklistenauflösung")

Im Folgenden wird der Spezialfall analysiert, in dem der Primärbedarf für alle End- und Zwischenprodukte fest vorgegeben und ein Fremdbezug der Zwischenprodukte nicht möglich ist. Das mehrstufige Leontief-Modell vereinfacht sich dann auf folgende Gleichungen:

$$x_i = r_i = \sum_{j'=m+1}^{\kappa} a_{ij'} u_{j'} \qquad \text{für } i = 1,\ldots,m$$

$$u_k = r_k = \sum_{j'=k+1}^{\kappa} a_{kj'} u_{j'} + y_k \qquad \text{für } k = m+1,\ldots,m+h$$

$$u_j = r_j = y_j \qquad \text{für } j = m+h+1,\ldots,\kappa$$

Wegen $r_k = x_k$ für $k = 1,\ldots,m$ und $r_k = u_k$ für $k = m+1,\ldots,\kappa$ können die Gleichungen auf folgende Beziehungen reduziert werden, welche nur noch die Variablen für den Bruttobedarf und den Primärbedarf enthalten:

$$r_k = \sum_{j'=k+1}^{\kappa} a_{kj'} r_{j'} + y_k \qquad \text{für } k = 1,\ldots,\kappa$$

Dabei ist zu berücksichtigen, dass die Direktbedarfskoeffizienten für zwei Endprodukte k und j bzw. zwei Primärfaktoren k und j untereinander definitionsgemäß gleich Null sind. Vektoriell hat das mehrstufige Leontief-Modell ohne Fremdbezug von Zwischenprodukten die Gestalt:

$$\mathbf{r} = \mathbf{A} \cdot \mathbf{r} + \mathbf{y}$$

Mittels Inversion der technologischen Matrix kann der Bruttobedarf nach dem Primärbedarf aufgelöst werden (in der Praxis als „Stücklistenauflösung" bezeichnet):

$$\mathbf{r} = (\mathbf{I} - \mathbf{A})^{-1} \cdot \mathbf{y} = \mathbf{G} \cdot \mathbf{y}$$

G heißt **Gesamtbedarfsmatrix** (auch Brutto- oder Verflechtungsbedarfsmatrix). Für das Beispiel in Bild 10.2 lautet sie:

$$\mathbf{G} = \begin{pmatrix} 1 & 0 & 0 & 0 & 6 & 12 & 18 \\ 0 & 1 & 0 & 5 & 13 & 26 & 44 \\ 0 & 0 & 1 & 1 & 2 & 4 & 11 \\ 0 & 0 & 0 & 1 & 2 & 4 & 7 \\ 0 & 0 & 0 & 0 & 1 & 2 & 3 \\ 0 & 0 & 0 & 0 & 0 & 1 & 0 \\ 0 & 0 & 0 & 0 & 0 & 0 & 1 \end{pmatrix}$$

In der Materialwirtschaft entsprechen die Matrixspalten so genannten Mengenübersichtsstücklisten, die Zeilen Teileverwendungsnachweisen. Die **Gesamtbedarfskoeffizienten** der Matrix lassen sich auch ohne explizite Matrixinversion relativ einfach an Hand des Gozinto-Graphen in Bild 10.2 berechnen. Entscheidend dafür ist die Tatsache, dass sowohl die Direkt- als auch die Gesamtbedarfsmatrix unterhalb ihrer Hauptdiagonale nur mit Nullen besetzt sind (obere Dreiecksmatrix). Für die praktische Ermittlung des Bruttobedarfs kann man sogar vollkommen auf die Matrizendarstellung verzichten und alle Berechnungen unmittelbar an Hand des Gozinto-Graphen ausführen. Für **y** = (0; 0; 0; 40; 20; 100; 80) ergibt sich so z.B. **r** = (2760; 6580; 1360; 1040; 460; 100; 80).

Im Beispiel resultieren aus der Gesamtbedarfsmatrix folgende Faktorfunktionen, die den gesamten Fremdbezug der drei Primärfaktoren unmittelbar aus den vorgegebenen Primärbedarfen der Zwischen- und Endprodukte bestimmen:

$$\begin{aligned} x_1 &= \phantom{5y_4 + {}} 6y_5 + 12y_6 + 18y_7 \\ x_2 &= 5y_4 + 13y_5 + 26y_6 + 44y_7 \\ x_3 &= y_4 + 2y_5 + 4y_6 + 11y_7 \end{aligned}$$

Bei dieser Darstellung ist das mehrstufige Leontief-Modell in einer Black Box-Betrachtung des Produktionssystems, die die innere Produktionsstruktur ignoriert und die inneren Güterströme ausblendet, auf die frühere Form eines einstufigen Leontief-Modells reduziert worden, welches nur die Außenverflechtung des Produktionssystems beschreibt.

10.2.4 Mehrstufige Produktkalkulation

Wegen der speziellen Voraussetzungen des letzten Abschnittes kann auch der Produktionserfolg wie im einstufigen Fall auf spezifische Deckungsbeiträge d_j der einzelnen Produkte zurückgeführt werden. Für $\mathbf{c} = (c_1, ..., c_m, 0, ..., 0)$ gilt hier nämlich $\mathbf{c{\cdot}x} = \mathbf{c{\cdot}r}$, woraus folgt:

$$\mathrm{w} = \mathbf{e{\cdot}y} - \mathbf{c{\cdot}x} = \mathbf{e{\cdot}y} - \mathbf{c{\cdot}r} = (\mathbf{e} - \mathbf{c{\cdot}G}) \cdot \mathbf{y} = (\mathbf{l} - \mathbf{k}) \cdot \mathbf{y} = \mathbf{d{\cdot}y}$$

Der Deckungsbeitrag d_j eines Produktes j ergibt sich als Differenz aus der Stückleistung $l_j = e_j$ und den Stückkosten $k_j = (\mathbf{c{\cdot}G})_j$. Für den (auch auf die Primärfaktoren erweiterten) Stückkostenvektor gilt dabei:[3]

[3] Bei den vorangehenden und nachfolgenden vektoriellen Darstellungen wird der Einfachheit halber auf die eigentlich notwendige Transponierung von Preisvektoren und teilweise auch der Matrizen verzichtet, weil Missverständnisse in diesem Zusammenhang ausgeschlossen werden können (vgl. Fn. 10 in Lektion1).

$$\mathbf{k} = \mathbf{c} \cdot \mathbf{G} = \mathbf{c} \cdot (\mathbf{I} - \mathbf{A})^{-1}$$

oder nach Umformung

$$\mathbf{k} = \mathbf{k} \cdot \mathbf{A} + \mathbf{c}$$

Das Kostenmodell hat eine ähnliche Struktur wie das zugehörige Produktionsmodell und verhält sich wie schon im einstufigen Fall spiegelbildlich („dual") zu ihm. Die *gesamten Stückkosten* **k** können danach nicht nur direkt durch eine Bewertung der Bruttobedarfe berechnet werden, sondern auch rekursiv aus den **Primär(stück)kosten c** und den **Sekundär(stück)kosten k·A**, wobei die Berechnung der Wertströme im Gozinto-Graphen entgegengesetzt zum Güterstrom verläuft.

Für das Beispiel in Bild 10.2 sei von folgenden Primärkostensätzen ausgegangen: **c** = (5; 3; 2; 3; 11; 20; 32). Bei den ersten drei Werten handelt es sich um Beschaffungspreise der Primärfaktoren (*Materialkosten*). In Erweiterung der früheren Prämissen fallen nun auch Primärkosten für die Produkte an. Abweichend zum letzten Abschnitt handelt es sich aber nicht um Kosten des Fremdbezugs, sondern stattdessen um solche der Eigenproduktion bei der Durchführung der vier elementaren Prozesse (*Fertigungskosten* als direkte Prozesskosten). Sie lassen sich dadurch begründen, dass gewisse unmittelbar prozessbezogene Aufwendungen für im Modell nicht explizit beachtete Objektarten (z.B. Arbeitslöhne) doch noch pauschal Berücksichtigung finden. Eine Berechnung mittels der rekursiven Beziehungen in Verbindung mit der Direktbedarfsmatrix ergibt:

$$\begin{aligned}
k_1 &= & & & & & c_1 &= 5 \\
k_2 &= & & & & & c_2 &= 3 \\
k_3 &= & & & & & c_3 &= 2 \\
k_4 &= & & 5k_2 + & k_3 + & & c_4 &= 20 \\
k_5 &= & 6k_1 + & 3k_2 + & & 2k_4 + & c_5 &= 90 \\
k_6 &= & & & & 2k_5 + & c_6 &= 200 \\
k_7 &= & & & 4k_3 + & k_4 + 3k_5 + & c_7 &= 330
\end{aligned}$$

Mit der Gesamtbedarfsmatrix erhält man über die zugehörige Mengenübersichtsstückliste die Stückkosten unmittelbar, so z.B.

$$k_7 = 5 \cdot 18 + 3 \cdot 44 + 2 \cdot 11 + 3 \cdot 7 + 11 \cdot 3 + 20 \cdot 0 + 32 \cdot 1 = 330$$

Literaturhinweise

Busse von Colbe/Laßmann (1991), § 11
Günther/Tempelmeier (2000), Abschn. 9.1.1–9.1.2
Männel (1981)

10.3 Zyklische, outputseitig determinierte Produktion

Bei einer zyklischen Produktion kann im Extremfall jede Güterart sowohl Input als auch Output eines Teilprozesses sein (z.B. bei der sektoralen Verflechtung einer Volkswirtschaft oder bei der innerbetrieblichen Leistungsverflechtung). Streng genommen gäbe es dann keine originären Faktoren und Endprodukte mehr – wie es im Prinzip mit Stoffkreisläufen angestrebt wird – sondern nur noch Zwischenprodukte. Eine solche Unterscheidung kann damit nicht mehr kategorisch erfolgen, sondern muss sich dann nach dem jeweiligen quantitativen Verhältnis des Fremdbezugs zur Eigenproduktion bzw. des Primärbedarfs zum Sekundärbedarf richten. Unabhängig davon hat das allgemeine **zyklische Leontief-Modell** folgende Gestalt:

$$x_k + u_k = r_k = \sum_{j'=1}^{\kappa} a_{kj'} u_{j'} + y_k \qquad \text{für } k = 1,\ldots,\kappa$$

Der wesentliche Unterschied zum mehrstufigen Modell besteht darin, dass die Summe nun grundsätzlich über alle Güterarten $j' = 1,\ldots,\kappa$ läuft, während sie bislang lediglich für die Güterarten auf den nachfolgenden Produktionsstufen $j' = k+1,\ldots,\kappa$ formuliert war. Die vektorielle Darstellungsform unterscheidet sich dagegen rein äußerlich nicht von früher:

$$\mathbf{x} + \mathbf{u} = \mathbf{r} = \mathbf{A} \cdot \mathbf{u} + \mathbf{y}$$

Implizit kommt die Existenz von Zyklen allerdings dadurch zum Ausdruck, dass die Direktbedarfsmatrix keine obere Dreiecksmatrix mehr ist. Eine sukzessive Berechnung des Bruttobedarfes und der Stückkosten mittels rekursiver Beziehungen bzw. direkt am Gozinto-Graphen ist deshalb nicht mehr möglich. Außer dieser rechnerischen Komplizierung bleiben die früheren Überlegungen aber ansonsten im Wesentlichen gültig.

Das allgemeine zyklische Leontief-Modell kann deshalb *ohne Fremdbezug der (Zwischen-)Produkte* auf Beziehungen nur zwischen Bruttobedarf und Primärbedarf reduziert werden:

$$r_k = \sum_{j'=1}^{\kappa} a_{kj'} r_{j'} + y_k \qquad \text{für } k = 1,\ldots,\kappa$$

bzw.

$$\mathbf{r} = \mathbf{A} \cdot \mathbf{r} + \mathbf{y}$$

Im Beispiel des Gozinto-Graphen in Bild 10.3 hat die Direktbedarfsmatrix folgende Gestalt:

$$\mathbf{A} = \begin{pmatrix} 0 & 0 & 0 & 1{,}2 & 0 & 0 & 0 & 0 \\ 0 & 0 & 0 & 0 & 0{,}6 & 0{,}4 & 0 & 0 \\ 0 & 0 & 0 & 0 & 0{,}5 & 0 & 0 & 0 \\ 0 & 0 & 0 & 0 & 0 & 1 & 0 & 0 \\ 0 & 0 & 0 & 0 & 0 & 0 & 1{,}3 & 0 \\ 0 & 0 & 0 & 0 & 0 & 0 & 0 & 0{,}5 \\ 0 & 0 & 0 & 0 & 0 & 0 & 0 & 0{,}7 \\ 0 & 0 & 0 & 0{,}4 & 0 & 0 & 0 & 0 \end{pmatrix}$$

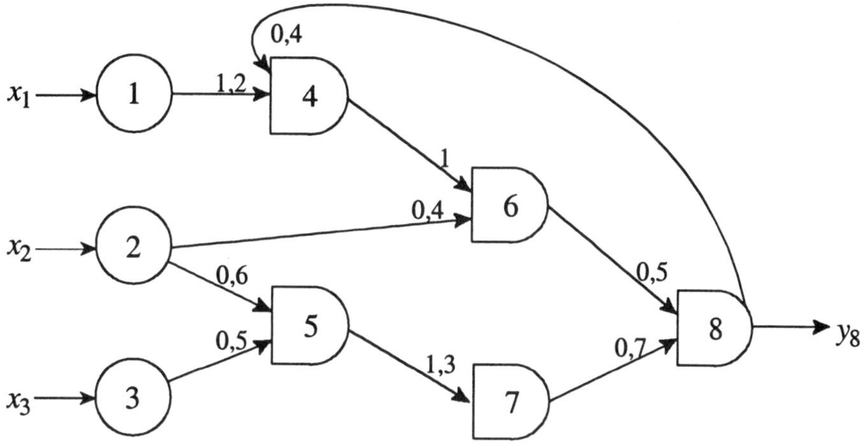

Bild 10.3: Gozinto-Graph mit dreistufigem Zyklus

Es handelt sich um eine outputseitig determinierte Gütertechnik mit einem dreistufigen Zyklus zwischen den Güterarten 4, 6 und 8. Die ersten drei Objektarten sind Primärfaktorarten (z.B. Rohstoffe). Güterart 8 ist die einzige absatzbestimmte Produktart mit einem Primärbedarf in Höhe von $y_8 = 800$. Um diesen Primärbedarf zu befriedigen, muss jedoch vom Absatzprodukt 8 brutto mehr erzeugt werden, da ein bestimmter Teil als Sekundärbedarf in die Herstellung des Zwischenproduktes 4 einfließt. Die Ermittlung der Bruttobedarfe kann über die Invertierung der technologischen Matrix erfolgen:

$$\mathbf{r} = (\mathbf{I} - \mathbf{A})^{-1} \cdot \mathbf{y} = \mathbf{G} \cdot \mathbf{y}$$

Die Invertierung selbst großer Matrizen mit Tausenden von Zeilen und Spalten ist unter den heute gegebenen Bedingungen mit Hilfe eines geeigneten Computers kein praktisches Problem mehr, sofern – wie bei realen Produktionsstrukturen üblich – die Direktbedarfsmatrix viele Nullen enthält, d.h. dünn besetzt ist. Auch im vorliegenden Beispiel ist die Matrix nur dünn besetzt;

außerdem existiert nur für ein Produkt ein Primärbedarf. In solchen Fällen ist es einfacher, das simultane Gleichungssystem des zyklischen Leontief-Modells unmittelbar zu lösen, z.B. mittels des Einsetzungsverfahrens. Der Vollständigkeit halber sei hier jedoch die Gesamtbedarfsmatrix angegeben:

$$\mathbf{G} = \begin{pmatrix} 1 & 0 & 0 & 1{,}5 & 0 & 1{,}5 & 0 & 0{,}75 \\ 0 & 1 & 0 & 0{,}373 & 0{,}6 & 0{,}773 & 0{,}78 & 0{,}9325 \\ 0 & 0 & 1 & 0{,}2275 & 0{,}5 & 0{,}2275 & 0{,}65 & 0{,}56875 \\ 0 & 0 & 0 & 1{,}25 & 0 & 1{,}25 & 0 & 0{,}625 \\ 0 & 0 & 0 & 0{,}455 & 1 & 0{,}455 & 1{,}3 & 1{,}1375 \\ 0 & 0 & 0 & 0{,}25 & 0 & 1{,}25 & 0 & 0{,}625 \\ 0 & 0 & 0 & 0{,}35 & 0 & 0{,}35 & 1 & 0{,}875 \\ 0 & 0 & 0 & 0{,}5 & 0 & 0{,}5 & 0 & 1{,}25 \end{pmatrix}$$

Für $\mathbf{y} = (0; 0; 0; 0; 0; 0; 0; 800)$ folgt damit $\mathbf{r} = (600; 746; 455; 500; 910; 500; 700; 1000)$, wobei die ersten drei Zahlen des Bruttobedarfsvektors den fremd zu beziehenden Quantitäten der Primärfaktoren entsprechen.

Analog zum mehrstufigen Leontief-Modell können auch für das zyklische Modell Herstellungsstückkosten der Produkte kalkuliert werden. Die vektorielle Darstellung mittels Direkt- oder Gesamtbedarfsmatrix bleibt unverändert, sodass auf eine Wiederholung an dieser Stelle verzichtet wird. Falls im Beispiel für die drei Rohstoffe Einkaufspreise in Höhe von $c_1 = 50$, $c_2 = 25$ und $c_3 = 40$ zu berücksichtigen sind, ergeben sich allein materialbedingt folgende Stückkosten der Produkte: $k_4 = 93{,}425$, $k_5 = 35$, $k_6 = 103{,}425$, $k_7 = 45{,}5$ und $k_8 = 83{,}5625$. Die gesamten Kosten für die Herstellung des Primärbedarfs von Produkt 8 betragen 66850, weil

$$\begin{aligned} k_8 y_8 &= 83{,}5625 \cdot 800 \\ &= 66850 \\ &= 50 \cdot 600 + 25 \cdot 746 + 40 \cdot 455 \\ &= c_1 x_1 + c_2 x_2 + c_3 x_3 \end{aligned}$$

Literaturhinweise

Dellmann (1980), Abschn. 4.2, 4.3 und 6.3
Kloock (1998)

10.4 Nicht outputseitig determinierte Produktion

Bei den Aussagen zu einstufigen, mehrstufigen und zyklischen Gütertechniken ist bislang außer outputseitiger Determiniertheit nur noch Additivität und endliche Generierbarkeit vorausgesetzt worden. Es ist deshalb klar, dass alle Aussagen auch für endlich generierbare lineare Techniken zutreffen. Die mengenmäßigen Leontief-Modelle bleiben unverändert, wenn Übel und Neutra vorkommen. Nur macht dann die Vorgabe aller Outputquantitäten praktisch keinen Sinn mehr. Die Kostenmodelle müssen aber auf jeden Fall angepasst werden.

Outputseitig determinierte Gütertechniken sind auch (input-)limitational. Umgekehrt brauchen limitationale Gütertechniken nicht outputseitig determiniert zu sein, wenn ineffiziente Grundaktivitäten vorkommen. Eliminiert man diese jedoch gemäß dem schwachen Erfolgsprinzip, so gelten die Aussagen der vorangehenden Abschnitte entsprechend für die verbleibende Menge der effizienten Herstellungsverfahren. Allerdings kann nun auf die Voraussetzung der Größenproportionalität nicht ohne weiteres verzichtet werden, da sie für die Effizienz bzw. Ineffizienz von Grundaktivitäten wesentlich ist.

Analoges gilt für den Fall, dass zwar jeweils mehrere effiziente Verfahren zur Herstellung eines Produktes existieren, jedoch dank ausreichender Faktorkapazitäten stets das kostenminimale Verfahren realisiert werden kann. Nach Elimination aller teureren Verfahren gemäß dem starken Erfolgsprinzip ergibt die reduzierte Menge der kostenminimalen Herstellungsverfahren wieder eine outputseitig determinierte Gütertechnik. Mit dem so definierten Leontief-Modell wird der Faktorbedarf unmittelbar kostenminimal ermittelt.

Für die Logik der Abschnitte 10.1 bis 10.3 ist letztlich nur wesentlich, dass durch die Festlegung der Quantitäten eines Teils der Objektarten (bislang die Outputarten) die Quantitäten anderer Objektarten (bislang die Inputarten) *determiniert* sind. Die Vorgehensweise lässt sich dementsprechend auch noch auf weitere Situationen übertragen, beispielsweise auf die Outputermittlung bei inputseitig determinierten Techniken, also bei Kuppelproduktion (vgl. Bild 3.6 und Abschn. 9.3.2), oder auf die Ermittlung nicht nur des Faktorbedarfs sondern auch des Abproduktanfalls in Abhängigkeit von der Herstellung der Hauptprodukte.

Die in den Abschnitten 10.1 bis 10.3 vorgestellte logische Struktur der Kostenkalkulation wird allerdings vielfach auch dann zu Grunde gelegt, wenn die strengen Voraussetzungen outputseitiger Determiniertheit nicht erfüllt sind. Das trifft besonders für konventionelle Systeme der kurzfristigen Erfolgsrechnung zu. Zur Illustration zeigt Bild 10.4 den Güterstrom durch einen Betrieb. Das betriebliche Gesamtsystem ist dazu grob vereinfachend in drei Hauptbereiche als Subsysteme eingeteilt, die mit den drei wichtigsten Teilrechenwerken in traditionellen Systemen der **Kostenrechnung** korrespondieren:

- der Beschaffungsbereich und die Kostenartenrechnung
- der Fertigungsbereich und die Kostenstellenrechnung
- der Absatzbereich und die Kostenträgerrechnung.

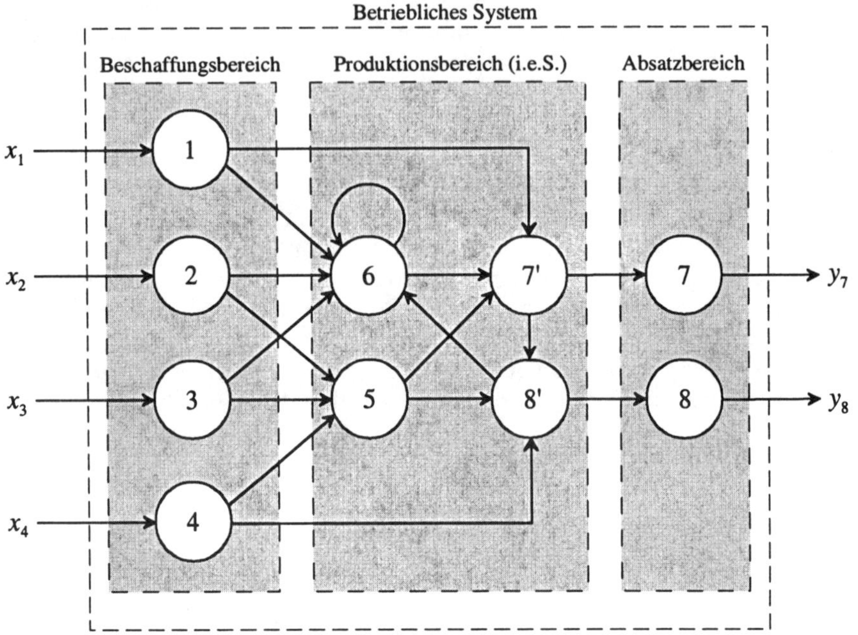

Bild 10.4: Innerbetriebliche Leistungsverflechtung

Beschaffungs- und Absatzbereich stellen den Kontakt zur Außenwelt her, indem sie für den Betrieb einerseits Güter als Primärfaktoren fremd beziehen und andererseits Erzeugnisse zur Befriedigung des Primärbedarfes absetzen. Dem dadurch ausgelösten Güterstrom entspricht ein gegenläufiger Zahlungsstrom. Die Zahlungen für die Beschaffung der Einsatzfaktoren führen zu primären Kosten, welche nach den wichtigsten Faktorarten (z.B. menschliche Arbeit, Betriebsmittel, Werkstoffe) in zugehörige Kostenarten (z.B. Personalkosten, Abschreibungen, Materialkosten) gegliedert und entsprechend erfasst werden können. Umgekehrt führen die Einzahlungen für die abgesetzten Produkte zu Erlösen. Um den Erfolg eines Produktes beurteilen zu können, werden in der Kostenträgerrechnung die Stückkosten des Produktes kalkuliert (und daraufhin dem Erlös gegenübergestellt). Für die Produktkalkulation müssen die in der Kostenartenrechnung erfassten Kosten den einzelnen Produkten zugerechnet werden. Bei Einzelkosten geschieht dies unmittelbar (und logisch begründet, soweit es sich im strengen Sinn um Produkteinzelkosten handelt). Die (Kostenträger-)Gemeinkosten werden in der Kostenstellenrechnung aus der Kostenartenrechnung übernommen und – bei einer Vollkostenrechnung – vollständig auf die Kostenstellen verteilt. Kostenstellen sind dabei überschaubare Subsysteme, in denen ähnliche Produkte entstehen oder ähnliche Tätigkeiten ablaufen. Im Rahmen der **innerbetrieblichen Leistungsverrechnung** werden dann die Kosten so genannter Vorkostenstellen als sekundäre Kosten auf die Endkostenstellen weiter verrechnet, welche in unmittelbarer Beziehung zu den Kostenträgern stehen. Grundlage der Verrechnung der Gemeinkosten bildet die gegenseitige Inanspruchnahme der verschiedenen Kostenstellen hinsichtlich der von ihnen erstellten Leistungen. Dazu wird rechnerisch wie bei der Produktkalkulation im Falle mehrstufiger oder zyklischer outputseitig determinierter Produktion vorgegangen.

Träfe die outputseitige Determiniertheit tatsächlich zu, so würde es sich bei den so auf die Kostenträger verrechneten Kosten allerdings um Einzelkosten handeln, weil die erfolgte Zurechnung verursachungsgerecht vorgenommen wird. Echte Gemeinkosten lassen sich dagegen definitionsgemäß nicht den Produkten als Kostenträgern verursachungsgerecht zuordnen. Eine solche Kosten(ver)rechnung kann im Rahmen einer statisch-deterministischen Theorie betrieblicher Wertschöpfung nicht sinnvoll begründet werden. Wenn dies dennoch geschieht – sowohl in der Kostenrechnungslehre[4] als auch in der Kostenrechnungspraxis –, so werden zur Begründung unterschiedliche Zurechnungsprinzipien herangezogen. Eine wissenschaftliche Rechtfertigung solcher Zurechnungsprinzipien bedarf dann eines umfassenderen theoretischen Rahmens, der insbesondere stochastische, dynamische und organisatorische Aspekte berücksichtigt.[5]

Literaturhinweise
Müller-Merbach (1981)
Plinke (1997), Kap. 5 bis 7
Zäpfel (1982), Kap. III

Wiederholungsfragen

1) Was ist ein Gozinto-Graph, und worin unterscheidet er sich von einem abstrakten Input/Output-Graphen?
2) Welche Gestalt haben die verschiedenen Leontief-Produktions- und Kostenmodelle?
3) Welche Bedarfsbegriffe lassen sich unterscheiden? Wie lautet die Bilanzgleichung zwischen ihnen?

---

[4] Vgl. z.B. *Hoitsch/Lingnau (2002)* und *Plinke (1997)*.
[5] Einige solcher Rechtfertigungen finden sich beispielsweise bei *Ewert/Wagenhofer (2000)*.

4) In welchem Zusammenhang stehen Direkt- und Gesamtbedarfsmatrix? Wie lassen sie sich ineinander überführen?
5) Welche Besonderheiten in der Bedarfsermittlung liegen bei zyklischen gegenüber nicht-zyklischen Techniken vor?
6) Was versteht man unter primären und sekundären Kosten?
7) In welchem Zusammenhang stehen outputseitig determinierte Techniken und die innerbetriebliche Leistungsverrechnung?

Übungsaufgaben

Ü 10.1

Folgende Tabelle stellt die Strukturstückliste eines Montageprozesses für ein Produkt P5 dar:

Fertigungsstufe	Sachnummer	Menge	Bezeichnung
2	E1	3	Teil
2	B4	2	Baugruppe
1	E1	4	Teil
1	E2	1	Teil
1	E3	5	Teil

Auf der zweiten Fertigungsstufe wird P5 durch Zusammensetzen der entsprechenden Quantitäten an E1 und B4 hergestellt. Baugruppe B4 wird auf einer vorgelagerten Stufe 1 aus den genannten Quantitäten von E1 bis E3 montiert. Die Preise der Faktoren betragen 3 GE/QE bei E1, 20 GE/QE bei E2 und 4 GE/QE bei E3. Die Montagekosten betragen 30 GE/QE für die Baugruppe B4 und 20 GE/QE für das Produkt P5.

a) Erstellen Sie den zugehörigen Gozinto-Graphen! Leiten Sie aus diesem die Direktbedarfs- und die Gesamtbedarfsmatrix ab!

b) Stellen Sie das Produktionsmodell für den Fall auf, dass keine Baugruppen fremdbeschafft werden können oder auf Lager liegen! Wie viele Einheiten der Teile E1 bis E3 werden benötigt, wenn der Produzent 100 Produkte P5 und zusätzlich 20 Baugruppen B4 als Ersatzteile herstellen will?

c) Der Unternehmung stehen 440 QE von E1, 78 QE von E2 und 600 QE von E3 zur Verfügung. Wie viele Quantitätseinheiten des Produktes lassen sich maximal produzieren? Wie ändert sich das Ergebnis, wenn 20 Baugruppen fremdbeschafft werden können?

d) Kalkulieren Sie die Stückkosten von P5! Zu welchem Preis lohnt sich eine Fremdbeschaffung von B4?

Ü 10.2

Folgender Gozinto-Graph sei gegeben. Sämtliche Objektarten sind nicht lagerfähig.

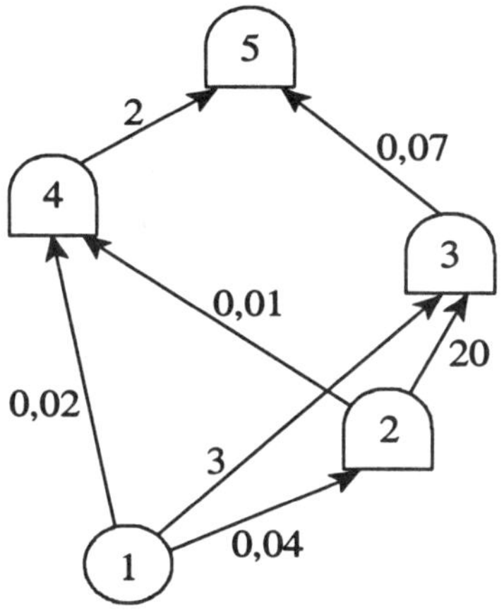

a) Erstellen Sie den zugehörigen I/O-Graphen!

b) Für die nächste Periode plant man, 2000 QE von Produkt 5 und 10000 QE von Produkt 4 an den Markt zu liefern. Wie hoch ist der Bedarf der einzelnen Güter?

c) Im beobachteten Zeitraum verursachte die Beschaffung und Produktion (Montage) je QE der Güterarten folgende Primärkosten: $c_1 = 110$, $c_2 = 1000$, $c_3 = 86$, $c_4 = 150$, $c_5 = 12$ (jeweils GE/QE). Wie hoch sind die variablen Kosten pro QE in jeder Kostenstelle (im Sinne einer Produktionsstelle zur Herstellung eines der Produkte j) unter Einschluss der durch die innerbetriebliche Leistungsverflechtung entstehenden sekundären Kosten? Wie hoch sind die Gesamtkosten für die in Teilaufgabe b) beschriebene Produktion?

Ü 10.3

Der Produktionsprozess zur Herstellung eines Produktes P6 gestaltet sich wie folgt: Zur Herstellung einer Baugruppe B4 werden 4 QE eines Rohstoffes R1 und 5 QE von R2 benötigt. Eine QE der so produzierten Baugruppe B4 wird zusammen mit 2 QE von R2 und 3 QE eines dritten Rohstoffes R3 zur Baugruppe B5 zusammengefügt. Im Montageprozess wird das Endprodukt P6 aus 1 QE von B4 und 2 QE von B5 erstellt.

a) Zeichnen Sie den Gozinto-Graphen!

b) Stellen Sie die zugehörige Direktbedarfsmatrix auf!

c) Ermitteln Sie den Gesamtbedarfsvektor für 1 QE des Endprodukts (P6)! Wie viele Teile von R1 müssen bereitgestellt werden, um 20 QE des Produktes P6 zu erzeugen?

d) Von Faktor R2 können höchstens 190 QE beschafft werden. Wie wird die Herstellung des Endprodukts dadurch beschränkt?

e) Neben Faktor R2 sind auch von Faktor R1 nur 190 QE beschaffbar. Es bietet sich die Möglichkeit, Baugruppe B4 fremdzubeschaffen. Ändert sich durch eine Fremdbeschaffung die maximal herstellbare Produktionsquantität von Produkt P6?

f) Die primären Herstellkosten der Baugruppe B4 erhöhen sich um 5 GE pro QE. Welche Kostensteigerung ergibt sich daraus für das Endprodukt?

Ü 10.4

Ermitteln Sie für den dargestellten Gozinto-Graphen die benötigten Inputquantitäten der Einzelteile, falls 500 Einheiten des Produkts 5 hergestellt werden sollen und (wie aus dem Gozinto-Graphen ersichtlich) 400 Einheiten des Zwischenproduktes 4 einem Lager entnommen werden!

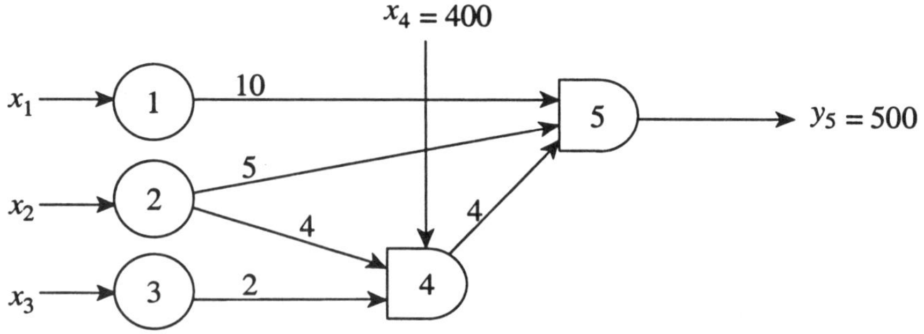

Ü 10.5

In einer Fleischfabrik werden je Charge 260 l Wasser (R1), 9 kg Gelatine (R2), 680 kg Fleisch 2. Wahl (sog. Abschnitte, R3) und 1 kg Gewürz (R4) als Primärfaktoren zur Herstellung von brutto 1 Tonne Bratwurstmasse (P8) benötigt.

In einem ersten Arbeitsschritt werden die Gelatine und die Abschnitte sowie 250 l Wasser und 0,9 kg Gewürz bei 95°C zur Rohmasse M5 vermischt. Gleichzeitig wird aus dem restlichen Wasser und 5% der in der vorangegangenen Charge hergestellten Bratwurstmasse bei nur 80°C eine Rohmasse M6 angerührt. (Der wieder eingesetzte Anteil des Endprodukts von erfahrungsgemäß 5% entspricht der bei jeder Charge an der Wand des Wurstkessels hängen bleibenden Bratwurstmasse, die vollautomatisch gesammelt und in den zur Herstellung von M6 genutzten Behälter zurückgeführt wird.)

In einem zweiten Arbeitsschritt werden die beiden Rohmassen zusammengemengt. Nach beschleunigter Abkühlung des so entstehenden Gemenges G7 erfolgt in einem dritten Schritt im Rahmen der geschmacklichen Feinabstimmung nochmals die Zugabe von 100 g des Gewürzes, sodass schließlich die gewünschte Bratwurstmasse entsteht.

1 kg Gewürz kostet die Fleischfabrik 8 GE, 1 Tonne Abschnitte 1200 GE. Die Gelatine wird selbst produziert und mit nur 1 GE/kg kalkuliert. Während das benötigte Wasser bei der Kostenkalkulation vernachlässigt wird, berücksichtigt man folgende Energiekosten für die notwendige Erhitzung bzw. Abkühlung zur Herstellung von M5, M6 und G7: 0,045 GE je erzeugtem kg M5, 0,035 GE je erzeugtem kg M6 sowie 0,072 GE je erzeugtem kg G7. Die Bratwurstmasse kann für 2,5 GE/kg auf dem Markt abgesetzt werden.

a) Zeichnen Sie den Gozinto-Graphen und stellen Sie das Mengenmodell auf!

b) Welcher Deckungsbeitrag lässt sich durch Herstellung von brutto 1 Tonne Bratwurstmasse erzielen?

c) Wie ist die Darstellung des Herstellungsprozesses mittels Gozinto-Graphen zu beurteilen?

11 Anpassung an Beschäftigungsschwankungen

11.1 Anpassungsformen
11.2 Mittelbare Produktionsbeziehungen
11.2.1 Einfaches Gutenberg-Modell
11.2.2 Typische Verbrauchsverläufe
11.2.3 Vor- und Endkombination
11.3 Kostenminimale Anpassung
11.3.1 Zeitliche und intensitätsmäßige Anpassung
*11.3.2 Substitutionalität der Gutenberg-Technik**
11.3.3 Quantitative Anpassung
*11.4 Erweiterte Gutenberg-Modelle**

Viele Unternehmungen sehen sich einer im Zeitablauf schwankenden Nachfrage ausgesetzt. Es gibt eine Reihe unternehmungspolitischer Strategien und Instrumente, so etwa die Produktdiversifikation, die Preispolitik oder die Lagerhaltung, die vermeiden helfen, dass die Nachfrageschwankungen voll auf die Produktion durchschlagen bzw. überhaupt erst entstehen. In dieser Lektion geht es jedoch darum, wie die Potenzialfaktoren Mensch und Maschine an solche Beschäftigungsschwankungen angepasst werden können und welche Kosten dabei entstehen. Zunächst werden die grundsätzlichen Anpassungsformen und ihre praktische Bedeutung aufgezeigt. Der Abschnitt 11.2 verdeutlicht, wie mit dem Gutenberg-Modell mittelbare Produktionsbeziehungen dargestellt und analysiert werden können. Die kostenmäßigen Auswirkungen und die optimale Wahl der verschiedenen Anpassungsformen sind Gegenstand des Abschnittes 11.3. Der letzte Abschnitt geht kurz auf erweiterte Fragestellungen ein.

11.1 Anpassungsformen

Die mögliche Dauer und Geschwindigkeit der Transformation des Inputs in den Output innerhalb einer Produktionsperiode sind in der Regel weniger von den Repetierfaktoren als von den Potenzialfaktoren abhängig. Sie beruhen neben physischen, technischen und organisatorischen Randbedingungen insbesondere bei Arbeitskräften auch auf gesetzlichen und tariflichen Vorschriften und Vereinbarungen. Neuere Ansätze, diese Restriktionen aus Sicht der Unternehmensführung zu lockern oder zu umgehen und so die Betriebsmittel besser auszulasten, sind eine Flexibilisierung der Arbeitszeit sowie die Einführung unbewacht arbeitender flexibler Fertigungszellen und -systeme mit so genannten mannlosen Schichten.

Grundsätzlich lassen sich drei verschiedene *Formen der Anpassung* von Potenzialfaktoren an Beschäftigungsschwankungen unterscheiden, die gegebenenfalls auch miteinander kombiniert werden können:

- zeitliche Anpassung
- intensitätsmäßige Anpassung
- quantitative Anpassung.

Die Beschreibung und Einteilung der Anpassungsformen geht auf *Erich Gutenberg (1983)* zurück, der mit der 1951 erschienenen 1. Auflage seines Buches „Grundlagen der Betriebswirtschaftslehre, Band 1: Die Produktion" die herrschende betriebswirtschaftliche Produktionstheorie in Deutschland wesentlich geprägt hat. Das von ihm als Produktionsfunktion vom Typ B eingeführte und später nach ihm benannte Produktionsmodell stellte einerseits einen entscheidenden Fortschritt gegenüber der damals noch vorherrschenden klassischen Produktionsfunktion (Typ A) volkswirtschaftlicher Prägung dar und integrierte andererseits wichtige Aspekte des Leontief-Modells.

Bei **zeitlicher** Anpassung wird die tatsächliche Produktionszeit innerhalb der betrachteten Produktionsperiode verlängert oder verkürzt, bei **intensitätsmässiger** Anpassung die Produktionsgeschwindigkeit (Durchsatz pro Zeiteinheit) erhöht oder gesenkt; **quantitative** Anpassung bedeutet eine Veränderung der Anzahl eingesetzter Potenzialfaktoren. Dabei kann die Anpassungsform in jedem Subsystem des Produktionssystems, das von Beschäftigungsschwankungen betroffen ist, verschieden sein. Ebenso müssen die beteiligten Potenzialfaktoren nicht unbedingt dieselbe Form der Anpassung realisieren. Allerdings sind nicht alle möglichen Kombinationen der Anpassung menschlicher Arbeitskräfte und Betriebsmittel gleich sinnvoll, besonders dann, wenn sie zusammen eine *Produktiveinheit* bilden. Wenig sinnvoll erscheinen die Kombination von zeitlicher Anpassung der Arbeitskräfte und intensitätsmäßiger Anpassung der Betriebsmittel sowie die umgekehrte Kombination.

Für jede einzelne Anpassungsform stellt sich die Frage nach dem möglichen Ausmaß einer Anpassung sowie den damit verbundenen Kosten. Die Kenntnis der Anpassungskosten dient zum einen einer optimalen Anpassungsentscheidung, sofern die Wahl besteht. Zum anderen liefern die Grenzkosten eines zusätzlichen Auftrags wichtige Informationen über seine Annahme oder Ablehnung bzw. über seine Preisuntergrenze.

Als kurzfristige *zeitliche* Anpassungsmaßnahmen im **Personalbereich** kommen in erster Linie die Verlagerung der tariflichen Arbeitszeit von beschäftigungsschwachen in beschäftigungsstarke Zeiten und die vorübergehende Unter- oder Überschreitung der regulären Arbeitszeit in Frage. Verlängerungen der gewöhnlichen Arbeitszeit sind regelmäßig mit überproportional steigenden Entlohnungen verbunden, während Kürzungen oft sogar zu keinen Einsparungen bei den Lohnkosten oder bei anderen (Opportunitäts-)Kosten führen. *Intensitätsmäßigen* Anpassungen über das normale Maß hinaus sind bei Menschen enge Grenzen gesetzt, wenn man von bestimmten Tätigkeiten wie etwa der Überwachung automatisch laufender Maschinen absieht, welche jedoch im Zuge der flexiblen Automation der modernen Produktion stark zunehmen. Der Arbeitskostenverlauf bei Intensitätsveränderungen wird entscheidend von der Form des Arbeitsentgeltes bestimmt. So sind bei reinem Zeitlohn und konstanter Arbeitszeit die Lohnkosten fix und damit in der Regel nicht entscheidungsrelevant. Bei Akkordlohn variieren sie hingegen proportional zur Ausbringung. Zur *quantitativen* Anpassung kann der Personalbestand dauerhaft oder auch nur vorübergehend verändert werden. Die Einstellung, Entlassung bzw. Nichtersetzung von Dauerarbeitskräften eignen sich kaum für die Überbrückung kurzfristiger Beschäftigungsschwankungen, zumal das Anwerben und Anlernen neuer Arbeitskräfte erheblichen Zeitaufwand und Kosten mit sich bringen können sowie die Freisetzung bisheriger Mitarbeiter starken gesetzlichen und tariflichen Restriktionen unterliegt. Vorübergehende Beschäftigungsverhältnisse sind ebenfalls reglementiert; sie dienen der Bewältigung eines temporären Arbeitsanfalls, allerdings eher nur bei wenig qualifizierten Tätigkeiten. Leiharbeit (Personal-Leasing) ist dagegen flexibler und teilweise auch für anspruchsvolle Arbeiten verfügbar. Sie ist außerdem kaum mit fixen (Anlern-)Kosten verbunden; dafür sind die variablen Kosten höher als bei eigenem Personal.

Für **Betriebsmittel** ist eine zeitliche und intensitätsmäßige Anpassung meistens unproblematischer möglich als für Arbeitskräfte. Die *zeitlichen* Anpassungskosten werden gewöhnlich linear verlaufen, außer in Grenzbereichen, wenn die Wartung dadurch leidet. Allerdings gibt es Anlagen, die kontinuierlich betrieben werden müssen, weil eine Unterbrechung des Produktionsprozesses zur Beschädigung der Anlage oder zu unvertretbar hohen Wiederanlaufkosten führen würde (z.B. Hochofen, Papiermaschine, Floatglasanlage). Beispiele für *Intensitätsanpassungen* sind wechselnde Motordrehzahlen, die Beeinflussung chemischer Reaktionen durch die Einstellung von Temperatur und Druck sowie die Beschickung von Öfen mit verschiedenen Materialquantitäten. Sie lassen sich ebenfalls nicht immer ohne Einschränkungen realisieren. Bei Intensitätsvariation im Betrieb von Anlagen ist dagegen mit nichtlinearen Kostenverläufen zu rechnen, besonders in den Grenzbereichen minimaler und maximaler Intensität. Zur *quantitativen* Anpassung an kurzfristige Beschäftigungsschwankungen sind der Kauf bzw. Verkauf langlebiger Betriebsmittel kaum angebracht, gegebenenfalls wohl die Miete. In Frage kommt hier eher die Inbetriebnahme bzw. Außerbetriebsetzung vorhandener Maschinen und Anlagen. Dadurch können neben den bei der Nutzung anfallenden variablen zusätzlich noch (sprung-)fixe Kosten entstehen, die für die Beurteilung der Anpassungsentscheidung relevant sind. Ihre Höhe hängt vom aktuellen Grad der Betriebsbereitschaft des Potenzialfaktors ab.

Literaturhinweis
Gutenberg (1983), S. 354ff.

11.2 Mittelbare Produktionsbeziehungen

Rohstoffe sind Repetierfaktoren, die überwiegend direkt in die Produkte eingehen und deren Verbrauch dementsprechend unmittelbar von der Erzeugnisquantität abhängt. Allerdings kann auch durch die Arbeitsweise der Potenzialfaktoren ein gewisser Einfluss auf den Verbrauch ausgeübt werden, so beispielsweise durch die Geschwindigkeit einer Schneideanlage auf den Stoffverschnitt. Bei Schmierstoffen steht der Verbrauch offensichtlich sogar nur über die Anlagennutzung mit der Ausbringung in Zusammenhang. Diese *mittelbaren* Produktionsbeziehungen zwischen Repetierfaktoren und Produkt darzustellen ist ein wesentliches Kennzeichen des Gutenberg-Modells.

11.2.1 Einfaches Gutenberg-Modell

Das *einfache* **Gutenberg-Modell** ist dadurch gekennzeichnet, dass eine einzelne Maschine betrachtet wird, auf der ein bestimmtes Produkt gefertigt wird, wofür eine Reihe von Repetierfaktoren eingesetzt werden muss. Um die Grundstruktur des Modells zu verdeutlichen, genügen zwei Repetierfaktoren 1 und 2, mit denen das Produkt 3 hergestellt wird. Die Maschine als Potenzialfaktor wird dabei entweder nicht explizit beachtet oder kann mit dem Prozesskasten des Transformationsprozesses identifiziert werden, wie durch den Input/Output-Graphen des Bildes 11.1 veranschaulicht.

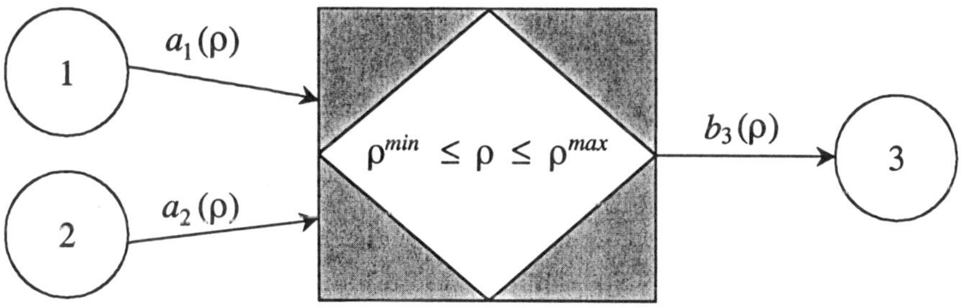

Bild 11.1: Maschine mit Intensitätsvariation

Der rechteckige Prozesskasten symbolisiert einen *komplexen* Prozess oder *Verfahrenstyp,* mit dem eine Gruppe elementarer Verfahren zusammengefasst ist, welche auf natürliche Weise eng zusammengehören – hier, weil sie als Intensitätsgrade verschiedene Produktionsgeschwindigkeiten ein und derselben Produktiveinheit beschreiben. Bei dem Prozessfaktor ρ handelt es sich um eine *Stellgröße*, z.B. die Temperatur oder Beschickungsdichte einer Verbrennungsanlage oder die Drehzahl eines Motors. Ihr Wert kann vom Produzenten in gewissen Grenzen eingestellt werden.[1] Im Beispiel des Bildes 11.1 ist angegeben, dass die Intensität in einem vorgegebenen Intervall minimaler und maximaler Intensität *kontinuierlich* variieren kann: $\rho \in [\rho^{min}, \rho^{max}]$.

Des Öfteren können Maschinen nur in einer endlichen Zahl diskreter Fahrstufen jeweils konstanter Intensität arbeiten, die man mit $\rho = 1,...,\pi$ durchnummerieren kann. Jede Intensität ρ definiert eine Grundaktivität $\mathbf{z}(\rho) = \mathbf{z}^{\rho}$. Die aus diesen Grundaktivitäten endlich generierte lineare Technik beschreibt ein Gutenberg-Modell mit *endlich vielen Intensitätsgraden*. Sie entspricht dem Strukturtyp (c) in Bild 3.5 der Verfahrenswahl bei der Herstellung eines Produkts, wobei durch jede Intensität jeweils ein Herstellungsverfahren bestimmt ist (vgl. dazu insbesondere Abschn. 9.2.2 und 9.2.3). Das im Folgenden behandelte Gutenberg-Modell geht dagegen von unendlich vielen möglichen Intensitätsgraden und damit auch Grundaktivitäten aus.

Nicht extra in Bild 11.1 aufgeführt ist die zweite wichtige Stellgröße λ^{ρ}; sie entspricht der Dauer, in der die Anlage mit der Intensität ρ produziert. Produziert die Anlage mit wechselnden Geschwindigkeiten, so spricht man von **Intensitätssplitting**. Zunächst wird jedoch unterstellt, dass während der betrachteten Periode nur eine einzige, stets gleiche Intensität in Frage kommt, sodass sich der Index für die Intensität bei der Variablen für die Produktionsdauer erübrigt: $\lambda^{\rho} = \lambda$. Dabei wird angenommen, dass sich die Technik bei konstanter Intensität bezüglich der Produktionsdauer größenproportional verhält. Der gesamte Verbrauch x_i für jeden der beiden Repetierfaktoren sowie die gesamte Produkterzeugung y_3 ergeben sich dann gemäß Bild 11.1 zu:

$$\begin{array}{l} x_1 = a_1(\rho) \cdot \lambda \\ \\ x_2 = a_2(\rho) \cdot \lambda \end{array} \qquad b_3(\rho) \cdot \lambda \quad = y_3$$

Sowohl die Inputkoeffizienten a_1 und a_2 als auch der Outputkoeffizient b_3 hängen im Allgemeinen von der Intensität ab und stellen somit Funktionen dar. Im ersten Fall heißen sie **(zeit)spezifische Verbrauchsfunktionen**, im zweiten **(zeit)spezifische Ausbringungsfunktion** (oder auch Leistungsfunktion). Die Ausbringungsfunktion $b_3(\rho)$ gibt an, wie viele Produkteinheiten bei der Intensität ρ pro Zeiteinheit erzeugt werden. Der Kehrwert $a_{0,3} := 1/b_3$ entspricht demnach einer *produktspezifischen Gebrauchsfunktion* des Potenzialfaktors Maschine ($i = 0$), da er diejenige Zeitdauer bestimmt, die bei gegebener Intensität notwendig ist, um eine Produkteinheit herzustellen. Multipliziert mit den zeitspezifischen Verbräuchen ergeben sich daraus die Produktionskoeffi-

[1] Vgl. Abschn. 1.4 zur Abgrenzung von Stellgrößen und Umfeldparametern.

zienten $a_{i,3} = a_i/b_3$ als **produktspezifische Verbrauchsfunktionen** der Repetierfaktoren $i=1$ und $i=2$. Das Ergebnis dieser produktbezogenen Sichtweise ist in der kompakteren Darstellung des Input/Output-Graphen in Bild 11.2 zum Ausdruck gebracht.

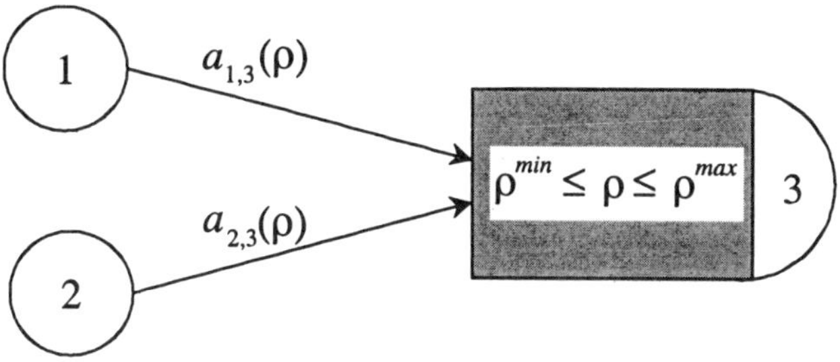

Bild 11.2: Kompakter I/O-Graph der Maschine mit Intensitätsvariation

Algebraisch entspricht der kompakte Input/Output-Graph des Bildes 11.2 der folgenden Modellversion, sofern weiterhin eine konstante Intensität während der Produktionsdauer vorausgesetzt wird:

$$x_1 = a_{1,3}(\rho) \cdot y_3$$

$$x_2 = a_{2,3}(\rho) \cdot y_3$$

11.2.2 Typische Verbrauchsverläufe

Die zeit- und produktspezifischen Verbrauchsfunktionen können sehr unterschiedliche Verläufe aufweisen. Als Beispiel sei eine BOHRMASCHINE betrachtet, für deren Betrieb die originären Faktoren Arbeit (A), Energie (E), Kühlmittel (K) und Schmiermittel (S) eingesetzt werden.

Der Faktor Arbeit wird hier bewusst genannt, um aufzuzeigen, dass sich auch für manche Potenzialfaktoren mittelbare Faktor-Produkt-Beziehungen feststellen lassen. Sofern man eine weitgehend automatisch arbeitende Produktionsanlage mit ihrer Aufsichtsperson nicht schon von vorneherein als eine Produktiveinheit behandelt, die nicht weiter separiert wird, ist es beispielsweise zweckmäßig, die Arbeitszeit der Aufsicht unmittelbar in Abhängigkeit von der Einsatzzeit der Anlage zu formulieren, besonders dann, wenn die Aufsichtsführung von wechselnden Anlagengeschwindigkeiten kaum berührt wird. Für das Beispiel der Bohrmaschine trifft das entsprechend zu.

Die Quantitäten der vier oben genannten Faktoren seien in eingesetzten Minuten der Arbeitskraft, in Wattminuten für verbrauchten Strom und in Gramm Kühl- bzw. Schmiermittel gemessen, die Laufzeit der Bohrmaschine in Minuten und ihre Intensität in Umdrehungen (des Bohrers) pro Minute. Die Drehzahl ρ kann stufenlos zwischen 500 und 2000 Umdrehungen pro Minute variiert werden. Idealtypische Verläufe der zeitspezifischen Verbrauchsfunktionen der vier Faktoren sind durch folgende formale Beziehungen beschrieben, die in den linken vier Diagrammen des Bildes 11.3 grafisch veranschaulicht sind: [2]

$$a_A = 1$$

$$a_E = 2 \cdot 10^{-7} \cdot \rho^3 - 6 \cdot 10^{-4} \cdot \rho^2 + 1{,}5\rho$$

$$a_K = 0{,}02\rho$$

$$a_S = 5 \cdot 10^{-7} \cdot \rho^2$$

Der zeitliche Gebrauch des Potenzialfaktors Arbeit ist unabhängig von der Drehzahl der Bohrmaschine (möglicherweise aber die qualitative Beanspruchung!) und gleich ihrer Laufzeit. Der Energieverbrauch pro Minute wächst mit der Drehzahl, und zwar anfangs mit abnehmender, später mit zunehmender Tendenz. Der zeitspezifische Kühlmittelverbrauch verhält sich proportional zur Zahl der Umdrehungen pro Minute, während der Schmiermittelverbrauch überproportional zunimmt.

Das mit der Bohrmaschine bearbeitete Produkt sind Platten, in die jeweils vier Löcher zu bohren sind. Jedes Loch benötigt 200 Umdrehungen des Bohrers. Die spezifische Ausbringung, gemessen in der Anzahl bearbeiteter Platten pro Minute, bzw. ihr Kehrwert, der produktspezifische Gebrauch der Bohrmaschine, lauten danach:

$$b_P(\rho) = \frac{\rho}{800} \quad \text{bzw.} \quad a_{B,P}(\rho) = \frac{800}{\rho}$$

Bei $\rho = 1600$ Umdrehungen pro Minute werden pro Minute zwei Platten gebohrt bzw. wird pro Platte eine halbe Minute benötigt. Daraus ergeben sich nachfolgende Verbräuche der vier mittelbar abhängigen Faktoren pro Platte:

$$a_{A,P} = \frac{800}{\rho}$$

$$a_{E,P} = 0{,}00016\rho^2 - 0{,}48\rho + 1200$$

[2] Die Zahlen sind willkürlich und machen keine Aussagen über tatsächliche Bohrmaschinen. Im Fall des Potenzialfaktors Arbeit handelt es sich streng genommen um keine (zeitspezifische) „Verbrauchsfunktion“, sondern um eine *Gebrauchs-* oder allgemein eine Faktorfunktion.

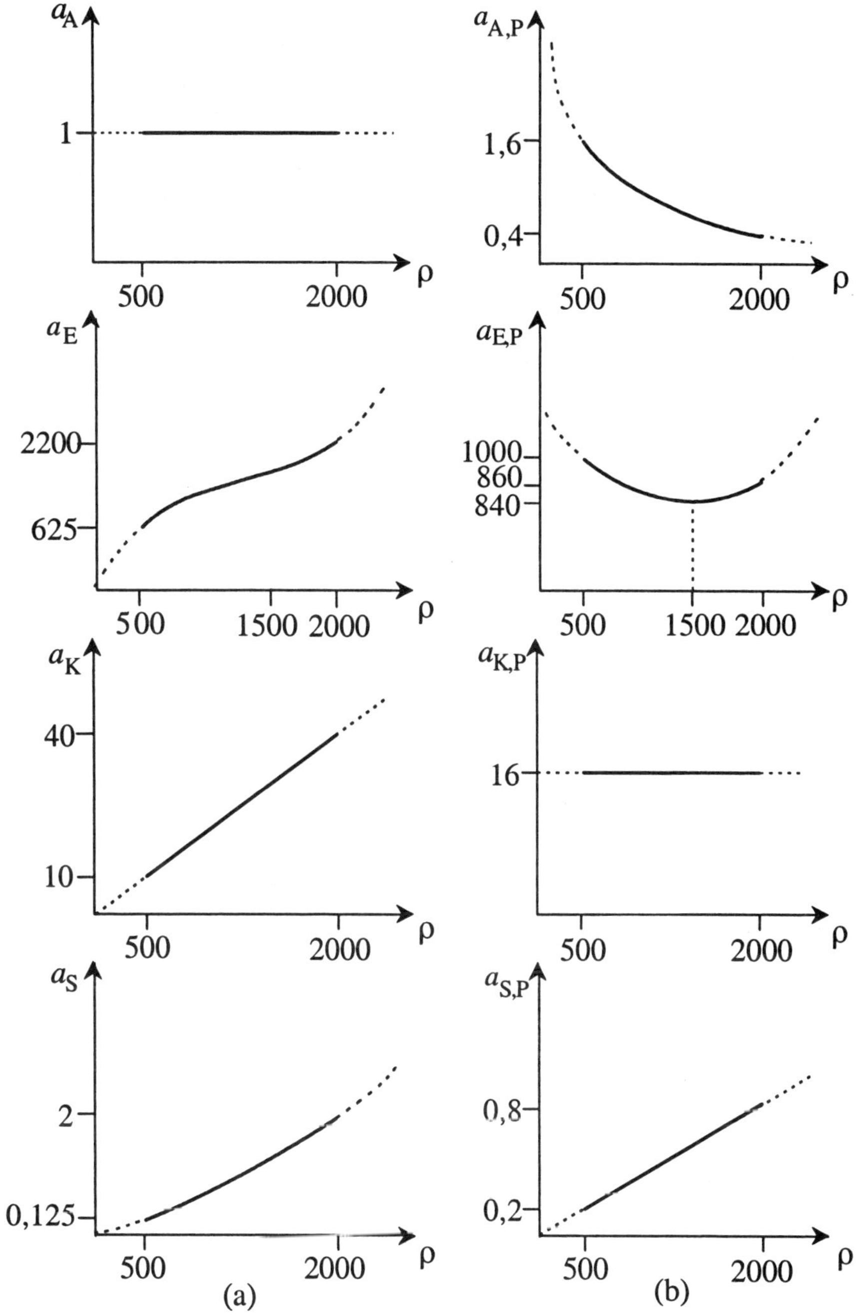

Bild 11.3: (a) Zeitspezifische und (b) produktspezifische Verbrauchsverläufe

$$a_{K,P} = 16$$

$$a_{S,P} = 0{,}0004\rho$$

Diese produktspezifischen Verbrauchsverläufe sind in Bild 11.3 in den rechten vier Diagrammen skizziert. Der Arbeitseinsatz pro Platte sinkt mit der Intensität, während sich der plattenspezifische Kühlmittelverbrauch konstant und der Schmiermittelverbrauch proportional zunehmend zur Intensität verhält. Demgegenüber gibt es für den Energieeinsatz einen minimalen Stückverbrauch bei 1500 Umdrehungen pro Minute.

11.2.3 Vor- und Endkombination

Das Bohren von Löchern in Platten kann man sich als einen *zweistufigen* Produktionsprozess vorstellen. Auf der ersten Stufe werden durch eine *Vorkombination* der vier genannten Faktoren die Bohrerumdrehungen bereitgestellt, welche dann auf der zweiten Stufe die noch ungelochten Platten durch das Anbringen der Löcher in gelochte transformieren (*Endkombination*). Dabei ist durchaus realistisch, dass der Bohrer nicht nur während des eigentlichen Bohrvorgangs dreht, sondern laufend auch während des Übergangs von einem Loch zum nächsten, während des Wechsels der Platten oder sogar während des Wartens auf weitere Platten. Ursache dafür können hohe *sprungfixe* Kosten für das An- und Abschalten der Bohrmaschine sein, eventuell in Verbindung mit unvorhersehbar eintreffenden Platten.[3] Auf der ersten Stufe wird auf diese Weise eine *Produktionsbereitschaft* (auch: Betriebs- oder Leistungsbereitschaft) vorgehalten, die bei Bedarf durch eine eintreffende Platte in tatsächliche Produktion umgesetzt wird.

Diese Art mehrstufiger Produktion ist besonders typisch für die *Dienstleistungsproduktion*. Die Leerfahrt eines Linienbusses ist eine Vorkombination der Faktoren, die bei Transport eines Fahrgastes zur Endkombination wird. Auch das obige Bohrbeispiel kann eine Dienstleistungsproduktion sein, dann nämlich, wenn die Platten von einem Kunden als (externer) Faktor bereitgestellt werden. Je nach Art der Dienstleistung kann der Vorkombinationsprozess selber wieder aus mehreren Stufen unterschiedlich hoher Produktionsbereitschaft bestehen.

Literaturhinweise

Busse von Colbe/Laßmann (1991), §10
Fandel (1994), S. 101–118, 178–288

---

[3] Derartige sprungfixe Kosten sowie die (Opportunitäts-)Kosten für die Übergangszeiten von Loch zu Loch und von Platte zu Platte sind im vorangehenden Beispiel nicht berücksichtigt.

11.3 Kostenminimale Anpassung

Wegen der unterstellten Größenproportionalität der Produktion in Abhängigkeit von der Produktionsdauer sind die Kosten einer *rein zeitlichen* Anpassung diesbezüglich proportional und bedingen damit konstante Stückkosten des Produktes, vorausgesetzt, dass außer der Intensität auch die Faktorpreise konstant sind. Dies trifft jedoch gerade bei den Löhnen oft nicht zu, wenn bestimmte Grenzen der Normalarbeitszeit überschritten werden und beispielsweise Überstundenzuschläge gezahlt werden. Sieht man davon ab, ist eine rein zeitliche Anpassung unproblematisch und braucht nicht weiter untersucht zu werden. *Rein intensitätsmäßige* Anpassungen ergeben sich im Folgenden als Spezialfall möglicher Kombinationen zeitlicher und intensitätsmäßiger Anpassung, wenn bei hoher Beschäftigung die zeitliche Kapazität voll ausgelastet ist.

11.3.1 Zeitliche und intensitätsmäßige Anpassung

In Konkretisierung des einfachen Gutenberg-Modells in Bild 11.1 sei von [1, 7] als zulässigem Intensitätsintervall und von folgenden zeitspezifischen Verbrauchs- und Ausbringungsfunktionen ausgegangen:

$$a_1 = 5\rho^3 - 50\rho^2 + 230\rho \qquad b_3 = 5\rho$$

$$a_2 = 15\rho^3 - 60\rho^2 + 110\rho$$

Bei einer Zeitmessung in Minuten und einer Intensitätsmessung in Arbeitseinheiten der Maschine pro Minute werden pro Arbeitseinheit fünf Quantitätseinheiten des Produkts hergestellt. Die Umformung ergibt folgende produktspezifische Verbrauchsfunktionen:

$$a_{1,3} = \frac{a_1}{b_3} = \rho^2 - 10\rho + 46$$

$$a_{2,3} = \frac{a_2}{b_3} = 3\rho^2 - 12\rho + 22$$

Bild 11.4 zeigt im oberen Diagramm den parabelförmigen Verlauf dieser beiden Funktionen mit Minima für $\rho = 5$ und $\rho = 2$. Außerhalb des Intervalls [2, 5] sind Intensitäten zwar möglich, aber nicht mit einer effizienten Produktion vereinbar, falls eine vorgegebene Produktquantität auch mit einer Intensität aus dem *Effizienzintervall* [2, 5] zeitlich realisierbar ist. Intensitäten außerhalb dieses Intervalls kommen unter den gegebenen Annahmen nur dann in Betracht, wenn die geforderte Produktquantität durch zeitliche Anpassung allein nicht zu erzeugen ist.

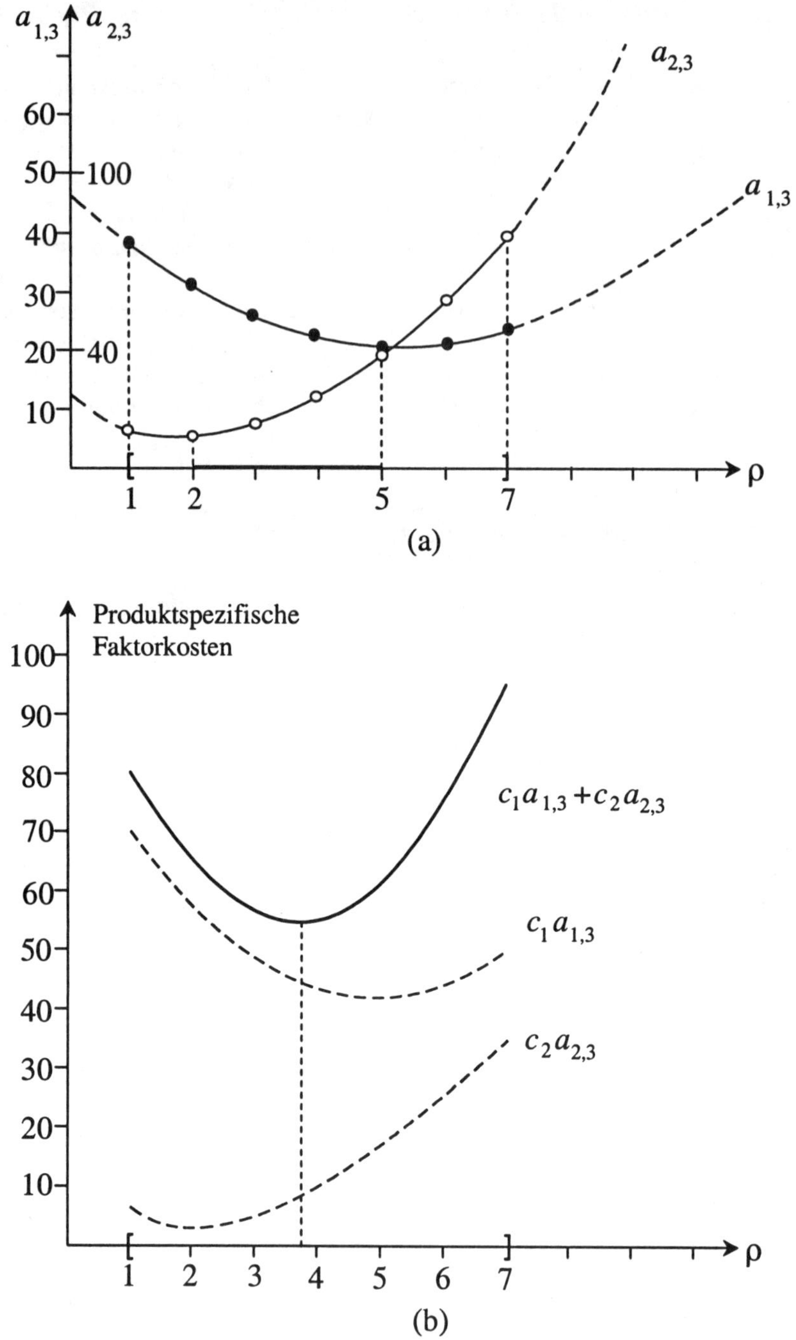

Bild 11.4: Spezifische (a) Verbrauchs- und (b) Kostenverläufe

Hier wird u.a. vorausgesetzt, dass keine zusätzlichen zeitabhängigen Aufwendungen, wie etwa Überstundenzuschläge bei den Lohnkosten, zu berücksichtigen sind (vgl. z.B. *Schneeweiß 2002*, Abschn. 2.3.6). Durch die Missachtung des Potenzialfaktors in den Bildern 11.1 und 11.2 ist nämlich implizit unterstellt, dass Lohnkosten nicht relevant sind. Um dies dennoch systematisch zu berücksichtigen, wäre es zweckmäßig, den Potenzialfaktor Mensch als eine eigene Objektart im Modell zu beachten und seine Nutzung geeignet zu bewerten.

Die Bewertung der Intensitäten mit Hilfe von Faktorpreisen c_i ermöglicht die Bestimmung einer *optimalen Intensität* ρ^*. Optimal ist sie in dem Sinn, dass die Maschine in dieser Intensität immer dann betrieben wird, wenn die zulässigen Produktionsdauern $\lambda \in [\lambda^{min}, \lambda^{max}]$ ausreichen, mit ihr die gewünschte Ausbringung (*Beschäftigung*) y_3 mit minimalen Kosten zu realisieren. Für $c_1 = 2$ und $c_2 = 0{,}5$ ist somit die folgende produktspezifische Kostenfunktion (*Stückkostenfunktion*) zu minimieren:

$$k_3(\rho) \;=\; c_1 a_{1,3} + c_2 a_{2,3} \;=\; 3{,}5\rho^2 - 26\rho + 103$$

Das untere Diagramm in Bild 11.4 zeigt den Verlauf dieser Kurve. Die optimale Intensität $\rho^* = 26/7 = 3{,}71\ldots$ führt zu Stückkosten von etwa $k_3^* = 54{,}7$.

Setzt man nun zusätzlich voraus, dass nur Produktionsdauern λ im Intervall [0; 600] möglich sind, so ist mit der optimalen Intensität maximal die Produktquantität $y_3 = b_3(\rho^*)\lambda^{max} = 5\cdot(26/7)\cdot 600 = 11143$ zu erzeugen. Bis zu dieser Quantität gilt demnach folgende Minimalkostenfunktion mit konstanten Stück- und Grenzkosten:

$$K(y_3) \;=\; k_3^* \cdot y_3 \;=\; 54{,}7 y_3 \qquad \text{für } 0 \le y_3 \le 11143$$

Oberhalb davon muss die Intensität gemäß $y_3 = b_3(\rho)\lambda^{max}$, d.h. $\rho = y_3/3000$, gesteigert werden, mit folgenden (indirekten) Kosten:

$$K(y_3) \;=\; k_3 \cdot y_3 \;=\; \frac{35}{9}\cdot 10^{-7}\cdot (y_3)^3 - \frac{26}{3}\cdot 10^{-3}\cdot (y_3)^2 + 103 y_3$$
$$\text{für } 11143 \le y_3 \le 21000$$

Hieraus lassen sich unmittelbar die zugehörigen minimalen Stückkosten $k = k_3(y_3)$ und Grenzkosten $K'(y_3) = dK/dy_3$ ableiten. Ihre Verläufe sind im unteren Diagramm des Bildes 11.5, derjenige der (indirekten) Gesamtkosten im oberen dargestellt.

Das Ergebnis der beispielhaften Überlegungen lässt sich verallgemeinern: *Solange die verfügbare Zeit ausreicht und die Faktorpreise konstant sind, entspricht es dem starken Erfolgsprinzip, Potenzialfaktoren rein zeitlich mit der stückkostenminimalen Intensität an Beschäftigungsschwankungen anzupassen. Bei Vollauslastung der zeitlichen Kapazität eines Potenzialfaktors kann*

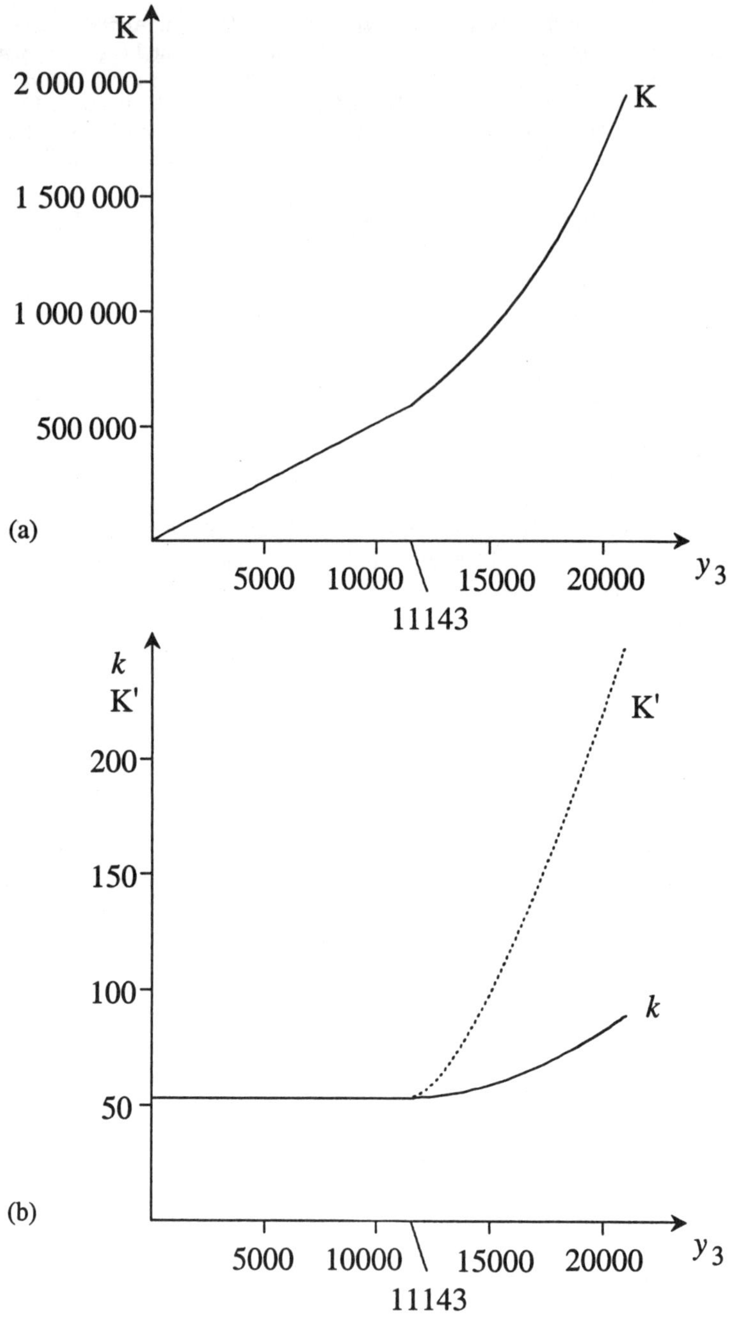

Bild 11.5: Kosten optimaler zeitlicher und intensitätsmäßiger Anpassung

eine weitere Ausbringungserhöhung nur noch rein intensitätsmäßig geschehen. Eine intensitätsmäßige an Stelle einer zeitlichen Anpassung kommt dann in Betracht, wenn die zeitspezifischen Faktorkosten stärker überproportional zunehmen (z.B. bei Überstundenzuschlägen).

11.3.2 Substitutionalität der Gutenberg-Technik

Bislang ist eine zwar prinzipiell variable, aber während der gesamten Produktionsdauer einheitliche Intensität ρ der Maschine unterstellt worden. Mit dieser Einschränkung lässt sich das *einfache Gutenberg-Modell* bei m Repetierfaktoren allgemein wie folgt formulieren:

$$x_i = a_{i,m+1}(\rho) \cdot y_{m+1} \qquad \text{für } i = 1, \ldots, m$$

Für eine fest vorgegebene Intensität handelt es sich – wie unmittelbar an Hand der Faktorfunktionen erkennbar – um eine outputseitig determinierte Produktion und damit um eine (input-)*limitationale* Gütertechnik; es ist dann identisch mit dem einstufigen Leontief-Modell im Einproduktfall.

Wenn das Gutenberg-Modell in der Literatur als „limitational" eingestuft wird, kann damit eigentlich nur der Fall einer *fixierten* Intensität gemeint sein. Das vorangehende Beispiel wäre ansonsten schon ein Gegenbeispiel für eine solche Behauptung. Allerdings ist auch die Definition der Limitationalität in diesem Zusammenhang nicht immer einheitlich.

Unter Einbeziehung intensitätsmäßiger Anpassung, jedoch ohne Intensitätssplitting, d.h. bei einer zwar grundsätzlich veränderbaren, aber nach wie vor nur in einem einzigen Grad wählbaren Intensität, liegt dagegen im Allgemeinen eine (input-)*substitutionale* Gütertechnik vor. Ausnahmen von der Substitutionalität der Repetierfaktoren sind dann möglich, wenn es nur eine einzige effiziente Intensität gibt, weil die produktspezifischen Verbrauchsminima aller Repetierfaktoren in einem Punkt zusammenfallen oder sich am unteren oder oberen Ende des Intervalls zulässiger Intensitäten befinden. In solchen Ausnahmefällen ist die Kenntnis der Faktorpreise überflüssig, da schon das schwache Erfolgsprinzip eine eindeutige Aussage erlaubt. Im Regelfall gibt es jedoch mehr als eine Intensität im Effizienzintervall, sodass sich Produktisoquanten der Repetierfaktoren ermitteln lassen (vgl. *Knolmayer 1983*) und eine eindeutig optimale Intensität erst bei einer weiter gehenden Bewertung definiert ist.

Inwieweit in Teilbereichen einer Gutenberg-Technik Produktisoquanten existieren und wie diese verlaufen, hängt von der Gestalt der Verbrauchsfunktionen und dem durch sie bestimmten Effizienzintervall ab. Dann ist aber auch klar, dass man durch eine geschickte Wahl stetig differenzierbarer Verbrauchsfunktionen (neo-)klassische Produktionsfunktionen zumindest lokal „simulieren" kann, beispielsweise solche mit konstanter Substitutionselastizität.

Gutenberg-Techniken sind bezüglich der Produktionsdauer größenproportional, aber ohne erlaubtes Intensitätssplitting nicht additiv (reine Prozesse; hinsichtlich der Intensität verhält sich die Gutenberg-Technik typischerweise nicht größenproportional). Häufig ist es allerdings doch möglich, die Intensität während der Produktionsperiode zu wechseln, also das Produkt mit unterschiedlichen Geschwindigkeiten herzustellen. *Mit Intensitätssplitting* ist das einfache Gutenberg-Modell dann folgendermaßen formulierbar:

$$x_i = \sum_{\rho} a_i(\rho) \cdot \lambda^{\rho} = \sum_{\rho} a_{i,m+1}(\rho) \cdot \mathrm{y}_{\mathrm{m+1}}^{\rho} \quad \text{für } i = 1,\ldots,m$$

$$\sum_{\rho} b_{m+1}(\rho) \cdot \lambda^{\rho} = \sum_{\rho} \mathrm{y}_{\mathrm{m+1}}^{\rho} = y_{m+1}$$

Für eine nur endliche Zahl wählbarer Intensitätsstufen besteht im Prinzip überhaupt kein Unterschied mehr zum früheren Modell der Produktherstellung bei Verfahrenswahl (vgl. Strukturtyp (c) in Bild 3.5 sowie die Abschn. 3.3.2, 6.1.2, 9.2.2 und 9.2.3). Intensitätssplitting ist zwar möglich, aber nur zwischen jeweils zwei benachbarten Intensitätsstufen effizient und gegebenenfalls kostenminimal. Eine kontinuierliche Intensitätsvariation bedeutet dagegen eine unendliche Kombination von Intensitätsgraden und wäre mathematisch besser durch ein Integral an Stelle einer Summe darzustellen.

Für eine endliche Anzahl verwendeter Intensitäten entspricht Intensitätssplitting einer endlichen Kombination aus einer Auswahl unendlich vieler Intensitäten, d.h. einer *stufenweisen Intensitätsvariation*. Der einzige formale Unterschied zu den früher behandelten Gütertechniken der Produktherstellung bei Verfahrenswahl besteht in der unendlichen Anzahl verfügbarer elementarer Verfahren, die dafür jedoch nicht diskret variieren, sondern über einen kontinuierlichen Parameter stetig beschrieben sind. Effizienz- und Erfolgsanalysen können deshalb analog durchgeführt werden und kommen zu ähnlichen Resultaten: *Auf Grund der stetigen Variierbarkeit der elementaren Prozesse mit üblicherweise konvex verlaufenden produktspezifischen Verbräuchen im Intervall zwischen der technisch minimalen und maximalen Intensität erübrigt sich ein Intensitätsplitting, weil jeder sinnvolle elementare Prozess nicht nur effizient ist, sondern auch jede Kombination elementarer Prozesse durch einen einzelnen elementaren Prozess dominiert wird.*

Die produktspezifischen Verbrauchsverläufe in den rechten Diagrammen des Bildes 11.3 sind allesamt konvex. Bei konstanten Faktorpreisen werden unter diesen Voraussetzungen nur elementare Prozesse angewendet, und das obige Modell reduziert sich wieder auf das einfache Gutenberg-Modell ohne Intensitätssplitting. Bei Verletzung der genannten Voraussetzungen kann ein Intensitätswechsel allerdings günstiger sein, etwa dann, wenn das Ein- oder Abschalten der Maschine sprungfixe Kosten verursacht, die höher sind als etwaige Wechselkosten zwischen verschiedenen Intensitätsstufen.

11.3.3 Quantitative Anpassung

Mit der letzten Bemerkung ist schon die quantitative Anpassung angesprochen. Sie bedeutet die Inanspruchnahme zusätzlicher Potenzialfaktoren oder ihren Abbau zum Ausgleich von Beschäftigungsschwankungen. Üblicherweise sind damit sprunghafte Veränderungen bei den realen Aufwendungen (und gegebenenfalls auch bei den realen Erträgen) verbunden. Wertmäßig äußert sich das Verhalten dann in **sprungfixen Kosten** (bzw. Leistungen). Bei längerfristigen Anpassungen handelt es sich u.a. um einmalige oder regelmäßig wiederkehrende Kosten für die Einstellung oder das Ausscheiden von Arbeitskräften bzw. für die Anschaffung oder Abschaffung von Betriebsmitteln. Bei kürzerfristigen Anpassungen sind dagegen nur die Kosten für das Einarbeiten der Arbeitskräfte sowie für die Inbetriebnahme bzw. Außerbetriebsetzung von Betriebsmitteln relevant, deren Höhe letztlich vom vorgehaltenen Grad der Betriebsbereitschaft abhängt. Diese Kosten werden durch zusätzlichen Ausschuss und geringere Produktivität in der Einarbeitungsphase bzw. durch Wartung, Reinigung, Umrüstung, Instandsetzung und Probelauf von Maschinen hervorgerufen.

Zwei Maschinen heißen **funktionsgleich**, wenn ihre Outputströme zu einem homogenen Produkt aggregiert (addiert) werden können. Im Input/Output-Graphen des Bildes 11.6 ist das der Fall. Sind außerdem ihre Produktionskoeffizienten $a^{\tau}_{i,3} = a^{\tau}_i / b^{\tau}_3$, d.h. ihre produktspezifischen Verbrauchsfunktionen, identisch, so heißen sie **kostengleich**, weil ihre realen Aufwendungen in Abhängigkeit von Ausbringung und Intensität und damit bei identischen Faktorpreisen auch ihre Kosten denselben Verlauf aufweisen. Andernfalls sind sie kostenverschieden. Partielle Kostengleichheit kann dadurch bedingt sein, dass die Zeit- und Intensitätsintervalle ansonsten funktions- und aufwandsgleicher Maschinen nicht ganz deckungsgleich sind. Kostendominanz

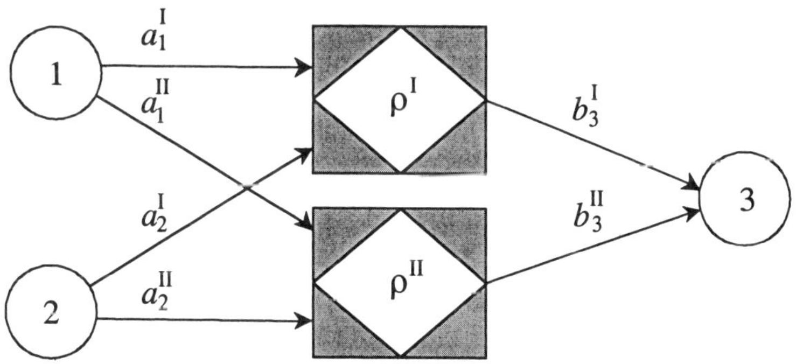

Bild 11.6: Zwei funktionsgleiche Maschinen

funktionsgleicher Anlagen kann auftreten, wenn eine neu entwickelte Maschine nicht nur leistungsstärker ist als die alte, sondern auch günstigere Verbrauchsverläufe bei den Repetierfaktoren (sowie gegebenenfalls auch niedrigere Emissionswerte) aufweist. Allerdings bezieht sich die Dominanz in der Regel nur auf die beschäftigungsvariablen Kosten in Produktionsbereitschaft, während die sprungfixen Kosten der Inbetriebnahme einer neuen Anlage höher ausfallen können.

Hier soll lediglich der Fall zweier funktions- und kostengleicher Maschinen an Hand des früheren Zahlenbeispiels angesprochen werden. Der Verlauf ihrer Minimalkosten ist damit für beide Maschinen durch die Diagramme in Bild 11.4 beschrieben. Existieren *keine sprungfixen Kosten* der Inbetriebnahme und der Außerbetriebsetzung, so hat der Einsatz zweier Maschinen denselben Effekt, als wenn eine einzige Maschine mit doppelter zeitlicher Kapazität verfügbar wäre. Die indirekte Kostenfunktion wird dementsprechend auf das Doppelte gestreckt. Bis zu einer Stückzahl von 22286 Produkteinheiten pro Periode ist es optimal, beide Maschinen in ihrer stückkostenminimalen Intensität 3,71 zu nutzen; darüber hinaus wird ihre Intensität an der zeitlichen Kapazitätsgrenze im Gleichtakt erhöht.

Bei Existenz *sprungfixer Kosten* K^{sfix} der quantitativen Anpassung sind die Verhältnisse etwas komplizierter. Im Beispiel gelte $K^{sfix} = 250000$. Das Diagramm in Bild 11.7 zeigt drei alternative Verläufe der indirekten Kosten des

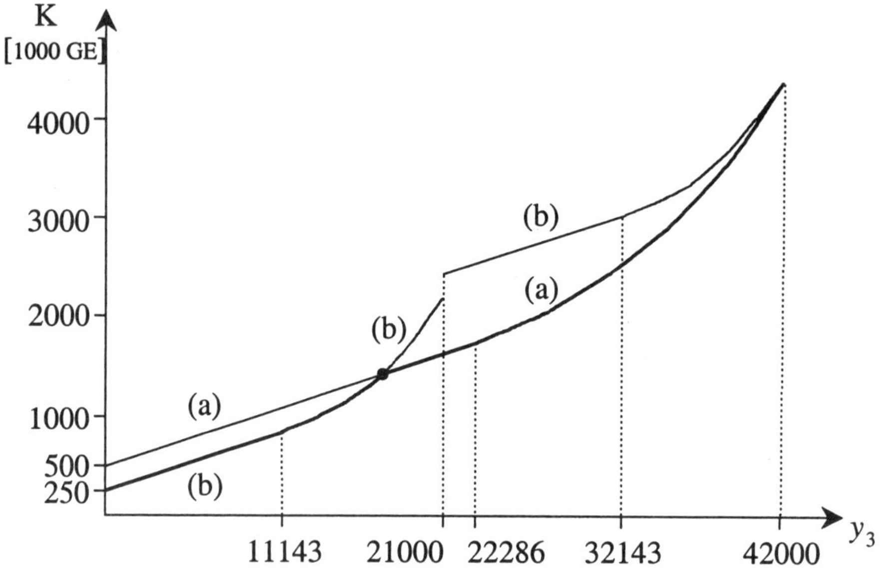

Bild 11.7: Kostenverläufe mit sprungfixen Kosten

Einsatzes beider Maschinen. Die mit (a) gekennzeichnete Kurve entspricht dem soeben beschriebenen Anpassungspfad des Gleichtaktes beider Maschinen bis auf den Unterschied, dass die Kostenkurve um den Betrag von $2K^{sfix} = 500000$ parallel nach oben verschoben ist: Beide Maschinen werden von vorneherein eingeschaltet und dann gleichmäßig an die Beschäftigungsausdehnung angepasst. Die mit (b) markierte Kurve ergibt sich, wenn bei geringer Beschäftigung nur eine Maschine allein bis an ihre Kapazitätsgrenze eingesetzt wird, bevor dann erst die zweite Maschine in Betrieb genommen wird. Der *optimale Anpassungspfad* ergibt sich aus dem in Bild 11.7 fett gezeichneten, jeweiligen Minimum der beiden Kurven (a) und (b): Bei geringer Beschäftigung wird nur eine der beiden Maschinen in Betrieb genommen und solange an eine Beschäftigungsexpansion angepasst, bis ihre alleinigen Kosten höher werden als die Kosten beider Maschinen im Gleichtakt.

Literaturhinweise

Adam (1998), Abschn. 5.3
Dinkelbach/Rosenberg (2002), Abschn. 5.1.1–5.1.2
Fandel (1994), Kap. 10
Kistner (1993), Abschn. 4.2
Schneeweiß (2002), Abschn. 2.3.6

11.4 Erweiterte Gutenberg-Modelle

Die vorangehenden Überlegungen können im Prinzip auch auf Fälle der quantitativen Anpassung kostenverschiedener Maschinen übertragen werden. Dabei kann zwischen vorübergehender, auf die aktuelle Situation reagierender (*selektiver*) sowie dauerhafter (*mutativer*) *Anpassung* unterschieden werden. Wie zuvor schon handelt es sich nicht um eine rein quantitative Anpassung, sondern um eine Kombination der verschiedenen Anpassungsformen. In der Literatur gibt es eine Fülle von Untersuchungen unterschiedlicher Kombinationen der einzelnen Anpassungsformen, oft in Verbindung mit Erweiterungen des Gutenberg-Modells. Dieses Gebiet ist in der deutschen betriebswirtschaftlichen Produktionstheorie gründlichst untersucht worden. Neuere Ansätze berücksichtigen neben rein ökonomischen auch soziale oder ökologische Aspekte, z.B. die Emissionen der Maschine.

Der Ansatzpunkt zur Ableitung von Modellen des Gutenberg-Typs aus der in Kapitel A beschriebenen allgemeinen Technologie sind *parametrisch definierte* Grundaktivitäten

$$\mathbf{z} = \mathbf{z}(\rho, \sigma) = (z_1(\rho, \sigma), \ldots, z_K(\rho, \sigma))$$

Dabei sind $z_k = -a_k < 0$ Input- und $z_k = b_k > 0$ Outputkoeffizienten, welche von den betrieblichen Stellgrößen $\rho = (\rho_1,...,\rho_\chi)$ und den betrieblichen Umfeldparametern $\sigma = (\sigma_1,...,\sigma_\psi)$ abhängen können. Jede *Konstellation* (ρ, σ) der Stellgrößen und Umfeldparameter definiert eine Grundaktivität, wobei es im Allgemeinen vorkommen kann, dass verschiedene Konstellationen zu derselben Grundaktivität führen. *Umfeldparameter* sind vom Produzenten in der betrachteten Entscheidungssituation unbeeinflussbar, z.B. Außentemperatur oder Alter der Produktionsanlage (als Teil des technischen Datenkranzes).

Bei linearen Techniken ist die Variable $\lambda = \lambda^{\rho,\sigma}$ für das *Aktivitäts-* oder *Prozessniveau* der Grundaktivitäten die wichtigste Stellgröße. Sie wird deshalb gesondert berücksichtigt und gehört nicht unmittelbar zum Vektor ρ. Vielmehr kann der Produzent bei gegebenen Umfeldparametern σ verschiedene Werte für die Stellgrößen ρ auswählen und zu jeder Konstellation (ρ, σ) das zugehörige Niveau λ festlegen. Beispielsweise kann der Motor einer Maschine mit einer bestimmten technischen Auslegung (σ) in einer Periode verschiedene Drehzahlen (ρ) mit unterschiedlichen Laufzeiten (λ) aufweisen. Der entscheidende Unterschied zwischen den Stellgrößen ρ und λ besteht darin, dass für eine gegebene Konstellation (ρ, σ) die Produktion über die so definierte Grundaktivität mittels λ in ihrem Niveau größenproportional variiert werden kann, während Variationen von ρ bei gegebenem λ nicht unbedingt zu größenproportionalen Veränderungen bei der Produktion führen. Üblicherweise wird von konstanten Umfeldparametern σ ausgegangen, sodass diese vernachlässigt werden können: $\lambda = \lambda^\rho$. Außerdem wird neben dem Prozessniveau λ regelmäßig nur noch eine einzige weitere Stellgröße ρ betrachtet und im Hinblick auf das Gutenberg-Modell als Intensität interpretiert. Das Aktivitätsniveau λ^ρ entspricht dann derjenigen Dauer, in der die Maschine mit der Intensität ρ produziert.

Literaturhinweise

Adam (1998), Kap. 4.3 und 5

Dinkelbach/Rosenberg (2002), Kap. 5

Wiederholungsfragen

1) Was versteht man unter zeitlicher, intensitätsmäßiger und quantitativer Anpassung an Beschäftigungsschwankungen?
2) Durch welche Parameter ist das Gutenberg-Modell gekennzeichnet?
3) Was sind zeitspezifische Verbrauchs- bzw. Ausbringungsfunktionen sowie produktspezifische Gebrauchs- bzw. Verbrauchsfunktionen?
4) Wie sollte man sich im Sinne des starken Erfolgsprinzips an Beschäftigungsschwankungen anpassen?
5) Worin bestehen Zusammenhänge und Unterschiede zwischen dem Leontief- und dem Gutenberg-Modell?
6) Wie sind stufenweise Intensitätsvariationen zu beurteilen?
7) Welche Auswirkung hat die Existenz sprungfixer Kosten auf die quantitative Anpassung zweier funktions- und kostengleicher Maschinen? Was versteht man unter selektiver und mutativer Anpassung?

Übungsaufgaben

Ü 11.1

Zur Herstellung des Produktes 5 auf einer Maschine werden vier Faktoren verbraucht. Gegeben seien die nachfolgenden produktspezifischen Verbrauchsverläufe für $\rho \in [1, 11]$:

I) $a_{1,5} = \dfrac{10}{\rho}$ II) $a_{2,5} = 4$

III) $a_{3,5} = (\rho - 5)^2 + 7$ IV) $a_{4,5} = 2\rho + 5$

Überprüfen Sie sukzessive (durch Hinzufügen des Verbrauchsverlaufs des jeweils nächsten Faktors) die effizienten Intensitätsintervalle!

Ü 11.2 (vgl. *Dinkelbach/Rosenberg 2002*, S. 172 ff.)

Der Verbrauch eines Faktors 1 bei der Herstellung eines Produktes 2 ergibt sich gemäß der produktspezifischen Verbrauchsfunktion

$$a_{1,2}(\rho) = (\rho - 3)^2 + 1$$

Die Intensität kann zwischen 3 und 6 Produkteinheiten pro Zeiteinheit variieren. Das Produktionssystem kann täglich zwischen 10 und 20 Zeiteinheiten genutzt werden. Die maximal beschaffbare Faktorquantität beträgt 1200 Einheiten; mindestens 30 Produkteinheiten müssen hergestellt werden.

a) Zeichnen Sie die produktspezifische Verbrauchsfunktion!

b) Wie hoch ist der effiziente Verbrauch des Faktors während eines Arbeitstages in Abhängigkeit von der ausgebrachten Quantität?

c) Sie erhalten für heute einen Produktionsauftrag über 50 Einheiten und für morgen über 85 Einheiten. Lagerhaltung ist ausgeschlossen. Welche Kombinationen aus Zeit und Intensität würden Sie zwecks Minimierung des Faktorverbrauchs wählen?

d) Aus Umweltschutzgründen dürfen nur 5 Faktoreinheiten pro Produkteinheit eingesetzt werden. Bestimmen Sie die maximal mögliche Produktion!

e) Um den Verschleiß beim Gebrauch der Produktionsanlage in Grenzen zu halten, wird zusätzlich gefordert, dass bei einer intensitätsmäßigen Anpassung ab $\rho = 3{,}5$ die maximal verfügbare Zeit um 4 Zeiteinheiten linear pro Intensitätseinheit gekürzt wird. Des Weiteren erhöht sich die Mindestproduktquantität auf 36 Produkteinheiten; außerdem reduziert sich die Beschaffungsobergrenze für den Faktor auf 500 Einheiten. Wie viele Produkteinheiten können nun noch maximal hergestellt werden?

f) Die Intensität kann nun zwischen 2 und 6 Produkteinheiten pro Zeiteinheit variiert werden. Zusätzlich zu dem hergestellten Produkt 2 entsteht ein bisher vernachlässigtes Nebenprodukt 3. Dieses ist unter Aufwand vorschriftsmäßig zu entsorgen. Bestimmen Sie die effizienten Intensitäten, wenn sein Anfall durch nachstehende Funktion beschrieben wird:

$$b_{3,2} = 0{,}2\rho^2$$

Ü 11.3

Zur Herstellung eines Produktes 3 werden zwei Faktoren 1 und 2 eingesetzt. Der Verbrauch der Faktoren ist abhängig von der Intensität, mit der die zur Produktion notwendige Maschine betrieben wird. Die Intensität kann zwischen 2 und 7 Einheiten pro Stunde variieren. Die maximale Betriebszeit beträgt 8 Stunden pro Tag. Folgender funktionaler Zusammenhang wird für die zeitspezifischen Verbrauchs- und Ausbringungsfunktionen unterstellt:

$$a_1 = 2\rho + 0{,}1\rho^2 \qquad a_2 = 0{,}3\rho^3 - 2\rho^2 + 5\rho \qquad b_3 = \rho$$

a) Bestimmen Sie die produktspezifischen Verbrauchsfunktionen der Faktoren! Stellen Sie diese grafisch dar, und ermitteln Sie die effizienten Intensitäten!

b) Ermitteln Sie die kostenminimale Intensität bei folgender Kostenvorgabe der beiden Faktoren: $c_1 = 2$ und $c_2 = 1$!

c) Wie würden Sie sich an Erhöhungen der Tagesproduktionsquantität anpassen? Ermitteln Sie Kosten-, Grenzkosten- und Durchschnittskostenfunktion in Abhängigkeit von der Produktquantität! Wie hoch ist die deckungsbeitragsmaximale Produktquantität, wenn pro Produkteinheit ein Erlös von 20 GE erzielbar ist?

d) Bei der Produktion fällt grundsätzlich auch Ausschuss (als Abprodukt 4) an, der auf Grund neuerer Gesetze entsorgt werden muss. Die zeitspezifische Ausschussquantität lässt sich an Hand folgender Gleichung ermitteln:

$$b_4 = 0{,}05\rho^2$$

(Bei der Bestimmung der Produktquantität ist die Ausschussquantität nicht zu berücksichtigen, sodass die obigen Gleichungen weiterhin Bestand haben.) Die Vernichtung einer Ausschusseinheit kostet 5 GE. Ermitteln Sie die produktspezifische Ausbringungsfunktion des Ausschusses!

Bestimmen Sie auch hier die effizienten Intensitäten, die kostenminimale Intensität sowie die deckungsbeitragsmaximale Produktquantität! Wie lässt sich die Deckungsbeitragsdifferenz zum Ergebnis in Teilaufgabe c) erklären?

Ü 11.4

Zur Herstellung der Tagesproduktion eines Produktes 3 werden zwei Faktoren 1 und 2 eingesetzt. Der Verbrauch dieser Faktoren ist abhängig von der Intensität ρ (gemessen in Produkteinheiten pro Stunde), mit der die zur Produktion notwendige Maschine betrieben wird (mit $\rho \in [2, 5]$). Die maximale Betriebszeit beträgt 8 Stunden. Es gelten folgende produktspezifischen Verbrauchsfunktionen der Faktoren:

$$a_{1,3} = 2 + 4\rho \qquad\qquad a_{2,3} = \rho^2 - 4\rho + 5$$

a) Ermitteln Sie die kostenminimale Intensität zur Herstellung einer Produkteinheit, falls die Faktorstückkosten $c_1 = 1{,}5$ GE/QE und $c_2 = 3$ GE/QE betragen!

b) Reicht die kostenminimale Intensität zur Herstellung von 36 Produkteinheiten aus? Mit welcher Intensität/Zeit-Kombination würden Sie 36 Produkteinheiten produzieren? Welche Gesamtkosten entstehen dabei?

c) Sie haben die Möglichkeit, durch einen Leiharbeiter die Betriebszeit der Maschine auf 16 Stunden zu erhöhen. Wie viel wären Sie insgesamt maximal bereit, für den Leiharbeiter zu zahlen, wenn weiterhin nur der Auftrag über 36 Produkteinheiten vorliegt? (Hinweis: Gehen Sie davon aus, dass außer den Lohnkosten für den Leiharbeiter keine zusätzlichen Kosten anfallen.)

d) An Stelle einer Verlängerung der Maschinenbetriebszeit ist es auch möglich, eine zweite (zwischenzeitlich ausrangierte) identische Maschine wieder in Betrieb zu nehmen. Beide Maschinen können gleichzeitig vom vorhandenen Personal bedient werden, sodass außer den Kosten für die beiden o.g. Verbrauchsfaktoren nur noch einmalige Kosten für die Inbetriebnahme der *zweiten* Maschine anfallen. Lohnt es sich, zur Herstellung der 36 Produkteinheiten die zweite Maschine einzusetzen, wenn die Kosten ihrer Inbetriebnahme mit 500 GE veranschlagt werden?

e) Stellen Sie – ausgehend von den Angaben in Teilaufgabe d) – den kostenoptimalen Anpassungspfad in Abhängigkeit von der Produktionsquantität grafisch dar!

12 Losgrößenbestimmung

12.1 Einfaches Harris-Modell
12.1.1 Losabhängige Kosten
12.1.2 Wirtschaftliche Losgröße
12.1.3 Kostenabweichungen
12.2 Erweiterte Harris-Modelle
12.3 Mehrgütermodelle mit Kapazitätsrestriktionen
*12.3.1 Lagerraumengpass**
12.3.2 Überschneidungsfreie Losfolgen

Lagerhaltung von Produkten und Repetierfaktoren kann selbst bei einer deterministischen, konstanten Nachfrage unumgänglich sein, um unterschiedliche Geschwindigkeiten in der Bereitstellung und im Verbrauch eines Gutes auszugleichen. In Abschnitt 12.1 wird ein einfaches Grundmodell für diesen Zusammenhang vorgestellt, das zu den bekanntesten Modellen der Betriebswirtschaftslehre gehört. Es wird in Abschnitt 12.2 um einige Aspekte erweitert, soweit sie ein einzelnes Gut betreffen. Der Abschnitt 12.3 behandelt das Grundmodell im Mehrgüterfall, wenn gemeinsame Kapazitätsrestriktionen existieren.

12.1 Einfaches Harris-Modell

Es wird eine einzelne Güterart betrachtet, für die während der Produktionsperiode eine im Zeitablauf gleich bleibende Nachfrage in konstanter Höhe besteht. Der Gesamtbedarf beträgt y Einheiten; das bedeutet bei einer Periodendauer von τ Zeiteinheiten eine Nachfragerate in Höhe von $\beta = y/\tau$. Dabei kann es sich um die externe Nachfrage nach einem am Markt abgesetzten Endprodukt oder auch um den betriebsinternen Bedarf für einen Repetierfaktor handeln, der als Zwischenprodukt eigenproduziert oder am Beschaffungsmarkt fremdbezogen wird. Eine ununterbrochen in einem Zusammenhang produzierte bzw. gelieferte Quantität heißt **Los** oder *Auflage*, *Serie* bzw. *Bestellmenge*.

Dabei kommt es regelmäßig vor, dass Lose nur zu diskreten Zeitpunkten quasi schlagartig in einer – innerhalb gewisser Grenzen – disponiblen *Größe* bereitgestellt werden können. Bei der Eigenproduktion ist dies oft technisch unumgänglich (*Chargenproduktion*), etwa bei der Stahlgewinnung in einem Hochofen. Beim Fremdbezug ist die diskontinuierliche, mehr oder minder

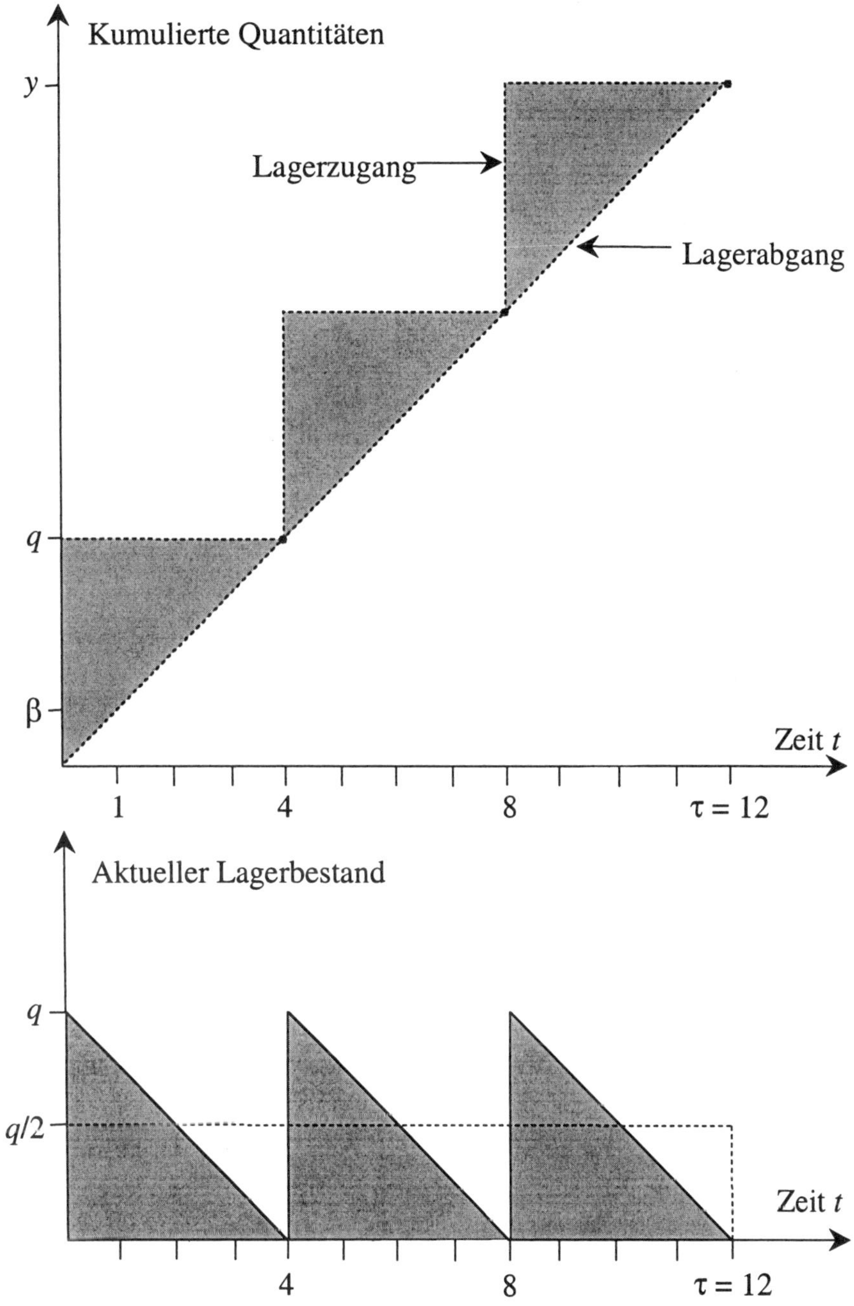

Bild 12.1: Lager mit schlagartigem Zugang und gleichmäßigem Abgang

schlagartige Anlieferung meistens durch die Transportkapazität der Verkehrsträger, z.B. der Lastkraftwagen, bedingt.

In Bild 12.1 sind im oberen Diagramm die kumulierten Lagerabgangs- und -zugangsverläufe für eine Periodendauer von 12 Zeiteinheiten eingezeichnet. Der Gesamtbedarf wird hier in drei Zeitpunkten im Abstand von je $t = 4$ Zeiteinheiten gedeckt (*Eindeckzeit*), indem zu diesen Zeitpunkten ein Los in der Größe $q = y/3$ bereitgestellt wird. Im unteren Diagramm ist der jeweils aktuell verfügbare Lagerbestand als Differenz der Lagerzugangs- und der -abgangskurve eingetragen. Man erkennt an dem sich wiederholenden, sägezahnförmigen Verlauf, dass sich während der Produktionsperiode im Mittel $q/2$ Quantitätseinheiten im Lager befinden.

12.1.1 Losabhängige Kosten

Je größer das Los – und damit die Eindeckzeit – ist, umso größer ist der durchschnittliche Lagerbestand. Damit wachsen aber auch die **Lagerhaltungskosten**. Das sind zum einen die eigentlichen *Lagerkosten* für Löhne, Energie, Raummiete u.a.m., welche allerdings zu einem großen Teil bestandsunabhängig und damit fix sind. Zum anderen verursachen die Lagerbestände *Kapitalbindungskosten* dadurch, dass während des Zeitraums zwischen der Auszahlung für die Bereitstellung eines Repetierfaktors und der Einzahlung des Erlöses für ein damit hergestelltes Produkt die Unternehmung Zinsverluste auf das eingesetzte Kapital hinnehmen muss. Es wird hier angenommen, dass die **bestandsabhängigen Kosten** proportional zum durchschnittlichen Lagerbestand $q/2$ sind, wobei der Proportionalitätsfaktor einem Lagerhaltungskostensatz in Höhe von c^{lag} Geldeinheiten je Guts- und Zeiteinheit multipliziert mit der Periodendauer τ entspricht. Bestandsfixe Kosten bleiben unberücksichtigt, da sie durch eine Variation der Losgröße nicht verändert werden können und somit die Erfolgsmaximierung nicht beeinflussen.

Um die Lagerhaltungskosten zu senken, sollte die Losgröße möglichst klein sein. Dann nimmt allerdings die Häufigkeit zu, mit der Lose aufgelegt bzw. bestellt werden müssen. Bei jeder Auflage oder Bestellung eines neuen Loses ist mit einmaligen Kosten zu rechnen, die von der Größe des Loses unabhängig sind und **losfixe Kosten** c^{los} genannt werden (*Rüstkosten* oder *bestellfixe Kosten)*. Sie rühren zum einen aus dem dem Rüst- oder Bestellvorgang direkt zurechenbaren Aufwand an Material, Energie u.a.m. her, zum anderen aus dem mit der Einschaltung oder Umstellung einer Maschine bzw. mit der Bestellung durch einen Einkäufer verbundenen Zeitaufwand, der zu Opportunitätskosten führt, wenn er anderweitig nutzbar ist. Rüstkosten sind besonders für

Engpassmaschinen anzusetzen, auf denen nacheinander verschiedene Erzeugnisse hergestellt werden (*Wechselproduktion*).

Was konkret alles zu den losfixen Kosten zu zählen ist, hängt von der betrachteten Entscheidungssituation ab. Kurzfristig, bei der *fallweisen Entscheidung* über ein einzelnes oder einige wenige Lose, sind durch ein Los oft nur geringe Opportunitätskosten zu erwarten; sie sind sogar gleich Null, wenn es sich um unterbeschäftigte Maschinen oder Personen handelt, die nicht anderweitig einsetzbar sind. Auf die Dauer sind nicht voll ausgelastete Kapazitäten aber gewöhnlich anders nutzbar oder sogar abbaubar, weshalb ihre Belastung zu Opportunitätskosten führt. Geht es bei der Losgrößenbestimmung also nicht um eine einzelne Disposition, sondern um eine ablauforganisatorische Maßnahme durch die dauerhafte Festlegung einer *generellen Entscheidungsregel*, so sind dann grundsätzlich alle durch das Los verursachten Maschinen- und Personaleinsatzzeiten relevant.

Außer den gesamten losfixen Kosten K^{los} und den bestandsabhängigen Lagerhaltungskosten K^{lag} gibt es im Allgemeinen noch sonstige Kosten K^{sonst} zur Bereitstellung von y Einheiten des Gutes während der Periode, insbesondere Herstellungs- bzw. Beschaffungskosten; sie werden hier exemplarisch als teils proportional zur Gutsquantität y und teils fix unterstellt. Die gesamten Periodenkosten ergeben sich so zu:

$$K = K^{los} + K^{lag} + K^{sonst} = c^{los} \cdot \frac{y}{q} + c^{lag} \cdot \frac{\tau q}{2} + c^{var} \cdot y + K^{fix}$$

Die beiden letzten Summanden, d.h. die sonstigen Kosten, hängen nicht von der Losgröße q ab und sind von daher im Sinne des starken Erfolgsprinzips bei der Losgrößenbestimmung nicht relevant. Sie werden deshalb üblicherweise erst gar nicht formuliert, obwohl sie i.d.R. den größten Anteil der Gesamtkosten ausmachen. Ebenso werden die Erlöse als positive Erfolgskomponente außer Acht gelassen, da sie durch die Losgröße nur dann beeinflusst werden, wenn durch eine ungeschickte Losgrößenpolitik *Fehlmengen* auftreten würden. Dies ist hier jedoch annahmegemäß nicht der Fall (vgl. Bild 12.1), sodass durch Erlöseinbußen hervorgerufene Fehlmengen(opportunitäts)kosten nicht zu berücksichtigen sind.

Das durch die zuvor beschriebenen Annahmen und die so vereinfachte Kostenfunktion zum Ausdruck gebrachte Modell heißt (*einfaches*) **Harris-Modell**. Es ist unabhängig voneinander von dem US-Amerikaner *Harris (1913)* und dem Deutschen *Andler (1929)* entwickelt worden. Die auf ihm beruhende „Andler'sche Losgrößenformel" gehört zu den bekanntesten und auch in der Praxis am weitesten verbreiteten Modellen der Betriebswirtschaftslehre.

12.1.2 Wirtschaftliche Losgröße

Bild 12.2 zeigt beispielhaft den Verlauf der beiden relevanten Kostenanteile sowie ihrer Summe. Dabei sind als Zeiteinheit ein Monat, als Periode ein Jahr ($\tau = 12$), als Gesamtbedarf $y = 18000$ [Stück/Jahr], als Rüstkosten $c^{los} = 4800$ [GE/Los] und als Lagerhaltungskostensatz $c^{lag} = 0{,}4$ [GE/Stück/Monat] unterstellt.

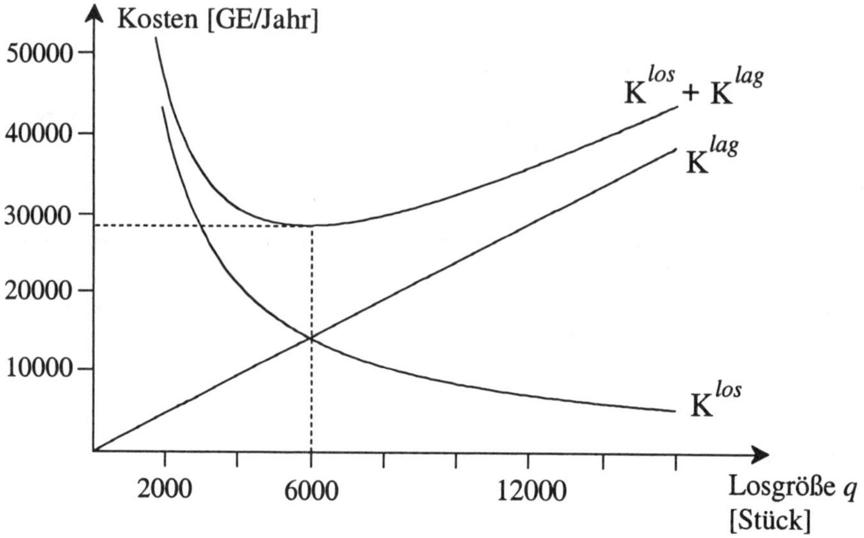

Bild 12.2: Losgrößenabhängige Kosten

Die Loskosten K^{los} fallen hyperbelförmig mit der Losgröße, die bestandsabhängigen Kosten K^{lag} wachsen proportional mit ihr. Die gesamten losgrößenabhängigen Kosten haben ein eindeutiges Minimum, welches im Beispiel bei $q = 6000$ [Stück] liegt. Es ist ein besonderes, auf den speziellen Annahmen beruhendes Merkmal des Harris-Modells, dass die Loskosten im Kostenminimum genau den Bestandskosten entsprechen; sie betragen hier $K^{los} = K^{lag} = 14400$ [GE/Jahr].

Analytisch lässt sich die optimale oder **wirtschaftliche Losgröße** q^* bestimmen, indem die mathematische Ableitung der Kostenfunktion nach q gleich Null gesetzt wird:

$$K'(q) = -c^{los} \cdot \frac{y}{q^2} + c^{lag} \cdot \frac{\tau}{2} = 0$$

Durch Auflösen nach q ergibt sich die so genannte (*Andler'sche*) *Bestellmengen-* oder **Losgrößenformel**:

$$q^* = \sqrt{\frac{2yc^{los}}{\tau c^{lag}}} = \sqrt{\frac{2\beta c^{los}}{c^{lag}}}$$

Daraus resultieren ohne Berücksichtigung der sonstigen Kosten minimale (oder indirekte) relevante Kosten $K = K^{los} + K^{lag}$ in Höhe von

$$K(q^*) = \sqrt{2yc^{los}c^{lag}\tau}$$

12.1.3 Kostenabweichungen

Die Kostenfunktion des Harris-Modells ist ziemlich robust gegen Abweichungen vom Optimum. Beispielsweise erhöhen die Unter- oder Überschreitung der wirtschaftlichen Losgröße um bis zu 20% die relevanten Kosten nur um maximal 2,5%. Dies beruht auf dem flachen Verlauf der Kostenkurve $K(q)$ in der Nähe des Kostenminimums. Für $q = q^*(1 + \varepsilon)$ erhält man durch Einsetzen in die Kostenfunktion nach wenigen Umformungen mittels der Losgrößenformel folgende Beziehung für die relative Veränderung der relevanten Kosten $K(q) = K^{los}(q) + K^{lag}(q)$ in Abhängigkeit von der relativen Abweichung ε:

$$\frac{K(q) - K(q^*)}{K(q^*)} = \frac{\varepsilon^2}{2(1+\varepsilon)}$$

Zu kleine Losgrößen führen dabei eher zu stärkeren Kostenabweichungen als zu große. So ergibt eine 50%ige Abweichung ($\varepsilon = \pm 0{,}5$) eine Kostensteigerung von 8,3% bei zu großer und von 25% bei zu kleiner Losgröße.

Diese Aussage setzt die losfixen Kosten c^{los} und den Lagerhaltungskostensatz c^{lag} als gegebene Werte voraus. Wegen des starken Opportunitätskostencharakters beider Kostenarten sind ungenaue Schätzwerte grundsätzlich kaum vermeidbar. Gemäß der Losgrößenformel führt eine Überschätzung der losfixen Kosten um den Faktor 2 (+100%) oder eine Unterschätzung des Lagerhaltungskostensatzes um den Faktor ½ (–50%) zu einem um 41,4% zu großen Los mit der Folge, dass die Kosten gegenüber dem tatsächlichen Kostenminimum um 6,1% zu hoch sind. Eine in umgekehrter Weise Unterschätzung der losfixen Kosten um den Faktor ½ oder Überschätzung des Lagerhaltungskostensatzes um den Faktor 2 ergibt ein um 29,3% zu kleines Los mit einer Kostenabweichung von 14,6% gegenüber dem Optimum.

Literaturhinweise
Hansmann (2001), S. 368–371
Schneeweiß (2002), Abschn. 3.4.3

12.2 Erweiterte Harris-Modelle

Bei der Eigenproduktion eines Loses für ein Zwischen- oder Endprodukt werden die einzelnen Produkteinheiten in vielen Fällen nacheinander hergestellt. Somit vergeht einige Zeit von der Erzeugung der ersten Produkteinheit bis zur letzten. Werden die so erzeugten Produkte zunächst angesammelt und das Los im Sinne des einfachen Harris-Modells nur als Ganzes in das Lager (oder an die nächste Produktionsstufe) übergeben, so spricht man von *geschlossener* Produktion. Bei einer *offenen* Produktion werden die erzeugten Produkte unmittelbar nach ihrer Herstellung eingelagert (bzw. der nächsten Produktionsstufe übergeben), sodass außer dem Lagerabgang auch der Lagerzugang *kontinuierlich* erfolgt. Dabei ist die Produktionsgeschwindigkeit, welche die Lagerzugangsrate α bestimmt, in der Regel größer als die Nachfragerate β, welche den Lagerabgang determiniert. Der linke Teil eines Zackens der Sägezahnkurve in Bild 12.1 verläuft dann nicht mehr senkrecht, sondern hat einen Anstieg, der aus der Differenz $\alpha - \beta$ der Zugangs- und der Abgangsrate resultiert. Die wirtschaftliche Losgröße berechnet sich in diesem Fall gemäß folgender Formel:

$$q^* = \sqrt{\frac{2\beta c^{los}}{\left(1 - \beta/\alpha\right) \cdot c^{lag}}}$$

Die Formel für das einfache Harris-Modell ergibt sich als Grenzfall eines unendlich schnellen Lagerzugangs ($\alpha = \infty$).

Die obige Losgrößenformel des *erweiterten Harris-Modells* mit endlichen Lagerzu- und -abgangsraten soll hier jedoch nicht für den soeben skizzierten, sondern stattdessen für den umgekehrten Fall eines gleichmäßigen Zugangs und periodischen Abgangs abgeleitet werden, wie er in Bild 12.3 veranschaulicht ist.

Realer Hintergrund eines solchen Falls kann ein Reduktionsbetrieb sein, z.B. eine unternehmungseigene VERBRENNUNGSANLAGE FÜR SONDERMÜLL. Während eines Monats mit t = 28 Tagen wird der Müll kontinuierlich mit der konstanten Geschwindigkeit α in das Eingangslager vor der Verbrennungsanlage angeliefert und dort gesammelt, bis die Verbrennungsanlage wieder eingeschaltet wird. Die gesamte Reduktquantität der Periode beläuft sich

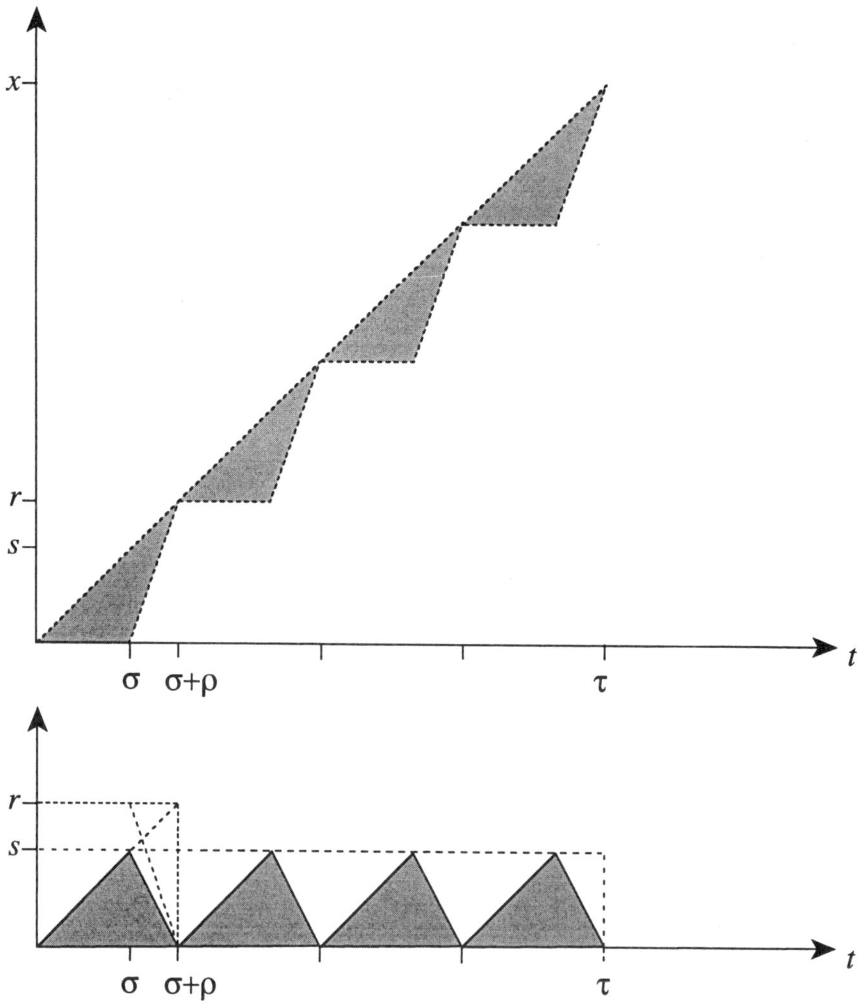

Bild 12.3: Lager mit gleichmäßigem Zugang und periodischem Abgang

somit auf $x = \alpha\tau$. Die Verbrennung geschieht mit einer Geschwindigkeit β, welche der Lagerabgangsrate entspricht und höher als die Zugangsrate ist ($\beta > \alpha$). Die Anlage ist damit nur zu einem Teil des Monats in Betrieb.

Das in einem ununterbrochenen Reduktionsvorgang der Dauer ρ beseitigte Los hat die Größe $r = \beta\rho$. Die jeweilige Inbetriebnahme verursacht unabhängig von der Losgröße r einmalige Rüst- oder Anlaufkosten in der Höhe c^{los} [GE/Los]. Andererseits sind für jede Tonne Müll auf dem Lager pro Tag Kosten in der Höhe c^{lag} [GE/Tag/Mg] zu berücksichtigen. Für eine Optimirung der Losgröße müssen die auflagenfixen Reduktionskosten gegen die bestandsabhängigen Lagerhaltungskosten abgewogen werden.

Bild 12.3 zeigt im oberen Diagramm die kumulierten Verläufe des gleichmäßigen Lagerzugangs und des periodisch wiederkehrenden, rascheren Lagerabgangs, im unteren Diagramm den daraus resultierenden aktuellen Lagerbestand. Für den höchsten vorkommenden Lagerbestand s, der sich bei leerem Lager in σ Tagen ansammelt, gilt wegen $r/(\sigma+\rho) = x/\tau = \alpha$:

$$\frac{s}{r} = \frac{\sigma}{\sigma+\rho} = 1 - \frac{\rho}{\sigma+\rho} = 1 - \frac{\rho/r}{\tau/x} = 1 - \frac{\alpha}{\beta}$$

Da die während des Monats insgesamt auf Lager liegende Quantität der dunkel getönten Fläche unterhalb der Sägezahnkurve und damit der Hälfte des Rechtecks mit den Seitenlängen s und τ entspricht, gilt für die losgrößenabhängigen monatlichen Kosten:

$$\mathrm{K}(r) = c^{los}\frac{x}{r} + c^{lag}\frac{\tau r}{2}\left(1-\frac{\alpha}{\beta}\right)$$

Das Kostenminimum wird für $\mathrm{K}'(r^*) = 0$ bei folgender wirtschaftlicher Losgröße angenommen:

$$r^* = \sqrt{\frac{2\alpha c^{los}}{(1-\alpha/\beta)\,c^{lag}}}$$

Der Unterschied zu der früheren Formel mit periodischem Lagerzugang und gleichmäßigem Lagerabgang besteht lediglich in der Vertauschung der Rollen der beiden Raten α und β. In beiden Fällen ist jedoch sorgfältig zu prüfen, ob und inwieweit der periodische Lagerzu- bzw. -abgang überhaupt kostenwirksam wird. Wenn beispielsweise im ersten Fall bei der Produktion eines Loses mit endlicher Geschwindigkeit die für das Los benötigten Materialien bei Produktionsbeginn schon vollständig vorhanden sein müssen, so hängt die Bindung des Umlaufkapitals nicht von dem Erzeugnisbestand ab. Entscheidend für die Anwendung des Harris-Modells bzw. der Losgrößenformel ist weniger der physische Vorgang, sondern eher die kostenmäßige Auswirkung. Solche Überlegungen hinsichtlich der **relevanten Kosten** sind auch bei anderen Erweiterungen des Harris-Modells zu beachten, von denen es in der Literatur eine Fülle gibt. Erwähnt werden sollen hier nur die Einbeziehung von – bewusst in Kauf genommenen – Fehlmengen sowie die Berücksichtigung von bestellmengenabhängigen Preisrabatten.

Literaturhinweise
Adam (1998), Abschn. 7.1–7.4
Bogaschewsky (1996)
Busse von Colbe/Laßmann (1991), Abschn. 16B

12.3 Mehrgütermodelle mit Kapazitätsrestriktionen

Bei mehreren Güterarten kann die Festlegung der Losgröße eines Gutes die Losbestimmung anderer Güterarten beeinflussen. Von einer **horizontalen Interdependenz** spricht man, wenn Lose einer Produktionsstufe um dieselbe Engpasskapazität konkurrieren. Dieser Engpass kann eine Produktiveinheit (Maschine, Arbeitskraft), aber auch ein Lager sein.

Die horizontale Interdependenz entspricht allgemein einer *Ressourceninterdependenz*. Eine *vertikale* Interdependenz der Losgrößenplanung ist bei einer *sequentiellen Leistungsverflechtung* anzutreffen, wenn die Festlegung eines Loses auf einer Dispositionsstufe den Sekundärbedarf nachgelagerter Dispositionsstufen und damit die dortige Losgrößenbildung beeinflusst (vgl. dazu Abschn. 13.2.2).

12.3.1 Lagerraumengpass

In Abschnitt 12.1.2 ist für ein Produkt $j = 1$ für eine Periode von $\tau = 12$ Monaten bei einem Gesamtbedarf von $y_1 = 18000$ Stück pro Jahr, losfixen Kosten $c_1^{los} = 4800$ GE sowie Lagerhaltungskosten von $c_1^{lag} = 0{,}4$ GE je Stück und Monat eine wirtschaftliche Losgröße von $q_1 = 6000$ Stück ermittelt worden. Bei einem weiteren Produkt mit $y_2 = 2400$, $c_2^{los} = 700$, $c_2^{lag} = 7$ ergibt sich $q_2 = 200$. Es sei nun angenommen, dass beide Produkte in derselben Lagerhalle aufbewahrt werden, und zwar aus ablauforganisatorischen Gründen in zwei räumlich getrennten Bereichen, welche jeweils für die maximale Lagerquantität ausreichen müssen. Die gesamte Lagerkapazität der Halle ist durch ihre verfügbare Lagerfläche von $F = 1500\ \text{m}^2$ beschränkt. Produkt 1 benötigt je Stück eine Fläche von $f_1 = 0{,}1\ \text{m}^2$, Produkt 2 von $f_2 = 5\ \text{m}^2$.

Der gesamte Flächenbedarf für die individuell optimalen Losgrößen übersteigt die verfügbare Kapazität:

$$f_1 q_1 + f_2 q_2 = 0{,}1 \cdot 6000 + 5 \cdot 200 = 1600 > 1500 = F$$

Da eine vollständige Ausnutzung des Engpasses Lagerfläche notwendige Bedingung für ein Kostenminimum ist, ist im allgemeinen Fall von n Produkten folgende Optimierungsaufgabe zu lösen:

$$\text{Minimiere K} = \sum_{j=1}^{n} \left(c_j^{los} \frac{y_j}{q_j} + c_j^{lag} \frac{\tau q_j}{2} \right)$$

$$\text{wobei} \qquad \sum_{j=1}^{n} f_j q_j = \text{F}$$

Die Aufgabe kann mittels der Lagrange-Multiplikatorenmethode gelöst werden. Die Ableitung der Lagrange-Funktion nach den Losgrößen liefert folgende notwendige Optimalitätsbedingungen:

$$-c_j^{los} \frac{y_j}{(q_j)^2} + c_j^{lag} \frac{\tau}{2} + \mu f_j = 0$$

Bei ausreichender Lagerkapazität würde $\mu = 0$ gelten; dann liegt die Optimalitätsbedingung des einfachen Harris-Modells vor. Der Lagrange-Multiplikator μ beschreibt den *Schattenpreis* der Engpassressource Lager, im Beispiel gemessen in GE pro m^2 und Jahr. Der zusätzliche Summand μf_j drückt so die Grenzkosten der Nutzung des Lagerengpasses durch eine Einheit des Produktes j aus. Aufgelöst nach q_j ergibt sich folgende Formel für die wirtschaftliche Losgröße:

$$q_j^* = \sqrt{\frac{y_j c_j^{los}}{c_j^{lag} \cdot \tau/2 + \mu f_j}}$$

Der erste Summand im Nenner des Quotienten unter der Wurzel, $c^{lag}\tau/2$, gibt bekanntlich die bestandsabhängigen Lagerhaltungskosten einer Produkteinheit während der gesamten Periode, im Beispiel also pro Jahr, an. Gegenüber der einfachen Losgrößenformel ist der Nenner mit dem zweiten Summanden μf_j noch um die jährlichen spezifischen *Opportunitätskosten* für die Nutzung des Lagerengpasses erweitert. Der Schattenpreis μ der Lagerkapazität ist dabei so zu bestimmen, dass die gemäß obiger Formel bestimmten wirtschaftlichen Losgrößen q_j^* die verfügbare Kapazität exakt ausschöpfen:

$$\sum_{j=1}^{n} f_j q_j^* = \text{F}$$

Dies ergibt eine Gleichung mit dem Schattenpreis als einziger unbekannter Größe. An Stelle einer analytischen Auflösung dieser impliziten Gleichung führt ein systematisches Iterationsverfahren zum Erfolg. Im Beispiel mit den beiden Produkten erhält man $\mu = 1{,}5557$ GE pro m^2 und Jahr. Die zugehörigen, reduzierten wirtschaftlichen Losgrößen lauten $q_1^* = 5814{,}5$ und $q_2^* = 183{,}7$ (an Stelle von 6000 bzw. 200 ohne Lagerengpass).

Das Beispiel verdeutlicht den generell stark ausgeprägten Opportunitätskostencharakter der für die Losgrößenbestimmung relevanten Kosten. Sie hängen damit von den konkreten Umständen der jeweiligen Entscheidungssituation ab. Eine exakte Ermittlung ist im Allgemeinen nicht möglich. Dies würde nämlich die Aufstellung eines *Totalmodells* der Unternehmung erfordern. Selbst wenn das möglich wäre – was schon wegen der mangelnden Voraussehbarkeit der Zukunft grundsätzlich nicht zutrifft –, würde sich dann die Kenntnis der Opportunitätskosten erübrigen, weil aus dem Totalmodell unmittelbar auch schon die optimalen Losgrößen selber resultieren. In der Praxis muss man sich deshalb mit Schätzwerten zufrieden geben, die den Zweck haben, die Entscheidung in die richtige Richtung zu lenken (**Lenkkosten**). Man wird daher den traditionell berechneten Lagerhaltungskostensatz c^{lag} mit einem auf Erfahrungswerten beruhenden Zuschlag Δc^{lag} für die Nutzung des knappen Lagerraums versehen und die wirtschaftliche Losgröße dann mit dem modifizierten Satz $c^{lag} + \Delta c^{lag}$ nach der klassischen Formel berechnen. Wählt man dabei $\Delta c^{lag} = 2\mu f_j/\tau$, so braucht bei weiterhin knappem Lagerraum der Schattenpreis μ nur iterativ erhöht und bei überschüssigem Lagerraum gesenkt zu werden, um auf diese Weise die Opportunitätskostenschätzungen systematisch zu korrigieren. Im Beispiel würden die so um Zuschläge modifizierten Lagerhaltungskostensätze, welche den Lagerengpass gerade ausschöpfen, lauten: $c_1^{lag} = 0{,}426$ (an Stelle 0,4) und $c_2^{lag} = 6{,}296$ (an Stelle 5).

12.3.2 Überschneidungsfreie Losfolgen

Mit der Losgröße wird für jedes Produkt auch seine sich zyklisch wiederholende Auflagepolitik festgelegt. Die Zykluslänge ist durch die Eindeckzeit $t = (q/y)\tau = q/\beta$ eines Loses bestimmt. Häufig werden dabei von verschiedenen Produkten die gleichen Produktiveinheiten abwechselnd beansprucht (Wechselproduktion). Engpässe können sich dann dadurch ergeben, dass zu einem Zeitpunkt während der betrachteten Periode zwei oder mehr Lose dieselbe Produktiveinheit belegen wollen und diese zeitgleich nur jeweils ein Produkt herstellen kann. Plant man für jedes Produkt isoliert die wirtschaftliche Losgröße, so sind solche Überschneidungen der **Losfolgen** kaum zu vermeiden.

Am Beispiel der in Abschnitt 12.2 behandelten (SONDER-)MÜLLVERBRENNUNGSANLAGE lässt sich die Losfolgeproblematik auch bei der Reduktion illustrieren. In der Unternehmung fallen zwei verschiedene Sondermüllarten an, die getrennt aufzubewahren und durch Verbrennung bei hohen Temperaturen zu vernichten sind. Eine gemeinsame Verbrennung würde zu unerwünschten chemischen Reaktionen mit gefährlichen Auswirkungen führen. Reduktart 1 fällt mit der Rate $\alpha_1 = 2{,}5$, Reduktart 2 mit $\alpha_2 = 3{,}75$ an; die Verbrennungsrate ist bei beiden Reduktarten gleich hoch: $\beta = 10$ [alle Raten gemessen in Mg/Tag]. Die Rüstkostensätze betragen $c_1^{los} = 735$ und $c_2^{los} = 225$ [jeweils GE/Los], die Lagerhaltungskostensätze $c_1^{lag} = 16$ und $c_2^{lag} = 12$ [jeweils in GE pro Mg und Tag]. Aus der erweiterten Losgrößenformel ergeben sich folgende wirtschaftliche Losgrößen: $r_1^* = 17{,}5$ und $r_2^* = 15$ [Mg/Los].

In Bild 12.4 sind die zugehörigen Auflagezyklen illustriert. Während des betrachteten Monats mit $\tau = 28$ Tagen werden die anfallenden 70 Tonnen der Reduktart 1 demnach in vier Losen zu je 17,5 Tonnen verbrannt, bei einer Kalenderwoche also an jedem Wochenende, wobei die Verbrennung 1,75 Tage dauert. Bei Reduktart 2 werden in einem Rhythmus von vier Tagen sieben Lose zu je 15 Tonnen aufgelegt, deren Verbrennung jeweils 1,5 Tage dauert. Aus beiden *Auflagepolitiken* resultiert das darüber eingezeichnete **Kapazitätsbelastungsprofil**, das den zeitlichen Verlauf des Kapazitätsbedarfs und des Kapazitätsangebots wiedergibt. Es kommt zu drei Kapazitätsüberlastungen am siebten, am neunzehnten und an den beiden letzten Tagen; sie sind außerdem auf der Zeitachse besonders hervorgehoben.

Die Abstimmung von Kapazitätsangebot und -nachfrage wird als **Kapazitätsabgleich** bezeichnet. Dazu muss das Angebot an die Nachfrage, die Nachfrage an das Angebot oder beides simultan angepasst werden. *Anpassungsformen* für das Kapazitätsangebot sind in Lektion 11 behandelt worden. Eine Anpassung der Kapazitätsnachfrage kann unter anderem durch Losverschiebung oder Lossplitting geschehen. Um im Beispiel die Überlast am siebten

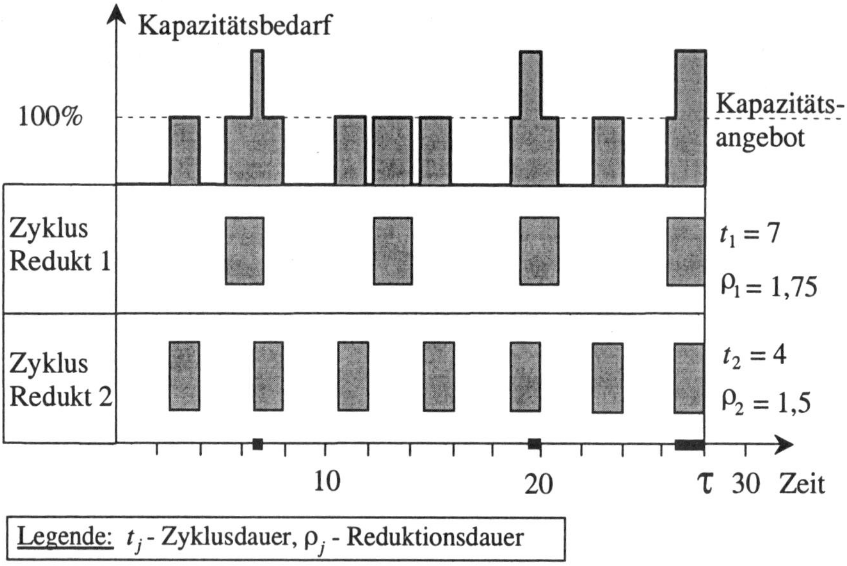

Bild 12.4: Losgrößenpolitik mit Kapazitätsüberschneidungen

Tag zu vermeiden, könnte das zweite Los der Reduktart 2 um einen halben Tag nach hinten verlagert werden. Dann muss es jedoch um die zwischenzeitlich zusätzlich angefallene Quantität von 1,875 Tonnen vergrößert werden; dadurch ändern sich die Lagerhaltungskosten.

Will man dagegen bei *festen Rhythmen* für die Auflagezeitpunkte der Lose bleiben, so wäre es etwa möglich, bei Reduktart 2 ebenfalls auf einen Wochenrhythmus überzugehen. Da die Verbrennungsanlage immer erst am Ende einer Woche eingeschaltet wird, um den bis dahin angefallenen Müll abzuarbeiten, wären jedoch Überschneidungen vorprogrammiert. Deshalb soll im Folgenden angenommen werden, dass die Planungsperioden beider Redukte zeitlich versetzt sind, also etwa bei Reduktart 1 am Mittwoch und bei Reduktart 2 am Samstag beginnen. Die dadurch hervorgerufenen Unterschiede in den Kapitalbindungskosten (Zinskosten) werden vernachlässigt.

Für die bei Reduktart 2 innerhalb von vier Wochen anfallende Quantität x_2 = 105 Tonnen müsste dann wöchentlich ein Los von r_2 = 26,25 Tonnen aufgelegt werden, welches die Verbrennungsanlage für 2,625 Tage belegt. Damit sind Kosten in Höhe von K_2 = 3656,25 GE verbunden, während die Kosten der wirtschaftlichen Losgröße für Reduktart 2 bei Missachtung der Kapazitätsüberschneidungen nur K_2^* = 3150 GE betragen würden. Allerdings sind die minimalen Kosten K^* = 5880 + 3150 = 9030 der wirtschaftlichen Losgrößen beider Redukte wegen der in Bild 12.4 gezeigten Überschneidungen nicht realisierbar. Sie stellen jedoch eine untere Schranke dar, an der sich realisierbare Lösungen messen lassen. So führt die Losgrößenpolitik mit wöchentlich einmaliger Auflage beider Redukte insgesamt zu K = 5880 + 3656,25 = 9536,25 GE. Eine andere realisierbare Losgrößenpolitik könnte also auf keinen Fall mehr als 506,25 GE an Kosten einsparen.

Eine Verbesserung könnte etwa durch eine andere Zyklusdauer t als gerade eine Woche (t = 7) erzielt werden. Allerdings muss dann bei erzwungener Harmonisierung auch bei Reduktart 1 von der wirtschaftlichen Losgröße abgewichen werden. Gesucht wird die optimale Zyklusdauer t, bei der beide Redukte τ/t = 28/t Mal während vier Wochen aufgelegt werden. Die Losgröße für Redukt i beträgt $r_i = (t/\tau)x_i = t\alpha_i$. Die gesamten losgrößenabhängigen Kosten beider Redukte sind:

$$K(t) = \tau\left(\frac{C^{los}}{t} + C^{lag}\cdot t\right)$$

$$\text{mit} \quad C^{los} = \sum_{i=1}^{2} c_i^{los} \quad \text{und} \quad C^{lag} = \frac{1}{2}\sum_{i=1}^{2}\left(1-\frac{\alpha_i}{\beta}\right)\alpha_i c_i^{lag}$$

Das Minimum der Kosten K(t) wird für folgende Zyklusdauer erreicht:

$$t^* = \sqrt{\frac{C^{los}}{C^{lag}}}$$

Im Zahlenbeispiel ist der optimale Zyklus für eine abwechselnde Verbrennung beider Redukte $t = 5{,}75$ Tage lang; die zugehörigen Lose sind $r_1 = 14{,}4$ und $r_2 = 21{,}6$ Tonnen groß. Die gesamten relevanten monatlichen Kosten betragen K = 9353,84 GE und liegen damit um 182,41 GE unter denen des wöchentlichen Zyklus, aber noch um 323,84 GE über dem (unerreichbaren) absoluten Kostenminimum.

Wie zu erwarten war, liegt die Dauer des optimalen harmonisierten Zyklus zwischen den individuell optimalen Zyklendauern beider Reduktarten von sieben bzw. vier Tagen. Weitere Verbesserungen können deshalb in Losgrössenpolitiken vermutet werden, welche möglichst wenig von den individuell optimalen abweichen. Hier sollen nur die Ergebnisse für zwei derartige Politiken genannt werden. In beiden Fällen besteht die Harmonisierung darin, die Zyklusdauer des ersten Redukts doppelt so lang wie die des zweiten zu wählen. Bezeichnet t $(= t_1 = 2t_2)$ nunmehr die längere Zyklusdauer des ersten Redukts, so lauten die gesamten losabhängigen Kosten:

$$K = 33180/t + 616{,}875 \cdot t$$

Der Fall $t = 8$ entspricht einer Anpassung der individuell optimalen Losgrößenpolitik des ersten Redukts an das zweite durch Verlängerung der Zyklusdauer von sieben auf acht Tage; daraus resultieren Kosten in der Höhe K = 9082,50 GE, welche nur noch 52,50 GE über dem fiktiven Minimum liegen. Der Fall $t = 7$ bedeutet eine Anpassung der individuell optimalen Losgröße des zweiten Redukts an die des ersten zur Erreichung der gewollten Harmonisierung und verursacht Kosten K = 9058,13 GE. Diese bisher beste Losgrössenpolitik beinhaltet die wöchentliche Auflage eines Loses von $q_1 = 17{,}5$ Tonnen für Redukt 1 und zweier Lose von je $q_2 = 13{,}125$ Tonnen für Redukt 2. Sie ist durch das Kapazitätsbelastungsprofil in Bild 12.5 gekennzeichnet.

Da diese Politik wegen der gleich bleibenden Wochentage, an denen die Verbrennungsanlage ein Los der beiden Sondermüllarten reduziert, für die ablauforganisatorische Umsetzung sehr praktikabel ist, wird eine noch weiter gehende Kostensenkung auf K = 9048,30 GE bei einem Zyklus von sieben Tagen und 8 Stunden realistischerweise kaum noch von Interesse sein.

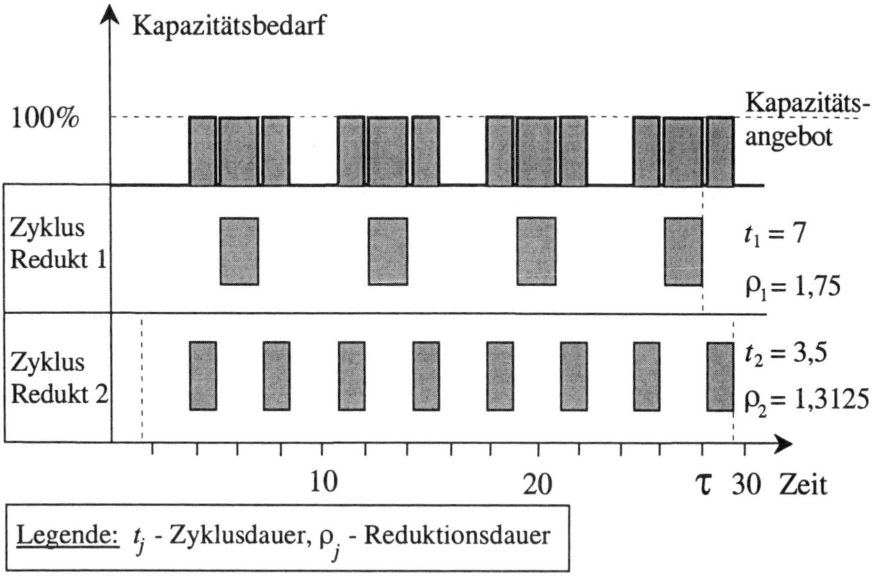

Bild 12.5: Überschneidungsfreie, harmonisierte Losgrößenpolitik

Literaturhinweise
Günther/Tempelmeier (2000), Abschn. 9.1.3
Hoitsch (1993), Abschn. 3.3
Zäpfel (1982), Abschn. IV.3.1

Wiederholungsfragen

1) Was versteht man unter einem Los? Welche Kosten werden auf welche Weise durch die Wahl der Losgröße beeinflusst?
2) Wie lässt sich die wirtschaftliche Losgröße bei Zugrundelegung des einfachen Harris-Modells analytisch ermitteln? Wie robust ist das Ergebnis gegen Abweichungen vom Optimum?
3) Wie ändert sich die Losgrößenformel, wenn an Stelle eines unendlich schnellen ein kontinuierlicher, aber immer noch periodischer Lagerzugang unterstellt wird? Welche Änderungen ergeben sich für den umgekehrten Fall gleichmäßigen Zu-, jedoch periodischen Abgangs?
4) Welche Vorgehensweise bietet sich an, wenn mehrere Produkte betrachtet werden und die gemeinsamen Lagerkapazitäten beschränkt sind?
5) Wie lassen sich beschränkte Produktionskapazitäten bei Wechselproduktion in der Losgrößenformel berücksichtigen?
6) Was versteht man unter Kapazitätsabgleich? Wie lässt sich eine harmonisierte Losgrößen- bzw. Losfolgenpolitik ermitteln?

Übungsaufgaben

Ü 12.1

Errechnen Sie die wirtschaftliche Losgröße und die davon abhängigen Kosten unter Zugrundelegung des geeignet erweiterten Harris-Modells mit folgenden Daten:

– Bedarf des Erzeugnisses pro Monat:	12000	QE
– Auflagekosten pro Fertigungslos:	600	GE
– Bestandskosten pro Einheit und Monat:	0,90	GE
– Betriebszeit pro Monat:	160	Stunden
– Produktionsausstoß pro Stunde:	100	QE

Gehen Sie dabei von einem konstanten Nachfrageverlauf aus!

Ü 12.2

Eine Unternehmung verkauft ein Produkt in konstanter, stets gleichbleibender Quantität. Sie versucht, die Gesamtkosten zu minimieren, indem sie das Produkt losweise in jeweils einem gewissen Herstellungszeitraum fertigt. Hängt die wirtschaftliche Losgröße von den Parametern

- Produktionsrate
- Bestandskostensatz
- variable Herstellungsstückkosten

ab? Falls ja, wie verändert sie sich bei alleiniger Erhöhung des jeweiligen Parameters?

Ü 12.3

Eine Kofferfabrik hat für einen Monat (= 30 Tage) ein Auftragsvolumen von 960 Stück des Koffertyps Travelmaster mit einer konstanten Absatzrate von 32 Koffer pro Tag. Die Kunden kaufen direkt ab Werk. Die variablen Herstellungskosten pro Koffer betragen 79 GE. Die Rüstkosten für die Maschine, auf der die Koffer produziert werden, belaufen sich auf 80 GE. Die Bestandskosten betragen 0,40 GE pro Tag und Koffer. Die Unternehmung arbeitet im 2-Schicht-Betrieb, bei dem 64 Koffer pro Tag produziert werden können.

a) Bestimmen Sie die wirtschaftliche Losgröße und beantworten Sie folgende Fragen:

- Wie hoch sind die sich daraus ergebenden monatlichen Rüstkosten, Bestandskosten und Gesamtkosten?
- Nach wie vielen Tagen wird ein neues Los aufgelegt?
- Wie lang sind die reine Produktions- und die reine Absatzzeit?
- Wie hoch ist der maximale Lagerbestand?
- Wie wirkt sich eine Erhöhung der täglichen Absatzquantität auf die wirtschaftliche Losgröße aus?

b) Der Unternehmer zieht sich im Rahmen eines Outsourcings von Teilen der Produktion aus der Fertigung des Travelmasters zurück und setzt diesen Koffertyp nur noch als Händler ab. Die bestellten Koffer werden per LKW angeliefert und unmittelbar bezahlt. Der Einkaufspreis pro Koffer beläuft sich auf 90 GE. Mit jeder Bestellung fallen zusätzlich bestellfixe Kosten von 80 GE an. Welche Losgröße ist jetzt optimal? Warum ist die optimale Bestellmenge kleiner als die optimale Seriengröße in Teilaufgabe a)?

Ü 12.4

Ein kleiner Hersteller von Hifi-Geräten setzt monatlich 100 Stück seiner Luxus-Lautsprecherbox Watt-Master ab. Es ist zu überlegen, in welchen Serien die Box gefertigt werden soll. Jede Serie erfordert Auflagekosten von 450 GE. Die Bestandskosten für das in den Fertigerzeugnissen gebundene Material betragen 4 GE pro Box und Monat.

a) Was ist die wirtschaftliche Seriengröße (= Losgröße)?

b) Welche Auflagekosten und welche Bestandskosten entstehen monatlich bei Realisierung der wirtschaftlichen Seriengröße?

c) Neben dem Watt-Master wird auch der Dröhn-Master produziert. Von diesem können 250 Stück pro Monat abgesetzt werden. Die Rüstkosten bei der Herstellung eines Loses des Dröhn-Masters betragen 400 GE. Für eine Lagerhaltung des Dröhn-Masters fallen 5 GE pro Stück und Monat an. Beide Boxentypen müssen in einem gemeinsamen Lager gelagert werden. Im Lager stehen nur 450 m^2 Fläche zur Verfügung. Der Watt-Master benötigt 1 m^2 Lagerfläche, der Dröhn-Master 2 m^2 Lagerfläche. Reicht der Lagerraum aus, um die jeweils individuell wirtschaftlichen Losgrößen zu produzieren? Versuchen Sie, den Schattenpreis der Lagerkapazität zu ermitteln! (Hinweis: Als geeigneter Startwert kann 1 gewählt werden.) Mit welchen Lagerbestandskostensätzen, einschließlich der Opportunitätskosten, sollte der Unternehmer zweckmäßigerweise rechnen?

Ü 12.5

Ein Produzent stellt auf einer Maschine drei Produkte her, die alle einen konstanten Absatzverlauf aufweisen. Die zur Produktion benötigten Einsatzstoffe werden bedarfssynchron angeliefert und direkt nach Erhalt bezahlt, sodass sich die in den Bestandskosten enthaltene Kapitalbindung ausschließlich auf die fertigen Produkte bezieht. Folgende Daten seien gegeben:

	Produkt 1	Produkt 2	Produkt 3
Absatzrate (QE pro Monat)	1600	3200	960
Produktionsrate (QE pro Monat)	6000	8000	12000
Rüstkosten (GE pro Los)	440	150	276
Bestandskosten (GE pro QE und Monat)	15	10	5

a) Berechnen Sie die wirtschaftlichen Losgrößen für die drei Produkte, und zwar jeweils mit Hilfe des erweiterten Harris-Modells! Begründen Sie kurz, warum das erweiterte Harris-Modell in diesem Fall dem einfachen Harris-Modell vorzuziehen ist!

b) Wie groß sind die jeweiligen optimalen Zykluslängen (in Monaten)? Wie lange ist die jeweilige Bearbeitungszeit eines Loses?

c) Überprüfen Sie grafisch, ob die gefundene Lösung realisierbar ist! Falls dies nicht der Fall ist, ermitteln sie eine realisierbare Lösung! Welche Kosten verursacht die optimale und welche die realisierbare Lösung?

13 Dynamische Aspekte der Produktionsplanung und -steuerung (PPS)

13.1 Mittelfristige Erzeugnisprogrammplanung
13.1.1 Emanzipation der Produktion vom Absatz
13.1.2 Mittelfristiger Kapazitätsabgleich
*13.1.3 Mehrere Erzeugnistypen und Engpasskapazitäten**
13.2 Kurzfristige Materialeinsatzplanung
13.2.1 Voraussetzungen der terminierten Bedarfsermittlung
13.2.2 Dispositionsstufenverfahren
13.3 Kurzfristiger Kapazitätsabgleich
*13.4 Weitere dynamische Aspekte**

Zeitliche Gesichtspunkte waren schon in den letzten beiden Lektionen, nämlich bei der Anpassung an Beschäftigungsschwankungen sowie bei der Losgrößen- und Losfolgepolitik, von Bedeutung. Die dort verwendeten Modelle und die darauf aufbauende Theorie sind jedoch im Wesentlichen noch statischer bzw. stationärer Natur. In dieser Lektion werden die elementaren Fragestellungen des Abschnitts 8.3 und der Lektionen 10 bis 12 in den komplexen dynamischen Zusammenhang der mittel- bis kurzfristigen Produktionsplanung und -steuerung (PPS) integriert, wie er bei kommerziellen, EDV-gestützten **PPS-Systemen** der Praxis üblich ist. An Hand einfacher Beispiele skizzieren die drei Abschnitte 13.1 bis 13.3 die prinzipielle Vorgehensweise bei der mehrperiodigen Erzeugnisprogrammplanung sowie das gestufte, sequenzielle Verfahren bei der Terminierung und Abstimmung des Einsatzes der Repetier- und Potenzialfaktoren.

13.1 Mittelfristige Erzeugnisprogrammplanung

Im früheren Beispiel des LEDERWARENHERSTELLERS ging es unter anderem darum, die gewinnmaximalen Erzeugnisstückzahlen an Schuhen und Taschen für einen bestimmten Planungszeitraum festzulegen (vgl. Abschn. 8.3.2). Eine solche Planung des Erzeugnisprogramms erfolgt gewöhnlich mittelfristig, d.h. mit einem Planungshorizont, der branchenabhängig von einem halben bis zu zwei Jahren betragen kann. Bei Lederwaren, wie auch Textilien, Nahrungsmitteln (z.B. Süßwaren, Getränke) und anderen Erzeugnissen (z.B. Fahrräder, Düngemittel, Energie), schwankt die Nachfrage während dieses Zeitraumes zum Teil sehr stark, oft nach einem rhythmischen saisonalen Muster. Eine pauschale mittelfristige Gesamtplanung des Erzeugnisprogramms erweist sich dann als zu grob, da aus ihr nur Durchschnittswerte für die *Teilperioden* (Quartale, Monate, Wochen) abgeleitet werden können. Momentane Unter- und Überbelastungen der Kapazität des Produktionssystems auf Grund der Nachfrageschwankungen und daraus resultierende Lieferschwierigkeiten und Kostensteigerungen können mit einem statischen Modell nicht abgebildet werden. Aus produktionswirtschaftlicher Sicht stellt sich die Frage, ob und wie die Nachfrage durch eine geeignete **Emanzipation** der Produktion von der Nachfrage befriedigt werden kann bzw. soll oder ob eine **Synchronisation** von Erzeugung und Absatz vorzuziehen ist.

13.1.1 Emanzipation der Produktion vom Absatz

Zur Beantwortung der Frage werden Hauptprodukte mit einem ähnlichen Nachfrageverlauf und einer ähnlichen Beanspruchung der wesentlichen Ressourcen, insbesondere der Engpasskapazitäten, zu so genannten *Produkt-* oder **Erzeugnistypen** zusammengefasst. Ein Erzeugnistyp umfasst auf diese Weise Varianten oder Sorten einer oder mehrerer Erzeugnisarten, wobei die Gesamtquantität eines Typs durch eine passende Maßgröße gemessen wird (z.B. Tonne Walzstahl, Hektoliter Bier, Anzahl Pkw oder Paar Schuhe einer bestimmten Modellreihe). Durch eine solche Aggregation wird die Nachfrageschätzung erleichtert und die Produktionsplanung vereinfacht.

Um die dabei zu lösende Problemstellung in ihren wesentlichen Grundzügen zu verdeutlichen, werden hier nur ein einzelner Erzeugnistyp und eine einzige Engpasskapazität betrachtet, also beispielsweise die Schuhe einer bestimmten Modellreihe, die in Handarbeit von Spezialisten angefertigt werden. Im Zahlenbeispiel der Tabelle 13.1 ist die Nachfrage für 8 Teilperioden angegeben.

Tabelle 13.1: Nachfrageverlauf für den Planungszeitraum

Periode	1	2	3	4	5	6	7	8
Nachfrage	40	50	45	80	100	75	150	90

Der gesamte Planungszeitraum muss nicht notwendig in gleich lange Perioden untergliedert sein. So kann es bei einer *rollierenden* Planung mit einem Planungshorizont von einem Jahr und einem vierteljährlichen Planungszyklus sinnvoll sein, das erste Halbjahr in kürzere Perioden zu unterteilen, z.B. in Monate, und für das zweite Halbjahr größere Perioden zu wählen, z.B. Quartale. Das ist für das Beispiel unterstellt.

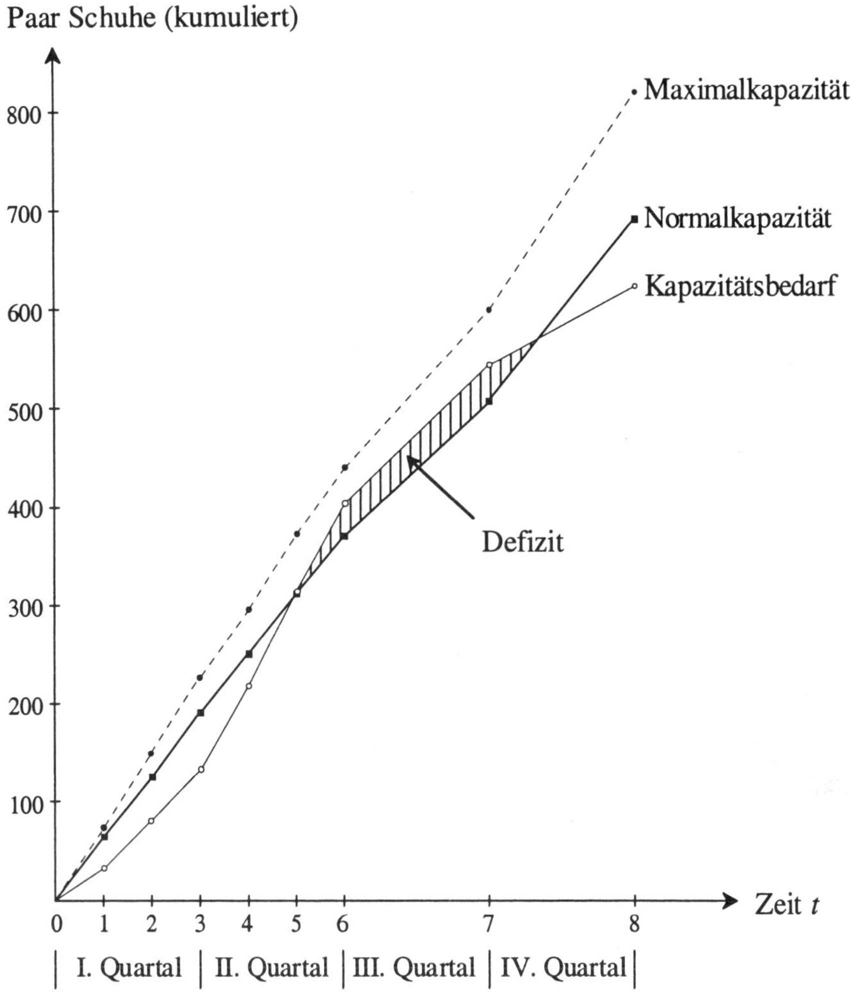

Bild 13.1: Kapazitätsbedarf und Kapazitätsangebot (kumuliert)

Da Nachfrageschätzungen naturgemäß unsicher sind, wird üblicherweise ein **Sicherheitsbestand** des Erzeugnistyps vorgesehen, der als Vorsorge zur Deckung überraschender Nachfrage und somit zur Vermeidung von *Fehlmengen* dient. Seine Höhe hängt von dem erwarteten Nachfrageniveau, von den möglichen Abweichungen, d.h. dem Schätzfehler, sowie von dem geforderten Lieferbereitschaftsgrad ab. Zur begründeten Bestimmung der Höhe des Sicherheitsbestandes ist es eigentlich notwendig, ein *stochastisches* Modell zu formulieren. Die Praxis begnügt sich meistens mit pauschalen Erfahrungswerten. Im Zahlenbeispiel sei entsprechend unterstellt, dass zu Beginn einer jeden Periode 20% der geschätzten Nachfrage des jeweiligen Monats auf dem

Lager liegen und damit schon in einer Vorperiode erzeugt sein müssen. Zu Beginn des Planungszeitraums ist ein **Anfangsbestand** von 15 Paar Schuhen vorhanden, für die Zeit nach dem Planungshorizont wird ein Sicherheitsbestand von 8 Paar gefordert.

Der *kumulierte* **Bedarf** bis zum Ende einer Periode ergibt sich dann als Summe aller Nachfrageschätzwerte gemäß Tabelle 13.1 bis zu diesem Zeitpunkt, abzüglich des Anfangsbestands und zuzüglich des jeweiligen Sicherheitsbestands für den Folgemonat; er ist in Zeile (5) der Tabelle 13.2 sowie grafisch in Bild 13.1 dargestellt. Beispielsweise ergibt sich der Bedarf in Höhe von 35 für Periode 1 aus: $40 - 15 + 0{,}2 \cdot 50 = 35$.

Dem kumulierten Bedarf des Produkttyps ist das mögliche **Angebot** auf Grund der verfügbaren Kapazität gegenüberzustellen. Dabei kann zwischen der planmäßigen Normalkapazität und etwaigen Zusatzkapazitäten unterschieden werden. Die **Normalkapazität** entspricht der in der normalen (z.B. tariflich vereinbarten) Arbeitszeit durch die planmäßig vorgesehenen Produktiveinheiten (Arbeitskräfte und Maschinen) herstellbaren Quantität des Produkttyps, eventuell korrigiert mittels Ausfallfaktoren um gewisse Erfahrungswerte für krankheits- oder störungsbedingte Ausfallzeiten.[1] Im Zahlenbeispiel wird je Arbeitstag eine Kapazität der Spezialisten für 3 Paar handgefertigte Schuhe angenommen. Unter Berücksichtigung der Zahl an Werktagen pro Monat sowie von Betriebsferien im dritten Quartal (Periode 7) sind die in Zeile (3) der Tabelle 13.2 aufgeführten Normalkapazitäten verfügbar. Aus der Gegenüberstellung der Zeilen (2) und (3) wird deutlich, dass die normale Kapazität – selbst ohne Berücksichtigung des Sicherheitsbestandes – nicht ausreicht, um die Nachfrage in den Perioden 4, 5, 6 und 7 zu befriedigen.

Die *kumulierten* Werte der Normalkapazität finden sich in Zeile (6) der Tabelle 13.2 sowie als grafische Darstellung in Bild 13.1. Sie geben die maximale Zahl an Schuhpaaren an, die erzeugt wird, wenn von Planungsbeginn an die Normalkapazität voll ausgelastet wird. Der senkrechte Abstand zwischen den beiden Kurven für die Normalkapazität und den Kapazitätsbedarf – als Differenz der Zeilen (6) und (5) – beschreibt im positiven Fall den aktuellen Lagerbestand an Schuhen, im negativen Fall (schraffierter Bereich) die Fehlmenge. Sowohl aus dem Vergleich der Zeilen (5) und (6) als auch aus dem Verlauf der beiden zugehörigen Kurven ist somit zu erkennen, dass man selbst bei voller Auslastung der Normalkapazität von Planungsbeginn an die Nachfrage in den Perioden 5, 6 und 7 nicht voll befriedigen kann. Dagegen liegen in Periode 8 Überkapazitäten vor.

[1] Bei mehreren verschiedenen Erzeugnistypen, die eine Produktiveinheit beanspruchen, wird die Kapazität üblicherweise in Zeiteinheiten (z.B. Maschinen- oder Mannstunden) gemessen.

Tabelle 13.2: Gegenüberstellung von Kapazitätsbedarf und -angebot

(1) Periode	1	2	3	4	5	6	7	8
(2) Nachfrage	40	50	45	80	100	75	150	90
(3) Normalkapazität	63	63	66	57	63	57	135	186
(4) Zusatzkapazität	12	12	12	12	12	12	24	36
(5) Kumulierter Bedarf	35	84	136	220	315	405	543	623
(6) Kumulierte Normalkapazität	63	126	192	249	312	369	504	690
(7) Kumulierte Maximalkapazität	75	150	228	297	372	441	600	822

13.1.2 Mittelfristiger Kapazitätsabgleich

Um die Nachfrage auch in den Perioden 5 bis 7 zu erfüllen, sind zusätzliche Produktionskapazitäten ins Auge zu fassen. **Zusatzkapazitäten** können beispielsweise durch Zusatzschichten, Überstunden, zeitliche Verlagerung von vorgesehenen Instandhaltungsmaßnahmen oder Einsatz von Leiharbeitern geschaffen werden; sie sind regelmäßig mit überproportional wachsenden Kosten verbunden. Im Zahlenbeispiel würde eine Verschiebung der Betriebsferien vom dritten ins vierte Quartal schon genügen, um das Defizit der Periode 7 vollständig abzubauen und die (normalen) Überkapazitäten der Periode 8 zu verringern. Hier sei angenommen, dass dies nicht möglich ist, sondern lediglich monatliche Überstunden im Umfang von maximal vier Tagen zugelassen sind; dadurch können bis zu 12 Paar Schuhe je Monat mehr gefertigt werden. Zeile (4) der Tabelle 13.2 enthält die periodenbezogenen Zusatzkapazitäten. Die kumulierten Werte aus Normal- und Zusatzkapazität findet man in Zeile (7) der Tabelle 13.2; sie sind außerdem in Bild 13.1 durch die gestrichelte Kurve angedeutet. Da diese Kurve stets oberhalb der Bedarfskurve verläuft, reicht also die durch Überstunden erzielbare **Maximalkapazität** aus, die Nachfrage zu befriedigen, und zwar sowohl die erwartete als auch etwaige – durch den Sicherheitsbestand abzudeckende – überraschende Nachfrage.

Bei ausreichender Maximalkapazität und zu befriedigender Nachfrage stellt sich im Sinne des starken Erfolgsprinzips die Frage, wie die *Produktion zeitlich verteilt* werden soll, um die Kosten zu minimieren. Sofern die Preise für Material, Löhne und andere Fertigungsaufwendungen in allen Perioden gleich sind, stellen die diesbezüglichen Material- und Fertigungskosten eine fixe Größe dar, mit Ausnahme der Lohnkosten für notwendig werdende Überstunden und der bestandsabhängigen Lagerhaltungskosten. Bei hohen Kosten der Zusatzkapazitäten kann es sich lohnen, Lagerhaltungskosten in Kauf zu nehmen, um den Bedarf mit normaler Kapazität früherer Perioden zu decken. Im Zahlenbeispiel sei davon ausgegangen, dass die Mehrkosten je Paar Schuhe bei Anfertigung in Überstunden 30 GE und bei vorgezogener Fertigung 18 GE pro Monat im Lager betragen.

Um die optimale Lösung zu bestimmen, ist es zunächst sinnvoll, die Nachfrage jeder Periode mit normaler Kapazität so weit wie möglich zu erfüllen. Tabelle 13.3 stellt dazu in den Zeilen (2) und (3) den Nettobedarf jeder Periode der Normalkapazität gegenüber und errechnet daraus in der Zeile (4) die Restkapazität (+) bzw. den Restbedarf (–) der Periode. Zeile (5) zeigt den mittels Überstunden in der jeweiligen Periode gegebenenfalls zu deckenden Restbedarf. (Die Werte der Zeilen (4) und (5) für Periode 8 sind wegen Irrelevanz eingeklammert, weil Kapazitäten späterer Perioden nicht zur Deckung früherer Defizite herangezogen werden können, d.h. Fehlmengen sind nicht zugelassen.)

Tabelle 13.3: Bedarfsdeckung aus Normalkapazität

(1) Periode	1	2	3	4	5	6	7	8
(2) Nettobedarf	35	49	52	84	95	90	138	80
(3) Normalkapazität	63	63	66	57	63	57	135	186
(4) Restkapazität (+) Restbedarf (–)	+28	+14	+14	–27	–32	–33	–3	(+106)
(5) Überstunden-kapazität	12	12	12	12	12	12	24	(36)

Die Restbedarfe der Perioden 4 bis 7 werden nun sukzessiv auf die jeweils kostengünstigste Weise gedeckt. Bei den genannten Preisen bedeutet das zunächst, die Fertigung um eine Periode vorzuziehen (+18 GE), soweit noch Normalkapazität in der Vorperiode verfügbar ist. Verbleibende Schuhe werden in derselben Periode in Überstunden gefertigt (+30 GE). Geht das auch nicht mehr, wird ihre Fertigung um zwei Monate vorgezogen (+36 GE). Erst danach werden Überstunden in der Vorperiode ins Auge gefasst (+48 GE), und so weiter. Im Endergebnis erhält man die in Tabelle 13.4 dargestellte optimale Lösung.

Tabelle 13.4: Optimales mehrperiodiges Erzeugnisprogramm

(1) Periode	1	2	3	4	5	6	7	8
(2) Optimale Produktion in Normalzeit	51	63	66	57	63	57	135	80
(3) Optimale Produktion in Überstunden	–	–	12	12	12	12	3	–
(4) Sicherheitsbestand	10	9	16	20	15	30	18	8
(5) Saisonbestand	16	30	56	41	21	–	–	–

13.1.3 Mehrere Erzeugnistypen und Engpasskapazitäten

Das Beispiel – so einfach es ist – zeigt die grundsätzliche Problematik der Planung des *mittelfristigen*, **mehrperiodigen Erzeugnis(typ)programms** deutlich auf. In der Praxis werden die Verhältnisse regelmäßig noch durch weitere Umstände kompliziert, so unter anderem durch

- beschränkte Lagerkapazität oder Lagerfähigkeit (z.B. wegen Verderbs)
- wechselnde Preise und damit schwankende Kosten und Erlöse während des Planungszeitraums
- verfrühte oder verspätete Nachfragebefriedigung mit gewissen Frühlieferbzw. Fehlmengenkosten
- verschiedene Anpassungsmöglichkeiten (außer Überstunden)
- mehrere Produkte (einer Produktionsstufe), die die gleiche Kapazität einer Ressource (z.B. Produktiveinheit, Lager, Transportmittel) beanspruchen (*horizontale* oder *Ressourceninterdependenz*)
- Leistungsverflechtungen bei mehrstufiger Produktion mit zeitlichen oder quantitativen Abhängigkeiten (*vertikale* oder *sequenzielle Interdependenz*).

Für die meisten Komplikationen lassen sich ohne weiteres entsprechende Erfolgsmodelle abstrakt formulieren. Problematisch ist allerdings zum einen die Ermittlung der zugehörigen Daten bei der konkreten Anwendung, besonders der Preise mit Opportunitätskostencharakter. Schwierigkeiten bereitet zum anderen die Berechnung des optimalen Erzeugnisprogramms, wenn das Modell viele ganzzahlige Variablen oder sonstige Nichtlinearitäten enthält, beispielsweise wegen sprungfixer oder überproportional wachsender Kosten.

Literaturhinweise

Günther/Tempelmeier (2000), Kap. 8
Schneeweiß (2002), Kap. 5
Zäpfel (1982), Kap. II, insbes. II.4.2.8

13.2 Kurzfristige Materialeinsatzplanung

Die mehrperiodige Mittelfristplanung gibt für die weitere Zukunft eine Vorschau, aus der Hinweise auf die Absatzplanung, abzuschließende Lieferverträge oder Kapazitätsanpassungsmaßnahmen abgeleitet werden können. Im Rahmen einer rollierenden Planung kann das Erzeugnisprogramm späterer Perioden bei einem nachfolgenden Planungszyklus gegebenenfalls revidiert und an neue, unvorhersehbare Entwicklungen angepasst werden. Nur das **kurzfristige** Erzeugnisprogramm für die Teilperioden vor dem nächsten Planungszyklus ist verbindlich und dient der detaillierteren kurzfristigen Faktoreinsatz- und Ablaufplanung.

13.2.1 Voraussetzungen der terminierten Bedarfsermittlung

Die Ergebnisse der Mittelfristplanung liefern somit für den Zeitraum bis zu ihrer Neuauflage verbindliche Vorgaben für die herzustellenden Mengen der verschiedenen Erzeugnistypen. Das so definierte, *kurzfristige Erzeugnisprogramm* der nächsten Zeit ist jedoch in der Regel sowohl in zeitlicher als auch in artmäßiger Hinsicht noch zu grob, um unmittelbar umsetzbar zu sein. So muss etwa die während eines Monats herzustellende Quantität eines Erzeugnistyps Schuhe in wöchentliche Stückzahlen der einzelnen Erzeugnisarten heruntergebrochen werden, die die Hauptprodukte des Produktionssystems darstellen. Abhängig von der Auslösung der Produktion (*Bestell-* oder *Lagerproduktion*) erfolgt die Disaggregation in der Praxis eher auf Grund konkret vorliegender Kundenaufträge oder auf Verdacht, d.h. auf Grund von Durchschnittswerten, welche auf Erfahrungen der Vergangenheit oder Schätzungen der Marktforschung beruhen. Die daraus resultierenden Quantitäten für die jeweiligen Hauptproduktarten (oder -varianten) in den einzelnen Teilperioden definieren die *Primärbedarfe* des anstehenden Produktionszeitraums. Ihre Gesamtheit wird als **(kurzfristiges) Hauptproduktionsprogramm** bezeichnet.[2]

Aus diesem Programm schließt man nun auf den *Sekundärbedarf* wichtiger Zwischenprodukte, Rohstoffe und Zukaufteile, im Prinzip wie bei der nichtterminierten programmorientierten Faktorbedarfsermittlung in Lektion 10 im Falle outputseitig determinierter Produktion. Wesentliche Unterschiede bei dynamischer Betrachtung liegen in der mehrperiodigen Untergliederung des Planungszeitraums unter Berücksichtigung von Lagerhaltung, in der Zusammenfassung der Nettobedarfe verschiedener Teilperioden zu jeweils einem Los eines Repetierfaktors (Betriebsauftrag bei Eigenfertigung bzw. Bestell-

[2] Vgl. *Günther/Tempelmeier (2000)*, Kap. 8.3, hinsichtlich eines systematischen Vorgehens zur Ableitung des Hauptproduktionsprogramms (master production schedule).

menge bei Fremdbezug) sowie in der Berücksichtigung der Durchlaufzeiten der Lose mittels Vorlaufverschiebung. Ein derartiges Vorgehen wird als **terminierte** (*programmorientierte Material-*)**Bedarfsermittlung** bezeichnet.

Neben der programmorientierten gibt es noch die *vergangenheitsorientierte Bedarfsermittlung* für Repetierfaktoren mit einem nahezu regelmäßigen, z.B. konstanten, trendförmigen oder zyklisch schwankenden Bedarf, der durch statistische Verfahren geschätzt werden kann, etwa durch die (univariate) Extrapolation der Vergangenheitswerte in die Zukunft unter der Annahme, dass in der betrachteten Zukunft kein systematischer Bruch des Vergangenheitsverhaltens auftritt.

Von einer **terminierten** (Material- oder) **Faktoreinsatzplanung** – an Stelle einer bloßen Bedarfsermittlung – kann man erst sprechen, wenn durch die Berücksichtigung beschränkter Kapazitäten der Potenzialfaktoren auch die Realisierbarkeit der Betriebsaufträge gewährleistet ist, sei es von vorneherein durch die Antizipation etwaiger Engpässe bei ihrer Planung oder aber im nachhinein durch einen so genannten *Kapazitätsabgleich.* Üblich im traditionellen PPS-Konzept des Material Requirements Planning (MRP) – und im Prinzip zu kritisieren – ist die nachträgliche Berücksichtigung der Produktionskapazitäten. Diese Vorgehensweise wird im Folgenden an Hand eines (möglichst) einfachen Beispiels demonstriert. Einige Details der Praxis, wie beispielsweise bestimmte *Sicherheitszuschläge* (z.B. Einrichte- oder Mehrverbrauchszuschläge) bei den Bedarfsmengen, werden dabei vernachlässigt. Sie beruhen hauptsächlich auf der Unsicherheit der Planungsdaten.

Die Ausgangssituation der terminierten Bedarfsermittlung im Beispiel ist im Wesentlichen durch den erweiterten Gozinto-Graphen des Bildes 13.2 beschrieben. Es wird eine einzelne Hauptproduktart P4 betrachtet, die aus der Baugruppe B3 und den Einzelteilen E2 und E1 gemäß dem dargestellten *Erzeugniszusammenhang* besteht. In den Knoten des Gozinto-Graphen sind weitere Informationen vermerkt, die für die terminierte Bedarfsermittlung von Bedeutung sind. Dabei handelt es sich einmal um den *Sicherheitsbestand* σ_{kt}, der in jeder Teilperiode zur Abdeckung überraschenden Bedarfes auf Lager liegen soll (z.B. wegen Eilaufträgen oder Ausschuss) und im Beispiel als konstant für alle Teilperioden unterstellt ist ($\sigma_{kt} = \sigma_k$). Zum Zweiten ist dort die geschätzte Dauer τ_k für die notwendige *Vorlaufverschiebung* angegeben. Bei der Eigenfertigung eines Loses des betreffenden Repetierfaktors wird die Vorlaufverschiebung durch die *Durchlaufzeit* auf dieser Produktionsstufe bestimmt. Beim Fremdbezug resultiert sie aus der *Lieferfrist*, die bei der Festlegung des Bestellzeitpunktes zu beachten ist. Die Angabe der Vorlaufzeiten geschieht üblicherweise in dem zeitlichen Raster der betrachteten Teilperioden des kurzfristigen Planungszeitraums, beispielsweise in Wochen.

Für das Endprodukt P4 ist im Beispiel kein Sicherheitsbestand vorgesehen. Begründet werden kann das einmal durch die in der Erzeugnisprogrammplanung schon eingeplanten und in den Primärbedarfen berücksichtigten Sicherheitsbestände und außerdem durch die Sicherheitsbestände für die Zwischen- und Vorprodukte der vorangehenden Produktionsstufen, die im Rahmen der Vorlaufzeiten ebenfalls eine gewisse Reserve bilden. Im Beispiel des Bildes 13.2 ist für die beiden Einzelteile E1 und E2 angenommen, dass sie eigengefertigt werden und dafür benötigte Faktoren nicht weiter relevant sind. Andernfalls müsste man eine weitere Dispositionsstufe für die Bereitstellung dieser Faktoren berücksichtigen.

Bei den Zeiten für die Vorlaufverschiebung handelt es sich in der Regel um grobe Schätzwerte. Bei Eigenproduktion umfassen sie zu einem hohen Anteil auch erwartete Liege- oder Wartezeiten. Die damit verbundene zeitliche Ungenauigkeit entschärft unter Umständen das Problem, dass die reine Bearbeitungszeit meistens von der Losgröße abhängt, welche oft erst noch festzulegen ist. Eine zeitgenauere Planung im Rahmen der *Durchlaufterminierung* kann beispielsweise mit der Netzplantechnik erfolgen.

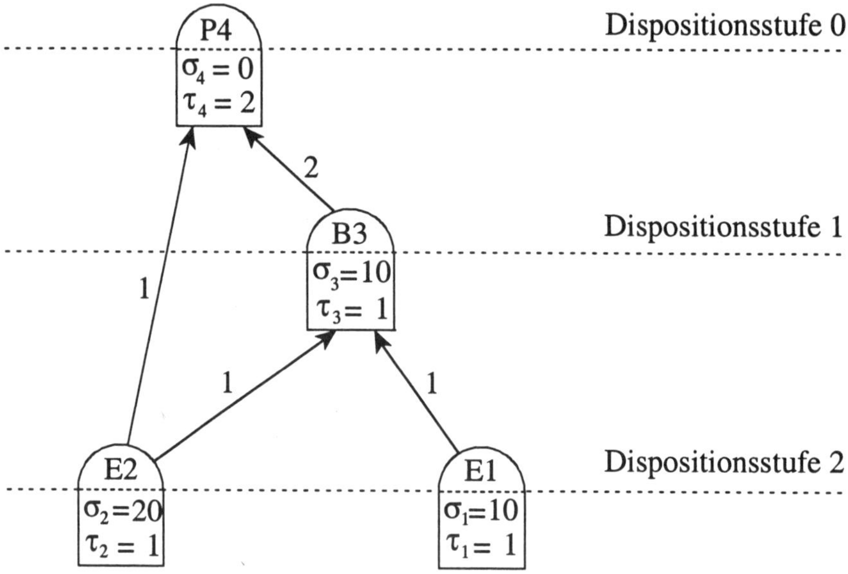

Bild 13.2: Erweiterter Gozinto-Graph des Beispielprodukts

13.2.2 Dispositionsstufenverfahren

Die Ermittlung des Bedarfs bei einer outputseitig determinierten Produktion erfolgt zweckmäßigerweise nach dem Dispositionsstufenverfahren. Die **Dispositionsstufe** eines Zwischen- oder eines Vorprodukts entspricht dem längsten Weg im Gozinto-Graphen von einem Endprodukt zu diesem Produkt. Endprodukte befinden sich definitionsgemäß auf der Stufe 0. Im Beispiel sind die Baugruppe der Stufe 1 und die Einzelteile der Stufe 2 zugeordnet. Für jede Dispositionsstufe, beginnend mit Stufe 0 bis zur letzten Stufe, werden nun für jedes Produkt dieser Stufe drei wesentliche Schritte durchlaufen:

- Ermittlung des terminierten Nettobedarfes
- Bestimmung der Losgrößen (Betriebsaufträge bzw. Bestellmengen)
- Vorlaufverschiebung.

Der **(terminierte) Nettobedarf** r^N_{kt} des Produktes k in der Teilperiode (Woche) t ergibt sich aus dem Bruttobedarf und dem disponiblen Lagerbestand. Der *Bruttobedarf* r^B_{kt} ist nach der statisch-deterministischen Produktionstheorie gemäß Lektion 10 durch die Summe aus Primärbedarf y_{kt} und Sekundärbedarf v_{kt} bestimmt; in der Praxis wird dieser Wert ergänzt um einen eventuellen Tertiärbedarf $\bar{z}_{kt}$, der stochastisch bedingt ist, weil er vergangenheitsorientiert errechnet wird oder pauschal ungewisse Verluste abdecken soll:

$$r^B_{kt} = y_{kt} + v_{kt} + \bar{z}_{kt}$$

Im Beispiel sind keine Tertiärbedarfe zu berücksichtigen ($\bar{z}_{kt} = 0$). Die Primärbedarfe des betrachteten Zeitraums von sieben Teilperioden für die vier Produkte (bei B3, E2 und E1 etwa sporadischer Ersatzteilbedarf) sind Tabelle 13.5 zu entnehmen. Die Tabelle enthält außerdem noch Angaben über den Anfangslagerbestand s_{k0} der Produkte.

Tabelle 13.5: Anfangslagerbestand und Primärbedarf

Produkt k	Anfangslager-bestand s_{k0}	Primärbedarf y_{kt} der Teilperiode t						
		1	2	3	4	5	6	7
P4	170	75	55	40	50	50	30	70
B3	150	–	–	20	10	10	–	–
E2	300	–	–	20	–	–	–	–
E1	100	–	10	–	–	–	–	–

Der Primärbedarf der ersten Teilperioden kann oft schon aus dem verfügbaren Lagerbestand oder durch offene, früher vergebene Betriebsaufträge der laufenden Produktion gedeckt werden. So reicht bei Endprodukt P4 der momentane Lagerbestand genau für die Teilperioden 1 bis 3, soweit kein Sicherheitsbestand oder keine anderen Reservierungen beachtet werden müssen. Der *disponible Lagerbestand* einer Periode resultiert aus dem physisch vorhandenen Bestand $s_{k,t\text{-}1}$, vermehrt um etwaige noch ausstehende Zugänge (offene Betriebsaufträge oder Bestellungen), vermindert um den reservierten und den Sicherheitsbestand. Im Beispiel stehen keine Zugänge aus und sind keine Bestände reserviert, sodass vom physischen Bestand $s_{k,t\text{-}1}$ nur der Sicherheitsbestand σ_{kt} abzuziehen ist. Ein *Nettobedarf* r^N_{kt} liegt erst dann vor, wenn der Bruttobedarf den disponiblen Lagerbestand übersteigt:

$$r^N_{kt} = \max\,\{r^B_{kt} - (s_{k,t\text{-}1} - \sigma_{kt}),\, 0\}$$

Da für Endprodukte definitionsgemäß kein Sekundärbedarf existiert ($v_{4t} = 0$), kann der terminierte Nettobedarf auf der Dispositionsstufe 0 mit den vorliegenden Daten unmittelbar ermittelt werden, wie im oberen Teil der Tabelle 13.6 für Endprodukt P4 geschehen.

Tabelle 13.6: Terminierte Bedarfsermittlung auf Dispositionsstufe 0

Endprodukt P4 ($\tau_4 = 2$)	Teilperiode t: 1	2	3	4	5	6	7
Primärbedarf y_{4t} = Bruttobedarf r^{B}_{4t}	75	55	40	50	50	30	70
Phys. Bestand $s_{4,t-1}$ = Disponibler Bestand	170	95	40	–	–	–	–
Nettobedarf r^{N}_{4t}	–	–	–	50	50	30	70
Los q_{4t}	–	–	–	50	50	30	70
Terminierter Auftrag	–	50	50	30	70		

Im zweiten Schritt des Dispositionsstufenverfahrens werden zu bestimmten Zeiten t die Nettobedarfe dieser Teilperiode sowie einer *Eindeckzeit* von υ nachfolgenden Teilperioden zu einem **Los** zusammengefasst (mit $\upsilon \in \mathbb{N}_0$):

$$q_{kt} = \sum_{t'=t}^{t+\upsilon} r^{N}_{kt'}$$

Dazu können für die *Losgröße* q_{kt} und die *Los(auflage)termine* t grundsätzlich ähnliche Überlegungen zur Kostenminimierung angestellt werden wie schon in Lektion 12, hier jedoch mit dem Unterschied, dass Lagerab- und -zugänge diskret zu den Periodenwechseln erfolgen und im Zeitablauf variieren. In der Praxis wird oft nach einfachen Regeln vorgegangen. So sei auch hier angenommen, dass das Endprodukt P4 sowie die Einzelteile E1 und E2 *Los für Los*, d.h. gemäß ihrem Nettobedarf, aufgelegt werden ($\upsilon = 0$, sodass $q_{kt} = r^{N}_{kt}$), während für die Baugruppe B3 eine *Richtlosgröße* in der Höhe $q_{3t} = 150$ vorgeschrieben ist. Bei der so genannten *Eindeckzeitlosgröße* wird dagegen in regelmäßigen Abständen von υ Teilperioden ein Los in der Größe des jeweiligen Bedarfs der Zwischenzeit aufgelegt.

Die wie angegeben gebildeten Lose werden im dritten Schritt nach ihrer **Vorlaufverschiebung** um τ_k Teilperioden als Betriebsaufträge oder Bestellungen (vorläufig) terminiert. Für das Endprodukt P4 sind die Ergebnisse der beiden letzten Schritte im unteren Teil der Tabelle 13.6 festgehalten.

Tabelle 13.7: Terminierte Bedarfsermittlung auf Dispositionsstufe 1

Baugruppe B3 ($\tau_3 = 1$)	Teilperiode t 1	2	3	4	5
Primärbedarf y_{3t}	–	–	20	10	10
+ Sekundärbedarf v_{3t}	–	100	100	60	140
= Bruttobedarf r_{3t}^B	–	100	120	70	150
Phys. Bestand $s_{3,t-1}$ (fiktiv)	150	150	50	10	10
– Sicherheitsbestand σ_{3t}	10	10	10	10	10
= Disponibler Bestand	140	140	40	–	–
Nettobedarf r_{3t}^N	–	–	80	70	150
Los q_{3t}	–	–	150	–	150
Terminierter Auftrag	–	150	–	150	–
Phys. Bestand $s_{3,t-1}$ (real)	150	150	50	80	10

Die Tabellen 13.7 und 13.8 zeigen die Ergebnisse der terminierten Bedarfsermittlung der Dispositionsstufen 1 und 2. Im Unterschied zum Endprodukt P4 sind für die anderen Produkte die Sekundärbedarfe v_{kt} und die Sicherheitsbestände σ_{kt} zu berücksichtigen. (Der physische Bestand bei Zwischenprodukt B3 in Tabelle 13.7 entspricht dem fiktiven Bestand vor Losbildung; durch die Richtlosgröße ist der tatsächliche Bestand höher.) Er ist der Vollständigkeit halber in der letzten Zeile der Tabelle 13.7 angegeben. In Tabelle 13.8 entsprechen sich fiktiver und realer physischer Bestand wegen der verfolgten ,Los für Los'-Politik

Gemäß der Vorgehensweise beim Dispositionsstufenverfahren werden die Lose auf den einzelnen Dispositionsstufen sukzessiv gebildet. Die Losbildung einer Stufe bestimmt so unmittelbar die Sekundärbedarfe nachfolgender Stufen. Mittelbar beeinflusst sie dadurch die Losgrößen und damit auch die Kosten und die zeitliche Verteilung der Kapazitätsbelastungen der nachfolgenden Stufen. Diese Abhängigkeit bei der Losgrößenplanung wird als **vertikale Interdependenz** bezeichnet. Um sie sich zu verdeutlichen, braucht man im Beispiel auf der Dispositionsstufe 0 nur die Nettobedarfe jeweils zweier aufeinander folgender Teilperioden zu einem Los zusammenzufassen – Eindeckzeit von zwei an Stelle einer Periode für das Endprodukt – und die daraus resultierenden Auswirkungen auf den Stufen 1 und 2 zu studieren.

Tabelle 13.8: Terminierte Bedarfsermittlung auf Dispositionsstufe 2

Einzelteil E2 ($\tau_2 = 1$)	Teilperiode t 1	2	3	4	5
Primärbedarf y_{2t}	–	–	20	–	–
+ Sekundärbedarf $v_{2,4t}$	–	50	50	30	70
+ Sekundärbedarf $v_{2,3t}$	–	150	–	150	–
= Bruttobedarf r_{2t}^B	–	200	70	180	70
Phys. Bestand $s_{2,t-1}$	300	300	100	30	20
– Sicherheitsbestand σ_{2t}	20	20	20	20	20
= Disponibler Bestand	280	280	80	10	–
Nettobedarf r_{2t}^N	–	–	–	170	70
Los q_{2t}	–	–	–	170	70
Terminierter Auftrag	–	–	170	70	

Einzelteil E1 ($\tau_1 = 1$)	Teilperiode t 1	2	3	4	5
Primärbedarf y_{1t}	–	10	–	–	–
+ Sekundärbedarf v_{1t}	–	150	–	150	–
= Bruttobedarf r_{1t}^B	–	160	–	150	–
Phys. Bestand $s_{1,t-1}$	100	100	10	10	10
– Sicherheitsbestand σ_{1t}	10	10	10	10	10
= Disponibler Bestand	90	90	–	–	–
Nettobedarf r_{1t}^N	–	70	–	150	–
Los q_{1t}	–	70	–	150	–
Terminierter Auftrag	70	–	150	–	

Literaturhinweise

Fandel/Francois/Gubitz (1994), Kap. 4
Günther/Tempelmeier (2000), Abschn. 9.1
Hoitsch (1993), Abschn. III.3, insbes. III.3.2
Schneeweiß (2002), Kap. 6
Zäpfel (1982), Abschn. IV.3, insbes. IV.3.1.3

13.3 Kurzfristiger Kapazitätsabgleich

Die vertikale Interdependenz bei der Losgrößenplanung beruht auf der innerbetrieblichen Leistungsverflechtung und existiert wegen ihrer Kostenwirkungen auch bei ausreichenden Kapazitäten. Bei knappen Kapazitäten kann eine ungeschickte Losgrößenpolitik nach dem Dispositionsstufenverfahren außerdem zu unvorhergesehenen Kapazitätsengpässen auf den im Transformationsprozess vorangehenden Produktionsstufen führen. Kapazitätsbedingte Abhängigkeiten können allerdings auch bei einer einstufigen Produktion vorkommen, wenn mehrere Produkte dieselbe Produktiveinheit beanspruchen. Eine solche Ressourceninterdependenz ist schon in Abschnitt 12.3 für den stationären Fall behandelt worden; sie wird als *horizontale Interdependenz* der Losgrößenplanung bezeichnet.

In Weiterführung des Beispiels aus Abschnitt 13.2 wird angenommen, dass zwar für die Montage des Endproduktes P4 genügend Kapazität vorhanden ist, dass jedoch die Fertigung der Baugruppe B3 und der Einzelteile E2 und E1 auf ein und derselben Maschine erfolgt. Die Maschine hat eine beschränkte Kapazität, welche auch von anderen Abteilungen der Unternehmung genutzt wird. In jeder Teilperiode stehen deshalb für die Fertigung von B3, E2 und E1 nur maximal 5 Maschinenstunden zur Verfügung. Die Kapazitätsbeanspruchung je Einheit von B3 beträgt 2 Minuten, von E2 1 Minute und von E1 1,5 Minuten. (Losfixe Rüstzeiten werden hier vernachlässigt, obwohl sie eigentlich explizit berücksichtigt werden müssen, besonders dann, wenn sie reihenfolgeabhängig sind.)

Für die gemäß den Tabellen 13.7 und 13.8 terminierten Betriebsaufträge ergeben sich die in Tabelle 13.9 angeführten und in Bild 13.3 veranschaulichten Kapazitätsbedarfe. Das verfügbare Kapazitätsangebot je Teilperiode beträgt 300 Minuten. Überlastungen liegen demnach in den Teilperioden 3 und 4 vor.

Tabelle 13.9: Vorläufiger Kapazitätsbedarf

Produkt	Teilperiode *t*			
k	1	2	3	4
B3	–	300	–	300
E2	–	–	170	70
E1	105	–	225	–
Gesamtbedarf	105	300	395	370

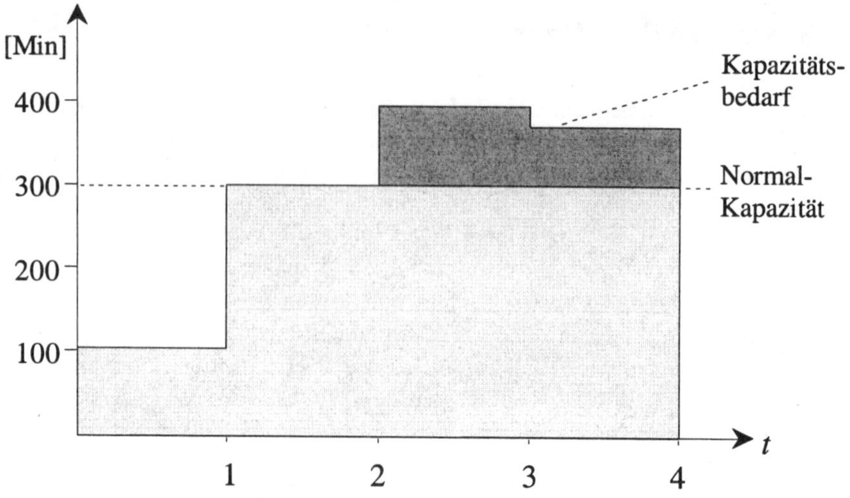

Bild 13.3: Kapazitätsbelastungsprofil

Wegen der Kapazitätsüberlastung sind die zuvor ermittelten Materialbedarfe nur *vorläufig* terminiert, es sei denn, das Kapazitätsangebot in der dritten und vierten Teilperiode wird durch geeignete Anpassungsmaßnahmen erhöht (vgl. Lektion 11). Eine Anpassung der Kapazitätsnachfrage ist beispielsweise durch die zeitliche Verlagerung einzelner Lose in frühere Teilperioden mit freier Kapazität möglich, allerdings unter Beachtung vertikaler Interdependenzen und unter Inkaufnahme zusätzlicher Lagerbestandskosten. Auch wegen der mit den Produktionsstufen zunehmenden Kapitalbindungskosten empfiehlt sich die Verlagerung von Betriebsaufträgen in der Regel eher für die Einzelteile als für die Baugruppe. Sollen die Lose nicht gesplittet werden, so führt eine Verlagerung der Aufträge für Einzelteil E2 gemäß Tabelle 13.10 zu einer zulässigen Kapazitätsbelastung. Sind die Lagerhaltungskosten für Einzelteil E2 höher als für E1, so kann sich die in Tabelle 13.11 dargestellte Verlagerung und Umbildung der Lose beider Einzelteile als kostengünstiger erweisen.

In beiden Fällen werden die Ergebnisse der vorläufig terminierten Bedarfsermittlung korrigiert und die Betriebsaufträge für die Repetierfaktoren *endgültig* terminiert. Gleichzeitig ist damit auch eine Terminierung des Kapazitätseinsatzes des Potenzialfaktors verbunden, weshalb man allgemein von einer (terminierten) *Faktoreinsatzplanung* sprechen kann. Besser als die Korrektur durch einen nachträglichen Kapazitätsabgleich wäre eine Faktoreinsatzplanung, die die Kapazitäten der Produktiveinheiten schon bei der Bestimmung des Materialbedarfs berücksichtigt und so den Einsatz aller Faktoren simultan terminiert. Diese Aufgabenstellung ist jedoch so komplex, dass es dafür bisher nur in Spezialfällen Erfolg versprechende Lösungsansätze gibt.

Tabelle 13.10: Kapazitätsabgleich durch Losverschiebung von E2

Produkt k	Teilperiode t 1	2	3	4
B3	–	300	–	300
E2	170	–	70	–
E1	105	–	225	–
Kapazitätsbedarf	275	300	295	300
Normalkapazität	300	300	300	300

Tabelle 13.11: Kapazitätsabgleich durch Losumbildung

Produkt k	Teilperiode t 1	2	3	4
B3	–	300	–	300
E2	–	–	240	–
E1	270	–	60	–
Kapazitätsbedarf	270	300	300	300
Normalkapazität	300	300	300	300

Literaturhinweise

Fandel/Francois/Gubitz (1994), Kap. 6
Günther/Tempelmeier (2000), Kap. 9, insbes. 9.1.4
Schneeweiß (2002), Abschn. 7.1–7.4
Zäpfel (1982), Abschn. IV.3, insbes. IV.3.2.2

13.4 Weitere dynamische Aspekte

Die kurzfristige Terminierung des Faktoreinsatzes bezieht sich in vielen Industriezweigen üblicherweise auf einen Horizont von mehreren Wochen mit den einzelnen Wochen als Zeiteinheiten. Eine solche **Durchlaufterminierung** wird auch als *Grobterminierung* bezeichnet, um sie von der *Feinterminierung* der Produktion zu unterscheiden, welche in einem Zeitraster von Tagen, Schichten oder auch Stunden erfolgt und dabei zum Teil nur einen Planungshorizont von wenigen Tagen hat. Bei dieser **aktuellen Ablaufsteuerung** geht es vornehmlich um die konkrete Maschinenbelegungs- und Reihenfolgeplanung. Dazu wird eine ausgebaute *dynamische* Theorie betrieblicher Wertschöpfung benötigt, die außerhalb des Fokus der Einführung in diesem Buch liegt und bisher auch nur in Ansätzen existiert (vgl. Abschn. 14.2).

Die aktuelle Ablaufsteuerung bildet zusammen mit den zuvor skizzierten dynamischen PPS-Aspekten, also der kurzfristigen Material- und Kapazitätsplanung sowie der mittelfristigen Erzeugnisprogrammplanung, die Hauptmodule von PPS-Systemen im Rahmen des operativen Produktionsmanagements. Dieses wiederum ist eingebettet in die taktische und strategische Planung der übergeordneten Managementebenen (vgl. Abschn. 14.3).

Im Hinblick auf die dynamischen Aspekte der Produktion sei hier abschließend noch auf den – für alle Managementebenen und Planungshorizonte geltenden – Zusammenhang mit der in Abschnitt 1.2.2 formulierten dynamischen Mengenbilanzgleichung eingegangen. Die *Dynamik* eines aus Teilperioden zusammengesetzten Gesamtmodells wird erst durch die *Übergangsbedingungen* von einer Periode zur anderen bewirkt. Diese koppeln die Perioden aneinander. In der Produktionswirtschaft und in der Logistik kommt die Kopplung gewöhnlich durch **Lagerbilanzgleichungen** für die lager- bzw. speicherfähigen Verbrauchsgüter zum Ausdruck. Solche Gleichungen sind in den vorangehenden Abschnitten 13.1 und 13.2 verwendet worden. Für die in Abschnitt 1.2.1 eingeführten – und im ganzen Buch immer in gleicher Bedeutung verwendeten – Symbole haben sie typischerweise die folgende oder eine ähnliche Gestalt:

$$s_{kt} = s_{k,t\text{-}1} + x_{kt} + u_{kt} - y_{kt} - v_{kt}$$

Bei dem in den Abschnitten 3.3.3 und 10.2.1 für mehrstufige Produktionssysteme formulierten *Erhaltungssatz* handelt es sich um einen statischen Spezialfall der dynamischen Bilanzgleichung. Sie kann im Zusammenhang mit der terminierten Bedarfsermittlung wie folgt interpretiert werden: Der Lagerbestand s_{kt} einer Produktart k am Ende der Periode t entspricht dem Anfangsbestand $s_{k,t\text{-}1}$ (= Endbestand der Vorperiode), zuzüglich der Zugänge auf Grund von Fremdbezug x_{kt} und Eigenfertigung u_{kt}, abzüglich der Abgänge durch Absatz y_{kt} (Primärbedarf) und Eigenverwendung v_{kt} (Sekundärbedarf). Mit den Symbolen $\Delta s_{kt}^{-} = y_{kt} + v_{kt}$ für die Lagerabgänge und $\Delta s_{kt}^{+} = x_{kt} + u_{kt}$ für die Lagerzugänge lässt sich die obige Gleichung folgendermaßen umschreiben:

$$\Delta s_{kt}^{+} = \Delta s_{kt}^{-} - (s_{k,t\text{-}1} - s_{kt})$$

Die Beziehung zur terminierten Bedarfsermittlung ist nun offensichtlich: Der *disponible Lagerbestand* entspricht einer erlaubten Bestandsveränderung ($s_{k,t\text{-}1} - s_{kt}$), der *Bruttobedarf* den geplanten Lagerabgängen ($r_{kt}^{\mathrm{B}} = \Delta s_{kt}^{-}$) und der *Nettobedarf* den gegebenenfalls notwendigen Lagerzugängen ($r_{kt}^{\mathrm{N}} = \max\{\Delta s_{kt}^{+}, 0\}$).

Derartige dynamische Bilanzgleichungen lassen sich außer für bewegliche Objekte wie Repetierfaktoren auch für das Nutzungspotenzial von Maschinen oder anderen Potenzialfaktoren formulieren, welches sich von Periode zu Periode nicht nur zeitlich bedingt (Alterung), sondern auch durch den jeweiligen Einsatz (Verschleiß, Erfahrung) verändern kann. Erweiterungen der Bilanzgleichungen um zeitlich verzögerte Effekte (time-lag) sind dann notwendig, wenn sich mehrperiodige Auswirkungen der Vergangenheit auf die Zukunft ergeben, welche sich nicht im modellierten Systemzustand niederschlagen. Beispiele sind offene Betriebsaufträge oder Bestellungen, die erst nach mehreren Perioden eintreffen. Insofern setzt das durch Bild 1.1 skizzierte *mehrperiodige Grundmodell* abgeschlossene Transformationsprozesse innerhalb der jeweiligen Perioden voraus. Die Periodenlänge sollte deshalb möglichst so gewählt sein, dass sie groß genug ist, um von Überlappungen abstrahieren zu können, aber auch klein genug, um die Dynamik des Geschehens zu erfassen.

Literaturhinweis
Domschke/Scholl/Voß (1993)
Fandel (1996)

Wiederholungsfragen

1) Wie lässt sich im Rahmen der Erzeugnisprogrammplanung prüfen, ob und in welchem Umfang eine Emanzipation der Produktion von der Nachfrage sinnvoll ist? Was versteht man in diesem Zusammenhang unter einem Erzeugnis- oder Produkttyp? Was ist der Sicherheitsbestand, und von welchen Einflussgrößen ist seine Höhe abhängig?
2) Wann kann man von einer terminierten Bedarfsermittlung, wann von einer terminierten Faktoreinsatzplanung sprechen? In welchen Schritten läuft das Dispositionsstufenverfahren ab?
3) Was versteht man unter einer Vorlaufverschiebung? Worin besteht der Unterschied zwischen physischem und disponiblem Lagerbestand?
4) Wie kommt es zu vertikalen bzw. horizontalen Interdependenzen bei der Losgrößenplanung?
5) Was heißt Kapazitätsabgleich? Wie lässt sich die Kapazitätsnachfrage anpassen (und wie das Kapazitätsangebot)?
6) In welcher Beziehung steht der statische Mengenerhaltungssatz zur dynamischen Mengenbilanzgleichung?

Übungsaufgaben

Ü 13.1 (vgl. *Günther/Tempelmeier 2000*, S. 164ff.)

a) Die Personalkapazität in einer Unternehmung ist auf jeweils 100 Einheiten pro Periode beschränkt. Jede Nachfrageeinheit eines Produkts beansprucht genau eine Kapazitätseinheit. Die voraussichtliche Nachfrageentwicklung kann der folgenden Tabelle entnommen werden:

Periode	1	2	3	4	5	6
Nachfrage	90	110	50	110	100	130

Die Herstellungskosten eines Produkts betragen in allen Perioden 12 Geldeinheiten (GE), die Lagerhaltungskosten eine GE pro Produkt und Periode. Wie viele Einheiten des Produkts sind in welcher Periode herzustellen, falls die Nachfrage befriedigt werden soll, und welche Lagerquantitäten ergeben sich in den einzelnen Perioden? Welche Kosten fallen insgesamt an?

b) Ergänzend zur Aufgabenstellung des Teils a) kann die beschränkte Personalkapazität nun um eine Zusatzkapazität von je 10 Einheiten pro Periode erweitert werden. Einem eventuellen Kapazitätsengpass kann damit nicht nur durch Lagerung, sondern auch durch die Inanspruchnahme der Zusatzkapazität begegnet werden. Der Lagerhaltungskostensatz beträgt 1 GE pro Produkt und Periode, und für jedes innerhalb der Zusatzkapazität produzierte Produkt fallen Mehrkosten von 1,5 GE an. Wie lautet der kostenminimale Produktionsplan, und welche entscheidungsrelevanten Kosten fallen dabei an?

c) Gehen Sie der Frage nach, wie hoch der Absatzpreis bzw. der Nettostückerlös des Produktes mindestens sein muss, damit sich die Befriedigung der Nachfrage auch noch bei Inanspruchnahme der Zusatzkapazität oder vorgezogener Produktion lohnt!

Ü 13.2 (vgl. *Günther/Tempelmeier 2000*, S. 195f.)

Gegeben sei nachstehender Gozinto-Graph:

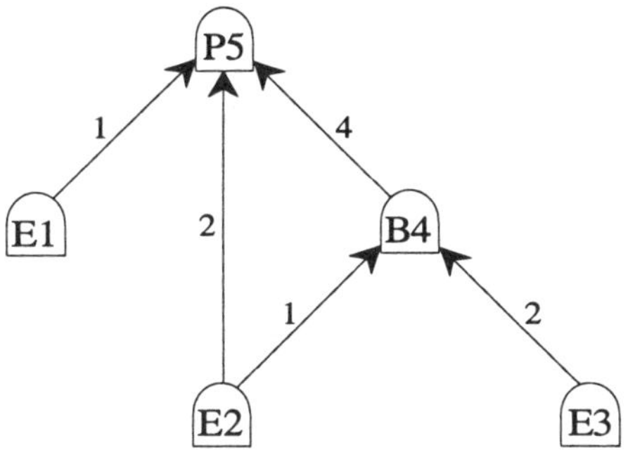

Für E1, E2 und P5 liegen Primärbedarfe vor, und zwar in folgender Höhe:

Periode	1	2	3	4	5	6	7	8	9	10
P5			300			330		250		310
E3		100		420				600		
E1				10		10			10	

Zu Beginn der ersten Periode ist vom Endprodukt P5 ein Bestand von 60 QE verfügbar, zudem liegen 700 QE von E1, 900 QE von E2, 500 QE von E3 und 990 QE von B4 vor. Ermitteln Sie die Nettobedarfe (unter Vernachlässigung eigentlich zu berücksichtigender Produktionszeiten und Losgrößenrestriktionen)!

Ü 13.3

Eine Unternehmung der Möbelindustrie stellt einen Schreibtisch der folgenden Fertigungsstruktur her: Auf der ersten Fertigungsstufe wird der Schreibtisch aus einer Platte und je einem Gestell und einem Unterschrank montiert. Auf einer vorgelagerten Stufe wird der Unterschrank aus einer Rückwand, je zwei Seitenwänden und Böden sowie drei Schubladen zusammengesetzt. Platte und Gestell des Schreibtischs werden fremdbezogen, die Schubladen ebenfalls, sodass deren Teilefertigung nicht mehr betrachtet werden muss. Der folgenden Tabelle kann der Primärbedarf an Schreibtischen entnommen werden. Für die anderen Teile liegt kein Primärbedarf vor.

Woche	1	2	3	4	5	6	7
Primärbedarf	–	–	–	200	300	500	400

Zu Beginn der ersten Woche liegen 250 Schreibtische, 80 Platten und 60 Unterschränke auf Lager. Von Gestellen, Rückwänden, Seitenwänden, Böden und Schubladen sind keine Lagerbestände vorhanden. Die Durchlaufzeit eines Schreibtischs beträgt 1 Woche, ebenso wie die von Unterschränken, Rückwänden, Seitenwänden und Böden. Platten haben eine Lieferzeit von 2 Wochen, Gestelle von 3 Wochen und Schubladen von 2 Wochen.

Die Schreibtische werden Los für Los gefertigt, analog die Gestelle geliefert. Die Platten können jeweils nur in Richtlosgrößen von 100 Stück oder einem Mehrfachen davon bezogen werden. Unterschränke werden Los für Los gefertigt, falls die resultierende Losgröße mindestens 300 Stück beträgt. Ist dagegen der Nettobedarf kleiner als 300, so soll der Bedarf der nächsten Woche mitproduziert werden; ist der Bedarf beider Wochen immer noch kleiner als 300, wird auch der Bedarf der übernächsten Woche mitproduziert usw. Die übrigen Objektarten werden Los für Los gefertigt.

Ermitteln Sie den terminierten Materialbedarf!

Ü 13.4

Gegeben sei der in Bild 13.2 dargestellte Erzeugniszusammenhang. Dort finden sich auch die relevanten Sicherheitsbestände und Durchlaufzeiten. Anfangslagerbestände und Primärbedarfe der vier Objektarten können der Tabelle 13.5 entnommen werden. Führen Sie ein Dispositionsstufenverfahren für nachstehende Fälle durch:

a) P4 und B3 werden Los für Los gefertigt; E1 und E2 werden jeweils in einer Richtlosgröße von 200 QE hergestellt!

b) P4 wird in einer Richtlosgröße von 150 Stück aufgelegt, zugleich geht ein offener Betriebsauftrag von 120 Stück von E1 zu Beginn der ersten Periode ein; B3, E1 und E2 werden jeweils Los für Los gefertigt!

14 Resümee und Ausblick

14.1 Produktionstypologie
14.1.1 Ausbringungsbezogene Produktionstypen
14.1.2 Einsatzbezogene Produktionstypen
14.1.3 Prozessbezogene Produktionstypen
*14.2 Möglichkeiten und Grenzen der Theorie betrieblicher Wertschöpfung**
14.3 Produktionsmanagement

Die vorangehenden dreizehn Lektionen der Kapitel A bis D führen in die Theorie betrieblicher, insbesondere industrieller Wertschöpfung ein und skizzieren wesentliche Grundzüge der Produktionswirtschaft. Die Fokussierung auf den Transformationsprozess – als den ausführenden Teil eines Produktionssystems (vgl. Bild 0.4) – und die daraus resultierende weit gehende Vernachlässigung des Führungsprozesses sind verantwortlich dafür, dass die Theorie nur einen wenn auch schon beachtlichen – Teil der produktionswirtschaftlichen Realität erklären kann. Im ersten Abschnitt dieser abschließenden Lektion werden wichtige Produktionsbegriffe und -typen der vorangehenden Lektionen zusammengefasst und um weitere bislang nicht behandelte ergänzt. Dadurch werden die Möglichkeiten und Grenzen einer quantitativ ausgelegten Theorie implizit verdeutlicht und im nachfolgenden Abschnitt 14.2 an Hand grundsätzlicher Überlegungen vertieft. Trotz ihrer Begrenzungen bildet die Theorie betrieblicher Wertschöpfung ein tragendes Fundament der Produktionsmanagementlehre und damit einen unverzichtbaren Bestandteil der Produktionswirtschaftslehre. In deren Zentrum steht der Führungsprozess als der gestaltende und lenkende Teil eines Produktionssystems. Die Produktionsmanagementlehre ist jedoch nicht mehr Gegenstand dieses Buches. Der Abschnitt 14.3 gibt lediglich einen kurzen Ausblick auf das Produktionsmanagement als Teil des Gesamtsystems der Unternehmensführung.

14.1 Produktionstypologie

Betriebe bzw. Unternehmungen sowie ihre wertschöpfenden Teile werden in der Produktionswirtschaft in ihrer Funktion als Produktionssysteme betrachtet. Gemäß der in Lektion 1 gewählten Sichtweise wird die in ihnen ablaufende Objekttransformation als Input/Output-Prozess oder auch Input/Throughput/ Output-Prozess beschrieben:

- *Input* sind je nach Sichtweise einerseits die dem System zu Beginn oder während des ablaufenden Prozesses von außen zugeführten bzw. zur Verfügung stehenden materiellen oder immateriellen Objekte (Systeminput oder Eintrag) sowie andererseits die während der Periode dem Transformationsprozess zugeführten bzw. unmittelbar dafür bereitgestellten Objekte (Prozessinput oder Einsatz).
- *Output* sind analog einerseits die aus der Transformation resultierenden Objekte (Prozessoutput oder Ausbringung) sowie andererseits die den Verfügungsbereich des Systems nach außen verlassenden bzw. am Ende der Produktionsperiode für nachfolgende Aktivitäten zur Verfügung stehenden Objekte (Systemoutput oder Austrag).
- *Throughput* sind sonstige den Transformationsprozess beeinflussende Bedingungen oder Eigenschaften des Produktionssystems, die einerseits als (interne) Stellgrößen instrumentalisiert werden können sowie andererseits als Umfeldparameter (betriebliche Nebenbedingungen, Datenkranz) exogen determiniert sind, sei es von außen oder von innen (externe bzw. interne Einflüsse oder Einwirkungen).

Der Systeminput und -output betrifft sowohl das ökonomische Umsystem als auch das sozio-kulturelle, politische, rechtliche und technische Umfeld sowie die Ökosphäre. Lässt man die Unterscheidung zwischen System- und Prozessinput (bzw. -output) außer Acht, so äußern sich Gemeinsamkeiten und Unterschiede von Produktionssystemen in entsprechenden Ausprägungen der Charakteristika des Inputs, Outputs und Throughputs. Besonders bei immateriellen Objekten (oder Wirkungen) kann es allerdings Schwierigkeiten bei der Vorstellung und bei der Abgrenzung der drei Kategorien geben. Unter diesem Vorbehalt werden im Folgenden wichtige Merkmale aller drei Kategorien angeführt und in den Tabellen 14.1 bis 14.3 zusammengestellt.

Die genannten Merkmale gehen zum Teil über den bislang behandelten Stoff hinaus. Noch ausführlichere Charakterisierungen der Eigenschaften von Produktionssystemen findet man in der angegebenen weiterführenden Literatur. Insbesondere zu Übeln und neutralen Objekten sowie den damit in engem Zusammenhang stehenden Kuppelproduktions- bzw. Reduktions- und allgemein Stoffstromsystemen siehe *Oenning (1997), Souren (1996)* und *Rüdiger (2000)* sowie die dortigen Literaturhinweise.

14.1.1 Ausbringungsbezogene Produktionstypen

Als Erzeugungs- oder Herstellungssysteme haben Produktionssysteme den Zweck der Hervorbringung bestimmter Outputobjekte, der so genannten (Haupt-)Produkte. Alle anderen beachteten Outputobjekte stellen Nebenprodukte dar. Sie sind als gute Nebenprodukte erwünscht und bilden zusammen mit den Hauptprodukten die Gutprodukte; Abprodukte und Beiprodukte bezeichnen die unerwünschten bzw. neutralen Nebenprodukte.

Dass andere Erzeugnisse als die Hauptprodukte bei zielgerichteter Produktion überhaupt anfallen, ist vornehmlich der Tatsache zuzuschreiben, dass jegliche Transformation auf Grund naturwissenschaftlicher Gesetzmäßigkeiten zwangsläufig Nebenwirkungen aufweist, insbesondere Abwärme hervorbringt.[1] Ein weiterer Grund ist die mangelnde Beherrschbarkeit des Transformationsprozesses, die zu Ausschuss führt. Ein beachteter Output, der im Produktionssystem (technisch) zwangsläufig bei der Erfüllung eines Systemzwecks anfällt, ist ein Kuppelprodukt. Dabei kann es sich um ein Haupt- oder ein Nebenprodukt handeln. Da aus rein physikalischer Sicht stets Kuppelprodukte vorkommen, ist es eigentlich nur dann sinnvoll, von Kuppelproduktion zu sprechen, wenn wenigstens zwei Hauptproduktarten als Kuppelprodukte anfallen. Aus demselben Grund bezeichnet der Begriff Mehrprodukt- im Gegensatz zur Einproduktproduktion sinnvollerweise die Erzeugung verschiedener Arten von Hauptprodukten in einem Produktionssystem. Bei eng verwandten Hauptproduktarten spricht man von Sortenproduktion, sonst von Artenproduktion. Zerfällt das Produktionssystem in mehrere unabhängige Subsysteme, wobei jedes genau eine Hauptproduktart erzeugt, so liegt parallele (unverbundene), andernfalls verbundene Produktion vor. Alternativproduktion – als Gegenstück zur Kuppelproduktion – ist derjenige Fall verbundener Produktion, bei dem jede Hauptproduktart gegebenenfalls auch allein hergestellt werden kann.

Für die Gestaltung eines Produktionssystems sind weitere Merkmale des Outputs von großer Bedeutung. Nach dem Grad der Spezifizierung der Hauptprodukte durch die Kunden differenziert man kundenindividuelle und Standarderzeugnisse. Nach der Art der Auslösung des Transformationsprozesses unterscheidet man Bestellprodukte, die nur auf einen konkreten Kundenauftrag hin hergestellt werden, von Lagerprodukten, die schon auf Verdacht produziert und auf Vorrat gehalten werden.

Die bislang genannten Unterscheidungen des Outputs sind historisch im Hinblick auf die Erzeugung von Sachgütern als Hauptprodukte entwickelt worden. Bei der Dienstleistungsproduktion ist schon die Definition dessen, was eigentlich das oder die Hauptprodukte sind, wegen ihrer immanenten Immaterialität sowie wegen ihrer Vielfältigkeit nur schwer in den Griff zu bekommen und in der Literatur von daher umstritten.[2] Sie lassen sich nach ihrem Ansatzpunkt als prozess- oder als ergebnisorientiert einstufen. Die Ansätze kennzeichnen verschiedene Dimensionen des Dienstleistungsbegriffs; sie sind grundsätzlich beide relevant, können aber in einer konkreten Situation von unterschiedlich hoher Bedeutung sein. Hinzu kommt, dass selbst von Industrieunternehmungen am Markt angebotene Produkte heute oft nicht mehr reine Sachgüter sind,

---

[1] Gemeint ist in erster Linie das *Entropiegesetz*, der „2. Hauptsatz der Thermodynamik" (vgl. *Dyckhoff 1994*, S. 77 f., sowie *Baumgärtner 2000*, S. 69 ff.).

[2] Vgl. Abschn. 1.4 sowie *Corsten (1997)* und *Maleri (1997)*.

sondern über gekoppelte Serviceleistungen auch immaterielle Komponenten umfassen (Systemverkauf). Letztlich sind sogar bewegliche Dinge wie Automobile, Fernsehgeräte oder Kühlschränke nicht die eigentlichen Absatzobjekte, sondern vielmehr nur materielle Vehikel (Trägermedien), um dem Käufer bestimmte immaterielle Funktionen wie Transport, Unterhaltung oder Kühlung als Dienste verfügbar zu machen.[3]

Tabelle 14.1: Ausbringungsbezogene Produktionstypen

<table>
<tr><th>Merkmal</th><th colspan="4">Ausprägungen</th></tr>
<tr><td>Sachzielbezug der Outputobjekte</td><td colspan="2">(Haupt-)Produkte</td><td colspan="2">Nebenprodukte</td></tr>
<tr><td>Erwünschtheit der Nebenprodukte</td><td>gute Nebenprodukte</td><td colspan="2">Abprodukte</td><td>Beiprodukte</td></tr>
<tr><td>Anzahl Hauptproduktarten</td><td colspan="2">Einproduktproduktion</td><td colspan="2">Mehrproduktproduktion</td></tr>
<tr><td>Verwandtschaftsgrad der Hauptproduktarten</td><td colspan="2">Sortenproduktion</td><td colspan="2">Artenproduktion</td></tr>
<tr><td>Verbundenheitsgrad</td><td colspan="2">verbundene Produktion</td><td colspan="2">parallele Produktion</td></tr>
<tr><td>Art der Verbundenheit</td><td colspan="2">Kuppelproduktion</td><td colspan="2">Alternativproduktion</td></tr>
<tr><td>Produktspezifizierung</td><td colspan="2">kundenindividuelle Produktion</td><td colspan="2">Standarderzeugnisproduktion</td></tr>
<tr><td>Auslösung der Produktion (Auftragstyp)</td><td colspan="2">Bestellproduktion</td><td colspan="2">Lagerproduktion</td></tr>
<tr><td>Charakter der Hauptprodukte</td><td colspan="2">Sachleistungsproduktion</td><td colspan="2">Dienstleistungsproduktion</td></tr>
</table>

14.1.2 Einsatzbezogene Produktionstypen

Als Reduktions- oder Beseitigungssysteme verfolgen Produktionssysteme den Zweck der Vernichtung (Umwandlung, Entledigung) bestimmter Inputobjekte, die als Redukte bezeichnet werden. Alle anderen Inputobjekte stellen Einsatzfaktoren dar, wobei Güter die (Haupt-)Faktoren bilden, deren Einsatz eigentlich unerwünscht, aber für die Durchführung der Transformation regelmäßig unvermeidbar ist. Der Einsatz von Reduktfaktoren ist dagegen erwünscht, während man Beifaktoren indifferent gegenübersteht.

[3] Produkte als Leistungsträger oder Problemlösungen (*Kern 1992*, S. 96ff.)

Einsatzfaktoren können in verschiedener Hinsicht klassifiziert bzw. typisiert werden (so genannte Faktorsysteme).[4] Von besonderer Bedeutung ist die Unterscheidung in einerseits Potenzialfaktoren und andererseits Repetierfaktoren:[5]

- Potenzialfaktoren gehen qualitativ – mehr oder minder – unverändert aus dem Transformationsprozess hervor. Insofern sind sie sowohl Input als auch Output des Prozesses (*Gebrauchsobjekte*). Üblicherweise wird jedoch von den physikalischen Objekten abstrahiert und nur die von ihnen abgegebene Leistung als Input betrachtet. Da diese Leistung nicht unmittelbar beobachtbar ist, wird hilfsweise die Zeit gemessen, für die sie im Prozess eingesetzt werden, bei geistig oder körperlich arbeitenden Personen etwa in Mannstunden, bei Betriebsmitteln wie Maschinen etwa in Maschinenstunden. Von solchen aktiven Potenzialfaktoren mit Abgabe von Werkverrichtungen in den Produktionsprozess werden die passiven abgegrenzt, womit einerseits hauptsächlich Grundstücke, Gebäude und allgemeine Einrichtungsgegenstände, aber auch Spezialwissen (Know-how) und dauerhafte Rechte gemeint sind. Bei manchen Faktoren kann das Potenzial durch den Einsatz in der Produktion sogar zunehmen, etwa bei neu eingestellten Arbeitskräften oder neu in Betrieb genommenen Anlagen auf Grund von Lern- oder Einfahreffekten.
- Repetierfaktoren gehen als selbstständige Objekte im Produktionsgeschehen unter oder verändern ihre Qualität derart, dass sie zu Objekten einer anderen Art bzw. zum Bestandteil eines neuen Objekts werden. Sie können nachfolgend nicht mehr in gleicher Qualität wiederverwendet werden (*Verbrauchsobjekte*). Sie lassen sich weiter differenzieren danach, ob sie substanziell in die Hauptprodukte eingehen oder nicht (direkter versus indirekter Verbrauch). Zur ersten Gruppe gehören Rohstoffe, Werkstoffe, Bauteile, Hilfsstoffe und Erzeugnisdienste, zur zweiten insbesondere Betriebsstoffe (z.B. Schmierstoffe) und Betriebsdienste. Die Erzeugnis- und Betriebsdienste gleichen in technischer Hinsicht den Werkverrichtungen der Potenzialfaktoren. Wirtschaftlich besteht der Unterschied darin, dass sie am Markt als Dienstleistungen nach Bedarf bezogen und nicht als Potenziale einmalig als Ganze angeschafft werden.

Eine solch dichotome Einteilung wie die in Potenzial- und Repetierfaktoren bedeutet eine Schwarz-Weiß-Kennzeichnung, zwischen denen in der Realität viele Grautöne vorkommen (vgl. Abschn. 1.4). Letztlich unterliegen alle materiellen Inputobjekte mehr oder minder starken qualitativen Veränderungen. Umgekehrt kann keine Materie und Energie verschwinden, sie ändern nur ihre Form und ihre Eigenschaften. So gesehen sind alle Sachobjekte Potenzialfaktoren, die nur umgewandelt werden können und dabei ihr Nutzungspotenzial verändern. Verbrauchsfaktoren sind in dieser Sicht Inputobjekte, deren ursprüngliche Nutzungsmöglichkeit nach einmaligem Gebrauch, d.h. nach dem Ende des

---

[4] Umfassendere Klassifikationen von Faktoren nehmen vor allem *Busse von Colbe/Laßmann (1991)*, *Corsten (1997)* und *Kern (1992)* vor.

[5] Vgl. *Busse von Colbe/Laßmann (1991)*, Abschnitt 5.B.2.

Transformationsprozesses, aufgebraucht ist. Werkzeuge können so abhängig von der Stärke ihres Verschleißes sowohl Potenzial- als auch Repetierfaktoren sein.

Zu den weiter gehenden Einteilungen der Potenzial- und Repetierfaktoren in jeweils zwei Untergruppen ist in ähnlicher Weise festzuhalten, dass sie nur die extremen Ausprägungen einer Fülle von Zwischenfällen darstellen. So stellt sich die Frage, was denn genau die unscharfen Kennzeichnungen bedeuten: Geben Werkzeuge Werkverrichtungen ab? Und: Gehen Werbeposter für eine Theateraufführung, die nachher an Interessenten verkauft werden, substanziell in die Produkte ein? Hintergrund ist auch hier der Versuch einer Differenzierung verschiedener Formen eines Werteverzehrs im Produktionsprozess.

Die Unterscheidung von Potenzial- und Repetierfaktoren ist wichtig für die Frage nach dem Werteverzehr bei der Produktion. Für Repetierfaktoren ist sie in der Regel dadurch einfacher zu beantworten, dass der gesamte Beschaffungsaufwand eines Objektes dem Transformationsprozess zugerechnet wird, während dies bei Potenzialfaktoren nur für die gesamte Dauer der Verfügbarkeit sinnvoll ist. Ein zusätzliches Abgrenzungsproblem bei der Zurechnung eines Werteverzehrs entsteht bei Potenzialfaktoren oft noch dadurch, dass sie bei enger Festlegung der Bilanzhülle eines Produktionssystems auch außerhalb des Systems genutzt werden können, sodass Opportunitätskosten zu berücksichtigen sind.

Eine weitere wichtige Unterscheidung bezieht sich auf den Grad der Autonomie der Disponierbarkeit über die Inputobjekte. Externe Faktoren entziehen sich einer autonomen Disposition dadurch, dass sie von außen bestimmt werden. Sie gehören nicht zum unmittelbaren Verfügungsbereich des Produzenten. Darunter fallen von Kunden beigestellte Objekte, direkte Dienstleistungen Systemfremder, indirekte Unterstützungsleistungen durch den Staat oder allgemein durch die Gesellschaft sowie die Beanspruchung und Einwirkung der natürlichen Umwelt. Interne Faktoren sind demgegenüber in der Regel vom Produzenten in der erforderlichen Ausprägung beschaffbar, oft auf einem entsprechenden Markt (z.B. Rohstoffmarkt, Investitionsgütermarkt, Arbeitsmarkt).

Nicht nur historisch bedeutsam ist die Einteilung der Einsatzfaktoren in den dispositiven Faktor und die Elementarfaktoren (nach *Gutenberg 1983*) sowie die Erweiterung um die Zusatzfaktoren (nach *Busse von Colbe/Laßmann 1991*):

- Unter dem dispositiven Faktor wird originär die leitende Tätigkeit (Geschäftsleitung) verstanden, die derivativ bestimmten Managementfunktionen entspricht (Planung und Organisation, aber auch Kontrolle und Personalleitung). Ihre institutionellen Träger werden hier als Produzent oder Produktionsmanager bezeichnet (je nach Abgrenzung des Produktionssystems z.B. Unternehmungsvorstand, Betriebsleiter, Werksleiter, Anlagenführer, Werkstattmeister). Dem Produzenten obliegt die zielgerichtete Führung des ihm anvertrauten Produktionssystems.

- Dazu kombiniert der Produzent die Elementarfaktoren Mensch, Betriebsmittel und Arbeitsobjekt. Unter Erstem wird die objektbezogene, ausführende menschliche, körperliche oder geistige Arbeit verstanden. Zu den Betriebsmitteln zählen Gebäude und Maschinen. Als zu be- oder verarbeitende Arbeitsobjekte kommen Werkstoffe (Vorprodukte, Rohstoffe, Hilfsstoffe) sowie außerdem als externe Faktoren beigestellte Objekte in Frage.
- Zu den Zusatzfaktoren gehören Nutzungen solcher (im Allgemeinen externer) Faktoren, welche einerseits quantitativ kaum erfassbar oder abgrenzbar, andererseits für die Produktion aber vielfach unverzichtbar sind. Dies sind insbesondere Leistungen von Staat, Kommunen, Verbänden, Kreditinstituten und Versicherungen, für die Steuern, Gebühren, Beiträge, Zinsen, Prämien und Honorare zu zahlen sind. Besonders bei Steuern und Beiträgen stehen den Nutzungen der externen Faktoren keine unmittelbar zurechenbaren Zahlungen gegenüber. Oft handelt es sich bei solchen Faktoren um so genannte öffentliche Güter, deren Nutzung grundsätzlich allen Mitgliedern einer Gesellschaft möglich ist (z.B. öffentliche Straßen und Gebäude, Luft, Allgemeinwissen). Ihre Nutzung ist, wenn überhaupt, nicht direkt zu entgelten; vielmehr erhebt der Staat dafür mehr oder minder pauschal Steuern und Abgaben. Ein unmittelbarer Verursachungszusammenhang dieser Ausgaben mit der Nutzung solcher Objekte ist daher kaum gegeben. Kennzeichen vieler aus der Natur bezogener externer Faktoren ist darüber hinaus, dass für sie sogar überhaupt kein Entgelt zu zahlen ist (freie Güter).

Tabelle 14.2: Einsatzbezogene Produktionstypen

<table>
<tr><th>Merkmal</th><th colspan="6">Ausprägungen</th></tr>
<tr><td>Sachzielbezug der Inputobjekte</td><td colspan="3">(Haupt-)Redukte</td><td colspan="3">Einsatzfaktoren</td></tr>
<tr><td>Erwünschtheit der Einsatzfaktoren</td><td colspan="2">(Haupt-) Faktoren</td><td colspan="2">Reduktfaktoren</td><td colspan="2">Beifaktoren</td></tr>
<tr><td>Veränderung der Qualität im Transformationsprozess</td><td colspan="3">Potenzialfaktoren</td><td colspan="3">Repetierfaktoren</td></tr>
<tr><td>Werkverrichtungen der Potenzialfaktoren</td><td colspan="3">aktive Potenzialfaktoren</td><td colspan="3">passive Potenzialfaktoren</td></tr>
<tr><td>Bezug der Repetierfaktoren zu den Hauptprodukten</td><td colspan="3">direkte Verbrauchsfaktoren</td><td colspan="3">indirekte Verbrauchsfaktoren</td></tr>
<tr><td>Autonomie der Disponierbarkeit</td><td colspan="3">externe Faktoren</td><td colspan="3">interne Faktoren</td></tr>
<tr><td>historische Gliederung</td><td colspan="2">dispositiver Faktor</td><td colspan="2">Elementarfaktoren</td><td colspan="2">Zusatzfaktoren</td></tr>
<tr><td>Art der Elementarfaktoren</td><td colspan="2">ausführende Arbeit</td><td colspan="2">Betriebsmittel</td><td colspan="2">Arbeitsobjekte</td></tr>
</table>

14.1.3 Prozessbezogene Produktionstypen

Während einsatz- und ausbringungsbezogene Produktionstypen letztlich auf die Außenbezüge eines Produktionssystems abstellen, ergeben sich prozessbezogene Charakteristika in erster Linie durch interne Einflussfaktoren. Allerdings ist eine strenge Abgrenzung zu Input und Output nicht immer möglich (und auch nicht nötig). So wird die Schwierigkeit der Abgrenzung zum Output beim prozessorientierten Dienstleistungsbegriff deutlich. Ebenso werden immer mehr Objekte, die kurzfristig feste Bestandteile eines Produktionssystems sind, bei längerfristiger Betrachtung zu Input oder Output, beispielsweise durch die Beschaffung neuer oder die Abschaffung alter Produktionsanlagen (im Grunde auch: Einstellung neuen oder Entlassung nicht mehr benötigten Personals).

Nicht zum Input oder Output zählende Objekte des Produktionssystems sowie sonstige Einwirkungen auf die Produktion werden als Prozessfaktoren bezeichnet. Für die Charakterisierung des Transformationsprozesses spielt die Innenstruktur des Produktionssystems die entscheidende Rolle. Sie ergibt sich wesentlich aus den Produktiveinheiten als Elemente des Systems, welche durch Beziehungen in Form von Stoff-, Energie- und Informationsflüssen sowie durch Personen und Maschinenbewegungen miteinander verbunden sind und bestimmte Produktionsaufgaben zu lösen haben. Eine *Produktiveinheit* ist in der Regel eine zeitlich-räumliche Einheit bestimmter Personen, Maschinen oder sonstiger Produktionsanlagen, die bestimmte Arbeitsgänge durchführt und damit zur Erfüllung des Betriebszwecks des ganzen Systems beiträgt. Sie heißt *Produktionsstelle*, wenn sie nicht weiter in Subsysteme aufgelöst ist und so ein Atom des betrachteten Produktionssystems bildet. Arbeitsgänge und (Produktions-)Stufen kennzeichnen als Prozesssegmente eindeutige Abschnitte im Laufe des gesamten Transformationsprozesses; ein Prozesselement ist ein nicht weiter unterteiltes Prozesssegment.

Die bei Ingenieuren übliche Bezeichnung Arbeitssystem für Produktiveinheiten macht deutlich, dass sie gegebenenfalls selber wieder als Subsysteme des Gesamtsystems aufgefasst und weiter untergliedert werden können. Beispiele sind die modernen computergesteuerten Flexiblen Fertigungssysteme, die aus miteinander über Informations- und Transportsysteme verketteten Bearbeitungszentren und angekoppelten, automatisch betriebenen Werkstück- und Werkzeugspeichern bestehen. Sie und andere vollautomatische Produktiveinheiten, wie z.B. Industrieroboter, kommen zumindest zeitweise vollkommen ohne Bedienungspersonal aus.

Zur näheren Beschreibung der Innenstruktur eines Produktionssystems spielen vor allem die Vernetzung der Objektströme sowie zeitliche und räumliche Aspekte eine Rolle. Die Vernetzung betrifft neben dem ausbringungsbezogenen Produktionstyp der Verbundenheit des Weiteren

- die Materialflussstruktur (Vergenztyp) mit den Ausprägungen: glatt (durchgängig), konvergierend (synthetisch), divergierend (analytisch) und umgruppierend (austauschend); sowie auch noch

- die Stufigkeit der Produktion mit den (von der jeweiligen Abgrenzung der Stufen abhängigen) Ausprägungen: einstufig, mehrstufig, zyklisch.

Der Wiederholungsgrad (auch: Repetitionstyp oder Fertigungsart) bezieht sich auf den zeitlichen Aspekt, wie viele Hauptprodukte einer Art in einem ununterbrochenen Prozess hergestellt bzw. wie viele Hauptredukte einer Art beseitigt werden (Auflage, Serie oder Los). Man unterscheidet nach ihrer Größe Einzelproduktion (Losgröße gleich Eins), Serienproduktion (Losgröße größer Eins und von vorneherein begrenzt) sowie Massenproduktion (Losgröße zunächst unbegrenzt).

Für die räumliche Anordnung der Produktiveinheiten (Anordnungstyp oder Fertigungsprinzip) haben neben der Werkbank- und der Baustellenproduktion die Werkstatt-, die Fließ- und die Zentrenproduktion besondere Bedeutung. Bei Werkstattproduktion sind die Produktiveinheiten gleicher oder ähnlicher Funktion räumlich konzentriert, nämlich in einer so genannten Werkstatt (Verrichtungsprinzip). Orientiert sich die räumliche Anordnung dagegen an den Arbeitsobjekten (Objektprinzip), so geschieht es bei Fließ- oder Flussproduktion hintereinander gemäß dem Materialfluss, bei Zentrenproduktion durch jeweils räumliche Konzentration der für eine Gruppe ähnlicher Arbeitsobjekte notwendigen Produktiveinheiten. Fließproduktion ohne zeitliche Bindung des Materialflusses wird Reihenproduktion, solche mit zeitlicher Bindung und starrer Kopplung Transferstraße oder Fließband genannt. Zentrenproduktion ist typisch für einige moderne Formen der Fertigungsorganisation, mit welchen versucht wird, die Vorteile der Werkstattproduktion bei der Produktvielfalt (Flexibilität) mit den Vorteilen der Fließproduktion bei der Erzielung größerer Produktquantitäten (Produktivität) zu verbinden, und zwar im Sinne eines Kompromisses, der nicht gleichzeitig zu hohe neue Nachteile mit sich bringt. Erfolgt die Produktion einschließlich des Materialflusses dabei weitge-

Tabelle 14.3: Prozessbezogene Produktionstypen

<table>
<tr><th>Merkmal</th><th colspan="60">Ausprägungen</th></tr>
<tr><td>Struktur des Materialflusses (Vergenztyp)</td><td colspan="15">glatt</td><td colspan="15">konvergierend</td><td colspan="15">divergierend</td><td colspan="15">umgruppierend</td></tr>
<tr><td>Anzahl und Vernetzung der Produktiveinheiten (Stufigkeit)</td><td colspan="20">einstufig</td><td colspan="20">mehrstufig</td><td colspan="20">zyklisch</td></tr>
<tr><td>Wiederholungsgrad (Repetitionstyp)</td><td colspan="20">Einzelproduktion</td><td colspan="20">Serienproduktion</td><td colspan="20">Massenproduktion</td></tr>
<tr><td>räumliche Anordnung der Produktiveinheiten (Anordnungstyp)</td><td colspan="12">Werkstattproduktion</td><td colspan="12">Zentrenproduktion</td><td colspan="12">Fließproduktion</td><td colspan="12">Werkbankproduktion</td><td colspan="12">Baustellenproduktion</td></tr>
</table>

hend automatisiert, so spricht man von einem flexiblen Fertigungssystem (FFS). Demgegenüber wird bei dem Konzept der Produktionsinsel eher auf eine Automation zu Gunsten des Einsatzes teilautonomer Arbeitsgruppen verzichtet.

Literaturhinweise
Fandel/Dyckhoff/Reese (1994)
Hahn/Laßmann (1999), Abschn. I.3
Hoitsch (1993), Abschn. I.1.3
Kern (1992), Abschn. B.I.2 und B.IV

14.2 Möglichkeiten und Grenzen der Theorie betrieblicher Wertschöpfung

Typologien stellen erste, begriffsbildende und systematisierende Schritte auf dem Wege zu einer Theorie dar. Etliche der in Abschnitt 14.1 zusammengestellten Produktionstypen (z.B. Kuppelproduktion oder zyklische Produktion) sowie darüber hinaus weitere (z.B. lineare oder limitationale Produktion) sind zuvor in den Kapiteln A bis D systematisch eingeführt worden. Der dort entwickelte, im Wesentlichen statisch-deterministische Rahmen für eine Theorie betrieblicher Wertschöpfung – als auf den Transformationsprozess konzentrierter Teil einer allgemeinen Produktionswirtschaftstheorie – ermöglicht eine klare Definition der dazu notwendigen Begriffe. Die Übersichten der Tabellen 14.1 bis 14.3 stehen deshalb resümierend am Ende des Buches, ergänzt um einige neue Begriffe (z.B. Werkstattproduktion), die erst im Rahmen einer dynamischen und stochastischen Theorie sinnvoll begründet werden können. Zusammen bilden sie eine (qualitativ-strukturierende) Grundlage für weiter gehende Analysen von Produktionssystemen, besonders solcher, welche auch das Führungssystem, d.h. das Produktionsmanagement, stärker einbeziehen (vgl. Abschn. 14.3).

Über die Begriffsbildung und qualitative Systematisierung hinaus liefert die vorgestellte Theorie betrieblicher, insbesondere industrieller Wertschöpfung außerdem eine Reihe von Modellen, Aussagen und Einsichten über quantitative Zusammenhänge von Input, Throughput und Output bei Produktionsprozessen. Bei einer entsprechenden Bewertung der Objekte erhält man so eine produktionstheoretisch fundierte Grundlage für die Beschreibung, Analyse und Beeinflussung des Erfolges von Unternehmungen bzw. ihrer wertschöpfenden Subsysteme.

Modelle im Rahmen einer Theorie dienen der Komplexitätsreduktion. Mit ihnen können folgende Zwecke verfolgt werden (vgl. *Schmidt/Schor 1987*, S. 24ff.):

- Schaffung bzw. Erhöhung der Transparenz realer Phänomene
- Erklärungen im Prinzip
- Erprobung von Formulierungs- und Beweisverfahren
- Erleichterung der Kommunikation
- Einsatz als Heuristik oder als didaktisches Mittel.

Nicht die Modelle an sich werden thematisiert, sondern eher die ihnen zu Grunde liegenden (Problemlösungs-)Ideen. Die Modelle stellen in erster Linie Entwürfe möglicher Welten oder Weltsichten dar, die auf diese Weise Interpretationen der Realität anbieten, ein Vokabular für die Kommunikation über reale Probleme liefern sowie Vorschläge zur Strukturierung von Erfahrung präsentieren und so die Orientierung der handelnden Subjekte erleichtern.

Andererseits sind aber auch schon im Rahmen dieser einführenden Darstellung die Grenzen der hier formulierten Theorie betrieblicher Wertschöpfung deutlich geworden. So sind viele Phänomene des Transformationsprozesses und seiner Objekte nicht messbar oder abgrenzbar (z.B. Zusatzfaktoren) und damit in quantitativen Modellen nicht erfassbar. Diese Einschränkung gilt natürlich ebenso für andere betriebswirtschaftliche Theorien und Techniken, beispielsweise für das Rechnungswesen, welche auch auf eine quantitative Modellierung der betrieblichen Realität abzielen. Selbst wenn alle relevanten Aspekte grundsätzlich quantitativ beschrieben werden können, werden realistische Modelle bei vielen produktionswirtschaftlichen Fragestellungen schnell so unübersichtlich und ausufernd – allein schon wegen der Fülle oder mangelnden Verfügbarkeit der Daten –, dass sie nicht mehr handhabbar und aussagekräftig sind. Dies trifft besonders dann zu, wenn die behandelte Fragestellung die explizite Einbeziehung dynamischer oder stochastischer Aspekte erfordert.

Reale produktionswirtschaftliche Phänomene sind in weiten Teilen *dynamischer* und *stochastischer* Natur. Die in den Kapiteln A bis C entwickelte allgemeine Theorie betrieblicher Wertschöpfung ist jedoch statisch-deterministisch. Sie kann die Realität daher nur begrenzt erklären und zu gestalten helfen. Andererseits stellen statische und deterministische Modelle im Allgemeinen Spezial- bzw. Grenzfälle dynamischer und stochastischer Modelle dar. Die hier behandelten Modelle und Erkenntnisse sind deshalb nicht obsolet, wie auch die zahlreichen realitätsnahen Beispiele zeigen.[6] In der Tat lässt sich häufig ein statisches oder deterministisches Modell als vereinfachendes Abbild der Realität hinreichend begründen. Insbesondere treffen solche Abstraktionen bei stationären zeitlichen bzw. mit ziemlicher Sicherheit abschätzbaren Entwicklungen als Approximationen zu. Selbst wenn eine dynamische oder stochastische Betrachtung unumgänglich ist, können zu ihrer Vorbereitung entsprechende statische und deterministische Analysen für ein besseres Verständnis hilfreich sein.

---

[6] Die Beispiele des Buches sind lediglich aus didaktischen Gründen einfach gehalten, um so die grundlegenden Prinzipien und Argumentationslinien klarer hervortreten zu lassen. Sie können aber ohne weiteres umfangreicher, komplexer und damit noch realitätsnäher gestaltet werden.

Letztlich kommt man allerdings trotz aller Schwierigkeiten, die dies bereitet, weder an einer dynamischen noch an einer stochastischen Erweiterung der Theorie vorbei. Andernfalls könnte die Theorie auf die Dauer keine essenzielle Grundlage für das praktische Produktionsmanagement sein. Dabei sind dynamische Aspekte oft nur schwer von stochastischen zu trennen, wie schon die Beispiele der Lektion 13 gezeigt haben. Das trifft verstärkt zu, wenn der zeitliche Horizont mittel- bis langfristig ist und damit eine große Unsicherheit der produktionswirtschaftlichen Rahmenbedingungen und Daten einhergeht. Dynamische und stochastische Erweiterungen der Theorie werden jedoch, wie oben erwähnt, schnell sehr komplex, sofern sie sehr allgemein angelegt sind. Es existiert daher bis heute keine einheitliche und umfassende dynamische oder stochastische Theorie. Vielmehr ist auch für die Zukunft zu erwarten, dass es verschiedene Ansätze mit unterschiedlichen Vorgehensweisen und jeweils wechselnden Modellen geben wird.

Ein weiteres Defizit im Hinblick auf die Aussagekraft der Theorie betrieblicher Wertschöpfung beruht auf ihrer definitionsgemäß immanenten Fokussierung auf den Transformations- oder Leistungsprozess bei weit gehender Vernachlässigung des Führungsprozesses. Eine umfassende, die Theorie betrieblicher Wertschöpfung als speziellen Teil enthaltende **Theorie der Produktionswirtschaft** muss mehr noch als den Transformationsprozess selber (ausführendes Subsystem gemäß Bild 0.3) das Produktionsmanagement (Führungssystem in Bild 0.3) vertieft thematisieren. Die Schwierigkeit, eine solche Theorie quantitativ und auf einem hohen Allgemeinheitsgrad zu entwickeln, nimmt dabei jedoch wegen der (vielfach) nicht messbaren und unberechenbaren Einflüsse des dispositiven Faktors Mensch noch extrem zu.

Aber auch eine Produktionsmanagementlehre, in deren Zentrum das Führungssystem der Produktion steht und die auf den Anspruch einer umfassenden, quantitativ orientierten Theorie verzichtet, kommt nicht ohne fundiertes Wissen über das Ausführungssystem aus, wie die Erkenntnisse und Aussagen der Kapitel A bis D hoffentlich verdeutlicht haben. Insoweit stellt die (um relevante dynamische und stochastische Aspekte erweiterte) Theorie betrieblicher Wertschöpfung eine unverzichtbare Grundlage für das Produktionsmanagement dar.

Literaturhinweise

Bobzin (1998)
Dyckhoff (1994), §§ 3 und 18, sowie *(2002)*
Esser (2001)
Fandel (1994), Kap. 6
Jahnke (1995)
Kistner (1993), Abschn. 2.4 und Kap. 6
Steven (1998), Kap. 5

14.3 Produktionsmanagement

Dem Produzenten als (institutionellem) Träger des Produktionsmanagements obliegt die zielorientierte Führung des Produktionssystems durch eine geeignete Gestaltung und Lenkung des Wertschöpfungsprozesses. Als wesentliche Aufgaben gelten folgende **Managementfunktionen**:

- Planung
- Organisation
- Personalleitung
- Kontrolle
- Informationsversorgung.

Planung bedeutet die Willensbildung im Sinne einer zielgerichteten Festlegung zukünftigen Handelns. Sie mündet in einen Planentscheid als Sollvorgabe für das ausführende System. Der Vollzug des Planentscheids wird durch die entsprechende Steuerung des Transformationsprozesses veranlasst und realisiert. Dabei stellen die *Organisation* durch die Aufstellung genereller Regeln und die *Personalleitung* durch laufende Entscheide und Anweisungen ein adäquates, d.h. auf die übergeordneten Ziele ausgerichtetes Verhalten der Mitglieder eines arbeitsteiligen Produktionssystems sicher. Zur zielgerichteten Willensdurchsetzung erfolgt die laufende *Kontrolle* des tatsächlichen Geschehens über die Rückmeldung der erreichten Ergebnisse. Der Vergleich der Planwerte mit realisierten oder schon absehbaren Ergebnissen (Soll-Ist- bzw. Soll-Wird-Vergleich) überprüft, ob die Steuerung weiter nach Plan verlaufen kann. Größere Abweichungen vom Plan können unter Umständen zu einer Planrevision zwingen, sei es wegen einer nicht planmäßigen Störung, d.h. weil die Zukunft sich anders als vorhergesehen entwickelt, oder aber wegen eines Planungsfehlers, d.h. weil die Planung selber ungenügend war. Erstes erfordert eine Korrektur des Plans, Letztes eine Korrektur des Planungs- und Steuerungssystems. Planung, Organisation und Personalleitung sind so über die Kontrolle mit dem eigentlichen Produktionsprozess rückgekoppelt und bilden Komponenten eines sich ständig wiederholenden **Managementprozesses**, wie es durch das frühere Bild 0.3 angedeutet wird. Alle Komponenten des Prozesses bedürfen einer zweckadäquaten *Informationsversorgung*.

Das Bild 0.3 ist zwar einem Regelkreis nachempfunden, sollte jedoch diesbezüglich nicht überinterpretiert werden. Realistischere Darstellungen modellgestützter Regelkreise im Management formulieren *Liesegang/Ullmann (1994)*. Während diese Ansätze im Wesentlichen auf der klassischen Systemtheorie fussen, dürften für eine Weiterentwicklung der (Produktions-)Managementlehre vor allem die neueren Konzepte der „nichtklassischen Systemtheorie" (*Kornwachs 1994*) von Interesse sein. Der oben skizzierte Managementprozess ist demnach stark vereinfacht dargestellt. Das tatsächliche Zusammenspiel der Managementfunktionen ist wesentlich komplexer (vgl. *Steinmann/Schreyögg 2000)*.

Unter *Steuerung* wird hier die Umsetzung der Planung verstanden. Sie umfasst damit Aspekte der Organisation, Personalleitung und Kontrolle. Eine strenge Abgrenzung der Steuerung zur Planung ist in der Praxis oft kaum möglich und eher willkürlich, so bei der Unterscheidung zwischen Produktionsplanung und -steuerung (PPS) im Rahmen des operativen Produktionsmanagements.

Das Bild 0.3 stellt das Führungssystem global und gleichgewichtig zum Ausführungssystem dar. So wie das Bild 0.4 durch die Fokussierung auf das Ausführungssystem den Gegenstand der Theorie betrieblicher Wertschöpfung verdeutlicht, kann auch das Führungssystem in geeigneten Darstellungen näher unter die Lupe genommen werden. Dementsprechend veranschaulicht Bild 14.1 das Zusammenspiel des Systems der Produktionsplanung und -steuerung (PPS) mit dem Informationsversorgungssystem der Produktion über ein geeignetes Koordinationssystem. Angesprochen ist damit eine Unterstützungsfunktion des Managements, die in der Koordination der (eigentlichen) Managementfunktionen untereinander durch Aufbau, Anpassung und Nutzung adäquater Planungs-, Steuerungs- und Informationssysteme ihre Hauptaufgabe sieht. Sie dient der Sicherstellung der Rationalität der Führung und wird als Controlling, hier als **Produktionscontrolling**, bezeichnet.[7]

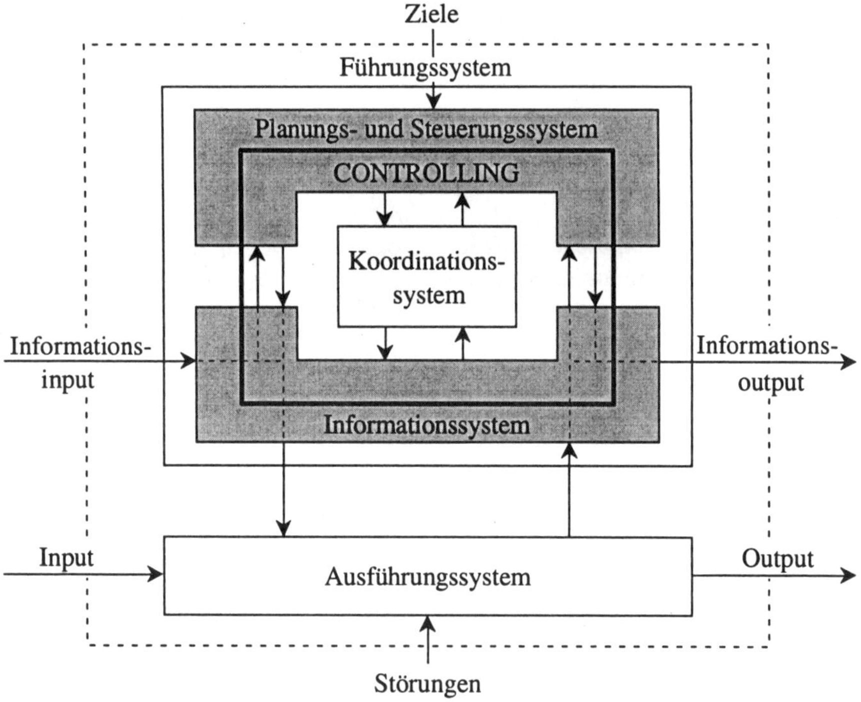

Bild 14.1: Controllingsystem der Produktion

[7] Zu entsprechenden Controllingkonzepten vgl. *Küpper (2001)* und *Weber (1999)*.

In einer anderen Art der Differenzierung kann das Führungssystem einer Unternehmung gemäß Bild 14.2 in hierarchisch abgestufte Subsysteme bzw. **Managementebenen** verfeinert werden, wobei folgende, stark voneinander abhängige Gesichtspunkte von besonderer Bedeutung sind:

- Tragweite der Entscheidungen
- Weisungsbefugnis der Personen
- Fristigkeit der Planung
- Detaillierungs- bzw. Aggregationsgrad der Planung und Informationen
- Vollständigkeit und Sicherheit der Informationen.

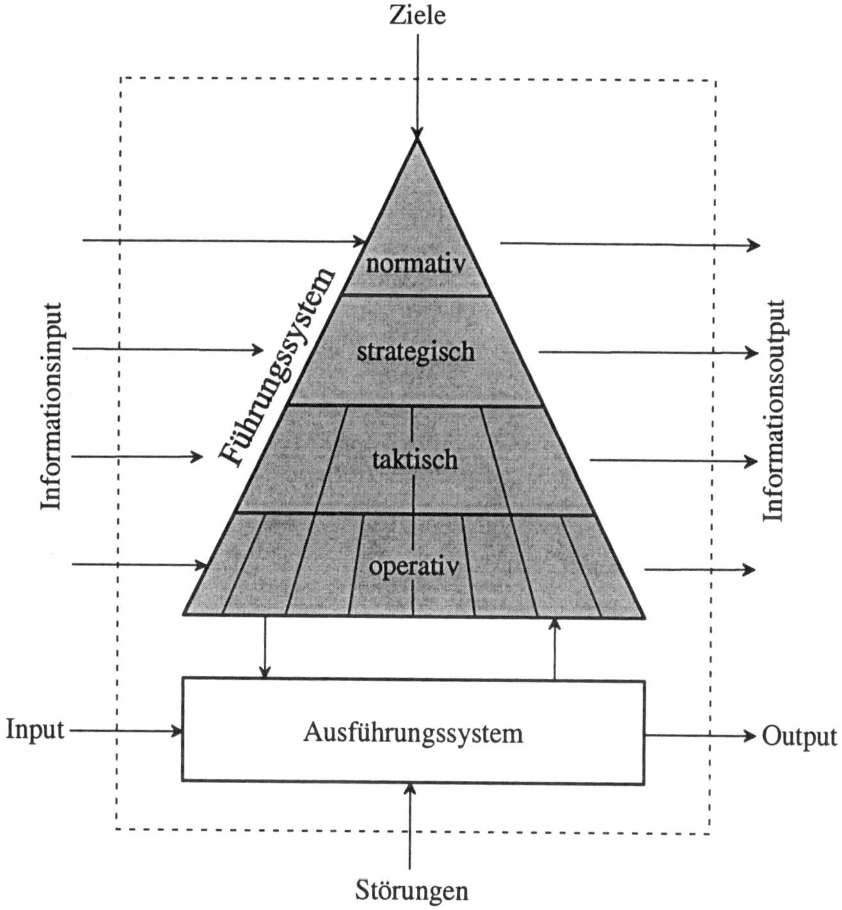

Bild 14.2: Hierarchieebenen des Unternehmensmanagements

Die **normative Führung** einer Unternehmung ist für die Bestimmung der autorisierten *Wertvorstellungen*, d.h. der grundlegenden Ziele und Leitbilder, verantwortlich. Als abstraktes Oberziel wird üblicherweise die Überlebensfähigkeit des (Produktions-)Systems Unternehmung angesehen. Es ist mit den Anforderungen der verschiedenen Umfelder gemäß Bildern 0.1 und 0.2 sowie diesbezüglicher Anspruchsgruppen (Stakeholder) abzustimmen. Entscheidungsträger sind die Mitglieder des politischen Systems, im Besonderen die von der Unternehmensverfassung bestimmten Personen (Kernorgane).

Das **strategische Management** der Unternehmung trifft auf der Basis der autorisierten Wertvorstellungen Grundsatzentscheide über die Art der herzustellenden Hauptprodukte bzw. der zu beseitigenden Hauptredukte sowie in Verbindung damit über die zugehörigen Märkte und die Gestaltung des unternehmensweiten Produktionssystems. Das Hauptaugenmerk liegt auf der Schaffung und Erhaltung von *Erfolgspotenzialen* zur Stärkung der Wettbewerbsfähigkeit. Entscheidungsträger sind die Geschäftsführung (Vorstand) und gegebenenfalls weitere Mitglieder der oberen organisatorischen Hierarchieebenen.

Während sich die normative und strategische Führung auf die Unternehmung als Ganzes beziehen, setzen die beiden unteren Managementebenen die Unternehmensgesamtstrategien in konkretisierte und spezifizierte Teilentscheide und Maßnahmenbündel für die einzelnen Unternehmensbereiche um. In Bild 14.2 ist dies durch vertikale, quer zu den horizontalen Ebenen verlaufende Segmente angedeutet. Je nach Gliederungsprinzip kann es sich um objektbezogene Geschäftsfelder (in der Regel Produkt/Markt-Kombinationen) oder um verrichtungsbezogene Geschäftsbereiche (z.B. Beschaffung, Erzeugung, Absatz) handeln. Der sich unmittelbar auf den Erzeugungsprozess beziehende Teil der Unternehmenstrategie definiert die *Produktionsstrategie* (im engeren Sinn). Die Konkretisierung dieser Strategie für den Output (mittelfristige Produktgestaltung) sowie für den Input und den Prozess (mittelfristige Potenzialgestaltung im Hinblick auf Organisation, Standort, Verfahren, Kapazität, Flexibilität u.a.m.) ist Aufgabe des **taktischen Produktionsmanagements** der oberen und mittleren organisatorischen Ebenen.

Das **operative Produktionsmanagement** entscheidet unter Zugrundelegung der Vorgaben der übergeordneten Managementebenen über den Einsatz des vorhandenen Produktionsapparates und den Vollzug des Transformationsprozesses. Damit verbunden ist die konkrete Festlegung des Outputs (Erzeugnisprogramm), des Inputs (Einsatzprogramm) sowie des Throughputs (Prozessablaufprogramm). Entscheidungsträger sind die dispositiv und steuernd tätigen Mitglieder der mittleren und unteren organisatorischen Hierarchieebenen der Unternehmung.

Die einzelnen Ebenen des Produktionsmanagements stehen in enger Wechselbeziehung zueinander und ähneln wegen ihrer Rückkopplung vermaschten Regelkreisen.[8] Je höher die Ebene angesiedelt ist, umso weniger lassen sich ihre Aufgaben allein auf den Transformationsprozess beziehen (Produktion im engeren Sinn), sondern berühren auch andere Unternehmensfunktionen wie Forschung und Entwicklung (F&E), Absatz, Beschaffung oder Finanzierung. So bestimmt die normative Führung die Grundlinien der allgemeinen Unternehmenspolitik, und weite Teile des strategischen Managements der einzelnen Unternehmensfunktionen betreffen wegen ihrer Tragweite die gesamte Unternehmung. Ihre Problemstellungen lassen sich von daher kaum auseinander halten und stellen lediglich Aspekte der strategischen Unternehmensführung insgesamt dar. Es bedeutet aber keinen Widerspruch, wenn es einzelne Elemente von Unternehmensstrategien gibt, die sich allein auf einen engeren Funktionsbereich beziehen und demgemäß als Produktionsstrategie, Absatzstrategie u.a.m. bezeichnet werden können. Der Übergang der produktionsbezogenen Aspekte der generellen strategischen Unternehmensführung zum taktischen Produktionsmanagement ist fließend, sodass eine strenge Abgrenzung nicht möglich ist und deshalb auch von einem strategischen Produktionsmanagement gesprochen wird.

Außer in kleinsten Unternehmungen sind die Aufgaben der verschiedenen Managementebenen arbeitsteilig in einer hierarchischen Stufung so verteilt, dass die Tragweite der Entscheidungen (Entscheidungskompetenz) umso größer ist, je höher die Ebene in der Aufbauorganisation angesiedelt ist (Weisungskompetenz). Meistens korrespondiert es mit einer Zunahme der Fristigkeit, des Aggregationsgrades und der Unsicherheit der Planung und Information, d.h. mit einer wachsenden Komplexität der Entscheidungsprobleme.

Die Unterteilung in die vier genannten Managementebenen ist nur grob. Besonders die Planung und Kontrolle auf den einzelnen Ebenen können gegebenenfalls weiter differenziert sein. Beispielsweise wird das operative Produktionsmanagement in den gängigen DV-gestützten Systemen für die Produktionsplanung und -steuerung (PPS-System) in vielen Branchen nach mindestens drei weiteren Ebenen differenziert (vgl. Lektion 13):

- mittelfristige Erzeugnisprogrammplanung
- kurzfristige Material- und Kapazitätsplanung (Mengen- und Zeitwirtschaft; Grobterminierung)
- aktuelle Ablaufsteuerung (Feinterminierung).

[8] Für eine detailliertere Darstellung siehe *Zäpfel (2000)*, S. 2ff., insbesondere Abb. 2.

Die Frage nach der optimalen Bildung von Führungssubsystemen des Produktionsmanagements kann nicht allgemein, sondern – wenn überhaupt – so nur situativ in Abhängigkeit von den jeweiligen Gegebenheiten der Branche oder Unternehmung beantwortet werden. Wegen der Komplexität unternehmensweiter Produktionssysteme ist jedoch die Dekomposition des Führungssystems – gegebenenfalls auch des Ausführungssystems (z.B. durch Fertigungssegmentierung) – in meist hierarchische Subsysteme grundsätzlich kaum vermeidbar.

Literaturhinweise

Adam (1998)
Corsten (2000)
Corsten/Friedl (1999)
Domschke/Scholl/Voß (1993)
Fandel/Francois/Gubitz (1994)
Günther/Tempelmeier (2000)
Hahn/Laßmann (1993, 1999)
Hansmann (2001)
Hoitsch (1993)
Jahnke/Biskup (1999)
Kistner/Steven (2001)
Schneeweiß (2002)
Zäpfel (1982, 2000, 2000a, 2001)

Wiederholungsfragen

1) Welche verschiedenen Typen von Produktionssystemen können gebildet werden? Welche Kriterien werden dazu verwendet? Wie lassen sich Typen von Einsatzfaktoren hierarchisch strukturieren?
2) Welche Produktionstypen sind überwiegend in der Automobilindustrie, der chemischen Industrie und der Bauindustrie vorzufinden?
3) Welche wesentlichen Funktionen hat das Produktionsmanagement? Was versteht man unter Produktionscontrolling?
4) Aus welchen Ebenen besteht das Führungssystem? An Hand welcher Kriterien können sie charakterisiert werden? Welche Aufgaben sind mit ihnen verbunden, und wer sind ihre Träger?

Literaturverzeichnis

Adam, D. **1997**: Philosophie der Kostenrechnung; Stuttgart

Adam, D. **1998**: Produktionsmanagement; 9. Aufl., Wiesbaden

Allen, K. **2002**: Messung ökologischer Effizienz mittels Data Envelopment Analysis; Wiesbaden

Andler, K. **1929**: Rationalisierung der Fabrikation und optimale Losgröße; München

Ayres, R.U. / **Kneese**, A.V. **1969**: Production, Consumption, and Externalities, in: American Economic Review 59, S. 282–297

Backhaus, K. **1979**: Fertigungsprogrammplanung; Stuttgart

Baumgärtner, S. **2000:** Ambivalent Joint Production and the Natural Environment; Heidelberg

Becker, G.S. **1965**: A Theory of the Allocation of Time; in: Economical Journal 75, S. 493–517

Bobzin, H. **1998**: Indivisibilities; Heidelberg

Bogaschewski, R. **1996**: Losgröße; in: Kern, W. / Schröder, H.-H. / Weber, J. (Hrsg.): Handwörterbuch der Produktionswirtschaft, 2. Aufl., Stuttgart, Sp. 1141–1158

Busse von Colbe, W. / **Laßmann**, G. **1991**: Betriebswirtschaftstheorie, Bd. 1: Grundlagen, Produktions- und Kostentheorie; 5. Aufl., Berlin / Heidelberg

Charnes, A. / **Cooper,** W.W. / **Rhodes,** E. **1978**: Measuring the Efficiency of Decision Making Units; in: European Journal of Operational Research 2, S. 429–444

Corsten, H. **1997**: Dienstleistungsmanagement; 3. Aufl., München / Wien

Corsten, H. **2000**: Produktionswirtschaft; 9. Aufl., München

Corsten, H. / **Friedl**, B. **1999**: Einführung in das Produktionscontrolling; München

Danø, S. **1966**: Industrial Production Models – A Theoretical Study; Wien / New York

Dellmann, K. **1980**: Betriebswirtschaftliche Produktions- und Kostentheorie; Wiesbaden

Dinkelbach, W. **1969**: Sensitivitätsanalysen und parametrische Programmierung; Berlin / Heidelberg

Dinkelbach, W. **1992**: Operations Research – Ein Kurzlehr- und Übungsbuch; Berlin / Heidelberg

Dinkelbach, W. / **Rosenberg**, O. **2002**: Erfolgs- und umweltorientierte Produktionstheorie; 4. Aufl., Berlin / Heidelberg

Domschke, W. / **Scholl**, A. / **Voß**, S. **1993**: Produktionsplanung – Ablauforganisatorische Aspekte; Berlin / Heidelberg

Dyckhoff, H. **1994**: Betriebliche Produktion – Theoretische Grundlagen einer umweltorientierten Produktionswirtschaft; 2. Aufl., Berlin / Heidelberg

Dyckhoff, H. **2000**: Umweltmanagement; Berlin / Heidelberg

Dyckhoff, H. **2002**: Entscheidungsorientierte Verallgemeinerung der Produktionstheorie; Arbeitsbericht Nr. 02/08 des Instituts für Wirtschaftswissenschaften der RWTH Aachen

Dyckhoff, H. / **Ahn**, H. / **Souren**, R. **2002**: Übungsbuch Produktionswirtschaft; 3. Aufl., Berlin / Heidelberg

Dyckhoff, H. / **Allen**, K. **1999**: Theoretische Begründung einer Effizienzanalyse mittels Data Envelopment Analysis; in: Zeitschrift für betriebswirtschaftliche Forschung 51, S. 411–436

Dyckhoff, H. / **Oenning**, A. / **Rüdiger**, C. **1997**: Grundlagen des Stoffstrommanagement bei Kuppelproduktion; in: Zeitschrift für Betriebswirtschaft 67, S. 1139–1165

Eichhorn, P. **1994**: Umweltrechnungen – Konzepte und Probleme; in: Eichhorn, P. (Hrsg.): Ökosoziale Marktwirtschaft, Wiesbaden, S. 91–102

Ellinger, Th. / **Haupt**, R. **1996**: Produktions- und Kostentheorie; 3. Aufl., Stuttgart

Esser, J. **2001**: Entscheidungsorientierte Erweiterung der Produktionstheorie; Frankfurt a. M.

Ewert, R. / **Wagenhofer**, A. **2000**: Interne Unternehmensrechnung; 4. Aufl., Berlin / Heidelberg

Färe, R. **1988**: Fundamentals of Production Theory; Berlin / Heidelberg

Färe, R. / **Grosskopf**, S. / **Lovell**, C.A.K. **1985**: The Measurement of Efficiency in Production; Dordrecht

Färe, R. / **Grosskopf**, S. / **Lovell**, C.A.K. **1994**: Production Frontiers; Cambridge, Mass.

Fandel, G. **1994**: Produktion I: Produktions- und Kostentheorie; 4. Aufl., Berlin / Heidelberg

Fandel, G. **1996**: Produktionstheorie, dynamische; in: Kern, W. / Schröder, H.-H. / Weber, J. (Hrsg.): Handwörterbuch der Produktionswirtschaft, 2. Aufl., Stuttgart, Sp. 1557–569

Fandel, G. / **Dyckhoff**, H. / **Reese**, J. **1994**: Industrielle Produktionsentwicklung; 2. Aufl., Berlin / Heidelberg

Fandel, G. / **Francois**, P. / **Gubitz**, K.-M. **1994**: PPS-Systeme; Berlin / Heidelberg

Farrell, M.J. **1957**: The Measurement of Productive Efficiency; in: Journal of the Royal Statistical Society, Series A 120, S. 253–290

Frisch, R. **1965**: Theory of Production; Dordrecht

Gais, U. / **Patzina**, P. / **Adler**, U. **1992**: Simulieren geht über Probieren; München

Günther, H.O. **1998**: Produktion, in: Berndt, R. / Altobelli, C.F. / Schuster, P. (Hrsg.): Springers Handbuch der Betriebswirtschaftslehre, Bd. 1, Berlin / Heidelberg, S. 317–367

Günther, H.-O. / **Tempelmeier,** H. **2000**: Produktion und Logistik; 4. Aufl., Berlin / Heidelberg

Gutenberg, E. **1983**: Grundlagen der Betriebswirtschaftslehre, Bd. 1: Die Produktion; 24. Aufl., Berlin / Heidelberg

Gutenberg, E. **1989**: Zur Theorie der Unternehmung; Berlin / Heidelberg

Hahn, D. / **Laßmann**, G. **1993**: Produktionswirtschaft – Controlling industrieller Produktion, Bd. 3; Heidelberg

Hahn, D. / **Laßmann**, G. **1999**: Produktionswirtschaft – Controlling industrieller Produktion, Bd. 1 & Bd. 2; 3. Aufl., Heidelberg

Haller, A. **1998**: Wertschöpfungsrechnung; in: Die Betriebswirtschaft 58, S. 261–265

Haltiner, E.W. **1997**: Systemwahl nach der Nettoenergiegewinnung – Energiebilanzen verschiedener Müllverbrennungssysteme; in: UmweltMagazin, März 1997, S. 36–37

Hanisch, H.-M. **1992**: Petri-Netze in der Verfahrenstechnik; München et al.

Hansmann, K.-W. **2001**: Industrielles Management; 7. Aufl., München / Wien

Harris, F. **1913**: How Many Parts to Make at Once; in: Factory, The Magazine of Management 10, S. 135–136 und 152

Heinen, E. / **Picot**, A. **1974**: Können in betriebswirtschaftlichen Kostenauffassungen soziale Kosten berücksichtigt werden?; in: Betriebswirtschaftliche Forschung und Praxis 26, S. 345 –366

Hesse, H. / **Linde**, R. **1976**: Gesamtwirtschaftliche Produktionstheorie; Würzburg / Wien

Hildenbrand, K. / **Hildenbrand**, W. **1975**: Lineare ökonomische Modelle; Berlin / Heidelberg

Hoitsch, H.-J. **1993**: Produktionswirtschaft; 2. Aufl., München

Hoitsch, H.-J. / **Lingnau**, V. **2002**: Kosten- und Erlösrechnung; 4. Aufl., Berlin / Heidelberg

Hüser, A. **1996**: Marketing, Ökologie und ökonomische Theorie; Wiesbaden

Jahnke, H. **1995**: Produktion bei Unsicherheit; Heidelberg

Jahnke, H. / **Biskup**, D. **1999**: Planung und Steuerung der Produktion; Landsberg am Lech

Kern, W. **1992**: Industrielle Produktionswirtschaft; 5. Aufl., Stuttgart

Kern, W. **1996**: Produktionswirtschaft – Objektbereich und Konzepte; in: Kern, W. / Schröder, H.-H. / Weber, J. (Hrsg.): Handwörterbuch der Produktionswirtschaft, 2. Aufl., Stuttgart, Sp. 1629–1642

Kern, W. / **Schröder**, H.-H. / **Weber**, J. (Hrsg.) **1996**: Handwörterbuch der Produktionswirtschaft; 2. Aufl., Stuttgart

Kistner, K.P. **1993**: Produktions- und Kostentheorie; 2. Aufl., Würzburg / Wien

Kistner, K.P. / **Steven**, M. **2001**: Produktionsplanung; 3. Aufl., Heidelberg

Kleine, A. **2002**: DEA-Effizienz; Wiesbaden

Kloock, J. **1998**: Produktion; in: Vahlens Kompendium der BWL, Bd. 1, 4. Aufl., München, S. 275–328

Knolmayer, G. **1983**: Der Einfluss von Anpassungsmöglichkeiten auf die Isoquanten in Gutenberg-Produktionsmodellen; in: Zeitschrift für Betriebswirtschaft 53, S. 1122–1147

Koopmans, T.C. **1951**: Analysis of Production as an Efficient Combination of Activities; in: Koopmans, T.C. (Hrsg.): Activity Analysis of Production and Allocation, New York, S. 33–97

Kornwachs, K. **1994**: Systemtheorie als Instrument der Interdisziplinarität; in: Spektrum der Wissenschaft, Heft 9 (Sept.), S. 117–121

Kosiol, E. **1972**: Die Unternehmung als wirtschaftliches Aktionszentrum; Reinbek bei Hamburg

Krelle, W. **1969**: Produktionstheorie; Tübingen

KrW-/AbfG 1994: Gesetz zur Förderung der Kreislaufwirtschaft und Sicherung der umweltverträglichen Beseitigung von Abfällen vom 06.10.1994, BGB1. I, S. 2705-2728

Küpper, H.-U. **1979**: Produktionstypen; in: Kern, W. (Hrsg.): Handwörterbuch der Produktionswirtschaft, 1. Aufl., Stuttgart, Sp. 1636 –1647

Küpper, H.-U. **2001**: Controlling; 3. Aufl., Stuttgart

Kurbel, K. **1993**: Produktionsplanung und -steuerung; München

Lancaster, K.J. **1966**: A New Approach to Consumer Theory; in: Journal of Political Economy 74, S. 132–157

Liesegang, D.G. / **Ullmann**, K.M. **1994**: Modellgestützte Regelkreise im Management; in: Werners, B. / Gabriel, R. (Hrsg.): Operations Research, Berlin / Heidelberg, S. 195–220

Maleri, R. **1997**: Grundlagen der Dienstleistungsproduktion; 4. Aufl., Berlin / Heidelberg

Männel, W. **1981**: Die Wahl zwischen Eigenfertigung und Fremdbezug; 2. Aufl., Stuttgart

Möller, A. **2000**: Grundlagen stoffstrombasierter Betrieblicher Umweltinformationssysteme; Bochum

Müller-Merbach, H. **1981**: Die Konstruktion von Input-Output-Modellen; in: Bergner, H. (Hrsg.): Planung und Rechnungswesen in der Betriebswirtschaftslehre, Berlin, S. 19–113

Muth, R.F. **1966**: Household Production and Consumer Demand Functions; in: Econometrica 34, S. 699–708

Nitzsch, R. v. **1997**: Investitionsrechnung, Aachen

Oenning, A. **1997**: Theorie betrieblicher Kuppelproduktion; Heidelberg

Picot, A. **1993**: Transaktionskostenansatz; in: Wittmann, W. et al. (Hrsg.): Handwörterbuch der Betriebswirtschaft, Teilband 3, 5. Aufl., Stuttgart, Sp. 4194–4204

Plinke, W. **1997**: Industrielle Kostenrechnung; 4. Aufl., Berlin / Heidelberg

Reese, J. **1999**: Produktion; in: Corsten, H. / Reiß, M. (Hrsg.): Betriebswirtschaftslehre, 3. Aufl., München / Wien, S. 723–807

Rosenstengel, B. / **Winand**, U. **1991**: Petri-Netze. Eine anwendungsorientierte Einführung; 4. Aufl., Braunschweig / Wiesbaden

Rüdiger, C. **2000:** Betriebliches Stoffstrommanagement; Wiesbaden

Scheer, A.-W. **1998**: ARIS – Vom Geschäftsprozess zum Anwendungssystem; 3. Aufl., Berlin / Heidelberg

Schiemenz, B. **1993**: Betriebswirtschaftliche Systemtheorie; in: Wittmann, W. et al. (Hrsg.): Handwörterbuch der Betriebswirtschaft, Teilband 3, 5. Aufl., Stuttgart, Sp. 4127–4140

Schmidt, G. **2000**: Methode und Techniken der Organisation; 12. Aufl., Gießen

Schmidt, M. / **Häuslein**, A. **1997**: Ökobilanzierung mit Computerunterstützung; Berlin / Heidelberg

Schmidt, R.H. / **Schor**, G. **1987**: Modell und Erklärung in den Wirtschaftswissenschaften; in: Schmidt, R.H. / Schor, G. (Hrsg.): Modelle in der Betriebswirtschaftslehre, Wiesbaden, S. 9–36

Schneeweiß, C. **2002**: Einführung in die Produktionswirtschaft; 8. Aufl., Berlin / Heidelberg

Schneider, D. **1997**: Betriebswirtschaftslehre – Band 3: Theorie der Unternehmung, München / Wien

Schweitzer, M. / **Küpper**, H.U. **1997**: Produktions- und Kostentheorie; 2. Aufl., Wiesbaden

Seiford, L.M. **1996**: Data Envelopment Analysis – The Evolution of the State-of-the-Art (1978-1995); in: Journal of Productivity Analysis 7, S. 99 –137

Shephard, R.W. **1970**: Theory of Cost and Production Functions; Princeton (New Jersey)

Souren, R. **1996**: Theorie betrieblicher Reduktion; Heidelberg

Souren, R. / **Rüdiger**, C. **1998**: Produktionstheoretische Grundlagen der Stoff- und Energiebilanzierung – Eine Analyse aus Sicht des Öko–Controlling; in: Dyckhoff, H. / Ahn, H. (Hrsg.): Produktentstehung, Controlling und Umweltschutz, Heidelberg, S. 299–326

Spengler, T. **et al. 1998**: Stoffflußbasierte Umweltkostenrechnung zur Bewertung industrieller Kreislaufwirtschaftskonzepte – Dargestellt am Beispiel der Eisen- und Stahlindustrie; in: Zeitschrift für Betriebswirtschaft 68, S. 147–174

Steffen, R. **1993**: Produktions- und Kostentheorie; 2. Aufl., Stuttgart et al.

Steffenhagen, H. **2000**: Marketing – Eine Einführung; 4. Aufl., Stuttgart et al.

Steinmann, H. / **Schreyögg**, G. **2000**: Management; 5. Aufl., Wiesbaden

Steven, M. **1998**: Produktionstheorie; Wiesbaden

Vazsonyi, A. **1954**: The Use of Mathematics in Production and Inventory Control – I; in: Management Science 1, S. 70–85

Vazsonyi, A. **1962**: Die Planungsrechnung in Wirtschaft und Industrie; Wien / München

Warnecke, H.-J. **1993**: Revolution der Unternehmenskultur – Das Fraktale Unternehmen; 2. Aufl., Berlin / Heidelberg

Weber, J. **1999**: Einführung in das Controlling; 8. Aufl., Stuttgart

Weilerscheidt, U. / **Haupt**, R. **1995**: Der Einsatz von Petri-Netzen in der Produktionswirtschaft; in: Das Wirtschaftsstudium 24, S. 214–219

Williams, H.P. **1990**: Model Building in Mathematical Programming; 3. Aufl., Chichester

Wittmann, W. **1968**: Produktionstheorie; Heidelberg

Zäpfel, G. **1982**: Produktionswirtschaft – Operatives Produktions-Management; Berlin / New York

Zäpfel, G. **2000**: Strategisches Produktionsmanagement; 2. Aufl., München / Wien

Zäpfel, G. **2000a**: Taktisches Produktionsmanagement; 2. Aufl., München / Wien

Zäpfel, G. **2001**: Grundzüge des Produktions- und Logistikmanagement; 2. Aufl., München / Wien

Zimmermann, G. **1979**: Ergiebigkeitsmaße für die Produktion; in: Kern, W. (Hrsg.): Handwörterbuch der Produktionswirtschaft, 1. Aufl., Stuttgart, Sp. 520–528

Zschocke, D. **1974**: Betriebsökonometrie; Würzburg / Wien

Sachwortregister

A

Abfall 23
Ablaufsteuerung **349**
Absatzmenge 28
Aktivitätsanalyse 10; 91
Aktivitätsniveau 63; 88
Alternativproduktion 151; 357f.
Andlersche Bestellmengen- bzw. Losgrößenformel **319**
Anfangsbestand **336**
Angebot **336**
Anpassung
- Formen der 293; 326
- intensitätsmäßige 106; **293f.**; 301
- mutative 309
- quantitative **293f.**
- selektive 309
- zeitliche 107; **293f.**; 301

Anpassungspfad 309
Arbeit 23; 46; **49**; 361
Arbeitsobjekt 46; 361
Arbeitsplan 40; 277
Artenproduktion 357f.
Auflage 314; 363
Aufwand 27
- realer 11; **126**

Aufwandssubstitution 151
Ausbeutekoeffizient 99
Ausbringung(smenge) **27**
Ausbringungsfunktion
- (zeit)spezifische **296**

Ausführungssystem 6
Außenbezüge 4; 29; 102
Austrag(smenge) **28**

B

Basis 86
Bedarf **336**
- Bruttobedarf **275**; 343
- kumulierter 336
- Nettobedarf **343**
- Primärbedarf **275**; 340
- Sekundärbedarf **275**; 340

Bedarfsermittlung 270
- programmorientierte 340
- terminierte **341**
- vergangenheitsorientierte 341

Bedarfsmatrix 273
Beispiel
- Bohrmaschine 297
- EDV-Schulungsfirma 15; **17**; 56; 59f.; 65f.; 68; 87; 90; 224; 226; 239f.
- Erdölraffinerie 76; 163; 197; 241
- Holzkiste 246; 249
- landwirtschaftliche Produktion 15; 57; 60; 68; 110; 125; 143; 152; 155; 221
- Lederwarenhersteller 15; **16**; 25; 37; 55; 59f.; 65f.; 68; 87f.; 90; 125; 127; 144f.; 163; 224; 226; 239; 270; 273; 333
- Müllverbrennungsanlage 15; 25; 33; 35; 60; 71; 95; 107; 125; 127; 138; 140f.; 198; 215; 320; 325
- Papierfabrik 87; 171; 175
- Punsch Royal 92; 113; 237
- Reduktionsbetrieb 255; 258
- Zuschneideprozess 166; 249

Beschaffungsaktivität 278
Beschäftigung **50**; 219; 303
Beseitigung 255
Bestand **27**
- verfügbarer 47

Bestandsgrößen 26
Bestandshaltung 28
Bestellmenge 314
Bestellproduktion 340; 357
Betrieb **4**
Betriebsmittel 46; **294**; 361

Betriebszweck 22
Beurteilung 119
- ökologische **122**
- ökonomische **121**
- soziale **122**
Bilanzhülle 102

C

Chargenproduktion 314
Cobb/Douglas-Modell **143**; 152; 220
Cournot'scher Punkt **207**; 253

D

Data Envelopment Analysis 176
Deckungsbeitrag **196**
- engpassspezifischer **229**
- faktorspezifischer 238
- spezifischer **236**
Dienst 23; **49**
Dienstleistung 10; 25; 48f.; 56f.; 203; 225; 240; 300; 357
Direktbedarfskoeffizient **276**
Direktbedarfsmatrix **276**
Dispositionsstufe **342**
- Dispositionsstufenverfahren 342
Dominanz **138**; 140
Durchlaufterminierung 342; **349**
Durchlaufzeit 341
Durchsatz **29**; 102

E

Effizienter Rand 139
Effizienz **139**
- ökologische 141
- ökonomische 141
- relative 139; 178
Effizienztest 179
Eigenfertigung 27
Eigenproduktion **275**
Eindeckzeit 316
Einkommen 191
Einproduktproduktion 357
Einsatz(menge) **27**
Eintrag(smenge) **28**
Einzelerfolg 196
Einzelkosten **196**
Einzelleistungen **196**
Einzelproduktion 363
Elastizität 154
Emanzipation **334**
Emission **48**
Emissionskoeffizient 99; 130
Emissionsmenge 28
Endkombination 300
Endprodukt 32; 102; 274
Energie 23
Energiebilanz 42
Engpass **227**; 228
Entropiegesetz 357
Erfahrungskurve 201
Erfolg **191**
Erfolgsbegriff
- pagatorischer 192
- wertmäßiger 192
Erfolgsbeitrag
- engpassspezifischer 246
- (prozess-)spezifischer **236**
Erfolgsebene 12; 126
(Erfolgs-)Einflussgrößen **219**
Erfolgsfaktoren **219**
Erfolgsfunktion **193**
- additiv-separable 194
- indirekte **218**
- linear-affine 194
- lineare **195**
- nichtlineare **200**
Erfolgsisoquante **215**
Erfolgsmodell 272
- lineares 235
Erfolgspotenzial 370
Erfolgsprinzip
- schwaches **142**
- starkes **213**
Erfolgstheorie **12**
Ergebnisäquivalenz 175
Ergebnisebene 11

Ergebniskategorien 127
Ergebnisneutralität 127
Ergebnisse der Produktion **126**
Ergebnistabelle 129
Ergiebigkeit **122**; 130
Erhaltungssatz 102; 350
Erlebnisnutzen 122
Ertrag 27
- realer 11; **126**
Ertragsgebirge 57
Ertragssubstitution 151
Erzeugnis
- kundenindividuelles 357
- Standarderzeugnis 357
Erzeugnismenge 27
Erzeugnisprogramm **68**; 144; 333
- kurzfristiges **340**
- mehrperiodiges **339**
Erzeugnistyp **334**
Erzeugniszusammenhang 341
Erzeugungssystem 22; 356
Expansionspfad **250**; 257
Externer Effekt 192

F

Faktor 200
- Beifaktor **127**; 358
- derivativer 32; 102
- dispositiver 21; 46; 360
- Einsatzfaktor **22**; 46; 358
- Elementarfaktor **46**; 361
- externer 230; 360
- (Haupt-)Faktor **127**; 358
- interner 360
- originärer **32**; 102
- Primärfaktor 31; 274
- Reduktfaktor 358
- wesentlicher 151
Faktordiagramm 70; 174
Faktoreinsatzplanung 348
- terminierte **341**
Faktorfunktion 144
Faktorintensität 165
Faktorisoquante 146
Faktorkombination **70**; 144
Faktorproduktivität **130**
Faktorsubstitution 165
Faktorsystematik 46
Faktorvariation
- partielle 69
Fehlmenge 317; 335
Fertigungssegment 61
Fließproduktion 363
Fremdabgang 28
Fremdbezug 28; **275**
Fremdbezugsaktivität 278
Fremdzugang 28
Führung
- normative **370**
Führungssystem 6

G

Gebrauchsfunktion
- produktspezifische 297
Gebrauchsmenge 27
Gebrauchsnutzen 122
Gebrauchsobjekt 359
Gebrauchswert **121**
Gemeinerfolg 197
Gemeinkosten **197**
Gemeinleistungen **197**
Gesamtbedarfskoeffizient **280**
Gesamtbedarfsmatrix **279**
Gesamtkosten 195
- durchschnittliche 222
Geschäftsprozessmodell 75
Gewinn **192**
Gewinnmaximum 206; 228
Gozinto-Graph **270**
Grenzerfolg 195
- engpassspezifischer 253
Grenzertrag 149
Grenzkosten 206; 221; 252
Grenzleistung 204
Grenzproduktivität **152f.**
Grenzrate der Substitution 149

Grundaktivität 55; **87**
- dominierte 174
- Kombination effizienter 169
- parametrisch definierte 309
- sinnvolle 171

Grundannahmen **132**
Gut **123**
- freies 121
- öffentliches 121

Gutenberg-Modell 46; 97; 106; 143; **295**; 301; 305f.; 310
- einfaches **295**; 305

H

Handelswaren 28
Harris-Modell **317**
- erweitertes 320

Hauptproduktionsprogramm 68; **340**

I

Industriebetrieb 1
industrielle Wertschöpfungsprozesse 31
Information 23; 124
Innenbezüge 4; 29; 102
Innenstruktur **4**; 90f.; 112; 362
Input 356
- derivativer 102
- Gesamtinput 29; 102
- originärer 102; 274
- Primärinput 29; 102
- Sekundärinput 29; 102

Input/Output-Graph **35**
- abstrakter **89**
- dynamischer **113**
- konkreter 89

Input/Output-Tabelle **35**
Input/Output-Vektor 33; **36**
Inputart **33**; 95
Inputbilanz 97
Inputfunktion 144
Inputkoeffizient **89**
Inputlimitationalität 148
Inputvektor 33
Intensität 113; 296
- optimale 303

Intensitätssplitting 61; 107; **296**
Intensitätsvariation
- stufenweise 306

Interaktionen 2
Interdependenz
- horizontale **323**; 339; 347
- Ressourceninterdependenz 323; 339
- sequenzielle 339
- vertikale 323; 339; **345**

Internalisierung 192
Irreversibilität 132f.
Isoquante **147**
- Faktorisoquante 146
- Produktisoquante 145

K

Kapazität **46**
- Maximalkapazität **337**
- Normalkapazität **336**
- Zusatzkapazität **337**

Kapazitätsabgleich **326**; 341; 348
Kapazitätsbelastungsprofil **326**
Kapitalbindungskosten 316
Kegeltechnik 63
Knappheit 123
Kompatibilität 157; 195; 197; **213**; 215
Kompensationsrate 154; 217
Komplementarität **149**
Konsumtion 3
Konvexität **63**
Konvexkombination 63
Kopplungsbedingungen 111
Kopplungskoeffizient **130**
Kosten 12; **195**
- bestandsabhängige **316**
- externe 192
- fixe **196**
- losfixe **316**
- produktspezifische 237

- relevante **322**
- sprungfixe 298; **307f.**
- variable **196**

Kostenrechnung **285**
Kosteneinflussgröße **219**
Kostenfunktion
- indirekte 219
- Minimalkostenfunktion **219f.**

Kreislaufwirtschaftskonzept 74
Kuppelproduktion 99; **254**; 357

L

Lagerbestand
- disponibler 343

Lagerbilanzgleichung **350**
Lagerhaltungskosten **316**
Lagerproduktion 340; 357
Lastenbündel 123
Leistung 12; **195**
- produktspezifische 237

Leistungsfunktion
- indirekte 219
- Maximalleistungsfunktion 219

Leistungsverflechtung 323
- innerbetriebliche 104

Leistungsverrechnung
- innerbetriebliche **287**

Lenkkosten **325**
Leontief-Modell 143; 270; **272**
- mehrstufig **277**
- zyklisch **282**

Lernkurve 201
Lieferfrist 341
Limitationalität **147f.**
- lineare 242

Linear-Homogenität 59
Linearkombination
- echte 169

Los **314**; 344; 363
Losfolge **325**
Losgröße 344
- Eindeckzeitlosgröße 344
- Los für Los 344
- Richtlosgröße 344
- wirtschaftliche **318**

M

Managementebene **369**
Managementfunktion **367**
Maschine
- funktionsgleiche 307
- kostengleiche 307

Massenproduktion 363
Mehrproduktproduktion 357
Mengenbilanz
- dynamische 28

Mengenflussbild 41
Messbarkeit
- quantitative **24**

Minimalkostenkombination **220**
Mischung
- elastische 111
- starre 112

Möglichkeit unbegrenzten Wegwerfens 110

N

Nebenertrag 126
Nebenprodukt
- zur Beseitigung **48**
- zur Verwertung **48**

Nettooutput **30**
Neutrum **123**
Normalfall **125**; 139; 200; 254
Nutzen 190
Nutzenbündel 122
Nutzungsdauer 243

O

Objekt 2; **20**
- beachtetes 10; **21**
- bekanntes 21
- Familie 171
- Gruppe 171
- immaterielles **23**

- materielles **23**
- relevantes 21
- schädliches 121
- Sorte 171
- Typ 171
- verfügbares 21
Objektart **24**
- Güterart 125
- neutrale 125
Objektbestand **27**
Objektebene 10
Objekterfolg 236
Objektvariation
- partielle 69
Opportunitätskosten **227**; 245; 324
originärer Faktor **32**; 102
originäres Erzeugnis 32
Ort **24**
Output 356
- Gesamtoutput 29; 102
- Primäroutput 29; 102
- Sekundäroutput 29; 102
Outputart **33**; 95
Outputbilanz 97
Outputdiagramm 68
Outputfunktion 144
Outputkoeffizient **89**
Outputlimitationalität 147
Outputvektor 33

P

Parallelproduktion 61; 357
Personalbereich **293**
Petri-Netz 113
Planung
- rollierende 335
Potenzialfaktor **46f.**
- aktiver 46; 359
- passiver 46; 359
PPS-System 277; **333**
Preis
- Lenkpreis 193
- Marktpreis 192
- negativer 193
- Verrechnungspreis 193
Preis-Absatz-Funktion 204
Preisdifferenzierung 203f.; 216
Primärerzeugnis 31
Primärfaktor 31; 274
Primär(stück)kosten 281
Produkt 127; 200
- Abprodukt **127**; 200; 356
- Altprodukt 103; 255
- Beiprodukt **127**; 356
- Endprodukt 102; 274
- Gutprodukt 127; 356
- (Haupt-)Produkt **22**; 48; 356; 370
- Kuppelprodukt 151; 242; 255; 357
- Nebenprodukt **22**; 48; 356
- Nebenprodukt, gutes **126**; 356
- Zwischenprodukt 28; 31f.; 77; 102; 121; 274
Produktbilanz 43
Produktfunktion 144
Produktion **3**
- effiziente **139**; 142; 168
- erfolgsmaximale 215
- geschlossene 320
- inputseitig determinierte **99**; 103
- offene 320
- outputseitig determinierte **97**
- verbundene 357
Produktionsbereitschaft 300
Produktionscontrolling **368**
Produktionselastizität **154**
Produktionsfaktor 50
Produktionsfunktion **142**
- ertragsgesetzliche **154**
- explizite 143
- implizite 144; 217
- klassische 154
- neoklassische 152
Produktionsgleichung 144
Produktionskette 103
Produktionskoeffizient 97; **130**; 271; 296
Produktionsmanagement **6**; 367

- Lehre des 8
- normatives **370**
- operatives **370**
- strategisches **370**
- taktisches **370**
Produktionsmatrix 176
Produktionsmodell 6
- deterministisches 10
- dynamisches 10; 350
- mehrperiodiges Grundmodell 351
- statisches 10
- stochastisches 10
Produktionsraum **64**
Produktionsstelle 78; 362
Produktionssystem **4**; 355
Produktionstheorie **9**; 138
- im engeren Sinne **12**
- lineare 162
- statisch-deterministische **10**
Produktionstypen 358
Produktionswirtschaft
- Grundzüge der 1; **9**
- Theorie der 9; **366**
Produktionswirtschaftslehre **5**
Produktiveinheit 293; 362
Produktivität
- relative 152; 166
Produktkalkulation 21; 272
Produktprogramm 144
Produkttransformation 165; 168
Produkttyp 334
Produzent **6**; 367
Prozess
- elementarer 88
- gemischter 88
- industrieller **50**
- komplexer 295
- reiner 88
Prozesserfolg 236
Prozessfaktor 44; 362
Prozesskosten **199**
Prozessleistungen **199**
Prozessniveau 310
Prozessorientierung 49; 91
Prozessstrahl 88

Q

Qualität **23**; 46
Qualitätskoeffizient **131**

R

Recht 23
Recycling
- innerbetriebliches 104
- systemexternes 32
- systeminternes 32
Recyclingquote **131**
Redukt 46; 127; 200
- (Haupt-)Redukt **22**; 46; 358; 370
- Nebenredukt 22
Reduktfaktor **126**
Reduktion **22**
Reduktionssystem 22; 103; 358
Relevanz 157
- des Input 182
- des Output 182
Repetierfaktor **47**
Restriktion
- natürliche 110
- technische 110
Restriktionsfeld 64
Rezeptur 277
Rückstand 254
Rückstandskoeffizient 99
Rüstkosten 316

S

Sache 23
Sachgüterproduktion 357
Sachleistungen **48**
Sachziel 10; 22
Schaden 190
Schattenpreis 200; **227**; 245; 324
Schranke
- absolute 64; 66
- relative 66

Schüttobjekt 24
Sekundär(stück)kosten **281**
Serie 314; 363
Serienproduktion 363
Sicherheitsbestand **335**; 341
Sicherheitszuschlag 341
Skalenelastizität **155**
Skalenelastizitätsgleichung **155**
Skalenerträge
- abnehmende 60
- konstante 60
- zunehmende 60
Skaleninvarianz 157
Skalenvariation 59
Sortenproduktion 357
Standortplanung 24
Stellgrößen 6; **44**; 106; 296; 356
Störungen 6
Stoff 23
Stoffstromnetz 73
Stromgrößen 26
Strukturstückliste 39
Strukturtyp 75; **93**; 97
- degeneriert 95
- divergierend 93
- einstufig 97
- glatt 93
- konvergierend 93
- schöpfend 93
- umgruppierend 93
- vernichtend 93; 95
Stückkosten 201; 206; **222**
- fixe 223
- variable 223
Stückkostenfunktion 303
Stückleistung 205
Stückliste 277
Stückobjekt 24
Stufenzahl 103
Substituierbarkeit
- partielle 151
- totale 151
Substitutionalität **149**
Substitutionsrate **152**; 154
Synchronisation **334**
System
- ökonomisches 1
- Subsystem 4
- Teilsystem 4
Systemanalyse 10; 78
Systemexternes Recycling 32
Systemgedanke 76
systeminternes Recycling 32
Systemsynthese 10

T

Tauschwert **121**
Technik **56**; 132
- abgeschlossene 132
- additive **60**; 85
- diskret größenprogressive 59
- durch Hauptprodukte determinierte **224**
- einstufige **95**
- elementare **92**
- endlich generierbare **85**
- größendegressive **59**; 63
- größenprogressive **59**
- größenproportionale **59**
- in einem weiteren Sinn endlich generierte **110**
- in Grenzen frei variierbare **110**
- inputseitig determinierte 97; **99**; 103; 241
- lineare **63**; 85
- mehrstufige **101**
- nichtlineare 63
- outputseitig determinierte **97**; 240; 271
- zweistufige 101
- zyklische **104**
Technikformen 59
Technikmatrix **86**; 278
Technikmenge 56
Technologie **11**
Technologische Matrix 277
Theorie betrieblicher Wertschöpfung 1;

8; **9**; 364
- industrielle 10
- lineare **10**
- Prozessorientierung **10**
- Systemorientierung **10**

Throughput 44; 356
- reiner 77

Transaktion 4
Transfer 5
Transformation 3; 123
Transformationskurve 147; 151
Transformationsrate 154
Transport
- Transportmodell **100**

U

Übel **123**
Übergangsbedingung 350
Überschuss 123; 254
Umfeld 2; 5
- wirtschaftliches 2

Umfeldparameter **44**; 97; 106; 310; 356
Umsatz(erlös) **203**
Umsatzmaximum 227
Umsystem 2
Umwelt 2
- künstliche 2
- natürliche 2

Unternehmungsführung
- strategische 371

V

Variabilität 147
- diskrete 151
- kontinuierliche 151

Verbrauchsfunktion
- produktspezifische **297**
- (zeit)spezifische **296**

Verbrauchsmenge 27
Verfahren
- elementares 87; 99

Verfahrensfließbild 74
Verfahrenstyp 295
Verfahrenswahl 242
- bei der (Faktor-)Nutzung 97; **100**; 168; 243
- bei der (Produkt-)Herstellung 97; **98**; 168; 242

Verfügungsbereich 3
Verlust 101; **192**
Virtuelle Referenzeinheiten 180
Vorkombination 300
Vorlaufverschiebung 341; **344**

W

Wechselproduktion 61; 317
Weiterverwendung 255
Weiterverwertung 255
Werkstattproduktion 363
Werkstoff 46
Wertfunktion
- multiattributive 194

Wertschöpfung 121; **191**; 194
- Wertschöpfungsprozess **3**

Wertverzehr 127
Wertvorstellung 370
Wiederverwendung 254
Wiederverwertung 254
Wirtschaftlichkeitsprinzip
- starkes 213

Wirtschaftseinheit 1
Wirtschaftssubjekt 1

Z

Zeit **24**
Zentrenproduktion 363
Ziel
- einfaches 122
- messbares 122
- operationales 122

Zielsetzung **121**; 191
Zusatzfaktor 25; 46; 361
Zuschneideprozess 142; 166; 243; 249
Zweckertrag 126
Zyklus 104
- einstufiger 104

Symbol- und Abkürzungsverzeichnis

a	Input- oder Produktionskoeffizient
A	(Direkt-)Bedarfsmatrix
b	Outputkoeffizient
c	spezifische Primärkosten, Einkaufspreis
d	spezifischer Deckungs- oder Erfolgsbeitrag
D	Deckungsbeitrag
e	spezifischer Erlös, Absatzpreis
G	Gewinn
G	Gesamtbedarfsmatrix
h	Zahl der Zwischenproduktarten
i	Inputart
I	Einheitsmatrix
j	Outputart
k	Objektart bzw. spezifische Kosten, Stückkosten
K	Kosten
K'	Grenzkosten
l	spezifische Leistung
L	Leistung, Umsatz, Erlös
L'	Grenzleistung
m	Zahl der Inputarten
M	Technikmatrix
n	Zahl der Outputarten
p	Preis
q	Losgröße
r	Durchsatz, Bruttobedarf, Losgröße
R	Restriktionsfeld
s	(Lager-)Bestand
t	Zeitpunkt, Periode
T	Technik(menge)
u	Prozessoutput, Eigenproduktion
v	Prozessinput, Sekundärbedarf
w	Erfolg, Wertschöpfung
x	Primär- oder Systeminput, Fremdbezug
y	Primär- oder Systemoutput, Primärbedarf
z	Netto-Output, Nettoprimärbedarf
Z	Produktionsraum
α	Lagerzugangsrate bzw. sonst. Parameter
β	Lagerabgangsrate bzw. sonst. Parameter
ε	Elastizität
κ	Zahl beachteter Objektarten
λ	Aktivitätsniveau, -dauer
π	Zahl der Grundaktivitäten
ρ	Prozess, Grundaktivität bzw. Stellgröße, Intensität
σ	Umfeldparameter, Sicherheitsbestand
τ	Dauer eines Zeitintervalls
lg	(dekadischer) Logarithmus
$\mathbb{N}$	Menge der natürlichen Zahlen
$\mathbb{R}$	Menge der reellen Zahlen
∞	unendlich
FE	Faktoreinheit
GE	Geld-, Werteinheit
Mg	Megagramm (Tonne)
QE	Quantitäts-, Mengeneinheit
ZE	Zeiteinheit